智元微库
OPEN MIND

成 长 也 是 一 种 美 好

人类心理 3000年

从荷马史诗 到人工智能

[美] 托马斯·哈代·黎黑（Thomas Hardy Leahey） 著

张豫 译

A HISTORY OF PSYCHOLOGY

FROM ANTIQUITY TO MODERNITY

[EIGHTH EDITION]

人民邮电出版社

北京

图书在版编目（CIP）数据

人类心理3000年：从荷马史诗到人工智能 ／（美）托马斯·哈代·黎黑（Thomas Hardy Leahey）著；张豫译. -- 北京：人民邮电出版社，2024.1
ISBN 978-7-115-62262-4

Ⅰ．①人… Ⅱ．①托… ②张… Ⅲ．①心理学史—世界 Ⅳ．①B84-091

中国国家版本馆CIP数据核字（2023）第123718号

版权声明

◆ 著　　　[美]托马斯·哈代·黎黑（Thomas Hardy Leahey）
　　译　　　张　豫
　　责任编辑　杜晓雅
　　责任印制　周昇亮
◆ 人民邮电出版社出版发行　　北京市丰台区成寿寺路 11 号
　　邮编 100164　　电子邮件 315@ptpress.com.cn
　　网址 http://www.ptpress.com.cn
　　天津千鹤文化传播有限公司印刷
◆ 开本：787×1092　1/16
　　印张：34　　　　　　　　　　2024 年 1 月第 1 版
　　字数：700 千字　　　　　　　2024 年 1 月天津第 1 次印刷
　　　　　著作权合同登记号　图字：01-2020-2588 号

定　价：199.00 元

读者服务热线：（010）67630125　印装质量热线：（010）81055316
反盗版热线：（010）81055315
广告经营许可证：京东市监广登字 20170147 号

本书赞誉

鉴古可知今，学史可明智。《人类心理3000年：从荷马史诗到人工智能》从新的科学史观的角度，阐释了外部世界如何塑造心理学发展，以及20世纪末的心理学如何影响社会。这本书既适合作为心理学史教材，也适合普通读者了解人类不断探索内心和精神世界的历程，值得我们用心去读，并在深入思考中汲取智慧、守正创新。

傅小兰

中国科学院心理研究所所长、研究员

中国心理学会原理事长、原秘书长

心理学史首先是一部思想史。在当下这个越来越迫切地呼唤知识创新的时代，从学科发展的历史中寻找灵感显得越来越重要，因为学科史是一门学科的思想之源，而创新归根结底是思想的创新。虽然方法的创新也很重要，但它毕竟是服务于思想的。从这个意义上讲，心理学史编撰中的厚古说与厚今说之争也就不难解决了：思想的源流必须追溯到古代，而心理学作为独立学科并成为科学体系的一部分则是现代化的产物。把握思想史从前现代到现代，再到后现代的发展脉络是学习心理学史的精髓，其核心是现代性的形成与发展，即从心理学史的知识学习中获得丰厚的科学态度和人文精神的滋养，进而受益终生。黎黑的经典著作，特别是这一最新版本，为我们达成这一目标提供了一份极佳的文本。

郭永玉

南京师范大学心理学院教授

曾任中国心理学会理论心理学与心理学史专业委员会主任委员

我在第一节心理学史课上就会向学生强调：学习心理学史，不是为了瞻仰牛人，而是为了培养牛人；不是为了理解过去，更是为了开创未来。黎黑教授的著作，对心理学的既往史实有着清晰、详实的阐述，对心理学的学科规律有着精辟、深刻的洞见，而且紧跟时代发展，探讨了人工智能、可重复性危机等当今心理学关注的问题，乃至心理学的未来发展。本书既提供了专业的知识，也讲述了生动的故事；既有宏观的梳理，也有具体的例子；它很厚实，也很有趣。相信无论是心理学专业的学生，还是心理学的爱好者，都能从本书中受益。

曾祥龙

北京师范大学心理学部副教授

理想心理学主要奠基人

我读过很多心理学史著作，黎黑的心理学史是我最喜欢的一本。它是有眼光的心理学史，从科学哲学开始，把心理学的发展历史放到科技进化，尤其是库恩的范式进化的视角下来审视。它是有"人"的心理学史，运用类似《史记》的写法，把心理学家的重要理论及其个人的自我发展结合在一起，读来如推动历史发展的英雄传记。它是最有现代感的心理学史，把心理学史一直修到了当代，讲述了现代心理学的种种发展趋势，并延伸到未来。

陈海贤

心理学博士、心理咨询师

著有《了不起的我》《爱，需要学习》等畅销书

这是一部既回顾了心理学灿烂的前奏，又描绘了心理学蓬勃的发展，还衔接了心理学与未来的著作。它将心理学的画卷完整又立体地呈现了出来。

周党伟

荣格学者

推荐序

读着黎黑的心理学史著作——《人类心理3000年：从荷马史诗到人工智能》，我不禁想起了在大学时期学习心理学史的情形。心理学史有两种讲法，也就是两种写法。按照著名心理学家 H. 艾宾浩斯（H. Ebbinghaus）的说法："心理学有着漫长的过去，但只有短暂的历史。"于是，一种对心理学史的讲法，就是从漫长的过去说起，这样西方的心理学史就要从古希腊哲学讲起。另一种讲法就是只讲短暂的历史，那么大约就是从1879年前后，W. M. 冯特（W. M. Wundt）在莱比锡大学建立心理学实验室开始。我记得当年我们上的心理学史课，是从古希腊讲起的。由于缺乏相应的知识储备，整门课程的前半部分我听得云里雾里，一直到老师讲到冯特，才觉得从这里开始讲的终于是心理学史了。工作以后，我短暂地讲过心理学史的课，也出过关于心理学史的研究生考题，涉及的内容基本就是冯特以后的心理学，我觉得这是在为大家减轻负担。

但是，站在现在的立场回望过去，我觉得有点今是而昨非了。只讲冯特以后的心理学，看起来是简单了，给学生减轻了许多记忆的负担，但实际上隔离了心理学与整个人类思想的脉络关系，反而让人不明白心理学这门学科为何会诞生、不明白心理学的基本问题从何而来。从这个角度看，艾宾浩斯的话，也就只剩下后半段了。这就好像半亩方塘，没有了源头活水，是很难清澈起来的。

不过，反思一下目前中国心理学界的状况，已经不是对心理学史该采取哪种讲法的问题了，而是心理学史在教学中还要不要存在的问题。中国心理学会下面有一个理论心理学与心理学史专业委员会，几十年前，在潘菽先生、高觉敷先生等第一代中国心理学家的带领下，有一批中国的心理学工作者投身于对心理学理论和心理学历史的研究，因此，它是一个十分热闹的专业委员会，算得上"谈笑有鸿儒，往来无白丁"。但进入21世纪以来，这个专业委员会却日渐式微，变得"门前冷落鞍马稀"。不少教师转行，青年学子在专业上也不太愿意选择与理论和历史相关的方向，甚至国内一些规模颇大的心理学院系很可能没有心理学史的专门师资。

几十年前的中国心理学，固然不像今天这样"粮草充足、兵强马壮"，但因为有一批人在坚持思考基础理论和历史演变的问题，所以那时的心理学，是平衡发展且健康的。今天的心理学，从个体看、从分支看、从领域看，皆有活跃的研究和丰硕的成果，但在总体上，其发展也有大的隐忧。说句可能会得罪中国心理学界的话，当前的心理学科有一种"轻理论、无历史、不读书"的风气，而我们的前辈，对于理论、历史、读书都是极为重视的。

记得当年著名社会学家费孝通先生给我们讲课时说起过，进入任何一门人文与社会学科领域，有三门课是一定要学的，可以称之为"三门课主义"：一门课是这个学科的概论（心理学的这门课叫"普通心理学"），一门课是这个学科的方法，还有一门课是这个学科的历史。我们且把可称为主干的概论课放到一边，方法与历史则有些类似于学科的两足。以此来衡量今天的心理学，方法的一足固然十分粗壮，而历史的一足怕是已经跛掉。

历史的重要性是如何强调都不过分的。英国思想家培根说过一句话："读史使人明智。"人们常开玩笑说哲学有"三问"：你是谁？你从哪里来？你到哪里去？其实，"你是谁"的问题，与"你从哪里来"是密切相关的。同样，不清楚自己从哪里来，也就很难确定自己今后要到哪里去。在心理学的学科建设中，我们既要埋头拉车，也要抬头看路。忽略了心理学史，我们就丧失了看路的本领。同时，中国作为一个历史文化积淀深厚的古国，有浩如烟海的历史典籍，缺乏了心理学史的眼光，这样丰富的遗存就很难善加利用。

怎么办？只有一个办法，就是老老实实地补课。该吃的饭还是要吃的，该走的路还是要走的，学科中历史的一足跛了，就必须让它重新强壮起来。近些年，在给学生上心理学课的时候，我常常会在第一堂课就问他们，有谁能告诉我"心理学长什么样"。我们的课程一般都有指定教材，例如，我给本科生上得比较多的课是社会心理学，就会有同学按照教材的内容告诉我社会心理学"长什么样"。但是，我会告诉同学们，用历史的眼光来看我们教材里描述的心理学的样貌，看到的只是今天的心理学的样子。100年前的心理学很可能不是这个样子，而100年后的心理学大概率也不是这个样子。很有冲击力的是，心理学创始人冯特在晚年花了20年时间写了厚厚的十卷本的《民族心理学》，这正好就是100年前左右的作品，我们且来看一看它的目录：

第1、第2卷论述语言；

第3卷论述艺术；

第4、第5、第6卷论述神话和宗教；

第7、第8卷论述社会；

第9卷论述法律；

第10卷论述对文化和历史的总看法。

几乎人文社会科学各个门类涉及的内容都被冯特安排进了《民族心理学》中。我们今天常说，凡是有人的地方就有心理学。按照冯特的想法，几乎所有与人相关的问题，都可以是心理学研究的问题。这是一个多么辽阔的视野，也算是一种宏大的雄心吧。

在心理学的相邻学科社会学里，有一本经典的著作，是美国著名社会学家 C. W. 米尔斯（C. W. Mills）在 1959 年出版的《社会学的想象力》，该书现在已经成了社会学系师生的必读书。在这本书中，米尔斯讨论到了历史，他认为想象力的一种应该就是时间的想象力，大问题和长时段常常是结合在一起的。米尔斯在"对历史的运用"一章开篇就说了一段与心理学有关的话：

> 我们时代的诸种问题，现在包括人的本质这一问题，如果不能一直把历史视为社会研究的主轴，不能一直认识到需要深入发展以社会学为基础、与历史相联系的关于人的心理学，就不可能得到充分的描述。如果不运用历史，不具备心理事件的历史感，社会科学家就不可能对现在应成为研究定位点的那些问题进行完整的表述。

我一直觉得遗憾的是，心理学科缺乏一本类似的书，我很希望有心理学家能写出名为《心理学的想象力》的书。在这本书被写出来之前，讲述心理学史的优秀著作，或许可以被当作暂时的替代品。黎黑的这本心理学史，既写了心理学短暂的历史，又写了它漫长的过去，是一本全面之作。认真阅读此书，或许能提高一些我们应该有的心理学想象力。

最后说一点笑话。把外语翻译成中文，如果用的是音译方法，而中文文字本身又自有其含义，就可能让人产生新的联想。例如，看到法国，一个人可能会想，这个国家的人是不是特别守法；看到德国又会想，这个国家的人是不是特别有道德。有一位著名的心理学家 W. McDougall，我们把他的名字翻译成"麦独孤"，每次看到这个名字，我都会有一些可怜和同情，总是在想，这位心理学家一辈子为什么这么孤独。本书作者的中文译名也挺有意思，按照由新华通讯社译名室编，由商务印书馆出版的《英语姓名译名手册》，Leahey 当翻译成"利希"，而中国心理学界在翻译 Leahey 的时候，一直把它翻译成"黎黑"，我就不免联想起"黎明前的黑暗"。但愿目前中国心理学界对于心理学史和心理学理论的忽略，只是黎明前的黑暗，随着黎黑此书的出版以及同类心理学史书籍的面世，中国心理学界也许能重拾对心理学史和心理学理论的思考。

钟　年

武汉大学现代心理学研究中心主任

武汉大学哲学学院心理学系教授

曾任武汉大学心理学系主任、武汉大学哲学学院副院长

2023 年 8 月于武汉大学珞珈山麓

不止是心理，不止是故事

接到这本书的审译邀约，我便毫不犹豫地答应下来，因为这本书的第四版正是我在心理学系念书之时的教材。难得有机会重读心理学的漫长过往，和她新近的发展。

作为一名心理学的学习者和实践者，我需要在日常生活中经常回答与人类心灵有关的问题："你说这到底是心病还是脑子上的问题？""我对人类的本性感兴趣，是应该念心理学还是哲学？""我觉得我家的猫抑郁了，应该怎么帮助它？""怎么看一个人情商的高低？""你说我的工作有一天会不会被人工智能取代？你的呢？"……回答这些真诚、严肃但有时令人发笑的问题并不容易，我很想丢过去一本书，告诉对方先看一遍再说。然而，找到这样一部合适的著作并不容易，因为心理学的教材通常按照主题（认知、人格、社会、异常与临床心理学）组织写作，而"高端"一点的专著通常又是以问题为中心的，这种写法很容易消磨掉求知者的热情——如果他们并不打算从头学起的话。

心理学的研究揭示，与理论相比，人类的天性让我们更容易被故事吸引。想想我们小时候听过和读过多少故事吧，也顺便做个思想实验——"我有一个故事要分享给你"和"我有一个理论要告诉你"，这两句话中的哪一句能让我们放下手机、竖起耳朵？这本《人类心理 3000 年：从荷马史诗到人工智能》堪称一部心理学的《一千零一夜》。正如作者所言，他更愿意把这本书称为一本故事书：一个关于心理学是如何发展到今天的，很长、很有趣的故事。作者以其深厚的功底和渊博的学识，将一个个心理学史上的事件编织到社会、经济与变革的脉络中去，既抓住了学科发展的内部逻辑，又不失其重要的背景信息，换句话说："不松垮，不悬浮。"

开卷品读，这部名著的最新版不仅仅是一部有关心理学的旧事集。在心理学还算作哲学的一部分时，作者讲述了从柏拉图、亚里士多德到笛卡儿、康德的思想缘起。这部分的内容和体量堪比浓缩版的西方哲学史或西方思想史；如岛屿一般分布于正文之间的"知识加油站"则时而引领我们回溯弗朗西斯·培根耐人寻味的生平，时而探秘智商测验所遭遇的种种是非……巴甫洛夫的狗、桑代克的猫、斯金纳的鸽子、哈洛的猴和华生的婴儿，这些或许你曾在手机上惊鸿一瞥的"事"，在这本书中都有了"故"。书中的术语基本上覆盖了心理学中的核心知识点，以"故事会"的方式娓娓道来，沁入心田。

本书不止讲述了心理学的故事，也讲述了心理学家的故事、心理学家所生活时代的故事；它不止讲述了一门学科的故事，也讲述了人类不断自我探索的故事、不断从困惑中获得真知的故事；它不止提示了我们的心灵从何而来的故事，也试图给出我们的心灵去往何方的启示。如果你希望有一本书能帮助你解答有关你个人的心理疑问、群体的心理动力的谜团，甚至能给你目前的工作（如传媒、设计、金融、管理、人工智能等）带来不一样的视角，那么这本书是不容错过的选择。

历经 3000 年，从洪荒幽冥的"前轴心时代"走到今日，我们能从人类的心理故事中获得何种启发呢？让我们跟随作者一起开卷有益。

张沛超

中国心理学会临床心理注册系统注册督导师

中国心理卫生协会精神分析专业委员会委员、家庭治疗学组委员会委员

2023 年 7 月 19 日于深圳福田

前　言

　　本书新版的出版时间比预期要晚，因为出版商从培生（Pearson）改为了劳特利奇（Routledge）。然而，这一变动让我有了额外的时间来研究和撰写新材料，并修改了措辞笨拙、有误导性或过时的旧材料。我对全书进行了大量增改，特别是新增了一些阐述心理学是如何被相关文化塑造的段落，这突出了本书的主旨。同时，通过重写"知识加油站"并加强其与正文的关联，进一步阐明和发展了我的论点：心理学作为一门科学，是现代主义的产物及后现代主义的创造者。

　　其他显著的调整包括以下几点。

- 应审稿人员的要求，我在第 9 章和第 14 章扩展了与精神分析运动相关的内容，这是一场由弗洛伊德的精神分析理论引发的思潮。

- 在认知科学这一章（第 12 章）中增加了最新的科研成果，具体内容如下。
  - 具身认知（embodied cognition）理论家的出现。他们拒绝接受"意识就是信息处理"的观点，试图用一种激进的行为主义观点来取代它，这种观点强调身体行为而非内心思考。
  - 人工智能领域的最新突破，如建构类似人脑的计算机以及社交媒体和无人驾驶汽车的深层学习算法。
  - 行为经济学的兴起。这是经济学和心理学的融合，其研究成果被政府最高层的社会政策专家用来管理后现代世界中的人类行为，如美国的《平价医疗法案》（又名奥巴马医改）。

- 增加了名为"危机：美国心理学会和酷刑"的部分，提醒人们关注科学和应用心理学发展的关键节点。
  - 关于认知科学的第 12 章，探讨了最近的一个重要发现，即许多看似已经明确且众所周知的心理学研究结果未能重现，这让人们对心理学作为一门科学的可靠性产生了怀疑。

- 关于心理学组织的第 14 章，讨论了美国心理学会被揭露参与了关塔那摩监狱酷刑丑闻，向那些自以为正义的从业者们揭示了权力的诱惑。正如英国阿克顿勋爵（Lord Acton）所言："权力伴生腐败。"

希望新的版本能给你带来帮助，期待你的反馈。

托马斯·哈代·黎黑

弗吉尼亚联邦大学荣誉退休教授

美国弗吉尼亚州里士满

2017 年 3 月 26 日

目 录
CONTENTS

A HISTORY OF PSYCHOLOGY

第 一 部 分

心理学的历史

问题 1 作为对"灵魂的理性研究",心理学的哲学根源来自哪里?

问题 2 逻辑实证主义运动如何深刻影响了心理学中的"操作性定义"概念?

问题 3 推动人类发展的科学理论究竟是来自伟大思想家的个人智慧,还是时代变革洪流的塑造?

问题 4 心智是等待着被发现的固有存在,还是被人为建构的产物?

问题 5 为什么说工业革命是心理测试产生的基础?

第1章

从对灵魂的理性研究到独立的现代科学

｜ 理解科学 ｜

柏拉图（Plato）认为，哲学始于好奇（wonder）。而以哲学为根源的其他所有科学，包括心理学，它们的产生和发展，也同样基于对未知世界的好奇。几个世纪以来，大量科学门类陆续从哲学中独立出来，其中，心理学是最后一门从哲学母体中独立出来的学科。事实上，直到 19 世纪，心理学仍属于哲学的一个分支。心理学的奠基者们都拥有哲学家和心理学家的双重身份，他们发展心理学的原始动机在于为哲学问题找到科学依据。

"心理学"的英文单词是 psychology，由 psyche（灵魂）和 logy（逻辑或理性，后演化为通用学科后缀）两部分构成，其字面意思就是"对灵魂的理性研究"，尽管这个专有名词出现于 17 世纪，但直到 19 世纪才被广泛使用。全世界的哲学家和宗教人士都在苦苦探求关于灵魂的问题：灵魂真的存在吗？它的本质是什么？它的功能是什么？它与身体之间有什么关系？哲学家通常拒绝使用"灵魂"一词，转而使用宗教意味较少的"心灵"，但他们面临的问题换汤不换药；就算是声称自己的研究对象是行为而非意识的心理学家，也只是试图从不同的角度解答同样的问题。

自古希腊时代起，哲学家就开始探索人类是如何认识世界的。对这个问题的探究，被称为"认识论"，"认识论"的英文单词是 epistemology，来自希腊语词根 episteme（知识）和 logy（学科后缀）。认识论专注于探寻人类是如何认识世界的，涉及感觉、知觉、记忆和思维等方面，而这些领域的集合正是心理学家所说的认知心理学（cognitive psychology）。

伦理学（ethics）是哲学家（包括宗教思想家）与心理学家共同研究的另一领域。虽然表面看来伦理学主要关注人类的行为规范，但究其本质，却逃不开对人性的追问。人之初性本善吗？人们有哪些动机？哪些动机是健康的，哪些应该受到限制？人天生就具有社会性吗？是否存在人类普适的幸福生活法则？这些思索都涉及深层次的心理学问题，可以通过针对人性的科学研究来了解。心理学中很多领域都会涉及伦理问题。在科学心理学中，动机和情感、社会和性行为等诸多领域都涉及伦理问题。在应用心理学中，无论在工商业、行政管理，还是临床心理学或是咨询心理学等领域，都深刻地涉及人类伦理。人们寻求心理学家的专业指导，希望得到更愉快更有效率的解决方案。心理学家关于动机、情感、学习和记忆的专业知识，可以为来访者带来行为调整的方法，但心理学家绝不能无底线地满足来访者的需求。一个从事商业咨询的心理学家可能需要勇敢地告诉来访者，他本人正是公司的问题所在，没有一个有道德底线的心理学家会教一个骗子如何提高他的自我展示技巧。就传统而言，科学在探求自然奥秘时是价值中立的，但是，正如弗朗西斯·培根（Francis Bacon）所言，知识就是力量，应用科学家必须懂得正确使用其专业力量。

虽然心理学的概念基础源自哲学，但将心理学创立为一门独立学科的灵感却来自生物学。

当威廉·冯特（Wilhelm Wundt）宣布心理学学科独立时，他说这是哲学心理学和新生理学"联姻"的结果。尽管这一野心当初一度被证明为时过早，但如今，它正在认知神经科学领域开花结果，该领域正尝试用冯特做梦也想不到的方法连接思维与大脑。

自古希腊时期起，哲学家，包括其他知识分子，就开始逐步接受人的心智活动依赖于大脑功能这一观点，但直到 19 世纪中叶，这种观点才真正占据主导地位。心理学的开创者们希望打通一条探索心灵的生理学途径，尝试将曾经的思辨哲学和宗教引向自然科学。生物学的一个年轻分支——进化论，也促进了科学心理学的创立。特别是在英国和美国，哲学家和心理学家开始探讨，在基于优胜劣汰的进化生存斗争中，大脑的作用是什么？人类为什么要拥有意识？动物也有意识吗？这些问题的出现让心理学家感到困惑不安，但却充满活力。因此，站在心理学的角度，我们不仅要关注来自哲学的抽象问题，更要关注脑神经系统的科学领域，这一远溯自古典时期的猜想，如今正高速发展。

科学的解释模式

从 19 世纪开始，人们普遍认为，心理学是（或者至少应该是）一门科学。科学的本质——也是心理学渴望拥有的属性，可以让我们很好地理解这一点。人们期待从科学的视角解释世界、思想和身体运作的规律和原理。科学哲学（philosophy of science）则专门致力于理解科学的本质（Rosenberg, 2005）。现代科学解释始于艾萨克·牛顿（Isaac Newton）和科学革命（scientific revolution）（见第 5 章）。

知识加油站 1.1

实证主义

实证主义（positivism）是一个自发的现代运动，因此，甚至在这个术语被使用之前，它就已经是现代主义的一部分了。实证主义源自一个叫奥古斯特·孔德（Auguste Comte，1798—1857）的离经叛道的法国人，他创立了实证主义哲学。相对于心灵鸡汤来说，实证主义心理学显得不那么"积极"，但从哲学角度来说，实证主义的出现起到了十分积极的作用。与实证主义相对立的是思辨哲学（speculative philosophy），思辨哲学中充斥着虚无缥缈的内容，比如神灵和形式，孔德试图用一种基于可直接观察的，或基于事实的，也就是实证化的哲学来取代思辨哲学（如果这种哲学存在的话）。他认为人类历史经历过三个阶段，前两个阶段都是基于思辨哲学的。第一阶段是神学阶段，在这个阶段，人们认为人类事件是由上帝或诸神安排的，因此社会的自然统治者是神职人员，这是一群所谓通灵的人，通过对神灵的祈求或某种控制来造福百姓。第二阶段是形

而上学阶段，在这个阶段，人们（或者至少是精英）不再相信人格化的神灵控制世界，而是相信看不见的规则和力量。因此，自然统治者变成了理解这些隐藏真理的国王和贵族，也就是精英阶层。我们将在下一章谈到这些"柏拉图的守护者"们。

最后一个阶段，是现代的科学阶段。在这个阶段，神灵和形而上学被以牛顿为代表的科学抛弃了，牛顿式的科学能够探索事物的内在规律，从而真正造福人类，不像那些假公济私的神棍或贵族。因此，在这个阶段，自然统治者应该是科学家，特别是那些专长于社会本身的科学家——社会学家们。心理学家也属于新精英阶层的一员，正如应用心理学先驱詹姆斯·麦基恩·卡特尔（James McKeen Cattell）所写的那样："从事科学研究的人应该占据属于自己的位置，成为现代世界的主人"（Herman，1996，p.55）。

法则论方法：按照自然规律解释　牛顿将他自己的科学事业定义为，寻求通过少量的数学公式推论自然界中所能观察到的一切规律。在运动物理学领域，他提出了运动三大定律和万有引力定律，并向世人展示了这些定律如何精确地解释太阳系中的天体运动。以万有引力定律为例，牛顿式的定义方式是这样的（Cohen，1980）：在任何两个物体之间都存在一个相互吸引的力量，其强度与它们之间距离的平方成反比。牛顿因未能提供任何机制来解释引力是如何运作的，而受到同时代人的批评，在他们看来，说两个不接触的物体之间有力的作用简直是天方夜谭。然后，就有了牛顿那句著名的回应："我不杜撰假说。"换句话说，牛顿拒绝对万有引力本身进行解释，对他而言，可以通过万有引力预测天体运动就足够了。

牛顿开启了一种理解自然的新哲学，这种哲学后来被奥古斯特·孔德及其实证主义追随者们（见第 7 章）以一种极端的形式编成法典。他们认为，科学之核心奥义在于遵循牛

顿主义，即尽可能接近可观察的事实，尽可能远离假设和解释，因此，科学的基本工作是描述而不是解释。科学家应该密切观察自然，寻找事物的规律和可靠的相关性。科学家应该基于观察提出科学定律，就像牛顿的万有引力定律一样。实证主义哲学家继承并发扬了牛顿不作假设的传统，认为科学定律是对已观察事物的数学总结，而不是自然的真理。

科学的首要功能是描述事实、总结定律，由此衍生出第二功能：预测。通过牛顿的万有引力定律还有三大运动定律，科学家可以推测未知事件，比如日食的出现或者彗星的回归。最终，这种基于客观规律的预测，使得控制自然成为可能。利用牛顿定律，工程师可以精算出将卫星送入地球轨道所需的推动力，甚至可以向遥远的行星发射探测器。实证主义哲学认为，"控制"就是科学的终极目标，正如弗朗西斯·培根所言，知识就是力量。孔德希望将科学的法则应用于社会领域，他所引领的科学化的心理学思想，在 20 世纪的心理学发展中扮演了举足轻重的角色。

描述、预测和控制，是第一批实证主义者赋予科学的仅有的三种功能，他们认为，过度追问"为什么"，是使人沉溺于形而上学和神学思考的危险诱惑。然而，1948 年，两个逻辑实证主义者卡尔·亨佩尔（Carl Hempel）和保罗·奥本海姆（Paul Oppenheim）发表了《解释的逻辑研究》（*Studies in the Logic of Explanation*），标志着当代哲学进入关注"解释"的时代。他们"划时代的"（Salmon，1989）论文展示了一种将科学的解释功能纳入实证主义框架的方法，而且，尽管这套理论方法年代久远且并不完美，亨佩尔－奥本海姆解释模型（Hempel-Oppenheim）仍然是后续所有关于"科学解释"的研究基础。

亨佩尔和奥本海姆提出，科学解释可以被视为一种逻辑论证，在这一论证中，被解释的事件或对象，可以基于原始观察素材和相关科学规律推导得出。所以物理学家解释日食的方法是，给定日食前太阳、月球和地球的相对位置，就可以用牛顿的运动和万有引力定律推断出它们会排成一列形成日食。由于亨佩尔和奥本海姆认为解释是从科学定律中推导而来，因而他们的理论被称为"演绎－律则"解释模型，也被称为"覆盖律"模型，因为基于这一理论，解释的本质就是要揭示某个观察对象如何归属于某些科学定律之中。

亨佩尔－奥本海姆模型有一些非常重要的特征。首先，它明确了解释的一个核心和关键特征，我称之为解释的铁律：被解释的对象不能或明或暗地包含在解释之中。违反这一规则将导致解释无效。我们借用法国剧作家莫里哀关于鸦片的笑话来看看什么是"循环解释"。想象一下这样的提问："为什么鸦片烟让我昏昏欲睡？"回答："因为它拥有催眠的力量！"乍一看，这似乎是用一个外部概念（催眠的力量）来解释一件事（困倦），尤其用广告般吹嘘的语气说出来，很容易让人忽略这样的解释只是一句废话的事实。当我们意识到"催眠"的意思就是让人"昏昏欲睡"时，就会发现这样的解释是多么空洞，这等于说："鸦片烟之所以让你昏昏欲睡，是因为它容易让人昏昏欲睡。"作为被解释的对象——昏睡的原因，隐藏在解释之中，所以这样的解释是循环的。解释的铁律很容易被违反，因为当我们在给某事物命名的时候，比如"催眠的力量"，已经在进行解释了。由于精神世界的东西大多难以被观察，因此违反解释铁律在心理学中尤为常见。我们可能认为我们已经解释了为什么有些人比较害羞孤僻，我们把这样的人叫作"内向者"，但事实上我们只是给这个群体贴了个简单的标签而已。如果"内向"可以用来解释"害羞"，那么"内向"就不应该和"害羞"包含同样的含义，而是与其他内容相关联，比如遗传因素等。

其次，"演绎–律则"模型有一点极具争议，即它将预测和解释视作同一事物。在亨佩尔–奥本海姆模型中，对一个事物进行解释就表明它是可预测的。因此，一个天文学家可以对将在 2030 年发生的日食做出预测，而对 1030 年发生的日食做出解释。无论是预测还是解释，其逻辑都是一样的：将运动定律应用于太阳、月亮和地球的运行状态，并证明日食的不可避免性。然而，"解释和预测是对称的"这一观点，遇到了重大的挑战。想想旗杆和它的影子（Rosenberg，2005）。如果一个人知道了旗杆的高度和太阳的位置，他就可以通过光学定律和几何学规则推断并预测影子的长度，并且可以合理地说我们已经解释了阴影的长度。然而，通过同样的方法，如果我们已知影子的长度，尽管我们可以反推并"预测"旗杆的高度，但影子的长度显然不能解释旗杆的高度。

因果方法：仅仅有定律是不够的　用于科学解释的覆盖律模型，有意回避了自然界中的因果关系问题，而更加倾向于关注如何预测和控制自然。应用为本的知识当然不需要假装深刻或真实。虽然人们直到现在才了解阿司匹林是如何起作用的，但长期以来医生们一直在用它来缓解疼痛、炎症和发烧。牛顿从不纠结为什么他的运动定律是对的，他的实证主义追随者们也一样，他们对科学解释的要求，只是为了做出成功的预测，而不是为了解释"为什么"。一些哲学家被实证主义方法的缺陷困扰，他们希望科学能够探索得更深，不仅告诉我们自然是如何运作的，还能告诉我们为什么它会如此运作。

实证主义解释方法的主要对手是因果方法（Salmon，1984）。这一方法的出现源自对"解释"和"预测"之间差异的反思。尽管我们可以从旗杆阴影的长度推断出旗杆的高度，但是阴影本身不会导致任何事情，所以它不应该在解释中被引用。任何阻挡光线的物体都会留下阴影。用于预测的规律性本身并不等同于自然法则，不管这种规律性多么可靠和有用。"当气压计上的读数下降时，暴风雨就会发生"这一规律阐述了一种有用的相关性，而不是自然的因果法则。

更重要的是，对于人类行为的解释，人们可以凭直觉接受，根本不需要援引任何定律的解释。在侦探小说的最后一章，大侦探揭开罪行，解释凶手是谁、怎么干的、作案动机是什么，但他不会引用自然法则。相反，他将展示一系列特殊、独立的事件是如何环环相扣导致谋杀的，最终得知 X 勋爵的儿子为了偿还赌债而谋杀了他的父亲，我们对这个解释感到很满意，但绝对没有自然规律说"所有（或者大多）欠了赌债的儿子都会谋杀父亲"。日常生活和历史上的很多解释都是这种类型，在不涉及客观规律的情况下，事件以因果关系前后相连。并非所有令人满意的解释都符合覆盖律模型。

从因果角度来看，实证主义者由于害怕陷入形而上学，所以固守于可观察的现实，这反而让他们偏离了科学的要义。就科学解释的本质而言，他们忽略了直觉的重要性。因果方法并不回避形而上学，而是欣然接受，认为科学的目标是透过现实的因果结构"发现"而非"发明"自然规律。他们认为，科学之所以成功，是因为它能够在一定程度上描述自然的运行方式，并且，科学是基于事实而非逻辑获得预测能力和控制力的。科学通过严格检验每一个假设和挑战每一个理论来保护自己免于陷入实证主义者的迷信。

然而，因果方法也有其自身的弱点（Kitcher，1989）。例如，任何人都无法回避一个事实：在面对一个无法观察的对象时，我们要如何确定自己已经掌握了其因果结构呢？由于我们无法直接核实我们对事实的猜想，所以这些猜想很可能只是一些形而上的空想，这些空想无论看起来多诱人，都不应该被纵容。关于科学解释的因果和认知性争论至今仍在继续（Rosenberg，2005）。

解释是"真实的"抑或仅仅是"有用的"　科学解释的法则论方法和因果方法之间差异巨大，这种差异源自两者对于"科学的使命"持有截然不同的观点。法则论者认为，我们所能做的就是描述我们发现的世界；因果理论家则认为，我们可以更加深入，参透宇宙隐藏的因果结构。在科学哲学中，这一争论被称为科学的实在论之争。

这场旷日持久的争论可以通过19世纪晚期关于原子是否存在的争论窥见一斑。从18世纪末开始，原子论被广泛接受，这一理论认为，所有物体都是由被称为原子的极小粒子组成的，各种可观察的现象，比如气体的特征或化学元素的合成规律，都可以通过原子理论得到解释。但是，在当时，并不清楚如何对原子本身进行解释。针对原子理论的科学解释方法争论，其中的实证主义阵营代表人物是物理学家恩斯特·马赫（Ernst Mach，1838—1916）。他认为，由于原子是不可见的，因此，其存在只能是一种信仰，而不是科学。他说原子最多可以被看作一种虚构性的存在，其假设对数据模型的建立是有意义的，但这不是科学。原子阵营由俄罗斯化学家德米特里·门捷列夫（Dmitri Mendeleev，1834—1907）领导，他认为原子是真实的存在，其性质和相互作用解释了他发明的元素周期表的规律。

门捷列夫对于推论的实体和过程持有实在论观点：在可观察的现象背后，有一个看不见的客观存在，观察所见本身只是宇宙潜在因果结构的证据。而马赫持有的实证主义观点实际上是一种反实在论的科学观，这一观点认为，观察所见本身就是科学唯一需要解释的东西。反实在论者往往以不可知论者和无神论者的名义出现（Newton-Smith，1981；

Salmon，1989）。反实在论最常见的形式是工具主义，反实在论者认为科学理论仅仅是人类用以与自然打交道的工具或手段。反实在论者认为："如果一个理论能预测和解释事物，我们就认为它是有用的；如果它不能预测和解释，我们就放弃。""我们不应该对理论要求太高。""可能我们从科学中获得真理的想法是危险的。"实在论者认为科学应该尽力给人们呈现一个反映宇宙因果结构的真实图像；反实在论者则认为科学的使命是发明理论工具，使人们能够处理宇宙。简而言之，实在论者想要真理，反实在论者想要有用。

实在论和反实在论的分歧在于，科学解释的法则论与因果论之争的核心是什么，而这也触及了科学理论的本质。科学用理论解释世界，不管它们被认为是客观的真理（因果实在论观点）或仅仅是有用的工具（法则反实在论观点）。萨维奇（Savage，1990）提出了三种有代表性的理论方法：（1）句法观（syntactic view），认为理论是句子的公理化集合；（2）语义观（semantic view），认为理论是与客观世界相对应的模型；（3）我们称之为自然主义（naturalism）观点，认为理论是思想、价值观、实践和范例的无定形集合。在本书中，我将从中选择与心理学密切相关的三个方面进行探讨。首先，我们将讨论句法观的根源，那些深刻影响心理学发展的"关于理论的公认观点"（received view on theories）；然后，我将简要地介绍把理论当成一种思维模型的语义观，由此引出本节的最后一个主题：理论检验。自然主义的观点将在后面关于理性的章节中讨论。

关于科学理论的理论

句法观：理论是句子的集合　19 世纪末，孔德和马赫的实证主义与逻辑及数学的发展相融合，催生了一场被称为逻辑实证主义的运动（见第 11 章），并主宰了科学哲学几十年。这场运动的影响如此之大，以至于其主导的观点被称为"关于理论的公认观点"（Suppe，1977）。然而，原子论者最终还是赢得了关于原子实际存在的辩论。因此，作为孔德和马赫继承人的逻辑实证主义者们不得不承认，尽管有哲学上的争议，还是应该把不可见的、假设的概念纳入科学的理论范畴，他们尝试在不陷入形而上的风险的前提下实现这一点。他们的这一尝试，对其后的科学理论构架产生了重大影响。

逻辑实证主义者将科学语言分为三组术语：观察术语（observation terms）、理论术语（theoretical terms）和数学术语（mathematical terms）。毫无悬念，逻辑实证主义者给予了观察术语绝对优先权。他们认为，科学的基本任务仍然是描述；观察术语指的是可以直接观察到的自然属性，被认为是绝对真实的。科学的基石是"基础语句"（protocol sentences）——只包含观察术语对自然的描述。而由数据推导而来的结论称为"公理"（axioms），公理主要由逻辑或数学术语构成，附属于自然法则。

原子或磁场等理论术语的出现，引发了实在论思潮，对于逻辑实证主义者来说，这成了导致他们陷入形而上推理的危险诱惑。他们否认理论术语可以指向任何实体，而坚持早期实证主义的反实在论思想。他们认为，理论术语是通过明确的定义，或者更通俗地说，是通过操作性定义（operational definitions）来赋予其内涵或认知论意义的。操作性定义是逻辑实证主义者认可的第三类语句——包含一个理论术语和一个与其相关联的观察术语的混合语句。由此产生的科学图景如图 1.1 所示：底部代表着实证主义者认为唯一与现实相对应的观察术语；顶部是被组织成公理的纯假设性的理论术语；中间夹着连接理论和数据的操作性定义。

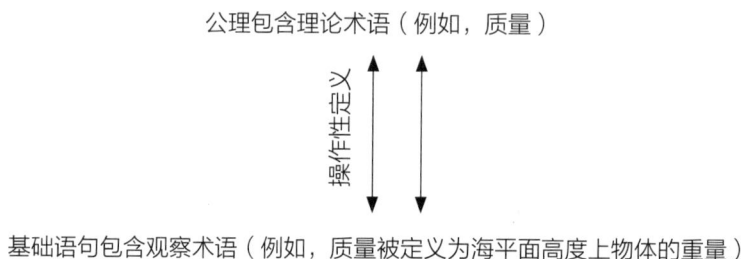

公理包含理论术语（例如，质量）

操作性定义

基础语句包含观察术语（例如，质量被定义为海平面高度上物体的重量）

图 1.1　逻辑实证主义科学语言的模型示意图

我们来举一个物理学的例子。经典物理学中有这样一个重要公式：

$$F = m \times a$$

力的大小等于质量乘以加速度。其中力、质量和加速度都是理论术语，这些术语本身是抽象的，我们必须用我们确实可以观察到的东西来定义它们，这个定义通常需要通过一种操作方式来实现，这也正是其被称为操作性定义的原因。例如，质量被定义为海平面高度上物体的重量。因此，在公认观点中，理论的语句（或称公理）中涉及的术语要明确参照观察术语来定义。尤其要注意的是，对于公认观点，或者对于任何反实在论科学哲学来说，观察并不为推断对象的存在和属性提供证据，但其可以像字典定义单词的含义一样定义这些实体。

公认观点自然而然地将科学引向了亨佩尔和奥本海姆的解释模型。自然法则属于理论术语，人们可以通过这些理论术语推导出现象，或者准确地讲，是推导出观察术语。众所周知，从 1930 年到 20 世纪 60 年代，心理学的发展受到了逻辑实证主义的极大影响，并且其"操作性定义"的概念仍然发挥着强大的影响力。

关于理论的公认观点也面临着很大的挑战，其中最大的问题是它严格分离了理论和数据。实证主义者总是想当然地认为科学是建立在观察的基础上的，观察完全独立于理论。然而，实证主义对于"感知"的概念理解得过于简单了（Brewer & Loschky，2005；Daston & Galison，2007）。简单地说，人不可能同时观察一切。观察者对于观察对象必须先有一个概念或想法，由此决定观察的角度和优先度，也就是说，理论决定了对象的重要性。此外，心理学家也已经证明了，感知是如何受人们的期望和价值观影响的（Brewer & Loschky，2005），因而我们知道，知觉从来都不是实证主义者所认为的那样，是个完美过程。事实上，我们可以颠覆实证主义的观点，把理论对观察的指导视为一种美德而不是罪恶。夏洛克·福尔摩斯（Sherlock Holmes）的故事《银色火焰》（Silver Blaze）中有一段话很好地诠释了这一点。我们来看看由理论指导的侦探大师是如何战胜实证主义警察的：

> 福尔摩斯随即跳进洞里……俯身紧贴着地面，双手托着下巴，仔细查看面前被踩烂的泥巴。
>
> "嘿！"他突然叫道："这是什么？！"他捡起一根蜡制火柴，火柴烧了一半，上面沾满泥巴，乍一看像根枯树枝。
>
> "我之前怎么没看到……"探长似乎有点恼羞成怒。
>
> "你当然看不到，因为它埋到泥巴里了。我能看到是因为我找的就是它。"
>
> "什么！你早知道要找这玩意儿？"
>
> "大惊小怪。"
>
> （Conan Doyle，1892）

通过这个小片段，我们看到了拥有一种理论的重要性，这种理论可以指导观察者应该寻找什么。福尔摩斯之所以能找到那根火柴，是因为他掌握了一种犯罪理论，这使他的观察有明确的指向，而缺乏理论指导的警察，尽管搜查很细致，却一无所获。对于一个纯粹的观察者而言，所有的事物既可以是有意义的，也可以是无意义的。而对于接受理论指导的研究者而言，每一个观察对象都在其理论框架中占据一定的位置和比重。

语义观：理论是世界的简化模型　语义观（Suppe，1989）以现代逻辑学的高度技术化的发展为基础。但从我们的研究视角看，语义观的重要性体现在它赋予了科学模型中心地位，由此而建立的学说认为，理论与其解释的世界之间是一种间接关系。语义观认为理论是一种抽象的数学结构，它并不是现实世界的映像，而是一个清除了无关因素的理想化模型。

所谓理论，就是科学家建构的一个模型，这是一个高度抽象化的模型，它可以部分模拟真实的世界。只有当某个理论本身是正确的，且囊括了决定事物某个行为的所有变量时，其对世界的描述才是真实的。例如，对于物理学理论中的质点力学而言，在"块状物体沿着斜面滑动"这一事件中，相关元素——块状物体、斜面和地球——都被看作无摩擦、无体积的"质点"，在这个理论模型中，所有不相关或复杂的元素都被剔除，所以，理论模型只是显示的简单化、理想化版本，这也是理论的功能所在。语义观强调科学理论的局限性，认为科学理论只能解释某些现象，以及这些现象的某些方面。科学理论不等同于我们所体验的真实世界，而是一个抽象化、理想化的模型。

现实世界比理论模型要复杂很多，无法完全通过理论来解释。举一个心理学的例子，比如配对联想学习法，这一理论将学习者描述为一个不会受到一天中时间或个人压力因素影响的个体。事实上，这些忽略的因素肯定会影响学习者的记忆表现。模型的建立可以让科学家更加专注并清晰地思考他们感兴趣的事物的某个方面。对于一个研究学习理论的专家来说，虽然压力的确是影响学习效果的一个因素，但却是一个需要减少其干扰甚至通过统计手段消除的因素。相反，对于一个研究压力的专家而言，压力就成了他的主要关注点，而配对联想学习法只是作为其压力研究的一个背景或手段。不同的理论专家会从不同的视角建构模型，尽管这些理论所关注的可能是同一个事实：人们在不同的条件下是如何学习的。

理性：科学家何时何故会修改他们的理论

古希腊人将人类定义为理性动物，但这一论断越来越令人怀疑（Ariely，2008；Mele & Rawling，2004）。然而，科学却似乎是一个符合古希腊人理想的存在，其取得的成功显然宣告了它是理性的典范。科学的理性问题十分重要，因为理性和道德一样，是一种标准，是人类理应追求的东西。多年来，哲学家们一直试图建立理性的标准，让人们可以像参照道德标准一样遵循理性标准。放弃理性标准就如同放弃道德标准一样危险，缺少了这两个基石，人类何以指望走出无政府、暴政和无知的状态？我们是如何分辨是非善恶的？如果科学都不是理性的，那还有什么是？

传统的科学哲学，如实证主义和逻辑实证主义，相信科学的理性，并用形式化、逻辑化的结构阐述了科学的理性方法论。而且，实证主义者对科学的描述是试图超越内容（content-free）的，他们认为，对于任何时期的任何学科门类，科学都有唯一的逻辑结构。然而，当我们越是深入地研究科学的发展历史，就越会发现，它不像是一个绝对抽象、永恒不变、超越内容的纯理性方法论集合。科学家也是人，尽管是一群受过严格专业训练的人，但他们的感知和推理能力仍像普通人一样存在限制和误差。科学家们通常会在一个科学群体中接受训练和工作，不同的科学家拥有不同的目标、价值观和标准。科学领域也像生活中的其他领域一样，对某个人来说它可能非常理性，对另一个人来说却可能不值一提。

由此可见，逻辑实证主义被错误地看作了纯粹的科学方法论。20世纪60年代初出现的"元科学运动"（Daston & Galison，2007）一直在挑战这一错误的观点，即科学是由一种固有的理性所定义的，这种理性使科学有别于其他形式的人类活动。这场新运动带来了被称为"自然主义的科学方法论"的科学观，这一观点把科学看作一种用实践来检验理论的制度，而不是恒久不变的哲学真理。这场新运动得到了众多哲学家、历史学家、社会学家和科学心理学家的支持。自然主义科学方法论有很多分支，本节我重点介绍其中的两种，一是以托马斯·S.库恩（Thomas S. Kuhn，1922—1996）为代表的世界观理论，这一理论在过去的30年中对心理学的发展有显著的影响；另一种是达尔文主义，其认为科学方法的发展是一个达尔文式的智力进化过程。

还原和取代 当我们去对比两种理论对相同事物的解释能力时，会出现两种可能性。一种可能性叫还原（reduction），也就是说，这两种理论是在不同的层面上解释相同的事物，用相对复杂的理论解释更加具体的对象；用相对基础的理论解释更加普遍的对象。在科学家试图描述自然的统一规律时，他们会倾向于放弃更加"高级"和复杂的理论，将其还原至更加基础的版本，因为复杂理论都是从简单的基础理论中衍生而来的。"降级"后的理论仍然可以做出合理且有效的解释。另一种可能性叫作取代或淘汰，也就是说，所对比的两个理论只有一个是正确的，另一个错误的理论应该被抛弃。

关于"高级"理论的还原，我们可以通过两个例子来理解，一个是将经典气体定律还原为气体的分子运动论，另一个是将孟德尔遗传学（Mendelian genetics）还原为分子遗传学。18世纪的物理学家认定，气体的压力、体积和温度，可以通过一个称为"理想气体状态方程"的数学方程相互关联：

$$P = V \times T$$

这是一个典型的符合覆盖律的例子——物理学家可以用精确而实用的方式描述、预测、控制和解释气体的行为。理想气体状态方程是"高级"理论的一个例子，因为它描述了复杂物体，即气体的行为。而原子假说的早期成功之一是气体分子运动论，它对理想气体状态方程做出了因果解释。分子运动论认为，气体（也包括其他状态的一切物体）是由像台球一样的原子组成的，这些原子的活跃程度或运动速率，是由其包含的能量，尤其是热量决定的。例如，从理想气体状态方程的角度看，如果我们加热气球中的空气，气球就会膨胀，如果我们冷却空气，气球就会收缩（如果把气球放在液氮中，体积甚至会收缩至趋近于零）。分子运动论解释了气体体积变化的原因，当我们加热空气时，组成空气的粒子更活跃，反弹到气球的表面，推动气球向外膨胀；当我们冷却空气，原子的运动减速，撞击气球的力度变小，如果减速的幅度足够大，就不会产生任何压力。

相比于理想气体状态方程，气体分子运动论所处的层面更加基础，因为它涉及组成气体的粒子，可以解释所有由分子构成的对象而不仅局限于气体，气体的行为状态只是所有物质性状变化规律的一个特例。气体分子运动论通过假设一个潜在的因果关系解释了理想气体状态方程的原理，因此理想气体状态方程可以还原为分子运动论。理论上，我们可以废除理想气体状态方程，但我们认为在一定应用范围内它是有效和有用的，它仍然是一个科学理论，只是被整合进了一个更加普适的理论体系中。

孟德尔的遗传学也有类似的还原故事。孟德尔提出了一种遗传传递单位——基因，这在当时完全是一种假设。孟德尔的基因概念为群体遗传学提供了基础，但是从没有人见过基因或者知道它的样貌。然而，在 20 世纪 50 年代早期，脱氧核糖核酸（DNA）结构被发现，并被了解到其是遗传信息的载体。随着分子遗传学的发展，人们已经认识到 DNA 模型上的编码序列才是真正的"基因"，其组成也远比孟德尔以为的复杂。尽管如此，孟德尔遗传学对于其主要的解释对象——群体遗传现象是有效的，但是，如同理想气体状态方程一样，孟德尔的遗传学已经被还原整合进分子遗传学体系。

在还原的情况下，旧的理论被认为在其应用范围内仍然是科学有效的，只是其在科学谱系中的序列变得相对次要。与之相对的是，一个被取代的科学理论的命运是完全不同的。通常情况下，一旦证明某个理论是错误的，就要把它从科学谱系中剔除。在这种情况下，旧的理论由更好的理论取代。例如，托勒密的地心说，将地球置于宇宙的中心，太阳、月亮以及其他恒星都在各自复杂的轨道上围绕地球旋转，这一理论被天文学家们接受了好几个世纪，因为它可以对天体运动做出有用的精确描述。通过这个理论，天文学家们可以描述、预测和解释日食之类的事件。尽管托勒密的地心说理论具有描述性和预测性，但经过长期的斗争，托勒密的理论最终被认为是个彻底的错误，被哥白尼的日心说取代。哥白尼的理论将太阳置于宇宙中心，而太阳系的其他星体围绕太阳旋转。作为一个过时的理论，托勒密的理论被彻底排除在科学体系之外。

理论还原或取代的问题在心理学领域显得尤其重要（Schouten & Looren de Jong，2007）。心理学家一直试图通过生理途径联系心理和生理过程。然而，对于我们现有的某个心理学理论，如果我们发现了其潜在的生理依据，那么这个心理学理论会被还原或取代吗？一些观察家认为，心理学注定会像托勒密的地心说一样消失；另一些人则认为，心理学将沦为生理学的一个分支，但他们中的一些乐观主义者也承认，至少某些人类心理学是既无法被还原也不能被神经生理学取代的。我们会发现，心理学和生理学的关系一直是不稳定的。

心理学是一门什么样的科学

对于心理学，很奇怪的一点是，人们不确定应该把它划归科学体系的哪一部分。在大多数大学或学院里，心理学与"社会科学"混为一谈，尽管有时它也被认为是"生命科学"，与生物学混为一谈。在其他一些地方，心理学被分割成若干部分，例如，某个关于认知科学的研究部门会研究心理学的相关领域，其他部分也被切割归属于相应的交叉学科。同样地，尽管大多数临床心理学的研究生项目都安排在心理学系，但有时医学院的精神病学专业也会招收临床心理学研究生，咨询信息学的研究生则通常被安排在教育学院。

图书馆则不同。现代图书管理员喜欢以系统方式对图书进行分类，他们对待心理学与大学院系有所不同。如果一个图书馆使用美国国会图书馆的分类体系，大部分心理学书籍是放在 BF 区域的，这是包括哲学在内的 B 类大分类的一个子区域。当然也有部分心理学书籍会被放到科学所属的 Qs 区域、精神病学所属的 RCs 区域，或者教育学的 LBs 区域。你永远不要指望在社会科学区域找到心理学书籍，而且，如果你去看一本关于社会科学方法和理论的书籍，也根本别想找到心理学相关的内容！事实上，至少有一位作者明确否认心理学属于社会科学，如彼得·马尼卡斯（Peter Manicas，2006），尽管他在早期的一本著作（Manicas，1987）中提到过心理学。这不得不让人怀疑心理学是否有统一的主题，看起来把它归于任何现有领域都不合适。

作为世界观的科学

具体的和普遍的知识　我们日常的关注点和知识大多集中在具体的人、地点、事物或事件上。例如，在选举投票中，我们会收集具体的竞选议题和有关候选人的具体信息，以便决定投票给谁。随着时代的变化，议题和候选人来了又去，我们又开始了解针对新问题的新事实并提出新的解决方案。在日常生活中，我们需要和特定的人相处，并像对待特定事物一样，逐步深入了解对方。我们倾向于寻求直观而实用的知识。

然而，科学要回答的是在任何时间和任何地点都适用的普遍性问题。例如，物理学可以告诉我们什么是电子，至于电子是否存在于我们的拇指中，是否存在于鲸鱼座 τ 星中，是否存在于宇宙大爆炸后的前 6 分钟，或者存在于数百万年之后，这些都不是物理学本身的任务。同样的，物理学会试图描述像万有引力这种在宇宙的任何时间和地点都普遍存在的现象。

虽然科学区别于人类的日常实践性知识，但它也并不是寻求普遍真理的唯一途径。虽然有争议，但哲学有时也被认为是致力于寻找普遍真理的学科。

科学是从观察具体的事物和事件入手，最终归纳总结出解释客观世界的一般性规律或假设。例如，心理学家针对民众对待某位政治人物的态度进行了归因实验（Jones & Harris，1967），他们不关心该政治人物其人，不关心实验对象对该政治人物的具体看法，也不关心如何改变人们对待该政治人物的态度。他们试图探索的是人类如何对某种行为进行解释的一般性规律，不管这种行为具体是什么：可能是某种政治态度、对朋友最近有点神经兮兮的猜测，或是对自己上次数学考砸的归因。心理学的研究任务是在复杂的环境中专注于人类的行为，以至于要屏蔽很多环境因素，从而揭示与人类思维和行为相关的普遍规律。由于科学关注的是获得普遍性的规律，而非人类的主观想法或需求，因而科学观点是一种"本然的观点"（view from nowhere）。

作为"本然的观点"的科学　这也许是自然科学中最奇特、最令人生畏的部分，但也正是这一部分赋予了科学纯粹、严谨和力量。科学寻求最纯粹的客观知识，避免任何人为干预和主观臆测。哲学家托马斯·内格尔（Thomas Nagel）在他的著作《本然的观点》（*The View From Nowhere*，1986）中将自然科学的这一特征描述为"客观的物理概念"：

（本然观点的）发展是分阶段的，每一阶段对科学的认知都比前一阶段更加客观。第一阶段是认识到，知觉是由客观事物对我们身体产生的某种影响而引发的，我们的身体本身也是客观世界的一部分。第二阶段是认识到，那些对我们身体产生影响并带来知觉的物理属性，同样会对其他客观事物产生各种影响，但这些影响未必产生知觉，也就意味着客观的物理属性与主观的知觉之间是相互独立的，其存在并不取决于主观知觉。第三个阶段是形成一个独立于我们自身或其他主观知觉者的客观概念。这意味着我们不仅不应该从个人主观角度去思考物质世界，甚至也不应该从更普遍的人类共同感知的角度去思考它：不要去思考研究对象看起来怎么样、感觉怎么样、闻起来如何或是什么味道。将这些主观属性从我们对外部世界的描述中清除，只保留诸如尺寸、形状、质量和运动方式等客观属性。

这已经被证明是一个卓有成效的策略，（它成就了科学）……虽然我们的感官为我们提供了初始的证据，但科学方法的独立性，让我们即便在感官缺失的情况下，也可以仅通过理性把握规律，并且能够理解物理客观概念的数学和形式属性。从某种意义上说，我们甚至可以和其他生物分享对物理学的理解，只要它们也具备理性和数学能力，即便它们在对事物的感知上跟我们完全不同也无妨。

这个客观概念所描述的世界，不仅是排除主观干预的，从某种意义上说，也是毫无偏见的。虽然有属性的描述，但这些属性都不是主观的。所以主观属性都被归于意识层面……物质世界本身并不包含任何观点，也不存在任何只能以特定观点出现的事物。

（Nagel，1986，pp.14-15）

科学的本然观最重要的历史渊源是勒内·笛卡儿（René Descartes）关于意识与世界关系的论述（见第 4 章）。和其他早期科学家一样，笛卡儿明确地区分了意识（他认为是灵魂）和物质世界。意识是主观的，它是我们每个人观察世界的视角，是我们每个人对世界的主观体验。科学在描述世界时排除了灵魂，也就是意识和主观性。科学站在绝对客观的立场上描述自然，就如同自然界中根本没有人的存在一样：这就是所谓的科学的本然观。

这样的观点看起来有点奇怪，但是我们赋予科学的其他具体特征都由此衍生而来。科学通过量化手段消除任何观察者或理论家的主观立场。同行审阅可以进一步清除原创科学家的个人观点。实验的可复制性确保了任何科学家得出的结论对其他人都是通用的。其所追求的宇宙普适法则甚至超越了物种的界限，人类可以发现的自然规律同样可以被其他拥有理性的物种发现。科学的本然观对于自然科学的成功至关重要，但是它对人类相关研究的适用性是有争议的，关于这一点，你将在本书随后的内容中了解到。

| 理解历史 |

你现在正在读的这本书是一本与历史有关的书，因此它对心理学的研究方法与你所习惯的其他科目、应用领域或专业课程是不一样的。其他大部分课程的教学目的是告诉你心理学研究方法、心理学最新的研究和理论、如何利用心理学解决个人和社会问题，以及各专业心理学家的具体执业技能，比如临床心理学家或者健康心理学家的技能。

与之相反，本书要向你讲述一个故事，一个关于心理学如何发展到今天的故事。从这个角度说，心理学史的内容就如同发展心理学研究人的身心成长过程一样，关注心理学是如何从早期的古代心理学阶段成长为体系更加缜密的现代心理学的。心理学的历史是范围更加广泛的史学领域的一部分，我们的首要任务是把心理学史作为一个分支放在更大的学科背景中。如果我们不了解一个孩子从祖先那里继承了什么样的基因，不了解孩子在成长过程中所处的家庭和社会背景，就无从了解他的人生；同样地，如果我们不去了解现代心理学从古代心理学关于思维、身体和行为的观点中继承了什么，不了解它是如何被其所处的文化和社会环境塑造的，就无法真正了解心理学的发展路径。此外，我们需要了解在更加基础的领域的史学研究中出现的方法和问题。正如心理学有其独特的方法论和争议，历史学也是如此，我们也应该对其有所了解。本章中，我们要讨论的第二个主题是史学，作为史学子领域的科学史是我们关注的重点，心理学史属于科学史的一部分。

史学史

　　史学史涉及历史学领域的方法和问题。就本书而言，我们不必过多关注如何阅读古代文献，如何收集古人信息，如何使用大量的手稿或信件等。这些问题偶尔会出现，我们只需要在遇到具体问题时具体处理。在这里，我们将重点关注如何解释"人类在特定历史时期的行为"这一经久不衰的问题，因为这个问题将贯穿于本书讨论的所有内容中。心理学家致力于为行为提供解释，但从修昔底德时代（前460—前400）开始，历史学家就这么做了，而且他们有自己的古老方法。

　　主观动机与客观原因　在历史典籍编纂的过程中，尤其是科学史，史学家容易遇到这样的问题：在解释人类行为时会出现客观原因和主观动机的冲突。这就好比在一起谋杀案的侦破过程中，警察首先要确定导致死亡的客观原因（cause），也就是说，他们必须找出是什么样的物理过程（比如砒霜中毒）导致了被害人的死亡。然后，刑侦人员必须确定导致受害者被害的主观动机（reason）。他们可能会发现，受害者的丈夫与他的秘书有染，他给自己老婆买了一份保险，还买了两张去里约的机票，这表明丈夫涉嫌杀害了自己的妻子，以便和他的情妇过上奢华的生活。任何具体的历史事件都可以通过"原因"或"动机"进行解释，也就是一系列的客观原因和一系列的主观动机。在我们所举的这个例子中，一系列的客观原因就是，砒霜被加入咖啡中，咖啡被受害人喝下，砒霜对受害人神经系统造成损伤。而一系列主观动机是，购买砒霜，将它放进受害者的饮料中，制造不在场证明，并做好逃跑计划。

　　主观动机和客观原因之争广泛存在于对各种事件的解读中。一个人选择学医，可能是追求济世救人的理想，也可能是想多挣钱，甚至可能只是出于一种希望证明自己和哥哥姐姐一样优秀的潜意识冲动。

　　在科学史领域，主观动机和客观原因之争同样长期存在。正如我们稍后即将看到的，科学通常被描述为一项理想化的理性事业。科学理论应该仅仅基于理性被提出、检验、接受或拒绝。然而，正如历史学家已经充分证明的那样，科学家们不可能不受决定人类行为的因果力量影响。科学家和其他任何普通人一样，渴望名誉、财富和爱情，他们可能出于个人的内在原因或社会的外在原因选择一个假设而不是另一个，在众多研究中选择自己喜欢的方向，这样的选择可能是非理性甚至是完全无意识的。在任何情况下，历史学家，包括科学史学家，都必须同时考虑主观动机和客观原因，权衡一种科学观点的理论价值、被提出的原因，及其被接受或否定的理由。

当下主义历史观　传统而言，科学史倾向于高估客观原因，这催生了辉格主义史观[①]和当下主义历史观。历史学的其他分支也有类似的错误倾向，但这一倾向对科学史学家来说最具诱惑力。对于辉格主义者来说，历史是通向我们当下启蒙状态的一系列步骤。因此，辉格主义的科学史观认为，如今的科学方向本质上是正确的，至少优于过去的科学。基于这一历史观，他们讲述了历代杰出科学家建构如今的科学大厦的故事，辉格主义者将错误视为对理性的偏离，认为那些思想跟不上时代的科学家，要么会被忽视，要么会被看作傻瓜。

辉格主义史观刚好迎合了很多科学家的观点，因此不可避免地出现在各种科学教科书中，这些教科书的部分任务就是让学生相信科学的正确性（Brush，1974）。

然而，辉格主义史观是一种童话式的历史观，正逐渐被专业的科学史学家用更为合理的科学历史观取代。不幸的是，新的科学史观由于考虑了科学家的个人因素，同时考虑到科学有时也会受到社会和个人的非理性因素的影响，因此被一些应用科学家们看作破坏了他们的科学信条，是一种危险的思想。我本人就是本着新科学史精神写了这本书，我和物理历史学家斯蒂芬·布拉什（Stephen Brush，1974）都相信，一部好的历史著作不仅不会伤害科学，还能帮助年轻的科学家，将他们从辉格主义的教条中解放出来，让他们更能接受不同寻常甚至激进的思想。类似本书一样的大规模历史调查，或多或少会有一点当下主义的印记，也就是要解释心理学是如何演化到如今的体系。当然，这并不是说我就是辉格主义者，认为如今的心理学是最好的，我只是希望人们可以从历史的角度理解心理学现状。正如我们在随后的文字中将要了解到的，心理学原本也可以走向其他的方向，不过全面探讨可能的走向超出了本书的研究范畴。

内在主义 - 外在主义　内在主义和外在主义是科学史研究的另一个重要维度。辉格主义科学史观就是一种内在主义科学史观，认为科学是一门独立的学科，通过对科学方法的合理使用来解决定义明确的问题，不受同时发生的任何社会变化的影响。一部内在主义的科学史会很少提及国王和总统、战争和革命、经济和社会结构。而最新的科学史认识到，虽然科学家都不希望受到社会和社会变化的影响，但没有人能够置身事外。科学是社会结构的一个有机组成部分，其所置身的社会有着特定的需求和目标，科学家是身处不同文化的社会化个体，在不同的社会环境中追求各自的成就。举个简单的例子，在美国，获得联邦资助对于一个科学家的职业生涯来说是至关重要的，以至于科研项目的选择更多的是由项目的"可资助性"而不是科学家的个人喜好决定的。因此，新的科学史倾向于外在主义，认为科学是更大的社会背景的一部分，并在其中发挥作用。本书中，我努力平衡了内在主

---

① 持辉格主义史观的人相信在历史学中存在演变的逻辑，他们用现在的标准评判过去。——编者注

义和外在主义倾向，用心理学标准判断理性辩论的同时也把心理学置于更大的社会和历史背景中。

思想还是人　过去的历史学争论，包括主观动机和客观原因之争、辉格主义史观和新科学史观之争、内在主义和外在主义之争等，都可以归结为两种不同的历史观之争：一种认为历史是由伟人创造的（伟人史观），另一种认为历史是由超越人类控制的力量创造的。后者也被称为时代精神历史观，人类则被看作时代精神驱动下的傀儡。

伟人的历史通常是振奋人心的，因为它讲述了个人的奋斗和胜利。在科学领域，伟人的历史就是杰出科学家通过研究和理论揭示自然奥秘的故事。由于伟人的成就总是受到后世的尊崇，我们总是突出强调其理性和成功，而淡化与人类思想和行为相关的文化和社会因素，因而伟人史观通常偏向于辉格主义和内在主义。

德国哲学家格奥尔格·威廉·弗里德里希·黑格尔（Georg Wilhelm Friedrich Hegel，1770—1831）首次提出了与之相对的时代精神历史观：

> 只有对世界史本身进行研究才能看到它是理性地向前推进的，它代表了普世精神基于理性的必然进程，这种精神的本质是统一的，但这个统一的精神表现在世界的发展进程中……世界历史在精神的领域中向前发展……精神及其发展的过程是历史的本质。
>
> （Hegel，1837/1953，p.12）

时代精神历史观倾向于忽略人类的行为，这一观念相信，人类的命运被一种潜在的力量支配，这种力量通过历史的进程来塑造自己。在黑格尔最初的表述中，隐藏的力量是贯穿人类历史的绝对精神（通常与上帝等同）。黑格尔关于绝对精神的看法虽然不再流行，但时代精神的历史观依然存在。

由于强调社会进步的必然性，所以从黑格尔的角度看，时代精神的历史是属于辉格主义的。黑格尔等人都把人类历史引向了某种终极目的：绝对精神或上帝的最终实现，或者最终进入社会主义，拥有完美的经济秩序。并且他们都把历史发展视作一个理性的过程。然而，他们的历史观不是内在主义的，因为他们认为历史的决定权是超越人类个体行为的。黑格尔等人的贡献在于提出了外在主义，将历史学家的注意力引向了人类行为所在的更大背景，并且发现这个大背景对人类行为的塑造方式，是这些行为实验对象，即我们自己也搞不清楚的。从这个广阔的视角来看，外在主义带来了对历史更深刻的理解。然而，历史并没有明确的方向。世界的历史，或者具体到心理学史，都是可能存在与当下不同的走向的。作为人类，我们的行为受到晦暗交织的社会因素和个人因素的影响，并不受控于什么外部力量。

科学及心理学史学史　关于历史学自身的历史和方法的研究称为史学史。科学史学史（心理学史隶属其中）经历过两个发展阶段（Brush，1974）。在早期阶段，从19世纪到20世纪50年代，大部分的科学史是由科学家自己编纂的，通常是年纪较大的科学家，它们已不再活跃在研究前沿。这并不奇怪，因为编纂科学史有一个特殊的挑战——编写者必须熟悉科学理论和研究的细节才能讲述相关的科学故事。然而，随着科学史编纂领域的专业化，一种"新"的史学研究模式出现了，科学史的编纂被训练有素的史学家接管，但这些史学家大多有科学背景，这一现象始于20世纪50年代，到60年代开始逐渐流行。

心理学历史也经历了同样的变化，尽管时间稍晚，而且转变得也不够彻底。埃德温·加里格斯·波林（Edwin Garrigues Boring）的权威著作《实验心理学史》（*History of Experimental Psychology*）是"旧"心理学史的经典之作，该书于1929年首次出版，1950年再版。波林是一名心理学家，内省主义者E. B. 铁钦纳（E. B. Titchener）的学生。波林所熟悉的心理学正在因为行为主义和应用心理学的兴起而被取代。虽然波林并没有退休，但他转而以一名内在主义者的身份书写他的历史，以辉格派的方式为自己的传统辩护（O'Donnell，1979）。波林的著作在几十年内被当作行业标准，但是，从20世纪60年代中期开始，新的专业心理学史开始取代旧的。1965年，专业杂志《行为科学史》问世，美国心理学会（American Psychological Association，APA）批准成立一个心理学史学科分类（26）。1967年，在杂志创始人罗伯特·I. 华生（Robert I. Watson）的指导下，第一个心理学史研究生项目在新罕布什尔大学创立（Furomoto，1989；Watson，1975）。"新心理学史"的发展在20世纪七八十年代达到高潮，直到1988年劳雷尔·弗洛墨托（Laurel Furomoto）宣布它完全成熟，并要求将其纳入心理学课程。同时我们应该注意到这一转变并不是绝对的。虽然你正在阅读的文字是少数受到新心理学史（Furomoto，1989）影响的内容之一，但我本人却是一个没有接受过专门历史学训练的心理学家。如今，心理学家和史学家的结合成了一种新兴的职业，可以将历史的专业知识运用到心理学的问题和方法上（Vaughn-Blount，Rutherford，Baker & Johnson，2009）。随着时间的推移，新心理学史已经成为心理学史的一部分，由历史学家而不是心理学家来编纂。

从旧科学史（包括心理学史）到新科学史的转变，不仅仅是编纂者身份的改变这么简单。这一转变与史学界从"旧史学"到"新史学"的转变相对应（Furomoto，1989；Himmelfarb，1987；Lovett，2006）。"旧史学"讲述的是"上层的历史"，主要关注政治、外交和军事等领域，以及与伟大人物相关的事件，这类历史著作通常是以叙事的形式，描述关于国家和人物的故事，主要面向达到平均教育水平的大众，而不是专业历史学家。"新史学"关注的是基于底层的历史，它试图描述甚至重现被旧史学忽略的无名之辈的日常。正如彼得·斯特恩斯（Peter Stearns）所言，"当把少女初潮来临的历史看作与君主制历史同等重要时，我们'新史学家'的时代就来临了"（引自 Himmelfarb，1987，p.13）。新史学的形式是分析式而非叙述式的，通常会援引社会学、心理学和其他社会科学领域的统计和分析方法。

下面是弗洛墨托关于新心理学史的描述：

> 新史学是批判性的，而不是形式主义的；是基于社会背景的，而不是简单的思想史。其更具有包容性，超越了对"伟人"研究的局限。新史学重视原始史料和档案资料，避免了轶事和传说等二手信息的以讹传讹。最后，新史学试图用历史同时期的思想去理解当时的问题，而不是用当下的思想生搬硬套，或者基于所研究领域的现状盲目反推历史。
>
> （Furomoto，1989，p.16）

除了呼吁用更大的包容性来研究历史，弗洛墨托对新心理学史的描述实际上同样适用于传统史学领域。

那么，本书是属于新心理学史学还是旧心理学史学呢？的确，我在撰写本书时受到了新心理学史学的影响，并且使用了新史学的研究方法，但本书并不是一本绝对的新心理学史学作品。我对传统思想史有极大的兴趣，通常不会在心理学家的传记中寻找心理学发展的依据。我认为历史学属于人文科学，而不是（社会）科学，当历史学家过分依赖社会科学时，他们的方法论基础并不稳固。我同意马修·阿诺德（Matthew Arnold）的观点：人文学科应该关注已经说过和做过的最好的（也是最重要的）事情。最后，我认同英国历史学家 G. R. 埃尔顿（G. R. Elton）的观点，即历史"使人理性"。因此，我尽力在材料允许的情况下，以叙事的方式撰写一部历史，关注心理学思想中的主导思想，旨在让年轻的心理学家们在心理学实践中更加理性。

科学是一个历史过程

从 19 世纪开始，实证主义者就断言：科学是一种特殊的、超脱于历史的法则。他们认为，科学真理不受历史的束缚。对电子的推测从一开始就没改变过；牛顿的物理定律不会发展也不会改变。它们都超越了历史。所以，科学作为一种法则，似乎是，或者至少应该是超脱于历史的。实证主义者相信，一定存在一种普适性的科学定义或方法，就像电子或重力一样，超越时间和地点。对于实证主义者来说，最重要的是，弄清楚科学方法的本质，这样人们就可以将其应用于任何领域和学科，包括社会（社会学）、人类行为（心理学）

和政治（政治学）等。从某种意义上说，实证主义者其实是希望终结历史学的，因为一旦找到关于"人"的科学真理，就可以解释一切旧的政治争端。通俗地说，实证主义开创了科学的哲学领域，其目的是寻找关于科学的、形而上的、普遍的和超越历史的真理配方。

科学哲学：对科学的静态定义　　实证主义者理解科学的方式基于传统的哲学方法。正如我们随后会看到的，古代的第一个哲学家兼心理学家提出了这样的追问："真理从何而来？"以及"我们如何得知某事是否真实？"这些问题是哲学认识论和心理学认知科学的核心。实证主义者支持基于经验主义的心理学和哲学，认为真理来自对世界的观察，我们之所以知道某事是真实的，是因为我们可以通过观察来证明它。实证主义对心理学的发展产生了巨大的影响，尤其是在美国。我们将在第11章读到相关内容。但实证主义作为一种科学哲学取向，注定是失败的，因为它认为，科学能够且应该放弃对不可观察的实体的引用，比如原子。如同心理学家一样，实证主义者对"观察"的处理极其幼稚。

奥地利哲学家卡尔·波普尔（Karl Popper，1902—1994）提出了另一种科学哲学的方法，他没有用形而上学（讨论未被观察到的概念）或心理学（基于实证主义的经验主义）来定义科学。波普尔既没有追问科学的运作原理，也不关心政治、美学、伦理学或人类思想的任何其他领域，只是问，是什么造就了一个"科学理论"。作为一个年轻人，波普尔生活在欧洲历史上最具创造力的时代和地方——20世纪早期的维也纳，他接受了各种运动和思想的洗礼，包括包豪斯学派、弗洛伊德精神分析、实证主义、爱因斯坦尚未证实的相对论，量子物理学的深刻谜题等。波普尔并不关注如何判断哪些理论是正确的，而是追问如何判定一个理论是否科学。这一举措意义重大。"什么是真理"这个问题困扰了人类几千年，所以继续纠结于这个问题毫无意义。此外，他认为，提出一个错误的理论并不是什么丢人的事。科学地解释客观世界本来就是一件艰难的事情，在科学史上，错误的假设随处可见。

波普尔认为，与其苦苦寻求新的真理标准，不如建立一套"科学标准"。首先，部分理论，比如包豪斯学派关于建筑设计的新颖想法，并没有吹嘘自己是科学。所以，波普尔把注意力放在了那些声称自己是科学，但未经证实的理论上，比如精神分析和相对论。波普尔开始关注伪科学，就是那些声称自己是科学但超出科学的可接受范围的理论，如占星术（Leahey & Leahey，1983）。如何证明它们不是科学？一个实证主义者会回答："因为其理论是无法预测和验证的。"但占星家可以随意找出其成功预测的例子。"在我的实践中，"占星家可以说，"很多预测都是准确无误的。上个礼拜我告诉一个男的，周一他有财运，他跑去买强力球（彩票）就中奖了！我还跟另外一个女的说她周五会有桃花运，她果然迎来了一场约会。"

波普尔在1919年5月29日进行了一次至关重要的观测，当时发生了一场日食，他的观测检验了相对论。爱因斯坦预言，光在经过大质量物体附近时，比如太阳，会发生扭曲。当日食发生时，波普尔发现可以在太阳圆盘的边缘看到星星，众所周知，在阳光的映衬下这些星星通常是看不见的。天文学家由此得出结论，来自这些恒星的光确实像爱因斯坦预测的那样发生了扭曲，波普尔违反直觉的验证标志着相对论的一次重大胜利。

乍一看，这种证实虽然更加壮观，但似乎与占星家验证对爱情和金钱的预测并没有太大不同。但是波普尔看到了其中的区别。如果一个占星家的预测没有应验，他们会为自己的理论找出许多魔术师称之为"例外"的方法来解释其失败。首先，占星家的预测是模糊的，"财运"可能意味着在街上捡到1美元、丢钱包、还贷款、请朋友吃顿大餐，当然也包括中彩票。其次，占星术有无数的变量，随便找出一个就可以解释完全失败的预测。如果周一什么都没发生，任何事情都和钱扯不上关系，占星家可能会说："你一定没有告诉我准确的生辰。"或者就算你告诉过他你的准确生辰，他也会说："你出生证上的日期肯定不准确！"波普尔与类似占星家的精神分析学家们进行过深入的对话，他们会将任何行为、梦境或记忆作为精神分析的依据。

爱因斯坦同样面临着一场理论的冒险，如果经过观察，发现光线没有扭曲，那么相对论就有可能被证明是错误的。波普尔颠覆了实证主义。相对论起初并不是一个经过了验证的预测，虽然天文学家可以去验证，但它是一个可证伪的理论，这就意味着这个理论是科学的。我们应该注意到，波普尔正小心翼翼地避免把"真理"作为判断一个理论是否科学的标准。他的划分标准不像实证主义那样依赖于任何特定的关于认知的心理学论题，也不像康德的唯心主义（见第6章）那样致力于任何形而上学。这是一个纯粹的逻辑问题：这个理论是可证伪的吗？他最重要的一本著作叫《研究的逻辑》(*The Logic of Research*)。作为一个逻辑标准，可证伪性似乎也是超脱历史局限的。人们可以在任何时候只需要问一个决定性的问题：这个理论可以做出可证伪的预测吗？实验是否已经完成，观察是否已经完成，甚至结果如何都不重要。只要一个理论最终是可检验的，它就是科学的，对错并不重要。

然而，波普尔也错了。一个理论的科学地位，取决于它如何随着时间的推移而变化，特别是它如何应对明显的证伪。

库恩之后：动态地定义科学　如果有哪本学术著作配得上"重磅炸弹"的称号，那就是托马斯·库恩的《科学革命的结构》(*Structure of Scientific Revolutions*，1970）。它彻底颠覆了哲学和科学的历史，其影响力延伸到学术之外的文化领域。就算你没读过库恩的书，你也很可能听过库恩引入的"范式"（paradigm）概念以及"范式转移"（paradigm shift）这个术语。本书后续章节将进一步从不同角度讲解库恩颠覆性的科学理念，此处我们重点关注他的科学观之一：科学哲学中历史的中心地位。

库恩将隶属于上层科学体系和社会结构的理论称为"范式"。一个范式的某些元素是被某个科学家有意识地持有的，其他部分是隐藏的。关于世界的深层背景假设，科学家只是模糊地意识到，或者认为其真实性是理所当然的。有些元素与科学中的共识性方法有关，也与某些特定假设必须被认真对待有关。例如，某个给定的范式可能坚持实验方法和定量理论，而另一个可能更倾向于自然主义的观察和完全避免量化。范式一旦在科学共同体中建立起来，就会提出有待实践者解决的科学猜想，而这正是库恩的反波普尔历史观的关键之处，因为范式或理论如何随着时间的推移处它的猜想，决定了这一范式或理论作为一门科学的成败。

为了完整阐述，我为读者整理了关于学习理论的内容，我们将在第 10 章和第 11 章回顾其混乱的发展过程。在 18 世纪，大卫·休谟（David Hume）等哲学家（见第 6 章）提出，学习是将一种观念与另一种观念关联起来的行为，并且遵循一定的关联规律。其中的一个主要规律是相似性：如果一个观念的内容与另一个相似，当我们思考其中一个的时候，自然会联想到另一个。举一个看人像的例子：如果你看到的肖像与某个熟人相近，就会想到那个人。另一个主要规律是邻近性：如果两个观念相继出现，就会被我们关联到一起，当一个观念出现时就会想到另一个。所以，如果我认识一对朝夕相处的情侣，某天我看到他们其中一人，就会自然想到另一人。

然而，这些规律虽然直观，却给心理学家带来了不小的难题。两个观念之间到底需要多大的相似性才能关联到一起？休谟没说。两个观念在空间和时间上到底要多接近才能产生关联？休谟也没说。然而，专业人士可以通过对这些小猜想的调查统计，完善哲学联想主义——一个被广泛接受的范式，使其成为一个科学理论或研究计划。伊万·巴甫洛夫（Ivan Pavlov）等人（见第 10 章、第 11 章）完成了这一任务。巴甫洛夫训练一只狗对某个刺激物分泌唾液，比如一个圆，然后给它呈现各种各样的椭圆，结果表明，椭圆的形状越接近正圆，刺激的效果越好。他通过控制中性刺激（比如狗皮肤上的震动）和自然引发唾液分泌的刺激（如食物）之间的时间间隔，发现时间间隔越短，中性刺激引起的唾液分泌就越明显，而且中性刺激先于食物呈现时，效果最好。

这种循序渐进的进程被库恩称为标准的科学揭秘方式。因此，一个科学理论的科学地位，不是通过一次戏剧性的测试，如波普尔对日食的观测，而是通过几年甚至几十年逐步解决问题的过程建立起来的。更有趣的是，与波普尔的界定标准相关的，是那些无法解决的难题，或者与主流理论或范式不一致的观察结果。按照波普尔的说法，这样的观察本身就是对其理论的证伪。但库恩观察到，情况很少如此。

通常，科学家都是非常保守的。他们更喜欢保留和保护那些经过几十年挑战屹立不倒的理论或范式。他们这样做通常是对的，因为偶尔出现的令人不安的发现——库恩称之为"异常"——一般可以与主流范式相协调。有时，异常只是意外或糟糕研究的结果，正如我们稍后将在认知科学的可复制性危机中看到的那样。通常，对现有理论的微小调整就可以适应异常情况。然而，异常有时会抵制这种防御性策略，并可能导致对主流范式的颠覆，这就是库恩书名中的"科学革命"（见图1.2）。科学革命的一个经典案例就是托勒密对太阳系的描述，他认为地球是宇宙的中心，而挑战者哥白尼认为太阳才是中心。科学家可能会抵制革命，但如果一个新的范式能够比旧的范式更好地解释世界，他们就会接受革命。这种保守主义和对激进变革所持开放态度的结合是完全合理的，也是科学作为一种机制成功的重要原因。太多的保守主义会产生僵化的教条，而太少的保守主义会削弱质疑精神，使科学变得不稳定。

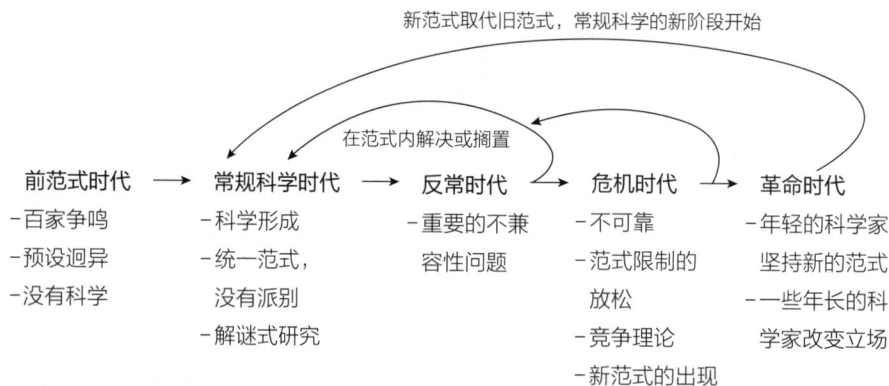

新范式取代旧范式，常规科学的新阶段开始

在范式内解决或搁置

前范式时代	→	常规科学时代	→	反常时代	→	危机时代	→	革命时代
-百家争鸣		-科学形成		-重要的不兼		-不可靠		-年轻的科学家
-预设迥异		-统一范式，		容性问题		-范式限制的		坚持新的范式
-没有科学		没有派别				放松		-一些年长的科
		-解谜式研究				-竞争理论		学家改变立场
						-新范式的出现		

图 1.2　库恩的科学革命图示

| 历史上的心理学 |

心智是被发现、发明还是被建构的

心理学史所面临的一个中心问题是，什么是灵魂或心灵的本质？心智是一个像原子一样等待被发现的东西，还是一个像金钱一样由人类创造的东西？

1953 年，德国语言学家布鲁诺·斯内尔（Bruno Snell）出版了《心灵的发现：欧洲思想的希腊起源》（*The Discovery of the Mind：The Greek Origins of European Thought*），他在序言中举例说明了将心智定义为实体的困难。尽管他的著作标题表明了大胆的论点，但斯内尔并不完全确定，希腊人是否真的"发现"了某些已经存在的东西。尽管他声称"希腊（荷马之后）各种思想的兴起不亚于一场革命……他们打开了人类心智的宝库"，但他也写道，希腊人的"发现"与我们所说的对新大陆的"发现"不是一个概念（Snell，1953，p. v）。斯内尔在与心理学元理论中声势渐长的某种"可能性"做斗争。他明确否认了认知科学领域一些人支持的心智是人为产物的"可能性"（见下文）。斯内尔写道，心智"不是被发明的，像人发明工具那样……用以解决某一类型的问题。一般来说，发明是可以自主决定的，且服务于发明目的。在发现人类心智的过程中，既没有目标也没有目的"（p. viii）。斯内尔已经意识到，但没有完全阐明当今建构主义者所推崇的心智概念。他写道："尽管我们声明希腊人'发现'了智慧，但我们同时认定，这一发现对其智慧的发展是不可或缺的"（p. viii），这意味着在古典时期，希腊人的思想是由希腊哲学家、诗人和剧作家通过社会文化途径建构的。

对于心理学及其历史的学科认识，斯内尔提出了三种可能。第一种可能是，如果心智的确是被发现的（或者等待被发现），那么心理学，也就是所谓"心灵的学问"——关于灵魂的研究，就应该属于自然科学范畴，它的历史将类似于物理学或化学史。第二种可能是，心智是一种工具，一种人为产物，也就是说，心智是如同锤子或者调制解调器一样的存在，由此心理学就必须被重新定义为一种人造科学（Simon，1980）。自然科学关注研究对象的时空普适性，比如电子或夸克，在任何空间、任何时间都不会改变。科学的确解释了锤子和调制解调器是如何工作的，但它们都是工程的研究对象，不是科学。

作为人为产物的心智，还有第三种可能：它是社会结构的一部分。如果心智是由社会建构的，那我们就无法确定是否存在"心灵的科学"（通常被理解为科学）。也许，对心智的研究是属于历史范畴的，而不是科学。正如斯内尔（Snell，1953）所言，"然而，心智走进人类的视野，它是'受影响的'，在揭示自身的同时，也处于历史性的发展进程中"（pp. vi-vii）。此外，建构主义理论给科学心理学带来了更加黑暗的前景展望。关于"人为产物"的解释，建构主义者认为，心智是真实存在的，但缺乏科学对象的普适性。心智可能是源自希腊众神传说的社会结构的一部分，是一种深刻的幻觉。如果关于心智的这些社会建构主义理论是正确的，那么心理学的历史就不是关于"发现"的历史，而是"发明"和"建构"的历史，说到底，也就是心智本身的历史。

心理学的历史是关于什么的

当你刚拿到这本与心理学的历史有关的书时，你可能会认为这本书是在讲某个具体事物，但前文关于心灵本质的思考，应该会让你充满疑惑（Smith，2010）。可能你是为了完成某个科目的作业，必须读《心理学史》或者《心理学历史与体系》。你可以在图书馆看到一本名为《心理学史》的杂志，因此一定也能找到相关的专著、课程和期刊。但如果我们环顾其他领域，会发现情况大不相同。例如，在物理学领域，没有（至少我没找到）相关的历史课程和教科书。与物理学历史相关的书籍和资源一定有，但没有专门的教科书和课程。物理学史隶属于自然科学史。其他社会科学同样缺乏这方面的专著、课程和期刊。因此，我们可以发现心理学的又一新奇之处：心理学家比其他科学家或从业者更加关心他们的历史。

科学史通常可以分为两大块。例如，在自然科学领域，科学革命就是一个重要的分水岭。科学古代史（大约在库恩 1962 年发表他的著作之前）倾向于关注科学革命之前的物理世界，而建立现代科学的科学革命是其历史研究的终点。通过这类史学研究，人们可以了解亚里士多德（Aristotle）的运动理论和托勒密的地心说，以及这些理论是如何被牛顿物理学和哥白尼天文学所取代的。在科学革命之前，也有人研究与现代科学研究的主题相类似的主题，但没有将其专业化，也没有从事相关研究的专业机构。科学现代史倾向于将科学革命作为一个起点，也就是在某个特定学科拥有了自我意识并建立起专业的科学机构之后。我们可以说，科学古代史研究的是某个领域的"史前史"，也就是科学思想的渊源。而科学现代史则研究某个相对独立的、有独特自我意识的科学领域。

这样的二分法同样适用于心理学。心理学的古代史主要关注与心理和行为相关的思想，其时间跨度从有文字记录一直延续到 19 世纪后半叶心理学的专业化；而心理学现代史的研究范围是从 1879 年心理学正式作为独立学科起的 150 年左右。事实上，如果你翻一翻《心理学史》杂志就会发现，后者是你通常关注的焦点。然而，在社会科学，尤其是心理学领域，我们遇到了一些在自然科学领域没有遇到过的特殊问题。首先，人们有各自的，可能是内在关于思维和行为的想法，可以称作民间心理学（我会继续使用这个术语）、常识心理学或思维理论，这是心理学作为一门科学的独特之处。因此，在心理学的史前阶段，我们不仅可以看到亚里士多德或约翰·洛克（John Locke）等思想家有意识地提出的关于思维和行为的思想，而且会发现一套来自民间的大众解释自我和他人的强大而有力的思想，虽然通常是些不成体系的阐述。此外，与在科学革命后消亡的托勒密天文学（Ptolemaic astronomy）或炼金术不同，当心理学成为一门科学时，民间心理学并没有消失。每个人，包括心理学家，每天都会受其影响。民间心理学的存在和发展是认知科学中一个有争议的话题（见第 12 章）。

心理学的另一个特殊问题也是其他社会科学所共有的，被称为"反身性"[①]

---

① 反身性意味着当代社会科学的知识和实践本身同社会科学对其知识和实践的反思日益纠缠在一起。——编者注

（reflexivity），这个概念是相对有害的。不管人们怎么想，太阳一直是太阳系的中心，天文学的发展对宇宙自身的行为毫无影响。然而，社会科学是关于人的，而不是关于物的，人的很多社会科学的概念都是后天习得的。你接受教育的过程，包括你阅读心理学家或菲尔博士（Dr. Phil）等人的书籍、文章和博客的过程，都会受到科学家所谓的"人性"的影响。因此，心理学可以改变其试图描述的"现实"，甚至可以"创造"那个现实（详见第9章精神分析）。

避免反身性的方式之一是参考人类学家的工作。人类学家会参与研究一种不熟悉的文化，研究的主要方式是田野调查，也就是与当地人谈论他们对医学、宗教、世界等如何运作的想法。人类学家会认真倾听和对待当地人告诉他们的内容，但他们不必接受民间关于疾病、上帝或自然是否有效的理论。他们认为这些信仰是真诚的，但不是真实的。站在心理学的角度，值得我们注意的是，他们并没有试图改变研究对象的民间信仰。人类学家选择尊重民间信仰，因为他们担心如果他们干预了这些信仰，可能会摧毁他们所研究的文化。事实上，整个外部文化都是由民间信仰的网络构成的。然而，不同于人类学家，心理学家宣称他们的发现和理论，可以形成甚至构成一种新文化，这种新文化植根于心理学关于思想和行为之科学理论，且隶属于一场更大规模的社会进程：现代化。

｜ 本书的主题 ｜

现代化与现代主义

历史学家会将历史划分为各种不同的时期和亚时期（sub-periods）。最粗略的划分方式，也是本书最重要的叙事结构，是分为前现代（premodern）、现代（modern）和后现代（postmodern）。尽管我们随后将会看到，这些时期的划分界限是有争议的。标识和描述这些时期的另一个问题是关于我们刚刚讨论的"反身性"——身处对应时代的人是如何思考他们所在的时代的？显然，前现代的人不会认为自己处于"现代之前"，因为他们不知道"现代"即将到来，但后期的人确实会把自己所在的时代描述为"现代"或"后现代"，尤其是受过良好教育的知识精英。他们创造了例如"现代主义"和"后现代主义"等术语，用以描述和理解他们所在时代和历史的变迁过程。

现代化和现代主义的概念很容易让人困惑，因为这些概念缺乏统一性且充满争议，对于不同的学者来说可能意味着不同的东西。甚至想确定"现代化"是从何时开始的也很困难。某些学者认为现代化出现的时间很早，研究现代化的思想史学家迈克尔·吉莱斯皮（Michael Gillespie，2008）将现代化的起源归于14世纪的神学，从1326年开始纪元。

政治历史学家 C. A. 贝利（C. A. Bayly，2004）和保罗·约翰逊（Paul Johnson，1992）都认为现代化起始于 1815 年左右，贝利认为结束于 1914 年，约翰逊则认为现代化在 1830 年就结束了。小说家和历史学家 A. N. 威尔逊（A. N. Wilson）戏剧性地给出了现代化开始的准确日期："……在法国大革命（1789）中倾注的东西极具破坏性。这是现代的曙光。"还有因艺术运动而闻名的现代主义，乔伊斯·梅迪纳（Joyce Medina，1993）继早期批评家罗杰·弗里（Roger Fry，1909）之后，将其起点定位于 1885 年左右保罗·塞尚（Paul Cézanne）的晚期作品。

在本书中，我们将从"现代化"和"现代主义"的角度看待心理学历史和心理学史前史（prehistory of psychology）。我们先从区分思想领域和日常生活领域开始。吉莱斯皮（Gillespie，2008）认为，现代化的起源是一场关于概念的重要争论（详见第 4 章），这场争论甚至在 14 世纪就被看作"古典认知"（via antiqua）和"现代认知"（via moderna）之间的争论。当我使用像"白宫"这样的名字时，我的表述很清楚：美国总统的个人住宅。但是当我使用"房子"这个通用术语时，我指的是什么就不太清楚了。一个名字指向一个具体的事物，而一个概念却不是。正如我们将在第 2 章中看到的，对这一点的困惑几乎成了认知心理学的起点。

古人，包括古希腊哲学家和欧洲神学家，直到 14 世纪，都在努力尝试通过不同的方式给各种概念命名。他们说，每一个特定的房子、猫、石头、花或人，都是一个固定不变的"理想事物"的实例，所以我们所说的房子、猫、花或人，实际上是这些理想事物的命名。这种"古典认知"（现代人会觉得有点不可思议）被称为实在论，因为他们认为，如同"白宫"指的是真实的存在一样，"房子"也是，尽管这个理想化的"房子"我们不能住进去。此外，理解这些"理想事物"的能力，被视作区分人类思维和动物反应的关键。

而现代主义出于各种原因拒绝实在论。他们认为，像房子或猫这样的概念，只是一种便于人类理解的命名方式，人类具备归纳相似的事物的能力，因此他们的观点被称为"唯名论"（nominalism）。"理想事物"是一种有用的虚构，只存在于人类的意识中。

这与现代化以及现代主义有什么关系呢？人们普遍认为，现代生活的一个特征是世俗化，而不是宗教：今天占主导地位的权威是科学和政府，而不是神学和教会。当神学和"古典认知"盛行的时候，认识概念就是认识上帝神圣的真理，他创造了房子、猫、花和其他一切的理想事物。唯名论将关于人的知识与关于神的知识分离开来。唯名论者认为，概念是由人创造的，不是来自上帝的思想，和天堂没有关系。不能再通过是否符合神学思想来判断一个概念的真伪，于是哲学家们努力寻求一个新的基础来解释和证明人类思想的真假对错，最终提出了客观性、同行审议、统计等概念，简而言之，就是现代化的权威——科学（Gaukroger，2006）。

关于唯名论的争论始于思想领域，开始只有少数与世无争的学术神学家参与其中，对他们来说，赌注就是宗教和形而上学，比如对于上帝的权力是否有任何限制。然而，从神学的象牙塔中滚落的唯名论之球最终还是碾压了日常生活，破坏了宗教，创造了现代化，一种基于理性而非启示的生活方式。因此，现代化这个词，在本书中有两层含义，一是其学术性含义，二是指人类当下的生活方式。第一层含义创造了第二层含义的思想基础。借用认知心理学的方法，第 2 至第 7 章的大部分内容将自上而下地讲述人类心灵观和人类在自然中自我定位观的演变，这些演变同时改变了人们的社会生活方式。

仅作为一种思潮的现代化思想，不可避免地对普通人的生活方式产生了自上而下的颠覆性影响，将我们带入了现代主义时代。现代主义的生活方式引起了人们的注意，知识分子开始思考如何应对。由此，塞尚和其他现代主义者，包括弗莱等批评家，开始拒绝传统艺术，认为它们属于过时的生活方式，并重新思考艺术在现代世界中的存在方式。从某种意义上说，这代表了"现代认知"再次彻底否定"古典认知"，区别在于，这一次的影响来自基层——生活已经改变了，艺术（以及哲学和科学）也应该变得现代。因此，现代主义可以被看作一种现代化的意识形态，是知识分子对现代生活的反思，以及对它的赞美、否定、批判和改造。

我们研究现代主义，也受制于现代主义，正是现代主义促使心理学成为一门独立的学科。1879 年，伴随着塞尚和现代主义艺术，心理学学科宣布创立。正如我们即将看到的，在与现代主义交织发展的过程中，心理学扮演着特殊和关键的角色。实在论和唯名论的争议，也就是认知心理学中关于我们如何学习一般概念术语的争论（顺便说一句，这场争论从未止息）。本书大部分内容都是关于心理学是如何促成现代化的。

这里我要补充说明现代化的另一个方面——它带来了应用心理学并在现代生活中发挥重要作用。

图 1.3（Clark，2007，p.2）显示，虽然法国大革命中倾注的东西在 1789 年并没有带来灾难，但带来了其他东西：财富。该图显示了从公元前 1000 年开始，考虑通货膨胀后计算的人均收入。注意，前面的几千年，人类都没有持续的收入增长。古人生活在所谓的马尔萨斯（Malthusian）条件下，这一概念由政治经济学家托马斯·马尔萨斯（Thomas Malthus，1768—1834）提出，对达尔文产生了重要影响（见第 10 章）。在马尔萨斯经济学中，财富的数量是固定的，人口增长只受可获得的食物数量的限制。当偶尔遇到好年景——丰收，由于唯一的财富来源是农业，而随着财富的增加，人口也会增加，这就抵消了人均财富的增加。人均收入增加的另一种方式是通过饥荒、疾病或战争，同样数量的财富分配给更少的人。古人，即便是相对富裕的人，也过着极其贫苦的生活，大多数情况下

只有 35 岁左右的寿命。[1]

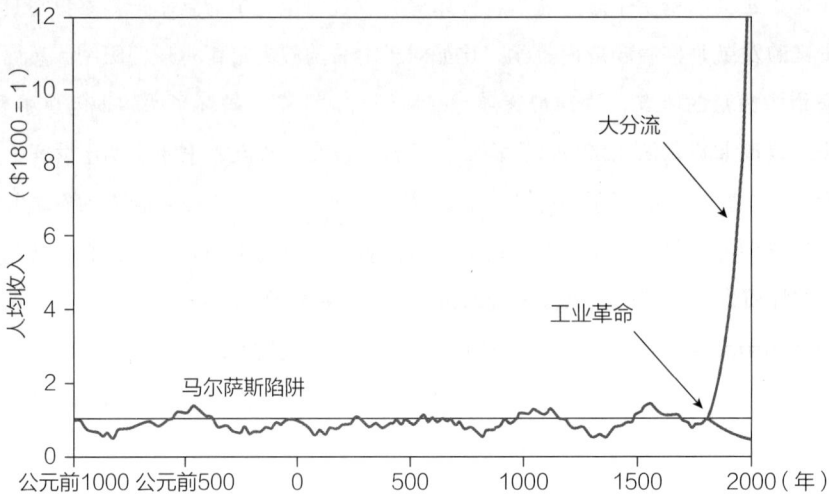

图 1.3　在有记录的历史中，世界人均年收入在 2000 美元左右，这种状态维持了近 3000 年

资料来源：CLARK, GREGORY; A farewell to alms, © 2007 by Princeton University Press.
Reprinted by permission of Princeton University Press.

问题5

　　从日常生活的角度来看，现代化源自工业革命，而并非源自唯名论甚至科学革命。关于现代化的源头，经济史学家仍在进行调查和辩论（Clark，2007；Mokyr，2009），但不可否认的是，工业革命是现代化出现的重要因素之一。每个人都拥有不同的技能，如果人人都从事其擅长的事情，而不是像古代农民那样试图自己生产一切，结果一定是生产力的提高。因此，要想提高经济产出，就必须找到适合自己的工作，这是心理测试最初的任务，也是应用和临床心理学的基石。因此，测试是现代主义的一个例子，是知识分子对现代生活方式的反思和寻求改进的例子。

后现代主义

　　你可能听说过"后现代"或"后现代主义"这个术语。和现代主义一样，后现代主义开始于艺术领域，尤其是建筑领域（Jencks，1981）。建筑师们厌倦了现代建筑中未经装饰的方方正正的结构，这种结构代表了一种简朴、干净、受科学启发的建筑观，与教堂和古代寺庙中发现的前现代建筑的多彩和装饰风格截然相反。顺便说一句，古希腊和古罗马艺术并不像我们今天看到的那样呈现出统一的纯白色大理石外观，它们原本是更加栩栩如生的创作。得益于建筑材料和建筑技术的发展，建筑师开始设计更有趣的结构，在他们看来，这更适合"后现代"的生活方式。最著名的后现代建筑之一是位于西班牙毕尔巴鄂的，由弗兰克·格里（Frank Gehry）设计的古根海姆博物馆。

那么，新建筑风格所表达的"后现代"生活到底是什么？是从什么时候开始的？和考察现代主义的发展背景一样，我们应该先根据工作性质的变化来观察后现代主义的发展轨迹。再回到图 1.3，发达国家的财富呈指数级增长的年份，大约有一半集中在 20 世纪 60 年代。这一数量上的变化，给日常生活带来了质的改变。我上大学的时候还没有个人计算机，至少在 1982 年之前，我一直是用打字机敲字，而不是透过屏幕做文字编辑。教室里没有 iPod、iPad、苹果手机、互联网，只有粉笔和黑板。

工作的性质也发生了变化（Drucker，1994）。古代、前现代和现代，我都称之为"举重"（heavy lifting）时代。在机器出现之前，战争和农业需要强壮的肌肉，在很多工厂里上班也是一样。总体来说，人们主要使用他们的身体而不是他们的思想工作，重视体力，偏爱男性。然而，在发达的后现代世界中，人们是信息工作者（Drucker，1994），用他们的头脑而不是他们的身体进行生产。生产力的溢价转移到智力和教育上，更多的工作可以由两性平等地完成。请注意，我上文列出来的那些新鲜玩意儿（可能对你们来说不算新鲜）都属于信息工具。

心理学同样也发生了转变（Leahey，1997，2001，2008）。第二次世界大战[①] 后，心理学家的数量急剧增加，并且呈加速趋势。美国心理学会的专业细分由成员的工作和研究兴趣决定。目前的大部分心理学细分专业，在我读心理学专业本科的时候都不存在，并且，大部分细分专业都与职业应用而不是学术有关。事实上，随着后现代主义在建筑领域的出现，美国心理学会也在 1988 年一分为二，分离出了美国心理科学协会。正如后出现的心理科学协会的名字所示，分家的主要原因是职业心理学家和学术科学家之间的理念冲突，心理学的职业分支和学术分支一直关系紧张。

在回顾完科学和历史的本质，并考察了心理学可能成为一门科学的各种可能性之后，现在让我们尽可能少地携带先入为主的观念，开始我们跨越数千年的心理学乐园梦幻之旅。

注释

1 在克拉克（Clark）的图中，"大分流"指的是相对于大部分国家在工业革命后收入的巨大改观，一些国家仍然生活在前现代马尔萨斯条件下的事实。

---

① 后文简称"二战"。——编者注

　　　　　　　　　　　　　　　第 1 章·从对灵魂的理性研究到独立的现代科学

A HISTORY OF PSYCHOLOGY

前现代世界的心理学

第 2 章

古希腊的遗产
苏格拉底、柏拉图和亚里士多德

| 历史是人性的表达 |

进化适应时代

　　历史应该从哪个时间节点开始纪年？传统上，学者们把历史分为历史学和史前学两个阶段，历史学阶段有关于人类思想和行为的书面记录作为依据，史前学则通过考古来阐明。然而，这种区分方法已经不再可行（Smail，2008；Shryock & Smail，2011）。首先，考古学家和进化生物学家的相关研究如今已经侵入了历史学领域，时常会挑战其传统观点（Renfrew，2009）。更加重要也显而易见的另一个原因是，历史是人类创造的，人类的天性早在文字出现之前就已经形成，这一点对于心理学来说尤其重要。因此，正如心理学创始人威廉·冯特所说，历史是人性的表达，因此历史学家必须关注进化心理学家（Buss，2011；Cosmides & Tooby，1992）提出的"进化适应时代"（era of evolutionary adaptation），了解斯梅尔（Smail，2008）所说的深度历史（deep history）。最值得注意的是，现在看来，智人最重要的进化适应不是身体上的（直立姿势和能够使用工具的精确抓握），而是心理上的，也就是民间心理学的发展（Dunbar，2014）。人类是一个高度社会化的物种（Buss，2011），因此个体生存既取决于合作——孤独的人是可怜的猎人，也取决于竞争——生殖的成功取决于如何智取他人。能摸清别人的想法和计划，在必要的时候能够欺骗别人（和自己），这是很重要的适应能力。由此看来，民间心理学似乎是人类心灵与生俱来的（Gangestad & Simpson，2007）。思考他人心理状态的能力就自然而然地成了哲学和科学的反思对象，从而产生了心理学这门学科。

过去是另一个国家

几年前，我参观了伦敦的大英博物馆。考大学的时候，我狭隘地选择了心理学而不是考古学作为专业，实际上我对博物馆中展出的那些古代宝藏更加好奇。在大英博物馆的展品中，最伟大的是埃尔金大理石雕（Elgin Marbles），以埃尔金（Elgin）勋爵的名字命名，埃尔金勋爵是一位来自英国的希腊物品爱好者，他将这些大理石雕带回英国保存。埃尔金大理石雕属于大型平板石刻，是雅典卫城帕特农神庙顶部装饰性庙楣的一部分。在博物馆里，它们被隆重地安置在专属的大厅里，安装在墙壁四周，给观众营造一些窥见原貌的体验。埃尔金大理石雕是不可思议的艺术作品，但我却对博物馆对石雕的标签描述感到失望。标签上的内容谈到了大理石的纯粹形式和美学特性，指出例如一个大理石上的数字如

帕特农神庙是世界上最著名的建筑之一。它是在苏格拉底（Socrates）和柏拉图时代的伯里克利（Pericles）统治下建立的，表达了一个帝国文明在其权力顶峰时的自信。西方文明的世俗思想史是从希腊开始的。心理学始于希腊格言"了解你自己"（Know yourself）。
资料来源: Library of Congress.

何与另一个大理石上的形式在空间里相呼应。但标签并没有说明这些图形和形式意味着什么，作品上的人、神和动物在做什么。起初，我以为这种表达形式只是反映了考古学在欧洲是作为艺术史的一个分支发展起来的，因此强调审美欣赏，而考古学在美国是作为人类学的一个分支发展起来的，因而强调文化解释。对其他文物的描述似乎印证了我的假设。

然而，随后，我了解到情况并非那么简单：没有人真正知道埃尔金大理石雕背后的故

知识加油站 2.1
"展望"过去

从外部观察人类，这是一个很值得思考的有趣问题：起初，人类在同一种环境中进化，即非洲东部大草原上的小型自由主义社会圈，但是之后，人类一直生活在不同的环境和社会结构中。进化后的人性与后来的人类环境很匹配吗？很明显，并不那么匹配。人类进化的过程中，大部分时候食物是稀缺的，所以我们进化成了只要有食物就吃。当食物不再稀缺的时候，我们还是不停地吃，于是肥胖症就流行起来了。关于心理学，像科林·麦吉恩（Colin McGinn, 2000）这样的哲学家认为，人类心智的进化只是为了解决特定时期的问题，而理解本身并不在其中。也许只有外星人才能理解我们的思维。

另外，晚期现代主义或后现代主义的新兴生活方式，无论你怎么称呼，它在很多方面看起来都和"进化适应时代"的生活相似。当然，早期智人没有 iPad 和 iPhone，相似之处在于社会结构。在"进化适应时代"，人们在小群体中生活，夫妻关系混乱，为了照顾弱小婴儿形成了短期的父母关系。人们四处奔波，寻找食物和安全的环境，自给自足，随身携带一些小工具或者有需要时就地取材。然而，农业改变了这一切，人们定居下来务农，积累资本，尤其是土地，这些资本可以传给后人，

这样，短期的父母关系就变成了长期的一夫一妻制，男性尤其担心妻子通奸。雅典的妇女通常足不出户，由家奴出去跑腿。人们不能像以前那样四处游荡，而是待在一个地方耕种，建造家园，国家由此得以形成，并且越来越强大，有组织的宗教也应运而生。

如今，农民只占人口的一小部分，更多的人不停地换工作，来去自由。正如《犯罪现场调查：纽约》（CSI: New York）中的一个角色所言，"手机不只是手机，它是你的一生"［《冲破天际》（Out of the Sky）；2010 年 10 月 22 日］。整个图书馆都可以被装进 Kindle 或 iPad，无论手机、平板电脑还是笔记本电脑都可以随时上网。你不必像过去石器时代的制造者那样，固定在一个地方工作，你可以通过各种应用程序完成工作。对婚姻的忠贞要求也不像过去那样严格，离婚也更容易。在农业时代，配偶带不走属于自己的那份资产，如今只需要带上手机和笔记本电脑就行了。在进化适应时代，妇女的工作是采集食物，男人通过打猎谋生；在农业时代，妇女开始依靠男人来承担农业和战争的重负；如今，工作很少涉及繁重的劳动，甚至军队的很多部门也是如此，女性也再次变得独立。可能正如进化理论家所说的，人性是天然适应后现代生活方式的。

事。传统的说法是，石雕展示了泛雅典人节的游行。雅典的领导人和公民每年都会在帕特农神庙举行盛大的游行，以纪念他们城邦的守护神雅典娜。然而，传统的故事受到了挑战（Biers，1987），一些学者认为石雕是为了纪念一位母亲为获得雅典军事胜利而牺牲的两个女儿的传奇故事。如果她生了儿子，也一定会战死沙场，于是她用自己的两个女儿来代替。由于帕特农神庙并不是特别古老，所以石雕之谜尤其令人惊讶。帕特农神庙建于"希腊荣耀"时代的全盛时期，在伯里克利（前495—前429）治下，由伟大的雕塑家菲迪亚斯（Phidias，前500—前432）指导，作为被波斯侵略者摧毁的建筑的替代品。当时希腊人正在发明哲学、科学和历史，但我们却没有讨论帕特农神庙庙楣的意义。人们很少记录他们认为理所当然的事情。

在准备开始我们的历史之旅前，不要忘记埃尔金大理石雕带来的教训。任何历史学家的工作都是描述过去，让历史中人们的思想和行为鲜活起来，以他们的视角看待世界。然而，正如一本书的标题所言：《过去是另一个国家》(The Past Is Another Country)（Foster，1988）。通常，我们对历史的考证并不严谨，因为很多日常细节早已随风而逝。我们将试着像希腊人或19世纪的德国知识分子那样思考，像旅行一样回顾历史。对历史的探究值得努力，但我们永远也做不到彻底的理解。

对于思想史而言，其难以解读之处还在于，前现代的作家（大致延续到科学革命），并不总是像大多数现代作家那样写他们实际相信的东西。相反，他们中的许多人写得晦涩难懂，用公开的（开放性）语言掩盖秘密（深奥）的教义，意在欺骗公众，同时给更有知识的人留下关于他们真实信仰的线索（Strauss，1988；Kennedy，2010）。以深奥－开放的风格写作有许多动机（Melzer，2007，2014）。包括苏格拉底在内的许多古代教师则完全回避写作，认为智慧不能简单地传授，而是必须通过与有智慧的老师对话来获得。后来的哲学家，包括柏拉图，确实亲自写过内容，但是也会试图引导读者挖掘文字背后的深意，让阅读更像是对话。

对于包括心理学在内的社会科学的发展来说，精英主义的影响更加深刻。柏拉图和许多其他社会思想家认为，只有少部分人能够掌握关于世界、人性以及社会应该如何组织及运行的真理，这种信念带来了若干后果。首先，它带来了遭受迫害的威胁：当普通人的既定想法受到挑战时，他们可能会愤怒，并对批评者进行危险的抨击。柏拉图亲眼看到他敬爱的老师苏格拉底被指控蛊惑雅典青年而受到希腊民主的审判和谴责。事实上，这一指控并非毫无根据，因为苏格拉底的确试图让他的学生摆脱传统的信仰。其次，哲学家们可能会担心，如果他们的想法被普遍知晓，这些思想可能会破坏现有社会的稳定。17世纪，当笛卡儿开始怀疑一切，并寻找一个恒久的真理时，他决心不在公共场合冒犯传统信仰。到了18世纪，康德（Kant）将理性的使用限制在私人领域，告诉教授和传教士们，他们有义务在公共场合宣扬传统信仰，无论受众是否相信。在现代，人类学家不会挑战他们研究的文化的传统信条，因为害怕摧毁它们。

社会科学中精英主义的最后一个方面是在 20 世纪发挥作用的，当时社会科学开始成为公共政策的基础。正如在第 1 章中提到的（在第 14 章中还将继续探讨），作为科学研究的对象，人与物理对象有着深刻的差异。科学家发表的关于原子和行星的文章对原子和行星的运行没有任何影响。然而，科学家发表的关于人类的文章，却可以影响人们做什么，以及人们认为自己应该做什么。社会科学知识是否应该与大众分享？大多数社会科学家持肯定意见，他们写了很多有关公共政策和励志的书籍来分享他们的见解。但也有人延续了柏拉图《理想国》（*Republic*）中表达的态度：对人性真相的普遍了解可能会摧毁社会，削弱科学家为了人类自身利益而控制人类的能力（Thaler & Sunstein, 2008）。

所有这一切，使得哲学史、科学史和心理学史的复杂性，不仅限于贫乏的史料和不甚明确的古老的预设前提。一些最重要的前现代思想家们隐藏了他们真实的想法。如果仅按照字面理解，我们就有可能误解他们；如果我们试图用开放性的语言解读其深奥的信仰，可能会造成误读；即便我们提出的是正确的解释，也没有确定的方法能够证实。最后，一个思想家的历史影响，可能更多地来源于他的公开发言，而不是他深奥的思想。过去不仅仅是另一个国度——它有时试图隐藏起来。

｜ 青铜时代和黑暗时代 ｜

任何时代的心理学，无论是科学的还是民间的，都不可避免地受到产生它的社会和文化的影响。当人们试图解释人类的灵魂、思想和行为时，他们的想法都是建立在对人性和人类应该如何生活的未经证实的假设之上。例如我们将在本章了解到的，古希腊人认为，人生的至高目标就是在服务自己城邦的同时寻求永恒的荣誉，鄙视任何追求个人私利的人。由于心理学取决于其所在的时空背景，所以本书中的心理学概念都基于对应的社会背景，我没有把它们看作孤立的伟大思想。以希腊人的思想开启我们的心理学旅程是恰当的，因为正是在古典时期的雅典，苏格拉底开始检验他所在的文化从未验证过的假设——并因此被审判、定罪和处死。

西方思想的发展深深植根于古希腊。古希腊思想先是被罗马人采纳，罗马人将这些思想传播到地中海沿岸的高卢（现代法国）、德国和英国。古希腊的历史始于青铜时代，这是一种皇家文化，在公元前 1200 年左右突然崩溃，留下了一个我们几乎对其一无所知的黑暗时代。有文字记载的历史出现在前古典时期，在此期间，希腊政治和文化秩序的独特中心——城邦诞生了。然后是公元前 5 世纪和公元前 4 世纪的文化繁荣，受到内外战争的摧残，最后因马其顿的入侵而被摧毁。希腊古典时期之后是希腊化时期，它融入了罗马时代，正如霍勒斯（Horace）在《书信》（*Epistles*）中所说的，罗马人在军事上征服了希腊人，希腊人在文化上征服了罗马人。

战士与国王

完全统治希腊社会的古希腊人全民皆兵，只有在被马其顿的腓力二世（Philip）和罗马人军事征服后，他们才不再是战士。他们的战士精神是理解希腊人思想和行为概念的关键。希腊男人看重体力，瞧不起软弱，因此也轻视女人；他们看重名誉和荣耀，而不是私生活或个人利益；他们在军队中培养起了亲密的友谊。在青铜时代和黑暗时代，半神性的国王和支持他们的贵族统治着希腊社会，正是在这种皇家统治的背景下，希腊人形成了他们的男性武士伦理。它虽然是随着城邦的发展而不断演化的，但直到现代依然存续着（Mansfield，2007）。

希腊的尚武精神对希腊的哲学、心理学和伦理学影响深远。青铜时代英雄的美德概念，使得人们认为美好生活的标准，是按照战士的准则体面地生活，并通过英勇的战斗获得永生。当命运在年轻的阿喀琉斯（Achilles）[①] 面前摆出一道选择题：是选择漫长而平静的私人生活，还是短暂而光荣的生命时，他做出了任何青铜时代的人都会做出的选择——用短暂的生命换取战斗中的荣誉（这确实让阿喀琉斯的名字不朽）。

荷马式的美德概念在两个重要方面与我们通常所理解的美德截然不同。在古希腊，美德是一种成就，而不是一种存在的状态；因此，基于这一前提，只有少数幸运儿才能获得美德。妇女、儿童、青少年、奴隶、穷人和残疾人（少有人能享有葬礼）都不能获得美德，因为他们不能在战斗中获得荣耀。希腊人对命运女神堤喀（Tyche）心存敬畏，因为她可以让他们远离美德。出身的因素：身为女人、穷人或奴隶，让美德遥不可及。童年的事故或疾病可能使一个人残废，使他无法获得荣耀，从而失去尊严。尽管在后来的古典哲学中，在战斗中赢得荣耀的主张被弱化了，但直到希腊化时期，"只有少数获得公众荣誉的人是高尚的"这一观点仍然保持不变。如今，我们倾向于认为美德可以属于任何人，无论富人或穷人，男人或女人，运动员或残疾人，因为我们认为，美德是一种心理状态或精神品质，而不是通过行动赢得的奖品。我们对美德的理解是在公元前最后几个世纪由斯多葛派（Stoics）哲学发展起来的。

---

① 希腊神话中的英雄，参加过特洛伊战争中的两次战斗。——编者注

无论对于古代心理学还是现代心理学，对美好生活的追求都是一个重要的主题。但是首先，我们需要明白什么是美好的生活，回答这个问题需要考察人性。获得幸福取决于满足人类的动机。所以我们必须弄清楚人类有什么动机。青铜时代的希腊人认为最重要的动机是渴望在战场上赢得名声和荣耀，他们将美德和美好的生活定义为这一追求的实现。其次，我们需要知道如何实现幸福和美德。青铜时代的希腊人有一个简单的答案：好好战斗。他们的城邦继任者有另一个同样植根于战斗的理念：在民主辩论中好好战斗，带领你的城邦走向名望和荣耀。后来，随着人类动机概念的进一步改变，人们提出了各种各样的幸福处方和实践。最后，我们还需要明白人类知识和幸福的极限。人类的头脑能真正了解我们所处的世界，知道什么才是真正美好的生活吗？希腊人倾向于乐观地回答这两个问题，但后来的思想家就不那么乐观了。

对幸福和美好生活的追求，是社会和心理学之间相互影响的纽带。心理学家置身于一个对人性、幸福和美德有某种定义的社会，他们的研究和实践必然是由这些定义形成的，尽管不是完全由这些定义决定。与此同时，心理学家的理论和发现也会被他们的同胞所熟知，大众对幸福的追求，是由专家对幸福的定义所塑造，并通过最有效的手段拥有它。

青铜时代的心理学

荷马的两部史诗《伊利亚特》（Iliad）和《奥德赛》（Odyssey）为我们打开了了解西方心理学的最古老的窗口，这两部作品为流传千年的口述传奇提供了永恒的文字参考，可以追溯到青铜时代。这两部作品记述的都是关于爱情和忠诚、激情和战斗的故事，因此蕴含了对人类行为的解释，也间接揭示了有文字记录的最古老的民间心理。

让古人感到惊奇的自然现象之一当然是生物和非生物之间的区别。只有植物、动物和人类会经历出生、成长、繁殖和死亡；只有动物和人类能够感知和移动。世界各地的宗教都将这个区别视作有无灵魂的差异，生命与非生命是由是否注入灵魂决定的。当灵魂存在时，身体是活的，当它离开，身体就变成了尸体。部分宗教进一步指出，灵魂是一个人心理的本质，在死亡后仍然存在。

正如荷马所记录的，青铜时代的希腊人的灵魂概念是独特的，至少从现代人的角度来看，相当奇怪（Bremmer，1983；Onians，1951；Snell，1953）。首先，《伊利亚特》和《奥德赛》中没有一个词把思想或人格当作一个整体。最接近的是"psuche"这个词（传统上，被误导性地转写为"psyche"，通常翻译为灵魂），心理学（psychology）构词中的词根"psych"就是由此而来。"psuche"指的是生命的气息，或生命之灵，因为它离开受伤的战士意味着他的死亡。然而，"psuche"也不仅仅指生命的气息，而是包括完整的个人心灵或灵魂。在睡眠或昏迷期间，它可能会离开身体并四处游走，它可能会在身体死亡后继续存在，但它从来没有被认为会在人清醒时活跃，并且从不涉及具体行为。

相反，行为被归结为几个独立运作的、居住在身体不同部位的类似灵魂的实体。例如，位于横膈膜的膈肌的功能是合理规划行动。另外，在内心深处，血气（thumos）控制着由情绪驱动的行为。诺斯（Noos）负责对世界的准确感知和清晰认知，还有其他不常被提及的小灵魂（mini-souls）。这些小灵魂是无法在死后存在的，这使得荷马式的死后灵魂被描述为一个奇怪的角色：被剥夺了身体的灵魂，成了精神上的残疾，没有感觉、没有思想、没有语言，甚至连正常的运动能力都没有。此外，那个时代的希腊人认为，并不是每个灵魂都能去冥界，只有特定的葬礼才能将人从今生送达彼岸。妇女、儿童、青少年和老人不能成为战士，因此不能获得美德，也不能按照仪式下葬，他们的灵魂也就无法续存。战士们则害怕没有葬礼的死亡，比如在海上溺亡。另外，当一个伟大的战士被光荣埋葬时，他也同时赢得了荣誉、名声和来世的崇高地位。

┃ 古风时期 ┃

黑暗时代的结束标志着一种新的社会和政治组织形式的出现，这种形式是希腊人或城邦所独有的。公民的忠诚对象从神圣的国王转移到城邦，城邦通常由一个小城市和几平方英里①的领土组成，由其公民而非国王统治。城邦标志着人民自治的开始，尽管没有一个城邦属于现代意义上的民主国家。公民身份受到严格限制：只有公民所生的男子才是公民，妇女和奴隶被排除在公民之外。在每个城邦，尤其是富裕的雅典，有许多被称为"外邦人"（metics）的非公民，他们永远不能成为公民。外邦人往往是城邦经济生产的中坚力量，因为公民们全神贯注于政治和战争，瞧不起生产性工作。雅典最著名的哲学家之一亚里士多德也是一名外邦人。此外，以战斗为导向的价值观在城邦中依旧存在，尽管形式有所改变，公民们会通过为城邦服务来寻求荣耀。城邦的法律通过民主的方式制定，但这样的民主从来都不是对所有人开放的（Rahe，1994）。

城邦的崛起

方阵和城邦 希腊人全民皆兵，战斗方式的改变创造了城邦，既保持了又改变了基于"美德"的战斗精神（Green，1973；Pomeroy et al.，1999；Rahe，1994）。青铜时代的

---

① 1平方英里约等于2.59平方千米。——编者注

战士以个人身份战斗。伟大的贵族战士驾着战车赶到战场，在那里他们提刀下马，与他们的敌人单打独斗。这种形式的战斗在《伊利亚特》的最后几章中有很好的描述，阿喀琉斯打败了一系列特洛伊英雄，最后一个战败者是特洛伊的军队领袖赫克托耳（Hector），阿喀琉斯拖着他的尸体绕过他用生命保卫的城墙，否认其"美德"的存在。由于拥有和维护战车的成本很高，战斗作为贵族身份的象征延续了几个世纪（Pomeroy et al., 1999）。青铜时代的战士也穿着华丽的盔甲，就像中世纪的盔甲一样，标志着他们的贵族或皇家地位。然而，到了古风时期，希腊人发展了一种全新的战争形式——方阵，由轻型装甲士兵组成，称为挥舞长枪的装甲步兵。方阵使得战争民主化。装甲步兵不需要拥有马匹和战车，也不需要昂贵的盔甲。所有公民，无论贫富，都作为一个密切协调的步行作战单元参加战斗。贵族失去了对军事实力的垄断，也随之失去了对政治权力的垄断。由于能够与贵族平等地为城邦而战，普通公民提出了更多的政治诉求，他们成为制定决策的决定性阶层。

方阵精神对古希腊及当时的价值观和心理产生了重要影响。作战方针要求所有人要像一个人一样团结战斗，其成功的关键是完全的协调。至今，强调部队凝聚力仍然是西方军事理念的核心（Hanson, 2002, 2005）。在电影《硫磺岛浴血战》（*Sands of Iwo Jima*, 1949）中，由约翰·韦恩（John Wayne）饰演的强悍的中士，约翰·史崔克（John Stryker）告诉他的新兵："在战斗结束之前，你们要像一个人一样行动，像一个人一样思考。如果你们不这样做，就会死。"这就是方阵精神。

方阵所带来的平等意识在城邦创造了对经济平等的强烈诉求。他们的目标是"统一化"（hominoia），在这个国家里，每个公民都应该有同样的想法，只为城邦的利益服务，而不追求一己之私。财富的积累受到限制，"炫富"是一种耻辱。例如，被称为"食鱼者"（fish eater）就成了一种侮辱，因为鱼在东地中海既稀有又昂贵，所以一个人吃鱼就是在"炫富"（Davidson, 1997）。限制高消费的法律规定人们能够穿什么衣服，以确保外观的一致性。当一个城邦建立了一个殖民地（希腊世界从最初的希腊城邦扩展到西西里岛、意大利南部和现代土耳其的地中海沿岸）时，相等大小的土地以几何图形的形式排列并分配给殖民地公民。相应的立法决定了任何人都难以囤积大量土地。最重要的是，希腊人非常重视他们称为节制（sophrosyne）的美德。这个词的内涵很难解释，它最简单的意思就是自我控制，但这是一种源于智慧的自我控制，它遵循希腊格言"了解你自己"（know thyself）和"没有多余的东西"（nothing in excess）。这种自控不同于基督徒或僧侣那种"拒绝世界、肉体与魔鬼"式的自控，而是一种接受并享受世界带来的喜悦，但不被其俘获的能力。

由此看来，在这样一个平等的政治秩序中，古老的"美德"概念将会消亡。然而它并没有消亡，只是不再局限于个人荣誉，转而强调为城邦服务。民主城邦使任何公民，不仅仅是富裕的贵族，都有可能获得"美德"；不过请注意，外邦人虽然是居民，但不是公民。亚里士多德写道："城市的存在是为了高尚的行动"（引自 Rahe，1994，p.184），行动指的就是政治行动。就像方阵需要所有步兵的积极参与一样，城邦也需要所有公民的积极参与。谈到那些不参与政治，更喜欢在家里过平静生活的人——希腊人称他们为白痴——最伟大的雅典领袖伯里克利说："我们认为他们毫无价值。"对名誉和荣耀的追求从青铜时代就流传下来了。因此，伯里克利还说："对荣誉的热爱是唯一不会变老的东西……赚钱（不如）……享受同伴的尊重"（引自 Rahe，1994，p.185）。古人从来不关心财富的创造或经济生产力。最重要的是行动的伟大及其带来的声誉。

极端的城邦：斯巴达 城邦精神被斯巴达人发扬到了极致（Rahe，1994）。每一个年轻的斯巴达男性都会被分配到一个农场，以被称为西洛人（helots）的奴隶为作战对象；因此，斯巴达男性能够在战争中全心全意效忠城邦。他们从小就被训练得坚韧、阳刚、好战。每个战士每年都会得到一件制服，他可以全天候穿着，斯巴达战士统称自己为"平等者"（the equals）。当他们长大成人，就会进入军营服役，在那里开始他们的军旅生活，他们通过在夜间攻击任何不幸经过他们的道路的可怜奴隶来提高他们的军事技能。事实上，斯巴达人必须好战的一个原因是，西洛人的数量至少是斯巴达人的 10 倍，所以奴隶起义的可能性是持续存在的。甚至在公元前 600 年左右金银铸币传入希腊世界时，斯巴达人就禁止任何人拥有硬币，并使用小铁棒作为他们唯一的交换媒介物。希腊人对财富的蔑视，以及对平等和为国尽忠的热情，是斯巴达生活方式的核心，我们可以看到，平等（斯巴达的理想）和民主是不一样的。

斯巴达生活的另一个重要方面也更加深刻地阐明了希腊的价值观，那就是城邦需求和家庭之间的矛盾。人们自然会被他们的配偶和孩子吸引，但是斯巴达人和其他希腊人一样，试图约束甚至消灭私人生活。例如，每个希腊婴儿在出生时都要接受检查，如果身体畸形，就会面临死亡。在其他地方，评判婴儿的是一家之主，但在斯巴达是政府官员。虽然一个男人可能会在 20 岁左右结婚，但他会继续住在军营，直到 30 岁，在这期间，只能在晚上和妻子偷偷幽会。战争的胜利是斯巴达人的最高价值。有一个故事，说一个士兵回家告诉他的母亲，他所有的同伴都在战斗中牺牲了。她没有因为儿子还活着而感到高兴，而是朝他的头上扔了一块石头，把他砸死了，因为他没有和同伴们一起赴死。

虽然斯巴达人的生活方式是严酷的，旨在培养无敌的士兵，但其被后来的思想家们称赞为一种相当成功的社会工程实践（Pomeroy et al.，1999）。柏拉图在他的乌托邦式的《理想国》中塑造的守护者阶层模仿了斯巴达的"平等者"。在启蒙运动时期，让 – 雅克·卢梭（Jean-Jacques Rousseau）（见第 6 章）是这样评价斯巴达的："那是一个由半神而不是人类组成的共和国"（引自 Pomeroy et al.，1999，p.235）。同样，美国革命者之一塞缪尔·亚当斯（Samuel Adams）说：新共和国应该是一个"基督教斯巴达"（引自 Goetzmann，2009）。然而，斯巴达在社会工程方面的实践并不完全成功。虽然卢梭钦佩斯巴达人，但他也认识到，他们的生活方式展现了人性中的暴力（Rahe，1994）。斯巴达人被后来的历史学家称为"伪君子"——在公开场合，他们过着俭朴的生活，但在私下里，他们积累了大量违禁的金银。这也说明，利己主义，以及家庭、配偶和子女的吸引力，没那么容易被消除。

政治、辩论、法律和自然：哲学和心理学的开端

希腊民主和批判传统 人们总是很难接受他人对自己思想的批判，也很难对自己进行反思。因此，很多思想体系是封闭的。封闭思想体系的追随者认为，他们拥护的真理超越批评，也不接受改进。如果对这个体系提出批评，它不会用理性或证据来辩护，而是会攻击批评者的人格，认为他有某种缺陷。宗教通常属于封闭的体系，因为它们依靠上天暗示的教条，迫害批评家，将其视为异教徒，辱骂外人为邪恶的异教徒。世俗的思想体系也可能变得封闭。在心理学中，精神分析有时会表现出缺乏宽容的倾向，将批评归为神经症的症状，而不是进行合理的反思。

然而在古希腊，当普通公民在他们的城邦事务中获得发言权时，知识分子的生活发生了不同寻常的转变，这在人类历史上是独一无二的，通常被称为希腊奇迹。古希腊哲学家很早就通过批判寻求进步。从米利都（繁荣于公元前585年）的泰勒斯（Thales）开始，一种系统批评的传统开始兴起，其目的是提升人们对自然世界的认知能力。正如哲学家卡尔·波普尔（Popper，1965，p.151）所写的："泰勒斯是第一个对他的学生说'这就是我看待事物和相信事物的方式。（你们应该）试着改进我的教学'的人。"泰勒斯并没有把他的思想看作放之四海皆准的真理来固化，而是将其作为一套有待改进的假设来传授。泰勒斯和他的追随者们明白，只有通过犯错误并纠正错误，才能更加接近真理。这种批判性的哲学方法就是波普尔所说的开放的思想体系。此外，希腊的民主政体保障了所有自由讨论的基础：将人的性格与其思想的价值分开。在一个开放的思想体系中，思想是独立的，不受制于人的人品、性格、种族背景或信仰。一旦缺乏这种思想独立性，争论就会退化为言语攻击和寻找异端。批判的态度是哲学和科学的基础，但它需要克服思维惰性和不喜欢批评的天性。建立批判性思维传统是希腊哲学和科学奠基者们的主要成就。

哲学和科学的批判传统是民主城邦的产物（Vernant，1982）。民主的希腊人不是简单地服从国王的命令，而是聚集在一起就最佳行动方案进行辩论，向所有公民开放辩论。因

为公民是平等的，一旦被指控不诚信或者品行不端就会非常不体面，因此在辩论中提出的想法都是基于事实的（Clark，1992）。法律不再由一个可以随意改变或无视它的国王制定，而是被议定并记录下来，对每个人有平等的约束力。正如埃斯库罗斯（Aeschylus）[1] 在《乞援人》（The Suppliants）中所写的：“……当法律成文之后，弱者享有与富人同等的保护。”依法治国理念最终反映在一个重要的科学理念中：自然法则支配自然事件，这些法则是可以被人类的大脑认知的。这种法则观从城邦到自然界的延伸最早出现于希腊神话。在希腊神话中，主神宙斯也会受到约束，甚至无法逃脱（Clark，1992）。哲学和科学只有在以法律为基础的自由社会中才会繁荣。

尽管希腊人强调社会平均主义，但民主法治使希腊人变得富有；事实上，他们经历了世界上第一个持续的经济增长时期（Ober，2015）。在一个由凌驾于法律之上的国王或贵族统治的社会里，企业家精神、冒险精神和信息共享是不被鼓励的，因为贵族可以不为他人工作就攫取他人的劳动成果，经济学家称之为“寻租”。然而，在新的希腊民主秩序中，人们可以通过工作的专业化、合作或贸易来改善自己的命运，经济投资受到鼓励，从而创造财富。反过来，财富又使古希腊的创造性繁荣成为可能。平均主义的价值观促进了艺术和建筑的创造力，因为富人被期望通过建设宗教仪式场所等公共工程来改善城邦，而不是追求个人的荣华富贵。

第一批自然哲学家　理解宇宙：物理学家　最早的希腊哲学家探讨了客观世界的基本属性。泰勒斯提出，尽管世界似乎是由许多不同的物质（木头、石头、空气、烟等）组成的，但实际上只有一种元素，就是水。水有多种形态，可以是液体、气体或固体，是构成万物的基本元素。希腊语中表示“构成万物之基本元素”的单词叫“phusis”，因此，那些跟随泰勒斯寻找诸如此类基本元素的人被称为“physicists”（物理学家）。现代物理学家们继续着他们的研究，断言我们观察到的所有物质都是由一些基本粒子构成的。

除了开创批判性传统，泰勒斯还从事了一系列的物理研究。在此过程中，他远离了对宇宙的超自然解释，转向了旨在阐明事物如何构成和如何运作的自然主义解释。因此，泰勒斯断言，人类可以理解世界，因为它是由普通物质组成的，不受神灵反复无常的影响。自然主义是科学的基本原则，因为科学寻求解释事物和事件，而不涉及任何形式的超自然力量或实体。在心理学对灵魂的研究中，自然主义对生命和人格的二元观念提出了深刻的挑战。作为科学家的心理学家，试图解释动物和人类的行为，而不涉及灵魂或精神，这一做法与一个古老而悠久的传统相冲突（很多心理学家自己也支持这一传统）——对超自然灵魂的信仰。在科学的其他领域，泰勒斯的自然主义占主导地位；而在心理学领域，它仍

---

① 原书为 Euripides，译为“欧里庇得斯”，疑有误，已改为埃斯库罗斯（Aeschylus）。——编者注

然与二元论相冲突。对于当代心理学来说，如何应对这种紧张关系是一个严重的问题。

泰勒斯的物理学传统在米利都的阿纳克西曼德（Anaximander，前 560）那里得到了延续，他批评了泰勒斯"世界的基本元素是水"的假说，而是提出了一种叫作"阿派朗"（apeiron）的基本元素，阿派朗不属于任何可识别的元素，而是一种不太确定的东西，以多种形式存在。科洛芬的克赛诺芬尼（Xenophanes，前 530），尽管是诗人而不是哲学家，但他通过批评希腊宗教扩大了批判和自然主义传统的影响力。克赛诺芬尼认为，奥林匹亚诸神是拟人化的虚构，对应于人类的一些行为，比如，说谎、偷窃、谋杀和花心。克赛诺芬尼说，如果动物有神，它们会按照自己的形象造神，例如，马神、猫神、狗神，等等。

萨摩斯的毕达哥拉斯（Pythagoras，前 530）对后来的哲学家，尤其是柏拉图，有更直接的影响。毕达哥拉斯是一个谜一样的人物，一个伟大的数学家、哲学家——事实上，"哲学家"这个称呼就是他创造的，意思是"爱智慧"（Artz，1980）。他因勾股定理而闻名，还制定了第一个物理数学定律，表达了不同长度的振动弦的谐波比。在其几何学推理中，毕达哥拉斯提出了一个西方文明独有的对科学至关重要的概念——"证明"。毕达哥拉斯认为，一个人可以通过逐步的逻辑论证，得出一个结论，这个结论必须被所有遵循这一论证方式的人所接受。

然而，对于毕达哥拉斯来说，数学不仅仅是一种科学工具。他还借此创立了一个"邪教"，其信徒认为数学是打开自然奥秘之门的钥匙。受印度教等东方宗教的影响，毕达哥拉斯将二元论引入西方思想，在灵魂和身体之间划出了鲜明的界限，并相信灵魂可以从一个身体迁移到另一个身体。灵魂不仅可以离开身体而存在，而且，毕达哥拉斯更进一步认为，身体是一座腐坏的监狱，灵魂被困在里面。毕达哥拉斯学说的一个重要方面是净化肉体，例如限制饮食，这样可以减少身体对灵魂的限制。大部分希腊人认为，食色性也，毕达哥拉斯却把性愉悦视为一种罪恶："快乐在任何情况下都是不好的；因为我们来到这世上就是为了接受惩罚，我们也应该受到惩罚"（引自 Garrison，2000，p.253）。正如我们将在下文看到的，柏拉图重视对灵魂的关注以及数学的纯净和超越性，他是毕达哥拉斯的追随者。

存在与成为；表象与现实：巴门尼德和赫拉克利特　西方思想领域一个重要的两极分化是哲学的"存在"与"成为"之间的冲突。存在主义阵营的第一个代表人物是爱利亚的巴门尼德（Parmenides，前 475）。巴门尼德把他的哲学写成诗歌的形式，宣称它是一位女神的灵感。与毕达哥拉斯截然不同，他认为科学与宗教、哲学家与萨满之间的界线并非泾渭分明。巴门尼德的基本论点可以简单地表述为"道"。可能是受到物理学家的影响，巴门尼德断言，宇宙的基本存在是一种永恒不变的物质，一个简单而不可改变的"道"——纯粹的存在。对希腊人来说，"变化或成为"，都只是人类思维的一种幻觉，因

　　　　　　　　　　　　　　　　第 2 章·古希腊的遗产

为那个"绝对存在"是超越变化的。柏拉图扩展了存在主义哲学，使之成为一种道德学说，主张除了不断变化的人类观点，还有永恒的真理和价值，它们与人类无关，是我们应该寻求并用以指导生活的准则。这些真理存在于一个纯粹的领域，它们与不断变化的物质世界无关，是永恒不变的。

另一方面，"成为主义"的倡导者否认任何永恒的、不可改变的真理，不相信"纯粹的存在"。他们认为，宇宙中唯一不变的是变化；事物从来都不是单纯地存在于斯，而是不断地转化和变化的。持有这一观点的思想家认为，道德和价值观也是随着社会的变化而变化的。只存在有用的道理，不存在永恒的真理。在希腊，成为主义的代表人物是以弗所的赫拉克利特（Heraclitus，前500）。与巴门尼德一样，赫拉克利特既是哲学家又是预言家，他擅于用比喻性的格言表达思想，人称"隐君子"（Obscure）。他断言世界的基本元素是火。这个想法推导出这样一个结论：世界上的永恒性甚至比看起来的还要少。看起来像石头的东西实际上是一个不断变化的凝聚的火球，这一观念与现代物理学家所说的粒子群其实没有什么不同。赫拉克利特最著名的格言是，"人不能两次踏入同一条河流"。这句话恰如其分地概括了他的哲学，在他的哲学中，宇宙中没有什么东西在不同的时间点是相同的。然而，赫拉克利特也承认，尽管变化是唯一不变的存在，但它是符合一定规律的，不是反复无常的。因此，无论哲学和科学可能收获什么样的真理，都是关于"变化和成为"的真理，而不是关于静态事物的真理。

存在和成为的争议是属于形而上学的，但它引发了一个重要的认识论困局，带来了心理学的第一个理论。巴门尼德的存在主义哲学和赫拉克利特的成为主义哲学都隐含着表象与现实的巨大差异。对巴门尼德来说，表象是变化，现实是存在；对赫拉克利特来说，情况正好相反。巴门尼德把这种区别说得很明白，他将"看起来的"（即appearances，表象）和"本质的"（即reality，现实）内容严格区分。

"人类思维可能无法认识现实"，这个想法让希腊人认识到寻找真理的最佳途径，并促进了对人类思维方式的研究，尤其是我们如今所说的认知功能。关于第一个问题，如何最好地发现真理，巴门尼德的结论是，由于感官具有欺骗性，因此不应该相信它们，而应该依靠逻辑。这样就建立了一种被称为理性主义的哲学方法，这种方法被柏拉图进一步发展，并与存在主义相结合，成了一种强有力的宇宙普适性理论。对第二个问题的关注，即大脑是如何与世界联系在一起的，衍生了第一个关于感觉和知觉的心理学理论。这些有心理学头脑的哲学家们倾向于反对理性主义的指责，为人类感知的准确性辩护，发展了与之相反的经验主义观点，认为通向真理的道路是感觉，而不是逻辑。

最早的原始心理学家：阿尔克迈翁和恩培多克勒

19世纪，当心理学作为一门科学被创立时，它走的是一条生理学道路。新心理学被认为是精神哲学和生理学完美结合后的科学产物。这种联姻，或者称之为联盟，在心理学的主要创始人威廉·冯特、威廉·詹姆斯（William James）和西格蒙德·弗洛伊德（Sigmund Freud）的职业生涯中都有充分的体现，他们在成为心理学家之前都获得了医学博士学位。然而，早在心理学在生理学的道路上将自己定义为一门科学之前，就有一些物理学家和哲学家，即原始心理学家，利用生理学的方法和发现来解释思维和行为。

第一个这样做的人可能是克罗顿的阿尔克迈翁（Alcmaeon，前500）。他对哲学感兴趣，并把注意力放在理解知觉上。他做了眼睛的解剖实验，追踪视神经到大脑。与后来的思想家，如恩培多克勒（Empedocles，前450）和亚里士多德不同，阿尔克迈翁正确地认为感觉和思想发生在大脑中。阿尔克迈翁还提出了一种关于知觉的观点，这一观点被另一位反对巴门尼德经验无效论的物理学哲学家发展成为心理学的第一个理论。

这位原始心理学家，阿克拉加斯的恩培多克勒，可能被认为是经验主义的先驱，他的哲学方向是在表象中发现真理，拒绝虚无缥缈的理性。继阿尔克迈翁之后，恩培多克勒认为感官是"理解的管道"，关于世界的信息通过它们传递到大脑（Vlastos，1991，p.68），并在此基础上发展了一种感知理论，证明我们对感官的常识性依赖是合理的。恩培多克勒认为，物体会释放"流出物"（effluences），这些流出物的感官映射会经由不同的感觉渠道进入身体。与阿尔克迈翁不同，恩培多克勒回归了希腊人的通常认识，认为心灵存在于心脏或胸腔中，他说流出物会在血液中相遇并在心脏中混合。恩培多克勒认为，流出物触发的心动就是思维。虽然这听起来很荒谬，但他的理论向心理学中的自然主义迈出了重要的一步，因为这一理论为精神活动提出了一个纯粹的物理基础，而精神活动惯常被归于灵魂。

在科学心理学建立的过程中，我们会发现，各种原始心理学家的一个关键特征是，他们在哲学和心理学的交叉领域工作。也就是说，他们会提出一些哲学问题，比如"我们真的了解这个世界吗？"或者"人最好的生活方式是什么？"，但会寻求心理学的解释途径。他们并不直接谈论人类知识，而是探究感觉、知觉和思维实际的运行方式，用他们的发现来反思一些哲学问题。例如，对知识进行判断的可能性和方法。他们也不会去争论道德立场，而是去探究人性，试图发现人类的根本动机，以及如何设法获得美好生活。科学心理学家传承了这一传统，利用对人性的科学调查来解决认识论、决策以及人与社会之间关系的问题（Keyes & Schwartz，2007）。

最后的物理学家：原子主义

最后一个重点关注物质世界现实本质的古典哲学家是米利都的留基伯（Leucippus，前430），以及他更加有名的学生：阿卜杜拉的德谟克利特（Democritus，前420），在他们之后，哲学家大都转向关注人类知识、道德和幸福的问题。这些原子学家提出了一个在物理学领域被证明是非常正确的想法：所有的物体都是由无限小的原子组成的。原子论者将他们的假设推广到了极致，衍生出两个对部分哲学家和普通人来说似乎非常危险的观点：物质主义和决定论。德谟克利特反复强调他的格言："现实中只有原子和真空存在"，没有上帝，没有灵魂，只有虚无空间中的物质原子。如果只有原子存在，那么自由意志一定是种幻觉。留基伯说："没有什么是随机发生的；任何事情的发生都是出于理性和必然。"这为堤喀（命运女神）提供了一个自然主义的解释。灵魂和自由意志是应该被自然科学抛弃和取代的概念。德谟克利特因其从自然主义中得出的道德结论而被称为"哲学家嘲笑者"。希腊戏剧家卢西恩（Lucian，前120—前200）创作了德谟克利特和其他哲学家被上帝拍卖的场景，有一个潜在的买家惊呼："你是在嘲笑我们所有人吗？你觉得我们的生活什么都不是吗？"德谟克利特回答说："没错。只是一堆无限移动的原子"（Saunders，1966，p.189）。

原子论加深了表象与现实的分野。德谟克利特写道："我们对现实一无所知，除非当外物作用于我们的身体并且我们的身体做出反应"（Freeman，1971，p.93）。他的结论是，只有理性才能渗透到由原子构成的现实世界（Irwin，1989）。德谟克利特采纳了恩培多克勒认知理论的版本之一。德谟克利特说，每一个物体都释放出一种叫作"爱多拉"（eidola）的特殊原子，这种原子是物体的复制品。当我们的感官触及这些原子时，就可以通过这些复制品感知物体。因此，我们的思维过程受限于大脑中爱多拉景象的分分合合。德谟克利特还坚持一种伦理学说，这给后来的伦理哲学家和心理学家带来了麻烦。这一伦理学说坚持唯物主义，否认上帝和灵魂，提供了一个典型的关于生活行为的感官指南：追求快乐和避免痛苦。这种学说被称为享乐主义，它将被19世纪的功利主义者充分发展，成为一种动机心理学和政治哲学。德谟克利特说："对于人来说，最好的人生就是尽可能多地享受快乐，尽可能少地遇到麻烦"（Copleston，1964，p.93）。享乐主义将道德标准归结为我们对快乐和痛苦的自然身体体验。然而，对许多人来说，这是难以接受的，因为如果个人的快乐是善的唯一标准，那么谁还有权利去谴责快乐的罪犯或暴君呢？这种道德问题是苏格拉底和柏拉图思想的核心，柏拉图曾建议焚烧德谟克利特的伦理书籍，但不包括他的科学书籍。

| 古典时期 |

帝国和战争

随着希腊城邦的建立和对地中海的殖民，希腊人与波斯帝国发生了冲突。波斯人试图通过战争占领希腊，但由于希腊人的英雄主义和战争智慧，波斯人失败了。如果希腊人输掉了与波斯人任何一场势均力敌的战斗，世界历史都将会发生根本性的改变。波斯战争也暴露了城邦制度在政治上的巨大弱点——希腊人从未完全团结起来对抗波斯人，而是建立了短期联盟，鼓励争夺霸权。其主要对手还是最强大的陆上军事力量斯巴达，以及最大最富有的城邦雅典。

雅典的公民多达 4 万人，远远超过其他城邦，其丰富的银矿给它带来了巨大的财富。雅典有一个叫比雷埃夫斯的港口，发展成了一个伟大的贸易中心，进而成为对抗斯巴达等强大陆上力量的海上力量。随着波斯战争的继续，雅典成为希腊最重要的城邦，形成了一个帝国，控制希腊半岛的大部分地区，并在波斯人撤退时侵入波斯领土。不出所料，随后雅典人成了希腊狂妄自大、过度骄傲的牺牲品。他们自称是希腊各城邦的老师，其他城邦开始感受到雅典霸权的威胁。一些城邦选择与雅典结盟，而另一些则团结在雅典的对手斯巴达周围，发动了一系列可怕的破坏性内战，统称为伯罗奔尼撒战争。最后，斯巴达在波斯人的帮助下打败了雅典人，但由于双方的人员和财富损失都非常大，没有人可以被称为胜利者。希腊的力量遭到致命的削弱，随后被马其顿的腓力二世和他的儿子亚历山大（Alexander）征服，接着马其顿被罗马人占领。

在鼎盛时期，雅典是希腊世界的文化中心，产生了艺术、建筑和哲学，其影响持续数千年。在一段时期内，其政治制度也演变出一种激进的民主，彻底消除了少数贵族和多数普通公民之间的地位差异。在与斯巴达的战争中，希腊的命运几经沉浮，贵族们多次试图夺取权力，都被推崇民主的公民打败了。雅典公民的民主争论成就了他们的敌人，因为这导致了心怀不满的贵族频繁叛逃到斯巴达或波斯。希腊和雅典内部的混乱对于理解柏拉图的哲学很重要，柏拉图试图在混乱的表象背后找到一个不变的真理世界。

教化城邦

人文主义：诡辩家　基于民主体制，雅典城邦成功的关键在于雄辩：说服的艺术。获得政治权力依赖于在议会中有效的演讲，而作为一个好诉讼的民族，雅典公民必须进行诉讼辩论，并接受陪审团的裁决。因此，提出并批判性地理解复杂论点的能力，是一项非常有价值的技能。自然而然地，修辞学成了一门学问、一种职业和一项需要教授的专业技能。这些新的修辞学老师被称为"诡辩家"，源自"sophistes"（意为"专家"），也就是英文"sophisticated"（老于世故）一词的来源。修辞艺术于公元前 427 年从锡拉库扎传到雅典。来自西西里岛的诡辩家高尔吉亚（Gorgias）获得了雅典人的援助，帮助他的城市莱昂蒂尼对抗敌人（锡拉丘萨）（Davidson，1997）。虽然高尔吉亚在柏拉图的同名对话中表现不佳，但说服的艺术却留下来了。诡辩家是历史上第一批获得报酬的专业人士，他们代表着更高层次教育的开端，而不是童年时期的教育（Clark，1992）。诡辩家对现实生活的关注标志着哲学的一个重要转变，即从关注物理学转向关注人的生活及其应该如何生活。

作为受雇的修辞学倡导者和教师，诡辩家们并不宣称有一个普遍的哲学体系，但他们的实践却催生了某些重要的哲学态度。如果说诡辩家有一个中心思想，那就是普罗泰戈拉（Protagoras，约前 490—前 420）所说的："人是万物的尺度，人衡量存在的事物，也衡量不存在的事物"（Sprague，1972）。普罗泰戈拉的格言包含一系列的含义，从个人的、文化的到形而上学的。然而，其核心是人文主义，一种对人性和人类生活的关注。

从狭义的个人角度诠释，"人是万物的尺度"支持了一种相对的经验主义，是一种认为表象高于现实的人文主义偏好。无论自然界的基本元素是什么，水、火或原子，我们人类生活的世界都是我们在直接体验中感受到的世界。对我们来说，站在生活的角度，真理永远不是抽象的，而是由我们所熟悉的人和事物组成的世界。因此，合用的真理存在于表象中，而不是在思辨的实在中。然而，由于真理存在于表象中，因此真理是相对于每个感知者而言的：站在主观角度，每个人都是唯一有资格评判事物的人。例如，有一间房子和两个不同的人，一个人要在暴风雪中外出，另一个人准备添柴生火，这间房子对前者来说是温暖的，而对后者来说则是寒冷的。这两种感知没有对错之分，对于感知者而言都是真实的，不存在什么隐藏的真相。

"人是万物的尺度"还承载着一种文化，或者用今天的话来说，有一种多元文化的意味。古希腊人是文化沙文主义者：在他们的语境里，"野蛮人"这个词所带有的负面含义，仅仅意味着不会说希腊语。对他们来说，只有一种正确的生活方式——希腊式生活，所有其他的方式都是愚蠢或邪恶的。诡辩家在这一点上挑战了古希腊人的想法，支持一种文化相对主义。对于个人来说，冷暖自知，同样，文化也是基于自身的土壤开花结果。希腊人说希腊语，罗马人说拉丁语；没谁比谁更优秀。希腊人崇拜宙斯（Zeus），盎格鲁 – 撒克逊人崇拜沃坦（Wotan）；各自有各自的神灵。

最后，"人是万物的尺度"具有形而上的意义。如果所谓的现实的本质是不可知的，那么神也是不可知的（Luce，1992）。不存在神圣的真理或上帝赋予人类的法律，对错是由文化而不是上帝来决定的。科学和哲学不应该把时间浪费在对现实或神灵的无意义思索上，而应该关注有助于人类幸福和工作的现实问题。

诡辩家的相对主义是西方思想史上的一项重要创新，但它给希腊民主和西方社会政治思想带来了前所未有的危险。诡辩家激化了自然和人类法则之间的分歧。传统的希腊人认为他们的生活方式是最好的，并由此定义了"菲希斯"（phusis，自然、本性）和"诺莫斯"（nomos，习俗），他们认为他们的诺莫斯是最好的，也就是说，自然的生活方式最适合人的本性。诡辩家们否认了这种观点，他们认为诺莫斯是一种武断的干预，不同文化中各种平等的生活方式没有优劣之分。事实上，诡辩家安梯丰（Antiphon）将习俗提升到本性之上，他认为，在不同的文化中，社会规则以不同的方式约束着人类的本性。

心理上的探究对于传统雅典人和诡辩家之间的争论十分重要。诡辩家认为人性是非常灵活的，能够愉快地适应非常不同的生活方式。传统雅典人认为人性是相对固定的，所以某种文化（自由城邦）最适合它。人性的本质及其对社会政策的影响，这个一度被基督教思想所主导的问题，成为启蒙运动的核心。进入18世纪，政治家们开始拒绝传统的社会组织形式（诺莫斯），转而支持植根于对人性（菲希斯）的科学理解，心理学在政治上变得更加重要。实体世界和抽象逻辑之间的冲突在人类历史上从未如此激烈。对自由的渴望是否来自人类心灵的天性？它是不是推翻专制政权的正当理由？或者说各有各的社会规范，相比我们的社会，无法评价哪种更好或更坏？

诡辩人文主义对雅典民主的直接威胁贯穿柏拉图的一生。在柏拉图的对话《高尔吉亚篇》（Gorgias）中引用了贵族卡利柯勒斯（Callicles）的话："法律是由数量占优的弱者和劣等公民制定的，以约束天然强大和优越的贵族，贵族们天生就应该统治弱势群体。"德·萨德（De Sade）、弗里德里希·尼采（Friedrich Nietzsche），从某种程度上说也包

知识加油站 2.2
苏格拉底：西方第一个现代人

把一个生活在公元前4世纪的希腊人说成西方第一个现代人似乎很愚蠢，但这可能是事实。苏格拉底总是四处询问人们"为什么要这样做"。通常，只要事情进展顺利，大多数人和社会都满足于继续做他们一直在做的事情。但是苏格拉底退后一步，要求人们思考并证明他们的信仰和行为。这可能会带来麻烦——它给苏格拉底带来了死亡，但它引发了变革。只有当一个人思考自己为什么要做某事时，他才能思考以不同的方式做这件事，进而把事情做得更好：人们可以反思过往，步步为营，促进经济创新和增长，而不是受制于马尔萨斯经济的静态结果。西方现代主义的躁动不安，寻求不断的改变和完善，始于苏格拉底永无止境的道德质疑。

括弗洛伊德，都同意卡利柯勒斯的观点。卡利柯勒斯将他的主张付诸行动，参与了反对雅典民主的贵族政变。自诡辩家时代以来，关于什么是人性，什么样的生活方式（如果有的话）是自然的，这些问题向心理学和哲学中致力于人类幸福的解释提出了挑战。苏格拉底首先直面了这些挑战。

启蒙与幸福：苏格拉底　苏格拉底遵从自己的内心，不惧成为一个"问题人物"，在西方思想史上也是如此，他被尊为最伟大的哲学家。对于传统的雅典人来说，苏格拉底是一个麻烦制造者，他对美德的故意挑衅腐蚀了他们的孩子，破坏了他们的道德。对基督教哲学家来说，尤其是那些徒有其表的基督徒来说，苏格拉底成了一个很有吸引力的人物——一个贫穷的、四处游荡的寻求美德的人，他惹恼了那些自鸣得意和自以为是的人，最终被施以极刑。虽然苏格拉底是雅典居民，也是受人敬仰的士兵，但他出身卑微，是石匠之子，对当时的统治价值观提出了挑战——无论是贵族对权力和荣耀的热爱，还是商人对金钱的热爱。苏格拉底对宣判他有罪的陪审团说："我四处走动，只是为了规劝你们，无论老幼，都不要看重身体或金钱，而要看重灵魂的高尚"（Plato, *Apology*, 30a, R. E. Allen 译，1991）。无论对于雅典的旧贵族阶级、后来的弗里德里希·尼采，还是世纪之交的德国新异教徒来说，苏格拉底和耶稣都是邪恶的老师，他们用利他主义的道德来蒙蔽天生强大者的思想，用弱者制定的法律的镣铐来束缚他们的手。

苏格拉底似乎是个危险人物，但他教唆了什么？从某种意义上说，什么也没有。苏格拉底是一个道德哲学家，不关心日常事务，尽管雅典人把他当成一个哲学家，但他不是一个以教授专业知识赚钱的诡辩家。他对真善美的本质进行了自我定义的探索，尽管他自称不知道它们是什么。在他的教学中，他会仔细询问某个年轻人或一群年轻人一些关于美德的话题。什么是正义、美好、勇气、良善？苏格拉底的对话者会给出传统的定义，而苏格拉底则通过巧妙而有穿透力的问题将其拆解。例如，在《高尔吉亚篇》中，卡利柯勒斯将正义定义为"强者的统治"，反映了他的贵族出身和诡辩训练。然而，苏格拉底对卡利柯勒斯信仰的反驳是如此一针见血，以至于卡利柯勒斯不只是无言以对，甚至是落荒而逃。苏格拉底的门徒们开始分享他的"疑难"精神状态，即"自知其无知"。在苏格拉底那里，他们不得不承认他们对于正义（或美德）到底是什么一无所知，但他们能意识到自己比以前更好了，因为他们已经摆脱了传统的错误信仰。苏格拉底担心，雅典人在帝国兴起以及由此带来的狂妄自大的过程中，已经偏离了明智的道路，而他的任务就是消除帝国的傲慢，恢复希腊人传统的自制力。

虽然苏格拉底没有讲授应用性教义，但他的思想促成了哲学和心理学方法的几项重要创新。哲学上的创新是他对美德的一般性质以及美德本身的探索。我们直觉地意识到，偿还借贷款和建立民主都只是行为，但对于它们的共同点——正义本身，仍然捉摸不定；壮观的日落和悠扬的琴音都很美，但对于它们共有的东西，美本身，同样难以捉摸。而且，苏格拉底把他的追问带到了更高的层次。正义、美丽、荣誉等都是好的，但是它们的共同点，或者说"好"本身是什么，仍然无法界定。在他的道德哲学领域，苏格拉底开始试图理解抽象的人类概念的含义和性质，比如正义和美。柏拉图和亚里士多德将苏格拉底的探索从伦理学扩展到包含各个领域的所有人类概念，创造了认识论领域——寻求真理本身，这也是后来哲学和认知心理学的核心使命。

苏格拉底的方法，一种被称为逻辑辩驳（elenchus）的特殊对话形式，也是一个创新。苏格拉底认为每个人都拥有道德真理，即使他们没有意识到。苏格拉底称自己是美德知识的"助产士"，通过提问而不是简单地讲授，让人们了解美德。例如，他会用具体的事例来推翻关于美德的错误观点。一个年轻人可能会用青铜时代的思维来定义勇气，即光荣而无畏地与敌人作战，苏格拉底可能会用类似电影《轻骑兵的冲锋》（The Charge of the Light Brigade）中的方式来反击：勇敢但愚蠢，给家人、追随者和同胞带来死亡和失败。这些潜在的问题被弱化了。最终，对于那些留下来的人，错误的信念被驱除，并获得一种对美德真正本质的开放性反思。在某些方面，苏格拉底的逻辑辩驳是各种形式心理治疗的起点。基于苏格拉底的理念，心理治疗师们认为，每个人心中都潜藏着指向自由的真理，当我们得知是哪些错误信念让我们陷入混乱，就可以通过引导找回自己的真理。

苏格拉底还认为，在我们意识到并能够解释之前，没有什么东西能被称作知识或真理。一个人可能会做正确的事情，但对苏格拉底来说，如果不能明确而理性地证明自己的行为，他就不是真正拥有美德。在对美德的追求中，苏格拉底要求的不仅仅是良好的行为或对于是非的正确直觉，而是一种关于美德的理论——希腊单词"理论"（theoria）的意思是"沉思"。在《会饮篇》（Symposium）中，苏格拉底传说中的导师，半人半神的预言家狄奥提玛（Diotima）对他说："难道你不知道，无法解释的正确观点就不是知识，一种无法评价的东西怎么可能是知识？正确的观点介于智慧和无知之间"（Plato，Apology，202a）。

苏格拉底认为，知识是一种可以明确陈述和辩护的理论，这一思想被柏拉图传承，并成为西方哲学的标准目标，区别于其他两种形式的人类主流思想。第一种是教条主义的宗教，不允许自然理性质疑神的启示。第二种是那些重视直觉而非逻辑的传统。在如今的心理学领域，有一种被称为具身认知的运动，它贬低知识的表象和语言描述，强调与现实世界互动形成直观认识（Ratcliffe，2007；Shapiro，2010）。

最后，基于对美德的关注，苏格拉底提出了关于人类动机的重要心理学问题。任何道德哲学的核心问题都是，告诉人们应该正确行事的理由，并解释他们为什么经常做错。第一个问题"为什么人应该是有道德的"，对于希腊和罗马哲学家来说从来都不是一个难题，因为他们坚信美德和幸福是紧密相连的，就算两者不完全等同。希腊语中的"eudaemonia"（理性幸福）通常被翻译为英文单词"happiness"（快乐），但"eudaemonia"不仅仅意味着快乐，虽然它也包括快乐；它还意味着过得好，或者说是蒸蒸日上。与所有希腊人一样，苏格拉底认为生命的正确终点是幸福，他相信美好的生活会带来幸福。因此，他和普通希腊人一样认为，由于所有的人都寻求幸福，所以他们自然会寻求美德，因此没有必要为行善寻找特殊的理由。柏拉图在《会饮篇》（205a，R. E. Allen译，1991）中断言："……幸福的人因拥有美好的事物而幸福，除此之外，没有必要再问追求幸福的人动机是什么。这几乎就是终极答案。"在美德和幸福的因果关系中，希腊人的观点与后来的伦理体系截然不同，包括基督教。基督教敦促人们要有道德，但警告说追求美德往往带来痛苦而不是幸福。古典时期的希腊人与斯多葛派（第3章）和基督徒的不同之处是，他们将道德关注局限于个人的幸福，或许还包括所在城邦的福祉。对他人的关心仅仅因为对方是人，并不构成传统美德概念的一部分（MacIntyre，1981）。

由于希腊和罗马的伦理哲学家认为行善天经地义不需要解释，他们转而关注为什么人们并不总是这样做。如果美德和幸福几乎等同，那么不良行为，也一定是无法带给人幸福的，其存在就变得难以解释。由于人们天性追逐幸福，所以他们理应正确地行动。苏格拉底对不良行为的问题给出了一个纯逻辑性的答案：人们只有在不了解善的时候才会做出错误的行为。一个口渴的人不会故意喝毒药，但可能会把毒药误当作纯净的水。人们不会明知有害而为之，只有当行为人不知道它们的不良后果时，才会这样选择。

苏格拉底对不良行为的解释，是基于其逻辑辩驳中的一个假设，即人们直觉上都清楚什么是美德，但他们从教养中获得的错误信念掩盖了这种原始直觉，并可能导致他们做错事。一旦人知道什么是真正的美德，他就会自然而然选择正确的行动。因此，卡利柯勒斯放弃了与苏格拉底的对话，参加了贵族政变，因为他仍然错误地认为正义来自强者的统治。在苏格拉底看来，卡利柯勒斯并不邪恶，只是被误导了。如果他继续与苏格拉底交流，他就会明白，正义不等于强者的规则，也不会寻求推翻民主。对苏格拉底来说，关于善的知识（不是善的意志或高尚的品格）对于善行有决定性的影响。后来的希腊和罗马伦理哲学家，包括柏拉图本人和早期的基督徒，发现苏格拉底关于善的逻辑有缺陷。因为很显然，有些人就是喜欢做错事，即便是善良的人，有时也会故意做错事，因为他们的意志太弱，无法克服诱惑，这种精神状态被希腊人称为阿格拉西亚（akrasia，即"缺乏自制力"）。与人类行为中邪恶之根源进行斗争，成为动机心理学的一个重要议题。

| 伟大的古典哲学 |

柏拉图：对完美知识的追求

与作为石匠之子的老师苏格拉底不同，柏拉图出身旧贵族阶级。但随着雅典城邦逐渐走向民主，旧贵族阶级的社会地位江河日下。斯巴达人最终在旷日持久的伯罗奔尼撒战争中战胜了雅典人。其后，一个贵族集团发动了短暂的雅典反民主政变，卡利柯勒斯和柏拉图的两个亲戚也参与其中。讽刺的是，政变失败后，苏格拉底被卷入了针对叛军及其支持者的清算中，因为政变中的很多人，跟卡利柯勒斯一样，都是苏格拉底的门徒或朋友，苏格拉底为了恪守原则选择接受死刑而不是被流放，这让柏拉图对自己所了解的政治不再抱有幻想。贵族，甚至亲朋好友或学生，都有可能为了一己之私牺牲整体利益。一个民主国家，可能会因为害怕，杀害一个忠诚而挑剔的公民——仅仅因为他质疑传统的道德观点。

苏格拉底，第一个道德哲学家，致力于探索一个关于"善"的总体概念。他的学生柏拉图，对其道德观进行了拓展，并用自己的哲学充实了苏格拉底的思想。柏拉图的哲学，致力于在国家和个人层面追求正义。"正义"的希腊语单词"dikaiosune"有一层特殊的含义，即从生活中获取一个人应得的东西，不贪求，也不缺乏。这反映了古希腊人的社会理想。但既得利益集团和贵族军政府却走向了这个理想的反面——他们贪得无厌。柏拉图试图引导门徒们从传统的正义观转向新的理解："善"是为了正义本身，而不是追求外部回报，例如城邦利益。柏拉图对"善"的理解也影响了其后的基督教信仰。

关于认知：什么是知识　苏格拉底试图找到"善"的一般性定义。柏拉图认为，苏格拉底的探索归属于某个更大的体系——寻求一切具体事物的一般性定义。就像我们从特别勇敢的行为中提炼出"勇敢"这一概念，或者从特别美丽的人或物中归纳出抽象的"美"；同样，我们也可以区分"猫"的一般性定义和具体的猫，或者"鱼"的一般性定义和具体的鱼。

用猫和鱼打比方，看起来有点贬低柏拉图的探索，但事实并非如此。根据希腊人的说法，人类之所以区别于动物，正是因为人类拥有对知识进行抽象概括的能力，而动物只能对当下的场景做出反应。科学，包括心理学，都是为了探求万事万物存在和运行的普遍规律。心理学家虽然只对一小群人做实验，探求的却是普适性结论。例如，在一项社会心理学实验中，我们关心的不是为什么鲍勃·史密斯或苏珊·琼斯不去帮助身陷困境的人，而是为什么人类在类似的情况下，不愿施以援手。柏拉图是第一个探究知识本身及其验证过程的思想家，他开创了哲学认知论——关于"知识"的研究，而这正是认知心理学的前身。

现代科学传承了恩培多克勒引领的基于认识论的经验主义传统，也就是通过实验和观测来证明其对知识的主张。然而，科学已经逐渐接受了一个"不堪"的事实，正如柏拉图首先指出的：基于今天的数据看似真实的东西，明天就有可能被推翻。柏拉图认为，让苏格拉底为之献身的真理，不可能如此摇摆不定、昙花一现。真理必须是永恒且明确可知的。

与怀疑主义角力　对柏拉图主义者来说，真理以及我们对真理的认识，有两个决定性的特征。首先，只有在任何时间和地点都普适的信念或知识才可以称为真理。苏格拉底探寻的，是日常所见之正义或美丽事物之外的抽象概念，关于正义和美的知识是超越时空的永恒存在。其次，对于柏拉图和苏格拉底来说，知识必须是理性正当的。柏拉图认为，一个总是能做出正确判断的法官或一个品位无可挑剔的鉴赏家并不一定知道真相，除非他们能解释自己的判断，并通过论证说服他人。

与后来那些同样跟随苏格拉底学习的怀疑论者不同，柏拉图从没质疑过苏格拉底关于"真理可以启蒙心智"的信念，并且接受了早期哲学家的观点：感知觉不是通往知识的道路。受到赫拉克利特的影响，柏拉图相信火是世界的基本元素，因此得出结论：世界处于永恒的变化中。由于柏拉图所追求的真理是属于存在主义的——真理永恒不变，因而，关于真理的知识，无法从随着物质世界的不断变化而变化的感觉中获得。柏拉图从诡辩家那里得到了这样的启发：世界对于每个人和每种文化来说，因人、因文化而异。因此，观察行为会受到个人差异和苏格拉底批判的那种文化偏见的影响。对于柏拉图来说，即使认知的复制论是对人类感知的准确描述，其也不足以作为一种寻求永恒真理的理论。柏拉图拒绝心理学，认为它是唯心主义的形而上学。

数学和形式理论　至此，柏拉图尚未超越苏格拉底的困惑；柏拉图确信先验真理的存在，而感知并不是通向知识的道路。然后，人到中年，当柏拉图和毕达哥拉斯一起学习几何时，他又受到了几何学的影响，就像几个世纪后的托马斯·霍布斯（Thomas Hobbes）和克拉克·赫尔（Clark Hull）一样。通过数学，柏拉图不仅找到了通往真理的道路，还发现了真理的本质。柏拉图站在了巴门尼德一边，认为真理之道是一种对思想进行逻辑推理的内在途径，而不是基于物理对象的外在途径。柏拉图在此基础上更进一步地定义了真理：一幅超越观察的真实画面。在《斐多篇》（*Phaedo*）中，柏拉图得出了苏格拉底式的结论："灵魂如何掌握真理？无论在什么情况下，只要观察任何与身体有关的东西，很明显，都会受到身体的彻底欺骗……因此，唯有推理，可以随时随地将真理清晰地展现在灵魂面前"（65b-c，G. Vlastos 译，1991）。

我们大多数人在高中或大学时都学过几何定理，如勾股定理——直角三角形斜边边长的平方等于其他两边边长平方之和。对柏拉图来说，几何学的第一个启示是"证明"的概念。毕达哥拉斯的定理是可证明的，因此是正确的，这是一个由逻辑论证而不是观察和测量支撑的知识体系。几何学很好地契合了苏格拉底对知识的要求：知识必须经得起理性的考证。任何理解这些证明步骤的人，都无法否认其正确性。几何学有力地支持了理性主义的主张：逻辑是真理之道。

柏拉图进而断言，理性是通往"现实"和"存在"的道路。勾股定理不仅适用于某个做题人画的一个三角形，而且适用于所有做证明的人和所有直角三角形。然而，既然勾股定理是真实的，而且它不仅对数学家画的三角形是真实的，也不只是对某组三角形的统计概括，而是一个真正的普遍真理，那么，这个真理对应的现实世界实体是什么呢？柏拉图的结论是，这个真理对应的实体叫作"形式上的直角三角形"——一个永远存在的、完美的直角三角形，没有特定的尺寸。

形式的观念有助于调和"存在"与"成为"，并为苏格拉底关于美德的问题提供了一个解决方案，这些问题具有超越伦理哲学的含义。形式属于存在的领域，永远存在，而它们对应的不断变化的物质副本属于成为领域。因此，在苏格拉底的伦理哲学中，每一个勇敢的行为都是勇气的形式，每一个美丽的物体都是美丽的形式，每一个正义的行为都是正义的形式。勇气、美丽和正义都属于善，类似于善的形式。苏格拉底在道德领域寻求的所谓真正知识，是关于事物形式的知识，而不是物理事物或事件的知识。

理解柏拉图思想中对我们来说陌生的一面是十分重要的。我们倾向于认为，评价一个雕塑或一个人的外观，是一种主观的审美，是由我们的社会、朋友和家人告诉我们的"美"所决定的。其他文化中的其他人可能有不同的观点，像诡辩家们认为的，我们的主观判断根植于文化或个人品位的差异。从苏格拉底那里，柏拉图接受了社会可能会灌输不同的美丑观这一论断，但与诡辩家不同的是，他没有得出这样的结论：对美的判断完全取决于当地的品味。对柏拉图来说，一个人或一座雕塑，由于接近美的某种形式而美丽，因背离这一形式而丑陋。同样，某个行为被认为是好的，也是因为这个行为参与了某种形式。美和美德不是人和文化的主观判断，而是物体实际拥有的真实属性，如大小或重量。如果两个人（或两种文化）不同意某个人的美丽或善良，那么至少其中一个人是错的，因为他不知道美或善的形式。苏格拉底的目标是找出美德的本质，并把它教给人们——不管社会舆论如何评价——这样他们就可以根据自己的知识采取最恰当的行动。柏拉图将苏格拉底的思想阐述为形而上学的现实主义：形式确实是作为一种非物质实体的存在。事实上，对柏拉图来说，形式比它们可观察的物理对象更真实，因为它们是永恒的，存在于不断变化的物理领域之外。

柏拉图所谈论的形式在希腊语中叫作"ιδεα"。这个词的使用对于后来的心理学和哲学都很重要。你会发现，这个词对应于现代英语中的"idea"，是一个心理实体。笛卡儿和洛克在 17 世纪引入了这个术语（第 5 章和第 6 章），带来了现代认知心理学中的表征理论（第 12 章）。但这两个单词的对应并不是柏拉图的本意，因此本书中把"ιδεα"翻译成"形式"（form）。对柏拉图来说，形式绝不仅是人类的主观思想，而是永恒的、普适的、非主观的思考对象。柏拉图对个人思想所隐含的主观性感到恐惧，他想推翻主观的、短暂的真理概念，如冬天房间里的两个人对房间温度的个人想法。然而，在哲学中，"唯心主义"这个术语仍然被用来描述柏拉图的传承者，例如康德，他认为"ιδεα"是超越了一切个人体验的关于"真善美"的客观存在。

关于形式的想象　正如柏拉图已经意识到的，对形式的描述，即便不是不可能，也是很困难的。因为从本质上来说，形式本身是无法被展示的。于是，柏拉图用比喻描述形式，用"善之子"描述善本身（*Republic*，506e，R. Waterfield 译，1993）。他在《理想国》中打了三个比喻：太阳、线和洞穴。另一个用以描述通往形式的心理学路径，称为"爱的阶梯"（the ladder of love），出现在《会饮篇》中，可能比《理想国》写得更早。

太阳的比喻：善的光照　关于太阳的比喻，柏拉图说："善的形式对于可理解的形式世界，就像太阳对于物质世界，这是对形式的复制。"柏拉图并不知道视觉的发生是因为光进入了眼睛，就像我们今天所了解的，这个概念是几个世纪后才逐渐出现的（Lindberg，1992）。相反，当时的人们认为，眼睛之所以能够看到物体，是因为它能发出光线照射物体。然而，因为在晚上很难看清东西，所以每个人都认识到：要产生视觉，先得有光。阳光是视觉发生所需的"第三样东西"（除了眼睛和物体）。在理性世界中，理性有能力掌握形式，就像在物质世界中眼睛有能力看到物体一样。然而，理性世界中，需要一个"第三件事"来阐明形式，从而帮助理性认知。感官本身缺乏准确感知世界的能力，需要借助神的光照。柏拉图说："第三件事——神的光照，就是善的形式，类似于太阳洒在地球上的光。"

线的比喻：观点和知识的层次　在关于太阳的比喻之后，是关于线的比喻。想象一条线（见图 2.1）被切分成四个长度不等的部分，每个部分的相对长度是其真实程度的度量。这条线首先被分成两大部分。下方较短的部分代表了基于感知的表象和观点（没有证据的信念），也就是表象世界。上方较长的部分代表形式的世界和证明它们的知识。表象世界的线段被进一步划分为想象世界和信念世界，想象世界的线段是最短的，信念世界的线段次之。

	对象	心智状态
理智世界	善	D 理智或知识
	形式	
	数学对象	C 思考
表象世界	可见事物	B 信念
	影像	A 想象

图 2.1 柏拉图对线的比喻 [①]

资料来源: Adapted from Cornford, 1945.

对影像的感知是最粗浅的认知方式。想象是最低层次的认知，只涉及具体物体的形象，如同水中的倒影。柏拉图将具象艺术归入这一领域，因为当我们看到一个人的肖像时，我们看到的只是一个影像，一个不完美的复制品。柏拉图将具象艺术驱逐出他的理想国。比看影像好一点的是看对象本身，柏拉图称之为"信念"。接下来，更长的一部分代表着"思考"，意味着我们从单纯的主观看法走向真正的知识，起点就是数学知识。"证明"保证了数学理论的真实性，数学知识的对象不是可观察的事物，而是形式本身。

然而，数学虽然提供了知识的模型，却被柏拉图认为是不完美和不完整的。首先，之所以说它不完美，是因为数学证明建立在无法自证的假设之上，不符合苏格拉底关于知识可自证的理想。例如，作为柏拉图时代最先进的数学形式，几何证明依赖于未经证实的定理和假设，这些定理可能在直觉上很有说服力，比如"平行线永不相交"。但柏拉图意识到，任何被证明正确的几何理论，一旦有某个定理被推翻，整个体系就需要重建。诚然，从柏拉图的角度看，几何是基于形而上学的，也就是他所说的"形式"。其次，之所以说数学不完整，是因为不是所有的知识都与数学有关。最重要的知识只能是苏格拉底寻求的道德真理。因此，线的比喻中最长的部分——形式世界，代表了所有真理，包括数学的或其他的。毫无疑问，形式中最伟大的是善的形式，这是苏格拉底和柏拉图追求的终极目标。

洞穴的比喻：文化监狱 《理想国》中的第三个"善之子"，是最著名和最有影响力的关于洞穴的比喻。想象一下，人们被囚禁在一个很深的洞穴里，被铁链锁着，只能看到眼前的洞壁。他们身后有一堆火，火和囚犯之间有一堵矮墙。搬运工沿着墙后的小路走，在墙的上方举着各种物件，让物件在墙上投下影子，让犯人看到。对囚犯来说，"物件的投影将构成他们唯一的现实"（515c，R. Waterfield 译，1993）。

---

① 原书中的图如此，疑与正文不完全对应。——编者注

扬·萨恩雷丹姆（Jan Saenredam）依据科内利斯·范·哈勒姆（Cornelis van Haarlem）所绘"柏拉图的洞穴之喻"，1604 年。
资料来源：Wikimedia Commons.

　　"想象一下，他们中的某一个被释放了，突然被要求站起来，转过头去，看到了火光"（515c–d）。柏拉图（Plato，1993）继续讲述，对于一个被释放的囚犯来说，放弃他熟悉的虚幻现实，接受真实的物件和火是多么困难。而更难的是，他必须被"强行拖过这种痛苦"——从洞口越过火焰，进入真实的世界见到阳光。最终，他会为自己的新处境感到高兴，并鄙夷自己以前的生活，包括希腊人对荣誉和荣耀的传统追求。最后，柏拉图要求我们想象：囚犯回到他在洞穴中生活过的老地方，那里看不到真相，他却知道真相。"难道他不会出丑吗？难道他们（其他洞穴居民）不会说，他从上面回来时，眼睛瞎了，甚至认为不值得尝试上去吗？难道他们（如果他们能做到）不会抓住任何试图释放他们的人，把他们杀了吗？"（517a）

　　柏拉图用洞穴来比喻人类的生存状况。每个灵魂都被囚禁在一个不完美的肉体中，被迫通过不完美的眼睛来观察由阳光照射而看到的不完美的影像。此外，灵魂是其所在社会传统信念的受害者。如同被释放的囚犯将其目光从投影转向现实，柏拉图要求我们将灵魂从可见世界和我们的文化预设中抽离出来，踏上通往更美好的形式世界的艰难旅程，感官感受到的物质只是幻影。洞穴之喻既乐观又悲观（Annas，1981）。乐观在于其蕴含着一个承诺：通过努力，我们可以将自己从无知和幻象中解放出来。洞穴就是人们置身的文化，也是苏格拉底通过逻辑辩驳质疑的传统信念构成的网络。然而，通过哲学和正确的教育，我们可以从观点和表象的洞穴中逃到知识和现实的领域。我们可以了解真相，它会带给我们自由。悲观在于这个上升的道路艰难而危险。柏拉图说，它不是为每个人准备的；只有少数精英才能承受这种负担。他认为，大多数人并不想获得真正的自由，他们会用嘲笑甚至死亡来迎接他们未来的解放者。

这个故事也是苏格拉底一生的寓言。他曾经是一个政治动物、一个勇敢的士兵，但他得以瞥见真理，并试图以自己的牺牲为代价与世界分享。

爱的阶梯：被善牵引 《会饮篇》中的"爱的阶梯"是关于形式的第四个比喻，描述了对美的热爱。柏拉图曾说，这是从这个世界通往形式世界最简单的途径。通过女性角色狄奥提玛，柏拉图描述了一种升华，从世俗的肉体之爱升华到对美的形式本身的神圣之爱。狄奥提玛的引入对于《会饮篇》意义重大。雅典男人贬低女人，因为她们不是公民；她们也无法成为战士，因为她们身体虚弱。雅典男人只把女人视为生育的工具。然而，与此同时，如果说政治是男人的领域，那么宗教就是女人的领域。由此，柏拉图认为狄奥提玛对苏格拉底关于爱的教导，以及他在聚会中对受众的教导，是一种神圣的启示，而不是一种哲学论证。

阶梯最下面一级是性爱，它必须由一个哲学向导引导到正确的方向，就像传说中狄奥提玛对苏格拉底的引导那样。学生"在年轻的时候就开始接触美丽的身体，如果他接受的是正确的指引，首先要去爱一个具体的身体"（201a）。

在学会爱一个美丽的身体后，在"下一步，学生要认识到，对于人类来说，身体上的美是类似的……意识到他爱的是所有身体共有的美好，并放弃对某个人的情有独钟，俯视它并相信它不重要。进而，他必须开始相信，灵魂的美比身体的美更有价值"（201b-c）。苏格拉底引导我们超越对身体的爱，走向对灵魂的爱。苏格拉底本人是有名的"丑男"，他教育有着善良灵魂但其貌不扬的青年："身体的美丽微不足道"（201c）。进而，老师可以在生活中向学生介绍其他类型的美，如音乐和艺术，以及在学习中引导学生理解数学和哲学之美。

在《理想国》中，"爱的阶梯"被精心描述为，为培养理想国的哲学家领袖，也就是守护者而制定的漫长而艰苦的教育形式。作为孩子，他们接受和所有公民一样的道德教育。柏拉图建议仔细审查文学作品，包括荷马的作品（其中的《伊利亚特》和《奥德赛》是希腊人的圣经），转而用老师精心挑选的故事来代替它们，以塑造孩子适当的性格。音乐也要经过精挑细选，只可以听那些有益身心的乐曲。通过文学和音乐锻炼灵魂，就像通过体育锻炼身体一样。然而，只有最高尚的灵魂中的精英，包括女性（这个概念最初震惊了柏拉图的读者），才会被允许接受高等学术教育。在哲学的引导下，守护精英们走出现象的洞穴，了解形式世界，但他们有义务回到最好的洞穴——柏拉图的理想国，并以他们被激发的智慧无私地管理国家。只有他们知道，对于全体理想国公民而言，什么才是最好的。

斯巴达的"平等者公社"带给了柏拉图"守护者阶层"的灵感，尽管守护者们不应该是战士。希腊人在城邦和家庭（oikos）之间的矛盾被柏拉图按照斯巴达的思路解决了。他扩展了斯巴达兵营生活的概念，禁止守卫者之间通婚，尽管并非禁止性关系。因此，他们没有理由分散为国尽职的注意力，只会对理想国恪尽职守。在柏拉图的《理想国》中隐含着一种筛选模式：下层阶级的后代如果达到标准，就有可能进入守护者阶层，守护者的后代如果被发现无法胜任，也有可能被降级。我们之前说过，在斯巴达，是由政府官员，而不是婴儿的父母，决定一个孩子是被接受，并成为斯巴达人，还是面临死亡。柏拉图把这种做法纳入了他的理想国。

学习即记忆：知识就在我们心中　在其他的一些对话中，柏拉图描述了一种通往形式世界的不同路径，类似于苏格拉底的"精神助产术"。受到毕达哥拉斯的教育思想、希腊宗教以及其他宗教，尤其是由东方传到希腊的印度教的影响，柏拉图采纳了转世的观点。例如，在《斐德罗篇》（*Phaedrus*）中，柏拉图描绘了一个详细的路径，灵魂会通过这个路径经历轮回。灵魂来自天堂，因此，在它们化成肉身，进入"我们称之为身体的行走坟墓"之前，可以看到形式世界（250c，W. Hamilton 译，1973）。一个灵魂未来的命运，取决于它在地球上过着多么高尚的生活。死亡后，灵魂被带去接受审判。恶人会被带到"地下审判之地去赎罪"（249a），可能会转世变成野兽。善良的人，尤其是那些曾经是哲学家的人（第三次转世为哲学家的人，将会逃离轮回），上升到天堂的最高处，在众神的行列中再次看到形式世界。品德一般的人在天堂地位较低，并会更快地转世为较低等级的人，比如金融家（第三好）或农民（第七好）。

由此，"每个人的灵魂都曾看到过真实的存在"（250a），但在身体的坟墓里，形式世界的"幸福的景象"被遗忘了，坏人比好人遗忘得更彻底。然而，关于形式世界的知识是可能被重新获得的。对美好事物的沉思引导我们认识美本身，因为所有美好的事物都指向美本身，如同所有具体的猫都指向"猫"这个概念，具体的沙鼠都指向"沙鼠"的概念，正义的行为也属于"正义"这一形式，所有概念和术语都是如此。由于事物表象与内在形式是相似的，我们可以"从繁杂的感觉和印象中收集到经由理性过程达成的统一。这样的过程仅仅是对事物的回忆，因为当我们的灵魂与神同行时，曾感知过这些事物……仰望真正真实的事物"（249b）。柏拉图努力通过转世来解释，苏格拉底是如何在没有被明确教导的情况下，作为一个道德的助产士来传播美德知识的。关于美德的知识，与其他所有的知识一样，隐藏在灵魂中，隐藏在身体和传统信仰中，等待正确的刺激来激活对它们的记忆。

也许，心理学史上最古老也是最持久的争议，就发生在先天主义和经验主义、与生俱来和后天培养之间。柏拉图是先天主义的第一个伟大的倡导者，他认为我们的性格和知识是与生俱来的，伴随着灵魂对形式世界的领悟以及转世之前的领受。学习是一个把本属于我们的心智，只是暂时被遗忘的内容，重新显明的过程。

动机：我们为什么要这样做　作为一个道德哲学家，柏拉图探讨了关于人类动机的问题。尽管他接受了希腊人的信念，即幸福和美德是密切相关的，所有人都会自然而然地寻求幸福，但他不接受他老师的观点，即"错误的行为只是无知的结果"。在《理想国》和《斐德罗篇》中，柏拉图对关于人类动机和人类行为的心理学提出了不同看法。

柏拉图把理想国的公民分为三类。首先，凭借天生伟大的灵魂和与之匹配的学术教育，精英守护者构成了统治阶层。其次是辅助阶层，他们通过充当士兵、地方官和理想国的其他官员来辅助守护者。最后，大多数公民组成了最缺乏内在道德的生产阶层。这在某种程度上让人想起荷马的"小灵魂"，柏拉图假设每个人都有三种形式的灵魂，它们对应于三个公民阶层。阶层划分是由统治每个公民的灵魂所决定的。

最高级别的灵魂，也是唯一不朽的灵魂，是理性灵魂，位于头部，因为这个完美的灵魂必须是圆的，因此位于身体最圆和最高的部位。理性灵魂统治着每一个守护者，因此守护者们最适合统治理想国。第二好的是精神灵魂，位于胸部，在辅助者中占主导地位。精神灵魂代表着古老的荷马式美德，受到荣耀和名誉的激励。由于精神灵魂对荣耀和不朽名誉等高尚事物的追求，也因为它有羞耻感和内疚感，因此优于第三个灵魂——欲望灵魂。欲望灵魂是一个完全不同的、非理性欲望的大杂烩，位于腹部和生殖器。身体的欲望，如饥饿或性欲，是欲望灵魂与动物共有的，对金钱的欲望也是同源的。欲望灵魂可以被看作对自我利益的追求，这是希腊人一直反对的。欲望灵魂在生产阶层中占主导地位，由于他们寻求自己的利益，而不是城邦的共同利益，因此他们被认为不适合从政。应该由守护者来当统治者，因为他们杰出的、受过教育的理性和高尚的品格使他们得以超越自身利益。

如同他的轮回学说，柏拉图对理想社会的描述，以及将社会等级映射到人格的各个方面的思想，可能受到了古代印度神学的影响。印度诗集《梨俱吠陀》（*Rig Veda*）①将社会分为四个等级：第一级叫婆罗门（Brahmans），包括神学家和最高统治者；第二级叫刹帝利（Kshatriya），包括军人和普通官员；第三级叫吠舍（Vaisa），由专业人士和工匠组成；最低一级叫首陀罗（Sudra），是最底层的劳动者。对应于我们所了解的希腊思想，柏拉图将

---

① 印度最古老的一部诗歌集，包含了神话传说、对自然现象和社会现象的描绘与解释，以及与祭祀有关的内容。——编者注

最后两个印度教种姓（作为劳力而非劳心者）合并成一个单一的生产阶层。和柏拉图一样，印度教徒将每一个阶层与人的灵魂、智力、头脑、身体相对应，并与身体的各个部分——头、心、腰和脚联系起来（Danto，1987）。

在《斐德罗篇》中，灵魂的三种形式被描述为一种比喻，后来，深入阅读经典著作的心理学家西格蒙德·弗洛伊德引用了这一比喻。柏拉图把人的个性描绘成由两匹马牵引的战车。一匹马拥有"直立而干净的四肢……白中带黑的眼睛"，它"对荣誉的渴望被克制和谦虚冲淡了。它是名副其实的朋友，不需要鞭子，只需要命令。另一匹马笨拙、放纵、顽劣……放荡和自吹自擂，即使用鞭子和刺棒也很难控制它"（253d，W. Hamilton 译，1973）。第一匹马代表精神灵魂，第二匹马代表欲望灵魂。驭马者是理性灵魂，它必须驾驭马匹，驱使它们向善。掌控精神灵魂很容易，因为它知道荣誉，因此也知道美德。控制欲望灵魂几乎是不可能的，想要彻底奴役它，需要最艰苦的理性努力。柏拉图关于欲望灵魂的概念，反映了希腊人对奴隶的鄙视。希腊人说，奴隶是不光彩的，因为他们"从胃的角度观察一切"（引自 Rahe，1994，p.19）。柏拉图说，即使理性灵魂认为自己是主人，欲望也会在梦中涌现。正如斯巴达人害怕西洛人的反叛，守护者的理性灵魂也害怕欲望灵魂的反叛。

与苏格拉底不同，柏拉图认为，不良行为可能不仅仅源于无知，还可能源于理性灵魂对精神灵魂和欲望灵魂的控制力不足。盲目地追求荣誉也可能会导致灾难，比如自杀式冲锋。更糟糕的是屈服于身体的欲望而犯下的罪。在《斐德罗篇》中，柏拉图生动地描述了情欲对一个追求理性者的折磨。理性灵魂知道，肉体上完美的爱情是错误的，但是渴望爱情的马却一头扎了进去。只有通过最强有力的措施——猛拉缰绳，直到马嘴被鲜血浸透；鞭打它的臀部，直到它倒在地上——才能让"邪恶的马放弃它好色的方式"（254e，W. Hamilton 译，1973），并服从理性灵魂的命令。

然而，柏拉图对人类动机的分析，隐藏了一种深刻的混乱，这种混乱困扰着后来的哲学和科学心理学（Annas，1981）。在他对人类性格明确的心理学描述中，理性思考与非理性激情截然不同。欲望灵魂，某种程度上也包括精神灵魂，只是一味地渴求，根本不具备理性思考的能力；它们都是纯粹的驱动力，提供让战车前进的能量，没有任何理性可言。而理性灵魂是指引性的，引导驱动性灵魂走向正确的方向；它是纯粹的理性，不具备动力，它只指引方向，不提供能量。

然而，当柏拉图描述理想国公民的灵魂与职责之间的关系时，情况变得更加复杂。虽然生产阶层的公民被认为是受欲望支配的，但他们并不会纵欲狂欢，而是会致力于生产。商家必须了解如何采购或制造人们想要的商品，以及如何定价和营销。裁缝和鞋匠必须能够设计衣服和鞋子，并用适当的工艺生产出来。柏拉图对生产阶层的蔑视反映了雅典公民对逐利主义者的蔑视，生产阶层更喜欢实际的结果而不是对真理的沉思。与生产阶层类似，辅助者必须能够制订和执行作战计划。

很显然，生产阶层和辅助阶层的成员都有能力思考达成目的的手段，这表明欲望和精神的灵魂本身都有一定的理性，而不仅仅是行动的驱动力。理性，就其功能而言，不仅仅是种操控行为。守护者的灵魂受一种特殊欲望的驱使寻求真知，这不是被肉体吸引，而是被良善和美丽的爱吸引。由此可见，理性不只是一台计算器，它有自己的动机：正义。

从柏拉图时代直到当下，西方思想一直纠结于理性与情感或动机之间的关系。一方面，大多数古典和希腊风格的理论家支持柏拉图的官方理论，不信任情感，并将其置于理性之下。斯多葛派（见第 3 章）旨在彻底消灭情感，只靠逻辑生活。另一方面，狂热的希腊宗教信徒们不相信理性，并在强烈的情感中寻找通往神圣的道路，就像后来的浪漫主义者一样，比如济慈（Keats）。在理性时代，大卫·休谟（见第 6 章）曾为情感辩护，他认为：理性是，也只能是激情（情感）的奴隶；理性可以引导情感，但不能独立于情感而存在。弗洛伊德同意休谟的观点，但修改了柏拉图的隐喻。20 世纪初，随着荷马时代的战士美德消失殆尽，弗洛伊德将理性自我描述为一个试图驾驭本我之马的骑手，本我就是柏拉图所说的欲望灵魂。然而，在另外一些人的眼里，本我代表的是一种情感，而不是非理性欲望。先于休谟不久，布莱兹·帕斯卡（Blaise Pascal）写道："心有其理性所不能及的逻辑"；后来，浪漫主义者开始反抗冷酷的理性，将感觉和直觉凌驾于科学计算之上。在如今这个时代，我们担心计算机和计算机式的思维统治一切，计算机如同柏拉图所说的理性驾驭者，做任何事情都是缺乏动机的。今天，心理学家们发现帕斯卡是对的（Damasio，1994；Goleman，1995）。

柏拉图的战车比喻包含了另一个长期存在的心理学问题，叫作"小人儿问题"（homunculus problem）（Annas，1981）。"Homunculus"原指身材矮小的人。柏拉图认为，一个人行为的驱动者是理性灵魂，一个驾驭者。因此，他要求我们将理性灵魂想象成一个内在的小人儿，控制着身体的行为，管理着心灵、腹部和生殖器的激情，就像一个驭者驾驭战车和马匹一样。然而，如何解释这个小车夫的动机——也就是大脑中理性自身的动机？这个小车夫体内有一个更小的驭者吗？诸如此类，无穷无尽？很显然，通过假设一个内在的小人儿来解释人的行为是行不通的，因为内在的人——那个小车夫的行为，仍然无法解释。用人来解释人，这也违反了解释的铁律。柏拉图在多大程度上犯了这个错误尚不清楚（Annas，1981），但这是一个从柏拉图时代到我们如今的时代，都容易犯的心理学错误。

结论：柏拉图的精神观　虽然柏拉图是以苏格拉底为起点的，但他最终走得更远，建立了哲学的第一个普遍观点。我们必须称之为观点而不是体系，因为与亚里士多德不同，柏拉图没有提出一套涵盖人类全部知识的、系统化的、相互关联的理论。例如，柏拉图所谓的形式理论，与其说是关于认识论的理论，不如说是对部分人来说具吸引力的、更高现实的愿景（Annas，1981）。这些"形式"在不同的对话中以不同的形式出现，在很多对话中根本没有出现。在其后期的对话《泰阿泰德篇》（Theaetetus）中，柏拉图讨论了知识而没有提到形式，并得出质疑性的结论：真理是难以捉摸的。柏拉图思想与其说是一种体系，不如说是一种观点，这使得基督教思想家很容易在中世纪早期将其同化。基督徒可以挑选柏拉图思想中最吸引人的部分，并将形式王国与天堂等同起来。

柏拉图的思想常常带有一种超凡脱俗的宗教色彩，因为他的哲学受希腊宗教变迁的影响很大（Morgan，1992）。希腊人的生活是由宗教决定的——节日和祭神是日常事务。希腊宗教是女性的特殊舞台，正如政治和战争是男性的特殊舞台。希腊的信仰和实践原本是融合的，但在城邦传统中，这种融合逐渐消失，取而代之的是强调人和神的彻底分离。著名的希腊格言"认识你自己"，不仅是一种"自我审视"，也是一种接受自己在宇宙中地位的告诫，因为希腊人认为上帝是神圣和不朽的，而人类不是。希腊人重视自我控制（Davidson，1997），使得傲慢和贪婪成为希腊人眼中最大的罪恶。伴随着思想运动出现了另一种宗教，如毕达哥拉斯主义（Pythagoreanism）和俄耳甫斯主义（Orphism）。这些宗教是神秘的，教导如何与神沟通，以及不朽的、转世的人类灵魂的存在。

随着伯罗奔尼撒战争（前431—前404）的压力和雅典的失败，希腊世界经历了一场宗教革命（Burkert，1985）。新的、神秘的崇拜和狂喜的实践取代了通过向神灵献祭来寻求恩惠的传统。在这些新的仪式中，崇拜者使用音乐、酒和色情刺激来达到宗教狂热。目标是在一个神圣的、超然的时刻与他们崇拜的神［例如酒神狄俄尼索斯（Dionysus）］相结合，以清除自己的罪恶。这些新宗教还教导说，每个人都有一个神圣、不朽的灵魂。柏拉图接受了新兴宗教的教义，但试图驯服人们的过激行为（Morgan，1992）。他还教导说，每个人都有一个不朽的灵魂，但救赎之路在于哲学，在于将超越这个世界的新信仰与传统的希腊训诫相结合，即认识自我并通过理性自我控制。

柏拉图的"轮回观"将我们带到了这样一个点上，在这个点上，柏拉图以苏格拉底可能会感到不安的方式改变了苏格拉底的教导。当他有了自己的哲学要推崇，他就放弃了对话中逻辑辩驳式的层层深入，在对话中，苏格拉底成为柏拉图舞台上的一个人物，他的学生变成了谄媚者，说着"哦，是的，聪明的苏格拉底"和"绝无其他可能"这样的话。苏格拉底蔑视财富和名誉，不媚俗，但他并不避世（Vlastos，1991）。苏格拉底从来没有提到过"形式"，他经常提及的是在这个世界上有价值的高尚生活，时刻提醒雅典人不要忘记智慧之路，不要沉浸在对来世的想象中。苏格拉底会与任何愿意接受逻辑辩驳的人交谈，并向他们传授美德。而柏拉图是一个精英主义者，他把学术教育留给了被认为天生聪明的统治阶层，也就是所谓的守卫者，并且在守卫者当中，只有过了 30 岁的人才可以学习哲学（斯巴达人可以离开兵营的年龄），因为他担心年轻人学完哲学会无视法律的管束。

柏拉图对来世和永恒存在的探索在科学史上产生了重要的影响。回想一下前文所说的，对柏拉图来说，理论意味着沉思，而对于希腊人来说，对"形式"的沉思是知识的最高体现。柏拉图和希腊人普遍鄙视应用性知识，他们称之为墨提斯（metis）（Eamon，1994），并将其与那些因雅典的财富而移居雅典的逐利商人联系在一起，称他们为墨提斯人而不是公民。在随后的很多个世纪里，欧洲的哲学思想被视作可证明的抽象知识，而不是如今与科学相关联的、面向自然的、积极的实验性探索。此外，在启蒙运动之前，人们很少寻求科学的实际应用。直到 1730 年，英国专利局还在拒绝那些可以节约劳动力的设备专利（Jacob，2001）。在被柏拉图打磨得尽善尽美的希腊理想生活体系中，真理与现实世界几乎没有任何关联。生活是个需要逃离的对象，而不是被拥抱和改善的对象。

无论它有什么缺点，柏拉图式的愿景已然影响巨大。20 世纪哲学家和数学家阿尔弗雷德·诺思·怀特海（Alfred North Whitehead）说："对整个西方哲学传统最安全的概括性描述是，它由一系列与柏拉图相关的脚注构成"（引自 Artz，1980，p.15）。佛蒙特州的一位农民在归还一本《理想国》给拉尔夫·沃尔多·爱默生（Ralph Waldo Emerson）时说："这本书说出了很多我的想法"（引自 Artz，1980，p.16）。柏拉图有很多学生，但最重要的还是亚里士多德，尽管他把哲学带向了经验主义和科学的方向。

亚里士多德：对自然的探索

和柏拉图一样，亚里士多德（前 384—前 322）出生在一个富裕的家庭，但来自偏远的马其顿省，他的父亲是马其顿国王的医生。亚里士多德既是一位生物学家，也是第一位真正系统化研究哲学的哲学家。17 岁时，他来到柏拉图学园与柏拉图一起学习，并在那里待了 20 年。柏拉图死后，亚里士多德离开学园，周游亚得里亚海做动物学研究，直到被马其顿国王腓力二世召唤当他儿子亚历山大的导师。

最终，亚里士多德回到了雅典，并建立了自己的学习和研究场所——吕克昂（Lyceum）。公元前 323 年亚历山大大大帝死后，反马其顿的情绪促使亚里士多德逃离雅典，他担心雅典人会"对哲学第二次犯罪"（第一次犯罪指处死苏格拉底）。不久后，他在查尔斯斯镇去世。

亚里士多德和柏拉图的区别，首先体现在性情方面。一方面，柏拉图从未发展出一种系统化的哲学，而是写了一些具有戏剧性、煽动性的对话，展示了一种激动人心的宇宙愿景。和许多希腊思想家一样，他明显具有某种预言家的气质。另一方面，相比于哲学家，

问题3

亚里士多德的身份首先是一个科学家，一个有经验主义倾向的自然观察者，而作为唯理论者的柏拉图，永远也成为不了这样的人。无论是写灵魂还是伦理，玄学还是政治，梦境还是艺术，亚里士多德总是追求实事求是。通过他的存世作品——可以称为学术讲稿的散文集，我们得以听到西方历史上第一位教授的声音。他通常会回顾前人的文献，然后再提出他自己经过仔细思考的、进一步的观点。庆幸的是，若不是他的研究，我们可能会对更加久远的思想一无所知。即使在进行哲学思考的时候，亚里士多德本质上仍然是一位科学家。我们在亚里士多德身上永远找不到柏拉图式超凡脱俗的准神秘主义。

亚里士多德致力于发现自然之道，在 19 世纪"科学家"一词被创造出来之前，研究自然的人一直被称为"自然哲学家"。对于柏拉图来说，最真实的东西存在于天堂，而不是地球。而生物学家亚里士多德则着眼于现实世界的真相。与诡辩家不同，他没有在"菲希斯"和"诺莫斯"之间划出明显的界线，他相信人类的生活方式应该建立在最符合人性的基础之上。

科学哲学　亚里士多德建立了一套完整的哲学体系，其中包括第一套科学哲学。作为一名日常从事科学工作的哲学家，亚里士多德深入思索了科学的目标和方法，在很大程度上定义了"科学"的本质。亚里士多德对科学的定义一直沿用至 17 世纪，直到工业革命重新界定了科学的含义，形成了我们如今熟悉的、与之前截然不同的科学概念。

"解释"的四种方式　亚里士多德提出了解释事物或事件的四种方法。和柏拉图一样，亚里士多德倾向于关注对静态事物的理解，而不是现代科学的焦点——变化的动力。

亚里士多德最基本的概念划分是在形式和物质（亚里士多德称之为"质料"）之间。亚里士多德对物质的定义与我们通常所理解的区别很大。我们所理解的物质有不同的类型和不同的性质，如元素表中的元素或量子物理中的亚原子。然而，对亚里士多德来说，正是因为它们可以被区分和定义，因此这样的粒子已经是已知形式和原材料的混合物。在他的概念中，物质是一种纯粹的、无差别的存在。与亚里士多德关于物质的概念最接近的现代类比，是在宇宙大爆炸后最初几秒内存在的物质，在那个瞬间，粒子和元素都还没有形成。亚里士多德认为，物质本身是不可知的，为了使物质可知，也就是成为可感知以及科学研究的对象，它必须与形式相结合。

"形式"是亚里士多德从柏拉图那里借来的术语，但明显的区别是，亚里士多德将这个近乎神学的术语用于日常，解除了其神秘性。因此，柏拉图的"形式"（Form）是专属名词，而亚里士多德的"形式"（form）是个通用术语。对"形式"最普遍的解释是，它使一个事物区别于其他事物，使其可定义、可理解。关于形式和物质的关系，可以比作一座雕像的形象和材料，想象一下弗吉尼亚州里士满纪念碑大道上伫立着的那些青铜雕像，如网球冠军阿瑟·阿什（Arthur Ashe）。

雕像的物质构成就是其用料，对于纪念碑大道的那些雕像而言，其用料是青铜。当青铜被铸造后，它就呈现出了形状（形式）——阿什的外貌。形式决定了雕像的本质。同样是青铜材料，可以被铸成别人，也可以被铸成阿什。相同的物质（质料），不同的形状（形式）。相同的形式也可以由不同的物质构成：阿什的雕像也可以用石膏、黏土或塑料来制作。使某物成为阿瑟·阿什雕像的是它的形式，而不是它的物质，我们通过形式而不是物质来识别雕像。亚里士多德认为，对于知觉，我们的大脑接受的是物体的形式，而非物质本身。

亚里士多德拒绝承认"形式的超然性"——柏拉图认为形式是独立于不完美物质世界的存在。亚里士多德则认为，所谓的永恒形式不能解释任何事情，它们只是被美化的个体——完美的、神圣化、真理化的个体，但仍然是个体。没有理由认为，如果一个艺术家铸造了100个完全相同的雕像，那么就一定存在一个独立的、第101个形式上的雕像。同样，世界上可能有成千上万只猫，但没有理由认为存在一只独立的、形式上的猫。设定一只完美的猫（或雕像）并不能解释我们平时看到的、现实世界的猫（或雕像）的本质。抛弃神圣化、独立化的形式，我们不会失去任何东西。

然而，亚里士多德的形式概念不仅仅指形状，还包括其他"三因"。首先，形式定义了事物的本质，称为"本质因"（essential cause）。本质因就是对事物的定义。将雕像定义为阿什的是形式——具体地说，是形式中的本质因。其次，形式包含事物是如何产生的，称为"动力因"（efficient cause）。青铜雕像的动力因就是金属铸造的过程；如果是大理石雕像，就是将一块大理石切割并抛光成所需形状的过程。最后，形式包括一个事物存在的目的，称为"目的因"（final cause）。竖立雕像是为了纪念一个伟大的人，使人们对其的记忆永久化。将这些因素结合在一起，包括一个事物的形状、质料、创造过程以及处理目的，这些就构成了一个事物的形式。这就是形式与实体之间的关系，并不是柏拉图认为的那样，形式"独立于物理实体而存在"。亚里士多德认为形式寓于实体。

虽然身为一名科学家，亚里士多德比柏拉图更加关心物质世界，但在一个重要的方法论方面，他的科学哲学还是有别于现代科学。亚里士多德观察自然，并给出关于自然规律的解释，但他并没有通过实验来解释自然。亚里士多德认为，动力因基本上是人类强加于自然的（Wootten，2015）。橡子会自然长成橡树，但若没有人类的干预，橡树不会自己变成房子，青铜也不会成为雕像。作为一名生物学家，亚里士多德想了解未受人类干扰的自然是如何发展的。因此，他根本没想过，或者说拒绝接受用实验研究自然的想法，他认为实验从根本上来说就是不自然的，实验会扭曲而非揭示自然过程。如今我们意识到，要通过实验来理解自然，但这个想法在科学的发展史中出现得很晚，我们将在第5章了解这个过程。

亚里士多德继承了希腊擅于思考的理论传统，蔑视实践性知识，支持通过发展抽象理论来证明世界的本质。寻找新的、应用性的事实和技术从来不是他的目标之一。

亚里士多德的科学在对因果关系的构想上也与现代科学大相径庭。如今，我们通过探究原理来发现因果关系，思考物体如何通过彼此接触、力或物理/化学过程相互作用。但亚里士多德认为，因果是赋予事物本质的自然行为。因此，根据亚里士多德的说法，重物坠落仅仅是因为它们内在的、本质的自然坠落，而不是因为两个物体通过重力相互作用。总之，对亚里士多德来说，动力因，作为人类对世界改造行为的一部分，对于研究自然并不重要。无论是人为还是非人为因素，科学革命最重要的创新之一，就是将世界视为完全由机械因素驱动的机器（Wootten，2015）。现代科学拒绝接受亚里士多德的观点，即认为每件事背后都有其自然目的。正如我们将在第 5 章和第 6 章看到的那样，把宇宙从充满目的的概念转变为简单的机械行为，将对心理学和现代生活产生深远的影响。

潜在与现实　在亚里士多德的哲学中，宇宙中的一切（除了两个例外）都包含潜在（potentiality）和现实（actuality）两方面。实际上，一块青铜就是一块青铜，但它具有成为一座雕像的潜能；同样的，心理学专业的学生就是心理学专业的学生，但其同时也是潜在的认知心理学家。潜在和现实法则的两个例外，就是亚里士多德所说的"纯粹物质"（pure matter）和"不动的推动者"（unmoved mover），基督徒后来把"不动的推动者"等同于上帝。尚未赋予任何形式的纯粹物质就是纯粹的潜在——能够成为任何东西，就像大爆炸时的物质一样。亚里士多德认为，如果存在纯粹的潜在，那么在逻辑上必然也存在纯粹的现实：一个潜在的，被开发到极致、无法进一步改变、尽善尽美的存在，也就是所谓的"不动的推动者"。由于没有潜能，不动的推动者自身无法改变。由于不动的推动者是完美的，是完全现实的，因此其他由潜在向现实转变的事物，会自然向其靠拢。不动的推动者通过被渴望而行动，不是自己主动行动，就像一个被爱者通过激发爱欲来感动爱人一样，类似柏拉图"爱的阶梯"中所描述的。亚里士多德坚信爱推动了世界的运行。一个事物实现得越充分，它离不动的推动者就越近。"走向实现的动力"为所有事物创造了一个宏大的体系：从完全未成形的、处于纯粹潜在状态的中性物质，到不动的推动者。亚里士多德称这种事物发展的等级差异为"自然的尺度"，后人也称之为"存在巨链"（the Great Chain of Being）。

关于潜在和现实的观点，可以被看作针对一个重要的生物学问题的创造性解决方案，这个问题直到 1953 年脱氧核糖核酸（DNA）结构得以发现才完全解决。种下一颗橡子，就会长出一棵橡树；种下一颗番茄种子，就会长出一株番茄苗；使人类卵子受精，就会孕育出人类。不同于青铜像的铸造过程，这些变化是自发的，我们不需要像铸造青铜像那样，把橡子和生发的嫩芽塑造成橡树。此外，生物的发展都会指向一个预定的目的。橡子永远长不出番茄，番茄种子也长不出橡树，人类母亲更不可能生出小熊。这类观察，使生物学家亚里士多德意识到：自然界的"目的"无处不在，非生物界也是如此。

显然，一定有什么东西引导橡子自然而然地实现它潜在的橡树特性。今天我们知道，指导生物发展的是DNA。然而，对亚里士多德来说，那就是"形式"。橡子的目的，或者称为"目的因"，就是成为一棵橡树，所以朝着橡树的方向努力，是橡子的基本属性之一。柏拉图的"形式"是存在主义世界中的完美对象，而亚里士多德的"形式"，至少针对生物界而言，是动态的，它指导生长，构成和控制生物的生命全程。

心理学　灵魂和肉体　亚里士多德认为，心理学是对灵魂的研究——是否拥有灵魂是区分生命世界和无生命世界的标准。亚里士多德将灵魂定义为"有生命潜能的肉体的形式"（*On the Soul*, II, i, 412a20-1, J. A. Smith 译，1931）。所有生物都拥有灵魂，灵魂就是它们的形式。换言之，生物的灵魂定义了其本质，决定了它是什么样的生物。灵魂是任何生物的现实、实现和方向，是赋予躯体以生命的潜在力量。

因此，作为生物的形式，灵魂包含了有机体的本质因、动力因和目的因。作为本质因，灵魂是动物或植物的定义，猫之所以是猫，因为它有猫的灵魂，也因此拥有猫的行为。作为动力因，灵魂决定了身体的成长、运动以及整个生命过程。离开灵魂，生命就无法成长，变成非生命物质。最后，作为目的因，灵魂也是身体的最终目的，身体为灵魂服务，灵魂引导身体有目的地发展和行动。概括地说，对于任何生物而言，除了"质料因"（material cause）决定了生物的物质构成，其生命的角色、过程和目的，都是由灵魂，也就是其形式的三个因素决定的。

亚里士多德对灵魂与身体关系的看法不同于柏拉图。亚里士多德拒绝了独立的形式，也拒绝了灵魂和肉体的分离，拒绝了柏拉图、毕达哥拉斯、笛卡儿和很多宗教的二元论。雕像的形式并不是一个单独的东西，将其附加到青铜上使其成为雕像。同样，灵魂作为身体的形式，也不是一个单独附加到身体上的东西。有机体是一个整体。没有灵魂，肉体就是死的；离开了身体，灵魂（或形式）就无从将身体的物质定义为一个具体的可感知的存在。亚里士多德在《论灵魂》（*On the Soul*）中是这样说的："这就是为什么，我们可以完全不用考虑灵魂和身体是不是一体的——探寻蜡块和印章上的形状是否一致是毫无意义的"（*On the Soul*, i, 412 b 6-9, J. A. Smith 译，1931）。

亚里士多德避开了笛卡儿开创的思考身心的方式（见第5章），和柏拉图、基督教或笛卡儿不同，他不是一个二元论者。由于亚里士多德所说的灵魂不是一个由物质以外的存在构成的独立个体，因此也不可能脱离身体而存在。当然，他也不是唯物主义者——二元论的现代克星，像原子论者一样否认灵魂的存在。因为没有灵魂，身体就没有定义，没有生命，也没有目的。对亚里士多德来说，灵魂是一个生命体的一系列能力。正如视觉是眼睛的能力,灵魂就是身体行动的能力(Sorabji,1974/1993)。没有眼睛,就没有视觉;没有身体,就没有行动,也没有灵魂。当代的具身认知运动(第12章)可以被视为亚里士多德的回归,拒绝把认知看作只发生在身心分离的、柏拉图或笛卡儿式的意识中。

所有生物都有灵魂,但生物的形式是多样的,因此灵魂也是有差别的。具体地说,亚里士多德在他的自然尺度上划分出三个灵魂层次,对应于不同的实现水平。处于最底层的是植物所拥有的植物灵魂,它有三个功能:(1)确保营养的供给;(2)通过繁殖维持物种;(3)指导生长。动物拥有更复杂、更敏感的灵魂,它包含植物灵魂的功能,同时增加了其他功能,比植物灵魂拥有更高的实现水平。与植物不同,动物能意识到自己的环境。它们拥有感觉,因此其灵魂被称为"感觉灵魂"。正因为拥有感觉,动物会经历快乐和痛苦,也因而产生了趋利避害的欲望。感觉还带来了两个进一步的后果:第一,想象和记忆(经验可以被想象或回忆);第二,欲望驱动的行动。灵魂的最高层次是人类的灵魂,或者叫理性灵魂,拥有学习、思考和掌握普遍性知识的能力。

理性灵魂的结构与功能 亚里士多德认为,获得知识的过程是一个心理过程,从对特定物体的感知开始,到掌握共性或形式等普遍性知识结束。亚里士多德对灵魂的分析可以用一张图来表示,这张图显示了灵魂的功能及其相互关系(见图2.2)。在很多方面,亚里士多德对感觉灵魂和理性灵魂的分析,与现代认知心理学家给出的分析相似,因此我借用了认知心理学熟悉的那种信息处理流程图来阐述亚里士多德的理论。

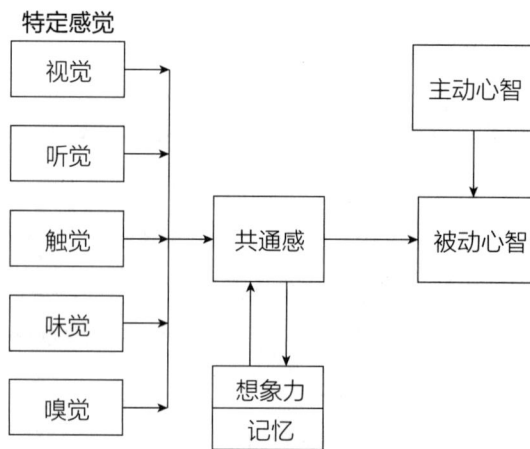

图 2.2 亚里士多德对灵魂的分析示意图

感官知觉 亚里士多德写道:"一般来说,对于所有的知觉,我们可以说,感觉是一种无关乎事物物质构成就能接受其可感知形式的能力,如同用一个蜡块拓印出一枚印章戒指的印记,而无关乎那是一枚铁戒指还是金戒指"(*On the Soul*,i,424a 18-20,J. A. Smith

译，1931）。也就是说，假设我观察一尊铜像，我的眼睛接收到的是雕像的形状，而不是它的物质——青铜。知觉，作为知识的起点，与形式有关，与物质无关。

特定感觉　知觉的第一个阶段，是通过特定的感觉器官感受物体形式的各个方面。每一种特定的感官都致力于接受关于物体某方面的特定信息，这就是为什么这些感觉被称为"特定的"，更精确地说是"专属的"。亚里士多德认为特定的感觉是被动的，只取决于对象的形式，因此是可靠、无误的。

正如我们看到的，柏拉图是一个形而上学的现实主义者，而亚里士多德则是一个感性的现实主义者。他拒绝了柏拉图脱离实体的形式，但却教导我们，在知觉过程中，我们的心灵接受的是一个不由物质本身决定的形式。每一种特定感觉（对应于物质的某个知觉属性），都是在知觉的过程中获得的。因此，如果我们看到一件绿色的毛衣，我们感觉它是绿色的，那是因为它本身就是绿色的。在颜色的例子中，亚里士多德认为是由眼睛识别出物体的颜色，进而将其记录在脑海中。然而，产生对物体的整体知觉则需要亚里士多德所说的"共通性"（common sensible），需要一定的判断力。比如，你可能把街对面的某个人错当成自己的某个老友，最后却发现他是另外一个人。你正确地感知了这个人头发的颜色、身材的特点，等等，但却错误地判断了其身份。亚里士多德的知觉理论允许认知错误，但将心灵与世界直接关联在一起。

内部感觉　由特定感官收集的信息，被传递到不同的"官能"（faculties），这些官能通过不同的方式处理这些感官信息。在动物灵魂中，这些官能被称为"内部感觉"，因为它们与外部世界没有直接联系，但它们可以处理来自外部世界的感觉。

第一种内在感是共通感（common sense）。共通感是一种重要的官能，亚里士多德用这个概念来解释知觉领域一个重大的理论难题：感觉的整合问题，这个问题在认知神经科学领域被称为"捆绑问题"（binding problem）。每种特定感官都会接收到一种特定信息，关于某个物体的外观、声音、感觉、味道或气味。每种感觉的物理起源都不尽相同：视觉始于光线照射视网膜；听觉源自声波撞击耳膜。每一种特定感觉进入大脑的神经通路都是独特的。然而，我们所体验到的世界，并不是一堆杂乱无章的感觉。我们能够听到来自我们所见物体的声音，或许还会触摸这个物体。我们通过共通感体验物体的各个方面，而不是一堆混乱的感官印象。我们通过某种方式将不同的神经通路"捆绑"在一起，来整合由特定感觉提供的信息，形成对物体的单一心理表征。

亚里士多德认为对感觉的整合是靠共通感实现的（Bynum，1987/1993），他还认为整合的具体位置就在心脏，来自外部世界的各种特定感觉在心脏中汇聚，整合成一幅整体的图景。共通感，以及下一个要介绍的官能——想象，都参与了对观察对象的识别。比如，当我看到树上的绿叶上有一个红点，我需要判断那是一滴红色颜料还是一只瓢虫。尽管我的特定感觉绝对没有问题——毫无疑问，那一定是一个红点，但我的共通感和想象力在整合了我的特定感觉之后，却可能做出错误的判断，我可能会把一滴红色的颜料错看成一只瓢虫。

站在如今的科学角度看，亚里士多德在"感知一个物体"和"判断一个物体是什么"这两种心理过程之间做出明确的区分是正确的，因为这两种心理过程是在大脑的不同部位进行的。例如，有一种由于局部脑损伤（亚里士多德误认为是心脏的损伤）导致的脸盲症（prosopagnosia），会让人丧失识别人脸的能力（Gazzaniga，Ivry & Mangun，2002）。患脸盲症的人能够接收对方的眼睛、鼻子、嘴巴等视觉刺激，但他们无法将这些刺激整合成一副完整的面容，即便是一张熟悉的脸。众所周知的一个例子是，一个男人把他的妻子误当成了一个衣帽架（Sacks，1985）。

由共通感整合起来的整体形象，可以通过两个方向传递：动物和人类共有的想象和记忆，以及（仅人类拥有的）心智。亚里士多德认为，想象的基本功能是，在离开物体后，再现物体形象的能力，无论是对刚刚通过共通感知觉到的物体形成的印象，还是后来从记忆中提取出物体的形象。然而，想象力还被赋予了其他功能（Bynum，1987/1993），这些功能后来又被中世纪的医学哲学家们进一步细分（第 3 章）。如前文所述，想象涉及判断一个物体"是什么"，也就是推测是什么物体影响了我们的感觉。除了这种纯粹的认知功能，想象还涉及感受快乐和痛苦，以及判断所感知的物体对有机体是好是坏，从而引起行为反应。比如，当一只猫看到一只老鼠，判断这只老鼠对它有好处，就会去追这只老鼠。而当老鼠看到了猫，会判断这对它不利，于是就会逃跑。

感觉灵魂，或称动物灵魂的最后一个官能是记忆。亚里士多德认为，记忆是一个仓库，存储着由共通感和想象创造的图像。因此，它是动物生活的记录，可以通过想象来回忆。柏拉图认为灵魂在轮回期间途经天堂会窥见绝对真理，而记忆则是绝对真理的灵光闪现，亚里士多德则用一种更现代的方式来看待记忆，认为记忆就是人们对尘世经历的回忆（Barash，1997）。亚里士多德所说的记忆相当于现代认知心理学家所说的情节记忆，或个人记忆，即回忆一个人生活中特定事件的能力。亚里士多德认为记忆的形成基于关联，这同样类似于很多现代心理学理论的描述。柏拉图在他关于记忆的理论中暗示了"思维关联"的概念，即通过事物与内在形式的相似性来认知事物，从而获得知识。而亚里士多德更加全面地探讨了关联的过程。亚里士多德讨论了关联的三个定律——相似性（similarity）、邻近性（contiguity）和对比性（contrast）。人们会将相似的形象关联到一起，将前后相邻的经历关联到一起，将相反的事物关联到一起（比如通常会由"热"联想到"冷"）。同时，他还提到了因果律——因果关系同样会引发关联。

认知科学家会区分情节记忆（episodic memory）和语义记忆（semantic memory），

语义记忆是指回忆语言信息的能力。有时，语义记忆会被简单地归为"知识"，因为它涉及普遍性的想法（普适性），而不单单指向具体的事件或事物（细节）。亚里士多德也将记忆和知识分开看待，他认为知识的获取是人类灵魂、精神或心灵所特有的功能。

心智　亚里士多德将人类灵魂中的理性部分称为心智。它是人类独有的，它的功能是获取抽象共性的知识，而不是通过知觉获得的关于个体事物的知识。当我们观察同一个自然品类的不同个体时，我们会注意到其相似之处和不同之处，形成一种共通印象，亚里士多德认为这种共通印象只是一种想象。当一个人见过了大量的猫，他最终会形成一个关于猫的共通印象，一个包含所有猫共有感知特征的猫的形象。这里借用一下柏拉图式的隐喻：我的记忆里存储了我家的 3 只猫的具体形象，而我的心智则掌握着关于猫的普适性概念。

正如亚里士多德所认为的那样，在心智中，潜在和现实之间必然存在差异。被动心智（passive mind）属于潜在。它只是体验对象的被动映射，没有自己的特征。被动心智中有关共性的知识是通过主动心智（active mind）实现或显现的。主动心智是纯粹的理性，作用于被动心智的内容，以获得对共性的理性认识。主动心智与灵魂的其他部分截然不同。事实上，它无法被操控，它只作用于被动心智。对亚里士多德来说，这意味着主动心智是不可改变的——因此是不朽的，因为死亡是一种形式的改变。由此，亚里士多德指出了主动心智的独特之处：它与身体是分离的，可以超越死亡。然而，主动心智并不是个体灵魂，因为它在所有人类个体中都是相同的。它是纯粹的思想，旅居地球之后不会带走任何东西。知识只存在于被动心智中，会随着被动心智的消亡而消失。主动心智对应于抽象思维，被动心智对应于知识内容（Wedin，1986/1993）。亚里士多德对待世界和人类的科学态度，对后来的新柏拉图主义（Neoplatonism）的思想家们影响很大，他们很难调和亚里士多德对待灵魂的自然主义态度和自己认同的身心二元论之间的矛盾（Adamson，2001；另见第 3 章和第 4 章）。

动机　行动能力是动物的特征之一，因此也属于感觉灵魂的功能之一，而感觉灵魂是可以体验快乐和痛苦的。动物的所有行为都是由某种形式的欲望所驱动，亚里士多德认为这种欲望涉及想象。动物的动机是由对快乐的想象引导的，它们只寻求当下的趋利避害。亚里士多德把这种类型的动机称为原始欲望（appetite）。然而，人类拥有理性，能够判断对错，可以被长期的、未来的利益所激励，这种类型的动机叫作愿望（wish）。动物会经历对立欲望之间简单的动机冲突，但人类还会面临道德选择的问题。

伦理　亚里士多德把他的伦理学完全建立在他的心理学基础上。如同橡子的生长有一个自然的目标——应该长成一棵茂盛的大橡树，人类的生活也应该有一个天经地义的终极目标，那就是实现人类的繁荣。亚里士多德为希腊人的想法提供了哲学基础，即只有一种最好的生活方式，只有一条通往幸福的道路。如同橡树在条件允许的情况下会自然而然地履行它的天性一样，人类也有一种天性，在条件满足的时候，我们也会自然而然地去履行。因为人的灵魂本质上是理性的，因此也应该具备美德，所以"人类的善是灵魂基于美德的自然流露"（*Nicomachean Ethics*，1098a20，W. D. Ross 译，1954）。

　　亚里士多德的希腊伦理学与后来的世界宗教伦理体系，以及我们将在本书后面探讨的启蒙体系有很大不同。宗教把道德视为正确的行为，定义为需要遵循的普遍规则。启蒙运动时期重要的世俗哲学家们用理性或效用计算取代了神性制裁，但保留了这样一种观点，即道德在于遵循对所有理性行为者都有约束力的固定规则。简而言之，他们把对普遍知识的认识论追求用在了道德层面上。亚里士多德没有这样做。他将认识论与伦理学分开，因为他的伦理重点是个人品质，包括智慧和勇气等美德，而不是行为。他敦促人们要遵从善的指引，好好生活，而不是一味迷信教条。因此，对于亚里士多德来说，道德是一种实践智慧（phronesis），而不只是一种理论理性。真正善良的人必须在美德之间取得平衡，过基于理性的幸福生活：有时谨慎胜过愚蠢的勇敢，有时仁慈胜过愤怒的正义。

　　无论是自然界的树还是社会中的人，其发展环境对自身的生长和繁荣都是极其重要的，因此亚里士多德的伦理学同时也是政治学（Lear，1988）。亚里士多德强调，要成为一个拥有美德的人需要学习和实践；一个人难以在一个有害的社会环境中健康成长。亚里士多德非常强调环境对一个人道德的影响，以至于他认为出身好的人通常比穷困的人更有道德，因为他们身处一个更容易培养道德和正确做事方式的环境。在这一点上，他非常希腊化，认为只有少数幸运儿可以拥有真正的美德。亚里士多德的伦理学与政治学试图跨越自然与传统之间的鸿沟（诡辩家认为两者泾渭分明），回到标准的希腊观点：自然规律和社会规则两者本质上殊途同归。亚里士多德有一句名言：从本质上来说，人是社会性的，或者更准确地讲，是政治性的动物。人类的自然生活是在社会中进行的，因此，人类的繁荣取决于社会的和谐有序。

　　然而，亚里士多德描述的至高境界，如同柏拉图的理想国，会被现代西方世界的主流民众所拒绝。正如柏拉图认为的，只有聪明的和有道德的人才能治理国家，因为只有他们才能抛开个人利益，致力于国之大义。我们可能会同意这样的观点：如果国王是明智和仁慈的，那么一个君主制的国家也可以是个好国家，但更好的国家应该是一个法治国家，而不是依靠一个凡人国王暂时的美德。因此，亚里士多德的政治理想是一种贵族民主体制。国家的公民参与治理，但国家的大多数成员并不是公民。在亚里士多德的乌托邦中，公民并不是柏拉图理想国中被选中和培养的守护者，而是那些拥有独立财产的人，他们不需要工作，因此不会被个人利益腐蚀判断力，他们有足够的时间投身政治。"在治理得最好的国家里……公民不应该过工匠或商人式的生活，因为这样的生活是不光彩的，也不利于美德的发展。他们也不应该是农民（指参与劳作的农民和牧场主，不包括那些拥有奴隶的农场主），因为休闲对于美德的发展和政治职责的履行都是必要的"（*Politics*，VII.9，1328b33–1329a2，B. Jowett 译，1885）。简而言之，亚里士多德的理想社会是他所了解的雅典城邦的贵族版本。

结论：具有常识的自然主义者 柏拉图对宇宙、人性和人在宇宙中的地位提出了一种全面的看法。而亚里士多德则对宇宙、人性和人在宇宙中的地位提出了系统的自然哲学，之所以说它是系统的，是因为亚里士多德使用了一套核心概念来分析一切，从岩石的坠落到戏剧的创作。由于亚里士多德思想的自然主义特征，其对科学和心理学的历史进程影响更大。亚里士多德拒绝柏拉图的超自然形式及其激进的身心二元论思想，因为他认为这两者本质上都只涉及物质和自然力量。此外，亚里士多德的科学具有深刻的常识性。在他的物理学中，较重的物体比较轻的物体下落得快；在他的心理学中，动物和人做事都有目的。亚里士多德对世界全面而又符合日常的描绘对后来的许多思想家都很有吸引力，但与此同时，它与两种对立的思潮发生了冲突。

一个是柏拉图式精神世界的宗教化。希腊化时期神秘宗教的兴起（第3章），以及其他宗教的兴起，强化了柏拉图的观点，使得自然主义走向枯萎。另一个是科学革命。科学革命带来的自然主义复兴看起来像是亚里士多德的朋友，但它比亚里士多德更进一步，它是基于因果关系的机械论，认为无论是动物或人的行为，还是宇宙的发展，都是没有目的和方向的。在心理学方面，随着科学革命后认知科学的出现，对行为的"正确目的"的解释受到了挑战。无论是在物理学还是心理学领域，"常识"都不占上风。

总结：古希腊的遗产

古希腊人创造了奇迹——通过哲学和科学思考自然和人类，而不是通过神的启示。他们踏上了西方世界（或许代表全人类）走向科学、自由和民主的漫长的征程。与此同时，他们以现代人难以认可的方式赞美战争和军力；他们的生活方式依赖于既不知道自由也不懂得尊严的奴隶，他们自己则鄙视物质生产。

最后的这一点对其后的科学和心理学历史产生了持久的影响。今天，我们习惯认为，科学是实验性的。但由于希腊人不屑于与物质世界互动，所以他们的科学理想是理论化的，仅对事件的自然进程做被动的沉思。因此毫不奇怪，最发达的古代科学是天文学，在天文学领域，仅仅依靠经验记录和观察恒星及行星的自然运动规律进行研究是可行的。希腊人起初并没有选择通过实验向大自然提问——早期科学家罗伯特·培根（Robert Bacon）^①称之为"拧狮子尾巴"，其后，实验法又经历了漫长的时间才进入科学实践。正如我们将要看到的，对于让实验法成为科学和医学的一部分，心理学发挥了重要的作用。

希腊人将思考和行动分开，影响了如今的心理学家对心智的看法（Ohlsson，2007）。柏拉图对真理的探索在于简单地了解什么是真理，并思考永恒的形式。他很少关心日常生活中的具体行为。守护者们思考着真理，而劳苦大众们却在埋头苦干。在亚里士多德那里，思考和行动的分离是以一种更加技术化的形式出现的。当亚里士多德用他的三段论开创逻辑领域时，他关心的是制定规则，确保人们形成正确的信念。他以实践三段论的方式，将关于行动的推理纳入他的伦理学。逻辑三段论的结论是一个命题，如著名的"人皆有一死""苏格拉底是个人""所以，苏格拉底终有一死"。而实践三段论的结论是一个行动，建立在欲望的基础上，如"饮用水对健康至关重要""我要保持健康""所以，我应该喝水"。逻辑三段论思考真理；实践三段论引导行为。

即使在今天，认知心理学教科书也通常将"推理"和"解决问题"作为单独的主题，在单独的章节中讨论。前者是关于"相信什么"，后者是关于"决定如何做"（Ohlsson，2007）。最近，一些认知心理学家、哲学家和人工智能研究人员对思想和行为的分离提出了严厉批评，发起了具身认知运动，该运动侧重于强调思想与行为永远是紧密耦合的（Clark，1998；Gibbs，2005；Ratcliffe，2007；Pfeifer et al.，2006；Shapiro，2010）。

古希腊的价值观影响深远。对很多人而言，把对美和善的沉思，也就是理论，置于一切之上，很有吸引力。

---

① 原书如此，疑有误，应为弗朗西斯·培根。——编者注

第 3 章

动荡时代下的治疗哲学
用理性寻找幸福

| 希腊化和罗马化 |

希腊化和罗马化的世界

亚里士多德的学生亚历山大大帝改变了西方世界。他试图建立一个统一的帝国，将希腊文化带到他所征服的土地上，但他失败了。更务实的罗马人，用统一的道路、语言、文化和官僚机构将帝国牢牢编织在一起（Heather，2006），实现了亚历山大未竟的愿景。民主小城邦的生活被摧毁了，最终被罗马这个多民族的大帝国所取代。狭隘的社区成员意识被纵横天下的罗马公民意识所取代。一位罗马的斯多葛主义者曾经说，每个罗马人都是两个城邦的公民：他的出生地和罗马，罗马就是世界的中心。建立一个普世的理性帝国，相互信任而不是基于天性的利他主义，包容并超越地域和种族的分歧，这些理念对启蒙运动的现代化倡导者产生了强烈的影响（Madden，2008）。

然而，亚历山大之死的直接后果是迎来了一段激烈而令人不安的社会变革期，即所谓的希腊化时期，通常可以追溯到从他死后到屋大维（Octavian）于公元前 31 年最终征服埃及为止。在大统一到来之前，东地中海一片混乱。亚历山大的帝国中心崩塌了：他的将军们将他苦心建立的帝国分割成了由他们自己像神一样统治的个人王国，彼此之间进行着无休止的争战。

失去了心爱的城邦后，希腊人开始远离公共生活，转而享受私人生活和家庭乐趣。人们远离荷马式的声誉和古典希腊政治，正如一位斯多葛主义者所说，对于成年希腊人而言，生活中没有什么"比得上和谐的家庭生活"（引自 Barnes，1986，p.373）。从社会角度来看，希腊时代最大的赢家是女性，因为把婚姻作为生育契约的观念被爱情和终身伴侣观念所取代。犬儒主义者克拉泰斯（Crates）为了爱情而结婚，并与他的妻子希帕西娅（Hipparchia）完全平等地生活在他们称为"狗的婚姻"中。最让传统的希腊人惊讶的是，他们居然一起出去吃饭（Green，1990）！

然而，从心理上说，希腊时代的不确定性更加令人不安。连年征战下的困苦生活加深了希腊人对命运女神堤喀的传统恐惧。那个时代的主要戏剧家梅南德（Menander）写道："别再谈论（人类的）智慧了……是命运主宰了世界……人类的先见之明都是鬼话，只是胡言乱语"（引自 Green，1990，p.55）。当希腊人向内寻找家园时，他们同时也在寻求内在的灵魂拯救，从世界的不幸中寻求帮助。他们中偏世俗的人通过哲学寻找自由，偏宗教的人则从传统宗教或者从东方传入的新宗教中寻求心灵的解放。新柏拉图主义的哲学宗教则介于两者之间。

幸福的治疗哲学

问题 4

在一个混乱的世界里，人们寻求超脱尘世的自由，希腊人称之为"心气平和"（ataraxia）之乐。古典时期的希腊人追求理性幸福和社会的繁荣安定；希腊化时期的希腊人和紧随其后的罗马人则不再胸怀天下，他们寻求内在的幸福感，这是他们自己能够掌控的幸福。正如我们已经看到的，希腊人追求的理性幸福还是建立在"命运"基础之上的，包括顺境和逆境。当命运女神堤喀不再垂怜，如同亚历山大的继任者所经历的那样，理性幸福便会遥不可及。他们能够做到的是，让自己的灵魂平静下来，实现自我控制，从而使自己不受外界干扰，不管命运会给他们带来什么。

"心气平和处方"来自一类新式的哲学家——作为医生的哲学家。如果说作为哲学家的医生，比如阿尔克迈翁、恩培多克勒和亚里士多德开启了心理学作为科学的故事，那么作为医生的哲学家则开启了把心理学作为治疗手段的故事。希腊化时期的哲学流派开始创造并教授灵魂疗法（Nussbaum，1994）。他们的哲学也触及了宗教主题：有神吗？有来生吗？我如何才能得救？通过在个人和哲学层面解决这些问题，希腊哲学淡化了盲目的宗教崇拜，为立足于个人救赎的宗教——基督教铺平了道路。

伊壁鸠鲁主义　伊壁鸠鲁主义（Epicureanism）由伊壁鸠鲁（Epicurus，前341—前270）创立，是最具影响力的希腊治疗哲学之一。伊壁鸠鲁代表了所有的流派，他写道："哲学家的论点是空洞的，没有人能够得到有效的医治。医学若不能驱除肉体的病痛，那就毫无用处；哲学若不能驱除灵魂的痛苦，同样百无一用"（引自 Nussbaum，1994，p.13）。他将"心气平和"定义为"身体没有痛苦，灵魂没有烦恼"（见 Saunders，1966，p.51）。伊壁鸠鲁主义也被称为"花园里的哲学"，因为伊壁鸠鲁的心气平和疗法旨在使人们远离世界，过上充满哲学和友谊的平静生活。伊壁鸠鲁教导说，要想获得幸福，必须避免强烈的情绪，过简单的生活，减少对他人或世界的依赖。因此，对伊壁鸠鲁来说，"最大的益处来自谨慎"（见 Saunders，1966，p.52），而不是"美德"——无论来自战斗荣誉还是城邦服务。

为了减轻对死亡的恐惧，伊壁鸠鲁接受了原子论，宣扬不存在灵魂，因此也不会受轮回之苦。伊壁鸠鲁主义还有邪教的一面。伊壁鸠鲁主义者称伊壁鸠鲁为"领袖"，必须承诺接受他的所有教导，并被告诫，要"像被伊壁鸠鲁随时在看着一样"行事（引自 Green，1990，p.620）。他的"花园"的成功也跟钱有关，也就是支持这场运动的捐款，这些钱还用于供养服侍他和门徒的奴隶。

犬儒主义　最具争议的幸福哲学来自犬儒主义（cynicism）。伊壁鸠鲁主义部分属于哲学，部分属于生活方式；犬儒主义则完全是一种生活方式，犬儒主义者就是古希腊的嬉皮士。伊壁鸠鲁主义者从物质上远离了世界，但犬儒主义者却选择留在世界上，但拒绝成为世界的一部分。他们认为一个人应该尽可能自然地生活，完全拒绝世俗，蔑视一切观点：一切都是虚假的，没什么规则。最著名的犬儒主义者是第欧根尼（Diogenes，前400—前325），他引以为豪的绰号是"狗"，因为他像狗一样生活，不遵守社会习俗。他会像狗一样在公共场合大小便。当他被发现在市场上行为不端时，他唯一的解释是"随时随地缓解饥渴而已"。柏拉图称他为"疯了的苏格拉底"。第欧根尼宣称自己是世界公民，并说没有什么比言论自由更好。在某种程度上，犬儒学派带有一点治疗哲学的影子，与伊壁鸠鲁的建议类似，即拒绝社会，控制情绪，避免太多的快乐。犬儒主义者安提西尼（Antisthenes）曾说："我宁愿发疯也不愿体验快乐"（引自 Vlastos，1991，p.208）。

怀疑论　比伊壁鸠鲁主义或犬儒主义更哲学化的是怀疑论（skepticism），由埃利斯（古希腊城邦）的皮浪（Pyrrho，前360—前270）创立。根据对"人类了解真理的能力"所持态度的不同，怀疑论者将哲学家分为三个流派：教条主义者、学者和怀疑论者。教条主义者，包括柏拉图主义者、亚里士多德主义者，还有怀疑主义者的主要对手斯多葛派（怀疑论者眼中"自负的吹牛者"），他们声称掌握了真理。学者群体主要是柏拉图雅典学园的继承者，他们声称人类根本不可能知道真相，而应该谦虚地沿袭苏格拉底逻辑辩驳中的不断追问。怀疑论者塞克斯都·恩披里柯（Sextus Empiricus，前200）说，怀疑论的历史就是不断寻找真相的历史（见 Saunders，1966，p.152）。

从心理学角度看，怀疑论者拒绝教条主义的原因之一，是他们对待"个体差异"的态度。作为经验主义范畴的怀疑论者，他们不承认柏拉图的形式，而倾向于将知识建立在表象之上。然而，他们完整沿袭了诡辩家的观点：事物在某个人看来是否与另一个不同，取决于观察者所处的环境、身体状况、性格及文化差异。此外，怀疑论者注意到动物与人类相比有不同的感觉能力，比如狗在听觉和嗅觉上的优势。因此，尽管怀疑论者不像当代的学者们那样，认为通过观察世界来获得真理是绝无可能的，但对于这种研究方式也不抱太大希望。

虽然他们开创了经验主义认识论，但实际上，怀疑主义的目标和动机与其他希腊幸福哲学是一样的："我们认为，怀疑主义的根源，是希望获得平静"（Sextus Empiricus，见Saunders，1966，p.154）。怀疑认识论建议人们永远不要相信自己拥有真理（就像教条主义者坚信自己拥有真理一样）。怀疑论者暂停了对"什么是自然而然的好或坏"的判断，也没有"急切地追求任何东西"。这样做，"伴随着怀疑，他们找到了不期而遇的平静"，"没有不安"降临在他们身上（Sextus Empiricus，见Saunders，1966，p.158）。

斯多葛派　在所有治疗哲学中最有影响力的是斯多葛派（stoicism），由雅典城的芝诺（Zeno，前333—前262）创立，他在雅典的画廊（Stoa）内教授学说（"Stoa"便是"stoicism"的由来）。斯多葛派是一种普遍而实用的哲学，由希腊人和罗马人发展了若干世纪。它的吸引力相当大，跨越了社会界限；它的追随者包括奴隶［爱比克泰德（Epictetus，50—138）］和皇帝［马可·奥勒留（Marcus Aurelius，121—180）］，这让这一学派在事实上成了罗马的官方哲学。除了哲学，斯多葛派还影响了科学的发展，尤其对逻辑的发展影响颇大。

他们对哲学和数学的主要贡献是建立了命题（proposition）和命题逻辑（propositional logic）的概念。早期的哲学家们从心理意象的角度来思考知识。柏拉图的"形式"和储存在亚里士多德被动心智中的"本质"，都是理想化的物体形象，只是去除了"形式"和"本质"定义的具象特征。比如，猫的形式或本质是没有特定颜色、大小甚至尾巴的猫的形象（曼岛猫没有尾巴），因为这些特征因猫而异，因此不能用来定义猫的形式或本质。站在心理学的角度看，柏拉图和亚里士多德都认为，大脑中的内容都是由图像构成的，无论是代表我们见过的个别事物的特定图像，还是代表理想形式和本质的概念性图像。斯多葛派则朝着一个截然不同的方向前进，用语言学的方式定义表征（representations），将其作为一个命题。命题是一种排他性的陈述，可以用以陈述个体，比如"金吉（我家的一只猫）正在垫子上"，或者陈述普遍性的知识，例如"猫是一种食肉动物"。于是，逻辑推理就变成了根据逻辑规则恰当地组合一组命题，从而产生新的命题。例如，如果有人说"猫是一种食肉动物""金吉是猫"，那么我就可以推断：金吉吃肉。

命题推理概念的发展，对逻辑、计算和认知心理学影响深远。如果一个人认为知识是形象化的，那就很难去思考高度抽象的概念，比如真理或善。我们可以想象把我们见过的所有猫组合成一张普通猫的图像，但我们无法合成出一张偿还借贷、起草宪法和帮助穷人的"正义的图像"。远离图像还可以把推理变成一套完全没有具体内容指向的纯粹规则。因此，如果被告知"p 包含 q"以及"p 是真的"，那么我们就可以推断"q 也是真的"，无论 p 和 q 具体指代猫、肉、狗、行星、人、美德、金钱，还是仅仅是字母（这个表述的本质是一个纯粹的规则），只要正确地遵循规则，就可以得出一个有效的结论。因此，人的思维可以被看作一个适用于任何想法的工具包，而不仅仅来源于我们的直接经验。

20 世纪早期的心理学家发现，人们并不总是通过图像来推理（见第 8 章）。二战后，当赫伯特·西蒙（Herbert Simon）和艾伦·纽厄尔（Allen Newell）（经济学家和心理学家）将计算机视为命题推理器，而不仅仅是升级版的数字计算器时，人工智能就诞生了。这自然让人联想到人类也是一个命题推理器，由此开创了如今认知心理学的主导理论：心智符号系统概念（第 12 章）。

作为一种灵魂疗法，斯多葛派传授了两件相互关联的事情：绝对决定论和彻底消除情绪。斯多葛派认为一个人生活中发生的任何事情都是命中注定的。正如罗马政治家和作家马库斯·图利乌斯·西塞罗（Marcus Tullius Cicero，前 106—前 43）所说："时间的演变就像一根绳索的延伸，不创造任何新的东西，只是按顺序展开每一个事件"（见 Saunders，1966，p.102）。然而，我们可以控制自己的精神世界，所以对不幸感到不快是我们的错，可以通过斯多葛派的教导来纠正。强烈的积极情绪也是要避免的，因为它们会导致对事物和人的高估，从而导致潜在的不快乐。以下这些话来自爱比克泰德（Epictetus）的《手册》（*Enchiridion*，也被称为 *Handbook*），其中充满了斯多葛主义的风格：

V

人们不是被发生的事情所困扰，而是被对这些事情的看法（斯多葛派认为情绪就是看法）所困扰：死亡并不可怕，因为如果它是可怕的，那么苏格拉底就会惧怕死亡；只有出现了死亡可怕的看法，死亡才显得可怕。因此，当我们受到阻碍、干扰或感到悲伤时，不要责怪别人，而要反思自己，也就是反思自己的想法。一个没有受过良好教育的人会因为自己的处境不好而责怪别人；一个刚开始接受教育的人会把责任揽到自己身上；而一个接受了良好教育的人则不会责怪别人或自己。

XLIV

举例说一些错误的推理：因为我比你富有，所以我比你强；因为我口才比你好，所以我比你棒。相比而言，正确的逻辑应该是这样的：我比你富有，说明我的财产比你多；我比你善辩，因为我的语言基础比你好。财富和语言都不能代表你本人。

LII

在任何情况下，我们都应该随时牢记这些准则：
宙斯啊，请指引我的命运吧。
你让我走的路：
我已经准备好了。

如果我不愿意，我就成了一个可怜虫，而且最终还是要跟随你。

但那些明智地遵从于必然的人，

在属灵的事情上充满了智慧。

斯多葛派认为理性的幸福之路充满艰难，认为只有上帝是完美的，他们的目标是成为"一个受到完全指引的人"，这是一个可以努力但永远无法完全实现的目标，因此无论是谁，无论得到了多好的指引，都会在一定程度上无法享有纯粹的理性幸福。斯多葛派这样描述人们应该努力成为的智者："智者从不发表意见，从不后悔，从不犯错，从不改变主意"（Cicero，in Saunders，1966，p.61）。

注意，在第 XLIV 章中，斯多葛派拒绝了古希腊精英化的美德概念。无论是财富（青铜时代国王和贵族的美德）还是雄辩（民主城邦的美德）都不是真正的美德，这些都是过眼云烟。对斯多葛派来说，美德是一种精神状态——内心对情绪的掌控。任何人，男性或女性，富人或穷人，奴隶或皇帝，战士或商人，都可以达到这种内心状态。斯多葛派由此标志着与传统希腊伦理的一次彻底决裂，为基督教的兴起打下了基础且影响深远。

有鉴于此，斯多葛派创造了一种独特的西方观念，即"个人良知"的观念，他们称之为"syneidesis"（是非之心），翻译成拉丁文为"conscienta"（良心）（Brett，1963）。对斯多葛派来说，对错不仅仅取决于是否遵守所在社会的法则（诺莫斯），更取决于一种与内在理性相关的善恶观，而内在理性又是与宇宙的真理相关联的。在混乱的希腊世界，法律和习俗因地而异；在罗马世界，一个皇帝上台推翻另一个皇帝的法令。斯多葛主义的个人良知观念认为，人的理性有能力判断是非，不取决于国王、皇帝或后来的教皇如何下令。

在很多方面，斯多葛派与基督教的理念很接近，它在罗马的流行有助于基督教的传播，也深刻地影响了基督教思想。与早期的希腊哲学不同，斯多葛派是普世性的，而不是精英主义的。任何人，无论是奴隶还是皇帝，都可以立志成为斯多葛派圣人。斯多葛派认为宇宙是一个有生命的、神圣的存在，充满了理性和规则，其精神或灵魂无处不在。如果一个人相信智慧的宇宙正在理性地制订一个终极计划，而个人幸福取决于他是否能够理性地接受宇宙的理性，那么决定论就更容易被接受。如同基督教殉道者一样，斯多葛派为了更高的目标平静地忍受着痛苦。斯多葛派认为人是属灵的，但这个"灵"是由宇宙而来的"圣灵"，不是属于个人的不灭灵魂，因此，一个人死后，灵魂会回到宇宙，所以对他们来说没有个人永生。

追求幸福的哲学提供了一种应对现实世界混乱与变化的方法，就像我们看到的，几乎所有的幸福哲学都有一定的避世倾向。伊壁鸠鲁主义者回避物质世界；犬儒主义者反叛社会规则；怀疑论者放弃了每一种坚定的信念；斯多葛派拒绝世界对精神的侵扰。处理现实世界烦扰的方法之一就是远离它，转向一个更美好、更纯粹、更超然的世界。随着幸福哲学在希腊的盛行，宗教形式也随之转变。

逆向希腊奇迹

历史学家所说的"希腊奇迹"（Greek miracle），指的是当时的人们选择通过理性而不是启示来研究自然、人性和社会。我们在从阿尔克迈翁到芝诺的心理学历史演变中研究过这个奇迹。然而，在希腊化时期，对哲学和科学的信念被动摇了，许多人放弃了理性，转而把秘密启示作为真理的来源。

灵知派和赫尔墨斯主义 寻求秘密启示的标志之一是基督教和犹太教（Colish，1997）内部的一场叫作"灵知派"（Gnosticism）的运动。在希腊语中，"灵知"意味着知识，虽然不是自然哲学的哲学知识，而是秘密教义的知识或对神圣文本的秘密解释。希腊奇迹的另一个标志是赫尔墨斯主义（Hermeticism）（Eamon，1994）。赫尔墨斯主义者认为古埃及人早已揭开了宇宙的所有秘密，这些秘密由一个名叫赫尔墨斯·特里斯梅吉斯（Hermes Trismegitus，希腊三大神之一）的神记录下来。这些所谓赫尔墨斯的记录，后来被证明并非出自古埃及，而是著于公元前1世纪。

灵知派和赫尔墨斯主义的产生是希腊人对希腊文化极度丧失信心的体现。希腊人不再大胆地通过理性和观察来探索自然，而是转向传说中神的启示和古代权威的秘密。西方哲学直到公元1000年左右才重拾自信。

新柏拉图主义 正如我们所见，柏拉图的哲学有很强的超脱尘世的吸引力，在希腊化时期，当柏拉图的雅典学园转向怀疑论时，这种吸引力催生了新柏拉图主义哲学，其最著名的代言人是普罗提诺（Plotinus，204—270，也译作柏罗丁），一个埃及希腊人。普罗提诺充分发展了柏拉图主义神秘的一面，几乎将这种哲学变成了一种宗教。他将宇宙描述为一个等级体系，始于一个被称为"太一"（the One）的至高无上且不可知的上帝，"太一"所蕴含的智慧统治着柏拉图的形式，当这种智慧进入物质世界生出不同的物种直至人类，人类的来自"太一"的灵魂被囚禁在低等级的肉身之内。物质世界只是属灵领域的一个不完美、不纯粹的副本。

普罗提诺努力让追随者们的目光从肉体的堕落诱惑转向形式领域趋向真善美的精神世界。在《九章集》（Enneads）中，普罗提诺写道："让我们回到那个本源……万物之源……它主宰着纯粹和不可思议的智慧……那里的一切都是永恒不变的……并且处于幸福的状态。"最后一句话标志着从柏拉图哲学到宗教神秘主义者狂热愿景的转变。和斯多葛派一样，新柏拉图主义也为基督教的发展铺平了道路，并影响了基督教思想。通过新柏拉图主义，柏拉图的哲学开始主导中世纪早期的哲学发展。

新柏拉图主义成为一种宗教趋势，这在亚历山大城的希帕蒂娅（Hypatia，355—415）的非凡一生中得到了很好的阐释，她是前现代为数不多的女性哲学家和科学家之一（Dzielka，1995）。希帕蒂娅写过一些著名的数学和天文学著作，但这些著作如今已经失传了。真正让希帕蒂娅建立名望和影响力的，是她对众多求道者讲授新柏拉图主义的经历。她认为自己的科学著作是开启新柏拉图主义奥秘的钥匙，天文学是"一门通往神学天地的科学"（引自 Dzielka，1995，p.54），而数学则是毕达哥拉斯的天启之作。作为典型的新柏拉图主义教师，希帕蒂娅被看作一个半神话的人物；作为一名女性，她对贞操的坚守和对性快感的放弃，使她的神圣地位愈发崇高。同时，作为灵知派和赫尔墨斯主义者，她试图将哲学的神圣秘密限制在一个崇高而纯洁的精英阶层，一个拥有特权的贵族阶层，一个拥有"神圣女士陪伴"的贵族阶层（引自 Dzielka，1995，p.60）。作为一名新柏拉图主义者，她将哲学视为一个宗教之谜，试图引导她的学生在自己身上找到"理性的光辉之子"，拥有一双"内在的眼睛"，最终将体验"与普罗提诺所说的'太一'融合"的狂喜（引自 Dzielka，1995，pp.48-49）。新柏拉图主义和基督教之间的联系在希帕蒂娅的生活和教导中变得越来越清晰。她坚守贞操，过着圣保罗和圣杰罗姆崇尚的女德之道，她的两个学生还成了基督教会的主教。然而，亚历山德里亚的主教西里尔（Cyril）嫉恨她对亚历山德里亚总督（基督徒）的政治影响，指责她是一个教占星术（指她的天文学）的女巫，并怂恿暴徒谋杀了她。她因被害而成为近代自由思想的殉道者（Dzielka，1995）。

几个世纪后，弗里德里希·尼采说，基督教是为大众服务的柏拉图主义，因为它为普罗大众服务，就像精英化的希腊哲学为少数精英服务一样。它淡化了对职位、荣誉和名声的追求，使社会身份不及个人的灵魂净化重要。保罗在给帖撒罗尼迦人的信中，敦促基督徒"在安静中寻找荣耀……（留心）自己的事"（引自 Rahe，1994，p.206）。希腊化时期的哲学、宗教和基督教推翻了古希腊式的传统美德观。

罗马帝国的覆灭

从爱德华·吉本（Edward Gibbon，1737—1794）在 18 世纪撰写的《罗马帝国衰亡史》（*Decline and Fall of the Roman Empire*）开始，关于罗马帝国的衰落，就一直是西方历史上最古老、最具争议的话题。启蒙运动的领导人（见第 6 章）钦佩罗马共和国和罗马帝国创造了一个理性有序的政治体系，这一体系具有普世性，超越了当地的种族和政治身份。由于这是他们自己想要建立的那种政治秩序，对于启蒙思想家来说，罗马帝国的覆灭是一场伟大的，但也许是有教育意义的悲剧。吉本认为，罗马的衰落代表了欧洲混乱历史的开始，他给出了罗马走向长期衰落的确切日期，即康茂德皇帝（161—192，180—192 在位）的登基，正如电影《角斗士》（Gladiator）中所描绘的那样。吉本的同时代学者也同意这一观点，例如，约翰·赫尔德（Johann Herder）（见第 6 章）写道，帝国"已经死了，只剩一具疲惫的尸体，一具卧倒在自己血液中的尸体"（引自 Grant，1990，p.99）。有趣的是，尽管吉本和部分启蒙运动作者认为罗马帝国的毁灭是一场灾难，是第一个理性统治和潜在的大同政府的毁灭，但反启蒙运动的德国人（见第 6 章）倾向于将其视为德国单一民族文化对失败的、堕落的、多民族融合的胜利（Mosse，1981）。

如今，当代历史学家不同意吉本关于罗马帝国衰落的观点，但他们争论的话题是，罗马帝国是否衰落了。一些历史学家认为，帝国并没有衰落，只是经历了从罗马生活方式到中世纪生活方式的漫长转变，这个转变的过程称为古代晚期，且和中世纪的生活方式一样好（Wickham，1984，2007）。而另一些学者对所谓"不错的中世纪生活"提出了疑问，虽然直到公元 5 世纪中叶（传统认为衰落的具体年份为公元 476 年）罗马帝国几乎没有显现经济衰退或帝国解体的迹象，但有证据表明，中世纪的生活方式发生了急剧变化。根据考古发现，人们制作复杂陶器和建造房屋的能力，以及跨越整个罗马世界通商的能力，在 5 世纪晚期消失殆尽。人们变得越来越穷，越来越依赖当地的社会关系和资源（Ward-Perkins，2005），教育和文化水平严重倒退（Heather，2006）。他们认为，罗马帝国虽然没有立即衰落，但也没有过渡到中世纪，而是被内部的政治冲突和内战（Goldsworthy，2009）压到了崩溃的边缘，随后逐渐被日耳曼侵略者、哥特人和匈奴人摧毁。这些历史学家还指出，整个罗马帝国并非覆灭于 476 年，因为在这之前的几个世纪，罗马帝国已经一分为二，分为西罗马帝国（名义上以罗马为中心）和东罗马帝国（以君士坦丁堡为中心），由两个皇帝分治。西罗马帝国的确覆灭于 476 年，而东罗马帝国一直延续至 1453 年。

从吉本时代到现在，包括历史学家在内的很多人都在思索一个问题：罗马人是否有可能拯救他们的帝国？然而在最近一次的深入研究中，阿尔多·斯基亚沃内（Aldo Schiavone，2000）认为，罗马世界已经走得够远了，已经困在了自我封闭的生产和思维模式中，能够打破这个僵局的方式只能是推翻整个体系，而非温和的改革，这也导致西方历史上巨大的混乱。从心理角度看，大混乱对经济的冲击影响了主流心态，斯基亚沃内在对罗马帝国衰落的分析中强调了这一点。

希腊和罗马世界的经济基础是奴隶制，而精神基础则是希腊和罗马人的精神追求和工作追求。我们先说第二点，这一点更加重要，因为这一点可以让我们了解罗马人对希腊精神的继承和罗马衰落之间的关系，同时，这一点也是西方科技发展的根源性因素。斯基亚沃内的论述对心理学家来说尤其重要，因为他认为，有关灵魂和肉体的观点，会对社会性质产生重大影响。斯基亚沃内认为，柏拉图理想国中的守护者表现出的态度和精神，对古代经济体系的建立至关重要。正如我们所看到的，守护者的生活方式并非柏拉图的异想天开，斯巴达部分实现了这一古希腊理想，并得到了有文化的希腊人的广泛认同。

由于希腊式的二元论从根本上分离了灵魂和身体，因此，对灵魂的培养成为唯一有价值的生活方式。我们在这里看到的是一个重要且微妙的问题。我们了解到，希腊人培养灵魂和身体，非常重视美、运动和武力。对希腊人和罗马人来说，重要的差异并非来自灵魂和身体本身（对基督徒、新柏拉图主义者和笛卡儿主义者来说也是如此），而是来自"致力思想锻炼"的灵魂和"从事物质生产"的灵魂之间。亚里士多德说："生命是行动，不是生产。"因此，希腊人赞美运动员的体能和士兵的战斗力，但贬低工匠和商人的生产性工作；希腊人是墨提斯人的剥削者，而不是哲学理论的沉思者。

希腊人对物质生产的轻视产生了两个重要后果。首先，对于希腊人和罗马人来说，用斯基亚沃内的话说，整个经济生产领域变成了一个黑洞，一个"死亡地带"（dead zone）。他们的语言中没有符合现代经济学术语的词汇，所以他们不能用经济学术语思考生活。其次，他们忽视技术发展。罗马历史学家普卢塔尔克（Plutarch）这样描述希腊科学家阿基米德（Archimedes）：

> 阿基米德有着如此崇高的精神和如此深刻的灵魂……尽管他的发明为他赢得了拥有超人智慧的名誉，他不同意在他身后留下任何关于这个主题的论述，他认为，工程师的工作和所有满足生活需求的技术都是不光彩和庸俗的，他希望别人知道，他把他的聪明才智都用在了那些与生活应用无关的微妙和美好事物上。

奴隶制的兴起加深了古典主义对工作的蔑视，掩盖了由此产生的错误，使其持续了几个世纪，直到罗马帝国崩溃。当然，奴隶制在地中海文明的早期就已经存在，但直到雅典帝国奴隶数量的增加，才使其成为古典生活的关键。到公元前400年左右，奴隶人口约占雅典人口的30%。在希腊和罗马精英的眼中，奴隶是不自由的，对奴隶的鄙视进一步污名化了经济生产工作。由于奴隶是生产者，从事生产几乎就意味着与奴隶是同类。罗兹的帕纳提乌斯（Panaetius）在公元前100年左右写道："工人的工资本身就是被奴役的工价"（引自Rahe，1994，p.25）。西塞罗（古罗马政治家、雄辩家、著作家）回应了这种感觉："所有被雇用者出卖的都是自己的劳动而不是自己的才能，他们的工作是奴役性的，是可鄙的。原因是，在当时的情况下，工价实际上就是为奴的回报……没有一个自由家庭出身的人会与作坊有任何关系"（引自Schiavone，2000，p.40）。

对机器的态度也受到了奴隶制的影响。亚里士多德认为有些男人和女人天生就是奴隶，但他也说过，奴隶是"有生命的工具（机器）"："奴隶是拥有灵魂的工具，而工具是无生命的奴隶。"罗马作家瓦罗（Varro）将工具分为三种类型："无声工具"（如马车）、"半发声工具"（如牛）和"发声工具"（奴隶）（引自 Schiavone，2000，p.133）。亚里士多德还将奴隶制与机械联系在一起，对人工智能进行了有趣的预测："如果每种工具都能通过接收指令或提前预判来完成自己的工作……梭子可以自己编织，鹅毛笔可以自己弹奏竖琴，工匠师就不需要助手，也不需要奴隶"（引自 Schiavone，2000，p.133）。奴隶制的存在使得追求技术发展变得没有必要且备受精英们的歧视。

战争和奴隶制是罗马成功的基础，但同时也将古代世界固化在无法实现现代化的经济模式中。在罗马共和国（不是罗马帝国）的统治下，随着罗马征服周边的民族并向其征税，奴隶和财富源源不断流入罗马。到公元前 1 世纪末，奴隶至少占意大利总人口的 35%。由于拥有由奴隶打理的庄园，罗马精英阶层可以像希腊人一样，投身战争和政治，并自诩为天生的掌舵者（virtuous tillers），认为只有战争和政治才是值得自由人从事的活动。奴隶制如此成功，不仅罗马精英不劳动，连普通罗马公民也不劳动。他们以前在大庄园工作，但后来奴隶取代了他们。因此，著名的"面包（由奴隶生产）和马戏（由奴隶角斗士提供）"这一口号，就是出于对失业和无业民众的控制。

斯基亚沃内（Schiavone，2000）由此得出结论，罗马人的生活被禁锢在一种模式中，除了将其彻底打破别无出路：

> 奴隶制的传播、对劳动的排斥和机器的缺乏三者形成了一个闭环：奴隶的劳动与贵族思想的自由是对应的，并且可以说，奴隶的劳动决定了贵族思想的自由，而这种脱离劳动的自由思想，又反过来限制了对自然的探索和技术的发展。如果不彻底结束这个时代，就无法打破这个循环。

罗马人并不缺乏技术和创新，但他们按照斯基亚沃内所描述的思维定式发展这些技术，采用了希腊和罗马共和国的技术并加以强化（Mokyr，1990）。他们的创新主要体现在组织管理上，并应用于军事和政治等公共领域。他们利用现有的手段发明了精巧的战争机器，但罗马人最终将其胜利归功于组织和秩序。罗马军队征服了世界，并不是因为每个罗马士兵都比他们打败的野蛮人更勇敢或更有技能，而是因为他们的部队是由专业化的职业军人组成，组织严密、纪律严明。他们常年修建道路、高架渠和公共建筑，使得建立在贸易和共享思想基础上的复杂、统一的文化得以发展和繁荣。他们充分发展了法律的概念，行政体系由聪明、训练有素的官僚管理。但他们不寻求新技术的发明，当有新发明问世，很少会被应用于个人和生产性领域。例如，希腊和罗马的工匠发明了蒸汽引擎，但并没有将这个技术用于生产，而是用来在寺庙中制造令人印象深刻的特殊效果。

总之，罗马人完善了一套基于希腊价值观和奴隶制的特殊生活方式。他们一度视其为一种完美的生活方式，吉本在《罗马帝国衰亡史》的开篇中对此给予了高度赞扬。但从逻辑上讲，"完美"便意味着缺乏改变和进化的空间；完美必须持久，否则就会消亡。在公元 5 世纪之前，罗马人已经能够吸收接纳源源不断的、因仰慕罗马的和平和财富而来的外来者。然而，帝国的完美出现了裂痕，因为它无法同化大量的哥特日耳曼人（Gothic Germans），这些哥特日耳曼人在公元 5 世纪早期武力入侵了西罗马帝国。而匈奴人，则砸碎了西罗马帝国。

｜ 古代晚期 ｜

收拾残局

虽然传统上习惯于将古典文明的结束时间定为公元 476 年，但类似中世纪的生活方式，实际上在 3 世纪晚期至 4 世纪的罗马帝国时期就开始了（Wickham，1984，2007）。经济衰退迫使普通农民在法律上与土地捆绑在一起，这种捆绑演变成了农奴制。随着罗马对治下各省控制的减弱，地方自治领导体制发展壮大，导致了封建主义。然而，罗马人的影响仍然延续了几个世纪，因为虽然新的封建统治者在某种意义上可以说是野蛮人，但他们渴望罗马式的生活，并雇用受过教育的罗马人来管理他们的事务。此外，随着基督教的发展，也吸引了大量受过教育且富有的罗马人，他们开始将自己的才能带入教会，而不是用于每况愈下的帝国官僚机构。

然而，最终罗马人的生活方式被逐渐兴起的封建和基督教生活方式所取代。易货经济开始取代帝国货币经济；交流中断；帝国军队中由罗马公民组成的自由军，越来越多地被蛮族雇佣军取代；人口下降；东罗马帝国的皇帝定都于君士坦丁堡，从欧洲或西方帝国榨取财富和资源，以维持自己的文明和奢华的生活方式。在随后的几个世纪里，欧洲几乎完全接触不到希腊和罗马的文学作品，这就是为什么中世纪早期有时被称为"黑暗时代"。然而，有一部作品——柏拉图的《蒂迈欧篇》（*Timaeus*），仍然广为流传，并对中世纪的思想产生了重要影响。《蒂迈欧篇》是柏拉图对自然哲学的一次探索，他在书中描述了类似上帝的巨匠造物主（demiurge）是如何依照永恒形式创造世界的。由于物质世界是依照可理解的形式所造，柏拉图暗示世界本质上是理性有序的，因此不需要上帝的启示就可以被人类的理性所知。这为中世纪的科学发展打下了思想基础（Colish，

1997；Grant，1996；Huff，1993）。

外族的大规模入侵导致了西罗马帝国的灭亡。早期的移民通常是和平地来到帝国，但后来的入侵是血腥和破坏性的。末代皇帝罗慕路斯·奥古斯图卢斯（Romulus Augustulus）于公元476年退位，而他本人也是一个外族篡位者。帝国最终被一波又一波的入侵者撕裂，几乎每一波入侵者最终都会离开自己原来的土地，在罗马帝国寻求安稳的生活。随着外族的不断涌入，帝国变得越来越去罗马化，越来越多民族化。直到公元1000年左右，维京人（Vikings），之后被称为诺曼人（Normans），定居在法国北部，混乱的迁徙才停止。外族入侵的规模和性质如何界定，又是什么因素终结了外族的入侵，目前仍有争议。旧观点所认为的"一波又一波的大规模暴力入侵"是站不住脚的，但最近的相反观点认为"并非人的迁徙，只是思想的冲击"也同样牵强（Heather，2010）。

古代时期到中世纪的漫长过渡期从476年延续到1000年左右，这段过渡期有时仍被称作黑暗时代，但现在通常被史学家称为古代晚期（Heather，2010；Smith，2005；Wickham，2007）。尽管有记录的创造性思想在衰退，但也有文化繁荣的时期，最著名的是查理大帝统治下的加洛林文艺复兴（Carolingian Renaissance，768—814）。取代帝国体制的新政治模式也逐渐显现，甚至可以说，这是一个技术进步的时期。例如，重型犁和现代马具的问世，开辟了新的耕地，提高了旧土地的产量。虽然这一时期的经济、人口和文化都在衰退，但一个新的、创造性的社会正在帝国的废墟上崛起。

大众文化中的个体、心灵和心理学

虽然从生物学的角度来看，自公元前10万年至公元前5万年间，人类的本性几乎没有什么改变，但自荷马时代以来，人类对自我、性格、个性，或者更广泛地说，对"个体"概念的认知发生了很大的变化。进一步说，关于人类个体的本质和价值的思考，在不同的文化和哲学传统中有很大的差异（Kim & Cohen，2010；Kim，Cohen & Au，2010）。

心理学是有关个体的科学，因此，社会和文化如何看待及评价个人，对于理解心理学的历史十分重要。一方面，心理的成长受所在文化对待个体态度的影响。例如，虽然科学心理学最初是在德国被确立为一门独立的学科，但由于文化价值的原因，心理学在德国的发展非常缓慢。德国心理学家专注于一种柏拉图式的"普遍思维"，认为个体差异是一种干扰。此外，德国人非常重视集体，一个超越自我的整体，他们把美国视为一群原子化个体的集合。德国人对整体的渴望帮助他们创造出了完形心理学（Gestalt psychology，又称"格式塔心理学"），而美国强烈的个人主义价值观为心理学的发展创造了肥沃的土壤，使其茁壮成长，相比之下，"完形"概念则让美国心理学家难以理解。

另一方面，心理学的具体实践也取决于个体的文化观念。心理学是对个体心智的研究，但我们在第 1 章中可以看到，心智作为自然对象，其地位并不十分清晰。心智可能是在人类意识到它之前就存在的东西，之后随着哲学和科学的发展被发现；或者，心智是自然的产物，就像一个物种；也可能是种人类发明，就像一台计算机；最后一种可能，心智（包括个性）是一种文化结构，它隐藏在生活背景中，被认为理所当然，我们以为自己在自然界中发现了它，其实它是随着时间的变化而变化的，只是对于当下的我们来说是"自然而然"的。正如我们将在随后读到的，一些心理学家（例如：Spanos，1996）认为，特定形式的异常心理，如巫术或鬼附、癔症（见第 9 章）、多重人格障碍和压抑记忆综合征等都属于文化性心理障碍，这些概念是由心理学本身创造的，用来给陷入痛苦的人进行自我解释。

耶鲁大学文学评论家哈罗德·布卢姆（Harold Bloom，1998）认为，个体思想和性格的现代概念是威廉·莎士比亚（William Shakespeare）一个人发明的。卡里（Cary，2000）认为它的发明应该归功于圣奥古斯丁（St. Augustine），而麦克马洪（McMahon，2008）认为它来源于罗马的文学实践。因此，个体这一直到中世纪晚期和文艺复兴时期才开花结果的概念，最应该被视为一种缓慢的文化建设，而不是一个单独的发明。在接下来的内容中，我们将勾勒出前现代人是如何看待精神和人格的，精神和人格既位于身体之外，也位于身体之内。

不断变化的个体观念　正如我们在第 2 章中学到的，统一的自我或人格的概念在青铜时代的常识心理学中并没有突出的地位。那个年代不乏伟大和独特的个体男女，但少有内在的自我概念。承认内在个性的文化趋势可以追溯到其后的文学和宗教。古典希腊戏剧中有坚强任性的角色，他们独立行动，而不受神的控制。宗教扩展了灵魂和来世的概念，涵盖了越来越多的人。例如，在古埃及，起初只有法老被认为有可能获得"永生"的灵魂，死后升天加入众神的世界。然而，随着时间的推移，有更多人获得了"永生"的资格，首先包括法老的直系亲属，最后包括所有能够通过适当的葬礼被安葬的人。时常会有一些逝者家属闯入埃及的帝王谷，去安葬他们的亲人，期望逝者可以因此获得永生。

然而，到了古代晚期，对于个体和个体思想的社会理解再次退回到了古希腊青铜时代。同样，这并不意味着当时没有个体，那个时代充满了强大而独特的男女，但却并没有人把个体作为关注或研究的重要对象。这种缺乏是新柏拉图时代精神的一部分，新柏拉图主义认为人类智慧是一个整体的独立存在，而不在于个体。因此，个体的理性思维只能证明其具有人的本质，也就是人性，而不能证明其是一个有独立特征的个体。这就是哲学家的理论。一个人的社会地位，是皇帝、教皇、国王、领主、骑士还是农奴，对一个人的生活影响极大。法律地位远比作为一个与众不同的个体的地位更重要。

在古代晚期和中世纪，日常生活的结构非常不利于人的个性化发展。农奴（国王拥有的农民，有时会连同城堡和土地一起被分封给贵族）在田里劳作。贵族需要打猎，也要和自由平民一起在国王领导的战争中战斗。几乎每个人都要在土地上劳动，这种劳动自新石器时代以来几乎没有改变。重型犁增加了可耕地面积，粪便肥料的发现和作物轮作使得土地可以耕种更长时间。更多多产的土地意味着更多的人口，但本质上没有太大变化。瘟疫导致的人口急剧下降确实让许多幸存者及其后代的生活变得稍显轻松。领主们为了让人们在自己所辖的土地上工作，不得不开始支付工资。国王再也不能声称自己拥有国家的一切财富及人口，于是私有产权开始发展。然而，对于大多数人来说，从新石器时代晚期的农业革命到 18 世纪西欧开始的工业革命之间，生活的变化微不足道（见第 5—6 章）。

中世纪人们的社会角色是固定的，他们在新柏拉图主义秩序中的位置是由上帝设定的，他们个人的合法权利实际上是不存在的。即使是最伟大的分封领主，只要有背叛的嫌疑，他的国王也可以将其草率处决，就像领主可以在其领地上处决或监禁任何他不喜欢的人一样。更换统治者的唯一方法是通过宫廷政变或内战。1215 年，英国的男爵们试图强迫约翰国王（King John）签署《大宪章》（Magna Carta）以为自己谋得更多的权利——这一行为甚至影响到《美国独立宣言》（American Declaration of Independence）和《权利法案》（Bill of Rights）的诞生——但普通人却是在几个世纪后才获得政治权利。因此，对于西方心理学中个人主义概念的诞生，我们必须关注大众文化和宗教的方方面面。

个体意识的缺失　在古代晚期，关于罗马历史和文学的知识减少了，尽管古代文学和中世纪文学之间并没有明显的断代，但古典时期和希腊化时期那种对人物的生动刻画的传统却越来越少。

例如一些道德剧，如《人类》（Mankind）和《凡夫俗子》（Everyman）。从心理学的角度看，道德剧是很有趣的，因为它将从笛卡儿时代开始就被认为属于个人隐私的心理活动具象化了。因此，道德剧有时也被称为心灵之战——心理活动的表演。寓言也是如此，在寓言中，邪恶或魔鬼提供诱惑，美德和善良的天使抵抗诱惑，使人类的思想活动具象化。例如，1576 年的戏剧《潮水无情》（The Tide Tarrieth No Man，意为"时间不等人"）中的大反派叫作"勇气的副作用"（Courage Contagious），或者称为"勇气的阴暗面"（Courage Contrary）。主角"勇气"（Courage）去掉了自己名字中不吸引人的第二部分（勇气"courage"去掉第二部分就变成"cour-"，这里指"courtier"谄媚者），鼓励"谄媚者"（courtier）卖掉自己的庄园，换上漂亮的衣服，以赢得仰慕。他还鼓励"放纵"（Willful Wanton）早婚，违背父母的意愿，因为一切关于婚姻的事情都很有趣。在

知识加油站 3.1
自我

心理学与现代性和现代主义的关系体现在两个关键的方面，一个是自我的存在和本质，另一个是心理学和社会科学在社会实践中的应用，这个我们稍后也会谈到。

在前现代世界，自我不是一件大事，至少对哲学家、科学家和其他知识分子来说不是，他们只研究我们在教科书和课堂上关注的那些问题。关于人们在感知或思考时大脑里发生了什么，有很多争论。"自我"作为一种强大的、自发的、内在的、值得尊重的存在，在18世纪之前的西方并没有进入主流语境。

自我观念的转变，取决于善恶美丑价值观以及个体在宇宙和社会中的地位等方面的基础性转变。在前现代世界，这些东西是由外部框架限定的。对于像柏拉图这样的人来说，善的形式存在于一个外在的形式世界，而不是在人类的头脑中。在之后的前现代的宗教社会中，上帝设定了外在的是非标准。即使抛开对这些形而上的关注，在前现代世界中，人们的社会地位和生活，以及由此形成的行为，都是由出生决定的。国王之所以是国王，不是因为他选择了王位，而是因为他生来就是国王，因此应该像国王一样行事。同样，农奴生来就是农奴，因此被期望表现得像农奴。选择自己在生活中的地位几乎是不可想象的（这里的"几乎"二字很重要，因为它给现代性的出现留下了一丝曙光）。

贵族秩序之外的自由城市和财富的增长，创造了新的就业机会和生活方式，民主思维的发展带来了现代性，并提出了一个问题：如何在一个更加自由的世界中进行选择。把自我当作一个内在的选择者这一更加自主的自我意识，成为一种新价值观的重要基础。观察现代人，我注意到人们都不喜欢被评价，"别给我扣帽子"是我在电视节目中经常听到的一句话。似乎唯一能够评价一个人的生活的是他自己——而不是形式、上帝或社会秩序。这是一个典型的现代主义概念，如果心理学是灵魂的科学，那么"自我"是源于自然还是建构，就成了一个非常重要的问题。因为如果灵魂只是基于现代性的建构，那么现代性也许就没有除现代主义以外的思想基础。

戏剧《知足常乐》（*Enough Is as Good as a Feast*）中，"贪婪之恶"（Vice Covetous）同样鼓励一个曾经过度挥霍的人回到他挥霍无度的生活方式，只因他被人看作一个守财奴。一些恶习利用主角的希望或恐惧引诱他们做出错误的决定。在很多方面，这类戏剧很容易让人回想起《伊利亚特》中的人物心理。在《伊利亚特》中，神操纵着人类。这对现代人来说似乎十分遥远，因为现代人已经内化了诱惑（邪恶）和良心（美德）。

这些戏剧以现实生活中的"地狱之口"（Hellmouths，总是取悦他人）、白色天使和红色魔鬼为特色，所有这些都是具象化的。只有一个角色，就是拿着网袋诱捕受害者的魔鬼提提维勒斯（Titivillus），他在剧中是隐身的，当然，这个角色对观众来说是清晰可见的。由于所有的诱惑都来自魔鬼，并侵入人类的思想，因此这些恶习、坏天使和魔鬼都是独立存在的，并寄居于人类的思想之中。对于受新柏拉图主义影响的中世纪思想来说，现实和精神世界是明确对应的。这种心理战式的戏剧向我们展示了中世纪对心理的认知与我们如今的想法有多么大的差异。无论是出身高贵的人还是出身卑微的人，都认同按照社会地位将人的思想分为三六九等。

| 古代的终结 |

本章以希腊化时期开篇，那时西方文明还是以地中海为中心。希腊的文化和语言为哲学、科学和日常生活等很多方面提供了基础。城邦的特殊政治制度已经消亡，但希腊文化的霸权仍在。罗马人征服了希腊，同时也被希腊文化征服，希腊文化随后传遍了地中海，进入了欧洲南部和英国。拉丁语逐渐取代希腊语成为西方的通用语言。但至少对有文化的精英阶层来说，他们仍然保持共同的语言、共同的文化和共同的思想积淀。然而，到了公元1000年左右，西方的意识形态已经大不相同了。政治活动的焦点已经决定性地向北方转移，转向查理曼大帝（Charlemagne）治下的法国和新日耳曼民族（Heather，2010）。不断变化的民族、文化和语言取代了统一的语言和文化，并逐渐形成了我们如今在欧洲地图上看到的格局。

古代的生活方式已经破碎并消散，慢慢被一种前现代的生活方式所取代，现代主义最终在18世纪晚期诞生。第4章的主题是关于这种生活方式的心理背景，以及这种生活方式被取代的原因。

第 4 章

前现代世界的终结

| 从古代到科学革命 |

中世纪

经历了古代晚期长期的经济萧条之后，欧洲的经济和人口在公元 1000 年左右开始复苏，迎来了持续到 1350 年左右的中世纪鼎盛时期（中世纪中期）。这一时期的主要经济发展动力源自第一批城市的出现及其带来的技术创新。城市之所以重要，有若干原因，每一个原因都可以让欧洲的生活变得不同，比破碎的希腊罗马历史或其他地方的静态社会更具活力。西波拉（Cippola，1993，p.120）认为，欧洲城市的崛起是"世界历史的转折点"。首先，城市是自治的，不受封建领主或教会控制。中世纪的人会说："城市的空气让你自由"，城市的公民不负担任何封建义务（就像分封领主对他们的国王进贡那样的义务），他们也不是农奴。其次，欧洲城市的居民是最早的商人，他们从贸易和利润的角度考虑问题，而不是像希腊人那样。希腊人和罗马人不会从经济的角度来看问题，而这些城市的居民却会从经济的角度来思考问题，他们开始发展诸如信贷和公司等现代商业模式。最后，为了追求利润和生产效率，城市居民拥抱了技术。古代人轻视技术，因为他们不需要劳动，有足够的奴隶帮他们干脏活累活。城市里没有奴隶，因此商人和工匠只能利用并改进机器，建造作坊，生产织布机和钟表。技术的普及促进了大型帆船领域的发展，紧随其后便是贸易的增长，以及作为潜在贸易伙伴对世界其他地区的开放。这样的进步激发了"机械式思维"（Cippola，1993），产生了"世界是一台机器"这样的观念，这是科学革命的核心思想。正如安塞尔姆（Anselm）的"信仰寻求理性"一样，城市、商业和技术的发展是当时欧洲所独有的。

中世纪鼎盛期是西方思想极具创造性的时期。许多希腊著作，尤其是亚里士多德的著作被重新出版，对现代科学发展至关重要的科研机构被创建（见第5章）。宏伟的罗马式和哥特式教堂拔地而起。现代政治形式开始得到发展，特别是在英国，《大宪章》（1215）等文件限制了皇家权力。有记录的个人主义文学表达也大大增加了，样板化的戏剧和文学角色（如上文提到的《人类》）被个性鲜明的个体所取代，如乔叟（Chaucer）笔下的艾莉森夫人（Dame Alison）和富兰克林（the Franklin）。

黑死病，也就是淋巴腺鼠疫，戏剧性地成了中世纪中期和晚期的分界线。这场瘟疫席卷欧洲，夺去了欧洲大约三分之一人口的生命，引发了巨大的恐惧和恐慌。与此同时，世俗和宗教领袖之间的冲突加剧，路德的宗教改革挑战了天主教会的巨大权威。那是一个动荡的时期，但并不缺乏创造力。亚里士多德的科学观得到了发展，开启了对自然界的自然主义研究。随着中世纪晚期的结束，文艺复兴拉开序幕，希腊和罗马的文学作品得以恢复，其中也包括中世纪中期翻译的哲学和科学作品。这是一个创造性破坏旧

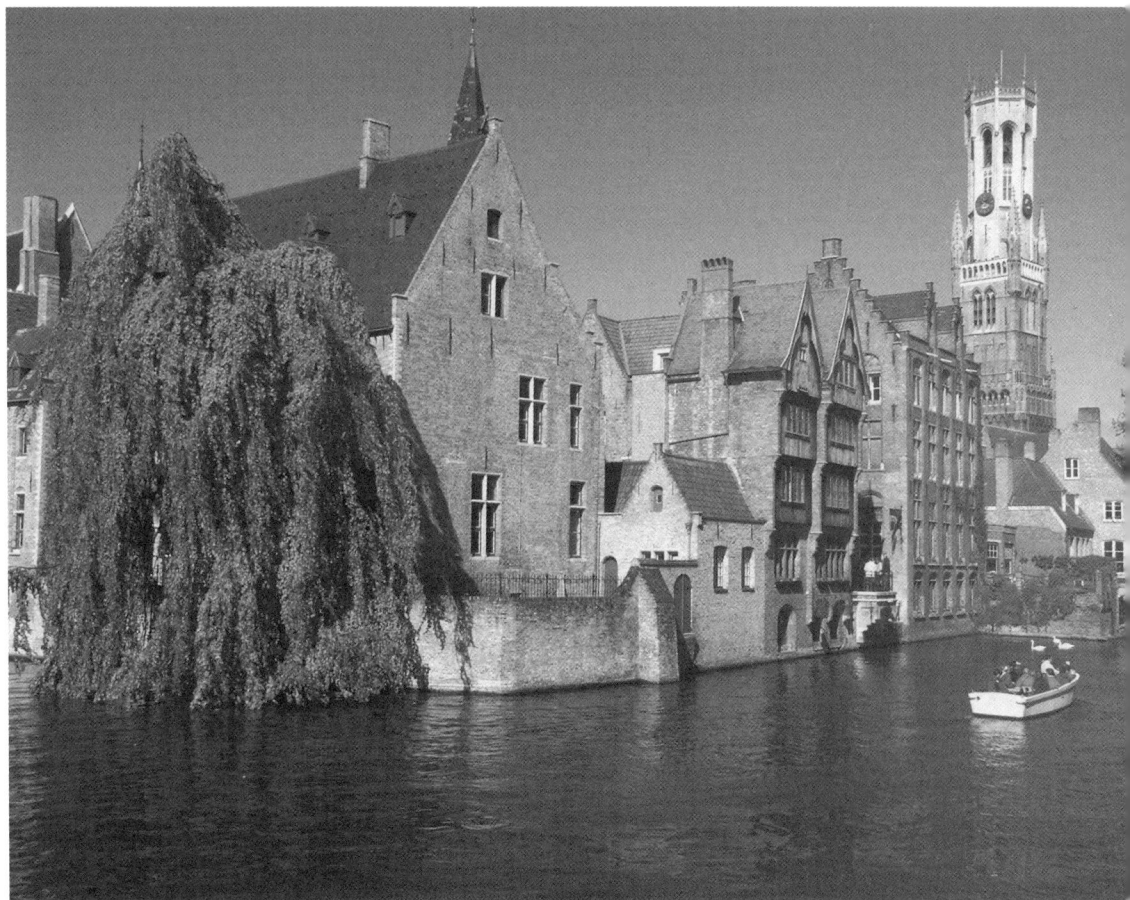

比利时布鲁日的集镇。像布鲁日这样以商业为导向的城市是中世纪经济复苏的催化剂，也是科学、技术和现代生活方式的孵化器。
资料来源: *Jean-Christophe Benoist, Wikimedia Commons.*

制度的时期，在此期间，封建主义和教会权威的僵化结构被拆除，为 17 世纪开创的现代生活方式铺平了道路。

中世纪学院派心理学

中世纪鼎盛时期的学术心理学　中世纪鼎盛时期经历了文化的复兴，亚里士多德和其他希腊作家的作品涌入西方。亚里士多德的哲学是自然主义的，它为理解知识和人类的本性提供了一种新的、非宗教的方法，这种方法很难与基督教信仰相调和。

在 12—13 世纪，大学开始出现，通常与教会有关，神学家和哲学家也大量涌现。其中最重要的两位代表人物是圣波拿文都拉（St. Bonaventure，1217—1274[①]）和圣托马斯·阿奎那（St. Thomas Aquinas，1225—1274）。他们分别代表了两种不同的对知识、人性和上帝的认知方法：柏拉图 – 奥古斯丁的神秘主义方法和亚里士多德 – 托马斯的受信仰约束的自然理性方法。

波拿文都拉是基督教新柏拉图哲学的伟大代言人。他和奥古斯丁一样，对灵魂和肉体采取了鲜明的柏拉图式的二元论。在波拿文都拉看来，灵魂远不止亚里士多德所说的肉体的形式。如同柏拉图所教导的，波拿文都拉认为灵魂和身体是两种完全不同的存在，肉身只是不朽的灵魂在尘世间的暂居之所。一个人的本质是灵魂。

灵魂能够获得两种知识。首先，当它与身体结合时，它可以获得外部世界的知识。在这方面，波拿文都拉遵循亚里士多德的经验主义，否认先天观念的存在，认为人们是从所经历的个体对象中抽象出普遍概念。然而，波拿文都拉断言抽象本身是不够的，必须与上帝的神圣启示相结合才能获得真正的知识，这一点与亚里士多德的理念不同而与阿奎那的观点一致。

知识加油站 4.1
前现代主义

我知道"前现代主义"听起来像是一种"矛盾修辞法"（oxymoron）。我在前文说过，现代主义是思想家对现代世界生活状况的分析，他们关注并思考发生在他们周围的历史变化。他们知道他们生活在现代，因为他们自己身在其中，可以将其与前现代生活进行对比。那么，"前现代主义"的意识形态又是从何说起的呢？

一方面，从某种意义上说，这个概念是不成立的。在古代或中世纪，没有人知道他们

---

① 原书为 1221—1274，疑有误，已改为 1217—1274。——编者注

的生活方式只是短暂的。事实上，他们会认为自己当下的生活方式会永久持续下去。那个时代的社会变化很少，一旦变化，通常意味着混乱——饥荒、战争、昏君。即使碰到大丰收这样的好年景，在马尔萨斯经济的"诅咒"中也是自我平衡的，因为人们会生更多的孩子来吃掉剩余的食物，从而永远处于勉强维持生计的状态。

另一方面，一种新的生活意识形态在中世纪显现：经过基督教神学过滤的柏拉图思想、新柏拉图主义和亚里士多德思想的融合。这是一种基于"存在巨链"的意识形态，称宇宙可以被描述成一个以新柏拉图主义形式出现的、符合亚里士多德式层次理论的柏拉图式世俗世界：

"太一"

精神生物（基督徒称之为天使）

人类（精神、灵魂和物质、身体的混合物）

动物

植物

无机质

元物质（亚里士多德所说的纯潜能物质）

中世纪的生活意识形态源自将等级制度从自然界延伸到人类社会，用中世纪的话来说就是"上行，下效"（as above, so below）：

上帝

国王

贵族

自由人

农奴

从早期开始，天主教会希望看到教皇高于国王（尽管低于上帝）的等级制度，但这只是他们的梦想，而不是现实，尽管这确实助长了教会和世俗统治者之间的冲突。

这个想法非常符合马尔萨斯经济学中一成不变的生活本质。不仅仅是事实上的万年不变，而且从思想层面上认为根本就不应该发生什么改变。因为大多数的变化都是不好的，所以变化可以被看作背离了理想的、静态的宇宙本性，以及人在宇宙中的位置。当然，存在巨链让国王们很高兴，这几乎给了他们绝对的统治权力。法国国王路易十四世[1] 的首席政治演说大师，主教 J. B. 博须埃（J. B. Bossuet，1627—1704）写道："皇家权威是神圣的……上帝设立国王作为他的代理，通过他们统治……皇家宝座不是一个人的宝座，而是上帝自己的宝座"（引自 Blanning，2007，p.209）。

需要注意的是，从现代心理学的角度看，这种前现代社会生活方式既不同于它之前的希腊方式，也不同于之后的现代方式。希腊人把他们的政府概念建立在他们对人性的理解上（除了柏拉图的部分思想是例外）。我们在前文提到过，亚里士多德认为人类有一种"天性"（physis），所以他们应该生活在一个允许和促进人类"理性幸福"的社会中。正如我们将会读到的，虽然启蒙运动的哲学家们不赞同希腊人或其他人的观点，但他们仍然相信社会应该建立在对人性的正确理解上，这个正确理解的终极形式就是"科学理解"（scientific understanding）。"上行，下效"的前现代意识形态与其说是反人性的，不如说是忽视人性的。因此，毫不意外，虽然心理学思想在古代和中世纪继续发展，但对社会或政治并没有重要影响。

---

[1] 原书为 Louis IV，译为路易四世，疑有误，已改为路易十四世（Louis XIV）。——编者注

波拿文都拉说，知识的第二种来源只属于灵魂：对精神世界的知识。这种知识的来源是内省冥想，通过这种冥想可以发现在灵魂中被照亮的上帝的形象，并通过内部反思而不是依靠感觉来理解上帝。这里应该再次强调，奥古斯丁的内省并不像心理治疗那样，以了解自我为目标，也不像科学心理学那样，以了解人性为目标。它的目标是获得对上帝的认识。

波拿文都拉将心智官能分成四种：植物官能、感觉官能、智能和意志。然而，波拿文都拉拒绝将灵魂的"其他方面"称为官能。

随着亚里士多德在西方逐渐为人所知，许多思想家努力将他的科学自然主义与天主教会的教义相调和。这些思想家中最伟大、最有影响力的是圣托马斯·阿奎那。他奉亚里士多德为圣，认为他展示了上帝话语之外的人类理性的力量和局限性。阿奎那采纳了亚里士多德的体系，并表明它与基督教并不矛盾。为了调和哲学和神学，阿奎那对它们进行了鲜明的区分，将一个人的理性限制在对自然界的认识上。阿奎那接受了亚里士多德的经验主义，以及理性只能认识世界而不能认识上帝的结论。

阿奎那开始从哲学的角度思考所有主题，包括心理学——也就是独立于神学启示，遵循安塞尔姆的信仰寻求理性的道路。在心理学上，他紧跟亚里士多德，对亚里士多德的心理学几乎没有什么原创性的贡献，但他提炼并扩展了哲学家给出的精神方面的分类。图4.1总结了阿奎那的心智结构。

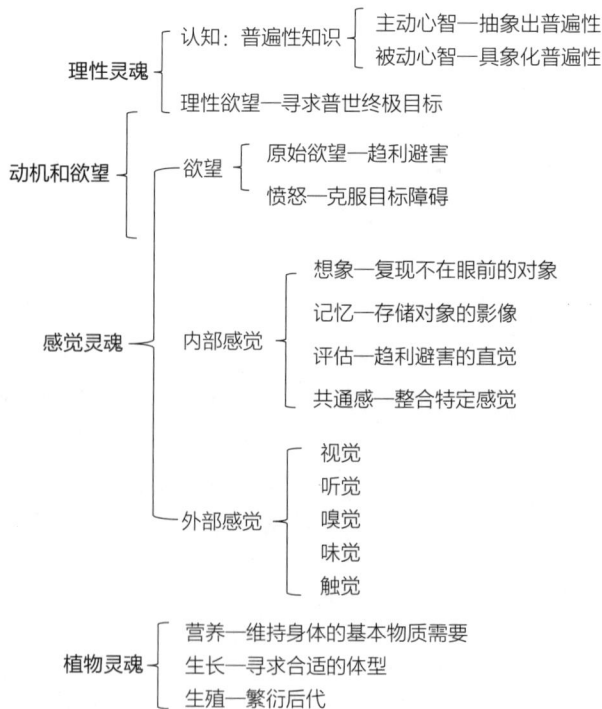

图 4.1　阿奎那的心智结构

相比于亚里士多德或他的非基督教评论家们，阿奎那更关注对有灵魂的人和无灵魂的动物的区分。这种关注在他关于动机和评价官能的讨论中清晰可见。阿奎那认为有两种评价。第一种是本能评价（estimation proper），这是动物的特征，不受主观意愿控制：羔羊必须逃离它认为危险的狼；猫必须扑向老鼠。第二评价在理性控制之下，阿奎那称之为"深思"（cogitava），它只会出现在人类意识中：如果狼看起来很危险，我们可能会选择逃离，但我们也可能选择靠近，因为打算拍张照片。人的评价官能是由人的自由意志所控制的，出于人的选择和判断，而不是简单盲目的动物性本能反应。

正如评价分为两种，动机或者欲望也有与之对应的两种类型。由感觉驱动的、原始的动物欲望是一种强迫的、自然的倾向，追求快乐的事物，避免有害的事物，并克服追求过程中的障碍。然而，一个人有理性欲望或意志，有能力在理性的指导下寻求更高的道德品质。动物只知道快乐痛苦，人类还知道善恶对错。

尽管还有一些新柏拉图主义的残余，如官能的等级体系，但阿奎那的观点还是与波拿文都拉的观点形成了鲜明对比。阿奎那拒绝了柏拉图 – 奥古斯丁传统中"灵魂 vs 身体"的激进二元论。身体不是坟墓，不是监狱，也不是惩罚，当然也不是由灵魂操纵的木偶。人是由一个头脑和一副身躯组成的一个整体。虽然灵魂是超然的，但它天生就位于身体之中，它与身体是相互成就的。但这与新柏拉图化的基督教正统思想相违背，教会寻求的是可以上天堂的无实体灵魂。只有通过强调灵魂和身体将永远结合在一起的复活，阿奎那才能捍卫他的亚里士多德哲学，使其看起来像是德尔图良（Tertullian）早期对精神和身体关系的处理。

阿奎那的哲学试图调和以亚里士多德思想为代表的科学与宗教启示，这是一个勇敢的尝试。然而，当理性和启示发生公开冲突时，能够从概念上将两者分开，就这一点而言，阿奎那是未来的先驱。阿奎那给传统的柏拉图式基督教框架带来了一种新的自然主义，但他能够接受这个传统框架，并且在其基础之上发展自己的学说，就像所有中世纪的自然哲学家和神学家一样。

中世纪晚期的心理学：经验主义的复兴　在黑死病肆虐之前，中世纪晚期的一些思想家极具创造性。我们将简要考察中世纪晚期最具影响力的思想家：奥卡姆的威廉（William of Ockham，1287—1347，也被称为奥卡姆），他的主要贡献是复兴了经验主义，为心理分析开拓了曾经只属于形而上学的领域。

中世纪哲学家将心理学和本体论混为一谈，即研究事物本质或存在本身。与柏拉图一脉相承，大多数中世纪思想家认为，任何真实的东西都必须对应于一个心理概念。对柏拉图来说，真实的存在是形式；对亚里士多德来说，是本质；对中世纪的人来说，这是上帝心中的想法。

对于希腊人和中世纪的人来说，唯一真实的知识是普遍性知识；甚至有人断言，理性的灵魂或理智只处理普遍性内容，而不理会具体事物。和亚里士多德一样，中世纪人认为唯一确定的知识是可以从普遍性命题中推导出的东西。这种态度甚至在阿奎那身上也一直存在，尽管他将抽象的过程描述为通向普遍知识的途径，以及理智只能处理从感官获取的信息，但他仍然认为抽象内容的本质在形而上学上是真实存在的，它们对应于神圣的思想。

奥卡姆用心理学代替了形而上学，挑战了这个存在了几个世纪的假设。他断言，知识始于"直觉认知"——对世界上某个物体的直接、可靠的认识。直觉认知不像柏拉图认为的那样只产生纯粹的观点，它还能让你了解这个世界的真伪。这种对具体事物的认识，可以发展为对普遍性的"抽象认知"（abstractive cognition）。但普遍性只作为心智概念而存在，它们不存在于心智之外（Kemp，1996）。

这些抽象概念可能是真的，也可能是假的。例如，一个人可能会形成对于独角兽的概念，而独角兽是不存在的。和亚里士多德一样，奥卡姆认为，虽然直觉认知是对的，但抽象认知却不是。奥卡姆抛弃了困扰柏拉图、亚里士多德和中世纪的形而上学的问题："个体如何参与一种超越性的本质或形式？"他用心理学问题取而代之：假设我们只对个体有直接的了解，如何获得普遍的概念？他的答案是，大脑会关注对象之间的相似性，并根据相似性进行分类。因此，普遍性是适用于某些对象而不是其他对象的逻辑术语，是表示对象之间关系的术语。

与阿奎那和其他官能心理学家不同，奥卡姆否认灵魂与官能之间的区别。根据奥卡姆的观点，灵魂不具备意志或智力。相反，我们所谓的能力只是对某种心理行为的称呼。意志描述的是意志行为中的灵魂；智力描述的是思考过程中的灵魂。奥卡姆总是尽可能地简化定义，去掉不必要的东西，这就是著名的"奥卡姆剃刀"的来由，尽管这样的做法源自亚里士多德。奥卡姆认为官能概念是将心理行为具体化为心理实体，偏离了心智范畴，这是没必要的。

"习惯"对奥卡姆的心智观至关重要。对他来说，概念就是一种习得的习惯，是从经验中得来的想法。当他拒绝接受代表普遍性的独立世界，无论是柏拉图的形式或来自神的启示，普遍性的地位就退化为习惯。这些习惯使一个人可以不依附具体的感知物而思考。我们无法直接思考"形式"，因为它们不存在。相反，我们想到的是衍生的、习惯性的概念；没有这些概念，我们就和动物一样，只能对外界刺激做出简单反应（Kemp，1996）。

奥卡姆对信仰和理性进行了彻底的区分，比阿奎那的区分更加彻底。奥卡姆指出，相信我们有一个非物质的、不朽的灵魂，是没有经验或直觉认知基础的。就理性或哲学而言，心智可能只是一个依赖于身体的易腐实体。只有从信仰中才能获得关于不朽灵魂的知识。信仰和理性的这种分离极大地削弱了神学和形而上学，但却有助于科学的产生。

和希腊人一样，大多数中世纪哲学家相信，人类理性的力量能够认识永恒的真理。他们更进一步断言，上帝的真理和哲学真理是一体的，可以调和，就像阿奎那的《神学大全》（*Summa Theologica*）一样。一些神秘主义的神职人员则拒绝接受这样的想法，如克赖尔沃的圣伯纳德（St. Bernard），他们否认哲学可以解释任何关于上帝的事情，坚信上帝是通过信仰来认识。尽管存在神秘主义者，但1300年以前的普遍思潮还是偏向希腊式的观点。

在本章稍前部分，当我们谈到普遍性问题时，提到过这一点。大多数中世纪人持有某种形式的现实主义，认为普遍性的人类概念对应于某种永恒的形式或本质，中世纪人认为这些形式或本质是上帝的意志。柏拉图、亚里士多德和阿奎那持有这种观点，尽管他们有其他不同之处。一些被称作唯名论者的思想家认为，普遍性不过是我们说出某个名字时呼出的一阵阵空气（因此才称为唯名论）。这些普遍性概念不是什么超越性的现实，而不过是语言行为。

对人类普遍性知识问题的分析，导致14世纪的哲学家对人类可知事物进行了严格的限制。彼得·阿伯拉（Peter Abelard，1079—1142）迈出了第一步，他是中世纪鼎盛时期前（亚里士多德的著作重新问世之前）最伟大的哲学家。与亚里士多德一样，阿伯拉也看到了形而上学现实主义方法的困境。按照现实主义者的说法，当表达"苏格拉底是一个人"时，实际陈述了两个事实：活着的个体苏格拉底和形式上的人。阿伯拉认为，人应该被看作一个标签，或者更准确地说，是我们定义某个人的概念。这里说的"人"是对应于苏格拉底的一个心理概念，而不是一个独立的事物或超然的形式。对阿伯拉来说，概念是纯粹的心理图像或标签，当我们讨论普遍性时，我们讨论的是这些心理存在，而不是永恒的形式。因此，阿伯拉对普遍性的描述出于逻辑和心理学，而不是形而上学。对于这一观点，最恰当的表达是概念论（conceptualism），这是奥卡姆观点的先驱。

在中世纪鼎盛时期，人们认为人类的知识和神圣的真理是协调的，人类的普遍性认知与宗教理念相对应。阿伯拉和奥卡姆摧毁了这种自信。他们提出了关于人类知识基础的新问题。如果普遍性不是神明意志的反映，而是依靠个体知识获得，我们又该如何判断知识的真实性呢？在阿伯拉和奥卡姆之前，人类获得先验性知识被认为是理所当然的；在他们之后，怀疑主义再次成为一种选择——也许所有的人类信仰都只是一种观点。哲学家们必须证明如何在不参照上帝或形式的情况下区分知识和观点。有趣的是，对上帝万能的信仰迫使14世纪的哲学家们持怀疑态度。基督徒相信上帝无所不在，能够做任何不自相矛盾的事情。假设当你看着一棵树，上帝忽然让这棵树消失了，但在你心中会保留对这个不存在的对象的体验。如果是这样的话，基督教思想家不得不追问：我们如何能够确定任何感知或者假定知识的真实性？

这个问题引发了 14 世纪的哲学家们对人类知识的彻底批判。其中最有趣的是奥卡姆的追随者，奥特库尔的尼古拉斯（Nicholas of Autrecourt，1300）。像奥卡姆一样，他不认为心理学是形而上学，他说只有理解和意志的行为，不存在独立的理解和意志官能。像后来的经验主义者一样，他认为某些知识在于尽可能地贴近表象。我们所能知道的是我们的感官告诉我们的，所以知识是建立在经验的基础上的，最好的知识是那些最接近经验的知识。奥特库尔认为，从感官知觉到形式、本质或神性观念的飞跃是不合理的。

奥特库尔的尼古拉斯推翻了通过宗教启示来维持感知幻觉的可能性，他将知识建立在与奥卡姆共同认可的假设之上：可见的一切都是真实的。这一信念对于任何经验主义的知识论都是必要的，奥卡姆同样含蓄地持有这种信念。奥特库尔则明确表示，他必须追问"是否合理"。从这一观点可以预见乔治·贝克莱（George Berkeley）对待视觉（见第 6 章）和美国实用主义（见第 10 章）的态度，他总结道：我们不能确定这个假设，但只能坚持它可能是真的，因为它似乎比相反的假设——"可见的都是假的"更合理。奥特库尔和其他人通过对人类知识基础的深入分析，印证了奥卡姆对普遍性心理解释的复杂性。对人类认识外部世界的合理性的探索一直在继续，这也是现代认知科学的一个根本问题。

除了培养怀疑主义，奥卡姆彻底的经验主义还有另一个成果——通过把信仰排除在观察和推理的范围之外，立足经验主义，引导人类用眼睛去观察可以被认识的世界：物理世界。

个体概念的兴起

大众心理学中的个体　在中世纪鼎盛时期，现代化的个体概念开始在许多地区出现。传记和自传开始出现；肖像画着重表现个体本身，而不是体现社会地位。透明玻璃的发明，带来了更加清晰的玻璃镜子，人类终于可以清晰地看到自己，这无疑引发了自我反省——他们在别人眼中的样子与他们内心的感觉和想法之间的差异是什么（Davies，1996）。很快，笛卡儿将自我反思转变为哲学的新基础，并在此过程中发明了心理学。最重要的是文学的转变（Bloom，1998）。

在早期基督教中，妇女完全参与宗教活动；她们参与布道，并经常住在纯洁的男女混居的修道院中。中世纪早期充满了像男人一样能干和强大的坚强女性形象。然而，当基督教吸纳了古典文化后，带来了罗马式的厌女症（misogyny）和柏拉图式的对感官享受的厌恶：禁止牧师结婚；禁止妇女传教，甚至禁止妇女接近圣物。作为男性的助手，她们被降为二等公民。根据圣托马斯·阿奎那的说法："女人存在的价值是成为男人的伴侣，她们唯一独立的行为就是怀孕……因为在其他方面，男人可以得到其他男人更好的帮助"（Heer，1962，p.322）。

基督教厌女症的一个特别明显的源头是圣杰罗姆，一个把女性和肉体的诱惑联系起来的新柏拉图主义者。中世纪的基督教认为性是罪恶的，不管是在婚姻内部还是外部。圣杰罗姆认为，鉴于基督的身体是纯洁的，所有性交都是不洁的。童贞被尊崇，圣母玛利亚的纯洁与夏娃的诱惑形成鲜明的对比。随着对女性压迫的蔓延，对圣母的崇拜遍及整个中世纪，并一直延续到现代。很多教堂和学校都带有"圣母"（Notre Dame）这个名字的变体，由此可以看出，这种关注造成了对女性矛盾的态度。女性一方面被看作上帝的神圣器皿，另一方面又被男人们看作红颜祸水。

面对这样的压迫，最重要而有力的回应是由神职人员和御用文人们创造的"骑士爱情"（fin'amor）文学，其包含着一种"真爱至上"的艺术和哲学，为社会各阶层津津乐道（Jankowiak，1995）。这一类爱情文学，被一位19世纪的图书管理员重新命名为"典雅爱情文学"。其主要关注个人情感，因此有助于建构这样一种观念：作为独特的个体，人们自身的权利应受到重视。此外，在典雅爱情文学的影响下，人们形成了一种新的观念：个人拥有内在的行为准则，而不是受外在的道德或邪恶的说教控制。

骑士文学，或者说典雅爱情文学，是由很多中世纪作家发展起来的，他们大多数是来自法国波尔多和香槟地区的神职人员，但也有一些是女性，其中最著名的是法国的玛丽（Marie），她可能是一位英国女修道院院长。这些故事文学化地诠释了关于浪漫和性爱的理念，并将其融入"骑士荣誉"的新兴理念中。在理想的典雅爱情中，骑士们会献身于一位女士，愿意为她做一切事情，并且渴望从她那里得到伟大的爱。另外，典雅爱情文学也可以满足男性贵族们的优越感，例如这样的内容："我要娶你为妻！那么你的社会地位就不重要了。"由此可见，虽然典雅爱情文学有时会出现男人欣赏甚至崇拜女人的描述，但并不能彻底改变女性的社会地位，也无助于改变其作为丈夫私有财产的现实。

在中世纪鼎盛时期，至少在上层阶级和城市商人群体中，强调"个体"的文化特征变得愈发明显。在法国和诺曼王朝时期的英国，古老的凯尔特（Celtic）传说被上层阶级所采纳。这些传说大部分改编自法国神职人员（试图通过改编故事，来改变异教徒的信仰），亚瑟王（Arthurian）的爱情故事中没有太多可信的个人角色。这些被改编的异教故事细节，被重新制作成基督教故事，通过复制奥古斯都时代的异教罗马作家奥维德（Ovid）在《爱的艺术》（*Art of Love*）中"指引式"（how-to）的对话，设定人物角色。奥维德假装正经地教导贵族们他们早已心知肚明的事情——如何调情和被调情。对于这些神职人员来说，这是最好的，或者是唯一的，甚至是标准的花前月下模式。

最终，基于对浪漫爱情的信仰（不乏前赴后继的行动），人际关系的基础开始依靠个人情感而非社会地位建立，这一变化破坏了中世纪社会的集体主义性质。教会、国家和社会被摒弃，取而代之的是两个人的浪漫，精神和肉体的结合。

学术心理学中的个体　从伦理和神秘宗教这两个角度看，个人主义确实进入了中世纪的学术领域，甚至在这样的严肃领域，个体化运动同样发端于大众文化。在 12 世纪之前，人们承认罪行的存在，却不认为这来源于个人意志，忏悔只是一个赎罪的机械程序。然而，到了 12 世纪，人们在判定违法行为时，开始权衡个人动机。这种态度在彼得·阿伯拉的唯意志论的伦理学（voluntaristic ethics）中得到了正式体现。与其他思想家不同的是，阿伯拉认为罪完全是一种动机，而不是行为。一个行为没有对错，对与错的标准在于行为背后的动机。动机当然是非常个人化的，所以阿伯拉的伦理学是关乎个体成长的。中世纪的天主教忏悔室是一种实用的心理治疗形式。

神秘主义始于传播广泛的宗教，而不是学术神学。神秘主义对神职人员在个体和上帝之间扮演沟通者的角色表示不满，他们寻求个人和上帝之间的直接联系，并认为，通往上帝的道路是沉思，而不是仪式。阿西西的圣方济各（St. Francis，1182—1226），中世纪最伟大、最受欢迎的传教士，放弃了财富和地位，致力于通过自然与上帝交流。圣方济各的教导是个人主义的，当然，也被天主教会视为颠覆性的。他险些被扣上异端的帽子而遭迫害，更不要说被封为圣徒了。一个富有的世俗教会绝对不会欢迎贫穷，而且孤独的沉思也威胁着教会原本的复杂仪式，教会声称人们可以通过这些仪式得到救赎。只有同化圣方济各及其追随者，教会才能避免神秘主义内在的个人意识上升所带来的威胁。由此，个体观念在中世纪的流行文化中诞生了，并将在文艺复兴时期愈发突出。

文艺复兴

> 人类是一件多么了不起的杰作，多么高贵的理性，
>
> 多么伟大的力量，
>
> 多么优美的仪表，多么文雅的举止，
>
> 在行为上多么像一个天使，
>
> 在智慧上多么像一个神；
>
> 宇宙之精华，万物之灵长。
>
> （Shakespeare，*Hamlet*，Ⅱ，ⅱ，pp.300-303）

文艺复兴因其在艺术方面的创造力而闻名。从心理学的历史来看，它启动了从中世纪

向现代的过渡。文艺复兴最重要的特征是人文主义的再现：重视个体及其在现实世界的生活，而不像中世纪那样，只关注人的封建社会地位，以及来世在天堂还是地狱等宗教性问题。由于心理学是研究个体心理和行为的科学，因此其发展同样应该归功于人文主义。

古代与现代：人文主义的复兴　尽管文艺复兴帮助孕育了现代世俗生活，但它始于 [正如弗朗西斯科·皮特拉克（Francesco Petrarch，1304—1374）的作品] 回顾而非展望。文艺复兴时期的作家嘲笑中世纪黑暗与邪恶，称赞古希腊人开明和智慧。"崇古派"（Party of the Ancients）认为，人们只能模仿希腊和罗马的昔日荣光。在整个 18 世纪，也就是启蒙运动和理性时代，古代的影响依然存在，艺术家、建筑师和政治领袖们都在效仿那个经典时代的品位、风格和健全的行政模式。尽管大多数文艺复兴思想家都属于崇古派，但大量的古代作品翻译反而打破了亚里士多德在自然哲学界的一家独大。中世纪的思想家只知道亚里士多德对宇宙的描述，但文艺复兴时期的学者们挖掘了古希腊的其他思潮，其中最重要的是斯多葛派和原子论学派（Crombie，1995）。这些对立观点的提出，帮助现代派（Party of the Moderns），也就是科学革命的创造者们，以新的视角思考科学问题。

文艺复兴时期的人文主义，将人类探索的焦点从中世纪对上帝和天堂的关注转向对自然的研究，也包括对人性的研究。像莱奥纳尔多·达·芬奇（Leonardo da Vinci，1452—1519）这样的艺术家以及安德烈·维萨里（Andreas Vesalius，1514—1564）这样的医生，在摆脱中世纪人体解剖的宗教禁令之后，进行了详细的解剖学研究，他们开始将身体看作一个虽然复杂但可以理解的机器，是一把探索科学心理学的钥匙。自远古以来，人们就密切观察自然，但很少干涉它的运作。然而，到了文艺复兴时期，人类和自然之间的关系改变了。在弗朗西斯·培根（1561—1626）的领导下，科学家们开始通过实验的方式来探索自然，并试图利用专业知识来控制自然。培根说："知识就是力量。"在整个 20 世纪，心理学一直遵循培根的格言，旨在成为促进人类福祉的一种手段。

应用心理学始于意大利政治作家尼可罗·马基雅维利（Niccolò Machiavelli，1469—1527），他把人性研究与政治权力联系在一起。虽然马基雅维利没有抛弃宗教的是非观，但他以新的自然主义精神毫不留情地看待人性，认为人类是为罪恶而不是为救赎而生的。他告诉王子们如何利用人性来达到自己的目的，同时避免走上自私自利的误国之路。

文艺复兴时期的自然主义　出于对理解自然的兴趣，文艺复兴时期出现了一种介于宗教和现代科学之间的思潮——文艺复兴时期的自然主义。例如对磁铁磁力的探索：这种奇怪的金属是如何做到相互吸引或排斥的？传统解释将这归因于超自然现象：磁铁里面住着魔鬼或者被巫师施了魔法。然而，文艺复兴时期的自然主义者将磁铁的吸力和斥力归因于"一种与生俱来的神秘属性，而不是任何魔法。"他们认为，磁铁的力量在于磁铁固有的性质，而不是来自外界强加给大自然的魔力或咒语。拒绝超自然的解释代表着向科学迈进了一步，但由于没有解释磁性是如何工作的，"神秘属性"仍然像鬼神一样高深莫测。文艺复兴时期的自然主义伴随着自然魔法的理念，这几乎等同于一种不借用超自然力量就能控制或改变自然的魔法（Eamon，1994）。一个例子是发现密封保存的食物比留在自然环境中的食物保存时间更长。它的神奇之处在于，人类的干预改变了腐烂的自然过程。这样的自然魔法是实验科学的基础（见第5章）。

然而，比磁铁更神秘的是生命和心智。为什么生物会动，石头不会动？我们如何感知和思考？宗教说灵魂居住在身体里，使人拥有生命，给他们经验和行动的能力。在希腊语中，"psuche"（心理学的英文单词"psychology"的词根来源）的意思是"生命的气息"。文艺复兴时期的自然主义提出，也许生命和心智，就像磁铁的磁性一样，是生命体拥有的一种自然力量，而不是注入身体的灵魂。关于心智，文艺复兴时期的自然主义解释有两个缺点。就像对磁铁磁性的解读一样，它没有提出身体是如何引起精神活动的具体解释。更令人们感到不安的是，自然主义暗示人类并没有灵魂，因此我们的人格将随着身体的死亡而消亡。在很大程度上，科学心理学就是以笛卡儿为起点的科学家们在努力解决这些问题的过程中诞生的。心理学试图在不诉诸超自然灵魂的情况下，对心理和行为做出详细的解释。

文艺复兴时期的崇古派视古典思想为一切智慧的源泉，却受到现代派的挑战。现代派认为，当下时代的人和古代的思想巨擘们是平等的。随着科学革命的到来，他们证明了自己是正确的。

文艺复兴时期的大众心理学：个体决定论

中世纪鼎盛时期，在高度个人主义的意大利城邦兴起了从外部决定论，到一种更内在的、更个人主义的心智观的转变，进而引发了文艺复兴。在这方面最重要的城市是佛罗伦萨，那里诞生了两位伟大的思想家：马基雅维利和但丁（Dante）。

但丁（1265—1321） 但丁的《神曲》（*Divine Comedy*，1314/1950）是一个寓言故事，讲述了他穿越地狱、炼狱和天堂的想象之旅，巧妙地站在了心理学史对样板剧（stereotype-character）划分的分割线上。（对他而言，故事虽然是虚构的，但其精神意义却是真实的，就像道德剧中的罪恶化身对观众来说一样真实。）通过使用他那个时代真实的、有名有姓的人物作为地狱中罪恶的化身，但丁创作了一个独特的现实版寓言。这些人的罪恶众所周知，他们是臭名昭著的贪食狂、挥霍者、吝啬鬼、杀人犯和叛徒。

但丁的《地狱篇》（*Hell*）走的是亚里士多德的路线，严格遵循正统天主教对罪的界定。肉体的罪是罪性最轻的，很容易通过忏悔和惩罚来消除。尽管如此，那些死不改悔的人还是会被打入地狱的上层，尽管他们的罪不大。然而，主观刻意的罪要糟糕得多。做伪证（其终极形式是"妄称主名"），或者背叛自己世俗的主人，还有最糟糕的背叛上帝，都是严重的罪。

但丁和中世纪所谴责的一些罪，在一些现代读者看来几乎算不上罪恶。例如，在一个到处都是抵押贷款、汽车贷和信用卡的国家，把坐地生利当作一种罪就毫无意义。然而，

知识加油站 4.2

他是第一个现代派吗

作为一个君主，是应该被爱戴还是应该被敬畏？也许有人会回答，应该两者兼备。但是，鱼和熊掌不可兼得，如果必须放弃一个，还是被敬畏更加安全。因为这就是大部分人的人性，他们忘恩负义、善变、虚伪、懦弱、贪婪。当你成功的时候，他们声称愿意奉上一切——财产、生命甚至是子女，但当你真的需要帮助的时候，他们会跳出来反对你。

上文是马基雅维利在《君主论》（*The Prince*）中的描述。正如前文提到的，马基雅维利可以宣称自己是第一位社会心理学家。他不带道德或宗教色彩地看待人性，给未来的统治者提供实用的建议，而不只是道德说教。这就是他的作品让同时代人感到震惊的原因。传统上，政治哲学应该基于一个君主应该做什么，如果他希望成为一个优秀的领导人，统治好一个国家。就连博须埃在维护王室专制主义的同时，也说国王要对上帝的道德审判负责。议会和人民不能审判国王，但上帝可以，也必然会。而马基雅维利则不同，他的建议是让一个君主更有效率，而不是更加道德。他还写道："如果把一切都仔细考虑一下，就会发现，某些看似美德的东西，如果遵循，将会使他毁灭；而另一些看似邪恶的东西，只要遵循，就会给他带来安全和繁荣。"一些评论家认为，马基雅维利颠覆三观的观点，其实只是一种反讽的写作手法，他

们认为《君主论》是一部讽刺作品，展示错误的统治会带来什么样的后果（Berlin，1971；Benner，2017）。

"马基雅维利式的"（Machiavellian，已被用来泛指"不择手段"）这个词已经进入了现代词典，甚至还有马基雅维利人格测试（Christie & Geis，1970）。由此，人们可能会认为马基雅维利是第一个现代主义者，提出了社会理解和政治统治的原始科学基础。但他更适合被视为一个反动者(reactionary)。他对人性、社会和政治的解读是非宗教，甚至是反宗教的，但事实上，这并不意味着他超越了宗教或者实现了现代性，恰恰相反，他退回到了宗教之前的世界，即异教思维中（Berlin，1971）。他对国家的看法与希腊人和罗马人一样——有权有势的人自然会争夺政治权力，而衡量的标准就是成功，无论是对于他们自己还是对于整个国家。他们并不追求一个神圣的理想。一个典型的例子是尤利乌斯·恺撒（Julius Caesar）。他被一些罗马同胞谴责为暴君，最终被暗杀，但他作为一名军事指挥官和公民领袖，的确也在为罗马的利益而勤奋工作。甚至在剧院看戏的时候，他也在阅读文件，让随从跑来跑去，令其余观众惊愕不已（Goldsworthy，2008）。马基雅维利经常受到现代人（包括第一个现代人）的钦佩，但其本人并不是一个现代人。

对中世纪的教会来说，坐地生利是非常不道德的行为。借贷是可以的，但收取利息是不能接受的。由于犹太人不认为坐地生利是罪，他们因此抓住了很多工作机会，也埋下了很多积怨。

面对典雅爱情文学的拥簇者，但丁通过描写弗朗西斯卡（Francesca）和保罗（Paulo）的爱情故事来阐述其危害，故事的主角因为爱欲而注定永远在第二层地狱的色欲之风中轮回。

弗朗西斯卡因为政治原因嫁给了一位身体畸形的王子，但却和王子英俊的弟弟保罗相爱了。保罗和弗朗西斯卡在共读一本典雅爱情文学手稿时接吻，这一幕被王子发现了。王子当场杀死了他们，这在当时是完全合法的。如果这对恋人能够像其他文学作品中的情侣那样，真心忏悔自己的罪过，并隐居修道院，他们本可以得救。但他们还是相信浪漫爱情，并且在罪中死去。他们因此坠入第二层地狱的色欲之风中。而王子被卷入更深的地狱，浸入沸腾的血河，相对而言，这对迷恋高雅浪漫爱情的情侣只被打入了浅层的地狱。

在但丁晚年，赞助他完成《神曲》的是他寄居家族的主人，这位主人正是弗朗西斯卡的亲戚。很明显，他并没有因为但丁在作品中将弗朗西斯卡置于地狱而感到不快。在故事中，但丁（化身为一个寻求上帝之爱的有罪朝圣者）因同情这对恋人的遭遇而晕倒，表明了他的恻隐之心。那些批评但丁在作品中只把自己的仇人安排下地狱的人失之偏颇。弗朗西斯卡不是但丁在地狱中唯一的朋友。

再往下，在地狱的更深处，但丁不幸遇到了他的导师布鲁内托·拉蒂尼（Bruneto Latini），布鲁内托是但丁的邻居，教会了他很多关于古典文学、诗歌和政治的知识。当对手政党在佛罗伦萨掌权时，他们都遭到了驱逐。但丁原本想拥抱他的老朋友，但他的向导维吉尔（Virgil）禁止他这么做。但丁承认，他并不是真的想分担朋友的痛苦。布鲁内托和其他反自然性行为的人一起在燃烧的沙子上奔跑，他们不可能生育后代，天上还下着火雨——这是不育的象征。放高利贷的人也坐在那里，因为金属（货币）本身是不能繁殖的，使其增值是反自然的。放高利贷，就是选择了非自然的、反常的繁殖方式。

但丁在《地狱》中阐明布鲁内托真正的原罪是他的死不悔改，他也因此成了顽固的代表。他一生只对自己的世俗名声感兴趣，不关心灵魂，他只要求但丁保持对他的诗歌的记忆。但丁写道：

> 我回答他："我有我自己的意愿，
> 相信我，你并没有被撕裂
> 从生命中获得内心的平静
> 铭刻在我的脑海，刺痛我的心，

亲爱的，仁慈的，慈父般的你，

你活着的时候，你总是在教我艺术（诗歌）

它使人类变得不朽；当我明白这一点：

呼吸的时候都会充满感恩

对你的称颂无以言喻"。

（*Hell*，Canto XV，p.164，1.75-85）

布鲁内托只珍惜自己在世俗的声誉，这对于希腊青铜时代的伦理而言，是一种倒退，也是他被困在地狱中的原因。他从来没有考虑过他不朽的灵魂，所以他不会忏悔，显然也不会选择去修道院苦修。他选择在罪中生死，把自己送入地狱。如同弗朗西斯卡始终不懂得追求神圣的爱（大爱或慈悲），布鲁内托仍然只关心他在地球上的名声，无论他的处境多么痛苦，也不后悔放弃神圣贞洁的选择。弗朗西斯卡和布鲁内托无法将他们的选择视为错误，这是他们陷入罪恶的原因，也是但丁在寓言中用他们来拟人化这些罪恶的原因。但丁的艺术的力量在于他的人物超越了道德剧的刻板印象，但是《神曲》还是没有脱离寓言的世界去直接描写真实的、独立的人物。

杰弗里·乔叟（1343—1400） 伟大的 14 世纪英国诗人杰弗里·乔叟（Geoffrey Chaucer）创造了第一个个性化的、现实主义的英国人物。乔叟是一个酒商的儿子，在伦敦的英法葡萄酒商人群体中长大。乔叟有一个十分有钱的叔叔，因此他可以购买土地，像一个有土地的绅士一样生活——实际上他还算不上绅士，因为他既没有头衔，也没有权利携带武器，甚至没有权利打猎。由于年轻的乔叟精通法语和意大利语，加上他在伦敦文法学校（在那里他一定读过但丁）接受的拉丁语教育，他的父亲得以让他担任一个相当高级别贵族的侍从。最终，在国王理查二世（King Richard Ⅱ）统治期间，他成为第一位桂冠诗人（poet laureate）。大约在 1386 年，他开始写《坎特伯雷故事集》（*The Canterbury Tales*），并在宫廷里朗诵。

在《坎特伯雷故事集》中，乔叟讲述了一群来自社会各阶层的人物在一场漫长的旅途中为了打发时间而发生的各种故事，这些人物都非常贴近现实。他们正在经历一场类似于跟团旅游的朝圣之旅，前往坎特伯雷大教堂——新时尚圣地，但不是出于绝对的宗教目的。很多故事和其中的戏谑都与性、爱情和婚姻有关。也许最令人难忘、最具个性的角色是《巴斯妇》（Wife of Bath，Bath 是英国的一个小镇）中的艾莉森夫人。

乔叟借用一个高度个人化、聪明、意志坚强的中产阶级女性的话来向贵族说教，故事的标题《巴斯妇》让人本以为又是个老套的故事，但乔叟的创造力及他以平民视角对教养和婚姻的解读，突破了常见的故事套路。

威廉·莎士比亚（1564—1616） 威廉·莎士比亚于 1580 年至 1610 年左右，也就是伊丽莎白（Elizabethan）时代晚期及雅各宾（Jacobean，即詹姆斯一世）时代早期创作并表演他的戏剧。正如他的朋友，另一位剧作家本·约翰逊（Ben Johnson）在给他的悼词中所写的那样，他"对拉丁语知之甚少，对希腊语知道得更少"。他一直只在埃文河畔的斯特拉特福镇上学，不大可能受到但丁甚至乔叟的影响，因为此时的英语已经发生了很大的变化。他应该是看镇上的耶稣受难记和道德剧长大的。《人类》写于 1475 年，大约在莎士比亚出生前的一个世纪，但卡里奇（Courage）的《潮水无情》写于莎士比亚 11 岁时（1576 年）。由此可见，看过什么样的道德剧，对伊丽莎白时代的民众心理有着很大的影响。

莎士比亚伦敦剧院，即"环球剧院"（Globe），向所有愿意付费的人开放。它位于郊区，地段并不算好，毗邻妓院、酒馆和马戏团。除了面对贵族群体，莎士比亚也给平民百姓创作了不少戏剧，这些人通常只能买站票，站在台下仰头看剧。他的观众，无论阶层，都很熟悉道德剧。

《奥赛罗》（*Othello*，1606 年为詹姆斯国王首演）是莎士比亚后来创作的悲剧之一，但其仍然表明，莎士比亚和他的观众都太过习惯于道德剧。

米格尔·塞万提斯（1547—1616） 有深刻心理学见解的文学不仅在英国蓬勃发展，西班牙作家米格尔·塞万提斯（Miguel Cervantes）的《堂吉诃德》（*Don Quixote*，1614/1950）也是一部很重要的作品。可以说，《堂吉诃德》是第一部通过艺术手段探索个体、个性和意识的主流文学。

到了 18 世纪，小说真正作为一种文学形式出现了。塞万提斯曾半开玩笑地声称，他讲的是一个真实的故事，堂吉诃德是从前的手稿中记录的一个真实的骑士。同样，当鲁滨孙（Robinson Crusoe，《鲁滨孙漂流记》中的主角）被证明不存在时，笛福（Defoe）也陷入了法律纠纷。第一部公开出版的小说是理查森（Richardson）的《帕梅拉》（*Pamela*），讲述了一个美丽女仆的故事：男主人曾试图引诱她，但她凭借自己的冷艳征服了男主人，并迎来了真正的爱情。尽管从题材上来说，将其称为小说有点勉强，但从其个性化的虚构人物来看，这的确是一部小说。这一点也象征着个体化时代的到来。

宗教改革

虽然宗教改革与心理学没有直接关系，但它对欧洲生活和思想的总体影响是深远的，并间接影响了 17 世纪的心理学思想。

尽管文艺复兴有其创造性，但它仍然是一个充满混乱、痛苦、焦虑和迷信的时代。林恩·怀特（Lynn White）认为，文艺复兴是"欧洲历史上精神最混乱的时代"。"百年战争"（The Hundred Years）以及后来的"三十年战争"（Thirty Years' War）愈演愈烈，雇佣军之间交替作战，如果缺乏军饷，就掠夺乡里，这给法国和德国的大部分地区带来了破坏。始于 1348 年的黑死病到 1400 年使欧洲人口减少了至少三分之一。饥荒和各种疾病年复一年地席卷这片土地。封建秩序土崩瓦解。

伴随压力而来的焦虑在日常生活中随处可见。欧洲人开始痴迷于死亡。野餐在绞刑架上腐烂的尸体下举行。死神的形象诞生了。人们到处寻找替罪羊；暴徒肆意攻击犹太人和"女巫"。在人道主义者赞美人性的时候，人类的死亡率和痛苦指数达到新的水平，人性的黑暗面笼罩大地。知识分子开始学习神秘的魔法。

16 世纪末是一个充满怀疑论的时代。威廉·莎士比亚戏剧性地描述了人性的复杂。本章介绍文艺复兴部分开头引用的哈姆雷特（Hamlet，戏剧《哈姆雷特》主角）的那段话，总结了乐观的人文主义观点，认为人类是高尚的、有无限可能的、令人钦佩的、神一般的存在。然而哈姆雷特马上接着说："这一个泥土塑成的生命算得了什么？人类不能使我产生兴趣。"[1] 莎士比亚天才的戏剧创作，既展现了人文主义者强调的人类积极的一面，又不乏历史上的消极面。

米歇尔·德·蒙田（Michel de Montaigne，1533—1592）是一位更具哲学性的思想家，他同样感受到并阐述了人性的局限。与早期的人文主义者形成鲜明对比的是，蒙田（Montaigne，1580/1959，p.194）写道："在所有生物中，人是最悲惨和脆弱的，因此也是最骄傲和最傲慢的。"人文主义者认为人是万物之灵长，拥有独特而神圣的智慧；蒙田否认人类的独特性，认为人类不是万物之灵，只是被创造的一部分，并不比其他动物更高级。动物和人类一样拥有知识。蒙田认为理性如同脆弱的芦苇，不应该将其作为知识的基础，而应该依靠经验。但他同时又展示了感官是多么具有欺骗性以及不可信。简而言之，蒙田推翻了中世纪和文艺复兴思想家赋予人类的特殊地位。

蒙田的思想指向未来，对人类和宇宙持怀疑和自然主义的观点。事实上，蒙田否认了从古典时期就在欧洲占据主导地位的世界观。经过中世纪和文艺复兴时期的打磨和提炼，这种世界观最终被科学和日益世俗化的哲学所取代。

失去的世界：前现代观的终结

文艺复兴完善了隐含于古典文化，并在中世纪逐渐形成的世界观。这种世界观基于一

---

[1] 本书使用朱生豪版本的译文，下同。——编者注

个质朴的观点：宇宙中的万事万物都依照一种宏大的秩序关联在一起，我们可以通过相似性来解读。例如，文艺复兴时期的医生认为，给病人吃核桃可以治愈颅骨和大脑损伤，因为核桃壳长得像头骨，核桃仁则像我们的大脑。

正如诗人杜·巴尔塔斯（du Bartas）所写的那样，世界就像一本书，任何生物都是其中的一页，记录在其中的信息（物种的密码）可以通过与其他物种的关联阐明自身的奥秘，理解自然的方法是破译这些密码。破解的方式不是实验，而是密切观察，寻找物种间的相似之处和相互关系，这样的做法被称为诠释学（hermeneutics）。因而，中世纪文艺复兴时期的经典作家们认为：正如世界是一本揭示自然信息奥秘的书，由字词、符号组成的现实书籍，也应该能够揭示普遍秩序。这种秩序不是基于自然法则的科学秩序，而是基于相似性的归纳和类比，如同核桃和大脑之间的关联，也如同新柏拉图主义式的联想。

在这个有序的类比网络中，人类占据着中心位置。安尼巴莱·罗梅伊（Annibale Romei）在 17 世纪的《宫廷学院》（*Courtier's Academy*）中写道："人的身体不过是可感知世界的模型，人的灵魂却是整个理性世界（柏拉图的形式世界）的缩影。"也就是说，人体是物质世界的全息缩影，心灵是无形世界的全息缩影，由此可见，人是反映自然和超自然宏观世界的一个缩影，位于宇宙的中心。人的身体是属世的肉体，肉体的激情将人与动物联系在一起。人类的理性灵魂则像天使一样，因为天使是没有肉身的纯粹理性灵魂。介于理性灵魂和属世肉体之间的是人类的官能，如想象和共通感。大脑中的这些官能属于十分微妙的动物灵魂，是地球物质的精华，连接着身体和灵魂。

这样的世界观在 17 世纪遭到质疑，在 18 世纪消失殆尽。蒙田指明了道路：人类不是被造之物的中心，而只是众多动物中的一种。弗朗西斯·培根也持有同样的观点：自然要通过实验来研究，并从机械论的角度来解释。不久，伽利略就指出，要理解这个世界，不能通过语言那样的符号解读，而要通过数学应用，数学应用超越了特定观察。

A HISTORY OF PSYCHOLOGY

科学革命中的心理学

第 5 章

创造意识的世界
科学革命、机械观与笛卡儿剧场

| 现代性的基础 |

1600 年后的两个世纪确实是革命性的。这一时期始于 17 世纪的科学革命，结束于殖民时期美国和君主制法国的政治革命。科学革命，以及随之而来的人性及社会观念革命，为实现其理念的政治革命奠定了基础。在 17 世纪，出现了一场全球性的危机，旧的封建秩序逐渐消亡，开始被现代的、世俗化的、资本主义的民主国家取代，这些国家至今仍然存在。这个转变的过程贯穿 18 世纪的启蒙运动。在启蒙运动中，关于人性、社会和政府的传统观念，被科学或受科学启发的新观念取代。

对中世纪和文艺复兴时期的思想家来说，宇宙是一个有点神秘的地方，从上帝到天使到人类再到物质世界，都属于一个大的结构层次，任何事件都有特殊的意义。这种世界观是完全属灵的，因为物质和灵魂并没有截然分开。到了 17 世纪，这种观点被一种科学的、数学的和机械的观点取代。自然科学家展示了天体和地球的运动规律以及动物身体的机械特性。最后，机械方法论扩展到人类自身，对人类的研究，从政治到心理学，都服从于科学方法。到 1800 年，从宇宙到人类，都被认为是遵从自然法则的机器。在这个过程中，老的世界观，以及那套关联世界和人类的神秘符号模式消失了。

| 科学革命 |

科学革命的影响超越了自基督教兴起以来的一切社会及思想变革，与科学革命比起来，文艺复兴和宗教改革只能算中世纪基督教体系内部的插曲，一种自我革新。

（Butterfield，1965，p.7）

科学对于现代世界的重要性是不容置疑的，科学革命是西方历史中浓墨重彩的一笔，尤其是科学史（尽管科学——这里也包括心理学——并不是革命的一部分）。科学革命的成果毋庸置疑。它将地球从宇宙的中心移开，使宇宙成为一个独立于人类感情和需求的巨大机器。它推翻了属于经院哲学中亚里士多德式的自然哲学，转而探索可以通过实验证实的精确数学规律。它用机械论代替了古希腊和古罗马时期的神学宇宙观或者把宇宙看作一本书的观点（这种书本宇宙观后来几乎演变成了一种玄学）。一方面，早期的科学家们不得不把自己从宗教教条中解放出来，根据天主教会的说法，旧的地球中心体系是"我们强加的教义"（Grayling，2016）；另一方面，他们还得摆脱神秘主义。这是一场三角博弈：科学家和神秘主义者反对教会教条；教会和科学家反对神秘主义者相信的炼金术和神灵；教

法国斯特拉斯堡大教堂装饰华丽的时钟。科学革命的关键，是用"宇宙是一台机器"的想法取代斯多葛派"宇宙是一个活的有机体"的想法。基于这样的宇宙机械论，科学革命的拥护者认为，宇宙就是一台机器，不存在什么目标，但人类可以通过观测和实验掌握宇宙规律。最重要的是，这意味着大自然可以被我们掌握和控制，而不是我们注定屈从于自然。作为现代科学的创始人之一，弗朗西斯·培根曾说："知识就是力量"，这对古人来说是一个陌生的概念。

资料来源: Didier B (Sam67fr), Wikimedia Commons.

会和神秘主义者反对科学隐含的唯物主义和无神论（Grayling，2016）。科学家声称，人们可以通过理性和实验来改变自己的命运，而不是通过祈祷和奉献（Rossi，1975），或者徒劳的魔法。它还创造了现代意识概念及其学科——心理学。

延续还是革命

科学史上最具争议的话题之一，是古代和中世纪科学与现代科学之间的延续性程度。最新研究表明，这个问题的答案取决于我们是从内在主义还是外在主义的角度来看待它。内在主义的科学史侧重于了解科学家如何思考各自领域的技术问题，例如在研究运动的动力学领域，研究者是如何提出及验证其理论的。外部主义的科学史则着眼于科学实践所处的更广泛的社会和制度背景（见第 1 章）。关于科学革命的传统内在主义史学认为，中世纪科学与现代科学之间有着巨大的断层；而最近的外部主义科学史研究则强调其延续性。随后我们将了解到，其实两种观点都是正确的。

英国物理学家和数学家艾萨克·牛顿爵士的肖像。
资料来源: Illustration by William Derby and engraved by W. J. Fry, 1829 GeorgiosArt / iStock.

科学革命为什么发生在欧洲

新的外部主义科学史通过提出一个新颖的问题来引出答案：为什么现代科学的突破发生在欧洲，而不是其他伟大的世界文明地区？如果有一个外星人类学家，为了了解科学革命而穿越时空调查公元 1000 年左右的世界，他绝不会想到这场革命会发生在欧洲（Ferguson，2011）。短短几百年之后，欧洲的科学发展已经远超世界其他地区的水平，并准备通过贸易和帝国扩张征服世界。欧洲成功的秘密不在于科学革命本身，而在于更大的外部环境和社会结构，这些外部环境使得对科学的自由探索成为可能。

早在中世纪早期，我们就可以看到欧洲独特的基础：安塞尔姆的"信仰寻求理性"，以及自治城市的崛起。欧洲能够发展出现代科学，是由多个相互关联的因素共同促成的。

创建"中立空间"：大学，自由探究之地 正如宗教权威和世俗权威的相对独立，欧洲法律承认独立于宗教和皇家或贵族世俗权力的自治群体的存在。我们已经见过这些自治群体的第一个例子：欧洲的自由城市。对科学和哲学史来说，更重要的存在是欧洲的大学，它们也是完全自主的、自治的群体，可以建立自己的课程，相对不受外界的干预。因此，在欧洲，中性空间（Huff，1993）被创造出来，在其中可以不受约束地研究自然哲学，几乎不用担心会遭受迫害。

接受亚里士多德的自然哲学 1100年后，当欧洲哲学家了解到希腊知识时，他们热情地接受了希腊知识，亚里士多德的自然哲学很快成为大学课程的中心。欧洲哲学家和神学家认为古人是通过理性之路走向上帝的，神学家可以在此基础上增加基督教启示。他们努力将神学和自然哲学融合成一种和谐的宇宙观。虽然保守的神学家偶尔会试图禁止亚里士多德科学的某些方面，但终究是螳臂当车。

公共知识 正如我们所看到的，在希腊世界里，某些学习传统，尤其是新柏拉图主义，鼓励"双重真理"的观念，即有一种真理是为聚集在亚历山大的希帕蒂娅等老师周围的博学之士准备的，另一种真理是为广大民众准备的。在中世纪的大学里，关于哲学和神学话题的争论是公开的，这为知识的公共化提供了条件。

知识公共化的重要性，无论对于科学革命还是随后的工业革命，都是不言而喻的。当秘传内容随着拥有者的死亡而消亡时，对已有知识的公开记录却在不断累积突破。艾萨克·牛顿曾经说，如果他比别人看得更远，那是因为他站在巨人的肩膀上。对于秘传式的知识，没有肩膀可站。很多迈向现代化的萌芽消失的一个关键因素是制度。这些萌芽通常依赖于某个强大统治者的奇思妙想和兴趣，这些统治者可以支持科学研究或工业发展，但当一个新的、想法不同的国王或皇帝掌权时，之前的支持就会消失。更重要的是，缺乏保存和传播创新思想和实践的机构。一旦离开了保存和传播，即使最伟大的思想，对世界的影响也是微乎其微，甚至为零。识字率的提升和印刷的发展促进了思想的传播，但同样重要的是，思想应该被分享，而不是像秘密一样被隐藏起来。只有在17—18世纪的欧洲，思想才得以公开传播、辩论和应用，从而使得有效知识的不断积累和科学技术的持续发展成为可能（Mokyr，2002，2009；Wootten，2015）。

次级因果关系 亚里士多德把宇宙中所有的变化都归于一个"不动的推动者"（见第2章），而宗教领域的思想家很自然地把这个"不动的推动者"等同于他们的造物主——上帝。然而，出现了一个对现代科学思维发展具有重要意义的问题：作为世界的创造者，上帝对世界的存在负有责任，但他是否对每天发生的每一件事都负责呢？亚里士多德的一些追随者发展出了次级因果关系（secondary causation）的概念。上帝创造了世界，却赋予物体影响其他物体的力量，因此，保龄球有击倒球瓶的能力。这个概念在中世纪被基督教自然哲学家接受。正如中世纪自然哲学家吉恩·布里丹（Jean Buridan，约1300—1358）所写："站在自然哲学的角度，我们应该接受一切行为，仿佛它们总是以自然的方式进行一样"（引自Grant，1996，p.145）。圣维克多（St. Victor，1096—1141）将世界描述成一台自我操作的机器："这台机器就是我们可见的世界，我们用肉眼看到的宇宙"（Huff，1993，p.102）。这些说法反映了欧洲哲学家对希腊自然主义的接纳。

在中世纪的大学里，欧洲自然哲学家和神学家再现了希腊奇迹。他们信奉亚里士多德对宇宙科学探索所体现的希腊自然主义。布拉班特的西格尔（Siger of Brabant，1240—1282）说："我们（自然哲学家）不会讨论上帝的神迹；我们的使命是用自然的方法探索自然"；尼古拉斯·奥雷姆（Nicolas Oresme，1320—1382）说："哲学家的工作是终止神迹"（引自 Eamon，1994，p.73）。他们传承了希腊人的治学态度，将思想家和其思想分开，使自然哲学成为一个开放的思想体系。当像阿奎那这样的神学家发现亚里士多德的思想与基督教信仰不一致时，他们并没有因为亚里士多德不信教而排斥他，而是试图调和他的推理和基督教信仰。他们积极拥抱希腊思想中的理论诠释，从而让奥雷姆和吉恩·布里丹这样的自然哲学家得以在物理学方面有所突破。中世纪的工匠贡献了很多重要的技术创新，如发明了透镜（进而发明了望远镜）和钟表（B. Lewis，2002）。

战争　我们当下最需要搞清楚的是，欧洲的战争是如何区别于其他地方的战争，并推动科学革命的（Ferguson，2011；Hoffman，2015）。在欧洲以外的伟大文明中，那些幅员辽阔的国家，通过暴力手段建立了统一政权后，通常只对其边境地区技术落后的游牧民族发动战争。因此，他们几乎没有动力去创造新武器，包括热兵器的关键技术——制造步枪和大炮的技术（Hoffman，2015）。然而，由于地理因素以及罗马和中世纪的历史遗留问题，欧洲被划分为若干小国，彼此之间像在体育赛场一样公平竞争（Hoffman，2015）。这些国家在资源上势均力敌，任何武器上的优势对一个主权国家都是生死攸关的，因此它们竞相发展军事相关的科技。一个典型的例子是本杰明·罗宾斯（Benjamin Robins）在18 世纪 40 年代的创新（Ferguson，2011）。罗宾斯利用牛顿物理学来计算空气阻力对子弹运动的影响，这是前所未有的。他建议，为了最大限度地减少空气阻力并提高精度，枪管应该拉长，并且用膛线枪管代替以前的光滑枪管。他总结道："无论哪个国家优先（采用）膛线枪管……都将获得（军事）优势"（引自 Ferguson，2011，p.83）。由于每个国家都在努力掌握最新的技术并不断创新，科学和工程技术的发展得到了空前的激励。

革命：机械化的世界图景

然而，过去的内在主义科学史得出的结论是，现代科学不是中世纪科学的延续。中世纪的哲学家和神学家们，过于遵从经典和权威，无论这权威是宗教典籍还是亚里士多德。他们将自己的工作定义为调解权威间的冲突，从而变得非常善于咬文嚼字，对有冲突的部分进行微妙的，甚至是暧昧的解读。他们的暧昧引起了科学革命者的愤怒，并认为他们的学术前辈只是些玩文字游戏的高手（E. Lewis，2002）。由于对权威的过度崇拜，中世纪的自然哲学家被困在亚里士多德的思想体系中，尽管亚里士多德的思想是令人钦佩的自然主义，但也是有明显缺陷的。他们试图展示亚里士多德的科学是如何解释日常经验世界的，尽管他们提出了许多支持他们论点的思想实验，但他们自己却没有做任何实际的研究。他们坚信亚里士多德的理论，却忽略了科学的本质：不断推陈出新，否定旧理论，建立新理论。最终的结果是，尽管欧洲的大学普及了自然哲学，并且培养出了大部分科学革命的推动者，但这些推动者的成就都在大学之外，这一现象一直持续到19世纪（见第8章）。

尽管科学革命的时间跨度很大，涉及范围很广，但它仍然被看作一场革命，因为它深刻而永久地改变了人类的生活和人类对自我的理解。可以认为这场革命的起点是1543年尼古拉斯·哥白尼的《天体运行论》（*Revolution of the Heavenly Orbs*）的出版，该书提出，太阳而非地球，才是太阳系的中心。西格蒙德·弗洛伊德后来称哥白尼的日心说是对人类自我中心认知的第一次巨大打击。人类再也不能以宇宙之中心、万物之灵长自居了。伍顿（Wootten，2015）提出了另一个时间，他认为科学革命始于天文学家第谷·布拉赫（Tycho Brahe）在1572年观察到一颗新的未知恒星（实际上是超新星）。布拉赫的发现意义重大，因为继柏拉图之后，前现代思想家一直认为地球以外的天堂是完美和永恒的，完全不同于人类居住的世俗世界。但是布拉赫的发现表明，天上的生命并不比地上的生命更完美、更永恒。

然而，哥白尼的物理学是亚里士多德式的，其理论体系并不比旧的托勒密体系有更好的数据支持，尽管有人很喜欢其简洁的理论框架。伽利略·伽利雷（Galileo Galilei，1564—1642）是这个新理论体系最有说服力的发言人，他通过新物理学来论证这个理论，帮助人们理解日心说，并利用望远镜观察得到证据，证明月球和其他天体并不比地球更"神圣"。和哥白尼一样，伽利略也没能推翻"行星轨迹一定是圆形"的古希腊假说，然而他的朋友约翰尼斯·开普勒（Johannes Kepler，1571—1630）得出结论：行星的轨迹是椭圆形的。1687年，艾萨克·牛顿的《自然哲学的数学原理》（*Philosophiae Naturalis Principia Mathematica*）的出版，确定了天体物理和地球物理的最终统一，以及新的科学世界观的最终胜利。

牛顿的运动定律为"宇宙是一台像钟表一样精密的机器"的观点奠定了基础。开普勒、伽利略和笛卡儿都曾把宇宙比作机器，机械观很快成为一种主流的宇宙观。最初，宇宙机械观的提出是为了支持宗教反对魔法和炼金术：上帝，一位工程大师，创造了这个完美的机器，并让它运行。因此，唯一有效的原则是机械的，而不是神秘主义的；魔法的小把戏不能影响机器的运行。开普勒非常明确地阐述了这一新观点："我忙于调查物理原因。这样做是为了表明，宇宙机器并不像是一个神圣的、有生命的存在，而是一个类似于时钟的机器"（引自Shapin，1996，p.32）。

用钟表来形容宇宙对心理学的发展有重要的影响。在斯多葛派或亚里士多德的宇宙理论中，宇宙中的每一个事物都有一个目的，一个终极动力。把宇宙想象成一个和我们一样的生物，自然会导致人们对物理事件进行目的论解释，就像我们对人类或动物行为进行目的论解释一样。如同一个战士会在战斗中努力争取胜利一样，火往上窜，是因为它希望回到天上的星火中，石头往下落，是因为它希望回归地球。然而，科学宇宙观从根本上把上帝这个有生命的存在与宇宙这个由其创造的物理机器分开了（Shapin，1996）。钟表匠制造时钟，时钟的目的源于制造者；正如开普勒所言，时钟本身没有目的，只因"物理原因"而运动。然而，机械化的宇宙运行，就像时钟的运动一样，似乎有其背后的目的。正如物理学家罗伯特·波义耳（Robert Boyle，1627—1691）所写的那样："每个部分各司其职，可见它是（由设计者）设计的，感觉它们*像*是知道自己的使命一样，井然有序"（引自 Shapin，1996，p.34，斜体为作者所加）。

科学家发现，机器的行为就像是被内在的目的所驱使，尽管它们没有内在的目的。很快，以笛卡儿为首的科学家提出，动物也是机器，而作为拥有动物属性的人类，是有灵魂的机器。尽管动物的行为也带着目的，但这个目的不是灵魂赋予的，而是和宇宙运行的目的一样，只是一种纯粹的物理驱动。这种思路不可避免地导致了这样一种观点，即我们人类也只是一种机器，我们的行为似乎是有目的的，但实际上我们也只不过是一种仅靠"物理原因"驱动的复杂机器。随着对灵魂的信仰变得越来越站不住脚，而机器则变得越来越复杂——计算机已经可以击败人类象棋冠军，"人类只是一种看似拥有自主思维的机器"的观点得到了加强。这一观点从 17 世纪到 20 世纪，一直都是心理学领域的重要主题。

数学和实验科学，哪一个被革了命

库恩（Kuhn，1976）提出，在科学革命时期，有两种不同的科学传统，分别处于不同的成熟状态。第一种，更成熟一点的传统，包括库恩所说的数学科学或古典科学；第二种，被库恩认为不太成熟的传统，是实验科学或"培根科学"。古典科学就是像天文学或光学这样的科学，从希腊和罗马时代就已经被数学化了。按照我们如今对实验的理解，古典科学是非实验性的。正如我们前面提到过的，古代和中世纪的物理学家自认为的"实验"，按照现在的标准来说，等同于根本没有做过实验。而为牛顿定律提供了经验数据的天文学，显然是无法进行实验的。当时针对这些科学领域进行的实验，类似现代科学课堂上的"实验"：只是证明已知结论，而不是探索自然界新的规律。因此，经典科学的核心特征是，理论先于实验，即先提出一个关于行星运动或光学规律的数学理论，然后寻找一系列证据来支持这个理论。自然没有被深入剖析和质疑，仅仅是被观察。

实验科学不需要复杂的数学理论，而是基于对自然的实验研究，很少或没有理论预期。这一现代意义上的实验思想是一种对自然的可控制的探索，由于其创始人是弗朗西斯·培根，库恩称之为"培根科学"。库恩称这种科学探索方式为"扭动狮子的尾巴"（twisting the lion's tail）（引自 Kuhn，1976，p.44）。古典科学家只根据日常经验看待自然，培根式的实验则会创造没有科学家干预就永远不会存在的条件[①]。培根本人就死于这样的实验，为了验证冷藏的保鲜效果，他在死鸡腹内塞满了雪，结果因着凉而得了肺炎。对于培根来说，科学是对自然界新事实的探索，而不是对已知事物的解释（Eamon，1994）。尽管培根声称自己的方法是创新的，但实际上其根源和古典科学一样古老，只是在历史上，这样的实验方法并不光彩。在第 2 章中，我们了解到，古希腊人只重视理论，也就是对永恒真理的数学式抽象思考，而鄙视工匠和商人们掌握的实用性知识。古典科学中唯一的闪光点——数学理论，只有少数受过教育的精英才能掌握。

尽管遭到精英阶层的鄙视，在精英科学之外，墨提斯人有自己的秘籍和私下传授的古老传统（Eamon，1994）。这些秘籍混合了两种古老而神秘的传统。第一个传统是出现在希腊时期的新柏拉图式的赫尔墨斯传统（见第 3 章），它催生了基于咒语的魔法和对超自然生物的崇拜。第二个是墨提斯人的实用技术传统。工匠协会为了维持其有利可图的垄断地位，对诸如染布之类的实用配方秘而不宣。当然，他们的配方是实践了几个世纪的成果，但是并没有发展出任何理论来解释为什么这些配方有效。然而，随着印刷术的发明，行业

知识加油站 5.1

现代性先驱：第一个现代主义者

尽管出生于一个贵族家庭，但弗朗西斯·培根是家里最小的儿子，因此没有继承任何财产，不得不依靠自己的智慧生活。培根学的是法律专业，最终成为国王詹姆斯一世（King James Ⅰ）时期的英格兰大法官。但其后他被卷入一场在当时影响很大的贿赂丑闻，并被禁止参与公共生活。随后，培根开始自由追求自己真正的激情，也就是知识的革命，并创作了许多启蒙主义和现代主义的基础作品。按照我对现代主义的定义——对现代生活状态的反思，培根当然算不上一个现代主义者。之所以称他为现代主义者，是因为他跟马基雅维利不同，他渴望现代生活，并且是第一个描述这种生活的人。

培根不仅将知识置于现代生活的核心，并且还以一种我们认为理所当然，但在他那个时代却极具创新性的方式来重新定义知识。首先，培根将科学知识置于其他形式的知识之上。培根和笛卡儿等早期现代思想家有同样的抱负，他们希望自然哲学（当时统称为科学）能够成为知识分子的共识，超越神学的地位，最终成为知识皇冠上的明珠，超过诗歌等人文知识。

---

① 这一句是指培根式实验的实验条件都是人为设计的，并不是自然情况下会出现的条件。——编者注

培根的特别之处在于，他特别强调应用性及实用性知识，并且追求知识的收集、组织、系统化及不断积累。正如我们所了解的，希腊人眼中的知识，就是沉思和理论，对于那时的哲学家来说，他们的目标就是真理。正如柏拉图所言，真理或形式当中，包含着正确的和最好的生活方式。然而对于培根来说，真理是不够的，甚至是不重要的。知识的最高标准在于控制，也就是人可以凭借自己的想法成就一些事情。

对于培根来说，这不仅意味着将知识应用于日常生活（尽管这是其目的之一），同时还意味着能够通过实验完成一些事情。沉思性知识的特征之一是它的被动性，人们只是被动观察，试图弄清楚其运行规律。培根则坚持通过实验来探寻自然，通过与自然的积极互动来证明自己的观点。

培根还颇有远见地指出，现代化的知识探索应该是一种有组织的集体活动。我们在前文提到过的思想家，大多是孤独的，从某种意义上说，他们更像艺术家，而不是科学家。尽管他们也寻求观众和追随者，但他们并不认为他们的哲学或技术来自团队的努力。哲学家倾向于形成相互对立的学派。实践思想家，希腊人称之为"metics"，他们寻求可以谋生的有用知识，并且很自然地倾向于保密。

培根的现代化研究理念在他的短篇虚构小说《新大西岛》（*The New Atlantis*）中得到了最清晰的呈现，书中描述了遭遇海难的水手们被冲上一个以前不为人知的叫新大西岛的海岛，并经历了一场刻骨铭心的旅程。新大西岛最重要的机构是所罗门之家，它实际上是一所现代研究型大学，尽管与当代大学相比，它的管理层次更高。所罗门之家有专门的研究团队，他们既从书本中学习知识，也从面向自然的实验中获取知识。这些团队的发现会被其他团队汇集和整理，后者寻求发现更普遍的科学原理，并指导新的实验。所有由此产生的知识都是共享的，目的是找到实用的真理，而不是创造思想流派，或是对柏拉图式的真理——"存在的本质"进行形而上学式的研究。

弗朗西斯·培根
资料来源: *Everett Historical / Shutterstock. com; Engraved by J. Pofselwhite, 1823.*

新大西岛的组织形态，反映了培根思想的最后一个方面，即知识产出的最好途径是基于事实的概括。从柏拉图开始，古人就强调演绎推理的确定性，从公理到证明的形成，就像毕达哥拉斯的几何学一样。即使在现代哲学先驱之一的笛卡儿身上，你也会看到这种推理式的理想。他首先寻找一个单一的真理，即"我思故我在"，然后从这个真理出发，继续推导出他思想体系的其余部分。培根说，我们应该反其道而行之，从仔细观察事实和自然实验开始，只有在得到充分证明的情况下才可以得出普遍性结论。培根的态度是实证主义的基础。

培根最具现代派色彩的是他那句"知识就是力量"，这句话是我初中时的座右铭。培根的思想将在工业启蒙运动中开花结果。培根最终为了他的理想而死，为了了解冷冻的防腐作用，他在死鸡腹内塞满了雪，结果因为着凉得了致命的肺炎。当你解冻速冻比萨饼的时候，别忘了培根！

秘密很快从秘籍走向公共知识（Eamon，1994），但是这些书仍然摆不上科学的台面，因为它们包含了神秘的超自然魔法传统。

德国作家歌德（Goethe，1749—1832）在他的《浮士德》（*Faust*）中敏锐地捕捉了魔法教授和神秘法师的形象。在《天堂篇》（*Heaven*）的开场白之后，《浮士德》以对中世纪学术生涯的总结开始了这部戏剧，并感慨其缺陷：

> 唉，我学过哲学
>
> 还有法学和医学
>
> 最糟糕的是，神学
>
> 通过不懈的努力学完所有学科——
>
> 我的所有学问，都摆在这里了
>
> 我以前真是个可怜的傻瓜。
>
> 被称作文科硕士，还有博士，
>
> 十年来，我几乎都在反驳
>
> 无论走到哪里，
>
> 我都牵着学生的鼻子——
>
> 看看我们所有的科学和艺术
>
> 我们什么都不知道。这灼伤了我的心……
>
> 因此我只好通过魔法去看……
>
> ……是什么神秘力量
>
> 隐藏在世界中并控制它的进程。
>
> 想象一下创造的激情
>
> 而不是咬文嚼字。

（Goethe，1808/1961，pp.93–95）

浮士德，身为硕士，甚至博士，处于中世纪学术的顶峰。诗句的前几行列出了中世纪大学的主要研究领域，浮士德已经掌握了这些领域的全部知识，但在最后一行批判了中世纪教育不实用、咬文嚼字的倾向。浮士德不希望陷入这种封闭的知识中，他希望了解自然的秘密，拥有改造自然的能力。因此，他从文字转向了应用性的魔法，并最终将自己的灵魂卖给了魔鬼，以了解"是什么神秘力量／隐藏在世界中并控制它的进程。"浮士德象征着对实用的、应用性知识的渴望，这种渴望激励了声名狼藉的魔法教授。他打算对大自然进行实验以探索其秘密，并将"狮子的尾巴"扭转到实用的一面。至此，科学和神秘主义纠缠到了一起，直到 18 世纪科学革命完成。著名经济学家约翰·梅纳德·凯恩斯（John Maynard Keynes，1883—1946）购买过牛顿的一些内容晦涩的手稿，发现这些手稿是关于炼金术实验的，他将牛顿描述为"最后的魔术师"，而不是一名科学家（Grayling，2016）。

科学中的实验传统直到 19 世纪才逐渐形成（见第 8 章）。科学，正如我们今天所了解的，融合了库恩所说的两种科学形式（Kuhn，1976）。第一种形式源自古典科学的观点，即认为科学必须发展出精确的、理想化的数学理论来解释自然的运行规律；第二种形式基于实验科学的观点，即科学依赖于对自然奥秘的主动探寻（Eamon，1994）。在基督教新教的支持下，实验传统也催生出"科学应该实用"的观点。培根曾写道："宗教要求人们用实际行动证明其信仰的规则，同样适用于自然哲学；知识应该由其可应用性来证明"（引自 Eamon，1994，p.324）。如今，心理学的权威和声望，很大程度上取决于其改善社会和个人生活的能力（见第 13 章和第 14 章）。

创造心理学：观念之路

重识经验与世界

伴随着新科学认知论的形成，科学革命的推动者们发展出了一套全新的感知理论，同时也创造了意识的概念。对于这一概念的形成，笛卡儿是最重要的"工匠"，他提出的关于意识的定义，统治了哲学和科学思想长达几个世纪。

笛卡儿认为意识是一种内在的精神空间，这种想法会让希腊或中世纪的哲学家感到困惑（Rorty，1979，1991）。亚里士多德的感知实在论被中世纪的经院哲学家接受并得到进一步发展（Smith，1990）。他们认为，在感知行为中，感觉器官接收的是形式，而不是被感知物体的物质成分。例如，如果我看着米洛的维纳斯（Venus de Milo）雕像，我的眼睛所看到的是雕像的形状，并没有看到制作它的大理石。因此，我直接了解了维纳斯雕像所有的外部特征，不仅是它的大小和形状，还有它的颜色，甚至包括它的美。根据这一观点，宇宙的形式秩序和我对它的体验之间，有一种直接的、客观的关联。断言"美是雕像形式的一部分，只是被心灵拾取"，这样的观点充分显示了后笛卡儿时代对知觉的理解与亚里士多德的巨大差异。在亚里士多德看来，维纳斯雕像的美是客观的，而如今我们认为，美是一种基于文化的、个人的主观判断。同样，在笛卡儿之前，关于行为是否道德的标准，同样被看作客观事实，而不是主观判断。

亚里士多德感知理论的瓦解始于中世纪晚期和文艺复兴时期的严谨逻辑及数学的发展。普适性的优雅数学公式与我们对宇宙的混乱表象体验之间产生了冲突。科学革命的本质，某种程度上说，就是人们从依靠体验理解世界，转向用数学理性解释世界。简单说就是"真理在于计算而不是感知"。正如伽利略·伽利雷在他的《关于两大世界体系的对话》（*Dialogue Concerning the Two Chief World Systems*）中所写的："每当我想到阿利斯塔克（Aristarchus）和哥白尼能够用理性战胜感觉，从而使前者成为他们信仰的主宰时，就会为之感叹"（Smith，1990，p.738）。理性对感觉的征服，创造出作为科学关注对象的意识，尽管它暂时还不是科学研究的对象。

在《尝试者》（*The Assayer*）中，伽利略表达了对待"体验"的新科学态度，他认为感官是具有欺骗性的，只有数学才是理解世界的最佳向导（Wootten，2015）。在这本书中，他认为客观的物理属性是事物的主要属性，主观的感觉是次要属性，并严格区分两者，从而开启了关于意识的现代化认知，直到笛卡儿完善了这一概念（引自 Smith，1990）。

> 无论我想象任何物质或有形实体，我立刻……会想到它是有界限的，有这样或那样的形状，或大或小，运动或静止……不管我怎么想象，也无法仅依靠这些属性区分这些物质。但我的大脑会不自觉地想象出其他属性：白色或者红色，苦的或是甜的，嘈杂或是安静，香的或是臭的，等等。如果不依靠感官的作用，单纯的理性或想象力可能永远无法生成这类属性。因此，我认为味道、气味、颜色……只存在于意识之中，从而，一旦排除人的主观因素，这些属性就不存在。

（Smith，1990，p.739）

这段话的关键词是"意识"。对于古代哲学家来说，只存在一个世界，也就是我们身处其中并直接关联的真实物质世界。然而，次要属性，也就是感觉属性的概念创造了一个新世界，一个由"心理实体"，也就是思想构成的意识世界。部分次要属性对应于物体的物理属性。例如，颜色对应于不同波长的光，我们视网膜中的视锥细胞对此产生不同的反应。然而，色盲个体的存在证明了颜色不是主要属性，色盲个体的颜色感知是有限的或不存在的。这就说明了，物体本身是没有颜色的，颜色只存在于主观意识。其他次要属性，比如美丽或善良则更麻烦，因为它们跟物理属性完全不对应，只存在于主观意识中。我们如今的观念是，美与善都是受文化影响的主观判断，这就是科学革命带来的经验观的转变结果之一。在这篇文章中，我们也看到了第 1 章曾提到过的科学观的萌芽。科学旨在描述客观世界，如同描述一个没有生物存在的世界。

在很大程度上可以认为，主要属性和次要属性的划分，创造了心理学，或者至少创造了意识心理学（psychology of consciousness）。这样的划分让人们不得不追问：次要属性是如何产生的，它为什么会产生？如果经验只是简单地反映了世界的本来面目，那么关于"它是如何做到的"这样的追问虽然合理，但不算重要；然而，如果经验世界与现实世界完全不同，那么主观世界，也就是我们作为人类生活的世界，是如何创造的，这个问题就显得有趣且深刻很多。此后，直到 1900 年左右，在对于该领域的颠覆性认知兴起之前，心理学研究的主要任务就是搞清楚主观意识世界和物质世界之间的关系。

至此，人类的主观经验世界与客观世界完全脱钩。并且，人们认为，主观经验或者意识，需要通过数学来纠正，数学被用以描述客观世界，它是一台没有颜色、味道、审美价值或道德意义的完美机器。关于心灵和世界的新科学观点开始疏远人类与宇宙的关系。人类发现，他们所体验的世界，终究不是真实的世界，而是他们的头脑创造出来的东西。蓝鸟不是真的蓝，美好的事物并不是真的美好，正义的行为也不是真的正义，这些都是个体的主观判断。E. A. 伯特（E. A. Burtt）将经验与现实和谐共存的旧世界观与新的科学世界观进行了对比：

> 当一位学者或科学家放眼自然界，看到的是一个相当人性化的世界。这是一个狭隘的世界，是为满足他的需要而创造的。这个世界是如此清晰且容易理解，可以立刻呈现在他的理性面前，它基本上是由他自己的直接体验中最生动、最强烈的印象构成的，并且能够被理解，包括色彩、声音、美、欢乐、热、冷、芳香，并且这个世界对于他的目标和理想是可塑的。而如今的世界，是一个无比单调的数学机器。之前的那个世界，不仅失去了它在宇宙中的崇高地位，而且那些曾被学者们认为代表物质本质的东西，包括那些使这个世界充满活力、爱和精神的东西，都被一股脑打包塞进一个我们称为人类神经系统的狭小且不稳定的次级空间。这只不过是欧洲知识分子们世界观的颠覆性转变。
>
> （Burtt，1954，pp.123-124）

第一次世界大战 [①] 后不久，德国社会学家马克斯·韦伯（Max Weber，1864—1920）向极度沮丧的德国学生发表演讲，并将科学革命与他们的绝望情绪联系起来。他说："我们这个时代的命运以理性化和知识化为特征，最重要的是，以'世界的祛魅（disenchantment of the world）……'为特征"（Weber，1918/1996，p.175）。尽管韦伯知道听众渴望重新神化这个世界，但他依然说，科学是对现代人开放的唯一道路，并敦促听众和他一起坚持到底。由于心理学是关于心灵的科学，因此德国的心理学不可避免地受到韦伯所说的危机的影响。随后我们会读到，格式塔心理学（完形心理学）试图用科学重构这个世界。

---

① 后文简称"一战"。——编者注

至此，古代科学已经名誉扫地，古代哲学自然也难幸免。弗朗西斯·培根说："我们别无选择，只能推倒重来，在一个正确的基础上重新建构科学、艺术以及所有的人类知识"（引自 Shapin，1996，p.66）。搭建这一现代化基础的两个最重要的人物分别是法国人勒内·笛卡儿和英国人约翰·洛克。他们定义了一个与物质世界分离的意识领域，从而创造了一种可能性：应该有一门科学，即心理学，来研究心灵的新世界。

意识的创造：勒内·笛卡儿

问题
2

正如我们所知，心理学始于笛卡儿。不管成熟与否，笛卡儿创造了一个思考身心的框架，几乎所有的哲学家和心理学家都在这个框架内工作，哪怕是忙于攻击笛卡儿的思想。

基督教世界观一度被宗教改革彻底改变，并被科学革命进一步重塑，在这样的环境中，笛卡儿发展出他激进的心理学新方法。在中世纪，天主教会允许广泛的异教信仰和习俗持续存在，并容忍或利用这些信仰和习俗（Gaukroger，1995）。和异教一样，中世纪的天主教会强调正统——正确的宗教实践，而不是正确的宗教信仰。

然而，宗教改革后的新教淡化了仪式，开始要求他们的追随者真诚地持有正确的基督教信仰。当天主教会在反宗教改革的过程中进行内部改革时，也要求信徒不仅在行为上臣服于基督教，而且要在内心臣服于基督教（Gaukroger，1995）。佩戴护身符治疗头痛等魔法行为遭到谴责，女巫、犹太人和异教徒受到迫害，牧师被禁止兼职经营酒馆。尽管各教派之间的官方教义存在差异，但 17 世纪欧洲的基督教，出现了一种单一的、相当严格的、清教徒式的宗教情感。基督教的上帝变成了一个令人生畏、遥不可及的人物，其力量无法被魔法所控制。科学步入了这个真空地带，这是一种世俗的、物质的、有效的获得超自然力量的方法。从心理上说，这种情况类似于希腊化时期，当时的传统宗教只要求其信徒进行礼拜仪式，但受到哲学和新宗教的挑战——引导人们向内寻求信仰。正如我们将要读到的，笛卡儿的哲学正是基于这一宗教退缩的激进版本。

笛卡儿与改革派天主教徒团体有着密切的联系，这一团体由科学家兼神学家马林·梅森（Marin Mersenne，1588—1648）领导。马林·梅森被称为 17 世纪的互联网，因为他充当了早期科学家们相互交流的枢纽，促成了第一个科学家社区（Grayling，2016）。这个团体特别警惕文艺复兴时期自然主义和神秘主义的思想，因为这些思想对科学很有吸引力，但对宗教却很危险。文艺复兴时期的自然主义是科学的，因为它解释世界时没有涉及超自然的力量，但它在宗教上是可疑的，因为它似乎赋予了物质本身超自然的力量。而神秘主义则可以召唤被魔法操控的精神力量。事实上，当时存在一个神秘的组织——玫瑰十字会（Rosicrucians），它向宗教里加入了一点科学，将其变成了一种很有吸引力，但实质上空洞的大杂烩。笛卡儿早年曾作为耶稣会的间谍长期在欧洲各地游走，调查所谓的玫瑰十字会（Grayling，2016）。当自然主义哲学应用于生物，尤其用以解释人类时，对于宗教正统来说尤其危险。由"磁铁具有吸引金属的天然力量"推导出"大脑具有思考问题的天然力量"，似乎只有一步之遥（18世纪）。中世纪和文艺复兴时期的医生已经将感觉、知觉、常识、想象、记忆和其他功能归因于大脑，那么为什么不一步到位，把思想和知识也归因于大脑呢？因为，一旦将思想和精神世界的内容也归于身体，如同亚里士多德的思考，基督教灵魂的存在就会受到质疑。

为了对抗文艺复兴时期的自然哲学，梅森和他的追随者，包括笛卡儿，相信并宣扬一种精确的宇宙观。这种宇宙观认为，物质本身是完全惰性的，不具有磁性、重力或任何其他主动能力。主动能力只留给上帝。物质只有在被另一个物质推动时才会移动或改变。关于力的本质的解释，牛顿没有提出任何假设，他的缄默取得了最后的胜利，但这不意味着他没有受到笛卡儿追随者的挑战。

笛卡儿关于精神和身体的概念，就是基于这个宗教–科学框架精心建构的，并决定性地塑造了尚未到来的科学心理学。笛卡儿致力于将动物视为复杂的自动装置——其行为可以完全解释为物理过程，无须借助任何生命力量。因此，笛卡儿不得不否认心脏是一个自发工作的泵，使血液在全身循环，因为它的活动似乎是由内部力量自发形成的，这与把吸力归因于磁铁没什么不同。然而，动物机器的"精神"力量是相当强大的，亚里士多德认为属于敏感灵魂的一切都包括在内，并且，就人的动物性而言，人类的"精神"力量必须有一个纯机械的解释。不朽的人类灵魂在机械世界和机械身体中的位置已经成为一个严重的问题。

就我们目前的探寻视角而言，笛卡儿的一生可以分为两个阶段。在第一阶段，他专注于科学和数学项目，也包括物理，但对生理学的兴趣越来越大。在这一时期，他的主要哲学工作是制定出在寻求真理时应当遵循的方法论规则。笛卡儿的科学工作集中体现于两部巨著，一部是关于物理学的《论世界》（*Le Monde / The World*），另一部是关于生理学的《论人》（*L'homme / The Human*，未完成）。1633年11月，在《论世界》出版前夕，笛卡儿得知罗马宗教裁判所对伽利略主张哥白尼假说的裁决。笛卡儿在给梅森的信中写道，他对伽利略被终身软禁的命运感到非常惊讶，以至于他几乎烧掉了所有私人文件，因为他自己的世界体系非常依赖伽利略的体系。然而"我不想发表一部完全遵从宗教标准的书，所以我情愿压箱底，也不愿意发表阉割版"（引自Gaukroger，1995，pp.290-291）。笛卡儿职业生涯的第二阶段，也就是哲学阶段，就这样开始了。他坚信，要想让他的科学观点赢得伽利略没有获得的认可，需要细致且令人信服的哲学论证，因此他建立了让他名扬天下的哲学体系。

作为生理心理学家的笛卡儿　在研究他的物理学体系时，笛卡儿从阿尔克迈翁和恩培多克勒开始，经由生理学走上了心理学道路，并最终创立了科学心理学。在1629年12月给梅森的一封信中，笛卡儿描述了他是如何通过观察屠夫杀牛，并将牛身上的部分组织带回住所进行解剖来学习解剖学的。这项研究把他引向了一个令人兴奋的新方向。三年后，他写信给梅森，说现在将"更多地谈论人类，而不是我之前想说的，因为我将试图解释人类的所有主要功能。我已经写过一些关于人的内容，比如……五种感觉。现在我正在解剖不同动物的头部，以便解释想象、记忆等都是怎么构成的"（引自Gaukroger，1995，p.228）。1890年，威廉·詹姆斯告诉他的读者，要研究心理学，先去肉铺买个羊头，从解剖开始。

　　理解笛卡儿为自己设定的、对心理过程进行物理学解释的目标至关重要，因为这是理解他后来为自己的人类意识理论所制造的问题，以及理解他复杂的、令人不安的，甚至是自相矛盾的心理学遗产的关键。正如我们已经了解到的，从亚里士多德时代到宗教盛行的中世纪，医生、哲学家和神学家将大多数心理功能归因于动物灵魂，因此也可以归因于动物和人类的身体。由于这些官能赋予了物质灵魂般的力量，就像文艺复兴时期自然主义赋予磁铁磁性等神奇力量一样，这在笛卡儿的新基督教教义框架内是不可接受的。他认为，说某块大脑组织具有"记忆的力量"根本不是科学解释，因为没有说明创造和提取记忆的机制。"*笛卡儿的目的是证明，一些一直被认为是物质的心理生理（psychophysiological）功能，可以用一种不使物质具有感知能力的方式来解释*"（Gaukroger，1995，p.278，原文为斜体）。

　　在《论世界》中，笛卡儿描述了一个与我们的宇宙拥有完全相同的运行机制的机械化宇宙，从而让我们相信我们的宇宙也是这样的。在《论人》中，笛卡儿让我们想象"雕像般的或人形的机器"（earthen machines），确切地说，是"类人机器"（man-machine），他详细描述了它们的内部运作，让我们相信这些机器就是我们，它们只是缺少灵魂（Gaukroger，2002）。他乐观地认为，他可以用机械论解释动物的行为（以及大部分人类行为），这得益于当时手工艺人的高超技艺，他们可以建造栩栩如生的动物和人物雕像。当时的医生甚至试图制造机械来替代身体部位。通过观察机械雕像的移动及其对刺激做出的反应，笛卡儿相信动物本质上就是复杂的机器。

　　笛卡儿在事业上的创新和胆识在今天或许很难被欣赏。我们与机器生活在一起，这些机器能够感知、记忆，也许还会思考。由于我们拥有计算机和程序，所以我们可以解释它们是如何工作的，尽管需要通过很多数学或机械细节。在"大脑的十年"（decade of the brain）里，我们的研究上至大脑的工作机制，下至单细胞生物的生物物理特性。笛卡儿努力从物质中驱逐神秘力量，将心理功能还原为生理过程，他的努力直到如今才看到成果。虽然笛卡儿的生理心理学细节对于本书的主题而言并不重要（完整细节参见Gaukroger，1995），但他的方法为他治疗人类心灵造成了概念上的困难。

笛卡儿的心理学问题，也是后来所有心理学家的问题，这一问题的提出始于我们将视角转向人类灵魂的时候。作为一个基督徒，笛卡儿不得不从机械论解释中跳出来。笛卡儿的陈述通常被认为是干净简洁的，但事实上是狡猾和难以捉摸的，是在一个机械的宇宙中保留一个基督教灵魂的痛苦尝试（Gaukroger，2002）。

在《论人》中，笛卡儿说人类灵魂的独特功能是思考。用思想或理性的力量来定义灵魂，这当然是十分传统的做法，可以追溯到古希腊。笛卡儿的创新之处在于，他专注于思考如何将人类与动物在体验、行为以及拥有语言等方面区分开来。

首先，思想使人类的体验不同于动物的体验。笛卡儿从不否认动物也有体验——也就是说，它们同样可以意识到周围的环境。它们缺少的是对自己意识的深刻反思。笛卡儿写道（引自 Gaukroger，1995）：

> 动物的"看"，和我们有意识地"看"是不同的概念，只有当我们心不在焉地"看"时，才和动物是类似的。在这种情况下，外部物体的图像映射到我们的视网膜上，也许这些视觉信号对视神经带来的刺激会导致我们的肢体做出各种运动，尽管我们完全没有意识到它们。在这样的情况下，我们就像一个自动化机械一样运动。

（ pp.282，325 ）

如同几个世纪后的威廉·詹姆斯一样，笛卡儿在简单意识和自我意识之间划了一条清晰的分界线。詹姆斯指出，我们的很多行为可以通过简单的习惯而非思考来实现。拿现代的一个例子说，司机可以在对交通信号灯做出反应的同时，不打断与朋友的激烈交谈。当红灯信号进入司机的视网膜后，他踩下刹车，尽管司机感觉到灯变红了，但他并没有刻意去思考它，因为他的思想在别处，在谈话中。

其次，思想使人的行为比动物的行为更灵活。笛卡儿写道，"对每一个特定行为的处置"，动物需要一些"预设"（preset）（引自 Gaukroger，1995，p.276）。看到交通灯变红就踩刹车是一种预设习惯，它会被红灯自动激活。笛卡儿认为动物是机器，因此只能以这种反射性的方式做出反应。与之不同的是，人类可以通过思考来应对全新的情况。比如，当接近所有灯都熄灭的十字路口时，司机会暂停正在进行的谈话，仔细思考该怎么办。一个动物，在缺乏外界刺激的时候，就会僵住不动，也可能在受到某些刺激的情况下采取不

笛卡儿
资料来源: *Georgios Kollidas / Shutterstock.com; Engraved by W. Holl, 1833.*

恰当的行动。行为的灵活性成了詹姆斯的理论标签。

关于动物思想，笛卡儿有些前后矛盾。有的时候，他完全否认动物会思考，但是有时，他认为这是个经验性的问题，不是哲学问题，尽管他说，就算动物会思考，这种思考跟人类思维也是大相径庭的（Gaukroger，1995）。在接受了进化论之后，人们在人类和动物之间划一条清晰的界线变得更加困难，比较心理学家试图研究动物思维，但结果颇有争议。

人类思维特征的第三个方面是语言，笛卡儿认为语言是人类独有的。在《论人》中，笛卡儿认为语言在人类思维的认知中扮演了重要的角色，他认为语言对人类的自我意识至关重要。交谈中的司机看到红灯会本能地刹车，导盲犬经过训练后看到红灯也会阻止主人过马路，在这种反射性的思维水平上，司机和狗没有本质区别。但根据笛卡儿的分析，只有作为人的驾驶员，才会意识到这是红绿灯，拥有红灯意味着必须停车的思想。受过训练的狗也会停下来，但它无法形成"红灯意味着停止"的命题。能够以这种方式思考红灯，使人类能够反思性地思考经验，而不是简单地拥有经验。

动物不会像我们一样思考（如果它们能够思考的话），因为它们不能利用由语言表述的命题来思考。笛卡儿进一步认为，人类心智表述命题的能力，并不依赖于其使用某种特定的人类语言。他提出，存在一种内在的人类思维语言，而现实中的人类语言，只是这种内在语言的翻译。因此，当一个中国司机说："红灯意味着停车"，而一个德国司机说："Rot bedeutet halten"，从内在语言的角度说，都是将"红灯"与"需要停车"联系在一起。

自笛卡儿以来的几个世纪里，关于语言在思维中的作用，以及它在动物中存在与否的问题，已经被证明是极具争议的。部分哲学家和心理学家追随笛卡儿的观点，将语言和思维紧密联系在一起，而其他人则强烈反对。在 20 世纪 60 年代，语言学家诺姆·乔姆斯基（Noam Chomsky）提出了笛卡儿语言学（Cartesian linguistics），认为语言是人类这一物种特有的思维属性，他的学生杰里·福多尔（Jerry Fodor）称笛卡儿的普遍性内在语言为"心理语言"（mentalese）。笛卡儿语言学的出现很大程度上加速了行为主义的衰落，行为主义认为人和动物之间没有本质的分界线；同时，它对于认知科学的创立也发挥了重要作用，认知科学将人类与使用计算机语言的计算机进行类比，而不是与不使用语言的动物类比。1748 年，一位法国哲学家建议教猩猩语言，以此来击败笛卡儿关于灵魂的信仰，这是由行为主义者发起的一个结果不确定的项目，目的是保护自己不受乔姆斯基思维理论的影响。

不幸的是，笛卡儿从未完成对人类灵魂进行科学处理的研究计划。1633 年，他阻止了《论世界》的出版，进而放弃了生理学研究和《论人》的写作。同时，他的科学成果可能会受到伽利略式的审判，面对这一风险，他转向打造一个不可动摇的哲学基础（Gaukroger，1995）。对于心理学的发展，笛卡儿的新方向是决定性的。它创造了意识的概念，将心理学定义为研究意识的科学，同时抛出了一系列深奥而又棘手的问题，心理学界至今都在努力解决这些问题（Dennett，1991；Searle，1994）。

作为哲学家的笛卡儿　作为一名早期的科学家，笛卡儿关注的哲学问题，主要集中于发现或创造能够指导科学思维的方法论规则，使其有别于宗教教条和神秘主义（Grayling，2016）。当亚里士多德的物理学在科学革命面前崩溃时，人们普遍将他的错误归因于糟糕的方法论。笛卡儿希望用一套更好的方法论来指导新的科学，他花几年时间断断续续地创作了《探求真理的指导原则》（*Rules for the Direction of the Mind*）。尽管他最终放弃了出版，但这本书还是在他去世后的 1684 年得以出版。1635 年，他在《谈谈方法》（*Discourse on the Method of Rightly Conducting One's Reason and Seeking Truth in the Sciences*，1637）以及更简短但更有影响力的《第一哲学沉思集》（*Meditations on First Philosophy*，1641/1986）中，重新赋予了科学认识论的基础。

一种新的从哲学角度研究心理学的方法由此开启，并且在其后的几个世纪中，一直在心理学的发展中处于中心地位。笛卡儿研究自己的思想，是为了建立一种基础哲学。柏拉图和柏拉图主义希望经由心智进入先验性的形式世界。亚里士多德的认知论是现实主义的，认为必须在自然界中找到哲学真理，包括道德真理。笛卡儿开启了对新的领域——心智的探索，他投入其中去寻找哲学真理。由此，对人类心灵的心理学研究，将成为解答关于知识和道德的哲学问题的基础。

在《谈谈方法》中，笛卡儿描述了他是如何找到自己的哲学的。神圣罗马帝国皇帝斐迪南二世（Ferdinand Ⅱ）的加冕典礼结束后，他回到家中，花了一天时间（可能是 1619 年 11 月 10 日），在一个有火炉的房间里沉淀他自己的思想，并阐述了他的哲学基本原则。笛卡儿想要为他研究的充满政治风险的科学项目找到一个坚实的哲学基础。为了找到这样的基础，他采用了一种激进的怀疑论方法。他决心系统地怀疑自己的每一个信念，即便是那些正常人都不会怀疑的信念，直到发现一些不容辩驳的真理。他的目的并不是真的去怀疑常识，而是强迫自己寻找合理的理由去相信它们。从某种意义上说，笛卡儿是在依照苏格拉底的逻辑辩驳，为自己持有的看似显而易见的信念寻找明确的理由，从而为自己的科学研究提供基础。

笛卡儿发现他可以怀疑上帝的存在，怀疑自己感觉的正确性，怀疑自己身体的存在。他以这种方式继续质疑下去，直到他发现了一件他无法怀疑的事情：他自己是一个有自我意识的、有思想的存在（res cogitans）。一个人不能怀疑他所怀疑的，因为一旦这样做，他就使被怀疑的行为成为现实。怀疑是一种思考行为，笛卡儿以著名的"我思故我在"（Cogito, ergo sum）表述了他的第一个不容置疑的真理：我是一个会思考的东西，仅此而已。灵魂，也就是思维的存在，是一种与物质无关的心理实体，不占据空间（没有延展性），与身体完全分离。笛卡儿提出了一种激进的新二元论：灵魂和身体完全不同，既不共享物质也不共享形式。灵魂也不是身体的形式。相反，他认为，灵魂像幽灵一样居住在机械式的身体内，通过身体接受感觉，并且通过意志行为来指挥身体。在17世纪的社会思想背景下，把灵魂看作一种精神物质，是一种调和科学与宗教的方式——科学解释物质世界，宗教解释灵魂。

笛卡儿的灵魂和身体二元论，也是解释主要属性和次要属性二元论的一种方式。根据笛卡儿的观点，物质世界是由微粒或原子构成的，它们只具备在空间和物理位置上延展的属性。除了包括身体在内的物质世界，还有一个关于意识和精神的主观世界。也许这个第二世界也是精神的，因为上帝和灵魂都不是物质的。无论如何，就人类知识所及的范围，笛卡儿总结出有两个世界：一个是客观的、科学上可知道的、机械化的物质世界，也就是现实世界；另一个是通过内省而认识的、有关人类意识的主观世界，也就是"我思故我在"的世界。

笛卡儿并不是第一个通过精神活动证明自己存在的人。圣奥古斯丁说："如果我被欺骗了，我就存在。"巴门尼德说："因为思考和存在是一回事。"笛卡儿的理念之所以具备开创性且影响深远，是因为其激进的反身性（Taylor，1989），他把他的自我意识和他发明的"意识"概念作为一个可以研究的对象。圣奥古斯丁转向内心，找到了上帝。笛卡儿转向内心，发现只有自己。这是心理学史和哲学史上的一个重要时刻，值得我们仔细研究。

笛卡儿关于"我思"（cogito）的论证，从根本上把"自我"（self）从"意识体验"（conscious experience）中分离出来，创造了作为观察对象的意识。在科学革命之前，人们认为世界就是看起来的样子，人只是简单地生活在体验中。然而，主要属性和次要属性的划分，摧毁了传统的、天真的"体验可靠"的信念。笛卡儿以这种区别为基础，认为我们可以从经验中后退一步，不把它当作属于自我范畴的一个对象，而是当作一个感觉的集合来检视。

想象一下，你正看着一片绿叶，现在我要求你更仔细地观察它的绿色。按照传统观点，你会简单地认为自己就是在仔细观察树叶的绿色。然而，笛卡儿要求你做一些不同的事情：思考你对绿色的感觉，以及绿色是如何在意识中出现的。从这个角度看，你不再只是观察树叶，一定程度上你在反思意识——对绿色的感觉。

丹尼尔·丹尼特（Daniel Dennett，1991）提出了一个实用的方法来理解笛卡儿建立的体验模型。他把笛卡儿的心智模型称为"笛卡儿剧场"（Cartesian Theater）。一个观察者，也就是内心的自我——那个笛卡儿已经通过"我思"证明的存在，正看着屏幕，来自视网膜的视觉刺激则是屏幕上的投影。我们通常会直观地坚信，当我们看到一片树叶时，看到的就是一片真正的叶子。然而，如果笛卡儿的剧场模型解释合理的话，那我们实际看到的，就不是一片树叶，而是那片叶子的投影图像。内省包括将思维图景当作一个图像来思考，然后在不参照外部对象的情况下检查图像。

图 5.1 是《论人》中的插图，展示了笛卡儿剧场的生理模型，揭示了新意识概念的重要特征，这将在其后几个世纪深刻地影响心理学的研究和理论。这幅插图展示了大脑、眼睛和神经的工作原理，神经将信息从眼睛向大脑传递，就像眼睛 / 大脑直接看到弓箭手的箭一样。箭头的图像先被光线投射到视网膜上。从视网膜开始，神经将图像向内传送到大脑，然后图像再被投射到松果体的表面，根据笛卡儿的说法，松果体是灵魂和身体的交互之处。笛卡儿的视觉感知模型包括两个要点。首先，它为科学革命创造的新感知理论提供了一个生理学的，当然也是笛卡儿式的机械论解释。我们的非机械化、非物质的灵魂并不会直接看到物理世界，外部世界只是作为投影投射到松果体。其次，我们看到的图像是感觉的组合，而不是一个完整的、有意义的物体。我们可以通过投射到每个视网膜上相应感觉点上的光线来追踪特定的物理刺激点。这些视网膜感觉点上的信息由单独的神经带到松果体，在松果体表面产生像素状的投影点。这表明，我们对任何物体的整体概念，都是一组拥有特定属性的较小刺激的集合，比如颜色和亮度。

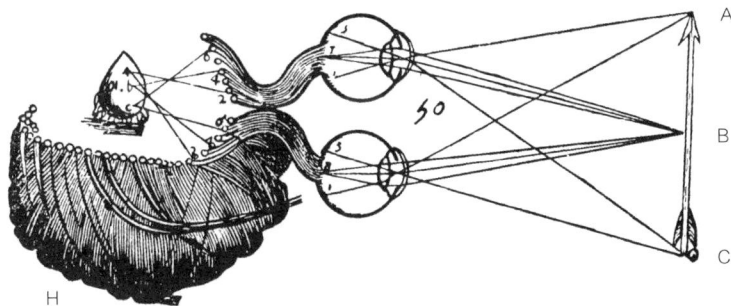

图 5.1 笛卡儿剧场的生理模型，来自笛卡儿的《论人》[1]
资料来源：*INTERFOTO/Alamy.*

想象一张发射台上航天飞机的报纸插图，你可能会说："我看到航天飞机了。"但是，事实上，你看到的是航天飞机的图像，而不是航天飞机本身。仔细观察就会发现，图像比你最初想象的要模糊得多，再仔细看，你会看到图片是由灰色和黑色的点组成的，这些点是你第一次天真地"看到"航天飞机时没有注意到的。笛卡儿说，意识体验就像一个剧场或一张照片，自我会直观地将其看作真实的形象，但这个形象，也就是意识本身，可以作为一个对象，通过一种叫作内省的特殊内在观察来检验。

---

[1] 自我（图中的 H）通过投射在松果体上的箭头图像间接地"看到"了世界。格式塔心理学家后来争论说，这种将心灵视为镜子的理论，导致心理学走上了歧途。

随着笛卡儿剧场这一模型的提出，意识心理学诞生了，尽管它暂时还不能称作一门科学。在笛卡儿之后，人们普遍认为，意识是投射到心灵的一系列感觉，自我可以反思性地检查它们。自然科学继续天真地把世界看作一堆需要仔细观察的对象，以及哪些理论是可以提出并检验的。心理学被定义为通过感觉对感觉进行反思、内省的研究。通过对体验的实验，感觉可以被仔细观察，关于它们的理论也可以被提出并测试。将体验本身（不是体验的对象），也就是意识作为对象，这一观点的产生为 19 世纪中叶带来了科学心理学和现代艺术。现代艺术起源于画家对"艺术只作为表现形式"这一想法的反抗，并要求观众关注画作本身。传统艺术，如同传统的感知理论，只专注于所表现的事物。例如，风景画的目标是展示一座山或一个湖到底是怎样的。然而，现代艺术家希望观众专注于画布，不要管艺术家看到了什么，而是关注艺术家在山或湖边创作时的主观印象。

除了意识的概念，笛卡儿剧场模型还创造出了现代化的"点状"（pointlike）自我[Taylor，1989；泰勒其实用的是"精准"（punctual）一词，但我认为这个词有误导性]。根据笛卡儿的说法，灵魂就像一个数学点，它存在，但实际上并不占据任何空间，它只做一件事，就是思考。把灵魂看作一个点是一种全新的观点。对于希腊人，也包括像阿奎那这样的基督徒，会把个体看作灵魂的具象化，包括动物灵魂所具有的那些官能，其作用是通过体验与外部世界直接相连。而根据"我思"的论点，我们的本质是一个不占体积的、有关自我意识的纯粹思想点，居住在"笛卡儿剧场"内，独立于身体和体验，通过笛卡儿剧场屏幕上的投影间接接受外部信息。

这样一个小小的自我，一方面容易被抹去，另一方面又容易膨胀。圣奥古斯丁审视自己的内心，找到了上帝。笛卡儿观察自己的内心，只找到了自己。然而，后来的英国哲学家大卫·休谟（David Hume）在审视自己内心的时候，发现了来自世界和身体的感觉和图像，却没有发现自我。德国著名哲学家康德否认了这一惊人的结论，尽管他也找不到自我，但他将其假设为一种逻辑的必然。随后，康德赋予了自我巨大的力量，他的追随者，德国理念论者们说，看不见的自我是如此强大，它创造了宇宙。

在意识心理学中，点状自我可以控制、观察和精确地报告体验。在无意识心理学中，点状自我变成了"自我"（ego），只能部分控制动物性本我（animal id）的强烈欲望。跟随着休谟的脚步，心理学发生了一些适应性变化，灵魂开始在研究中消失，与意识本身的映射融为一体。到了 20 世纪，行为主义和认知科学中则完全没有了意识和自我的概念，它们满足于研究"我们做什么"，而不是"我们是什么"。

通过将经验从自我中分离出来，并使之成为一种可以研究的东西，也就是意识，笛卡儿的理论让心理学学科的成立成为可能，并且深刻地影响了哲学的发展。作为一名科学家兼哲学家，笛卡儿想知道世界到底是什么样子的。对于传统哲学来说，这不是一个问题，我们是直接通过体验认识世界的。然而，在笛卡儿的模型中，思维的自我被困在笛卡儿剧场中，我们只能看到世界的投影，看不到世界本身。意识带有不可磨灭的主观性，它是世界对我们呈现的方式。然而，要使意识成为科学以及更加广泛的知识基础，则必须清除其主观性。这就要求我们必须去研究自己，去做心理实验，这样才能去掉体验的主观性，留下客观的真理（Gaukroger，1995）。在随后的一个世纪，尤其在启蒙运动期间，心理学变得愈发重要，因为哲学家们开始将伦理学、政治学以及和谐社会的标准，建立在对人性的研究基础之上。

笛卡儿哲学和心理学的困境　笛卡儿关于灵魂和肉体的全新概念与科学革命的方向是一致的，科学革命已经开始质疑感知的有效性，并把世界视作一台机器。他的心理学，以及在其基础上发展出的各种版本，迅速席卷了欧洲的知识界，成为几乎每个心理学家和哲学家研究的起点，即使他们不同意笛卡儿理论的细节。然而，笛卡儿的二元论面临着许多困境，有旧的也有新的。一个古老的问题来自早期的身心二元论，如柏拉图的"小人儿"（homunculus）问题。其他困难出现在后来的心理学研究过程中。笛卡儿本人解决了其中两个新问题。

第一个新问题是精神（或灵魂）和身体是如何相互作用的。笛卡儿试图探索一种发生相互作用的生理机制。他提出，松果体不仅是笛卡儿剧场的所在地，而且还提供了灵魂控制身体的手段。笛卡儿认为，松果体位于大脑的底部，是身体的神经管进入大脑的地方。灵魂可以引导松果体通过神经指挥动物的精神活动，从而控制身体运动。

随着对大脑研究的发展，笛卡儿的相互作用理论最终变得不足为信，但它始终存在一个从未克服的哲学问题。这个问题最早可能是被波希米亚的伊丽莎白公主（Princess Elizabeth，1615—1680）注意到的，伊丽莎白与笛卡儿通信频繁，她是一位坦率的批评者。笛卡儿和伊丽莎白于 1642 年在荷兰相遇，看似坠入了爱河，但从未共结连理（Grayling，2016）。笛卡儿后来为她写了两本书，赞美她的美丽和敏锐的智慧。多年来，他们既写哲学信，也写亲密信。在这些信中，伊丽莎白提出了二元论最大的缺点：物质身体和精神灵魂如何互动？

1643 年 6 月，伊丽莎白写信给笛卡儿，说她无法理解"灵魂（无体积的和非物质的）如何能移动身体"；"身体怎么会被非物质的东西所推动……而非物质的东西又不能与身体有任何交流"（Blom，1978，pp.111–112）。笛卡儿用一个关于身心"统一"的模糊论点来回答。在她 1643 年 7 月 1 日的另一封信中，伊丽莎白重申了她对灵魂 – 身体相互作用的困惑："我也发现，直觉告诉我灵魂在移动身体，但是它们没有教会我（比理解和想象更多）它是如何做到这一点的。"也许"灵魂中有未知的属性"使互动成为可能，但这件事仍然神秘莫测；否则我将对任何事情都失去信心"（Blom，1978，p.117）。笛卡儿在回信中表达了对伊丽莎白健康的担忧；他不想进一步激怒伊丽莎白，所以他终止了通信，身心互动问题也没了下文。

笛卡儿心理学的第一个"补丁"是为了回答伊丽莎白的问题，即非物质的灵魂是如何推动物质的松果体（身体）或受其影响的。最终，正如我们接下来将会看到的，哲学家和心理学家没有抛弃笛卡儿剧场，而是保留了点状思维概念，但否认思维和身体的相互作用，这违背了伊丽莎白的自然直觉，即"灵魂移动身体"。

笛卡儿观点的第二个新难题被哲学家们称为"他心"（other minds）问题。如果我的头脑是一个被锁在身体里的点状思维，我怎么知道我的灵魂不是宇宙中唯一的灵魂？我能够通过"我思"确定自己灵魂的存在，但是我怎么知道你或者莱昂纳多·迪卡普里奥（Leonardo DiCaprio，好莱坞影星）也有一个？笛卡儿在他的著作中对这一问题做出了回应，他的回应指向了语言。从我自己的自我意识中，我知道我在思考，我用语言表达我的想法。因此，任何拥有语言的生物，也就是所有人类（也只有人类拥有语言），都能够思考，也就是都具备意识。如前所述，笛卡儿分析的问题不久就会面临挑战。按照他的逻辑，如果没有灵魂的动物可以学习语言，那么也许人也是没有灵魂的。科技的进步摧毁了笛卡儿"人和动物之间没有延续性"的观点。如今，即便是人造的计算机，也可以学会像我们一样说话。

除了他的二元论和对理性的强调，笛卡儿的先天论也把他与柏拉图联系到了一起。笛卡儿在自己身上发现了一些来自经验的思维，比如关于树木或岩石，还有一些是头脑创造的思维，比如"塞壬和骏鹰"（sirens and hippogriffs，西方神话生物）。但同时，他在自己身上也发现了并不基于任何感觉的思维，这是一些具有普遍性的思维，他认为这些思维绝非自己创造出来的，包括上帝、思维本身、还有数学（Gaukroger，1995）。笛卡儿提出，这些想法并非来自感官，而是来自上帝植入的"自然存在于我们灵魂中的某些真理细菌"。他由此得出结论，那些不容置疑的主要真理都是与生俱来的。而对于柏拉图来说，这些具有普遍性的思维只是潜在思维，需要经验来激活。

结论 如今人们普遍认为，笛卡儿的哲学未能逃过被贴上"异端邪说"的标签的命运，尽管他极力避免这一点。具体地说，由于他否认灵魂拥有个人记忆，从而陷入了阿威罗伊主义，事实上，他的作品在1663年被列入了天主教会的禁书名单。在大众眼中，笛卡儿常常被看作浮士德，一个为了知识出卖灵魂给魔鬼的人（见前文讨论）。18世纪流传着一个十分荒谬的故事，说笛卡儿按照他私生女弗朗辛（Francine）的形象造了一个机械女孩，据说这个机械女孩长得非常逼真，甚至难分真假。并且有传言暗示他跟这个机械女孩有性关系。到此时，一些思想家已经开始持有笛卡儿从未采纳过的、有争议的观点：宣称人类只是像动物一样的机器。而这个故事无疑是对这一惊人想法的回应（Gaukroger，1995）。如今，笛卡儿的心理学仍然饱受争议（例如：Dennett，1991；Searle，1994）。通过将意识简化为一个点，把体验变成一种叫作意识的，神秘的、主观的东西，假设大脑中存在一个体验发生点，提出"他心"问题和"身心互动"问题，如此种种，笛卡儿似乎给心理学挖了一个深坑，心理学到现在才得以逃脱。笛卡儿的二元论也将偏执的倾向引入了现代思维（Farrell，1996）。笛卡儿的激进怀疑论并不是要对外部世界或对上帝的信仰产生怀疑。然而，笛卡儿提出的"意识只能自我了解"的观念（如洛克所言），让后来的思想家们怀疑意识是否能够完全反映现实世界。到了18世纪，哲学心理学家甚至开始怀疑外部世界的存在、人类获得知识的可能性，以及道德的根基。弗洛伊德让人们怀疑自己动机的真实性，将偏执引入了笛卡儿认为是唯一真理的内心世界。

无论如何，由于笛卡儿给后人挖的坑够深，其影响是不容否认的。他的理论框架决定了心理学将"人类意识"作为研究方向，并使"寻求自我理解"成为一个重要课题。有趣的是，笛卡儿理论框架的后续版本之一对心理学产生了更直接的影响力。它更具常识性、更直观，也更少受到元物理学的束缚，并受到笛卡儿死后37年出版的牛顿的《原理》（*Principia*）启发。这就是医学哲学家约翰·洛克对科学心理学的尝试，我们将在下一章读到。

意识量化：戈特弗里德·威廉·莱布尼茨

戈特弗里德·威廉·莱布尼茨（Gottfried Wilhelm Leibniz）是一位数学家、逻辑学家和形而上学家。他独自发明了微积分，并梦想着一种形式上的概念性微积分，能像数学对科学所做的那样，应用于语言推理。他的形而上学极其深奥，简而言之，他认为宇宙是由无穷多个称为单子（monads）的几何点组成的，每个单子在某种程度上都是有生命的，并拥有一定程度的意识。动物和人都是由单子组成的，它们服从于一个最有意识的，当然也是最核心的单子。莱布尼茨提出了一个被早期科学心理学家广泛采用的身心问题的解决方案，并建立了一个关于意识的思考框架，在这个框架内意识体验是可以被测量的，这使得关于心理学的第一项科学研究——费希纳的心理物理学（见第7章）成为可能。

精神和身体：身心平行论　由于莱布尼茨的单子理论合理地解释了身心问题，在接下来的两个世纪里，这一理论变得越来越受欢迎。笛卡儿说过，精神和身体相互作用。然而，由于不清楚精神与身体是如何相互作用的，一种基于偶因论的身心理论出现了，在这种理论中，上帝确保身体和精神的同步互动。这样的解释同样牵强，因为需要上帝在其中保持身心协调。莱布尼茨提出了一个答案，这个答案后来被称为身心（或心理物理学）平行论。莱布尼茨认为上帝创造了宇宙（单子的无限性），这样单子之间就有了预设的和谐。莱布尼茨使用了一个比喻，即两个完全相同的完美时钟，设定在同一时间，同时开始工作。从被造之时起，时钟将永远保持一致，互为镜像，但它们之间不存在因果关系。每一个都将在一个相同但平行的发展过程中运行，没有相互作用。它们分别代表了思想和身体。意识（心灵）准确地反映了身体所发生的事情，但这只是因为上帝预先设定的和谐，而不是因为因果关系。事实上，莱布尼茨将这种新偶因论的体系扩展到了整个宇宙，他认为单子从不相互作用，而是在各自的宇宙图景中保持协调，因为上帝是完美和谐的。虽然后来人们逐渐抛弃了身心平行论的形而上基础，但随着生理知识和物理学的发展，这种学说变得流行起来，使得互动论和旧偶因论逐渐淡出了人们的视野。

莱布尼茨也支持先天论。和笛卡儿一样，莱布尼茨同样认为，很多想法，如上帝和数学真理，无法从经验中导出，因为它们太抽象了，因此这类思维一定是与生俱来的。莱布尼茨用雕像的比喻来表达他的观点。人的大脑在刚出生的时候如同一块大理石，大理石是有纹理的，比如，可以利用大理石的纹理雕刻出一个大力士的雕像。尽管需要一些活动才能使雕像呈现出来，但从某种意义上说，大力士雕像是"天生于"大理石中的。同样，婴儿对某些知识的先天倾向一定会被激活，要么是通过体验，要么是通过婴儿自己对精神世界的反思。

问题3

感觉、知觉和注意　在心理学方面，莱布尼茨最重要的思想是他对知觉的描述。莱布尼茨的思想为心理物理学（psychophysics）以及冯特创立心理学奠定了基础（McRae，1976）。首先，莱布尼茨区分了"微觉"（petite perception）和"知觉"（perception）。微觉是一个"刺激事件"（借用一下这个现代术语），它非常微弱，以至于它无法被知觉。用莱布尼茨最常用的比喻来说，人听不到一滴水撞击海滩的声音，这是一种微弱的感觉。海浪撞击海滩，本质上是成千上万的水滴撞击海滩，也就是我们听到的效果。因此，我们对波浪碰撞的知觉是由许多微觉组成的；每一个微觉都因为太小而无法被听到，但是它们合在一起构成了一个有意识的体验。这一学说为心理物理学指明了方向，心理物理学是对刺激强度和体验之间数量关系的系统研究，我们将在第7章中讨论。莱布尼茨的叙述还暗示，存在一种更复杂的无意识，或者说，正如莱布尼茨所写的："我们没有意识到的灵魂本身的变化。"

莱布尼茨还区分了知觉和感觉（sensation）。知觉是一种原始的、混乱的想法，不是真正的意识，动物和人类都可能拥有。然而，人类可以提炼及提高知觉，并通过意识对其进行反思，然后它们会成为感觉。这个提炼过程叫作统觉。统觉似乎也参与了将微觉结合成知觉的过程。莱布尼茨强调，这种结合不是一个简单聚合的过程。更确切地说，知觉是由大量微觉重构出来的属性。例如，如果我们将蓝光和黄光结合起来，我们就不会分别感受到蓝光和黄光，而是感受到绿光，这是一种完全不同于原始光线构成的体验。

注意是莱布尼茨统觉概念的主要组成部分，分为被动和主动两种类型。如果我们全神贯注于某项活动，有可能会忽视另一个刺激，比如没有注意到某个朋友正在跟我们讲话，直到这个刺激变得更加强烈，让我们从上一个刺激中转过神来。在这里，注意的转移是被动的，因为新的刺激吸引了注意。注意也可以是主动的，就好比我们在派对上，眼里只有某个人，而自动屏蔽其他人一样。有时，莱布尼茨会混用统觉和有意注意，因为他将统觉视作一种意志行为。莱布尼茨的主动心理统觉说后来成了冯特的理论核心。

心理学和人类事务

随着科学革命的到来，人类在自然中的地位显然需要重新评估。随着宗教开始失去权威，科学开始获得自己的权威，哲学、心理学、政治和价值观等方面的传统问题都在寻找新的答案。在科学的框架内重塑人类的自我理解和改善人类生活与心理学密切相关，而且直到如今我们仍在这样做。科学提出了一系列重大问题，如人类行为的根源、价值观在事实世界中的位置、道德责任、人类政府的适当形式，以及情感在科学理性世界观中的地位等。哲学家们从 17 世纪便开始与这些问题搏斗，并提出了至今仍能激励或激怒我们的解决方案。

社会生活法则：托马斯·霍布斯

托马斯·霍布斯（Thomas Hobbes）是第一个用新科学观点理解并表达"人类及其在宇宙中的位置"的人。这一成就也奠定了其历史地位。霍布斯写道："由于生命只是肢体的一种运动……那么我们为什么不能说，一切……'自动机械结构'也具有人造的生命呢？是否可以说它们的'心脏'无非就是'发条'，'神经'只是一些'游丝'，而'关节'不过是一些齿轮"（Bronowski & Mazlish，1960，p.197，斜体为原文所加）。与霍布斯同时代的笛卡儿认为，除了人类，动物都是机器。霍布斯则走得更远，他声称，心理实体只是一个毫无意义的想法。只存在物质，人的行为与动物的行为并无二致，完全是由物质决定的，而不是心理。基于对未来"计算式思维"的预测，他说，思维既可以由机器运行，也可以由灵魂操控（Dascal，2007）。

霍布斯和笛卡儿的观点有一点是一致的：哲学应该按照几何学的模式来建构。事实上，霍布斯在 40 岁时偶然接触了欧几里得（Euclid）的优雅几何证明，这给他带来了深刻的哲学思考。霍布斯认为，所有的知识最终都植根于感官知觉。他支持极端唯名论，认为共相只不过是用方便的名称将记忆中的感官知觉进行分类罢了。他把关于形而上学的争论斥为关于无意义概念的学术之争，并且严格区分了"理性而有意义的哲学"和"非理性而无意义的神学"。他最有趣的心理学理论认为语言和思维是密切相关的，甚至可能是同一回事。在他的主要著作《利维坦》（*Leviathan*）（Hobbes，1651/1962）中，霍布斯写道："理解只不过是言语所产生的概念。"此外，他还说："儿童在学会使用语言之前，根本不存在什么理性。"霍布斯是第一个将"正确的思维"等同于"正确的语言运用"的哲学家，他的这一观点至今仍影响广泛。

霍布斯最大的贡献在于思考人性与人类社会的关系。"如果没有政府，人们在自然状态下会是什么样子？"霍布斯是第一个提出这个问题的人，这一问题成了18世纪启蒙运动的开端，至今仍发人深省。一旦人们放弃了政府的存在是为了执行上帝律法的观点，而采用科学观点看待人类，政府和社会似乎就应该围绕着人类的本性来建构。心理学是对人性的研究，这对于那些渴望或需要治理社会的人来说，显得十分重要。

霍布斯认为他已经了解了在没有政府的情况下人类的光景，他经历了英国内战的混乱状态，在那场战争中，政府事实上形同虚设。在《利维坦》中，霍布斯以现代自由主义那句老生常谈的话开篇，即人在身体和精神上的力量是大致平等的。然而，没有政府的外部控制，每个人都会寻求个人利益而对抗他人。关于无组织的社会，霍布斯写道："*人们之间永远在争斗*……而人类的生活是孤独、肮脏、野蛮和短暂的"（斜体为原文所加）。解决办法是让人们意识到，他们的精致利己主义存在于一个能够提供安全、工业成果和其他好处的管制状态中。这意味着承认自然法的存在，例如，为了避免战争，每个人都应该牺牲绝对的自由和平等，以及"在享受反对他人的自由时，也要能够接受他人对自己的反对"。霍布斯进而认为，确保这种整体利益的最佳状态是绝对专制，社会的所有成员都将其权利和权力的契约授权给一个统治者或统治集团，无论是国王还是议会，然后由其来统治和保护民众，将所有人的意志结合成一个统一的意志。然而，霍布斯并不是现代极权主义之父。在他看来，威权国家将创建一个和平的环境，在这个环境中，人们可以自由地做他们想做的事，只要不伤害他人。

霍布斯认为，将自然法则应用于人类的观点，对心理学来说相当重要。他说，除了人类对自然的认知之外，自然界中还有一些固有的规律，这些规律支配着一切，从太阳系的行星运行到包括人类在内的所有生物机器。然而，霍布斯的态度并不完全科学，因为他说我们是出于理性而遵循自然法则的。只有在确保安全的时候人们才必须遵循这些法则；如果政府或其他人试图迫使任何人走向毁灭，这些法则就可能被打破。行星不能选择服从或不服从牛顿运动定律，就此而言，霍布斯的自然定律有别于物理定律。

决定论的延伸：巴鲁赫·斯宾诺莎

巴鲁赫·斯宾诺莎（Baruch Spinoza）是一个与他所处的时代格格不入的思想家。作为一个犹太人，他因不信仰耶和华而被逐出教会。他的哲学将上帝与自然等同起来，并将国家视为一种可撤销的社会契约。由此，他遭到了来自犹太人的唾弃和来自教会的谴责。甚至在他定居的以自由著称的荷兰，他的作品也受到了压制。在启蒙运动中，他因独立性而受到钦佩，但因泛神论哲学而遭到拒绝。后来，浪漫主义者崇拜他毫不掩饰的神秘主义，而科学家把他看作一个自然主义者。

斯宾诺莎的哲学始于形而上学，终于对人性的彻底重构。他认为上帝本质上就是自然。没有自然界，什么都不会存在，以至于上帝（自然）是万物的支撑者和创造者。但是上帝不是一个独立于自然的存在；所有的事物都是上帝的一部分，没有例外，上帝就是整个宇宙。因此，斯宾诺莎被认为是无神论者。此外，自然（上帝）被认为是完全决定论（deterministic）的。斯宾诺莎认为，理解任何事物都意味着了解其动力因（efficient causes）。斯宾诺莎认为目的论（teleology）只是将人类情感投射于大自然，他否定"终极目的"（final causes）的存在，认为"终极目的"只是当人们无法用动力因解释某件事时的权宜想法。

斯宾诺莎把他的决定论分析扩展到了人性。心灵不是与身体相分离的东西，而是由大脑活动产生的。虽然身心是一体的，但可以从两个方面来看待：生理性的大脑活动以及作为心理性的思想。斯宾诺莎并不否认心灵的存在，但他认为心灵本质上是基于物质的。因此，对于斯宾诺莎来说，精神活动和身体活动一样是决定论的。斯宾诺莎拒绝笛卡儿的二元论，因此对他来说，身心的相互作用并不存在问题。

然而，斯宾诺莎进而描述了一种超越唯物主义决定论的自我控制伦理，这在一定程度上与他的其他思想相冲突。他认为正确的行动和思考取决于理性对身体情绪的控制。明智的人会遵循理性的指示，而不是屈从于身体短暂而缺乏逻辑的激情。理性会引导一个人明智地基于自身利益而行动，比如帮助他人，就像希望自己被别人帮助一样。斯宾诺莎的伦理学和他的人性观很大程度上延承了斯多葛派的思想。物理宇宙超出了我们的控制范围，激情却在我们的控制能力之内。由此可见，智慧就是理性地自我控制，而不是徒劳无功地试图控制自然或上帝。斯宾诺莎还认为，政府应该允许思想、道德评价和言论自由，因为每个人都应该自由地按照自己认为合适的方式控制自己的思想。

押注上帝：布莱兹·帕斯卡

布莱兹·帕斯卡（Blaise Pascal）是一个非凡的人物。他通过研究传统物理学认为不存在的东西——真空，在很大程度上推动了科学革命。在数学方面，他也是一个神童，19岁时他造出了一台早期的机械计算器。尽管他发明计算器的目的并不高尚，只是为了帮他当税吏的父亲算账，但其意义却是深远的。帕斯卡写道："计算器产生的效果比动物的任何行为都更接近人类的思想"（Bronowski & Mazlish，1960）。帕斯卡率先意识到可以通过某种信息处理机器来模仿人类的大脑，而这正是当代认知心理学的一个核心概念。

与此同时，帕斯卡预想出了 19 世纪为上帝之死而哀悼的忧虑知识分子以及 20 世纪痛苦的存在主义者（Sartre，1943）。对笛卡儿来说，怀疑可以确保理性的最终胜利；对帕斯卡来说，怀疑只会带来更糟糕的怀疑。帕斯卡写道："我被无垠的空间所吞没，我对这些空间一无所知，这些空间也对我一无所知，这让我感到恐惧"（Bronowski & Mazlish，1960）。帕斯卡厌恶笛卡儿的过度理性主义，以及从对上帝的信仰中获得慰藉和真理。对帕斯卡来说，人类的本质不是自然理性，而是意志和信仰的能力——也就是心灵。因此，帕斯卡类似于早期的基督教怀疑论者，如蒙田。但是帕斯卡对自我意识的重视是笛卡儿式的，正如他在《思想录》（Pensées）中所描述的："人类知道自己的不幸，因不幸而不幸；但人类同时也是伟大的，因为他们知道自己的不幸。人不过是一根芦苇，是自然界最脆弱的东西，但他是一根会思考的芦苇。"这句话表明，帕斯卡怀疑一个人理解自然或自我的能力，因而人类是可怜的。然而，独特的自我意识可以将人提升到自然和动物之上，进而可以通过基督教信仰得到救赎。

帕斯卡对现代世界最重要的贡献是他开创了一种关于信仰和行动的新思维方式。人们总是要基于不确定和不完整的信息做出决策。考古学告诉我们，人类从把符号刻到骨头上那一刻就开始了赌博，并制作了简单的骰子。然而，先计算出概率，并将其与赌注联系起来，以便理性下注的理念，直到帕斯卡的出现才问世。没有帕斯卡卓越的工作，现代经济学和金融学就都不存在（Glimcher，2003），科学农业、工业质量控制和心理学统计实验也是一样（Gigerenzer et al.，1989）。

其他数学家和科学家以帕斯卡的思想为基础，建构了复杂的系统来应对各种决策（例如，对冲基金经理就是这样做的）。对于我们来说，有两点需要注意。第一，帕斯卡和他的追随者所做的是把冒险变成一件可量化的事情。第二，现代性的基础就是愿意承担风险的企业家精神以及抵御风险的能力。没有帕斯卡和其追随者的工作，现代世界就不可能存在。从心理学上讲，信念已经以一种强有力的方式与行为联系到了一起。哲学家们传统上以建立某种信仰来结束他们的心理学研究，例如亚里士多德对人类心灵的描述。帕斯卡的工作超越了这一点，他将信念，甚至是不确定的信念，与外部世界的行为和结果联系起来。在心理学领域，帕斯卡的思想在美国实用主义（一种重要的现代主义哲学）的发展中达到巅峰，并通过最具代表性的实用主义者（威廉·詹姆斯和约翰·杜威）的推动，在机能主义心理学和行为主义运动中得以继续发展，形成了行为即信仰的观点。

然而，在帕斯卡的时代，对那些敏感的人来说，"思想是既可以运行于计算机也可以运行于大脑的物质计算"这一观点让人感到恐惧，因为这意味着，独立于笛卡儿机械体系的理性，在帕斯卡的体系中却被归入物质范畴。在笛卡儿眼中纯机械化的动物，从帕斯卡的角度看也是具备理性的。帕斯卡随后宣称，人类与动物的区别在于人的自由意志，而不是理性。他是第一个强调心灵和情感的作用，而反对唯理性论的现代人，他写道，"心灵有理性无法触及的领域"。请注意，他在设置两种相互对立的理性。他没有说情感是非理性的，我们要跟着感觉走，而是强调情感有它自己的理性，应该被注意。在这一点上，帕斯卡预先对决策进行了多方面的研究，得出的结论是，感觉往往是做出正确决策的原因，而不是障碍（Glimcher，2003；Lehrer，2009）。使人成为人的是心，而不是脑。

│ 总结：现代社会的开端 │

17 世纪为 18 世纪的启蒙运动奠定了基础。牛顿 – 笛卡儿式的机械宇宙没有奇迹、神谕、预言或者笛卡儿声称的灵魂的空间。到了 18 世纪，科学和理性进一步取代了宗教，成为现代社会主要知识的生产手段。人类被认为是没有灵魂的机器，公序良俗被物欲摧毁。此外，科学对自然规律的有力把握，为工业革命中技术的发展打下了基础，而科学的研究模式——对系统性知识的稳定积累、传播和应用，也创造了现代性的思维模式。

随着理性时代的到来，理性的胜利似乎近在咫尺。然而，另一种思潮暗流涌动。航海探索发现了新奇的原始文化。霍布斯和洛克认为，这些野人是些未开化的人类，他们不幸地生活在原始的自然状态中。洛克在他的《政府论（下篇）》（*Second Treatise on Government*）中写道："起初，整个世界都如同美洲大陆。"然而，印第安人难道就一定不开心吗？他们亲近自然，返璞归真，本能地生活。或许，放弃理性，放弃抽象的、人为的方式，像野人一样过快乐而原始的生活，才是幸福之本。反理性的思潮即将来临。诗人肖利厄（Chaulieu）在 1708 年写道："（理性是）错误的无尽源泉，腐蚀自然感情的毒药"（Hazard，1963，p.396）。让 – 雅克·卢梭写道："（理性）滋养了我们疯狂的骄傲……不断地掩饰我们的自我。"卢梭问道："哪一个是最不野蛮的……是让你误入歧途的理性，还是真正引导（印第安人）的本能？"肖利厄说他的到来"就是为了摧毁为你（理性）而建造的祭坛"。这些言论播下了反理性浪漫主义和野蛮人高贵观念的种子。西格蒙德·弗洛伊德深切感受到，随着对人类理性的要求越来越高，个人和社会之间的关系也越发紧张。

第 6 章

理解人类
启蒙运动、怀疑论与社会工程

| 启蒙运动是什么 |

　　启蒙就是人性的解放，打破作茧自缚的思维牢笼。所谓思维牢笼，就是在没有他人指引的情况下，不知道该往哪里走的思维习惯……Sapere aude!（拉丁短语）即"勇敢地运用自己的理性吧！"——这就是启蒙运动的口号……如果有人问："我们现在生活在一个'开明的时代'（enlightened age）吗？"答案是否定的，但我们的确生活在一个"启蒙的时代"（an age of enlightenment）。

（Kant，1784/1995，pp.1, 5）

　　那些试图指引我们思想的"他人"（others），被康德称为"守护者"（guardians），他们究竟是谁？他们是欧洲社会的传统领袖、牧师和贵族。取代这些守护者定义了启蒙运动的使命：将理性和科学知识应用到人类生活中，用动态的、进步的历史观取代由圣经真理和传统信仰定义的静态社会观（Porter，2000）。其目的是用自然科学的研究取代宗教（牧师）和传统（贵族），启蒙运动的结果，也是欧洲思想世俗化的开端（Porter，2000；Smith，1995）。

　　艾萨克·牛顿是启蒙运动的灯塔。在牛顿出生房间的壁炉上方，刻着亚历山大·波普（Alexander Pope）写给他的悼词："自然和自然法则隐藏在黑夜中 / 上帝说让牛顿存在，于是就有了光。"牛顿为启蒙运动带来了光明，之后的哲学家们对人类事务所做的事情，就如同牛顿对宇宙所做的事情一样。在 18 世纪，随着大众文化水平的提高，科普书籍和小说取代了宗教作品成为畅销书（Outram，2005），普通人也可以听到康德的那句"勇敢地运用自己的理性吧"。简而言之，启蒙运动成了旧世界和现代世界之间的枢纽。

　　启蒙运动在不同国家的发展状况不尽相同（Jacob，2001；Outram，2005；Porter，

2001）。传统的启蒙运动史，通常把法国作为启蒙运动的中心，离中心越远的地区得到的光照越微弱（Porter，2001），但这个观点遭到了否定。启蒙运动实际上在英国（Porter，2000）开始于约翰·洛克的著作（见下文）。在英国，中世纪的专制统治逐渐被君主立宪制和议会民主制取代。启蒙知识分子没有受到迫害，他们的作品也没有受到压制或审查。同时，英国哲学家们也没有谴责宗教。比如，洛克曾写过一本名为《基督教的合理性》（*The Reasonableness of Christianity*）的作品，同样，作为无神论者的大卫·休谟（后文讨论），尽管对宗教神迹持怀疑态度，但并不认为宗教是邪恶的。

在德意志联邦的主要公国普鲁士，启蒙运动与腓特烈大帝（Frederick the Great）的独裁政府结盟。腓特烈大帝创建了一个理性有序的官僚政府，在这个政府中，他的身份更多是首席官僚而不是神圣的国王（Fukyama，2015）。普鲁士人将牛顿的宇宙力学模型应用于国家。著名政治理论家约翰·冯·尤斯蒂（Johann von Justi）写道，"一个合理建构的国家，必须类似一个严丝合缝的真实机器"，并服从一个人的意志（引自Outram，2005，p.96）。普鲁士的例子表明，启蒙思想家并不总是民主政府的支持者，而是理性的、基于科学的政府的支持者。相比于能否得到被统治者的认同，他们更关心实际的治理效果（Porter，2001）。

在英国的北美殖民地中，启蒙运动者托马斯·杰斐逊（Thomas Jefferson）和詹姆斯·麦迪逊（James Madison）能够在洛克式的政治白板上创建一个新的、理性有序的政府。大西洋将美国宪法和独立宣言的创始人们与国王和贵族隔开，使得美洲大陆成为新教各教派的聚集地，这些教派没有一个可以成为占主导地位的国教，美国的缔造者们在宪法和独立宣言中创造了一个世俗的、哲学上合理的"时代新秩序"。由此，他们创造了一个独特的、以个人主义为中心的社会形态，在这样的社会环境中，心理学特别容易为人们所接受（见第10章）。

法国并不是启蒙运动的标准制定者，而是一个另类，因为在法国，启蒙运动与政治权力是相分离的（Porter，2001）。与英国和德国不同，波旁王朝对所有出版物进行严格审查，知识分子被排除在有政治影响力的职位之外。没有一个议会来制衡王室权力或代表普通民众说话。天主教会作为官方教会，本身就代表了一种等级制度，因而法国启蒙者对宗教产生了强烈的仇恨，认为宗教是一种有害的制度，它试图让信徒们保持一种无知的状态，这正是康德所说的"敢于去认识"的敌人。法国思想家认为，所谓传统，就是"人们对古代法律和习俗的愚蠢崇拜"，正如克劳德·爱尔维修（Claude Helvetius）所言（引自Hampson，1982，p.126），是另一种思维牢笼。因此，法国的启蒙哲学家们倾向于把笛卡儿、牛顿和洛克的思想推到前所未有的极端。法国哲学家们拥有智慧和名声，但他们与现有的社会制度没有什么利害关系，所以试图推翻现有制度，这发生在法国大革命期间，血腥而短暂。法国启蒙运动中激进的乌托邦主义，在孔多塞侯爵（Marquis de Condorcet, 1743—1794）的《人类精神进步史表纲要》（*Sketch for a Historical Picture of the Human Mind*）中有很好的体现：

> 总有一天，阳光会照耀那些坚守理性的人。对于一个哲学家来说，这种观点是多么令人欣慰啊，他为那些仍然污染着地球的错误、犯罪和不公正而感到悲哀，而他也常常是这些错误、犯罪和不公正的受害者，这种观点是属于全人类的观点，人类从命运的枷锁和反动的统治中解放出来，坚定地沿着真理、美德和幸福的道路前进。

（Condorcet，1795，p.30）

孔多塞是法国大革命的早期领导人，但即使是他的激进主义，对于后来陷入恐怖主义的革命领导人来说也过于温和。他失去了政治地位，受到革命的迫害，最终自杀。然而，根据美国著名哲学家、美国心理学会早期主席约翰·杜威（Dewey，1917）的说法，孔多塞的《人类精神进步史表纲要》是指导美国进步主义的"伟大文章"（见第 13 章）。

启蒙运动的关键概念是"自然"（Porter，2000），暗示自然可能取代上帝的观点随处可见，对人的天性的强调也提升到前所未有的高度。阿贝·德·马布利（Abbé de Mably）写道："让我们研究人的本性，以便教会他应该成为什么样的人"（引自 Smith，1995，p.88），丹尼斯·狄德罗（Denis Diderot，1713—1784）写道："人是我们唯一的出发点，也是全部的落脚点"（引自 Smith，1995，p.102）。为了按照科学的路线改造社会，有必要对人性进行科学的探究。一旦人性被理解，就可以重新安排社会和政府秩序以适应人性，美德和幸福就会随之而来。在 18 世纪，人文科学变得日益重要，因为它们的研究成果可以被改革家和革命者应用到社会实践中。心理学不再仅仅是对人类思维的哲学探索，而成为社会工程的基础。

不幸的是，这些自称"精神领域的牛顿"（Newtons of the Mind）（Gay，1966/1969）的人，在关于"人性是什么"这一问题上并没有达成一致；他们还提出了关于人类知识和人类道德的令人不安的问题。哲学心理学家在"观念之路"（the Way of Ideas）的新框架内追求认识论，开始质疑我们是否能够认识世界的本来面目，或者我们是否能够确切地了解笛卡儿剧场之外存在的那个现实。哲学心理学家以牛顿的精神追求为基础对社会和道德行为进行研究，抛弃了存在了几个世纪的宗教和传统教义，他们既不认为"性本善"，也不认为"性本恶"（正如霍布斯所建议的），他们认为人性完全是由社会环境、由后天塑造的。

认识论和道德问题是相互关联的。如果我们不能确定自己对事物感知的真伪，自然也就无法判断对错。到 18 世纪末，特别是在法国大革命的恐怖主义之后，一些思想家开始担心，对人性及社会进行所谓的理性探索的危害。正如柏拉图所说，如果怀疑论是正确的，那么不仅自然是神秘的，道德也是如此。约瑟夫·巴特勒主教（Bishop Joseph Butler，1692—1752）在反思道德时看到了现实的危险："道德的基础和所有其他基础一样；如果你挖掘得太多，这个结构就会倒塌"（引自 Dworkin，1980，p.36）。哲学可以使一个老成的年轻人对他父亲说："父亲，问题的关键是，智者终究是不受任何律法约束的。智者必须自己判断何时服从，何时自主。"撇开宗教和传统的说教，这位父亲只能这样回答："如果城里有一两个像你这样的人，我不太担心；但是如果人人都这样想，我就应该搬到别的地方去住"（引自 Hampson，1982，p.190）。

┃ 工业启蒙运动 ┃

现代世界植根于工业革命，因此，现代性，也就是我们现代的生活方式，也是如此。我们今天享用的财富和个人财富积累的可能性都得益于工业革命。在发达国家，很少有人吃了上顿没下顿，我们的生活也不受前现代静态社会角色的限制。几乎自工业革命开始，历史学家和经济学家就一直在研究其出现的原因。我们之前谈过一些所谓的原因，例如自由城市的出现和欧洲的崛起，它们都置身封建制度之外，鼓励创业。其他可能的原因包括：银行和保险业的繁荣、动力源从动物到煤炭的转变，甚至还有企业家精神的传播（Clark，2007）。近来，人们的关注点已经转移到了思想在工业革命的发生和发展中所扮演的角色上，转移到了莫克尔（Mokyr，2002，2009）所说的工业启蒙运动上，转移到了社会价值观从贵族统治到资产阶级自治的转变上（McCloskey，2010）。

如图 1.4 所示，1780 年左右人类生活的变化主要体现为财富的急速增长。某些时候，这段时间的财富增长被归因于贸易，因为贸易规模在 18 世纪的确有所增加。然而，作为一种有利可图的商业手段，贸易在人类历史上并不是什么新鲜事物（Ridley，2010），虽然贸易对于财富的流动很重要，但对财富总量的增加并不那么重要。事实上，创造财富的关键是由技术驱动的创新（Mokyr，2009）。

就这方面而言，先前的科学革命对工业革命十分重要，但两者之间的关系经常被误读。科学研究并没有带来关键性的技术进步，比如蒸汽机或水泵的发明；这些聪明绝伦的发明并非出自科学家之手。然而，科学革命带来的思维方式，为技术突破带来了可能性，尤其是弗朗西斯·培根的思想，使得工业革命首先在培根的祖国生根发芽。在科学革命之初，几乎只有培根一人强调，对自然进行探究的目的在于获得对自然的控制。回想古代哲学家和原始科学家，他们曾把自然哲学看作一件相当被动的事情，他们密切地观察自然，以便思考自然的超验真理。实验被认为是不光彩的，与奴隶和商人联系在一起，追求内圣外王的悠闲贵族对此不屑一顾。而培根却强调实验，让自然服从于人的意志，并运用科学知识来改善人类的状况。同时，他强调科学思想的积累、不断筛选和验证，以及尽可能广泛地传播相关思想。正如我们所见，在其他时代和地方，发明往往是保密的，不为他人所知。正是培根的新科学态度，而不是牛顿等早期科学家的新理论，创造了科学启蒙运动，从而引发了工业革命。到了 19 世纪，随着工业革命蔓延到欧洲其他地区，科学发明最终得以在当今经济中发挥重要作用，在 1860 年第二次工业革命以及后来的工业革命中极大地增加了人类财富的总和（Mokyr，2009）。

　　同时，18 世纪也发生了一个重要的心理学及社会学角度的转变——古希腊人建立的贵族价值观的崩溃。直到美国独立战争时期，精英价值观还反映出古希腊人的"美德"（arête）理想。1776 年，弗吉尼亚州的立法机关几乎将"Deus nobis haec otia fecit"这句话作为该州的座右铭，意思是，"上帝赐予我们这种闲暇"（Wood，2009）。这样的格言反映了一种古老的观念，即社会的自然统治者应该是不必为生计而工作的人，他们的职责就是维护国家的利益，而不是他们的个人利益或职业利益。政治上雄心勃勃的人会自己创造财富而不是以贵族方式继承财富，他们通常会尽快离开商界，购买土地，建造庄园，穿着贵族服装，培养贵族品位。他们认为自己是"更高级的人"，看不起"更卑劣的一类人""更粗鲁的一类人"和"更低级的一类人"。

　　他们也看不起"中等阶级"（the middling sort），但中等阶级是工业革命的新兴创造者，他们的自我意识开始觉醒，拒绝古希腊式的贵族价值观，旨在将"绅士……降低到我们的水平"，以便"所有的等级和条件都为他们应得的财富份额而存在"（Wood，2009）。新兴的中等阶级得到了接受，最重要的是获得了尊重（McCloskey，2010）。它强调进取心和向上的社会流动性，而不是遵从一个静态的、上帝指定的社会等级制度；它强调工作，而不是休闲；它强调节俭，而不是炫富；它强调面向大众的技术和科学教育，而不是只针对少数人的美术和哲学教育。简而言之，现代中产阶级颠覆了"美德"标准。正如历史学家罗伊·波特（Roy Porter，2001）所言，人们不再问如何拥有美德，而是问如何获得幸福。我们很快就会看到，功利主义的幸福观是现代世界的一把心理学钥匙。

　　革命家托马斯·潘恩（Thomas Paine，1737—1809）为新成立的美利坚合众国发声，他写道："我们用另一种眼睛看，用另一种耳朵听，用另一种思想思考，比前人的思想更能代表正在兴起的开明世界……心灵一旦被照亮，就不会重回黑暗"（引自 Wood，2009）。正如潘恩所指出的，发生的巨大变化与其说是物质上的，不如说是心理上的，用新的眼光看待问题，给新兴的人性科学提出了新的挑战，带来了人类思维和行为的新概念。

怀疑论的问题：知识是可以获取的吗

当 18 世纪的哲学家以牛顿的科学精神研究人性时，他们实际上是在一个新的自然主义语境中，重新提出了古希腊关于人类获取知识可能性的问题。人类的头脑是天生就有认识真理的能力，还是像怀疑论者所说的那样，只能发表意见？具有讽刺意味的是，尽管科学革命代表了人类理性的伟大胜利，但它同时也对人类获取知识的可能性提出了怀疑。在牛顿之后，出现了哲学家 – 心理学家，如约翰·洛克，他根据牛顿的理性审视人类的思想和人性，并得出结论：是人就有可能犯错，并且物质世界的存在本身就值得怀疑。这些也是英国哲学家乔治·贝克莱和大卫·休谟的结论，这些结论毫无意外地遭到了那些认为人类知识绝对可靠的哲学家们的坚决抵制。与休谟的怀疑论相反，托马斯·里德（Thomas Reid）的苏格兰学派支持者们坚定支持对人类认知的常识性信仰和对上帝的宗教性信仰。在德国，伊曼努尔·康德（Immanuel Kant）对休谟的怀疑论做出了回应，他坚持认为形而上学是科学的真正基础，但这样做又陷入了他自己的神秘主义。

《人类理解论》：约翰·洛克

约翰·洛克是科学家艾萨克·牛顿和罗伯特·波义耳的朋友（洛克曾在他们的实验室当助手），他是皇家学会的成员、贵族政治家的顾问和导师，有时还是执业医师。因此，正如我们所料，洛克的哲学带有实践和经验主义的倾向。他在心理学方面的第一本主要著作是于 1671 年开始创作的《人类理解论》（*An Essay Concerning Human Understanding*，1690/1975）。像笛卡儿一样，洛克想要理解人类的思维是如何运作的，包括其思想来源以及人类知识的局限性。无论如何，与笛卡儿相比，洛克作为一名医生和务实的政治家，更少受到全面的形而上学体系的控制。他对心智的描绘是直截了当的，对于那些讲英语的人来说，也是合乎常识的。然而，洛克所描绘的心智图景，与笛卡儿所描述的，仅在细节上有所不同。

洛克（Locke，1690/1975）问："人类的心智知道些什么？"然后他回答说："因为心智仅存在于其产生的思想和推理中，因此，除了它自己的想法，不存在其他直接的心智活动对象……很明显，我们的知识只是对它们的熟知。"和笛卡儿一样，洛克复兴了关于认知的复制理论（the copy theory），这一理论认为思想是物体的精神表征。大脑并不知道形式或本质，甚至不知道物体本身，只知道自己的想法。那么，我们的想法又是从何而来？"对此，我用一个词来回答：经验。我们所有的知识都是建构并派生而来的。我们的观察要么是针对外部的、可感知的对象，要么是针对我们大脑的内部运作……为我们的理

谁属于现代人，笛卡儿还是洛克

我注意到，根据哲学课程和教科书的描述，"近代哲学"始于笛卡儿，他是现代理性主义（modern rationalism）的创始人，洛克是现代经验主义（modern empiricism）的创始人。但他们之间的差异是非常明显的，事实上，他们对意识的定义完全属于不同的学科主题，我认为他们的相关书籍在图书馆里应该摆放在不同的专业分区。笛卡儿相关的内容应该放在"终结前现代"分区，洛克则应该放在"开创现代思想"分区。

笛卡儿参与了科学革命最初的几十年，但他在牛顿的《数学原理》（Principia Mathematica）宣告科学革命的最终胜利之前去世了。事实上，他很可能不会赞成牛顿把万有引力看作在远处神秘地发挥作用的一种看不见的力量，这明显退回到了前机械论（premechanistic）的思维。对前机械论思维的反对，是笛卡儿身处前现代和现代之间的一个体现。他必须为新的、科学的、机械论的世界观而努力奋斗，就像一个受

意识形态驱使的政治家，他可能会发现自己很难容忍对过去的任何妥协。后来的牛顿生活在一个更加宽容的国度，他只需要简单地提出符合自己想法的理论，而不用担心形而上学的问题。笛卡儿试图展望未来，但始终还是专注于旧的形而上学和宗教问题，比如关于灵魂的本质的问题。

洛克是启蒙运动的创始人（Porter, 2000）。他是牛顿的朋友、医生、家庭教师，更重要的是，他还是发动第一次现代政治革命（1688 年英国光荣革命）的政治家们的顾问。他没有专注于解决宇宙形而上学的混乱（就像威廉·詹姆斯曾经对自己说的那样），而是给自己设定了一个更谦虚和实际的目标：描述人性的本来面目，以便围绕它建立一个政府。如今，想要区分二者并不困难，只要上网找到笛卡儿的《第一哲学沉思集》和洛克的《人类理解论》，对比哪个看起来感觉更顺。

解提供了思维的所有材料。这两者是知识的源泉，我们所拥有的或能够自然而然地拥有的一切思想，都来自这个源泉"（pp.104–105，原文为斜体）。知识的源泉，或者说经验的源泉，是感觉，它带来了对感觉对象的认识，包括快乐和痛苦。经验的第二个源泉是反思，即观察我们自己的心理过程。

在对反思过程进行假设的过程中，洛克解决了一个关于思维的重要问题，这是一个笛卡儿遗留的问题。笛卡儿激进的反身性创造了笛卡儿剧场，它将自我与松果体屏幕上的"体验投影"拉开了距离。根据笛卡儿的说法，自我可以观察并批判性地审视意识的投射对象。然而，自我能够进行自我审视的程度尚不清楚。笛卡儿确信自己是一个会思考的存在，但他没有说他知道自己是如何思考的。这是不同的概念。如同走钢丝的杂技演员意识到自己可以在"不知道自己是如何做到"的情况下在细钢丝上行走一样，笛卡儿也可能意识到，自己是在"不知道自己思考的原理"的情况下思考。洛克提出，除了观察自己对外

部世界的体验，也就是"感觉"之外，自我还可以观察自己的心理过程，这就是"反思"（reflection）。

反思的存在与可信赖性已成为心理学研究的一个长期课题。伊曼努尔·康德后来回答了笛卡儿暗示的"自我认知是被动的"这一问题，完全否认了反思的可能性。另一方面，大卫·休谟却没有发现自我，只是简单地否定了其存在，并得出结论：心智就是观念的集合。从心理学作为一门独立学科创立之日起，关于大脑何时能准确地观察自己的运作（如果能够观察的话）这一问题，相应的研究和理论一直存在分歧。洛克认为，如果人类的大脑可以精确地自我观察，那么心理学的任务就变得简单了，因为关于心理过程的假设，都可以通过对反思的观察直接验证。如果不能，就像如今大部分心理学家认为的那样（Kahneman，2011），那么关于心理过程的假设就只能通过间接测试来验证。或许，人类大脑的内部机理永远无法明确，甚至，根本不存在什么心理过程，只存在大脑的功能。

如同笛卡儿通常被认为是现代理性主义哲学之父，洛克被称为经验主义之父，因为他提出了经验主义原则：知识只能从经验中获取。关于心灵，洛克打了一个生动的比喻：心灵就是一块白板或一张白纸，人们通过经验在上面写出各种想法。然而，洛克并没有驳斥笛卡儿的先天论，而只是反对大多数英国作家所信奉的先天道德原则（innate moral principles）。洛克认为，先天道德论和形而上学思想都是教条主义的根基。他那个时代的学校，把死记硬背格言作为教学的基础。学生们只能接受这些格言，然后证明它们。而洛克主张发现原则（discovery principle），他认为学生应该保持开放的心态，通过经验发现真理，跟随自己的天赋，而不是被迫带上经院派格言的紧箍咒。

洛克和笛卡儿在先天观念上的差异很小。笛卡儿认为他在自己身上发现了非经验性的思维，因此他断定这些观念是与生俱来的。但他并没有强调这些想法如同"形式"一样超验，相反，他认为这些内在观点的存在，是由于人类拥有类似的智力，从而产生了相同的普遍观点（Gaukroger，1995）。洛克还认为，在他所说的"空白"心智中，实际上存在大量先天的、活跃的心理机制。例如，洛克认为语言是人类特有的属性，这一观点和笛卡儿一致。他在《人类理解论》中写道："上帝已经把人设计成一种善于交际的生物……也为他提供了语言。鹦鹉和其他鸟类，可能学会清晰的人类发音，但那绝对不是语言能力。"只有人类可以用清晰的声音来表达思想。在洛克创作的与教育相关的著作中，他认为孩子的许多个性和能力是与生俱来的。人类寻求幸福和避免痛苦的基本动机，同样是"与生俱来的实践原则"，尽管它们与真理无关。

对于洛克来说，心灵不仅是一个由经验填满的空间，还是一个复杂的心理处理设备，它可以将经验材料转化为有组织的人类知识。直接经验为我们提供了简单的观念，然后心理机器对这些想法进行阐述并整合成复杂的观念。当我们检视并判断自己的观念和态度时，知识便产生了。无论是洛克还是笛卡儿，都认为知识的基石是直观的、不证自明的命题。例如，我们可以直观地判断出黑白是两种不同的颜色（两者不一致），这没有出错的可能。当我们从不证自明的命题中推导出结果时，更复杂的知识形式便出现了。和笛卡儿一样，洛克认为，人类所有的知识，甚至包括伦理学和美学，都可以通过这种方式系统化。

洛克的思想还使得一个科学观点更加合理，即世界，甚至包括人类，都是机器。我们有自由意志吗？我们已经看到，霍布斯、斯宾诺莎等思想家否认我们拥有自由意志，他们说我们并不是自由的。洛克首先提出了一个一直很受欢迎的答案。洛克说，问意志是否自由是问错了问题。恰当的问题是，我们是否自由。从这个角度来看，答案对于洛克来说很简单。当我们能够做自己想做的事情时，我们是自由的，但我们通常忽略了自己的欲望。洛克通过一个寓言来解释：试想你进入了一个房间，和一个你喜欢的人聊天。当你们谈话时，有人从外面把房门锁上了。从某种意义上说，你失去了离开房间的自由，但只要你没有离开的想法，你就永远不会感到不自由。由此可见，问题的关键在于行动的自由，而不是意志的自由。我们只会想要我们渴望得到的，我们都想要幸福。只要我们快乐，得到自己想要的，就会感到自由，而不担心所谓的"意志不自由"。然而，我们应该控制欲望。经济学家约翰·梅纳德·凯恩斯否定了洛克的"长远思想"，他说："从长远来看，我们的结局都是死亡。"

洛克版本的理性自我从根本上脱离了经验，将其作为意识进行批判性的审视，这在英国和法国都产生了巨大的影响。在英国，后来的哲学家将其作为理论基础；在法国，它经过伏尔泰（Voltaire，1694—1778）的推广，成为一种不太形而上学的、比笛卡儿更直接的心灵图景。然而，从心理学的本质来看，这两种现代哲学惊人地相似，虽有细微差别，但实质相同。

世界存在吗：乔治·贝克莱

贝克莱的唯心主义　作为一个哲学家，乔治·贝克莱 [①]（Bishop George Berkeley）和笛卡儿、洛克一样，想把哲学置于新的、可靠的基础之上；但作为一名宗教人士，他又担心牛顿的唯物主义会危及对上帝的信仰。他很钦佩洛克，相信洛克已经走上了正确的知识之路。然而，贝克莱发现，笛卡儿–洛克的思想打开了怀疑论的大门。洛克和笛卡儿相信，给我们带来知觉的物体是"真实"（real）存在的，但贝克莱认为，他们的信仰实际上是

---

① 　贝克莱是一个虔诚的基督教徒，生前曾长期担任教会主教。——编者注

缺乏依据的。第二性的感官属性（the secondary sense properties）的存在，使人对这样一个看似合理的假设产生怀疑：意识中的观念只是对现实世界的复制。怀疑论者可能会质疑，既然观念是外部世界的复制品，我们又如何判断这个复制品与现实世界之间的相似度呢？也许，外部世界与意识世界是完全不同的，而不只是有部分差异。贝克莱大胆断言，意识根本不是任何东西的复制品。意识本身，而不是物质，才是最终的现实。

贝克莱认为，怀疑论者的挑战，来自我们所有人都会做出的另一个假设——物质、事物，存在于我们对它们的知觉之外。例如，当我坐在这里进行文字处理时，我知道我的计算机是存在的，因为我看到并感受到了它。但是当我离开房间时，我有什么理由断言计算机仍然存在？我只能说，如果我回到房间，可以看到它，或者如果别人寻找它，也可以看到它。总而言之，只有当我或其他人看到计算机时，我才能确定它的存在。根据贝克莱的观念，更极端地说，计算机只有在被知觉时才存在。贝克莱的著名格言是"存在即被感知"（To exist is to be perceived）。由此，贝克莱用一个惊人的简单断言反驳了怀疑主义。洛克说我们只能知道自己的观念。贝克莱补充说："观念就是全部。"如果根本不存在"真实的物体"，那么，"观念如何与'真实的物体'相对应"的问题就不会出现。此外，贝克莱的哲学反驳无神论，因为根据他的观点，上帝是全知的知觉者，上帝可以看到所有东西，因此万物得以存在。

在一部关于心理学历史的书中，我们不想卷入"什么是存在"的哲学争论。我们可以简单地认为：贝克莱热衷于对物质世界的怀疑，而笛卡儿更热衷于对他人心灵的探索。笛卡儿并不要求我们相信"除我之外别无思想"；贝克莱也并不要求我们放弃有关物质世界存在的想法。如果这个世界是因为我的思想而存在，那当我不在的时候，一切就都消失了，这显然是不切实际的，甚至是疯狂的。相反，笛卡儿试图找出让我们相信除我之外还有其他心灵存在的证据，而贝克莱则试图发现我们意识之外存在客观世界的心理基础。两人都进行了彻底反思，并为后来的心理学研究制定了议程。

为什么我们看到的世界是三维的，而不是二维的　在这方面，贝克莱对深度知觉的分析尤为重要。我们相信外部物体存在的一个重要理由是，我们能够看到三维物体，尤其是"深度"这一维度，也就是我们和物体之间的距离；然而，视网膜上的图像，视觉的直接（或"适当"）对象，只是二维的，缺乏深度。例如，当一个朋友离开你时，你会看到他离你越来越远，如果我们检查你视网膜上的图像，会发现这个朋友的图像越来越小。你可能会观察到你朋友的身影看起来变小了，但你的主观体验是，他只是在走远，而不是在缩小。问题出现了：当一个人的视网膜上只能呈现二维图像时，他是如何感知三维空间的？

贝克莱的解答是，人们能够察觉关于距离的其他线索。例如，当一个物体靠近时，你的眼球会向鼻梁聚拢；当物体远离时，眼球回到中间位置。由此，物体的距离与两眼聚焦角度之间的关系，就存在着一定的规律（贝克莱和其他人还发现了很多其他关于距离感的线索）。贝克莱关于我们如何感知距离和深度的分析，迄今仍然是现代研究深度知觉的基础。然而，贝克莱仍旧坚持经验主义的主张，他认为对这种距离感的把握是需要学习的。根据贝克莱的推理，婴儿不会理解一个人走远是距离上的远离，婴儿只会看到图像在缩小。后来，康德反驳了贝克莱关于深度知觉必须学习才能获得的主张，他断言深度知觉是与生俱来的。先天论者和后天论者之间的争论持续了几十年，直到 20 世纪 60 年代，对婴儿的视崖实验才表明康德的观点是正确的（Bower，1974）。

当我们把这个问题延伸到所有视觉体验，贝克莱所持观点的重要性就变得更加清楚了。如果你拿着一本与视线成直角的蓝皮书，你会看到什么？直观的答案就是"一本书"。然而，正如贝克莱所认为的，你真正看到的只是一个蓝色的长方形，一个观念或精神物体。如果你把书旋转 45°，你会看到什么？你还是会说这是一本书，你仍然相信这本书是一个长方形的物体。但贝克莱会说，你真正看到的是一个蓝色的梯形。贝克莱认为，任何人看到的都是一堆形状和颜色的素材集合，也就是意识。一个人必须通过学习，才能识别这些素材，把它们"看"作书、人、猫、车等。一个人把一个蓝色梯形看作一本书，是后天习得的。

贝克莱的视觉分析支持了他的唯心论。一个人的感官世界只是各种感觉的集合，人们之所以认为客体恒久不变，源于各种感觉的有机结合。因此，对物质的信仰只是一种习得的推论，因为物质是无法直接被感知的。

贝克莱关于心灵的哲学后来成了意识心理学的基础，至少成了铁钦纳构造主义意识心理学的一个重要基础。贝克莱曾说，就我们的天性而言，我们会把世界看作二维笛卡儿意识屏幕上的孤立感觉。铁钦纳的研究旨在描述笛卡儿屏幕的本来面目，而不是推断物体的存在。他教导学生永远不要犯"刺激错误"：把后天习得的事物作为内省的对象。相反，他要求被试描述纯粹的意识，也就是线条、曲线、颜色等纯粹的感觉素材，这些正是贝克莱式体验的基本组成部分。铁钦纳还试图证明人们是如何习得将各种刺激关联在一起，并形成复杂想法的，比如对一本书或一个人，这也符合贝克莱的联想心理学。

贝克莱终结了怀疑论。他指出，意识之外的永久物理世界是无法被合理证明的，那只是我们的一种心理推测。然而，如果不存在确定性，我们要如何继续坚守我们的生活，我们的哲学、道德和政治？苏格兰哲学家大卫·休谟在人性本身中找到了答案（Norton，1982）。

生活在怀疑中：大卫·休谟

> 很显然，所有的科学，或多或少都与人性有关……为了解释人性的原则，我们实际上提出了一个完整的科学体系，它建立在几乎全新的基础上，也是唯一一个可以使它们

安全立足的基础……我们唯一能够赋予科学的坚实基础，就是必须使其建立在经验和观察之上。

（Hume，1789，*Treatise of Human Nature*，p.xiv）

一开始，洛克试图将心理学作为其他科学的基础，用以取代形而上学，而休谟则以严格的牛顿式方法完成了这项任务。休谟分析了人性，他从自己和他人的行为中发现人性。休谟的目的是用心理学取代形而上学，心理学就是他的"人性科学"。他最终表明，仅凭理性，也就是笛卡儿认为的人类心智的本质，是无力建构对世界有用的知识的。休谟长期以来一直被描绘成一个伟大的怀疑论者，但就是这个人，向我们展示了一个观点：我们可以毫无疑问地知道任何事情。因此，不如称他为第一个后怀疑主义（postskeptical）哲学家（Norton，1993b）。他认为怀疑论是由贝克莱等人建立的，并想超越怀疑论，转向一种实践哲学，使我们的生活不再充满由柏拉图、亚里士多德和宗教营造的确定性。从本质上讲，休谟认为，哲学上对绝对确定性的追求是徒劳无益的，人性本身就足以建立错误的科学和错误的道德。

心智的内容　休谟通过对我们心智的内容进行分类，开始了他对人性的探究，就像洛克和笛卡儿之前所做的那样。洛克和笛卡儿把我们头脑中的内容称为"观念"（ideas），休谟追随苏格兰道德哲学家弗朗西斯·哈奇森（Francis Hutcheson，1694—1746），用"知觉"（perceptions）代替"观念"。他将知觉分为两类：印象（impressions）和观念。印象本质上是我们今天所说的感觉；而观念，对休谟来说，是关于印象的不太生动的副本。因此，当你对你面前这本书形成了一个直观的印象，你今后就可以将其回忆为一个观念，也就是基于真实体验的一个副本。印象和观念要么来自对外部事物的感觉，要么来自内省，休谟说的内省指我们的情绪体验，休谟有时称之为激情（passions）。激情也可以分为两种，一种是强烈的"激情"，比如爱和恨；还有一种就是比较普遍的、平静的"激情"，比如审美和道德情感。图 6.1 总结了休谟的分类。

最后，休谟区分了简单知觉和复杂知觉。简单印象是一种单一的、无法分析的感觉（sensation），如墨水的蓝色斑点。大多数印象是复杂的，因为我们的感官通常同时接触许多简单的感觉。简单观念是简单印象的副本，复杂观念是简单观念的集合。这意味着复杂观念可能并不完全符合一些复杂印象；你可以想象一只独角兽，即使你从未见过它。然而，复杂观念总是可以被分解成简单观念，这些观念是简单印象的副本。你对独角兽的复杂观念结合了马的印象或观念以及角的印象或观念，这两者你都经历过。在考虑复杂知觉如何形成之前，通过休谟的心智内容分类，已经可以得出两个重要的结论。第一，休谟优先考虑印象而不是观念。印象通过知觉让我们直接接触现实，但观念却可能是错误的，与什么都不对应（比如独角兽）。真理是通过追溯观念到印象来确定的，任何最终被发现没有经验基础的观念，如形而上学和神学观念，都应该被删除。第二，休谟优先考虑简单知觉而不是复杂知觉。所有复杂知觉都是从我们对简单知觉的体验中建立起来的，并且可以被完全分解成简单的组成部分。休谟是心理原子论者，认为复杂的思想是由简单的感觉建立起来的。

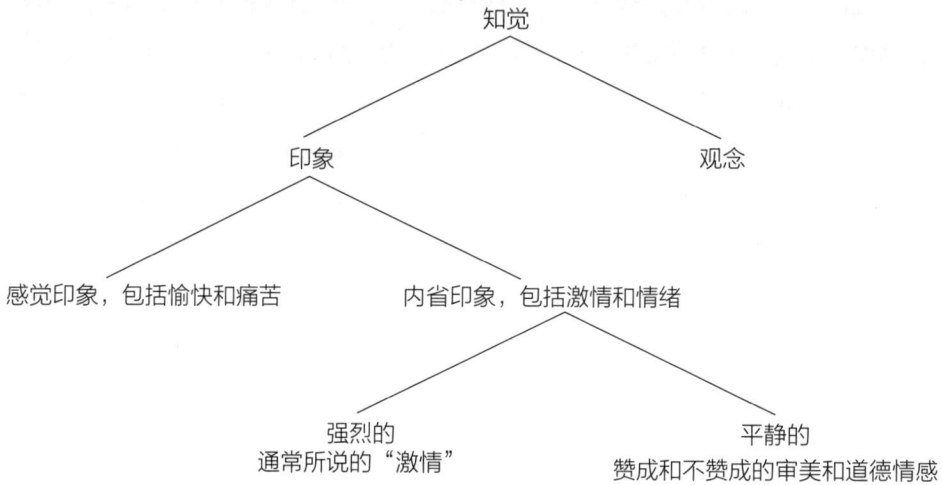

图 6.1　休谟对人类心智内容的分类

资料来源: Adapted from The philosophy of David Hume, Smith, 1941; Macmillan, London.

联想：心智的引力　当我们试图了解如何从简单知觉建立起复杂知觉时，就会涉及休谟的观念联想说（the association of ideas），这也是休谟自认为对人性科学有核心贡献的学说。联想的概念对休谟来说并不陌生，这一概念在柏拉图、亚里士多德、霍布斯和贝克莱的学说中都出现过，而"观念的联想"这一概念则是由洛克提出的。然而，这些学者只是在有限的范围内使用这一概念。例如，洛克认为，联想是清晰思维和良好教育的障碍。休谟的可贵之处在于，他将联想用于探究基本的哲学和心理学问题，使之成为他研究新科学的主要理论工具。

休谟在《人类理解研究》（*An Inquiry Concerning Human Understanding*，1777，p.24）中写道："在我看来，观念之间的联想只有三个原则，即相似性、时间或地点的邻近性以及因果关系。"休谟在他的《人性论》（*A Treatise of Human Nature*，1740，p.662）的摘要中针对每一个原则做了举例说明："所谓相似性，就是当你看到一幅肖像时，自然会联想到画中人；所谓邻近性，就是当提到圣丹尼斯大教堂时，自然会想到巴黎；所谓因果关系，就是当我们想到某人的儿子时，自然会想到其父亲……这些就是将宇宙的各个部分关联在一起，或者将我们与我们自身以外的任何人或物体关联到一起的唯一纽带。"休谟说："至少就心智而言是如此。"

休谟的理论揭示了牛顿对 18 世纪心理学思想的影响。对牛顿来说，引力是将宇宙的各部分结合在一起的吸引力。对休谟来说，联想"就是心理世界的引力，我们将发现其具有与自然世界的万有引力一样不同寻常的效果"（Hume，1789），而联想原则"对我们来说实际上是宇宙的黏合剂"（Hume，1740，p.662）。因此，对休谟来说，复杂的人类经验（复杂观念）是通过联想原则结合在一起的简单观念和印象。正如牛顿对万有引力所做的那样，休谟把联想变成了一个无法进一步简化的终极原则。

之后，休谟根据这三个联想原则（很快被调整为两个）来研究人类知识。因果关系是大多数日常推理中最重要的原则。你想抬起胳膊，它抬高了；你用一个台球撞另一个，另一个移动了；你关掉灯的开关，灯灭了。因果关系甚至是物质世界存在的推论基础，因为我们首先假定世界作用于感官，人才能感知到它。然而，休谟反问，我们关于因果关系的知识又是从何而来的呢？"因果"本身是永远无法被直接感知的。我们所感知的，是两个事物之间关系的某种规律：对抬胳膊这个意图的感知和手臂随后的动作；一个台球的运动和另一个台球的运动；开关的切换和随后的灯灭；睁开眼睛与事物的出现。没有任何理性的论点可以证明因果关系。休谟认为，对因果的信念是通过经验获得的。当一个孩子经历过许多有规律的事件结合后，孩子头脑中的一种"倾向"会使他坚信第一个事件导致了第二个事件。这种倾向也会带来一种"必然"的感觉。因果关系对休谟来说不是简单的相关性，而是两个事件之间的一种必然的"感觉"（feeling）。当然，这便意味着，因果关系不是关联的基本原则，因为它可以简化为邻近性加上必然性的感觉。

休谟把他的论点推广到了所有的归纳（generalizations）。当你声称"所有的天鹅都是白色的"时，是基于见过很多天鹅，且所有的天鹅都是白色的经验。然后，你可能会得出结论，你未来看到的天鹅一定也是白色的。这很像基于过去经验的假设：只要一按开关，灯就会熄灭。然而，在这两种情况下，归纳都不能给出一个合理的理由，因为它们是基于经验，而不是基于理性，没有将理性原则作为经验归纳的基础。但我们的确就是这样做的，休谟想要解释我们是如何创造它们的，以便有一个关于人性的完整理论。

休谟采用的是习俗或习惯原则。在《人类理解研究》（Hume，1777，p.43）中，休谟写道："在不受任何推理或理解过程的驱动时，特定动作或行为的重复，总是会产生继续做原来动作的倾向，我们认为这种倾向就是'习惯'的结果……一切来自经验的推论……都是习俗（习惯）的结果，而不是推理的结果。"

休谟的温和怀疑主义 　无论是过去还是现在，休谟的读者一直都在猜想，休谟一定是一个彻底的怀疑论者，因为他将因果关系和归纳还原为习惯，并否定其有效性，他每天早晨起床都会惊讶地发现太阳已经升起。这个猜想是错误的（Smith，1941）。休谟更多地是在以心理学家而不是哲学家的视角进行研究，他试图找出我们是如何得出因果和归纳结论的，而不是关心它们的有效性。事实上，休谟（Hume，1740）写道："基于心智的操作，我们由原因推断结果，反之亦然，这对所有人类的生存都是必不可少的，不可能被认为是理性推论错误，这慢慢……看起来并非如此，在任何程度上，在……婴儿期，充其量是……极易犯的错误。"此外，"先天的智慧"已将这种"本能或机械倾向"植入我们体内，这种"本能或机械倾向"是"在其运作中一贯正确的"，并且在我们出生时就存在了。因此，形成一般性结论或习惯的能力，是建立在联想的基础上，建立在我们从有限的经验中进行归纳的倾向上，建立在我们感觉到原因必然与结果相联系的倾向上。这种归纳的能力是与生俱来的、"绝对正确"的，而对于它的操作，我们是"无知"的。习惯是比理智更可靠的向导。

为了支持这一结论，休谟指出，同样的归纳趋势也存在于动物身上。动物对环境的感知几乎是完美的，但它们缺乏理性。动物的习惯也是习得的，休谟说："任何我们用以解释人类活动的理论，如果也可以用于解释动物行为，就可以增加其权威性"（Hume，1777，p.255）。其他哲学家强调人类的独特性，休谟却强调人类与动物的相似性，暗示了将人类思维和动物思维进行比较研究的价值。

基于这样的观点，休谟提出了一个让理性时代的哲学家大跌眼镜的观点。他在《人性论》中写道："理性是且只能是激情的奴隶，除了服务并服从于激情，不能扮演其他任何角色。"从休谟的理论来看，得出这样的结论很正常。理性本身无助于了解真相，它必须服务于能够直接反映世界的经验和归纳的本能。对休谟来说，道德也是感觉（激情）的问题。我们对自己和他人的行为赞同与否，取决于我们对这些行为的感觉，因此，理性必然是服务于道德情感的。

休谟依靠人性抵制怀疑主义。正如他和其他人指出的，最极端的怀疑论者从不按照自己的信仰行事，因为他们永远怀疑明天的太阳是否会照常升起。休谟在他的《人类理解研究》（Hume，1777，pp.159–160）中写道："过度的怀疑不会带来任何持久的好处"，也不要指望"其影响能够造福社会"。休谟更欣赏温和的怀疑主义，具有一定理性的怀疑主义，一种适度重视动物本性的怀疑主义，并且能够意识到一般性结论有可能是错误的（毕竟，存在黑天鹅）。这种怀疑是现实的（它不拒绝通过经验积累的智慧），并且是实用的（具有开放性，可以为其他科学的创立提供人性基础）。

休谟的理论体系概括了主宰 19 世纪的两种主流思想之一的"联想经验主义"。另一种主流思想是康德的理念论，我们很快将会看到。在休谟所描述的笛卡儿剧场中，意识都是可察觉的，是展现感觉和图像的屏幕。经验主义者认为，一个人不应该相信无法观察到的东西。本着这种精神，休谟努力探寻自己。然而，除了对世界和身体的感觉之外，他在意识中什么也找不到。作为一个好的经验主义者，休谟得出结论，"自我"如同上帝，都是幻觉。他对这个结论一直不满意，但又找不出更好的结论。因此，在休谟看来，心智就是由联想组织在一起的感觉的集合。因此，心理学的任务是将大脑的感觉元素进行分类，并描述联想法则是如何将这些元素结合在一起的，就如同万有引力将物理元素结合在一起一样。

在休谟的作品中，我们也看到了适应心理学（psychology of adaptation）的雏形。归根结底，无论是休谟所说的心智习惯，还是行为主义者所说的行为习惯，人类知识的本质都是习惯。休谟强调日常的实用知识，它让我们适应环境，就像后达尔文时代美国和英国的心理学家一样。休谟和达尔文之后的心理学家，尤其是行为主义者一样，提倡重视人类与动物的连续性。休谟认为情感和激情是人性重要的组成部分。人并不像柏拉图所说的那样，是一个被锁在物质的、充满激情的身体里的纯粹理性的灵魂。最后，休谟偏爱那些有社会应用价值的心理学理论，他也预见到了一些美国心理学家的观点，对他们来说，构造主义的缺陷之一就是其公开宣称的"实际效用不足"（practical inutility）。

和苏格拉底、诡辩家和原子论者一样，休谟也惹恼了那些在没有了解确定和永恒的真理的可能性的情况下就无法生存的人。虽然休谟只是简单地教导人们如何生活在一个没有绝对确定性的世界，但他的批评者却把他看作一个危险人物。在他们眼里，休谟是一个无神论的怀疑主义倡导者，热衷于破坏知识，或者说，热衷于质疑传统知识，并通过怀疑证明经验主义哲学必然徒劳。这些批评者只能用"上帝赋予常识"或者各种经验主义的证据来反驳休谟。

联想心理学

由洛克、贝克莱和休谟发展起来的联想心理学，为人类的认知过程提供了一个简单的、有潜在科学价值的，同时又具有灵活性的理论。大卫·哈特莱（David Hartley，1705—1757）的《对人的观察》（Observations on Man，1749/1971）进一步发展了作为心理学说的联想主义，并提供了一种推测性的神经生理学理论来解释联想的心理规律，朝着精神科学和医学的统一方向迈出了一步。尽管哈特莱的心理学思想与休谟类似，但哈特莱的理论是基于约翰·盖伊（John Gay，1699—1745）的著作。哈特莱以典型的启蒙主义方式，努力从牛顿的视角来观察心灵，甚至采纳了牛顿关于神经活动的建议。

哈特莱相信，心智和大脑之间有密切的对应关系，他为两者提出了平行的联想法则。然而，他不像莱布尼茨那样，是一个严格的平行论者，因为他相信，精神事件必然依赖于神经事件。从精神领域出发，哈特莱和休谟一样，通过简单的基础单元建构心智。我们的感官与可感知特质（哈特莱称之为印象）接触，会在头脑中产生一种感觉（类似于休谟的印象）。如果头脑复制了感觉，这就构成了一个简单的感觉观念（相当于休谟的简单观念），它可以通过联想而复合，形成复杂的智力观念（相当于休谟的复杂观念）。谈到形成联想的生理基础，哈特莱采用了牛顿的神经振动理论，该理论认为神经中包含亚微观粒子，这些粒子的振动通过神经系统传递并构成神经活动。印象会引起感觉神经的振动，然后这种振动会传输到大脑，给大脑带来一种感觉。反复发生在大脑皮层的振动创造了一种趋势，将这种振动永久复制为一种更小的振动或振动周期，这便对应于一种观念（见图 6.2）。

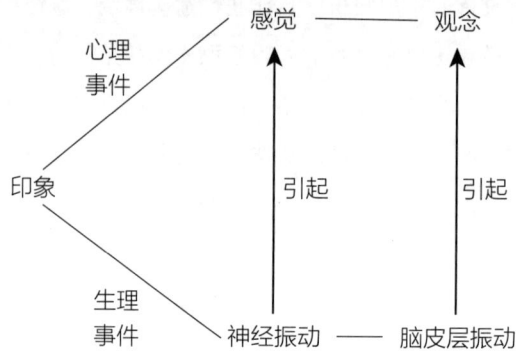

图 6.2　大卫·哈特莱的联想主义生理学理论

哈特莱的联想主义相当流行。约瑟夫·普里斯特利（Joseph Priestley，1733—1804），一位伟大的化学家，氧气发现者之一，就曾向公众宣扬这一理论并为之辩护。这一理论在艺术界和文学界也颇有影响，因为它深深地影响了 18 和 19 世纪之交艺术家的批判敏感性，尤其是浪漫主义者。[柯勒律治（Coleridge）① 就给他的大儿子取名为大卫·哈特莱。] 从长远来看，联想主义最终导致了从联想习惯的角度来分析行为。由于哈特莱说，快乐和痛苦的感觉会影响思想和行动，因此，联想主义又和功利主义联系到了一起。

重申常识：苏格兰学派

休谟的一些哲学同行认为休谟已经成为一种"元物理疯狂"（meta-physical lunacy）的受害者——完全的怀疑主义。这些哲学家坚持普通人的主张，反对哲学的深奥思辨。"我鄙视哲学，并放弃了它的指导——让我的灵魂停留在常识上"，该运动的创始人托马斯·里德（Thomas Reid，1710—1796）写道。除了里德，苏格兰学派的其他成员，包括詹姆斯·贝蒂（James Beattie，1735—1803），也是反休谟的普及者和辩论家，以及里德的学生杜格尔·斯图尔特（Dugald Stewart，1753—1828）。

复兴现实主义　里德并不反对用科学的方式探究人类心灵，他写道："我们必须通过

---

① 英国诗人，文评家，英国浪漫主义文学的奠基人之一。——编者注

对心灵的解剖才能发现它的力量和原理"（引自 Porter，2000，p.163）。但里德确实认为，随着笛卡儿剧场（尽管他没有使用这个术语）和观念之路（原话）的产生，哲学已经开始误入歧途。根据笛卡儿和洛克的模型，心灵并不熟悉物体本身，而只熟悉它们投射到意识中的复制品，也就是观念。里德认为，这是走向怀疑主义的第一步，因为如果头脑是像笛卡儿和洛克所说的那样工作，那么就没有办法证明思想准确复制了现实；由于我们永远无法直接感知物体本身，也就永远无法将现实与意识进行比较。这就像一份我们从未见过原文件的复印件，并且我们永远只能看复印件。尽管我们可以假设复印件与原件相似，但由于看不到原件，所以我们无法证明我们的假设是正确的。如果贝克莱看到这个问题，他会回答说，不存在原文件。对贝克莱来说，"复制机器"，即心灵本身，是由一点一滴的感觉组成的"复制品"，但"复制品"并不对应于原件。只要大脑机器产生了稳定而连贯的经验，我们就可以研究它，并在此基础上建立科学。

里德通过淘汰复印理论创立了常识哲学，他回到了更古老、更吸引人的亚里士多德的观点，即知觉只是对世界本来面目的记录。他认为知觉有三个要素（而非四个）：知觉者、知觉行为和真实物体。这里不存在笛卡儿剧场那样的单独表现阶段。我们的知觉行为与物体直接接触，而不仅仅与代表物体的观念接触。我们以一种直接的、非中介的方式认识世界，这种方式与我们每个人的信仰一致，没有哲学的误导。这种观点被哲学家们称为直接实在论，与笛卡儿、洛克和休谟的具象实在论以及贝克莱和康德的唯心主义形成鲜明对比。

里德还提出了两个对后来的心理学而言十分重要的问题。首先，里德否定了贝克莱、洛克、休谟和康德的理论，即意识经验是由零碎的感觉整合而来。因为我们可以直接体验物体本来的面目，所以没必要去假设一种能够将复杂印象或观念整合到一起的心灵引力或感觉力。里德承认，一个人可以人为地将复杂印象分解为简单印象，但他否认这样做会让一个人回到经验的原始材料，即纯粹的感觉。对里德来说，经验的原材料就是物体本身。大多数后来的心理学家会跟随休谟或康德，将经验视为由更简单的部分制造出来的。但是现实主义被德国的格式塔心理学家和现象学家弗朗兹·布伦塔诺（Franz Brentano），以及美国的威廉·詹姆斯继承了。和苏格兰学派一样，他们拒绝把思维看成"机器工厂"用"思维的东西"制造经验（James，1890）。正如现代机器人学家罗德尼·布鲁克斯（Rodney Brooks，1991）所言，你不需要认知系统中的表征，因为世界就是它自己最好的表征。

其次，作为一个现实主义者，里德认为知觉总是有意义的。概念是代表真实事物的精神符号，知觉就如同语言。和中世纪一样，里德认为我们通过阅读"世界之书"获得知识，这本书告诉我们现实的意义，就像通过阅读一本真正的书明白其意义一样。复杂的经验不能被简化为感觉元素，除非剥夺一些重要的东西——它的意义。

里德的先天论　里德哲学的第二个中心要点是他自己的先天论。根据里德的说法，我们天生具有某些天赋和思维原则，使我们能够准确地认识世界，并为我们提供重要的真理。

如果抛开他对"观念之路"的拒绝，我们会发现，里德的哲学在很多重要的方面与休谟是相似的。他们在处理哲学问题时，都以独特的启蒙方式审视人性。他们都把科学和哲学看作人类思维的产物，因此认为，必须根据先前的人性理论来研究和建构体系。休谟的理论比里德的理论简单得多，但他们的目标和方法非常相似。作为启蒙运动的倡导者，他们之间最大的区别是宗教。18 世纪，在关于先天论和后天论的争论中，有一个令人好奇的地方常常逃过现代世俗的观察。按照达尔文的说法，我们现在假设自然生态是自然选择的产物。例如，我们之所以拥有对深度（距离）的感知，是因为我们是树栖类人猿的后代，双目视觉有助于适应这种生存环境。然而，达尔文之前的大多数哲学家都信奉上帝，并假设，因为上帝创造了人类，所以其在人类脑中植入的任何思想或原则都必须是真实的，除非上帝是骗子。因此，作为先天论的坚定反对者，洛克却从来没有对所谓的天赋真理提出直接的驳斥，证明先天原则可能并不真实，因为洛克自己也认为，上帝植入的任何东西都必然是真的。休谟是一个无神论者，温和的怀疑主义立场对他来说是个必然的结果。从他的角度看，我们的能力不是上帝赋予的，是人就有可能犯错。然而，里德远离了怀疑论，他声称万能的上帝为我们植入了第一原则，因此必然是真实可靠的。里德是一名牧师——也许他的身份首先是牧师，其次才是哲学家。里德版本的启蒙思想停留在宗教框架内，休谟却没有。

在苏格兰学派中，里德的学生杜格尔·斯图尔特向心理学迈出了重要的一步。斯图尔特比里德更认同休谟，他放弃了"常识"这一术语，广泛使用"联想"概念。他的著作《人类思想哲学原理》（*Elements of the Philosophy of the Human Mind*，1792）读起来像是基于日常经验而不是实验室实验的心理学入门教材。书中包含了注意、联想（学习）、记忆、想象和梦境等部分。斯图尔特通过生动地描写魔术师、杂技演员等人来阐明他的观点。他关于注意和记忆的讨论带有当代色彩，斯图尔特对现代信息处理心理学中的一些特征进行了区分，并引用了日常经验来支持这些特征。斯图尔特跟随里德，将思维分解成若干组成部分，每一部分都被赋予了在精神生活和知识中的角色。受培根的影响，斯图尔特足足用了 62 页来展示心理学研究的实用价值。

总之，斯图尔特的作品是很有吸引力的。通过斯图尔特的宣扬，苏格兰学派变得更加有影响力，尤其是在美国。美国最早的一些大学创始人都是苏格兰学派的信徒，就像 19 世纪一些重要的大学校长一样。经过随后的学者（从斯图尔特开始）传承，苏格兰学派哲学成为一种容易理解和接受的心理学，直觉上非常吸引人，并且与基督教不冲突。大多数美国大学过去是（现在仍然是）宗教性的，在 19 世纪信奉苏格兰学派的大学里，心理学是"道德科学"的一部分。下文即将讨论他们所讲授的道德思想内容。

先验的伪装：伊曼努尔·康德

康德写道："有两样东西最让我敬畏，那就是我头顶的星空和我内心的道德法则。"正如柏拉图被诡辩家明显的认知和道德相对主义所攻击，康德也被休谟明显的认知相对主义和法国自然主义者明显的道德相对主义所攻击。在康德的新形而上学中，他试图反驳休谟的怀疑主义，拯救"确定性"，就像牛顿用万有引力解释宇宙一样。在他的新伦理学中，康德反驳了道德怀疑主义，他将道德判断建立在一种通过认知形成的正式规则之上，并通过这些规则来规范坚定的道德意志。

康德哲学：重申形而上学 康德说，休谟的怀疑论把他从"教条的沉睡"中唤醒。在阅读休谟的作品之前，康德通过他的老师克里斯蒂安·沃尔夫（Christian Wolff，1679—1754）的引导，成为莱布尼茨的追随者。然而，休谟的怀疑论扰乱了康德对莱布尼茨式"独断论"（dogmatism）的信心。就像柏拉图对于诡辩家的态度，康德寻求超越的真理，而不满足于仅仅是有用的真理。为了拯救真理，康德展开了关于心灵的形而上学论证，而不是休谟的经验主义论证。他意识到，关于上帝和人类精神实质的旧的、思辨的形而上学不再可行。然而，康德不能接受休谟对于知识单纯的心理分析，他想在不考虑任何关于人类习惯形成的经验事实的基础上，证明人类知识的有效性。因此他重申，哲学形而上学的主张，而非心理学，才是其他科学的基础。

和休谟一样，康德从笛卡儿的基本框架出发，但却以非常不同的方式建立学说。康德称经验世界，也就是笛卡儿剧场中的知觉世界为现象。他把事物本身的世界称为本体。与 18 世纪的几乎所有人一样，康德把牛顿物理学作为人类真正知识的范式。科学建立在观察的基础上，因此必须用经验来检验，也就是说，用现象来检验。因此，人类对真理的认识问题取决于现象的性质，而不是本体的性质。康德随后研究了现象是如何出现在大脑中的，并断言，只有当大脑所建构的经验具有普遍性时，其对真理的主张才有效。

康德认为经验主义哲学之所以误入歧途，是因为它做出了一个自然而直观的假设，即外部的、本体性①的观察对象把自己强加给了理解，而理解反映了本体。休谟的印象概念清楚地表达了这一假设：在知觉中，物体将自己强加于大脑，就像图章戒指将图案拓印在

---

① 英文为 noumenal，也译为"物自身"。——译者注

蜡上一样。对于康德来说，休谟的哲学证明"心智与观察对象一致"这一天真的假设一定有问题，因为它是基于怀疑论的。康德把休谟隐晦的假设颠倒过来：不是心智被动地顺从对象，而是对象顺从心智，并且心智会主动地把先天的、先验的内容强加给经验。例如，休谟无法证明每一件事情都有原因，因为原因本身是隐藏的，难以观察。康德认为，对于本体而言，这种看法也许是对的，但对于现象，也就是我们直观了解的世界以及科学研究的世界而言，每一个事件都是有原因的，因为心智会把原因强加于经验之上。

《绿野仙踪》（The Wizard of Oz）这部电影有助于说明康德的观点。电影中的奥兹（Oz）是一座翡翠之城，但电影没有透露原因。在书中，每个进入奥兹的人都会得到一副绿色眼镜，这是任何时候都必须佩戴的。眼镜使一切看起来都是绿色的，因此奥兹成了一座翡翠之城。现在，想象一下，奥兹城的公民一出生就在眼睛里植入了绿色镜片，但手术是保密的。一方面，奥兹城的公民在成长的过程中，看什么都是绿色的，并且得出结论（正如经验主义者所说）：由于物体会在大脑中留下印象，因此，之所以一切看起来都是绿色的，是因为客观事实就是绿色的。另一方面，我们作为外人，知道奥兹人之所以看东西是绿色的，是因为他们的眼睛发生了变化。在奥兹人的例子中，物体之所以符合心智，是因为奥兹人将心智强加于物体。现在请注意，奥兹人至少可以断言一个在现象领域无法被证伪的真理："一切（每一种现象）都是绿色的。"

康德的想法是，人类的心智，或者更准确地说，人类的先验自我（transcendental ego），或者自我（self），将某些"理解力的先验范畴"强加给经验，如三维空间、数字和因果关系。一方面，在康德的理论中，先验意味着"符合逻辑的"和"必要的"。他相信自己已经证明了，他的"理解力的先验范畴"是任何有意识体验的、逻辑上的必要条件。因此，关于现象，也就是人类所知的领域，我们可以断言某些真理的正确性，比如"每件事都有原因"，或者"物体存在于三维空间中"。休谟对于不可证实的知识的怀疑，就这样被否定了。另一方面，康德认为，某些乍看起来简单明了的问题，是没有答案的，因为它们无法在现象领域得到解决。康德给怀疑论设定了范围，但他并没有完全否定怀疑论。

康德认为，他已经证明了他的先天概念的先验有效性（transcendental validity），但是，从现代的角度来看，这些概念（如果存在的话）也是进化的设计，而非所有意识的形而上学的必要条件。因此，康德的解释像休谟的解释一样，是心理学的，或者像里德的解释一样，是生理学的。换句话说，适用于里德而非休谟的东西，同样也适用于康德。休谟与里德及康德的主要区别，在于人类先天特征的数量和属性。在这个问题上，历史并没有给出明确的结论。康德的观点得到了"三维空间知觉属于先天能力"这一发现的支持，但同时他也受到现代量子物理学（在量子物理中，不是所有的事件都是有原因的）和非欧几里得几何（康德暗示非欧几里得几何是不存在的）的怀疑。康德的哲学直接影响了瑞士心理学家让·皮亚杰（Jean Piaget）。康德传授的是一种唯心主义，主要认为经验世界是由知觉的先验范畴构成的。皮亚杰研究了儿童成长过程中关于世界的先验范畴和建构。事实上，他的其中一部著作就名为《儿童对现实的建构》（*The Construction of Reality by the Child*），其他作品依次研究康德的每一个范畴：《儿童的空间概念》（*The Child's Conception of Space*）、《儿童的时间概念》（*The Child's Conception of Time*）、《儿童的数字概念》（*The Child's Conception of Number*），等等。

康德论科学心理学　鉴于对休谟关于知识的心理学解释的蔑视，康德对心理学几乎不感兴趣。康德认为，心理学被定义为关于心智的内省研究，因此不可能是一门科学，原因有二。首先，他不认为意识有足够多的可以被定量测量的方面，因此心智不可以应用于牛顿式的方程式。其次，康德认为，任何科学都有两个部分，一是经验部分，包括观察和研究，二是理性或形而上学部分，包括用以支撑实证科学的哲学基础。康德认为，他在描述人类经验的《纯粹理性批判》（*Critique of Pure Reason*）中已经提出了关于物理科学的形而上学基础。在这本著作中，他证明了物理学的一些基本假设，比如普遍的因果关系，对于人类经验来说必然是真实的。因此，物理学是一门完整的科学。

然而，康德认为理性心理学是一种幻觉。理性心理学的对象是思维实体，或者说灵魂，也就是笛卡儿的"我思"。然而，我们无法直接体验灵魂——那个先验性的自我。灵魂没有内容，是纯粹的思想，只有本体性，是一个不可感知的存在。康德借用洛克的话断言：因为自我不能观察自己的思想，所以不存在内省的力量。当然，经验自我（empirical ego）是存在的，它是我们的感觉和精神内容的总和，我们可以通过内省来研究它。但是，这种经验心理学不同于经验物理学，它不可能是科学，因为它缺少理性的对应物。因此，康德对心理学并不重视。

可是，康德信奉一门（或者说至少一门）同样关注人性的科学，他称之为人类学（anthropology），也就是关于人类（anthropos）的学问（logos）。康德眼中的人类学实际上还是属于心理学范畴，是对人类智力、人类食欲和人类性格的研究，而不是现代意义上的人类学，着重于社会性的跨文化研究。康德发表了一系列非常受欢迎的演讲，这些演讲收录在《实用人类学》（*Anthropology from a Pragmatic Point of View*，1798/1974）中。如果说康德的哲学和里德的类似，那么他的《实用人类学》和斯图尔特的心理学也是类似的，都完整地列举了各种官能。康德的讲座是容易理解的，充满了对日常行为的敏锐观察、有趣的轶事，以及流行的偏见。简而言之，康德的人类学其实就是常识心理学，并且产生了一定的社会影响。

康德区分了生理人类学和实用人类学，前者关注身体及其对心智的影响，后者把个体看作道德自由的主体和世界公民。冯特后来把心理学划分为生理和社会两个分支，就像康德对人类学的划分一样。实用人类学的目标是改善人类行为，因而不是基于经验的形而上学，而是基于道德的形而上学。实用人类学有很多研究方法。由于我们对自己的思想会有一些内省的认知，进而也会对他人的思想有一些内省的认知。然而，康德意识到了内省的陷阱。当我们内省的时候，我们改变了自己的思想状态，所以我们发现的东西是非自然的，价值有限；同样的道理也适用于对自己行为的观察。康德甚至说，对自己思想的过度思考可能会使人发疯。同样，当我们观察别人时，如果他们知道我们在看，他们也会表现得不自然。人类学必须是一门跨学科的研究，虽然包含这些方法，但要小心使用它们，同时也需要加入历史、传记和文学等，以获得关于人性的信息。

《实用人类学》是一部内容丰富的著作。康德讨论了一系列话题，从精神错乱（他觉得这是与生俱来的）到女人的本性（她们比男人更柔弱但更文明），再到如何为哲学家举办晚宴。然而，我们这里只介绍康德的若干主题之一，因为它以几乎相同的形式出现在冯特的心理学中。康德探讨了"我们的无意识想法"。如果我们检视自己的意识，就会发现某些我们正在关注的知觉是清晰的，而其他的则是模糊的。正如康德所言："我们的大脑就像一张巨大的地图，只有几个地方被照亮。"这种针对意识的清晰和模糊的划分与冯特的观点相同。那些隐藏的思想只是我们没有去关注，所以显然，康德所说的无意识和弗洛伊德所说的需要挖掘的潜意识不是一个概念。然而，康德的确也说过，我们会受到隐藏思想潜移默化的影响。他观察到，我们经常不假思索地根据人们穿的衣服来判断他们，而没有意识到衣服和我们对穿着者的感觉之间的联系。康德还向作家们提出了实用的建议：让你的想法有点模糊，这样，当读者自己搞清楚这些观点的时候，会有自以为聪明的满足感。

除了意识的概念，康德的很多其他思想也影响了意识心理学的创始人冯特。到冯特的时代，已经有了实验和量化思维的方法，因此冯特能够证明，在没有推理的情况下，科学的经验心理学也是可行的。由此，冯特抛弃了先验性的自我。然而，先验自我仍然以某种变体存在于冯特的学说体系中。冯特强调了知觉如何给意识体验带来统一，这是康德赋予先验自我的作用。此外，冯特将思维置于内省之外，康德也是如此，认为思维只能通过对社会中的个体的研究来间接研究，类似于康德的人类学。冯特的心理学有两个部分：通过自省对经验的实验室研究（康德的经验心理学被他变成了一门科学），以及通过文化的比较研究对更高级的心理过程的研究，类似于康德的人类学（尽管冯特没有使用这个标签）。冯特还修正了康德的内省观。冯特说，好的科学内省，并非康德所认为的"是危险的、对灵魂的严格审查"，而是对经历的自我观察，甚至康德也认为这样的观察是可能的。

道德问题：社会是自然的吗

"在我看来，一个人必须像对待所有其他科学一样对待伦理学，并以与实验物理学相同的方式建构实验伦理学"，启蒙哲学家克劳德·爱尔维修在《论精神》（*De L'esprit*，1758；引自 Hampson，1982，p.124）一书中写道。启蒙运动的核心目标是：通过科学研究找到理想的人类生活方式，并通过应用科学技术来建构它。然而，事实证明，建构实验伦理学比建构实验物理学更令人生畏、更危险。法国启蒙运动的思想家们本着通过科学改善每个人生活的乐观精神开展了他们的课题，但最终的结果却指向了霍布斯的悲观主义。由于科学认识论最终带来怀疑论危机，科学伦理学也导致了道德危机。苏格兰学派的常识哲学家们努力抵抗道德危机，这对美国主流思想十分重要。此外，在爱尔维修写《论精神》的时候，反对启蒙运动的声音就已经出现了。

实验伦理学：法国的自然主义

在法国，启蒙运动的发展比在英国更加激进和无情。哲学的自然主义有两个主要来源（Vartanian，1953）。一个是约翰·洛克的经验心理学。在 18 世纪的法国，人们对英国的思想十分狂热，尤其是对牛顿的科学和洛克的心理学。杰出的哲学家伏尔泰在他的哲学书信中写道："如此多的哲学家写出了灵魂的浪漫史，但只有一位圣贤忠实地描绘了灵魂的历史。洛克阐述了人类的理性，就像一个优秀的解剖学家解释人体的各个部分一样。他处处以牛顿物理学的光辉为导向"（Knight，1968，p.25）。自然主义的另一个来源是法国本土的笛卡儿的机械生理学。

笛卡儿哲学的唯物主义 就在笛卡儿提出动物只是机器，而人类不是机器（因而不在科学的研究范畴之内，因为人类有灵魂）之后，他的许多宗教反对者意识到了他无意中设置的陷阱。因为，如果行为方式如此多样且往往复杂的动物只是机器，那么得出结论说人也不过是机器，难道不是顺理成章的吗？他们认为笛卡儿是一个潜在的唯物主义者，他希望自己的暗示能够被后人公开阐述。宗教捍卫者说这些话，是为了批评笛卡儿的体系是对信仰的颠覆，但在远离了宗教的 18 世纪，有人认真地重拾这些话，是为了宣扬唯物主义。

虽然自希腊出现原子论者（见第 2 章）以来，就存在唯物主义者，但他们的数量很少，并且在中世纪一直保持沉默。然而，到了理性时代，唯物主义者的人数成倍增加，他们变得更加开放和直言不讳。他们一开始只是通过匿名小册子传播思想，害怕遭到迫害，但很快就变得非常大胆。

其中，最直言不讳的是医学哲学家拉美特利（La Mettrie，1709—1751），他将动物机械论完全套用在人类身上，他的代表作是《人是机器》（*L'homme Machine*，1748/1974）。有趣的是，拉美特利同样认为笛卡儿是一个潜在的唯物主义者，他为此而称赞笛卡儿。拉美特利写道："他是第一个完全证明动物是纯粹的机器的人"，这一发现非常重要，以至于人们必须"原谅他所有的错误"。拉美特利迈出了宗教人士最害怕的一步："让我们大胆地得出结论——人也是一台机器"，而"灵魂"只是一个空洞的词。

作为一名医生，拉美特利认为只有医生才能谈论人性，因为只有医生才知道身体的机能。拉美特利详细展示了身体状态如何影响大脑——例如，药物、疾病和疲劳的影响。拉美特利反对笛卡儿对人类语言独特性的坚持，他认为，通过像教聋人一样教猿类语言，它们也可以变成"小绅士"。然而，拉美特利仍然算是一个笛卡儿主义者，因为他坚持认为语言是使人成为人的要素。他只否认语言是人独有的先天属性，声称我们也可以通过语言让猿变成人。

总之，拉美特利给人的印象不是把人类降低到动物的水平，而是把动物提高到接近人类的水平。这一意图在他对自然道德法则的讨论中表现得淋漓尽致。拉美特利认为，动物与人类有着共同的道德情感，如悲伤和遗憾，因此道德是自然生物秩序中所固有的。然而，话虽如此，拉美特利还是打开了纯粹享乐主义的大门，认为生活的意义在于快乐。

拉美特利对自己的研究课题采取了毫不妥协的、科学的、反目的论的态度。他否认终极的或任何刻意创造的神圣行为。例如，他认为，动物的眼睛不是上帝创造的，也不是为了让"看见"成为可能，而是进化产生的，因为"看见"对生物的生存很重要。拉美特利所阐述的便是18世纪后期开始越发流行的进化论。根据进化论，宇宙并非来自上帝的创造，而是自然法则作用的结果，从原始物质中产生的。拉美特利表示，物理宇宙和生物宇宙的发展是自然组织方式的必然结果。伏尔泰的造物主并不比基督教的上帝更有存在的必要。

当谈到生物时，拉美特利又回到了笛卡儿拒绝的文艺复兴时期的自然哲学家的观点，承认生物具有特殊的力量。他认为生物体至少应该具有自我繁衍和运动的能力。拉美特利援引当代生理学研究来证明自己的观点：被切成两半的珊瑚虫可以重新长出失去的一半；死去动物的肌肉受到刺激后仍然会动；心脏离开身体后仍然会跳动。物质是活着的，它是有生命的，而不是死去的；正是这种自然的生命力，使拉美特利的人类机械论看起来更加合理。到了20世纪，活力论成为生物学家的大敌，但活力论使得生物学朝区别于物理学的方向迈进了重要一步。拉美特利的活力论再次证明，他的唯物主义并不是要贬低人类，让人类成为一台冰冷的金属机器（我们今天对机器的印象），而是让人类成为一台生机勃勃、充满活力的机器，成为活生生的、大自然中不可分割的一部分。笛卡儿描述的人类，就像柏拉图和基督教描述的人类一样，在自然和天堂之间徘徊。拉美特利所描述的人类，只是大自然的一部分。

我们应该像拉美特利在自己作品中所做的总结一样，对他也做一个总结。作为一个优秀的哲学家，他与后来的斯金纳一样，主张接受唯物主义的进步本质和道德优势，放弃徒劳的猜测和宗教迷信，并过上快乐的生活。认识到自己是自然的一部分，我们就可以敬畏、尊重且永远不破坏自然。我们对他人的行为也会有所改善。拉美特利（La Mettrie，1748/1974）写道：

> 人性的光辉让我们热爱同类甚至是敌人……在我们眼里，他们只是些不称职的人……我们不会虐待我们的同类……遵循"己所不欲，勿施于人"的自然法则。这就是我的方法，或者更确切地说，这是事实，除非我被彻底蒙蔽了。这个真理如此简单，谁会有异议呢？
>
> （pp.148-149）

拉美特利用这段话结束了《人是机器》一书。虽然由于其"真理"的极端，并不是所有启蒙哲学家都能接受，基督徒更是对它进行了激烈的反驳，但唯物主义仍然发展得如火如荼。伏尔泰本人和百科全书的构想者丹尼斯·狄德罗不情愿地部分接受了拉美特利的观点，保罗·霍尔巴赫男爵（Baron Paul d'Holbach，1723—1789）以极端的形式支持了这一观点，他提出了这一观点的确定性和无神论的内涵。我们将很快看到其与道德危机的关联。

法国经验主义　洛克的经验主义创造了另一条通往自然主义的道路，它启发了法国的"精神领域的牛顿"。他们的思想总体倾向于感觉主义（sensationism），也就是完全通过感觉理解心灵，否认自主精神能力的存在以及洛克的心理学中提出的内省能力。法国评论家认为他们改进了洛克的心理学。

第一位重要的法国洛克派代表人物是艾蒂安·博诺·德·孔狄亚克（Etienne Bonnot de Condillac，1715—1780）。除了洛克，孔狄亚克对所有人都不屑一顾，他的第一本书《人类知识起源论》（*An Essay on the Origin of Human Knowledge*，1746/1974）的副标题就叫"对洛克先生《人类理解论》的补充"。和贝克莱一样，孔狄亚克认为洛克在经验主义方向上走得还不够远，但他在自己的著作中紧随洛克的脚步。直到后期的作品《感觉论》（*Treatise on Sensations*，1754/1982），孔狄亚克才真正实现了他早期的承诺，"将任何与人类理解有关的东西简化为一个原则"。那个原则就是感觉。

洛克承认大脑有部分自主能力，包括自我反思的能力，以及心理官能和活动，比如注意和记忆。孔狄亚克努力用一种更纯粹的经验主义方式来看待心智。他否认反思的存在，并试图通过简单的感觉解释所有心理官能。他的座右铭可能是："我感觉故我在。"孔狄亚克让他的读者想象一个雕像，从嗅觉开始赋予这个雕像各种感觉。然后，孔狄亚克努力通过这些感觉建立复杂的心理活动。例如，当某种感觉被第二次体验，并被识别时，记忆就会产生。我们应该注意到，孔狄亚克在这里作弊了，因为他假设了一种内在的力量或能力来储存第一种感觉，一种与记忆无法区分的内在力量。注意被认为是一种感觉支配其他更弱感觉的强度。在他的论文中，孔狄亚克追随洛克，称专注是一种心理活动（一个世纪后的冯特持相同见解）；但在《感觉论》中，他的感觉论是一以贯之的，他预见了铁钦纳对冯特理论的模仿。

简而言之，孔狄亚克试图提出一种经验主义的心理学理论。然而，在某些方面，他仍然是一个优秀的笛卡儿主义者。回到孔狄亚克的雕塑比喻，尽管雕塑最终获得了人类所有的智力和感觉，但它仍然缺乏笛卡儿所说的人类的本质特征：语言。孔狄亚克和笛卡儿持有相同的观点：它不能说话，因为它没有理性；它的思想是被动的，而不是主动的；它缺乏思考的力量。孔狄亚克的理论框架和笛卡儿的理论异曲同工：被赋予感觉的雕像或者动物，只能代表人类的部分功能。孔狄亚克简化了动物灵魂的构成，展示了其是如何在不具备所有先天能力的情况下发展出来的，这种先天能力从亚里士多德时代就被提出。和笛卡儿一样，孔狄亚克也保留了作为思考力量的人类灵魂的概念。孔狄亚克作为基督徒，剥离了人类灵魂，将对人类灵魂理性分析的工作留给了更加激进的唯物主义者，他们更愿意接受拉美特利的主张并刨根究底。

法国唯物主义和经验主义的结果　其中一个比较激进的思想家是克劳德·爱尔维修（1715—1771），他接受了康德的经验主义和拉美特利唯物主义的机械版本。根据洛克的说法，婴儿的大脑是"可以随心所欲地描绘和塑造的白纸或蜡版"（引自 Porter，2000，p.340），而爱尔维修则持一种完全的环境决定论（environmentalism），在他的学说中，人类既没有神圣的灵魂，也没有复杂的生物结构。人类只拥有感官、一个能够接受各种感觉的被动的头脑和一个能够做某些动作的身体。心智是通过观察自己和他人的行为，以及观察世界的运行方式而被动建立的。因此，对爱尔维修来说，人出生时的大脑一片空白，没有任何能力，一个人最终成为什么样的人，完全是环境塑造的结果。爱尔维修在心灵的可塑性中找到了乐观的理由，他坚信教育的进步会带来人的进步。爱尔维修的信念预示了激进的行为主义者的出现，他们相信人类的行为也同样可塑。然而，这样的信念同样具有副作用：专政可以建立在洗脑的基础上。

我们现在来看看启蒙运动造成的道德危机。爱尔维修期待的科学伦理是否能够实现？在西方历史上，包括笛卡儿、洛克和康德在内的所有人，几乎毫无例外地认为，理性被分配的任务就是，通过道德限制人对快乐的自然渴望。然而具有讽刺意味的是，在理性时代，理性的范围缩小了，对超越性道德秩序的信仰，无论是柏拉图式的、斯多葛派的还是基督教的，都被粉碎了。只剩下人性作为判断是非对错的标准。

问题是如何发现人性中的善。拉美特利曾说，快乐是我们存在的自然原因；大自然让我们追求快乐。孔狄亚克也将理性简化为欲望或需要。既然每种感觉都会产生快乐或痛苦，那么我们通过联想由感觉建立的思维，就是由它们的情感性质决定的，也受制于我们瞬时的动物性需求。由此可见，经验主义削弱了理性的自主性。对理性主义者来说，理性先于感觉，并且独立于感觉，所以享乐主义只是一种过度的放纵。然而，经验主义者从情感丰富的感觉中建构理性，使享乐主义成为所有思想背后的指导力量。拉美特利把幸福完全看作身体上的快乐，而不是理性幸福（eudaemonia），完全颠覆了苏格拉底的思想。苏格拉底一直说，道德生活才是幸福的生活。拉美特利在《批判塞涅克》（*Anti-Sénèque*，1750；引自 Hampson，1982）中写道：

> 既然心灵的快乐是幸福的真正源泉，那么很明显，从幸福的角度来看，善与恶本身是完全无关紧要的事情，从作恶中获得更大满足的人，会比从作善中获得较少满足的人更幸福。这就解释了为什么有那么多恶棍过着幸福的生活，也说明了有一种个人的幸福是可以寻得的，这种幸福不仅与美德无关，甚至可以在犯罪中获得。

（p.123）

在这里，我们看到了自然主义的根本危机，也是启蒙运动者首先面临的危机，这种危机在达尔文之后变得更加尖锐。如果我们只是机器，注定要追求快乐，避免痛苦，那么道德价值和人生意义的基础是什么？作为人文主义者，早期的启蒙运动者假设世界是一个仁慈的造物主（即便不是基督教）为人类创造的。然而，随着社会的进步，这种观点的不合理性变得越来越明显。例如，1755 年的里斯本大地震和海啸夺去了 4 万多人的生命，摧毁了该市 85% 的建筑。牛顿的宇宙似乎是一台对人类生命漠不关心的机器，个体只是一个无关紧要的小点。此外，把唯物主义、决定论和享乐主义用在人类身上，虽然从理性上讲很有说服力，但从情感上让人很难接受。例如，狄德罗在一封信中写道："我被一种恶魔般的哲学所困扰，我的头脑不禁赞同，但我的心在反驳，这让我发疯"（Knight，1968，p.115）。因此，整个困境归结为一个情感问题：寻求自由和尊严的情感，与寻求快乐和避免痛苦的自然愿望的对立。

拉美特利的《人是机器》中有一句很符合存在主义风格的话："谁能证明，人不是因存在而存在呢？"他继续说："也许，他只是随机被扔在地球表面的某个地方，没人知道是怎么回事，也没人知道为什么，只是简单地说他必须生老病死，就像每天都会长出蘑菇一样。"拉美特利陈述了一个无意义世界的可能性，这是每个哲学家都能看到并试图避免的道德虚无主义深渊。

然而，有一个人愉快地跳进了那个深渊，宣扬快乐的自主性、道德的幻觉、强者的统治和愉快的犯罪生活。萨德侯爵（Marquis de Sade，1740—1814）在《朱丽叶的故事》（*History of Juliette*）中阐述了为什么强者在追求幸福的过程中应该主宰弱者（译自 Crocker，1959）[①]：

> 强者……在掠夺弱者时，也就是享受从自然中攫取的权力，并尽可能扩张权力时，找到了与这种扩张成比例的快乐。对弱者的伤害越残忍，他就越兴奋；不公就是他的快乐，他享受被欺压者的眼泪；弱者越痛苦，他就越变本加厉，也更快乐……对幸运的人来说，没有什么比制造苦难更美妙。那就让他掠夺吧，让他焚烧吧，让他蹂躏吧，最多只让那些可怜虫留一口气……他所做的一切都是自然的，他所做的一切，都是积极运用了自然赋予的力量，他运用自己的力量越多，就越能体验到更多的快乐，也就促使他更好地使用自己的力量，从而也更好地服务于自然。

（pp.212-213）

萨德说，如果快乐是自然主义能找到的唯一生活目标，那么我们每个人就都应该在不受道德或社会舆论制约的情况下寻求快乐。这样做，我们就是顺应天意的。强者不仅必然，而且理当战胜弱者。萨德把比较心理学扩展到道德领域，认为动物毫无顾忌地互相捕食，是因为它们没有道德和法律。我们也是动物，所以我们应该以同样的方式行动。道德法则只是一种形而上学的幻觉。一个仅由动力因和享乐主义统治的世界，成了哲学家们的首要挑战，他们试图避免萨德自然主义的逻辑推论。这个问题到 20 世纪还是没有得到解决，并且直到当下，我们仍然可以看到道德虚无主义的身影。但与此同时，近代的存在主义者和人本主义者正试图恢复人的尊严。这个问题在 19 世纪变得十分尖锐，达尔文终结了所有相信人类超越自然的想法。在达尔文的世界里，弱肉强食是常态。萨德是道德虚无主义的先驱，当道德虚无主义进入维多利亚时代，弗洛伊德揭开了其最深层的面纱。

伦理学启蒙

霍布斯通过法国自然主义者对人性、人类社会和人类伦理的自然主义思考，对现有的伦理理论提出了尖锐的挑战。如果人性像霍布斯认为的那般堕落，或者像法国博物学家认

[①] 按现代人的认知，这种观点是极其有害的。作者也被当时政府下令捉拿。——编者注

为的那样稀缺到几乎不存在，那么亚里士多德的美德伦理学就没有任何根基。如果在内在美德缺失的情况下，人类社会仍然可以繁荣，那么就说明，人类的幸福仅仅依赖于物质的满足和对个体的外部限制，甚至如同萨德那句充满负能量的结论：人类的繁荣恰恰就是在暴力和压迫中出现的。自然主义理论，尤其是在法国，不承认上帝的存在，所以基于遵循上帝意志的基督教伦理对无神论者是无效的。尼采在19世纪将这一理念带回了德国。

面对这些挑战，以及18世纪后期宗教权威的没落，哲学家们提出了两种新的伦理学体系，尝试修正并复兴美德伦理学。他们的共同之处在于心理上的转变。看起来，正确生活的规则不能再源自人性之外——无论是柏拉图所主张的形而上学还是基督徒所主张的上帝，而是必须在人类自身，也就是他们的幸福、他们的理性或他们的感情中找到。第一个新伦理学体系是哲学家所说的结果主义（consequentialism）：正确的行为就是可以带来好的结果的行为。第二个新伦理学体系是哲学家所说的义务论伦理学（deontological ethics）：正确的行为源于道德意志的选择所支配的规则（"义务"的英文单词"deontological"中的词根"deon-"在希腊语中是"规则"的意思）。还有一些哲学家采用了最贴近心理学的视角，提出了一种修正的美德伦理学（尽管很少这样称呼），认为道德源自人类对是非黑白天生的好恶。

结果的伦理学：功利主义 结果主义伦理学有很多种形式，但最重要的还是功利主义，它以各种形式存在，对整个社会科学产生了巨大的影响。它提出了一个简单的、潜在的、可量化的人类动机理论——享乐主义（hedonism）。享乐主义最初是由德谟克利特等希腊人提出的，它认为人们仅仅是被追求快乐和回避痛苦的动机所驱使。功利主义的部分吸引力在于它的灵活性。虽然功利原则很简单，但它尊重人们趋利避害的个体差异。功利原则是大多数经济学理论的基础。在心理学中，它带来了行为主义的动机学说，并进而影响了决策和选择理论。

将享乐主义转化为一种实用的、定量的科学理论，是英国改革家和精神领域的牛顿，杰里米·边沁（Jeremy Bentham，1748—1832）的事业。在他的《道德与立法原理导论》（*Introduction to the Principles of Morals and Legislation*，1789/1973，p.1）中，以功利主义、享乐主义的有力陈述开篇："自然将人类置于痛苦和快乐这两个主人的统治之下。只有它们才能指出并决定我们应该做什么。我们所做的一切，我们所说的一切，我们所想的一切，都受它们的支配。"作为典型的启蒙哲学，边沁的主张融合了关于人性的科学假设和关于人们应该如何生活的伦理准则。快乐和痛苦不仅"支配着我们所做的一切"（科学假设），也决定了我们"应该"这样做（道德准则）。以前的思想家们肯定已经意识到享乐主义的诱惑，但他们寄希望于其他动机的制约，例如，被苏格兰学派的道德感所控制。之所以认为边沁的创新是大胆的，是因为他拒绝提出功利之外的动机，认为那些都是胡说八道的迷信，并试图在功利主义的基础上建立一种伦理观。然而，边沁对功利的定义并不仅限于感官上的快乐和痛苦。边沁也承认财富、权力、虔诚和慈悲等方面的享受。

边沁量化快乐和痛苦的牛顿式方法，使得他的功利原则具有了重要的科学意义。牛顿物理学的优势在于它的数学精度，边沁希望给人类科学带来类似的精度。他的"幸福微积分"试图建立快乐和痛苦的度量标准，以便将其加入预测行为的方程式中，或者帮助决策者做出正确的决策，也就是做出使幸福最大化的选择。在经济学中，价格成为边沁幸福衡量标准的一个便于理解的参照物。经济学家可以很容易地确定人们会为快乐支付多少钱（无论是饼干、音乐会还是汽车），以及他们会为避免痛苦支付多少钱（购买安全系统、健康保险或阿司匹林，等等）。他们已经发展出了一套基于功利原则的高度精确的科学。在心理学领域，试图直接测量快乐和痛苦的研究方法已经被证明是有争议的，但这样的努力并没有消失。例如，在新兴的行为经济学领域，研究者根据老鼠或鸽子愿意对各种有价"物品"（如食物、水或电刺激）"支付"多少（通过它们的操作反应），开发出了对应的公式（Leahey & Harris，2004）。

作为一名社会改革家，边沁希望立法者，也就是边沁在他的《道德与立法原理导论》中所针对的受众，在制定法律时使用特定的公式。立法者的目标应该是"为最多的人创造最大的幸福"。也就是说，立法者应该试图计算出，任何给定的政府行为将在整个国家产生多少幸福单位和多少快乐单位，因此，他们应该始终采取行动，使国家作为一个整体的净效用最大化。同时，由于对快乐和痛苦的理解因人而异，边沁通常主张政府的参与应该最小化。在功利主义或者现在所谓的幸福最大化原则中，人们应该独自去做那些让自己感到幸福的事情，而不是被一个一心追求效用的函数、多管闲事的政府所支配。

义务的伦理学：康德　正如康德不能忍受英国经验主义的认知空白一样，他也不能忍受法国经验主义的道德空白，或者功利主义主张的结果主义伦理。问题在于，传统的伦理体系并没有深入探究过我们有哪些道德义务，相反，传统伦理体系只是告诉人们，如何在一个只关注自我目标，不受监管的、假设的框架内行事。古希腊人说，如果你寻求幸福（这里说的是前文提及的理性幸福），你就应该以某种方式行动，比如讲实话和保持勇敢。因此，希腊的道德推理是实现某个预定幸福目标的最佳手段。他们认为追求理性幸福是理所当然的事情。享乐主义理论，尤其是出现在法国的极端形式，比希腊人对理性幸福的追求要糟糕得多，因为它们对"幸福"这一概念的理解十分狭隘。例如，对享乐主义的信奉者来说，如果玩扑克牌可以得到和艺术创作同样多的快乐，那么玩扑克牌的道德价值就和艺术创作一样高。此外，康德希望为道德做一些他为科学所做的事情。对他来说，牛顿的理论能够很好地解释物理世界，但这远远不够，他想证明，牛顿的理论在形而上学方面同样正确。因此，他对当时的道德理论感到很不满，他认为这些理论的眼界仅限于人类自身。他想要一个基于纯粹理性而不是变幻莫测的人类天性推导出的道德解释，他致力于将道德研究从"我们的继母——大自然的吝啬供给"中解放出来（引自 Scruton，2001，p.88）。

道德戒律是必需的，它可以告诉你应该做什么。用康德的术语来说，以前的道德哲学家只讨论假设的或有条件的规则，告诉一个人应该做什么来实现某个目标。康德想制定一个绝对的，或无条件的、命令式的规则，理性阐明是非对错，而不考虑任何特定目标。从心理上说，康德希望宣扬他认为很有价值的东西："我内心的道德法则"。做正确的事情通常看起来很难，并且被认为是一种不屈服于诱惑的强迫。简而言之，做正确的事情通常感觉像是一种责任，而不仅仅是为了追逐快乐或作为有利可图、精打细算的手段。形成这种道德约束力的方法之一是把责任看作遵守由外部权威所制定的法律。例如，虽然外面的世界充满诱惑，但我仍然会忠于我的配偶，因为信仰要求我这样做；或者在一场官司中，作为检察官，我必须为辩方提供脱罪的证据，因为法律要求这样做，即便这会让我输掉官司。在康德的分析中，理性，而不是上帝或立法机构，才是道德行为的终极立法者。

康德在他的科学形而上学中提出，放之四海而皆准的普适性超验自我，使得经验成了一种知识的形态。在他的伦理学中，康德提出了一条适用于一切理性生物（不止包括人类）的绝对律令。这一绝对律令就是，应该始终"只按照我能同时使它成为普遍法则的准则行事"，始终"将自己和他人人格中的人性当作目的，而绝不仅仅是一种手段"（引自 Scruton，2001，pp.85—86）。在这里，一个理性的、超越个体自我的"大我"成为所有理性的立法者，而不拘泥于一个容易陷入道德困境的个体。因此，如果我选择在艰难的境遇下讲实话，绝对律令会告诉我：在我选择说实话的那一刻，我正在使说实话成为一个普遍法则，所有理性生物在任何情况下都必须遵循它，就像万有引力定律在任何情况下都必然影响所有的物体一样。

然而，康德并不认同拉美特利那种自然主义决定论，即选择是种幻觉，我们所做的一切都是注定的。在康德看来，我们的道德选择是真实的，如果我们愿意，我们可以撒谎、通奸或隐藏证据。绝对律令不会让这些选择消失，它只会让理性的人认识到，无论在什么情况下，这些选择都是错误的。

一方面，康德的伦理学遵循一种人类直觉，即我们在外部权威的强迫下去做正确的事情，但另一方面，康德的伦理学似乎过于严厉，对环境缺乏变通，与人性和现实的道德决策相去甚远，不足以解释人们是如何做出道德决策的，也难以解释道德决策的动机。如果撒谎的行为在任何情况下在道德上都是错误的，那么我们就潜在受害者的行踪欺骗杀手，或者对寻找安妮·弗兰克（Anne Frank）①的特工撒谎，就都是错误的。如果所有人都应

---

① 二战中著名的受害者，其所著的《安妮日记》成为纳粹德国屠杀犹太人的知名见证。——编者注

该被平等对待，那么当我选择从着火的房子中先救我的孩子还是先救陌生人时，我就应该通过抛硬币决定。如果我们看到两个人捐钱给慈善机构并投身扶贫工作，其中一个人是出于爱心和同情，而另一个人对穷人感到厌恶，只是出于道德责任帮助他们，那么我们必须和康德一起得出结论，只有后者在道德上是有价值的，因为只有他是按照理性的要求行事，而前者只是作为一种人类动物，在情感上受到"我们的继母——大自然的吝啬供给"的激励。

第三个启蒙性的伦理体系建立在对人性的理解之上，这种理解比法国人更丰富，并在感觉而不是理性中找到了正确的动机，围绕人性而不是与之对立来建立道德。

感性的伦理：苏格兰道德意识学派 苏格兰人休谟一贯是反康德的。在对道德原则的探究中，休谟写道：

> 最近开始了一场关于道德基础的争论，很值得研究；它们来自理性，还是来自情感？我们是通过一连串的论证和归纳，还是通过一种直观的感觉，或是一种更加敏锐的内在感觉来获得知识？任何理性生物对是非黑白的判断都是一样的吗？对美和残缺的感知，是建立在人类特有的机能之上吗？

（Hume，1751，sec.134）

回想一下，在对人类思想的描述中，休谟考虑了"激情"（passions）这一重要指标，这个词在 18 世纪也被称为情感（sentiments）。休谟对因果概念分析的核心是事件中无法回避的情感（或者感觉），我们可以称其为动机。在他对道德判断的分析中，休谟再次诉诸情感，诉诸自然赋予的，源于"人类物种的特殊结构和构成"的，对是非黑白的道德判断。休谟在审美和道德判断之间做了一个相近的类比：如同我们可以立刻判断一些东西的美丑，我们也可以自然判断一些行为的对错。与康德相反，休谟和他的苏格兰同胞将人类道德建立在人性的基础之上。对他们来说，大自然的供应一点也不"吝啬"。

令康德感到恐惧的是，霍布斯和萨德似乎把人类置于一个充满暴力和不道德的恶臭沼泽中，除了借助警察国家的集权统治，别无他法。康德试图将道德从相对主义和暴政中拯救出来，他认为在我们体内有一个不需要国家介入的强制性道德法则。然而，如果我们搬到气候较冷的苏格兰，我们会发现，那里的常识哲学家们会提醒我们，人们并不像霍布斯或萨德以及他们惊恐的读者设想得那么坏。虽然存在犯罪和战争，但大多数时候，大多数人对彼此都表现得很体面，当他们不这样做时，他们会感到内疚或羞愧。动物母亲会照顾它们的孩子；动物打架很少导致死亡；许多动物物种生活在相互合作的群体中，不依靠任何形式的社会或政府。当然，苏格兰人（包括休谟）（Norton，1993a）认为，人性虽然不总是道德的，但通常是道德的。苏格兰哲学家们坚持建立关于人性科学的启蒙计划，但他们在人性中发现了解释道德的新基础。

托马斯·里德的老师乔治·特恩布尔（George Turnbull）简明扼要地阐述了苏格兰学派的立场。特恩布尔的目标是，对道德做牛顿对自然所做的事情，即"以我们研究物理现象的方式，探究道德现象"（引自 Norton，1982，p.156）。特恩布尔观察到，自然是有序的，受自然规律支配，由此认为，人类的行为是有序的，受道德法则的支配，我们天生有一种道德感，通过这种道德感我们可以发现道德法则。他说："我倾向于认为，每个人都很容易察觉到，人有一种与生俱来的道德感，这种道德感与个体密不可分……如果我们体验过认同与不认同，那么我们就必然具有认同和不认同的能力"（Norton，1982，p.162）。也就是说，我们天生就具备这样的能力：看到一些正确的行为，我们会赞同；看到一些错误的行为，我们会反对。

苏格兰学派的道德感理论在三个方面很重要。首先，它冷静地否定了霍布斯和法国博物学家的极端主张。苏格兰学派认为，人们生来善于交际，举止得体，而不是完全邪恶和自私的。人们会自发地、无须强迫地关心对方，并努力做正确的事。拉美特利的快乐罪犯和萨德的虐待狂只是特例，并非离开了霍布斯的专制国家我们就会变成那副模样。其次，苏格兰学派的道德感理论有助于建立关于人性和心理的科学。因为除了政府法律规定的原则，还有其他指导人类行为的原则，供我们学习和使用。最后，苏格兰学派在现代心理学的故乡美国产生了巨大的影响。托马斯·杰斐逊和许多美国人一起阅读了伟大的苏格兰哲学家的著作。当杰斐逊写完那句著名的"我们认为这些真理是不言而喻的，所有人生来平等……"后，又在里德的基础上写道："道德真理可以分为两类，[第一类]是对每个人来说不言而喻的，他们的理解力和道德能力是成熟的……"（引自 Wills，1978，p.181）

苏格兰学派在一个论点上有分歧。尽管他们一致认为人性是社会性的、良性的，认为人类具有道德感，但他们在人性的来源上意见不一。里德和他的追随者认为它来自上帝，无神论者休谟说它来自自然本身。这正是康德所担心的，"没有必要把我们的研究推进到问'为什么我们与他人拥有人性或同理心'。现在的结论是足够的，这是人类本性中的一个原则"（引自 Norton，1993a，p.158）。休谟只追问人性是如何运作的，并没有问为什么会这样。到了下一个世纪，达尔文开创了进化论，而只有在此基础上发展出的进化心理学，才能回答休谟未曾提出的问题（Dennett，1995；Haidt，2007；Pinker，2002）。

应用心理学思想：社会工程

从发展出一门关于人性的科学，到将这门科学应用于改善人类生活，仅有一步之遥。商人和慈善家罗伯特·欧文（Robert Owen，1771—1858）在他位于苏格兰新拉纳克的棉纺厂（Porter，2000）进行了第一次也是最重要的一次社会工程实验。欧文把"人是机器"的观点和洛克的经验主义结合起来，认为工人是"至关重要的机器"，他们需要像工厂里"没有生命的机器"一样被保养和关注，儿童毫无例外是被动的和充满奇迹的人造化合物，只要对其有正确的认知并在其成长过程中给予充分关注，就可以塑造出任何人类品质（Owen，1813）。因此，一个新的乌托邦社会"应当结合上述原则，这样不仅可以根除罪恶、贫困并在很大程度上消除痛苦，而且，在这种情况下，每个人都能够享有比身处外部规范社会环境中所能获得的更持久的幸福"（Owen，1813）。欧文的愿景是让新拉纳克成为一个经过精心设计的社区，而不仅仅是一个工厂。他为工人提供了学校教育（这在当时尚未成为国家的责任）、博物馆、音乐厅和歌舞厅（18 和 19 世纪之交的首要聚会场所，参见简·奥斯汀的《傲慢与偏见》）。对欧文来说，一个仁慈的雇主关心的是工人的幸福，而不仅仅是他们的生产力。然而，他期待的是，"快乐的工人经过简单的训练和指导，可以为他们的雇主创造大量的收益"（Owen，1813）。欧文的思想预示了 20 世纪 30 年代商业和工业中的人际关系运动（见第 13 章）。欧文在新拉纳克的计划没有成功，他搬到了印第安纳州，在那里他建立了另一个乌托邦社区，叫"新和谐"。"新和谐"同样也失败了，于 1828 年被放弃。

把社会工程应用于整个国家，是法国大革命的目标。革命者把启蒙运动的主导思想以及"观念之路"本身，投入为新社会和新公民的服务中。革命时期的法布雷·代格朗汀（Fabre d'Églantine）依靠洛克的经验主义来组织宣传，他充分利用新的"图像帝国"，借此抹去人们对旧政权的忠诚，并使人们建立对新政权的感情。"除了图像，我们什么都不能想象：即使最抽象的分析或最形而上学的表述，也只能通过图像产生效果"（引自 Schama，1989）。卢梭希望把孩子们从父母身边带走，由国家抚养。革命领袖路易·德·圣茹斯特（Louis de Saint-Just，1767—1794）试图将这一计划变为现实。与爱尔维修一脉相承，圣茹斯特期待通过否定自由意志来科学控制人类行为："我们必须培养人，使他们只会按照我们的意愿行事"（引自 Hampson，1982，p.281）。但圣茹斯特也警告说，一个美德帝国是用可怕的代价换来的，"想在这个世界上行善的人，只能睡在坟墓里"（引自 Schama，1989，p.767）。

结果，圣茹斯特是无心插柳。法国大革命始于经年累月的积怨——启蒙运动提倡科学改革，反启蒙运动崇尚情感和行动。改革派的启蒙者并没有意识到他们埋下了什么样的"社会地雷"。君主制国家的发展逐渐给法国人民带来沉重的负担，他们已经积累了几个世纪模糊不清但一点就着的怒火。最终，法国大革命让人们对启蒙者宣扬的乌托邦产生了怀疑。启蒙者原本旨在改造人类，但最终带来了恐怖统治的暴力，反而导致了拿破仑·波拿巴（Napoleon Bonaparte）通过军事政变对其进行镇压。讽刺的是，拿破仑最终复辟了帝制。拿破仑进行了一些普鲁士式的开明改革，比如彻底改写法国法律，但他以自我为中心的征服欧洲和俄国的野心，以灾难告终，旧的波旁王朝的国王得以复辟，几乎跟完全没有革命一样。

启蒙运动与女性

很明显，启蒙运动是男人的事情。虽然法国启蒙哲学家会在贵族女性主持的沙龙里相遇，但这些哲学家本身都是男性，他们只会偶尔提及女性相关的话题。而在英国，洛克提出"心灵不分性别"（Outram，2005；Porter，2001），并且主张女性可以接受和男性同等的教育。然而，大多数启蒙哲学家还是简单地认为，女人天生不如男人。

明确提及女性社会功能的哲学家是反启蒙思想家让–雅克·卢梭。卢梭认为，男女的天然差异决定了其不同的社会角色，他们所接受的教育应该基于而不是无视这些天然差异。"因此，女性所接受的教育必须根据男性的需求进行规划"，卢梭（Rousseau，1762/1995，p.576）写道，"取悦他，赢得他的尊重和爱……让他的生活愉快和幸福，这些是女人的天职，是她年轻时就应该学会的。"卢梭欣赏斯巴达人（见第 2 章），并推崇他们对待妇女的态度："妇女不应该像男人一样强壮，而应服务于他们，这样他们的儿子才能强壮"（Rousseau，1762/1995，p.577）。最后，卢梭总结道，女人的天然角色是为男人服务的人，即使那个男人是个暴君。他认为，女人"为了服从男人这一不完美的生物，应该学会屈服于不公正，毫无怨言地忍受丈夫的责难"（Rousseau，1762/1995，p.579）。

卢梭的女德论调引发了一场奇怪的行为矫正实验（这比"行为矫正"这一术语出现的时间早了一个世纪），英国人彼得·戴（Peter Day）将卢梭的"理论付诸实践，用真人做实验，以皮格马利翁式的方式，打造完美的妻子……（一个）将自己奉献给她的丈夫和后代（的人）"（Porter，2000，p.329）。他从孤儿院领养了一个 12 岁的金发女孩，给她取名塞布丽娜，并试图让她成为卢梭理想中的斯巴达式妻子。为了教会她像斯巴达人一样忍受疼痛，他把融化的蜡滴到她的手臂上；为了让她像斯巴达人一样无畏恐惧，他向她的裙子发射空包弹！第一次她退缩了，第二次她吓得尖叫。彼得·戴断定这个女孩意志薄弱，于是放弃了她，并终止了实验（Porter，2000）。

卢梭的反对者接受了洛克"所有人，无论男女，都可以受教育"的观点。他们认为，妇女在社会中的从属地位不是天生的，而是传统观念和教育水平低下的结果。美国人朱迪思·默里（Judith Murray）用笔名康斯坦察（Constantia）写道，所谓的男性智力优势不在于自然，而在于"男女教育的差异"（Constantia，1790/1995，p.603）。《弗兰肯斯坦》（*Frankenstein*）的作者玛丽·雪莱（Mary Shelley）的祖母玛莉·沃斯通克拉夫特（Mary Wollstonecraft，1759—1797）写道："女性在某种程度上独立于男性之前，期望她们拥有美德是徒劳的……当她们完全依赖于自己的丈夫时，她们会变得狡猾（卢梭说狡猾是‘女性的天赋’）、卑鄙和自私”（Wollstonecraft，1792/1995，p.618）。在法国，当早期革命者宣布了《人权宣言》（*Declaration of the Rights of Man*）之后，奥兰普·德古热（Olympe de Gouges，1748—1793）倡议通过一项《女权宣言》（*Declaration of the Rights of Woman*）。她以法国启蒙运动的精神呼唤她的女性同胞：“女人们，醒醒吧；整个宇宙都在倾听理性的声音；发现你的权利。强大的自然之国不再被偏见、狂热、迷信和谎言所包围”（de Gouges，1791/1995，p.614）。

尽管存在这些激烈的声音，但在不久的将来，卢梭仍然代表了主流思想。他认为男人和女人有各自独立的势力范围：商业、政治和战争是属于男性的世界，家庭和壁炉是属于女性的世界，这一观点在19世纪产生了深远的影响（Porter，2001）。弗洛伊德认为，将女性限制在某些领域是导致她们神经衰弱的主要原因（见第9章），弗朗西斯·高尔顿（Francis Galton）发明了一套测试，号称可以通过测试找到最适合的另一半，其中，郎才女貌是择偶标准之一。

| 反启蒙：理性的果实有毒吗 |

牛顿将人类的理性、逻辑和数学运用到自然中，证明了人类的思维可以理解自然法则，并使自然服从人类的意志。启蒙哲学家的愿景是将牛顿式的理性应用于人类事务，包括心理学、伦理学和政治学。在哲学的牛顿模式中，科学理性将摒弃迷信、宗教启示和历史传统，代之以人类行为法则，开明的统治者可以通过这些法则打造完美的人类社会。哲学不能容忍文化的多样性，因为文化传统是非理性的产物，所以所有现存的文化都不符合理想的理性世界。哲学家们蔑视历史，认为其不过是有关过去的流言蜚语，与理解当代社会以及根据理性重建社会的任务完全无关。

哲学家在理性和科学方面的帝国主义做派激起了反对者的不满，他们认为极端的理性和科学是非常不人道的。他们用文化的自主性来反对自然科学的帝国主义，用心灵的感性来反对过度的理性。英国诗人威廉·布莱克（William Blake，1757—1827）表达了他们对机械论哲学世界的忧虑（引自Hampson，1982）：

> 我把目光投向欧洲的学院和大学
> 在那里看到一台台“洛克织布机”，狰狞咆哮
> 用“牛顿水车”染黑布料
> 所有国家变成了沉重的齿轮：残酷地工作

我看到推动齿轮的，是暴政

强迫彼此转动

（p.127）

标准和法则成就真理：詹巴蒂斯塔·维科

一股反启蒙运动的潮流始于詹巴蒂斯塔·维科（Giambattista Vico）这位默默无闻的意大利哲学家，他甚至在启蒙运动开始之前就形成了自己的思想。新柏拉图主义的基督教神学和笛卡儿哲学将人类的心灵置于科学无法触及的精神领域。启蒙哲学家们否认人类可以置身于牛顿科学之外，并基于人性在任何地方都是"一样的"和"不可改变的"这一理念，寻求一种统一的实验伦理学。如果真的存在这样一种"客观伦理"，那么科学就可以了解它，并且可以利用相关的技术手段建立一个完美的社会。维科开创了一个哲学传统：尊重古老的柏拉图主义和基督教直觉，也就是承认人类与其他动物有很大的差别，但这样做并不涉及非物质的灵魂。维科的追随者认为，人类的独特性在于文化，因此，牛顿式科学永远无法解释人类思想和行为。

维科语出惊人：与社会和历史知识相比，有关自然的知识是次等的、二手的知识。维科关于知识的标准传承了中世纪的学者，他们认为一个人想要真正理解某样东西就必须亲手把它创造出来。至于自然世界，只有上帝才能真正了解，因为他创造了自然。对于人类来说，自然是一个既定的、绝对的事实，我们只能从外部观察，而不能从内部观察。然而，人们在创造历史的过程中创造了自己的社会。我们可以从内部观察自己的生活，通过同理心，理解其他文化和其他历史阶段的人类生活。

因此，对维科来说，历史是最伟大的科学；通过学习历史，我们可以了解社会，或者了解我们所研究的任何一种社会形态是如何形成的。维科说，历史绝非流言，而是人类自我创造的过程。启蒙哲学家声称：有一种普遍的、永恒的人性，科学可以了解这种人性，我们可以基于这种人性建立一个完美的社会。然而，根据维科的说法，人类通过历史自我创造，因此没有永恒的人性，每种文化都必须作为人类的创造被尊重。我们通过研究文化创造的东西来理解文化，尤其是各自的神话和语言。神话表达了一种文化在某个发展点上的精神和语言形态，也表达了其成员的主流思想。理解不同时代或地区的神话和语言，就是理解当时、当地人们的想法和感受。

维科预料到，赫尔德（Herder）与 19 世纪德国历史学家都会逐渐厘清自然科学（Naturwissenschaft）和人文科学（Geisteswissenschaft）之间的差异。"Naturwissenschaft"指牛顿式自然科学，它建立在从外部观察自然的基础上，注意事件的规律，并将其归纳为

知识加油站 6.2
科学、现代性和反启蒙

启蒙运动的中心思想是，人们应该完全生活在理性的光芒中。这就意味着，最终，不同民族和国家之间的文化差异注定会消失，宗教和传统等非理性权威将被科学所征服。而反启蒙运动者们质疑人们是否真的可以仅仅依靠理性生活，他们认为，完全依靠理性的生活是困难且可怕的——人们必须冷静思考每一个决定。传统和宗教蕴藏了数千年以来人类生活的智慧，并且建立了人性化的制度，减少了权力的干涉。从很多方面看，现代主义的转折点是1789年的法国大革命，这是历史上首次以理性的名义自发形成的政治革命。

政治哲学家埃德蒙·伯克（Edmund Burke）支持美国独立战争，认为独立战争是对英国君主专制传统权力的挑战，但他反对法国大革命，因为法国大革命寻求的是颠覆传统。他认为，社会规范、文化的力量源于历史，源于法国大革命发动者所鄙视的传统。伯克（Burke, 1790）描述了当时法国出现的情况，他写道：

那些令人愉快的幻觉——认为君王的权力可以变得温和，不再强制人们服从，各阶层的生活将变得和谐，并且，通过温和的同化，将能够与民间社会产生共鸣的情感融入政治——都将被这个光明和理性的新帝国所征服并瓦解。生活中所有体面的装饰都将被粗暴地撕掉。所有从道德幻象的衣柜里取出的，心灵所拥有、理解所认可的，用来掩饰我们赤裸的、颤抖的天生缺陷，并根据我们自己的判断将其提升到尊严高度的多余想法，都将作为一种可笑的、荒谬的、过时的时尚而被推翻。鉴于此，国王只是一个男人，而王后只是一个女人；女

人只不过是一种动物，并且不是最高级的动物。

……这是一个野蛮的哲学体系，它是冷酷的心和一知半解的产物，它既缺乏坚实的智慧，也缺乏所有的品味和优雅，法律只能依靠自身可怕的力量来运行。

现代主义的关键思想家之一是弗里德里希·尼采（1844—1900），有趣的是，他同意伯克关于道德力量来源的观点，但加入了现代主义的诠释。他从一个现代主义者的角度，提出了一个关于巫师的精辟问题，并给出了一个科学的、也就是现代化的答案。心理学和社会学教科书上经常说巫术不存在，有的只是那些被邪恶无知的宗教当局迫害的不幸的男男女女。然而，确实有一些人真的相信他们是巫师，相信一些巫师的招供不是被迫的，相信这些巫师对违反上帝的律法的忏悔是发自内心的。"坦白交代的巫师应该感到罪恶吗？"尼采问道。"不，"他回答，并语出惊人地说，"面对所有的罪都一样"（Nietzsche, 1882, p.250）。因为没有上帝，所以没有罪，也就不存在忏悔。巫师的罪恶感不是由审问者造成的，而是由他们成长的社会造成的，实际上他们是被社会洗脑了，从而相信上帝、魔鬼、巫术和罪恶。从科学的角度讲，他们不应该有负罪感。负罪感是一种次要的感官属性，一种意识的幻觉，是社会强加给我们的。心理学家斯金纳在1971年的《超越自由与尊严》（Beyond Freedom and Dignity）中认可了尼采的结论，他在书中写道，既然所有的行为都是精心计划的，人们没有自由意志，那么关于自由、道德责任、人的尊严等观念，都是应该被科学的社会管理所抛弃和取代的错觉。

科学定律。"Geisteswissenschaft"更难翻译，其字面意思是"精神科学"，但如今通常被翻译为"人文科学"。人文科学主要研究人类对历史和社会的创造，其研究方法不是从外部观察，而是基于内部的感同身受。

很明显，心理学介于这两种科学之间。人是大自然，也就是万事万物的一部分，因此也是自然科学的一部分。但人们生活在人类文化中，因此受人文科学的支配。冯特将心理学分为实验心理学、关于人类意识体验的"生理"心理学和民族心理学（Völkerpsychologie），民族心理学就是维科推崇的有关人类神话、习俗和语言的研究，代表了维科和康德的观点。然而在德国，冯特的年轻学生们质疑了这一分类方法，他们希望心理学成为与物理学同等的科学。在德国之外，这种划分在很大程度上是不为人知的，心理学被归类到自然科学以及对人类行为普遍规律的探索中，正如哲学家们所希望的那样。

我们生活在自己创造的世界里：约翰·戈特弗里德·赫尔德

在意大利，维科的书很少被圈子外的人阅读。然而，约翰·戈特弗里德·赫尔德（Johann Gottfried Herder）的作品再现了维科的思想，赫尔德反对启蒙运动对理性和普遍真理的崇拜，支持浪漫主义对人类心灵的信任，以及对包含了许多人类真理的历史的尊重。赫尔德的观点与维科非常相似，尽管这些思想是在对维科的作品一无所知的情况下形成的。他的座右铭"我们生活在我们自己创造的世界里"，几乎是维科的原话。赫尔德同样强调每种生活或历史文化的绝对独特性，认为我们应该努力充实自我和自己的文化，而不是盲目遵从过往时代的经典风格和态度。赫尔德属于现代人，他认为每个人都应该努力发挥自己作为一个完整的人的潜力，而不是成为某些被异化了的角色的集合。赫尔德反对官能心理学，因为它分裂了人格。对于个人和个体文化，赫尔德强调有机发展。

由于每种文化都是独特的，赫尔德反对将一种文化的价值观强加于另一种文化的企图。他厌恶启蒙哲学家们讽刺过去的倾向，他们总是认为自己的时代才是人类生活的典范。赫尔德甚至暗示了理性时代人类的退化，认为这是一个人造的时代，模仿希腊人和罗马人，崇拜理性却忽视灵性。

赫尔德的观点极具影响力，尤其是在德国。虽然康德起草过一个关于启蒙运动的伟大宣言——《何谓启蒙？》（*What Is Enlightenment?*），尽管普鲁士的腓特烈大帝是典型的"开明专制君主"（Enlightened Despot），但这些否认历史的、带有攻击性的理性主义哲学并没能在德国扎根，德国人认为赫尔德重视历史和情感的观点更具吸引力。德国哲学拒绝启蒙运动中个体意识的提升。费希特（Fichte）写道："个体生命并不存在，因为它本身没有价值，所以必将归入虚无，相反，只有种族能够续存"（引自 Hampson，1982，p.278）。

虽然赫尔德和费希特用"共同语言"来定义种族，但这一界定使得德国人形成了一种天选之民的优越感。正如费希特所写："我们似乎是宇宙神圣计划的选民"（Hampson，1982，p.281）。德国哲学与启蒙运动的疏远深刻地影响了德国心理学。德国思想家，包括冯特，甚至还有骄傲的犹太人弗洛伊德，都认为自己与西方那些肤浅的思想家有所不同，比他们更卓越。不过反过来说，英语世界的心理学家也很少借鉴故弄玄虚的德国精神科学（Geisteswissenschaft）。

概括地说，赫尔德帮助奠定了浪漫主义的基础。他强烈反对他那个时代对古典艺术的模仿，称现代评论家为"生搬硬套的大师"。他提倡"心灵！温暖！热血！人性！生活！"笛卡儿说："我思故我在。"孔狄亚克说："我感觉故我在。"赫尔德则说："我感受！故我在！"对许多人来说，抽象理性的规则、几何精神和克制的情绪就这样结束了。人们转而强调由情感引导的有机发展，这成为新浪漫主义的基础。

自然与文明：让－雅克·卢梭

> 全能的上帝啊，你掌管一切，把我们从祖先的知识和破坏性艺术中拯救出来，把我们的无知、单纯和贫穷归还给我们，这些唯一能使我们快乐的天性，在你的眼中是宝贵的。难道我们已经忘了吗？在希腊的腹地，曾有一座城邦，因其快乐的无知和其法律的智慧而闻名于世。这是一个由半神而不是人组成的国度，迄今为止，他们的美德胜过了人类。斯巴达啊！你证明了徒劳学习的愚蠢！当以艺术和科学为首的各种邪恶传入雅典时，当一个暴君忙于收集"诗人之王"（prince of poets）的著作时，你却把所有的科学、所有的学问和讲授者们赶出了城墙。
>
> （Rousseau，1750）

在法国，反启蒙运动始于1749年。那一年，第戎（法国东部城市）艺术和科学学院就"艺术和科学的恢复促进了道德的完善"这一主题举办了一场论文比赛。卢梭的投稿开启了他作为一个有影响力的作家的职业生涯。对于反启蒙运动的观点，没有什么陈述比卢梭在他的论文中所表达的内容更清晰了。他拒绝启蒙运动，渴望回归启蒙哲学家们鄙视的那种无知和贫穷的日子，因为他想恢复人性童年般的天真烂漫。相比于菲迪亚斯（Phidias）的帕特农神庙、柏拉图哲学和亚里士多德科学的故乡雅典，卢梭更喜欢那个藐视艺术、哲学和科学的古代斯巴达。对于卢梭来说，知识，即启蒙运动的光，被腐蚀了；它是黑暗，不是光明；它带来邪恶，而非幸福。

卢梭反对启蒙思想，否定经院哲学的结论。他写道："把我们从祖先的知识和破坏性艺术中拯救出来，把我们的无知、单纯和贫穷归还给我们，这些唯一能使我们快乐的天性……"在很多方面，卢梭对启蒙运动的抱怨与赫尔德是有相似之处的，尽管卢梭对历史的意识不如赫尔德强烈。卢梭认为，"存在就是感觉""心灵直觉的冲动永远是对的"，与赫尔德遥相呼应，并指向浪漫主义。卢梭和赫尔德一样拒绝机械论，因为机械论无法解释人类的自由意志。

卢梭针对霍布斯的人性观和社会观进行了争论。霍布斯在英国内战中形成了对那些没有政府管理之人的印象：暴力且好战。在卢梭时代，来自南太平洋的旅行者带来了各种有关没有政府治理的人们是如何生活的故事。他们描绘了一幅不受欧洲社会需求影响的田园生活画面。人们不穿衣服，吃树上长的野果，随时随地享受性生活。在太平洋岛屿上，人类的生活似乎与孤独、肮脏、野蛮和短寿毫不相关。这些岛屿上的民族成为卢梭描述的著名的"高贵的野蛮人"。卢梭认为，当时的社会状态腐蚀并贬低了人性。卢梭主张建立一个全新的、让人与人之间的距离不那么遥远的社会（并非回到原始社会），法国大革命的推动者追随了卢梭的思想。

让－雅克·卢梭
资料来源: Kean
Collection / Getty Images.

卢梭是孔狄亚克的朋友，同样作为经验主义者，卢梭也对教育很感兴趣。卢梭在《爱弥儿》（*Emile*，1762/1974）一书中描述了他的理想教育方案。在他的教育方案中，孩子和老师都要远离腐败的文明，回到大自然中接受教育。卢梭主张一种非定向教育（nondirectional education），认为应该允许一个孩子展现他的天赋，并将好的教育描述为让这些天赋自然成长的过程。导师不应该把观点强加给学生。然而，表面上的自由背后是严格的控制。在某些方面，卢梭描述了我们会称之为开放教育的内容："他应该学什么，这不是你的事，关键是他自己想学什么。"然而，早些时候，他写道："让他一直认为自己是主人，而你才是真正的掌控者。没有一种服从比保留自由形式的服从更彻底。"对于经验主义者卢梭来说，文明的腐败状态可以通过适当的教育来克服，并借此发挥每个人的潜力。赫尔德相信自我实现，但他不是典型的个人主义者，他认为自我实现要基于更大的文化背景，文化与个体之间是相互成就的。

卢梭的影响是广泛的。有人认为他与浪漫主义和政治革命关系密切。在教育方面，他启发了 20 世纪 60 年代那些支持"完整儿童"（whole child）的开放教育的人，反对那些倾向于对不同的基本技能进行高度结构化教学的人。他也为那些希望通过教育改造社会的人提供了理论基础。他相信人类的可塑性和完美性，这为斯金纳的理论做了铺垫。斯金纳主张创造一个被精心控制的、旨在实现人类幸福的社会，尽管他曾公开表示不相信人的自由。

无意识的非理性领域：催眠术

"催眠术"（mesmerism）一词来源于其创始人弗朗茨·安东·麦斯麦（Franz Anton Mesmer, 1734—1815）的名字，他是一位来自维也纳的医生，他将许多身体疾病归因于渗透整个宇宙的无形液体的影响。麦斯麦认为这种液体对身体的神经活动至关重要，医生可以通过控制病人体内的这种液体来治愈各种疾病。麦斯麦试图通过磁铁移动体液，但是他很快发现液体容易受到他的手在病人身体上移动的影响，于是认为这是受一种动物磁性（animal magnetism）的影响，而不是矿物磁性。麦斯麦为他的病人设计了一套复杂而荒诞的疗法，包括用手或"魔杖"击打患病部位，用铁棒在水缸中聚焦症状，他还设有一个带病床的急救室，用于处理紧急发作的症状。他专注于研究我们现在所说的"功能性"疾病——那些纯粹由心理原因引发的疾病。尽管当时有人提出，至少有一部分治疗是由于病人受到了心理暗示，但麦斯麦坚决反对任何此类假设，并坚持他的动物体液理论。

催眠术中涉及的任何一个元素都不新鲜。受到神启的个人可以治疗明显的身体疾病，是很多宗教的主要信仰。麦斯麦的同时代人，如英国人瓦伦丁·格拉克（Valentine Greatraks）和德国人约翰·加斯纳（Johann Gassner），同样深谙此道。格拉克擅长治疗淋巴结核（scrofula），这个病也被称作"王者之邪"（King's Evil），之所以这么叫，是因为据说君主的抚摸可以治愈它。如果说麦斯麦的做法并不新鲜，那么神秘的宇宙液体说也不是什么创新。牛顿宇宙的中心叫"以太"（ether），是一种携带电磁波并定义绝对空间的微妙流体。一整代炼金医师（alchemical doctors）都相信决定健康的宇宙流体的存在，甚至像罗伯特·波义耳这样的现代化学家，也将格拉克的疗法归结为医生和病人之间无形粒子的传递。加斯纳是一名德国牧师，据说他会驱魔。麦斯麦本人研究了加斯纳的疗法，结论是加斯纳的疗法是无意中使用了动物磁性，而不是真的驱魔。

麦斯麦的创新之处是试图将这种治疗和理论建立在科学基础上。他试图说服医疗机构，先是在维也纳，后来在巴黎，让医生们相信他的治疗是有效的，动物磁性是真实存在的。医生们不得不承认，麦斯麦使用的治疗方法似乎疗效不错，但他们同时认为他的方法太离谱，其理论也不科学。有些人甚至暗示他是个骗子。催眠术太像迷幻术、穿越、神降会等奇技淫巧了，因此无法说服信奉牛顿式科学的医生。反复遭拒，以及一些追随者的背叛，最终让麦斯麦疲惫不堪。1784 年，他离开巴黎，此后余生都未再参与最初由他发起的运动。

那场运动非常受欢迎。在法国大革命之前的几年里，法国公众对它的关注远远超过了对革命问题的关注。18 世纪 80 年代，催眠小屋（Mesmeric lodges）在法国遍地开花。麦斯麦吸引了拉斐特侯爵（Marquis de Lafayette）作为赞助人，并与乔治·华盛顿

（George Washington）短暂通信。麦斯麦和催眠术似乎完美地填补了宗教影响力衰退留下的空白。科学在 18 世纪晚期风靡一时，其影响在 19 世纪日益扩大。人们渴望一套新的确定性来取代旧的。麦斯麦至少提供了科学的表象——一个关于他的疗法为何有效的理性理论，同时涵盖了古代神秘主义的解释。与此同时，麦斯麦的实践，穿着神秘的魔法外衣，比牛顿科学这种严格的理性主义更为宽容。简而言之，麦斯麦带来了满足时代需求的伪科学。它足够符合科学标准，以吸引新的理性主义，但同时也足够满足精神需要，以吸引潜在的宗教需求（Leahey & Leahey，1983）。

总结：理性及其缺陷

1600 年至 1800 年间的核心主题就是科学的胜利，特别是牛顿科学战胜了旧的、中世纪的神学世界观。在 17 世纪，伽利略、开普勒、笛卡儿和牛顿展示了一种对自然的新式理解的力量。新的科学观，用普遍的数学秩序观念，代替了旧的、自然界普遍意义的观念。人类对自然的看法发生了很大的变化。曾几何时，大自然被认为是一本书，里面记载着无法直接理解的符号。如今，它变成了一台冰冷的机器，只能通过数学方法对其进行有限认知。大自然本身失去既定的意义，但人们却可以通过对其精确的预测获得力量。

在人类历史上，科学方法打开了一个全新的视角。在此之前，思想家们只是对现实的本质进行推测，他们的推测范围很全面，但缺乏细节。牛顿科学用对具体案例的详细分析，代替了对宇宙秩序的宏大推测。当然，自牛顿时代以来，科学的全面性也在不断增强，直到对于许多人来说，科学已经完全取代了宗教，成为放之四海而皆准的方法和信仰。

自从牛顿提出新的、反形而上学的物理科学，哲学家们便开始尝试将其应用于对人性的解释。这一努力始于洛克，几乎所有 18 世纪的思想家都参与其中。休谟所倡导的核心是，人性科学应该成为科学的基础，就像形而上学一度被看作科学的基础一样。然而，人们发现，离开心理学，自然科学并不会受影响，以致大多数物理学家嘲笑休谟的提议。不过，人性科学在 18 世纪还是得到了很大的发展（Fox, Porter & Wokler, 1995）。启蒙哲学家们相信休谟的科学，但他们对人性本质的看法，并不像今天的心理学家那样观点一致。

英国诗人亚历山大·波普（1688—1744）在法国大革命前就把握了启蒙主义人性观的精神（Pope, *Essay on Man*, [1734/1965] Epistle II, 1.1–30）：

认识自己，不要擅自去审视上帝；

适合研究人类的正是"人"自己。

他被置于处在中间地带的地岬，

既愚昧又聪敏，既原始又伟大；

他了解太多，不敢随便怀疑，

太软弱，难以实行苦行主义；

他悬在中间，行止犹豫不定，

不知视自己为野兽还是神灵；

留心灵还是留肉体，总是踌躇，

生来就要死，说道理却犯错误；

都一样的无知，理智也如此，

想得太少或太多，结果无异：

思想和激情如混沌，一团混乱，

总是滥用自己，或是自解疑团；

生来就处在半升半降的状态；

是万物之长，又受万物侵害；

真理的唯一裁判被投进永远谬误之地：

他是世界的光荣，也是世界的笑柄和谜！

去吧，了不起的生物！跟随科学的引领向上攀登，

去丈量大地，去称重空气，去规定潮落潮升；

去指教各大行星沿着哪条轨道奔忙，

去矫正旧日时光，还要去管理太阳；

去吧，跟随柏拉图翱翔到苍穹，

去置身于太初既有的尽善尽美之间，

或者踏入他的追随者曾经涉足的迷魂场，

舍弃理智的呼唤，一心将上帝效仿；

恰似东方的教士，在令人眼花缭乱的圈子里奔跑，

然后转过头去模仿太阳。

去吧，去教训永恒智慧怎样将寰宇统治，

然后赶紧回来老老实实当个傻子！

第7章

迈向科学的心理学

| 科学革命带来的信仰危机 |

19 世纪是心理学作为一门公认的学科走向成熟的世纪。它也是一个社会快速变化的时期。工业革命改变了欧洲的面貌，人们在城市的工厂和大型百货商店工作，而不是在农场和乡村商店工作。欧洲的国内生产总值在这个世纪中增长了 170%，人口增加了一倍多，从 1800 年的 2.05 亿人增加到 1900 年的 4.14 亿人。政府体量的增长速度更快，以英国为例，政府雇员的数量从 1800 年的 99 000 人上升到 1900 年的 395 000 人（Blanning，2000a）。由于城市的快速发展，国家作为 "守夜人" 被严格限制权力（如进行战争的权力）（Burrow，2000；Ferguson，2000）的观念受到冲击，国家开始接管过去私人团体（如宗教团体、慈善机构等）在指导老百姓生活（Tombs，2000）方面的职能。随着政府的发展，政府本身也变得更加民主（Burrow，2000），选举权逐渐从财产持有人扩大到所有男性公民。直到 20 世纪，所有西方国家的妇女才有了投票权。这些变化非常迅速，人们对这些变化的感受也非常强烈（Burrow，2000；Tombs，2000）。社会和政治领袖们几乎被扑面而来的现代社会所淹没，他们转而向社会科学寻求重新控制历史所需的工具。到 19 世纪末，心理学作为新时代的现代科学，将成为塑造现代世界的关键角色。

科学作为一种挑战宗教的新世界观，它的兴起是 19 世纪历史的核心事件。作家 G. H. 刘易斯（G. H. Lewes）写道："科学正在到处渗透，慢慢改变着人类对世界和自身命运的理解"（引自 Sheehan，2000，p.135）。在 19 世纪之前，科学一直受到人们的尊重和效仿，但那时它还没有取得很大的成就，也没有在哲学家的沙龙之外广为人知。自从几千年前发明农业以来，大多数人生活方式的变化微乎其微。绝大多数人都在农场上生活和工作，他们一生的生活半径，不会超过从他们的出生地出发步行两天的路程。化学染料在那时尚未发明，只有贵族才能穿华丽的衣服。人们对外面的世界知之甚少，除了简单的阅读和算术，人们很少接受教育；大多数人是彻底的文盲。社会或技术的变化极其缓慢，甚至停滞不前。到了 19 世纪，科学加快了变革的步伐，深刻地改变了人类的生活方式。工业化所激发的科学力量，极大地控制并改变了世界。人们开始在工厂工作，并搬到城市居住。铁路把人们带到了更遥远的地方，同时把新的东西带到了他们的家门口。商店开张，购物被重新定义。人们习惯了阅读，求知若渴，支持了像 T. H. 赫胥黎（T. H. Huxley）和赫伯特·斯宾塞（Herbert Spencer）等人理想的事业。

赫尔曼·冯·赫尔姆霍兹（Hermann von Helmholtz），19 世纪最重要的物理学家，他的思想影响了心理学的两位创始人冯特和弗洛伊德。冯特曾作为博士后跟随赫尔姆霍兹学习，他的第一个心理学体系的批判性思想就是从赫尔姆霍兹那里学来的。弗洛伊德则受教于赫尔姆霍兹的学生，他的第一部系统著作《科学心理学设计》（*Project for a Scientific Psychology*）就是基于赫尔姆霍兹生理还原论（physiological reductionism）的精神写成的。他后来的精神分析学（psychoanalysis）大量借鉴了赫尔姆霍兹对能量守恒这一重要定律的表述，这一表述也使得弗洛伊德把心灵看作精神能量的战场。

资料来源: *Library of Congress.*

不出所料，随着科学更加普及并展现出震撼世界的力量，它开始挑战宗教。19 世纪的一些思想家对科学及其带来的可能性感到非常兴奋，以至于科学本身对他们而言成了一种宗教，有自己的要求和权威性。数学家 W. A. 克利福德（W. A. Clifford，1845—1879）写道，人们有 "义务去质疑我们所相信的一切" "在证据不足的情况下相信任何东西，对任何人来说都是错误的"（Burrow，2000，p.54）；信仰不再是通往真理的道路。教皇的至高权威受到了 "科学之无懈可击"（H. A. Taine，引自 Burrow，2000，p.55）的挑战。在极端的情况下，实证主义者奥古斯特·孔德（见后文讨论）希望用科学的人性宗教（religion of humanity）来代替对上帝的崇拜，当然，只有他最忠实的追随者才会走到那一步。这些人并没有失去宗教信仰，他们只是换了一个崇拜对象。另一些人则被科学触动得更深。他们失去了原有的宗教信仰，但不知道如何取代它，或者它是否应该被取代。对很多人来说，浪漫主义似乎提供了一种基于情感的、鼓舞人心的信仰，暗示着对物质世界之外的某些存在的直觉，或者至少是一种希望。另一些人则参加了新的准宗教运动，如唯灵论（spiritualism），因为它们似乎提供了人类有灵魂和来世的证据。还有一些人 "靠勇气活着"（Himmelfarb，1995）。正如一位维多利亚时代的不可知论者（agnostic）所说："我不再相信任何东西，但我一定要像个绅士一样活着和死去。"当他们失去宗教信仰后，他们只是单纯地凭意志选择像拥有基督教信仰一样行事。

心理学，或者说关于心灵的科学，无可避免地受到了维多利亚时代信仰危机（crisis of conscience）的影响。一方面，部分人期待心理学继续教导他们关于灵魂的知识。这种传统在美国尤其强大。在美国，以宗教为导向的苏格兰心理学一直延续到南北战争之后，几乎没有什么变化。另一方面，心理学开始影响关于人类心灵和行为的思考方式，挑战宗教信仰。随着科学的普及，科学和伪科学的心理学也开始流行。人们阅读心理学的相关资料，加入心理学俱乐部，并就婚恋和就业等问题寻求心理学家的建议。科学心理学家最终履行了很多牧师的职能，推动了应用心理学事业的发展。还有一些人转向了学术心理学，尤其是心理学科学研究，寻求灵魂存在的证据。总之，心理学推动了维多利亚时代的信仰危机，并开始进入之前由宗教观念主导的领域，但它在破坏宗教信仰的同时，也被人们对宗教的向往所左右（Sheehan，2000）。

继续启蒙运动

重申情感和直觉：浪漫主义的反抗

虽然我们通常认为浪漫主义只是一场艺术运动，但事实远非如此，它延续了反启蒙运动对笛卡儿 – 牛顿世界观的抗议。正如浪漫主义诗人和艺术家威廉·布莱克所祈求的那样："愿上帝保佑我们远离单一的视角和牛顿的睡眠"（指牛顿在苹果树下打盹）（Blake，1802）。浪漫主义者认为笛卡儿的理性至上主义是过激的，他们赞美强烈的感觉和非理性的直觉以对抗过度理性。一些启蒙运动作家，尤其是休谟，重视温和的、道德的"激情"，而浪漫主义者则倾向于推崇所有强烈的情感，甚至包括暴力的、破坏性的情感。最重要的是，浪漫主义者热切地相信，宇宙中存在比原子和真空更多的东西，通过释放激情和直觉，人们可能会触及一个超越物质的世界。为此，许多浪漫主义者服用精神药物，希望摆脱普通理性意识的束缚，寻找更高的、近乎柏拉图式的真理。

不足为奇的是，浪漫主义者对心灵的定义，与启蒙运动中"牛顿式心灵"的概念大相径庭。大多数启蒙运动作家关注的是有意识的体验；浪漫主义者则追求一种无意识思想，一种基于感觉和直觉的混沌状态。德国哲学家亚瑟·叔本华（Arthur Schopenhauer，1788—1860）认为意志是现象背后的本体实在（noumenal reality）。叔本华的意志（will），尤其是生存意志，将人类推向无休止的、徒劳的奋斗的道路。这种对意志的描述为弗洛伊德提出"本我"（id）做了铺垫。叔本华在《附录和补遗》（*Parerga und Paralipomena*）中写道："每个人的心里都住着一头野兽"（Schopenhauer，1851/2000）。理智试图控制意志，但它来势汹涌给自己和他人带来了痛苦。在弗洛伊德之前，还有一些作家认为，只要破译梦境中的无意识语言，就能揭示无限的秘密。

与许多哲学家，特别是英国哲学家提出的那种冰冷的机械式心智图景相反，浪漫主义者认为心灵是自由且自主自愿的。意志是一头野兽，野性虽然意味着痛苦，但同时也意味着选择的自由。因此，叔本华的哲学是唯意志论（voluntaristic）的，是对启蒙运动的唯物主义历史决定论（materialistic determinism）的浪漫主义回应。总的来说，这导致了浪漫主义者崇拜英雄、天才和艺术家——那些坚持自己的意志、不屈服于世俗的人。例如，托马斯·卡莱尔（Thomas Carlyle）就崇尚从奥丁到莎士比亚再到拿破仑式的英雄。浪漫主义对心灵独立性的强调，甚至在有关知觉的研究中也有所体现。大多数哲学家都追随休谟的观点，把感知看作对被动思维产生"印象"的过程。例如，受康德、莱布尼茨和欧洲理想主义传统的影响，柯勒律治把心灵比作一盏灯，认为心灵不只是记录印象，而是投下智慧之光，积极地接触世界，塑造由此产生的体验。

浪漫主义者反对导致法国启蒙运动的机械式社会概念，他们赞扬启蒙运动的出发点，但对其血腥的结局感到惋惜。如果社会就和物质世界一样，如同一台机器，那么，人们就应该可以像控制自然那样，理性地、科学地控制社会。与这种观点相反，埃德蒙·伯克（1729—1797）等浪漫主义者认为，社会是生长出来的，而不是制造出来的。民间社会的风俗习惯会慢慢成长为一套丰富的、相互联系的风俗、规范和信仰，而这些风俗、规范和信仰很少会受到个体意志的左右。认为某些社会习俗不合理，就像认为一棵树的形状不合理一样。此外，正如过多的修剪和塑造会杀死一棵树，科学的规划也会"杀死"一种文化。作为一名国会议员，孤独的伯克为美国革命拍手称快，因为它维护了英国人民反对暴政的悠久传统。而后来，伯克也谴责了法国大革命以抽象理性的名义推翻自然的、进化的、法国人的生活方式。

作为一种哲学，浪漫主义运动昙花一现，但它导致了心理学的一次大分裂。虽然并非刻意提升激情和直觉的作用，但心理学开创者们都以浪漫主义的精神来看待心灵。冯特称他的心理学为唯意志论的，强调心理发展原则相对生理发展原则的独立性。詹姆斯也是一名唯意志论者，坚信意志的实现和自由。当然，还有弗洛伊德，他拾起了潜意识的概念，将潜意识中的激情置于有限的理性之上，作为人类思想和行为的动机。然而，在我们主要关注的英语世界里，尽管威廉·詹姆斯后来提出了抗议，但心灵的概念，包括后来的行为概念，被认为"本质上是机械的、由外在驱动的"，并很快取代了浪漫主义的概念。同样，在 20 世纪，心理学家将深深地卷入那种令伯克的保守派继承人感到恐惧的科学社会工程之中。至少在心理学领域，浪漫主义被持续的启蒙运动打败了。

持续的启蒙：实用主义和联想主义的发展

并非每个人都对牛顿精神感到心灰意冷。许多重要的思想家都在继续推进启蒙运动，特别是在英国和法国。事实上，持续的启蒙运动孕育了 20 世纪美国心理学的核心概念。

实用性原则与联想主义的融合始于詹姆斯·穆勒（James Mill，1773—1836），他原本是一位政治家，后来成为哲学家。他的联想主义，是一种简单的乐高式（Lego）心智理论，这一理论成为后来的整体性较强的心理学家，如冯特、詹姆斯以及格式塔心理学家们经常攻击的对象。在穆勒看来，心灵是一块被动的、空白的白板，它能接受简单的感觉元素（如同乐高积木），通过在感觉元素之间形成联想连接（将积木拼合在一起），整合出复杂的感觉或想法。

和孔狄亚克一样，詹姆斯·穆勒放弃了休谟、哈特莱和其他以前的联想主义者所保留的心智官能，结合实用享乐主义（utilitarian hedonism），展示了一幅完全机械化的心智图景——观念与观念互为因果，没有给自主控制（voluntary control）留下空间（Mill，1829/1964）。詹姆斯·穆勒认为，自主意志的行使只是一种幻觉。所谓推理，只不过是受联想法则支配的观念之间的相互关联。而注意力仅仅是这样一个事实：大脑必然会被当前那些令人愉悦或痛苦的想法所占据。

与边沁以及其他关注心智的人一样，詹姆斯·穆勒阐述自己的心理学也带有政治改革的目的。受到爱尔维修和边沁的影响，詹姆斯·穆勒对教育特别感兴趣。如果说人生来是一片空白，那么教育便可以用于塑造心灵。詹姆斯·穆勒通过对儿子的严格教育，将自己的想法付诸实践，3 岁教他古希腊语，8 岁教他拉丁语。他儿子在 10 岁的时候便写出了一部罗马法史。

然而，儿子约翰·斯图亚特·穆勒（John Stuart Mill，1806—1873）并没有成为父亲所期望的完美的实用主义者。虽然他是功利主义（Benthamism，也称边沁主义）的早期信徒，但他经历了一次精神崩溃，在此期间，他发现功利主义是缺乏活力的、狭隘的、斤斤计较的，甚至是"邪恶的"。他最终用华兹华斯（Wordsworth，英国诗人）对自然和人类感情的浪漫憧憬调和了边沁的享乐主义原则。他赞同浪漫主义对自然生长之物而非人造之物的偏爱，并否认人是机器的说法。他认为人是活生生的存在，应该培养其自主发展和生长的能力，这一观点在他的《论自由》（*On Liberty*，1859/1978）中得到了最充分的表达。《论自由》是政治自由主义思想的奠基性著作。

约翰·斯图亚特·穆勒是"社会科学是合法科学"这一观点的重要代言人，尽管他承认，社会科学可能永远达不到自然科学所达到的完美程度。尽管如此，他认为社会科学与自然科学在原则上并没有什么不同，应该使用同样的方法。他写了一部关于科学方法的重要著作，开创了如今心理学家所使用的精密实验及技术分析方法。约翰·斯图亚特·穆勒和孔德的影响如此之大，以至于关于自然科学和人文科学方法论及理论差异的德国思想，在英语世界很少被提及。

　　在哲学心理学方面，约翰·斯图亚特·穆勒修改了他父亲的机械联想主义，在化学和心理学之间建立了一种类比。早期的联想主义者，包括他的父亲在内，已经意识到某些联想的关联如此紧密，以至于相互关联的内容密不可分。约翰·斯图亚特·穆勒更进了一步，坚称基本观念（elementary ideas）可以融合成一个整体观念，这一整体观念所具备的性质是任何基础原子元素（atomic elements）都不具备的。例如，在化学中，我们了解到水是由两种元素——氢和氧组成的。同样，复杂的心理观念可能是由感觉元素组成的，但同时具备自己独特的性质。其中一个例子就是早期心理学家所说的颜色融合。旋转一个切分成楔形的圆盘，每个楔形上都涂了一种原色，在达到一定速度时，你看到的将是白色，而不是原色。转动的原色会产生一种新的颜色，即白色，而圆盘上并没有白色。约翰·斯图亚特·穆勒受到浪漫主义者聚合（coalescence）概念的影响，认为积极的想象力可以聚合基础感觉元素，创造出超越基础感觉元素简单叠加的新属性，就如同基础色可以聚合为属性完全不同的新颜色。

　　尽管约翰·斯图亚特·穆勒用广义的浪漫主义调和了他父亲基于联想主义的功利主义，但他只是试图改进实用主义和经验主义，而不是否定它们。他始终厌恶柯勒律治、卡莱尔和其他浪漫主义者的神秘直觉主义。约翰·斯图亚特·穆勒也不接受浪漫主义的唯意志论。他的心理化学（mental chemistry）虽然承认感觉和观念可能聚合，但仍旧是一种基于原子论的心理概念，认为科学心理学类似于分析化学，旨在发掘构成精神事件的基础元素。而且，在约翰·斯图亚特·穆勒看来，引发质的化学变化的不是心灵的自主活动，而是感觉与体验相关联的方式。人们并不是选择看到旋转的圆盘变成白色，这种感知是由实验条件强加给实验对象的。

　　约翰·斯图亚特·穆勒是最后一位伟大的哲学联想主义者。他的联想主义在逻辑和形而上学（并不是单纯的心理学）中引起了讨论。约翰·斯图亚特·穆勒相信休谟用科学的手段研究人性的可能性，事实上，他曾试图对其方法论做出贡献。

科学化的哲学和科学哲学：实证主义

　　正如我们在第 6 章中所看到的，启蒙哲学家们崇尚牛顿科学，并着手将牛顿的精神运用到对人性和人类事务的研究中。这种倾向在 19 世纪得到了深化，并在奥古斯特·孔德的实证哲学中得到了明确而有力的阐述。与很多启蒙运动者一样，孔德不是哲学家、科学家或学者，而是一位公开的作家和讲师，他希望推动政治和社会变革，而不是推进科学事业。不同于那些在光鲜亮丽的贵族沙龙里互相交谈、培养"开明"专制者的启蒙哲学家，孔德（Comte，1975）关注的对象是被复辟的法国贵族排除在政治之外的工人阶级和妇女。

作为社会理论的实证主义　在孔德的描述中，人类历史在经历过三个阶段后，最终会进入终极的、完美的政府阶段。孔德所说的阶段是根据人们解释所处世界的方法划分的。

第一个阶段是神学阶段。在这个阶段，人们通过假设存在看不见的、超自然的实体（神、天使、恶魔、灵魂）来解释各种现象。例如，古埃及人认为存在一位名为"拉"的太阳神，并崇拜太阳，以确保其每天照常升起。柏拉图主义、笛卡儿主义或宗教二元论都代表了心理学中的神学思维，因为灵魂被看作一种非物质的、不朽的存在，它引导着身体的行为。

第二个阶段是形而上学阶段。事件仍通过看不见的存在或力量来解释，但它们不再被拟人化为神圣的存在，也不再被归结为超自然的影响。在心理学上，亚里士多德的形式概念正是处于孔德的形而上学阶段。个体的灵魂并没有被设想为超自然或不朽的，而是作为一种看不见的"本质"来定义和支配个体。事实上，亚里士多德的思想是实证主义者最喜欢攻击的目标，其中涉及的本质（essences）和实体（entelechies），以及声称可以在万物中看到隐藏的目的，对于实证主义而言，犯下了太多形而上的罪行。

第二个阶段是科学阶段。在这一最后阶段，不再引用任何看不见的实体或力量作为解释。继牛顿之后，实证主义科学不再假设任何隐藏的自然因果结构，而是提供精确的数学原则，并通过这些原则获得战胜自然的力量。这一阶段代表了实证主义哲学的胜利。

根据孔德的说法，不同的阶段会由不同特征的政府统治，这由主流世界观决定。在神学阶段，政府是由祭司管理的，就比如在古代埃及，祭司，也就是那些拥有神灵知识的人，可以与神灵沟通，为百姓祈祷，并在一定程度上控制他们。形而上学阶段由优雅的贵族统治，如柏拉图的"守护者"，或者由那些通晓艺术和哲学等"高级知识"的精英圣贤统治。最后，在科学阶段，科学家成为主导，尤其是一门新的科学——社会科学得以产生。社会科学家掌握着牛顿式的社会科学，能够像自然科学家精确控制自然一样控制社会。孔德认为，随着科学的胜利，迷信和宗教将消失，取而代之的是一种理性的、自然主义的人性宗教，它将崇拜宇宙中唯一真正的创造力量——智人（Homo sapiens）。

实证主义与心理学　孔德不属于他所在时代对心理学的定义。心理学的构词"psyche-logos"①表明它对一个看不见的存在——灵魂的依赖，这隐含着一种形而上学的理解，甚至潜藏着宗教迷信。孔德认为，一门真正积极的个人科学，应该摒弃对任何虚无缥缈事物的崇拜，以神经生理学为基础。孔德阐述了科学的层次结构，从最基本的（物理学）到最

---

① "psyche"意为"灵魂""心智"。——编者注

复杂的（社会学），这成为逻辑实证主义者的科学统一论。孔德和约翰·斯图亚特·穆勒都认为，所有的科学都应该使用统一的方法，并追求唯一的目标，即实现牛顿式的、理想化的预测和控制。维科和赫尔德所坚持的"社会科学与自然科学有本质差异"的观点在法国和英语世界几乎没有形成任何影响力。此外，孔德坚持科学要对社会有用，这使得实证主义社会科学与孕育出科学心理学的德国传统渐行渐远。大多数德国心理学家希望心理学成为一门纯科学，抵制把它变成一门实用的、应用性的"心理技术"。而法国、英国和美国的心理学家则始终希望心理学能够发挥社会功能。

作为科学哲学的实证主义　　后来，不那么浮躁的实证主义者把孔德的视野缩小到一种复杂的、有影响力的科学哲学。这些清醒的实证主义者中最重要的是恩斯特·马赫。

马赫是德国物理学家，他将实证主义作为科学的基础哲学加以阐述。他钦佩贝克莱，和贝克莱一样，他把人类的意识看作各种感觉的集合，并认为科学的目标不过是对各种感觉进行合理的排序。在关于原子的现实性和科学合法性的大辩论中，马赫坚持他严谨的、反现实主义的哲学，他问原子的辩护者："你见过原子吗？"反现实主义的马赫说，人类的知识，包括科学理论，皆以实用为本，让我们能够适应性地预测和控制自然。理论绝不能因向往真理而犯下形而上学的罪行。马赫还将批判的、历史的方法引入科学的研究中。他认为，许多科学概念在发展过程中累加了形而上学的内涵，而要剥去这些累加的内涵，把概念还原到感觉基础之上的最好方法，就是研究其历史传承。马赫呼应孔德的观点，指出早期科学是在 17 世纪的神学氛围中成长起来的，因此，诸如"力"之类的概念具有了超越单纯经验的"神圣"属性。

虽然实证主义是有争议的，但它对心理学的发展影响巨大。一方面，尽管冯特对实证主义持激烈批评的态度，认为未被感知的心理过程也可以解释意识体验，但他的很多学生，包括屈尔佩（Külpe）和铁钦纳，却对实证主义友好得多（见第 8 章）。另一方面，弗洛伊德的无意识所涉及的眼花缭乱却虚无缥缈的心理官能，也犯下了大量形而上学的罪行。

然而，在美国，实证主义的影响更为普遍。威廉·詹姆斯是马赫的崇拜者，马赫的知识观——"知识是对生活的一种实际适应"，与詹姆斯受达尔文启发的实用主义是相当一致的（见第 10 章）。20 世纪的逻辑实证主义者将孔德的经验主义与当代逻辑学的发展结合起来，他们对行为主义产生了相当大的影响。

斯金纳的激进行为主义将孔德的设想应用于心理学，最终提出了科学控制社会的宏伟计划（见第 11 章）。斯金纳认为，科学的唯一目标是找到自变量和因变量之间的准确关系，从而达到预测和控制的目的。不可观察的心理过程，无论是对斯金纳还是马赫来说，都是不合法的形而上学。此外，斯金纳呼吁建立一个科学管理的非民主乌托邦，这个乌托邦属于孔德主义，但是摒弃了他那不够有说服力的人性宗教。

超自然事物的自然化

19世纪，随着对宗教怀疑的加深和科学权威性的提升，很多人开始转向科学，以解释传统宗教或为其寻求支持。由这种冲动引发的两场运动对心理学产生了深远影响。第一场是催眠术，它试图给出关于个人治疗的牛顿式科学解释；另一场是心灵研究，它试图为个人不朽灵魂的存在提供科学证据。两者的共同点在于，它们都是宗教思想的科学版本。正如超心理学家 J. B. 莱因（J. B. Rhine）后来所说的，它们想把"超自然的东西自然化"（Rhine & Pratt，1957）。

催眠术 麦斯麦是不是骗子，这是一个很难回答的问题。像弗洛伊德一样，他要求追随者们绝对服从，以免他们背叛自己。他的治疗过程像是匪夷所思的神降会，麦斯麦身着神秘长袍，手持铁棒。此外，麦斯麦还逐渐发展出了真正的神秘主义，用动物磁性来解释千里眼、心灵感应和预知能力。然而，麦斯麦总是试图说服医学界相信他的想法是正确的，即使这给他带来的只是嘲笑。麦斯麦既是一名魔术师，也是变态心理学（abnormal psychology）的先驱。尽管麦斯麦将这种催眠状态归因于动物磁性，但他的批评者，甚至他的一些追随者都清楚地意识到其中包含着一些更简单的东西。这种催眠状态是由于一个人对另一个人的心理控制，而不是一种看不见的液体从一个身体传递到另一个身体。一旦拥有了这种洞察力，就有可能利用神秘情境将人引导至催眠状态：不是神秘主义声称的麦斯麦催眠术（Mesmerism），而是运用心理暗示和受术者潜意识进行沟通的催眠术（hypnotism）。

这种转变始于法国。法国是麦斯麦获得成功的地方，也是他遭遇诋毁的地方，1825年，法国皇家科学院（French Royal Academy of Sciences）决定再次研究动物磁性，其1831年发表的报告比麦斯麦一生得到的报告都要有利得多。报告撇开了麦斯麦神秘的个性和理论，认为催眠状态可以被更客观地看作一种不寻常的精神状态，可以为医生所用，值得进一步研究。

19世纪30年代末，迪波泰·德·森内沃伊男爵（Baron Dupotet de Sennevoy）将动物磁性概念带到了英国，并进行了一系列演示。这引起了一位年轻、激进、富有创新精神的医生约翰·埃利奥特森（John Elliotson，1791—1868）的注意，他开始通过动物磁性理论治疗各种疾病，并在手术过程中将其作为一种麻醉方法。和麦斯麦一样，埃利奥特森最终也因为他的信仰而被主流医学界排斥。他创办了一本专门研究动物磁性学和颅相学（phrenology）的杂志，并鼓励其他医生在他们的实践中使用动物磁性学。詹姆斯·埃斯代尔（James Esdaile，1808—1859）是另一位英国医生，他使用催眠术，尤其是将其作为麻醉手段（Esdaile，1852）。尽管他在工作地印度受到了当地人的欢迎，但政府拒绝支持他的催眠术医院。

詹姆斯·布雷德（James Braid，1795—1860）完成了对催眠术的改造，他将其命名为神经催眠术（neurohypnotism），或者简称催眠术（hypnotism），其英文单词源于希腊语"hypnos"，意为睡眠。布雷德认为催眠状态的本质就是"神经睡眠"（nervous sleep）。他一开始对催眠术持怀疑态度，但他亲自调查的结论使他相信，这些现象是足够真实的，只是动物磁性流体理论不正确。在《神经催眠术》（Neurypnology）一书中，布雷德（Braid，1843，pp.19–20）写道："催眠现象可以根据脑脊中枢状态紊乱的原理来解释……由一个固定的状态、身体的绝对静止、注意的高度集中所引起……"布雷德认为，催眠状态取决于"病人的生理或心理（精神）状况……完全不是由操作者通过意志由其自身导出磁性流体，或是激活某种神秘的宇宙流体或介质"。布雷德把催眠术从迷魂术的神秘环境中解救出来，并把它交给了科学医学。但布雷德本人遭到了医疗机构的抵制。化学麻醉剂的发展使催眠术在外科手术中的应用变得无足轻重。

唯灵论和心灵研究　唯物主义学说和实证主义宗教可能激励了科学主义拥护者，但许多人对此感到不安甚至排斥。在赫胥黎宣布人类只不过是进化的猿类之后，自然主义的危机更加严重。赫胥黎不仅明确挑战了对灵魂的信仰，也挑战了亚里士多德的目的因（final causation）。科学的进步"在任何时代都意味着，而且现在比以往任何时候都更加意味着，我们所谓的'物质与因果关系'领域的扩展，以及随之而来的，我们所谓的'精神与自发性'的已知思想逐渐从所有领域消失的现象"（引自 Burrow，2000，p.41）。传统的宗教，在很多人看来已是奄奄一息，对灵魂不灭的盲目信仰已经破灭了。所以，尤其到了1859 年以后，很多有思想的人，包括著名的科学家，都转而审视科学本身，希望证明人类生命的意义不只是一副机械化的躯壳。克利福德（Clifford）曾宣称，在没有足够证据的情况下，一个人不应该相信任何东西，因此心灵研究者试图找到足够的证据来证明灵魂的不朽。

19 世纪著名的心灵研究者弗雷德里克·迈尔斯（Frederic Myers，1843—1901）曾说："找出人独立于血液和大脑的生命，应该是所有科学和哲学的核心使命"（Myers，1903）。迈尔斯小时候看到一只狗被马车碾死，他问母亲，这只狗的灵魂是否已经上了天堂。相比母亲的身份，迈尔斯的妈妈更是一位称职的神学家，她说："狗没有灵魂，因此上不了天堂。"年幼的迈尔斯开始害怕自己也没有灵魂，因而没有上天堂的希望。当他和许多维多利亚时代的人一样，在接受教育期间失去了宗教信仰时，这种恐惧就更加强烈了。后来，他遇到了哲学家亨利·西奇威克（Henry Sidgwick，1838—1900），他鼓励迈尔斯从科学上寻找永生的证据。西奇威克也失去了信仰，但他同时坚信，个人对永生的追求可以抑制人性中的恶。迈尔斯接受了西奇威克的挑战，收集了大量的相关资料。西奇威克和迈尔斯成立了心灵研究协会，1882 年他们的杂志发表了迈尔斯的研究成果。1903 年，在他们去世后，这些成果又被分两卷出版，作为他们的遗作。

迈尔斯的《人性及其在肉体死亡后的存留》（*Human Personality and Its Survival of Bodily Death*，1903）仅仅是一本关于变态心理现象的记录集，但它赢得了包括威廉·詹姆斯在内的心理学家的尊重，詹姆斯本人也曾是心灵研究协会的主席。虽然从书名来看，这本书像是一本灵异故事集，但实际上迈尔斯调查了变态心理学领域从睡眠、癔症到通灵的很多信息。他的研究之道是基于心理学的。他是第一个传播弗洛伊德早期癔症（hysteria）研究的英国作家。癔症对迈尔斯来说是一个重要的现象，因为它证明了，当身体症状由心理障碍引发时，纯粹的心理活动对身体的影响是巨大的。

事实上，迈尔斯所关注的，正是弗洛伊德在早期病例中发现的最有教育意义的东西，即癔症患者的症状体现了其不愿承认的无意识欲望。和弗洛伊德一样，迈尔斯也抛出了一种无意识的理论，迈尔斯称之为潜意识自我（subliminal self）。在弗洛伊德看来，无意识是对人类自尊心的打击，它揭示了理性的、思辨的有意识思维下隐藏的非理性的、冲动的、可怕的深渊。然而，迈尔斯的潜意识自我概念是浪漫的、柏拉图式的、乐观的、进步的。诚然，潜意识自我是非理性的，迈尔斯说，但它使我们能够与一个超越物质世界的精神世界沟通。对于迈尔斯来说，潜意识自我的存在证明了灵魂与物质的可分离性。它开辟了超越物质进化的图景，在这一图景中，个人只扮演了一个短暂的角色；在灵性的宇宙进化中，每个灵魂都会永恒地完善自己，实现被我们的动物身体阻碍的精神力量。尽管迈尔斯科学地研究了灵异现象，并且如众所愿地质疑灵媒，但他的科学探索实际上受到了新柏拉图主义和神秘主义宇宙观的指引。

有时，迈尔斯的口气听起来很像赫胥黎式的自然主义者，比如他写道："教条和教会权威将被观察和实验的权威所取代。"但灵异研究在赫胥黎的圈子里并不受欢迎。赫胥黎（Huxley，1871）本人曾带有讽刺意味地谴责唯灵论，由于唯灵论的信徒相信灵媒能让他们与死去的亲人接触，赫胥黎把"通灵"比作"老妇人与牧师的唠叨"，并说："我对他们都不感兴趣。"尽管存在这样的敌意，心灵研究学会的知识分子们并没有罢休，而在大众层面上，唯灵论在 19 和 20 世纪之交近乎狂热。在揭露者（如魔术师哈里·霍迪尼和约翰·马斯基林）揭穿假灵媒后，新的灵媒迅速涌现。超自然主张及其质疑之声一直延续至今，围绕美国当代知名灵媒约翰·爱德华（John Edward）[①]等人的争议就体现了这一点。相关的心灵研究，现在被称为超心理学（parapsychology），在学术期刊和研究项目中持续存在，大学里关于这个主题的课程也层出不穷。然而，这是一个比催眠术更可疑的主题，仅仅是

---

① 原书为 John Edwards，疑有误，已改为 John Edward。——编者注

提到它就会让大多数心理学家感到不舒服（Leahey & Leahey，1983）。

迈向科学的心理学

19 世纪，越来越多的人开始接受心理学应该并且可以成为一门科学的想法。生理学的进步，以及对大脑进行实验的原始方法的发展，对于开创这样一门学科的前景至关重要。前者使人们有可能通过生理学走上自希腊时代起就断断续续走的通往心理学的道路，后者通过把意识带进实验室，使心理学成为一门受人尊敬的科学。

了解大脑和神经系统

大脑：功能定位　读到这里我们会发现，我们所探讨的心理学史，主要还是哲学的一部分。即使是零星出现的医学心理学家，一般也是把他们的心理学理论建立在哲学而不是生理学的基础上。哈特莱就是一个很好的例子。他把他的心理学理论建立在联想主义哲学的原则之上，只通过牛顿对神经功能的推测来支撑他的理论。在哈特莱的心理学中，他对生理学部分和哲学部分做了彻底的分离，以至于他的追随者普利斯特利（Priestley）为其出版的论著《对人的观察：其结构、其义务及其期望》（*Observations on Man*，*His Frame*，*His Duty*，*and His Expectations*），省略了所有生理学内容。哈特莱想创造一种结合哲学和生理学的心理学，但哲学显然是第一位的。

弗朗兹·约瑟夫·加尔（Franz Joseph Gall，1758—1828）颠覆了这种关系。加尔是公认的认知神经科学（cognitive neuroscience）的创始人，因为他是第一个认真对待"大脑是灵魂的居所"这一观点的人。这个想法本身几乎没有什么新意：亚历山大时期的希腊科学家早已证明了这一点；中世纪的官能心理学家将每个官能定位于大脑不同的部位。然而，除了鼓励唯物主义，这一概念对心理学思想几乎没有任何影响。中世纪官能的定位是基于先前对心智而非大脑的分析，哲学心理学也没有改变这一点。加尔却说，大脑是心理活动的具体器官，就像胃是消化器官，肺是呼吸器官一样。因此，对人性的研究，应该从大脑中那些引起思想和行动的功能开始，而不是对心灵进行抽象和内省式的探索。

加尔所反对的哲学背景是法国的经验主义和联想主义，特别是孔狄亚克的感觉主义。加尔对这种心理学的哲学方法提出了一系列批评（Young，1970）。首先，经验主义者声称经验是科学的合理基础，然而他们自己的心理学，包括休谟的人性科学，完全是基于推测的，没有提及客观行为或者控制行为的大脑。其次，哲学家们所使用的分析方法都是"纯粹的抽象概念"。哲学家提出的官能，如记忆、注意和想象，都不够具体，无法解释实际的人类行为和具体的个体差异。简而言之，哲学家们的概念对于心理科学所要求的实证调查是无用的。

加尔的思想最终导致了他与经验主义哲学家的冲突。孔狄亚克试图通过感觉和联想推导出所有的心智官能，但加尔认为大脑是心理的器官，他提出了新版本的医学功能定位学说。他说，他提出的每一种能力都是天生的，并且位于大脑的某个特定区域。加尔的方法还蕴藏了比较心理学的原则：既然物种的大脑在存在巨链中有高低差异（比达尔文提出得更早），那么，相应的官能也应该有所差异。事实上，加尔通过比较解剖学研究（comparative anatomical studies）支持了这一论点。

因此，加尔面临的问题是，如何将特定的行为功能与特定的大脑区域联系起来。虽然他对大脑和神经系统进行了详细的解剖学研究，但他发现当时的技术太过粗糙，无法回答他提出的问题，而且，他对于让活生生的动物为实验而"殉难"有道德上的顾虑。因此，加尔只好采用了一种不同的方法，不幸的是，这催生了颅相学（phrenology）这一伪科学。他认为，发达的心智官能与发达的大脑区域是对应的。大脑中与发达官能相对应的"器官"（organs）要比与欠发达官能对应的"器官"更大，它们的相对大小会在颅骨上留下印记，覆盖发达器官的颅骨会特别凸起。

根据经验，加尔的结论是，具有某些显著特征的人，其大脑器官对应的颅骨会有凸起，而那些较弱的特征会出现在未发育的大脑器官和颅骨区域；某些特征发育得不明显，往往源于大脑器官和颅骨区域的发育不良。由此，加尔将观察到的个体独特行为与颅骨凸起联系起来。根据这样的观察，加尔列出了一个长长的官能清单——破坏力、友谊和语言等，并将每种官能定位于大脑的某一特定区域。例如，破坏力对应的位置就是耳朵上方。

加尔方法的某些概念特征是值得一提的。有的是先天论的；有的将人类与其他动物进行比较；有的是唯物主义的，尽管加尔本人也在努力反对这种倾向。加尔的心理学是行为主义的而非内省主义的。他的体系建立在对行为和头骨形状的观察上，而不是建立在对自己心灵的内省上。因此，加尔的心理学是第一个客观的，而非主观的心理学理论体系。更广泛地说，加尔的心理学是一种功能性的，几乎属于进化论的心理学，它关注的是心灵及其器官——大脑，如何使人或动物适应日常需求。哲学心理学一直关注的是认识论的大问题，而不是"人类心灵如何应对现实世界"这一类的问题。最后，加尔的心理学是一种基于个体差异的心理学。他明确地拒绝了对一般性的成人心理的研究，而倾向于对人的差异性进行研究。

加尔提出的概念指向两个方向，一个是科学的，一个是伪科学的。在科学方向，它激发了更多有实验精神的生理学家去研究行为功能在大脑特定部位的定位。经过这些实验人员的探索，加尔的理论体系受到严重的挑战。他之前的官能定位被发现是有问题的。更糟的是，"大脑的大小对应于能力的强弱"，以及"头骨上的凸起对应大脑的形状"等基本假设被发现是没有根据的。加尔的整个理论体系被粗暴地摒弃，被视为骗局和欺诈，只能吸引容易轻信他人的外行。

加尔思想的另一个方向对非专业人群很有吸引力，也就是伪科学方向。他过去的助手约翰·卡斯帕·施普尔茨海姆（Johann Caspar Spurzheim，1776—1832），用十分简单的颅相学体系推广了加尔的思想。在施普尔茨海姆的努力下，颅相学成为第一个流行的心理学学说，而施普尔茨海姆的努力旨在改革教育、宗教和刑罚学（penology）。他因传教来到美国，那里是发展颅相学最适宜的地方。他到美国后不久就去世了，但英国心理学家乔治·库姆（George Combe）继承了他的工作。颅相学在美国的故事将在第 10 章中讨论，我们将发现，颅相学中那些吸引普通美国人的特征，恰好也让进化心理学的发展在美国取得了成功。

加尔的主要批评者是法国著名的生理学家皮埃尔·弗卢朗（Pierre Flourens，1794—1867），他是实验性脑研究的先驱。弗卢朗发现了大脑内部的功能分区，但在大脑半球方面，他与加尔分道扬镳。弗卢朗嘲笑了颅相学，并根据自己的研究（通过损伤或烧蚀部分脑区域的方法），认为大脑半球作为一个整体，不存在对应特殊心理官能的特定器官。相比之下，弗卢朗比加尔更青睐哲学思想。弗卢朗是一个笛卡儿二元论者，他认为灵魂是居住在大脑半球中的，并说，既然灵魂是统一的，脑半球的功能也必然是统一的。由此，弗卢朗主张"整体活动"（mass action）的概念：大脑是一个具有单一功能（思考）的器官。大脑的工作是一个整体活动，而不像加尔所认为的，由一个个互不关联的局部器官完成。他认为大脑内部与大脑的感觉及运动功能之间没有有机联系。弗卢朗的地位使其成功推翻了加尔的理论，而他关于"大脑统一活动"的观点在几十年内一直是正统的教条。

神经系统：进出的通道 1822 年，弗朗索瓦·马让迪（Francois Magendie，1783—1855）宣布了一项对神经科学具有重大、长远意义的发现（Cranefield，1974）。在此之前，英国生理学家查尔斯·贝尔（Charles Bell，1774—1842）根据尸体解剖，区分出了脊柱底部的两组神经。贝尔认为，一组神经的功能是将信息传递给大脑（感觉神经或传入神经），而另一组神经则将信息从大脑传递给肌肉（运动神经或传出神经）。而在这之前，人们一直认为神经是双向工作的。马让迪独立地发现了同样的事情，并且结论更加确凿，因为他通过对活体动物的直接实验，证明了脊柱中神经的不同功能。在其后的十年间，脑生理学对传入神经和传出神经之间差异的研究从脊柱扩展到了大脑。扬（Young，1970，p.204）援引一位英国医生在 1845 年的描述："大脑……受到反射作用的影响，而且，在这方面，它与神经系统的其他神经节点没有区别……（以及）必然受其影响……影响方式与作用于脊柱神经或低能生物的相应组织一致。"

后来的脑科学研究表明，加尔所断言的大脑不同部分负责不同的心理过程的观点是正确的。这一证据是由皮埃尔·保罗·布洛卡（Pierre Paul Broca，1824—1880）发现的，他对一位名叫"谭"（Tan）的患有语言障碍的病人进行了尸检，发现了其大脑左额叶的损伤。布洛卡反对关于颅骨骨相的研究，但他认为他的发现可以为加尔的理论提供有限的支持，尽管他在加尔预测的位置并没有发现语言能力。

与这种观点相冲突的是，人们观察到大脑半球本身对刺激似乎并不敏感。无论是戳、刺还是按压大脑，活体动物都不会做出反应。然而，在1870年，两位德国研究人员古斯塔夫·弗里奇（Gustav Fritsch）和爱德华·希齐格（Eduard Hitzig）宣布，电刺激可以使大脑做出反应，而其不同部位在接收到刺激后也似乎会调节不同的运动。

新兴的大脑反射理论

这一发现鼓励了其他人去绘制大脑图谱，定位具体的感觉和运动功能。如今，脑图谱已经非常精确，可以非常精准地定位肿瘤。一个"新颅相学"就这样诞生了，大脑每个部分的独立感觉或行为功能都已被识别出。但新的脑功能定位不同于加尔的定位，因为它们是根据感觉运动神经（sensorimotor nerve）的区别进行功能划分并延伸到大脑的相应区域的。大脑的一些区域接受感觉；另一些则支配具体的动作，感觉和动作的联系产生行为。这种观点认为，大脑是一个复杂的反射机器，大脑半球提供了输入刺激和输出反应之间的联系。

大脑反射理论为心理学提供了一个机遇，同时也提出了严峻的挑战。机遇在于，新的神经科学的大脑理论与旧的笛卡儿意识理论相似，特别是其中谈到的关联形式。大脑关联了刺激和反应，意识（mind）关联了思想（ideas）。因此，大脑反射理论有望实现生理学这条古老道路的雄心壮志，将心灵与大脑连接起来，使心理学成为一门科学（见后文讨论）。而挑战在于，人们认识到有很多行为是在没有意识的情况下由大脑独自完成的。也许意识在引发行为方面根本没有起到任何作用，很多行为仅仅是大脑活动的副产品，从进化的角度说，其存在价值并不高。这种"心灵自发理论"（automaton theory of the mind）是包括赫胥黎在内的权威的科学家所倡导的。如果"心灵自发理论"是正确的，那么意识心理学的努力将是徒劳的。即使在今天，意识的本质和因果地位也仍然是一个谜（Leahey，2005a）。

心理学方法的发明

定量测量是牛顿科学观的核心。没有测量，就不可能找出科学规律。在 19 世纪的科学中，"实验—操作"逐渐成为揭示自然运作规律的重要方法。在 19 世纪，首先实现的是心理测量和实验操作，这为心理学的创立奠定了基础。

问题 5

实验心理学　心理计时法　第一个测量心理过程的定量方法源自一个出乎意料的领域——天文学。天文学的一个重要任务是精确地绘制星空图。在现代机械和照相方法出现之前，天文学家很少通过望远镜观察星空，他们通过记录恒星经过头顶正上方某点的准确时间对恒星进行定位，并用十字坐标在星空图中标识。在耳目法（eye-and-ear method）中，天文学家通过时钟记录恒星进入视野的准确时间，然后用时钟计秒，直到恒星经过图上的十字坐标所示位置为止。准确记录恒星划过十字坐标点的时间是至关重要的；在计算星系中恒星的确切位置时，差之毫厘，谬以千里。

1795 年，格林尼治天文台的一位助理天文学家失业了，因为他的上级发现自己记录的恒星过境时间比这位助理记录的时间快了 0.5 秒。上级自然而然地认为他自己的时间是正确的，而他助手的时间是错误的。几年后，这一事件引起了德国天文学家 F. W. 贝塞尔（F. W. Bessel, 1784—1846）的注意，他开始系统地比较不同天文学家记录的过境时间。贝塞尔发现，所有的天文学家在报告恒星过境速度上都有差异。为了纠正这一严重的偏差，贝塞尔建构了"人差方程"，以便在天文学计算中消除天文学家之间的差异。例如，格林尼治那两位天文学家的"人差方程"就是助理–上级＝0.5 秒。任意两位天文学家的观测结果都可以通过这些反映他们个人反应时间的方程进行比较，对星位的计算也可以进行相应的修正。遗憾的是，"人差方程"是基于"个体之间的差异是稳定的"这一假设，而事实证明这个假设是错误的。事实上，对已知过境时间的恒星进行观测就会发现，有时观察者会在恒星过境前"看到"它与"十字坐标"相交。这些问题只有随着观测的自动化程度不断提高，才能够消除。

同时，伟大的德国物理学家赫尔曼·冯·赫尔姆霍兹用反应时法回答了神经传导速度的问题。1850 年，赫尔姆霍兹在离肌肉很近和很远的地方分别刺激青蛙腿部的运动神经，测量肌肉做出反应所需的时间。在赫尔姆霍兹的研究之前，人们普遍认为神经传导的速度是无限的，或者至少是无法估量的。而赫尔姆霍兹估计其速度仅为每秒 26 米。

荷兰生理学家 F. C. 唐德斯（F. C. Donders, 1818—1889）结合了这两条关于反应时的研究路线。唐德斯看到，刺激与其引起的反应之间的时间可以用来客观地量化心理过程的发生速度。赫尔姆霍兹测量了最简单的刺激–反应（S–R）过程，天文学家出于另一个目的，研究了诸如判断之类的心理过程。唐德斯的特殊贡献在于，利用反应时间来推断复杂的心理过程。举例来说，人们可以测量一个人对单一刺激做出反应所需要的时间，比如在小灯泡亮起后按下反应键。这便是简单反应时。然后，人们可能会把任务复杂化，比如设置两个灯和对应的反应键。此时测量的便是复合反应所需要的时间。这仍然涉及一个简单的反应，但主体必须先辨别亮的是哪个灯，或者用今天的哲学术语说，就是要先做出"判断"（judgment），然后做出适当的反应。例如，假设简单反应需要 150 毫秒完成，而复合反应需要 230 毫秒才能完成，那么，唐德斯便推理，判断所需要的时间为 80 毫秒（230 毫秒减去 150 毫秒）。这似乎提供了一种客观的方法来测量无法直接观察到的生理和心理过程，它被称为心理计时法（mental chronometry）。

这种方法很早就被冯特采用，并在第一批心理学实验室中广泛使用。正是这样一种定量的方法，确保了实验心理学的科学地位，使之区别于定性的哲学心理学。它使得心理学远离诊疗椅，走进实验室。在其后的心理学发展史中，对反应时的运用褒贬不一，但其至今仍是重要的技术之一。

心理物理学　心理学史学家波林将实验心理学的创立追溯到 1860 年出版的《心理物理学纲要》（*Elements of Psychophysics*），该书由物理学家古斯塔夫·西奥多·费希纳（Gustav Theodore Fechner，1801—1887）撰写。波林（Boring，1929/1950）的主张基于这样一个事实，即费希纳构想并实施了第一个实验心理学系统研究——更重要的是，这一研究引入了数学规律。在费希纳之前，哲学家们普遍认为，继康德之后，心灵既不能接受实验研究，也不可以通过数学进行分析。费希纳证明这些假设是错误的。起初的确困难巨大。在物理学中，我们可以操纵物体，观察它们的作用；我们可以测量它们的位置和动量，通过数学公式把这些变量相互联系起来（例如牛顿的万有引力定律）。然而，心灵因人而异，没有任何仪器可以应用于意识体验。

费希纳克服了这些困难。他发现，可以通过控制人所受到的刺激来控制意识内容。这种控制使心理实验成为可能。我们可以让一个人举起已知重量的物体，听已知音调和音量的声音，等等。即便如此，我们如何测量由此产生的意识体验或感觉呢？被试无法用精确的数字表述针对音调或重量的感觉。费希纳意识到了这个问题，并通过对感觉的间接量化解决了这个问题。我们可以让被试说出两个物体哪个更重，两段声音哪个音调更高。通过系统地调整一对刺激的绝对值和它们之间的差异，并观察被试在什么时候能区分，在什么时候不能区分这一对刺激的差异，就可以间接地量化感觉。因此，我们可以在数学上将刺激强度（R）与由此产生的感觉强度（S）联系起来。费希纳发现，感觉强度（S）是刺激强度（R）的对数函数，即 $S=k \log R$，其中 k 是每种感觉所特有的常数。区分刺激的绝对强度适中的两个物体，要比区分刺激的绝对强度高的两个物体更容易（例如，区分 10 盎司重物和 11 盎司重物比区分 10 磅重物和 10 磅 1 盎司重物更容易 [①]）。

费希纳的方法并非没有先例。要求被试区分刺激差异的基本方法是由生理学家 E. H. 韦伯（E. H. Weber，1795—1878）开创的。将感觉视为定量变化的意识状态的概念可以追溯到莱布尼茨的单子论（monads）以及他的微觉和统觉学说（见第 5 章）。费希纳工作的直接动机是探索身心关系问题。作为一名物理学家，费希纳希望他的心理物理学能够证明，身心是能够以精确的、可测量的方式联系在一起的。

费希纳没有被看作科学心理学的创始人，因为他没有像冯特那样建立一个社会机构，也就是大学实验室来推动心理学成为一个官方认可的研究领域。然而，费希纳创立了实验心理学（experimental psychology），由于他的方法扩展到了比感觉更多的内容，因而成为冯特的意识实验心理学（experimental psychology of consciousness）的基础。冯特的实验和费希纳的实验一样，都对刺激条件进行了控制，并通过实验对象报告的意识内容获取数据。费希纳的方法不是冯特使用的唯一方法，但却是一个重要的方法，也是他的大多数学生从其实验室学到的方法。

心理测试　另一种测量心智的方法——心理测试，产生于 19 世纪，是应用心理学创立的基础。心理测试的发明起初并非出于科学研究的目的，而是为了服务于公共教育。19 世纪下半叶，各国政府首先开始普及初等教育，然后开始实行义务教育。实行义务教育的动机是为了满足新兴工商业对受过较高教育的劳动力的需求，也是由于政府想控制公民思想。法国的一位教育部长说："我们绝不能接受人民的教育成为私人产业"（引自 Tombs，2000，p.17）；教育将继续由国家垄断，抵制教育券（vouchers）等私有化计划。随着儿童进入新的学校，建立成绩标准，根据这些标准评价学生，并衡量儿童心理能力的差异成为普遍的做法。实验心理学研究的是普通人的心智，认为个体差异是由误差导致的，需要通过细致的实验控制来减少。而心理测试则直接关注并仔细测量个体差异。对于心理测试来说，不存在标准心理，只存在平均数据。

早期的一些心理测试是以颅相学为基础的，它从加尔那里继承了确定心理和个人能力差异的目标。颅相学的流行预示了未来心理测试的发展，从人员选拔到婚前咨询，特别是在美国，颅相专家试图用他们的方法来促进教育改革。然而，颅相学终因无效而失宠。英国和法国发展出了更科学的心理测试方法，这些方法的发展受到了英法哲学传统的影响。

心理测试在英国　弗朗西斯·高尔顿（1822—1911）是查尔斯·达尔文的一个富有的表弟，他们合作完成了一个失败的关于遗传的实验。高尔顿对心理特征的进化产生了兴趣，在其《遗传的天才》（*Hereditary Genius*）一书中，他提出，"要证明一个人的自然

---

① 1 磅约合 0.45 千克。1 磅等于 16 盎司。——编者注

能力是通过遗传获得的，就如同证明整个有机世界的形式和物理特征都受制于遗传一样"（Galton，1869/1925，p.1）。他追溯了一些家庭的血统，在这些家庭中，身体能力似乎可以从父母遗传给孩子，还有一些家庭，心智能力似乎也是遗传的。比如，一个家庭培养出了几代杰出的大学摔跤手，而另一个家庭则培养出了几代杰出的律师和法官。

最重要的是，高尔顿希望能够测试智力，他认为智力是主宰心智的能力。他查看了学校学生的考试成绩，看那些在某门课上表现好或差的学生在其他科目上是否表现一致。为此，他设计了相关系数，并由他的学生卡尔·皮尔逊（Karl Pearson，1857—1936）进一步完善，形成了今天人们熟知的皮尔逊相关系数（Pearson product-moment correlation）。高尔顿发现考试成绩之间有很强的相关性，这一结论支持智力是一种单项心理能力的观点。高尔顿的主张引发了至今仍未解决的关于一般智力的争论。高尔顿的追随者认为，大多数智力都可以用单一的心理测量因素来解释，批评者认为智力是由多种能力组成的，不能只将其看作单一能力（Brody，1992；Gardner，1983）。

高尔顿没有依赖教师给出的不精确的成绩，而是尝试更直接、更精确的智力测量方法。他的方法植根于英国的经验主义。如果大脑是一个观念的集合，正如休谟所教导的那样，那么一个人的智力便应该是由其精确表述世界的能力决定的，进而感觉的敏锐度就应该是智力的衡量标准。高尔顿对意识的关注与德国人对意识内容的内省研究相一致，他的测量方法其实是对心理物理学方法的改造。此外，高尔顿还和包括布洛卡在内的许多科学家一样，认为脑容量越大，智力水平越高。因此，头颅大小也会成为衡量智力的标准之一。

在伦敦郊区的南肯辛顿，高尔顿建立了一个人体测量实验室，人们可以在那里接受他的心理测试。在1893年的哥伦布世博会上，一个相关的展示让美国人认识了心理学。高尔顿的人体测量实验室成了开展心理学工作的三种重要模式之一，另外两种模式分别是心理学实验室模式（见前文讨论）和诊所模式（见后文讨论）（Danziger，1990）。高尔顿研究的是普通人，而不是德国内省实验室（introspective laboratories）中受过高等教育、训练有素的观察者，也不是法国诊所中的病理对象。人们支付少量费用即可参加测试，被称为"申请人"。高尔顿的做法可能是模仿了颅相学（Danziger，1990）——人们通常愿意支付费用来检查自己的颅相。高尔顿曾一度拜访颅相专家。高尔顿对应用心理学做出了两大贡献：一是发明了心理测试；二是引入了专业而非科学的"收费服务"实践模式。

虽然高尔顿是第一个尝试发展智力测试的人，但从应用角度说，他的测试是失败的（Fancher，1985；Sokal，1982）。感觉敏锐度并不是智力的基础，而且脑容量和智力之间的相关性极低（Brody，1992）。尽管如此，事实证明高尔顿研究智力的方法以及他关于心智的进化论思想仍然影响巨大，尤其是在美国。高尔顿的方法被詹姆斯·麦基恩·卡特尔（1860—1944）所继承，后者创造了"心理测试"（mental test）一词。卡特尔在莱比锡跟随冯特攻读学位，但却在高尔顿的人体测量实验室工作，这也印证了心理学史学家波林（Boring，1929/1950）的说法，即虽然美国心理学家从冯特那里学到了方法，但他们的灵感却来自高尔顿。

心理测试在法国　在巴黎，阿尔弗雷德·比奈（Alfred Binet，1857—1911）开发了一种更有效、更稳定的测量智力的方法。比奈最初学习的是法律，后来成为心理学家。作为法国心理学家的典型代表，他是通过在医学诊所跟随让－马丁·沙尔科（Jean-Martin Charcot，1825—1893）学习而进入这个领域的（见后文讨论）。他早期的工作涉及催眠，在心理学的很多领域进行过研究，他于1889年在索邦大学（Cunningham，1996）创立了法国第一个心理学研究所。但他最为人所知的还是他的智力测试。

比奈的心理测试方法将笛卡儿对高级心理功能的强调与法国的临床取向结合在了一起（Smith，1997）。在高尔顿的人体测量实验室和德国的心理实验室中，心理学家都只专注于简单的感觉运动（sensorimotor）功能。而比奈则研究下国际象棋等高级认知技能。他写道："如果想研究两个人之间存在的差异，就必须从最复杂的心智过程着手"（引自Smith，1997，p.591）。比奈在诊所的工作经历也深刻地影响了他的心理学研究。与实验室里的简短且匿名的研究不同，比奈对个人进行了深入的研究，甚至在他的出版物中发表了被试的照片（Cunningham，1996）。比奈与同事维克多·亨利（Victor Henri，1872—1940）在1895年的一篇名为《个体心理学》的文章中定义了有别于德国实验心理学的个体心理学范畴。他们宣布了自己所研究的心理学的实用价值，希望"阐明……（这个研究方向）对教育专家、医生、人类学家，甚至法官都是非常实用的"（引自Smith，1997，p.591）。比奈的文章成了早期应用心理学的重要宣言。

1904年，法国政府成立了一个研究智力障碍儿童问题的委员会，比奈是成员之一，并在此基础上开发出了他的智力测试方法。在此之前，比奈已经是研究儿童认知发展的专家，他是1899年成立的儿童心理研究自由协会的创始人之一（Smith，1997）。政府的目标是在医学中建立心理学的临床诊断标准。由于精神异常的儿童会干扰正常儿童的教育，委员会需要研究出一种方法来诊断出异常儿童，特别是那些处于正常和异常边缘状态的儿童。比奈开发了一个实用的量表，正常的儿童可以按照要求完成对应年龄段的测试。然后，人们可以将某一儿童的表现与其同龄人进行比较。无法完成正常儿童所能完成的测试的儿童便是异常儿童。这样就可以筛选出异常儿童，并给予其特殊教育。

尽管比奈的测试在严谨性方面看起来不及高尔顿那种基于严密理论基础的测试，但它更加实用和有效。美国心理学家亨利·戈达德（Henry Goddard，1866—1957）原本是一名教师，他是新泽西州瓦恩兰（Vineland）特殊教育学校的研究心理学家，这是一家收容患有癫痫、自闭症和智力迟钝等各种障碍儿童的特殊教育机构。对于戈达德来说，最重要的问题是如何确定孩子的异常表现中有哪些属于心理异常，哪些属于器质性疾病。戈达德起初尝试使用修正版的高尔顿标准实验室方法，但事实证明这些方法毫无用处。他在 1908 年访问欧洲时了解到比奈的测试，并将其引入瓦恩兰，发现其"符合我们的需要"（引自 Smith，1997，p.595）。刘易斯·推孟（Lewis Terman，1877—1956）认真地将测试内容翻译为英文，他第一次接触心理学是在儿童时期接受一位颅相学家的测试。推孟通过对大量儿童进行测试将他的斯坦福 – 比奈（Stanford-Binet）智力量表修订得更加标准化，也让智力测试具备了更加严谨的科学性。

心理测试在德国　教育心理学和心理测试在德国也有所发展，但比在其他地方发展得慢。威廉·斯特恩（William Stern，1871—1938）提出了智商（IQ）的概念，这是一种量化方法，用来衡量一个儿童相对于其同龄人的智力水平。比奈的测试让人们得以测量一个孩子的"心理年龄"，然后用心理年龄除以实际年龄得到一个比值。因此，如果一个 10 岁的孩子通过了 10 岁孩子通常能够完成的项目，那么这个孩子的智商就是 $10 \div 10 = 1$，斯特恩将这个比值乘以 100 以消除小数，因此，"正常智商"总是 100。异常的孩子智商会低于 100，超常的孩子智商会超过 100。尽管智商测试的方法有所变化，但这一术语仍被沿用，而斯特恩本人却认为这个术语是"有害的"（Schmidt，1996）。

心理测试的影响是深远的。它是应用心理学的基础（见第 13 章），它提供了一种具体的方法，使得心理学可以应用于各种领域，从教育开始，很快就发展到人事管理和人格评估等领域。心理测试已经成为一种重要的社会力量，人们的教育和职业道路都会受到心理测试分数的影响，有时这种影响甚至是决定性的。有人甚至因为心理测试的结果而被勒令绝育。实际上，心理测试对日常生活的影响远远大于对实验心理学的影响。

哲学到心理学的门槛

1851 年，亚历山大·贝恩（Alexander Bain）给他的朋友和同事约翰·斯图亚特·穆勒写信说："我最希望的莫过于把心理学和生理学结合在一起，使生理学家能够意识到他们研究的真正目的，并将研究引向神经系统。"贝恩在《感觉与智力》（*The Senses and the Intellect*，1855）和《情绪与意志》（*The Emotions and the Will*，1859）两部巨著中实现了自己的愿望。贝恩从联想主义和生理学的角度对心理学进行了全面的考察，他的研究领域涵盖了从简单的感觉到美学和伦理学的每一个心理学课题。

贝恩的价值在于，他借鉴并综合了他人的研究。把生理学和哲学心理学统一起来的思想古已有之。他的联想主义来源于哈特莱和穆勒父子。他的生理学理论是从德国生理学家约翰内斯·缪勒（Johannes Müller，1801—1858）的感觉运动生理学中汲取的。在《生理学要素》（*Elements of Physiology*，1842）中，缪勒已经提出大脑的作用是将传入的感觉信息与适当的运动反应联系起来。贝恩读过《生理学要素》，并将缪勒关于大脑功能的概念纳入他的生理学中。进而，贝恩将联想主义哲学与感觉运动生理学结合起来，创造了统一的人类心理学。即使在今天，大多数普通心理学教材也是像贝恩这样组织内容的，从简单的感觉神经功能开始，一直到思维和社会关系。贝恩的整合相当有影响力。在他开展研究时，大脑的功能还没有被充分认识，他那不折不扣的生理学联想主义观点，引导后来的英国研究者将他们的研究推进到神秘的大脑半球。

贝恩对心理学产生了强大且持久的影响。他于1874年创办的《心灵》（*Mind*）杂志，至今仍是哲学心理学领域的代表性刊物。然而，他仍然是一个哲学家。尽管他使用了生理学数据，但他没有做任何实验；尽管他认识到达尔文工作的重要性，但他的联想主义仍然属于"前进化论的"（pre-evolutionary）。从长远来看，他的重要贡献在于对待心理学的实用性态度。颅相学曾一度让贝恩兴奋不已，因为他想要解释的是人类的行为，而不仅仅是意识。他关于行为的思想后来被美国实用主义者传承。

最后一位著名的法国哲学心理学家是伊波利特 – 阿道夫·泰纳（Hippolyte-Adolphe Taine，1828—1893）。虽然他的作品大多是关于历史和文学的，但他最引以为豪的是他的心理学著作《论智慧》（*On Intelligence*，1875），威廉·詹姆斯第一次在哈佛大学讲授心理学时，就把这本书作为他的教材。在《论智慧》中，泰纳提出了与贝恩类似的联想心理学理念，认为所有的观念，无论表面上多么抽象，都可以归结为与每个观念名称相对应的感觉的集合。因此，心理学工作将类似于化学工作——"将（化合物）分解为基本元素，再将这些基本元素分门别类，进而使用这些元素建构出不同的化合物"（Taine，1875）。继莱布尼茨之后，泰纳同样提出，所谓"意识感"（conscious sensations），仅仅是由那些勉强处于意识边缘的、微弱易逝的感觉聚合而成的。

泰纳还探讨了感觉的生理基础。他主张身心平行二元论，认为意识中的每一个事件都有相应的神经反应。但是根据泰纳的观点，这样的对应反之则不成立，因为有些神经反应只会引起无意识感觉。泰纳的神经生理学将大脑看作一个联系刺激和反应的非特异化器官："因此，大脑就是感觉中枢的中继器（repeater）"（Taine，1875，p.107）。也就是说，大脑只是复制传入的神经信息，就像心理图像是对感觉的复制一样。泰纳的"心灵"和"大脑"概念与休谟和哈特莱的类似。泰纳的贡献不在于其心理学细节，而在于他把心理学看作一门自然主义的学科（Smith，1997）。他和他的同事泰奥迪勒·里博 （Théodule Ribot，1839—1916）拒绝了长期主导法国心理学思想的天主教心理学——其认为心理学的核心任务是研究灵魂。他们吸纳了英国的心理学思想，作为对法国天主教心理学的世俗制衡。

在德国，哲学心理学与源于康德的各种唯心论做斗争。唯心论者的某些概念，在早期德国心理学中觅得了一席之地。冯特研究个体意识，提出用历史的、遗传的方法来研究高级心理过程，强调人的意志是精神生活的统一力量。所有这些思想，冯特都继承了唯心主义哲学的某些方面。弗洛伊德也受到叔本华关于潜伏在人格中的无意识的原始力量概念的影响。尽管如此，在德国，继康德之后的唯心主义者对于心理学的科学化前景还是持悲观态度。心理学只研究一个具体的个体，或一组个体，而唯心主义者寻求的是类似上帝的绝对精神和柏拉图式的超验认知，他们认为这是物理表象和个人心灵背后的本体现实（noumenal reality）。在唯心主义的语境中，实证研究显得微不足道，而唯心主义者（最有代表性的是黑格尔）强烈反对实证心理学的发展（Leary，1978，1980）。

德国著名的哲学心理学家是赫尔曼·洛采（Hermann Lotze，1817—1881），在转向哲学之前，获得了医学博士学位，并且他还是费希纳的朋友和医生。就某些方面而言，洛采几乎算是德国心理学界的贝恩或泰纳。在他的《心理学大纲》（Outlines of Psychology，1881）中，洛采提出了一种经验主义的意识观，例如，他和贝克莱说，深度知觉（depth perception）是后天习得的，而不是天生的，经验是由简单的观念组合而成的。他将这种经验主义与大脑功能的感觉运动概念结合到了一起。

然而，洛采并非完全致力于经验主义和自然主义。他坚持认为，虽然生理学为心理和行为提供了有效的物质解释，但人和动物都拥有神赐的灵魂。作为德国哲学家的典型，洛采拒绝唯物主义，支持笛卡儿的二元论。由于坚持人的灵性，洛采赢得了英语世界心理学家的推崇，他们对周围的联想主义和还原论心理学感到不满。其中有痛击自然主义的英国心理学家詹姆斯·沃德（James Ward），还有参与心灵研究的温和派心理学家威廉·詹姆斯。

赫尔曼·冯·赫尔姆霍兹可能是19世纪最伟大的物理学家，他是自然主义和经验主义的集大成者。在他职业生涯的大部分时间里，他一直忙于生理学的研究。我们已经了解到他对神经传导速度的测量，他还对生理光学和声学进行了权威性的研究，但他同时也是一位著名的物理学家。他在26岁的时候就提出了能量守恒定律。能量守恒定律给了交互二元论（interactive dualism）以致命一击。因为其认为能量既不能被创造，也不能被破坏，所以任何精神"力量"都不能影响物质。

赫尔姆霍兹对待心灵的态度基本上属于洛克式的经验主义——观念被解释为心智内容。赫尔姆霍兹认为，我们所确定的一切都是由我们的经验收集的关于世界的观念和图像。他务实地认为，虽然我们无法知道我们的观点是否正确，但这并不重要，只要它们能在现实世界中引发有效的行动。科学本身就是追求这种有效性的例子。虽然赫尔姆霍兹赞同康德的观点，认为因果认知是先天性的，但他和经验主义者一样，认为康德提及的其他知识类别都是后天习得的。

对心理学产生重要影响的是赫尔姆霍兹的无意识推理理论（theory of unconscious

inference）。例如，如果视觉对空间的感知不是像贝克莱所认为的那样是一种天生的直觉，那么，在成长过程中，我们就必须学会计算物体与我们之间的距离。然而，我们并不知道如何进行这种计算。因此，赫尔姆霍兹理论认为，这类计算或推论，一定是无意识的，就像语言是在无意识中习得的。换句话说，观念（包括感觉）是对现实世界的心理表征。如同在没有指导的情况下婴儿会自发地学习语言一样，他们也会自发地、无意识地学习各种观念的含义。

正如我们对一个物理学家和生理学家所期望的那样，赫尔姆霍兹是自然科学的有力倡导者。他欢迎自然科学在德国大学的发展，并对唯心主义哲学家嗤之以鼻，因为在唯心主义者看来，自然科学是对物理现实的琐碎研究，与物理现实背后的绝对精神相比，自然科学毫无意义。此外，赫尔姆霍兹本人的理论和研究也支持唯物主义。他对感觉的生理学研究确立了知觉对肉体的依赖性。他的能量守恒理论激励了一些年轻的生理学家，正如赫尔姆霍兹的朋友埃米尔·杜布瓦－雷蒙（Emil du Bois-Reymond）在一封信中所说的那样，"庄严宣誓，要将这一真理付诸实践：除了普通的物理化学力量外，没有其他力量在有机体内活动"（Kahl，1971）。西格蒙德·弗洛伊德在其早期的手稿"神经学家的心理学"（Psychology for Neurologists）中，也将这种还原论（reductionism）的精神贯彻到其心理学中。

精神病理学

有组织的心理学最后的一个重要根源在于医学，尤其在于对精神紊乱的研究。由此，心理学对精神病学产生了影响，特别是在法国，心理学与精神病学和神经病学联系在一起，成为治疗"精神"（mental）疾病的医学分支。

精神病学与神经病学　精神病患者在我们的生活中很常见，但在 18 世纪之前，他们受到的待遇非常恶劣，甚至是残酷的。最近的说法声称，精神失常者在中世纪可以在乡村快乐地游荡，直到现代才被关起来并受到虐待，这些说法已被证实是谣言（Shorter，1997）。当时已有私人和公共的精神病院，但大多数人还是和家人在一起，崩溃的家人会把他们关起来并虐待他们。1817 年，一位爱尔兰政治家说，当一名家庭成员发疯时，"唯一的办法就是在屋里挖一个不足一人高的地洞，用栅栏把洞口锁住，把可怜的精神失常者关在里面，只给吃的，他们一般都会死在洞里"（引自 Shorter，1997，pp.1–2）。

精神病学源自启蒙运动，这一学科将疯人院改造为精神病院，用前现代的传统医学方法治疗病人，例如放血和催吐。精神病学这一新领域的目标是使精神病院成为精神病患者的治疗场所。"精神病学"（psychiatry）这个名词是由约翰·克里斯蒂安·赖尔（Johann Christian Reil，1759—1813）在 1808 年发明的，尽管"心理学"（psychology）这个术语花了几十年才流行起来，但更久远的表示精神病学家的术语"alienist"仍然被广泛沿用。赖尔对他的新领域表达了典型的启蒙运动式向往（引自 Shorter，1997，p.8）：

> 英国、法国和德国的医生们都挺身而出，改善精神病患者的命运……任何人都乐于看到为了人类自身福祉而做出的不懈努力。监禁的恐怖已经结束了……人类正勇敢地面对这个巨大的挑战……从地球上铲除精神病这一瘟疫。

18 世纪 90 年代末，"道德疗法"（moral therapy）被引入欧洲的一些精神病院，这是赖尔热烈渴望的对精神病治疗的转变。这里所说的道德疗法指的是心理治疗，而不是传统的医学治疗。道德疗法的目的是治愈而不仅是隔离精神病患者。虽然它还不属于严格意义上的心理治疗，但道德疗法却是朝着这个方向发展的。道德疗法背后的理念是，通过将病人从囚禁中解脱出来，然后让他们与病友们过着被精心安排的生活，他们就能恢复理智。正如一位精神病学家所描述的："在有序的生活、纪律的约束、精心安排的环境中，他们自然会反思自己生活中的变化。自我调整、与陌生人相处、与同病相怜的病友共同生活，都是帮助他们恢复理智的有力支持"（引自 Shorter，1997，p.19）。1801 年，菲利普·皮内尔（Phillipe Pinel，1745—1826）的一本颇具影响力的教科书使道德疗法成为精神病治疗的黄金标准。遗憾的是，第一批精神病医生的良好愿望被 19 世纪大量涌入的精神病患者淹没，到了 20 世纪初，精神病院再次退回为大规模收容精神病患者的疯人院，而不是以治疗为本的精神病院。

1865 年，在威廉·格里辛格（Wilhelm Griesinger，1817—1868）的努力下，精神病学先于心理学进入德国大学。由于德国大学对研究的重视，精神病学变得更加科学化。促进现代精神病学发展的关键人物是埃米尔·克雷佩林（Emil Kraepelin，1856—1926）。当时，精神病学家面临的一个重大挑战是如何从千奇百怪的症状中发现潜在的疾病。克雷佩林是一位精神病学家，在冯特的实验室从事研究工作，他对心理学非常着迷。因此，作为一名训练有素的科学家，他筛查病例历史，研究症状和结果的关系。通过研究，他提出了第一个有科学依据的精神病学诊断：早发性痴呆（dementia praecox），也就是现在的精神分裂症。他继而开发出了一套疾病分类系统，彻底改变了对精神病的诊断和治疗。克雷佩林将人们的注意力从精神病患者的心理内容转移到"特定症状是否与潜在疾病有因果相关性"上——不再去关注一个偏执狂的妄想是否与撒旦或国家有关。美国精神病学家阿道夫·迈耶（Adolf Meyer）代表精神病学界对克雷佩林的成就表示敬意："两千多年来的教条和传统被推翻了"（引自 Shorter，1997，p.108）。精神病患者为科学心理学的发展付出了很多代价。尽管克雷佩林非常关心他的患者，但许多精神病学教授却没有这样做，他们只把患者看成科学研究的标本。

与癫痫相比，神经症属于轻症，由神经科医生（neurologists）治疗。神经科医生可以在水疗中心指导疗养，也可以在私人诊所为病人提供咨询。然而到了 20 世纪末，精神病学与神经病学已经合并到了大的精神病学体系中。

这两个领域都有向心理治疗（psychotherapy）方向靠拢的趋势，心理治疗是由两位荷兰精神病学家在 1887 年创造的术语。在道德疗法中，除了精神病院的体制化生活外，还强调精神病医生要与病人之间建立一种治疗性的、一对一的关系。最初，神经科医生认为要通过物理手段来治愈他们的病人，例如，给兴奋过度的病人浇冷水，以缓解他们所谓的兴奋过度的神经，并开出喝牛奶、休息和按摩等处方。然而，神经科和精神科医生都逐渐意识到，谈话以及建立适当的医患关系有助于治疗。

精神病学和神经病学的理论转变 尽管人们逐渐认识到心理治疗的价值，但大多数医生还是认为患者的病因是器质性的，精神病的根源在大脑；较轻微的症状，如癔症和神经衰弱，则是由神经系统的问题引发的。精神病学家尤其认定，癫痫的症状如此怪异，给病人带来的痛苦如此之大，原因一定在脑部。精神病学家和神经病学家也都相信，精神问题是有遗传基础的，因为他们发现，精神问题往往是家族遗传的，不是随机爆发的。一些精神病学家提出了生物"退化"（degeneration）的观点，认为癫痫是从理性的人性退化至动物本能性的返祖现象。

在占主导地位的神经科学和遗传学的精神疾病观点之外，还有一种对立的观点，即浪漫主义精神病学（romantic psychiatry）。之所以称之为浪漫主义精神病学，是因为它认为精神疾病的病因在于病人的心理历史和生活环境，特别是他们的情感生活。浪漫主义精神病学家被认为是"心理导向"的，以区别于大多数其他精神病学家的生物学导向。生理学导向在一定程度上受到了启蒙哲学的启发，认为精神病是错误认知和不良思维的结果。浪漫主义精神病学家则认为，精神病源于激情，而激情不在理性控制的范围之内。在实践中，浪漫主义精神病学家会花好几个小时与病人讨论情感生活，并试图向他们灌输宗教和道德价值观。精神分析疗法是浪漫主义精神病学的延伸，尽管弗洛伊德否认两者之间的联系。在精神分析的形式下，浪漫主义精神病学在很大程度上取代了生物精神病学，直到 20 世纪 70 年代的"生物革命"，精神病学家再次从大脑和基因中寻找精神障碍的原因（Shorter，1997）。

法国临床心理学

阿尔弗雷德·比奈（Binet，1890/1905）将法国心理学与其邻国的心理学做了鲜明的区分（引自 Plas，1997，p.549）：

> 除了相对较少的个例，我国心理学家把心理物理学的研究留给了德国人，把比较心理学的研究留给了英国人。他们几乎完全致力于病理心理学的研究，也就是变态心理学。

在法国，心理学是作为医学的辅助手段发展起来的。德国实验心理学关注的是一种柏拉图式的"正常的成人心理"。英国人比较了动物和人的心智，并在高尔顿的著作中描述了统计意义上的平均心智。法国心理学则专注研究异常的、非西方的、成长中的心智。例如，里博说，科学心理学的理想对象是精神失常者、原始人和儿童，他认为这些人提供了比实验室实验更有价值的自然实验对象（Smith，1997）。正如我们看到的，神经科学是通过实验室和临床工作来推进的。在临床神经科学中，研究者利用"自然实验"——事故和疾病对大脑和神经系统造成的损害来阐明正常功能。里博主张心理学家也这样做，把非正常的思维作为自然实验来研究，这不仅会很有趣，而且也能有助于解释正常人的心理现象。

法国的临床传统为心理学贡献了"受试者"（subject）一词，后来普遍用于描述参加心理学研究的人（Danziger，1990），直到被当代的"被试"（participant）一词取代。在法语中，"sujet"一词的意思是指正在接受治疗或观察的人，在此之前，指的是将用于解剖的尸体或等待接受外科手术的人。比奈和其他法国心理学家使用这个词来描述他们的心理学调查对象。受试者这个词在英语中也有类似的用法，并在 1889 年由卡特尔首次用于表达它的现代概念。从比奈的方法可以看出，法国的心理学调查模式不同于英国[①]和德国的模式。法国心理学更倾向于对单个对象进行深入调查，这继承了法国的医学传统。德国心理学是由哲学演变而来的，研究的是哲学家理想化的心灵。英国心理学是从动物研究和心理测试中发展起来的，善于统计汇总心智之间的可测量差异，包括人与人之间以及人与动物之间的差异。

法国心理学家把大量的注意力放在催眠上，他们把催眠与癔症联系在一起，并将其作为治疗方法之一（见第 9 章）。在这种情况下，产生了两种关于催眠状态本质的理论。A. A. 利贝尔特（A. A. Liebeault，1823—1904）在法国南希开创了一个学派，被称为南希学派，他的学生伊波利特·伯恩海姆（Hippolyte Bernheim，1837—1919）继承了该学派。南希学派认为，催眠状态是对普通睡眠或清醒状态下某些倾向的强化。某些行为，甚

---

① 原书为法国，疑有误，已改为英国。——编者注

至是复杂的行为，都是无意识行为：我们都会对一些建议做出冲动的反应；我们都会在梦中产生幻觉。根据南希学派的观点，在被催眠的过程中，意识将暂时失去对知觉和行动的控制，催眠师的指令会在无意识状态中引发行为或幻觉。另一种理论的代表，巴黎萨尔佩特里厄尔（Salpêtrière）医院学派则认为，由于催眠是用于治疗癔症的，因此催眠状态一定是一种非正常状态，只对癔症患者有效。能够被催眠和患有癔症都被视为神经系统异常的依据。萨尔佩特里厄尔医院学派的主要代言人是让－马丁·沙尔科，弗洛伊德曾跟随他学习过几个月（见第9章）。随着弗洛伊德的出现，催眠术的研究成为无意识心理学的一部分，因为弗洛伊德在他早期作为心理治疗师的时候也使用过催眠术。

| 总结 |

19世纪是一个充满冲突的世纪。工业革命带来了空前的物质进步，但也导致了惊人的城市贫穷。宗教复兴广泛存在，即便信仰的基础被科学不断侵蚀。人们被灌输敏感而不人道的性道德，允许或纵容卖淫和犯罪成为流行。科学和人文学科空前繁荣，但功利的商人却对象牙塔里的知识分子嗤之以鼻。悲观主义和乐观主义交织在一起。卡莱尔写道："黎明前的黑暗，我们深沉悲哀；面对曙光的信仰，同样坚不可摧"（引自Houghton，1957，p.27）。

19世纪的主要冲突是新的科学自然主义和追求超验精神实在的古老信仰之间的冲突。自然主义是启蒙运动的产物，它既带来了希望，也带来了绝望。它带来了永恒进步、人性完善、探索宇宙奥秘并为人类所用的希望。然而，它挑战了人们赖以生活的传承了若干世纪的传统宗教信仰。科学也挑战着人性，将个体简化为在巨大的工业机器中劳动的有机化合物。它似乎剥夺了世界的意义以及每个人的自由和尊严。

然而，自然主义的倡导者们却无视这些冲突。他们相信可以通过科技手段解决一切人类问题。他们一心只想说服社会相信他们的诚意和能力。科学变成了科学主义，一种新的宗教。这点在孔德的实证主义中有很明显的迹象，在赫胥黎这样有名望的科学家身上也有所体现。自然主义者的共同点在于追求牛顿式的自然概念，他们之间只存在细节上的差异。强势、乐观、成功的自然科学开始主宰知识界。

19世纪之后出现了三种形式的心理学，分别是由冯特创立的意识心理学、由弗洛伊德创立的无意识心理学，以及由受进化论影响的诸多心理学家创立的适应心理学。每种理论都已成熟，心理学的整合之路，万事俱备，只待有创造力和执行力的人物出现。

A HISTORY OF PSYCHOLOGY

迈向独立的心理学

问题 1 威廉·冯特的心理学是如何受到 19 世纪德国知识精英价值观和学术环境影响的?

问题 2 弗洛伊德的精神分析是科学吗?

问题 3 进化论带来的两个重要的心理学问题是什么?

问题 4 为什么说威廉·詹姆斯的《心理学原理》改变了美国心理学史的发展?

问题 5 意识存在吗? 哲学心理学家如何重新审视意识?

第 8 章

心理学科的诞生
知识精英价值观与冯特的意识心理学

到了 19 世纪最后的 25 年，心理学成为一门独立学科的条件已经成熟。如前文所述，科学心理学注定要在 19 世纪中叶诞生，作为生理学（physiology）和心灵哲学（philosophy of mind）的混合体，这一学科被正式命名为心理学（psychology）。医学哲学家威廉·冯特确立了心理学作为一门独立学术学科的地位。他并没有像后来的心理学家一样，将心理学完全带入科学领域，但他为心理学的独立创造了条件。

心理学的德国传统

正如我们已经了解过的，心理学有着不同的学术起源。在本章中，我们主要关注心理学作为一门独立学科和实验科学的创立过程。尽管如今我们对"实验科学"这个概念司空见惯，但实际上这是一个在 19—20 世纪才刚发展起来的新概念。牛顿基于对天体的观察而不是实验建立了物理学，尽管他热衷于炼金术和光学实验。现代化学和生理学在 19 世纪刚刚出现，直到 1948 年，第一个关于药物（链霉素）的临床对照实验被公开发表，系统化的医学实验才开始普及。冯特提出的心理学，传统上属于哲学领域，使其成为一门实验科学，则是一个十分大胆的举动。要理解最早的实验心理学的形态和命运，我们就必须考察其诞生地——德国大学，以及其培养人才的独特价值观。

德国大学：学术与教化

1806 年，拿破仑在耶拿战役（Battle of Jena）中战胜了普鲁士人（Prussians），改变了世界，尽管不是以他希望或预期的方式（因为这导致了现代研究型大学的创立）。普鲁士国王在战场上被击败，决心彻底实现国家现代化，包括公民教育。弗里德里希·威廉三世

（Frederick William III）在启动他的计划时说："国家必须用科技文化力量来弥补它在物质资源上的损失"（引自 Robinson，1996，p.87）。他的教育部要求学者们集思广益新建一所示范性大学——柏林大学。该校始建于 1807 年至 1810 年间。1871 年，俾斯麦的德意志第二帝国统一了德国各州，柏林大学成为德国其他大学的典范，并最终成为全世界的典范。

　　在此之前，在德国的其他学校，高等教育的主要目标是培养三种职业人才：医生、律师和神职人员。当时不存在公认的科学家和学者阶层，大多数早期的科学家和艺术家一样，都是由富有的资助人或英法皇家科学协会支持的。欧洲大学里的自然哲学家更喜欢阐述亚里士多德式的科学，而不是通过实验来验证（正如我们在第 5 章中看到的）。而在美国，内战前根本没有大学，只有一些由教堂支持的小型学院，专门为某一特定基督教派别

威廉·冯特（坐）和同事们在他的心理实验室里，这样的实验室前所未有。虽然从长远来看，冯特的心理学思想影响并不大，但他将心理学纳入实验科学范畴这一开创性事实是公认且无可置疑的。
资料来源: University Archives Leipzig.

的少数青年男女提供高等教育。无论在哪里，追求高等教育的人并不多，除了那些有志于从事三大职业的人，大学并不被看作开启其他职业生涯的敲门砖，而是作为进入文化阶层的一种手段。威廉三世的新式大学是一项真正的创新，最终使得大学在世界范围内成为各

知识加油站 8.1

大学现代化

无论是从历史角度看，还是从其创立的形式角度看，新式的德国大学都属于完全脱离了前现代状态的现代化机构。早期的院校，包括高等教育机构，都是自然发展起来的，但以柏林大学为代表的新式德国大学，是一座刻意建设的知识工厂。一个有趣的例子可以很好地解释中世纪的英国大学是如何积累知识的：我发现它们的图书馆不会将书籍分门别类，书怎么进来的就怎么摆放。如果有人想按主题搜索图书，图书管理员会指向（美国）国会图书馆藏书目录，该目录根据其系列列出了图书的名称。你需要先在目录中找到想要的图书名称，然后在英国图书馆的书单中查找其下落，最后走遍剑桥或牛津的校园去找书。我甚至不能使用爱丁堡大学的图书馆，因为它正在从中世纪的国会图书馆系统向现代的国会图书馆系统转变，书堆得到处都是。

与现代化相关的关键变化是世俗化、教会权威的下降以及国家和科学权威性的提升。在学术界，这种变化始于 18 世纪早期的哥廷根大学，在洪堡大规模改革之前。中世纪的大学是教会的一部分，神学是科学的女王。但在哥廷根大学，神学被降职了。我们所理解的学术自由，就是从神学系不再有权审查其他专业院系开始的。这一刻是"德国人生活的重大转折点，它将重心从宗教转移到了国家"（引自 Watson，2010）。同时，哥廷根大学

还提高了科学和心理学等非神学学科的重要性（Watson，2010）。

和所有现代之前的机构一样，一个人要想在前现代的大学里获得成功，也需要通过人际关系。年轻的教师要争取和资深教授共进晚餐的机会，而要获得终身教职，一个可靠的办法就是娶教授的女儿。然而，在普鲁士的改革下，德国大学被彻底行政化。教授的成就根据听课学生人数和学术出版情况来评定（Clark，2006）。

浪漫主义对大学的现代化也有影响。前现代的教授们被期待讲授所在领域的伟大经典著作和数世纪来的相关学说，并给出评论。如果一个教授出名了，他就该写代表作了——一本或多或少对其讲授内容进行总结的著作。这种类型的教科书被视为对他所在领域知识体系的添砖加瓦。然而，浪漫主义是现代化的——它寻求与过去的决裂，庆祝革命性的、创造性的、突破性的洞察力。虽然你不会把教授或科学家跟拜伦这类充满激情的天才联系到一起，但浪漫主义的确改变了大学研究的性质。随着浪漫主义诗人改变了诗歌的概念，作家也改变了小说的概念，学者们被期望从事新奇的、革命性的工作，推翻既定的共识（与教科书模式相反）（Clark，2006）。这种对新的、颠覆性成果的浪漫主义追求，导致了心理学上的可复制性危机（replication crisis），这一点我们将在后文讨论。

国发展的重要引擎。

新型示范性大学计划是由威廉·冯·洪堡（William von Humboldt，1767—1835）起草的。洪堡宣布了这所大学的两个目标：学术（Wissenschaft）与教化（Bildung）。"Wissenschaft"通常被翻译成"科学"，但这其实有一定误导性。"Wissenschaft"是指任何基于明确原则的知识体系，历史或语言学等领域，与物理或生理学一起，都被视为"Wissenschaften"。事实上，这所新大学借鉴了语言学相关专业的培养手段——研讨会（seminar）。在语言学类研讨会中，学生们会在某领域知名大师的指导下密切合作。这种人文模式成了冯特等科研实验室的组织基础。

而教化是德国独有的概念，指一个人接受广泛人文教育后的人格完善。史密斯（Smith，1997，p.375）这样定义教化："这个词指一个人的综合价值，通过教育和生活经验趋于真善美的状态。它是一种理想的个人素质，也是使一个民族的高尚文化得以实现的素质。"洪堡将其定义为"国家的精神和道德训练"（引自 Lyotard，1984/1996，p.484）。受过教化的人被称为 "Bildungsbürgers" ——有文化有教养的公民，即后文提到的"文化领袖和知识精英"。他们也许最接近柏拉图乌托邦理想中的守护者，他们是理想国中受过特殊教育的统治者，被当时的人们看作真善美的化身。

这两个目标之间存在着天然的矛盾：追求知识本身，也就是学术和科研活动，如何促进公民的精神成长？洪堡试图通过"三大统一"整合新大学的学术和教化目标。第一个是"通过一个基本原则推导万物"（科学目标）。第二个是"一切基于理想"（哲学目标）。第三个是"将前面所说的原则和理想统一于一个理念"（这样科学将服务于国家和社会的正义事业，这也是哲学的目标）（引自 Lyotard，1984/1996，p.485）。请注意哲学在洪堡的计划中扮演的角色。哲学家的工作是为所有的知识（无论是科学知识还是人文知识）提供基础并进行整合，形成统一的世界观，为崇高的道德和社会理想服务。

在收入上，德国的大学依赖于对中学教师的培训，这些中学教师来自面向新兴中产阶级的学术型高中（Gundlach，2012）。为了通过艰难的执照考试，未来的中学教师们需要接受严格的培训，从文学到物理，他们支付的学费成为新型大学的经济基础。这些中学教师进而培养出更多的人才。从 1866 年开始，心理学被列为哲学和教育学课程的一部分。在教师培训课程中，人文素质培养与专业研究领域的科学和学术培养之间的关系变得愈发紧张。经过 19 世纪的发展，课程从强调广泛的人文教育转向掌握特定的专业知识。

德国大学心理学的发展明显受到学校教化与学术目标的影响（Ash，1980，1981）。洪堡对科学研究的重视，创造了空前开放的科研环境，使得德国的大学走在了第二次工业革命的前列（Littman，1979）。

传统的工业革命进行过两次，第一次发生在 18 世纪晚期的英国，第二次发生在 1860

年左右的欧洲其他地方和北美。正是第二次工业革命改变了西方世界，创造了现代性和现代主义。心理学作为一个学科，甚至作为一个概念，在19世纪中叶之前几乎不存在，**心理学在很大程度上算是第二次工业革命的成果之一，其成长曲线与人均财富增长曲线（见图1.3）高度重合。心理学是对现代性的回应，也是现代主义的塑造者。**

与此同时，心理学在德国的发展也受到了专业学术和广泛精神教育之间紧张关系的掣肘。冯特那一代德国现代大学的开创者们，致力于将学术及研究与人文主义教育相结合。他们试图忠于洪堡的愿景，发展统一的思想体系，协调哲学、人文学科和科学，为"统一理念"服务。冯特等人认为，心理学是哲学的一部分，不是自然科学。然而，到了19和20世纪的世纪之交，洪堡所倡导的教化和体制建设，更多流于口头而非实践。学者和科学家们更加专注于专业技术的研究。第二代心理学家致力于使心理学成为一门独立的自然科学，将其从哲学的附庸中解放出来。然而，哲学家和人文主义者对科学侵入他们的传统领域感到不满，教育部门对于心理学成为独立学科一事也不太重视，因为其不太符合国民职业教育标准。生理学属于医学，服务于医疗体系，化学和物理一类的学科可以为德国工业发展服务。心理学成了一个"孤儿"，哲学家不想要，而它又无法在其他领域扎根（Gundlach，2012）。

德国的价值观：知识精英

历史学家弗里茨·林格（Fritz Ringer，1969）认为，正因为德国知识精英看不起手工劳动，偏爱学问而非"劳力"之事，所以抑制了应用心理学的发展。

德国知识精英自视为受过良好教育的文化阶层。英国作家马修·阿诺德（1822—1888）在考察德国后写道："让我感到钦佩的是，在德国，工业化……正在带来……最成功和最迅速的进步，文化的概念，唯一真正的文化，在德国也迸发出强大的生命力"（引自Smith，1997，p.371）。此外，德国知识精英自认为是最适合从事最高形式学术的人。阿尔贝特·施韦泽（Albert Schweitzer，1875—1965）在1906年描写德国神学成就时写道："德国人特有的气质源自复杂的环境和因素，包括哲学思想、敏锐的批判力、历史洞察力和宗教感觉等，也只有这些因素的综合才能催生出深奥的神学"（引自Noll，1994，p.35）。这一知识精英的价值观深刻地塑造了德国心理学，使其思想（不是方法）难以传播。通过了解德国社会学家斐迪南·滕尼斯（Ferdinand Tönnies，1855—1936）对"礼俗社会"（Gemeinschaft）和"法理社会"（Gesellschaft）的区分①，可以窥见德国知识精英的精神

---

① "Gemeinschaft"与"Gesellschaft"也被译为"团体"与"社会"。——编者注

世界。礼俗社会包含德国知识精英珍爱的一切，而法理社会则包含他们厌恶及恐惧的一切（Harrington，1996）。

"Gemeinschaft"代表了完全单一的民族社会，拥有共同的语言、文化和地理渊源，完美沿袭了古希腊城邦模式。这些共同特征使得社会聚合为一个有机整体，即种族。而一般的社会（society）只不过是由一群孤立的个体构成，除了公民身份和表面的"文明"（civilized）举止，没有任何共同的联系。城市，尤其是像柏林这样的新城市，是社会罪恶的缩影。城市里住着的大多是背井离乡的陌生人，他们怀揣梦想和野心，尤其在商业方面。

作为受过教育的人，德国知识精英们并不排斥思想和理性本身。然而，他们被灌输的是浪漫主义的、康德式的质疑，以及牛顿和休谟式的、狭隘而精于算计的理性。事实上，在许多德国官宦眼里，牛顿科学是真善美的敌人。它把宇宙描绘成一个纯粹的机器，其运动可以用数学方法计算，缺乏灵性和高尚。科学带来了工业化，机器取代了人类，工厂割裂了血肉和土地之间的有机联系。此外，和机器一样，社会变成了冰冷的零部件集合，随时可能陷入混乱和无政府状态（Burrow，2000）。教化的目的就是让人们融入一个真正的社区。正如一位社会学家所言，教化的目的是"充分挖掘每个人的潜力，但最终要服务于社会整体"（引自 Harrington，1996，p.24）。出身德国的心理学创始人威廉·冯特写道，民族国家"为拥有绝对价值的崇高理想而服务，相比这一目标，个人的生命没有任何价值"（引自 Kusch，1999）。

从思想史的角度看，德国知识精英的价值观源自浪漫主义、康德的理想主义和赫尔德的反启蒙运动。他们对统一性（wholeness）的渴望也根植于 19 世纪德国的政治和社会经历。1871 年以前，德国还只是一个理念，不像法国、英国那样早已是独立的政治主体。说德语的民族遍布整个中欧，但他们生活在各自为政的小领地中，其中最大的是普鲁士。德国人渴望统一，建立更强大的德国。他们非常重视德国文化的培养和德语的学习，因为这是政治统一的前提。在俾斯麦的领导下，普鲁士利用战争建立了一个德意志帝国，给大多数德国人民带来了统一，但却没有带来知识精英渴望的统一。俾斯麦用铁血手段统治新帝国，而不是用学术和文化（Steinberg，2011）。讽刺的是，德国的知识精英没有能力按照自己的意愿治理德国。德国教授只能通过放弃政治野心来获得学术自由。与此同时，城市化和工业化推动了普鲁士的战争机器，却破坏了礼俗社会的价值观，使新兴的德意志帝国面临陷入混乱的危险。经济发展颠覆了传统的德国乡土文化，代之以自私自利的资产阶级世界观。就像希腊人藐视追求私利的行为一样，德国实业家和政治家瓦尔特·拉特瑙（Walther Rathenau，1867—1922）写道：

> 任何有思想的人，当他们走过街道，看到百货商场、店铺和仓库……映入眼帘的尽

是令人眼花缭乱的物欲诱惑……愚蠢、有害、毫无价值的浪费，都会心有余悸。

（引自、译自 Wiendieck，1996，p.516）

对德国知识精英而言，令他们不安的恰恰是这些商品的畅销。他们是受理想指引的"有思想的人"。在他们眼里，商店里的顾客，就是柏拉图《理想国》中数量众多的、缺乏思想的生产者，他们生活在享乐主义的指导下。

一战把德国人对统一和实现宏伟目标的渴望带到了狂热的程度，但这一渴望最终因战败而彻底破灭。1914 年，神学家和历史学家恩斯特·特勒尔奇（Ernst Troeltsch，1865—1923）描述了他和他的学术同僚们对战争的热情，他们认为战争可以带来统一，还有官员们所渴望的希腊式治理：

> 我们所取得的第一个胜利，是在上战场之前——我们先是战胜了自己……一个更高的使命在向我们挥手。我们每一个人……都为一个整体而活，整体蕴藏在我们所有人之中。个体和一己私利在这个伟大国家的历史中消失了。祖国在召唤！党派不再存在……战争前人民的觉悟已经得到提升；整个国家因真理和超越个体的精神力量而统一。

> （引自 Harrington，1996，p.30）

冯特有着与特勒尔奇一样的热情。"讲台上的学术爱国者们"发表的极端反英、反美的言论，加剧了德国礼俗社会和西方社会之间的分歧。总的说来，他们藐视美国，认为美国是法理社会的代表，是一个由唯利是图的移民组成的国家，缺乏深厚的文化底蕴和根基。在冯特和其他德国知识精英眼里，借用维尔纳·桑巴特（Werner Sombart）的话来说："美国人和他们的英国表兄弟都只是商人，他们把'地球上人类生存的本质看作利己交易的集合'。"冯特痛斥他们"自私的功利主义""实利主义""实证主义"和"实用主义"（Ringer，1969）。而德国人则是英雄主义的，他们的理想是成为"勇于牺牲、忠诚、坦荡、受人尊重、有勇气、虔诚、善良和愿意服从"的战士。英美人视个人舒适为最高价值，而德国人的最高价值是为更大的整体牺牲和服务。对冯特来说，生活的意义不在于个人幸福，而在于产出精神产品——就像他作为一个德国教授所做的（Kusch，1999）。

然而，一战对德国来说是一场灾难，它带来了德国人担心的混乱。当他们在战场上被击败后，暴动和叛乱接踵而至，最后爆发了革命，选票取代了铁血统治的帝国。然而，由于魏玛共和国的诞生源于一战的战败，德国知识精英从未全力支持过它。此外，由分歧巨大、政治不成熟的民众结党参与的民主，非但没有带来统一，反而带来了混乱，甚至催生了由心怀不满的士兵组成的私人军队——自由军。在如此脆弱的基础上，魏玛共和国失败了，1933 年被纳粹极权政府取代。

问题 1

　　德国的心理学受知识精英价值观影响很大。心理学是与人性联系最紧密的科学，一方面，它与唯物主义科学结盟，另一方面，德国人希望，人类除了大脑、意识和行为之外，还有更多值得探索的东西。冯特将心理学定位为哲学中的科学，但随着事业的发展，冯特对心理学的科学属性进行了限制，他将人类独有的成就，也就是礼俗社会的核心，如文化和语言，置于实验心理学范畴之外。同时，冯特在意识的原子观（最符合科学特征）和整体观（holistic vision，他的同僚们支持的观点）之间摇摆不定。他承认意识是由基本元素构成的，但它们同时从属于更高层次的人类统一意志。整个第二代和第三代德国心理学家都在知识精英价值观和现代化生活之间纠结。大多数心理学家希望心理学能够完全进入自然科学领域，还有部分人希望心理学能够成为应用性学科。这些目标遭到了根深蒂固的哲学力量以及知识精英纯学术偏好的抵制。随着工业化和城市化的进一步发展，科学和传统人文价值观之间的冲突越发难以协调。然而，格式塔心理学家却试图消除分歧，他们声称，无论是在自然界还是在大脑和意识中，都发现了一个有组织的整体——格式塔（Gestalten），这一观点满足且超越了意识原子论。

｜ 威廉·冯特的意识心理学 ｜

威廉·冯特

　　站在学科独立的角度看，冯特是心理学的创始人，但他的心理学思想并不新颖，甚至在第二代德国心理学家中，没有任何人延承其思想。他走向了相对成熟的生理学方向，接受了笛卡儿–洛克的"观念之路"（way of ideas），并将其作为心理学的基础。他的持久创新主要体现在方法和制度上，而不在理论上。他写过一篇简明的生理心理学论文，详述了基于生理学的科学心理学方法。他创建了第一个获得学术界认可的心理学实验室。他创办了第一份实验心理学杂志。总之，冯特将心理学研究从散兵游勇的状态带入了科学团体时代（Danziger，1990）。

　　威廉·冯特于 1832 年 8 月 16 日出生在德国巴登的内卡劳，是部长马克西米利安·冯特（Maximilian Wundt）和妻子玛丽·弗雷德里克（Marie Frederike）的第四个孩子。他出身于知识精英阶层，父母两边的亲戚中都有知识分子，包括科学家、教授、政府官员和医生。13 岁时，冯特来到一所天主教中学开始接受正规教育。他讨厌上学，中途辍学，但随后转学到了海德堡的另一所中学，并于 1851 年毕业。其后，冯特决定学医，一开始，他的学习成绩并不好，后来经过奋发图强，最终取得了优异的成绩。他对科学的兴趣表现在生理学研究中，并于 1855 年以优异的成绩获得医学博士学位。随后，他跟随生理学家约翰内斯·缪勒进行了一些研究，于 1857 年获得了第二个博士学位，这是在德国大学取得教职的前提条件。他在他母亲位于海德堡的公寓里给 4 个学生上了第一堂实验生理学课。

冯特申请并获得了赫尔曼·冯·赫尔姆霍兹的助教奖学金。冯特虽然尊崇赫尔姆霍兹，但两人没有过深入的接触，冯特最终否定了赫尔姆霍兹的唯物主义。在跟随赫尔姆霍兹期间，冯特于 1862 年开设了他的第一门课程："作为自然科学的心理学"，并开始创作他的第一批重要著作。他在海德堡的学术阶梯上一路攀升，同时涉足政治。他于 1872 年结婚。他持续出版了多部作品，包括他在 1873 至 1874 年出版的基础性著作《生理心理学原理》(*Principles of Physiological Psychology*) 第 1 版。这部历经修订重版多次发行的著作，确立了冯特实验心理学的核心原则，吸引了众多崇拜者。

冯特在苏黎世候职一年后，在莱比锡获得了一份哲学教职，从 1875 年开始，他在那里一直任教至 1917 年。在莱比锡，冯特通过建立他的心理学研究所，使得心理学拥有了一定程度的独立性。这个心理学研究所创立于 1879 年，一开始只是一个纯粹的私人机构，直到 1881 年都是冯特自掏腰包支撑其运行。研究所最终在 1885 年得到学校认可，列入官方序列。冯特的研究所开始只是一间简陋的小屋，经过多年的发展，于 1897 年搬入一栋专门设计的建筑，这栋建筑在二战中被摧毁。在莱比锡的那些年里，冯特继续着他非凡的成就——指导了至少 200 篇论文，带了超过 24 000 名学生，一卷接着一卷地写作或校订，同时为自己创办的心理学杂志《哲学研究》(*Philosophische Studien*，后更名为《心理学研究》) 审稿或撰稿。

1900 年，冯特开启了一项庞大的事业，撰写他的《民族心理学》(*Völkerpsychologie*)，这本巨著直到他去世的 1920 年才完成。在这项工作中，冯特研究了他认为的心理学的另一半：对社会中的个体而非实验室中的个体的研究。冯特一直工作到生命的最后一刻。他的最后一部著作是回忆录《经历与认识》(*Erlebtes und Erkanntes*)，直到 1920 年 8 月 31 日，他临终前几天才完成。冯特享年 88 岁。

冯特心理学

让心理学成为科学：借道生理学　在首次定义科学心理学的著作《生理心理学原理》中，冯特宣布了"两门科学的结盟"。首先是生理学，它"解释了那些我们可以通过外部感官感知到的生命现象"。其次是心理学，通过心理学"人可以从内部探究自己"(p.157)。结盟的结果是催生了一门新科学——生理心理学。其任务如下：

第一，研究那些介于外部和内部体验之间的生命现象（意识），需要同时运用外部观察法和内部观察法；第二，基于第一点的研究成果，探索整个生命过程，这样做也有助于全面理解人类的存在。（这门新科学）始于生理，进而证明生理过程如何影响内部观察内容……"生理心理学"这一名称重在强调这一心理学学科的研究对象……如果有人希望将重点放在探索特定的方法论方面，那就应该称其为"实验心理学"，以区别于纯粹基于内省的心灵科学。

（Wundt，1873/1920，pp.157-158）

在这里，我们发现冯特将笛卡儿 - 洛克的"观念之路"从哲学思辨转化为科学。具体而言，心理学就是要对观念世界进行内省观察，辨别构成复杂观念的心理要素，了解这些心理要素是如何自发构成连贯且有意义的心理体验的，并分别定义这些要素和过程。最后，找出这些心理要素和心理过程的生理基础。

冯特将心理学和生理学联合的意义超过了研究计划本身，代表了几个世纪以来医学哲学家思想的顶峰。同时，这也是一种策略，让羽翼未丰的心理学在学术界站稳脚跟，具体体现在以下几个方面。第一个方面涉及广义和狭义的方法论。虽然在冯特的时代，"生理学"一词含有如今定义的生物学意义，但它仍然具有更广泛和不同的含义。生理学和物理学都有相同的希腊语词根"physis-"，在 19 世纪，"生理学"这个词经常被用来简单地表示对某个对象采取实验手段。更具体地说，在心理学方面，仪器和技术，如反应时的测量，都借鉴自生理学，并应用于心理实验室。鉴于方法论的联合很重要，冯特也称生理心理学为实验心理学。

在前面引用的段落中，冯特提到了生理学和心理学联合的第二个方面的意义。在哲学层面上，这一联合帮助心理学成为蓬勃发展的自然主义科学世界观的一部分。传统上，心理学被称为"心灵的逻各斯"（psyche-logos），也就是关于灵魂的研究。但是由于超自然的灵魂在自然科学中没有一席之地，所以如果继续沿着传统路线研究心理学，必会因其属于"不科学的二元论"而被科学拒之门外。然而，生理心理学坚持神经系统是所有心理过程的基础，并将心理学定义为"对心理过程的生理基础的研究"，通过这种方式，生理心理学奠定了自己的科学地位。比如，在冯特的心理学中，最重要的心理过程被称为统觉，冯特声称大脑中存在一个"统觉中心"。此外，心理学家可以借鉴既定的生理学概念，如阈值、神经兴奋和抑制，并将其应用于心理学理论。

生理心理学的创立带来了一种理论上的可能性，那就是"还原主义"：不是简单地借用生理学概念，而是用生理学原因来解释心理过程和行为。举一个常见的现代例子：长期抑郁可能源自大脑中某种神经递质的紊乱，而不是被压抑的心理冲突。心理学的三位主要创始人：冯特、弗洛伊德和詹姆斯，最初都被"抛弃心理学理论"的想法所吸引，他们倾向于将意识解释为神经活动的结果，而不是假设受到某种无意识的影响。最终，三位先驱都放弃了这种还原主义的观点，因为他们发现"还原"最终会变成"替代"（见第1章）。冯特逐渐远离还原主义；弗洛伊德也只是短暂沉迷其中；詹姆斯更是与其进行了激烈的斗争，最终放弃心理学转向哲学。然而，还原主义思想在随后几代心理学家中依然存在，偶被隐匿但从未消亡。如今，它在认知神经科学领域焕发了新的活力。

生理学与心理学联合的第三个方面的意义，在于充分利用了19世纪的德国学术环境。当时，生理学是一门新兴的科学，其实践者，如冯特跟随的赫尔曼·冯·赫尔姆霍兹，是世界顶尖科学家之一，生理学的快速发展为其积累了巨大的声望。对于冯特这类雄心勃勃的学者而言，想要争取科研经费、场所和学生，与生理学联合是最体面的做法（Ben-David & Collins，1966）。

冯特的两个心理学体系：海德堡体系和莱比锡体系　心理学构思　与大多数现代教授所期望的狭义专业知识教学不同，19世纪的知识精英们所追求的教化，是努力协调不同学科的思想，并将它们纳入统一的、全面的人类生活框架。詹姆斯（James，1875）称其为"擎天巨人"（heaven-scaling Titan）。我们在冯特的《生理心理学原理》中看到了一个作为"擎天巨人"的冯特，他在书中提出，希望生理心理学能够"促成对人类存在的全面理解"（Wundt，1873/1920，p.158）。

作为一名优秀的知识精英，冯特完全接受了"系统意志"（Woodward，1982），并认为心理学只是人类知识的一个组成部分。虽然冯特和弗洛伊德的个性在其他方面大相径庭，但作为普遍思想体系的创立者，他们有一个共同的特征：都是雄心勃勃的刺猬1。弗洛伊德，正如我们将看到的，他自称征服者；而詹姆斯眼中的冯特"旨在成为精神上的拿破仑"。一个世纪以来，弗洛伊德成功地以几个突出的思想征服了世界。然而，冯特似乎没有中心主题；詹姆斯称他为"一个缺少天分，没有中心思想的拿破仑，一旦失败，将支离破碎……将他像蠕虫一样切成几段，每一段都能蠕动；他的髓鞘没有生命结（vital node），所以你无法一下子杀死他"（引自van Hoorn & Verhave，1980，p.72）。

冯特向世界展示了两个版本的心理学体系（Araujo，2016）。他在海德堡阐述了最初的版本，但后来又否定了它，并称之为"年少无知的错误"（引自van Hoorn & Verhave，1980，p.78），无独有偶，弗洛伊德也否定了自己早期的"科学心理学计划"。冯特第二个版本的心理学是在他到达莱比锡不久后提出的，并在其后数年内持续修正（Diamond，1980；Graumann，1980；Richards，1980；van Hoorn & Verhave，1980；Blumenthal，1980a，1980b，1986a；Danziger，1980a，1980b）。

保持不变的是冯特对心理学的传统定义：研究心灵并探索支配它的规律。但他对心灵的定义以及研究心灵的方法都发生了戏剧性的变化。冯特的海德堡体系认为心理学是一门自然科学。冯特呼应了约翰·斯图亚特·穆勒的观点，他写道，可以通过实验方法将思维带进自然科学的范畴："只有实验才会使自然科学的进步成为可能；让我们把实验方法应用于对心灵本质的探索"（引自 van Hoorn & Verhave, 1980, p.86）。在冯特对心理学的早期定义中，他并不像后来所做的那样，将心灵等同于意识。相反，他认为实验的目标是收集数据，以便对无意识过程进行推论："心理学实验的主要目的，就是将我们从意识元素，引向可以服务于有意识生活的、潜藏的心理过程"（引自 Graumann，1980，p.37）。

然而，冯特是作为一名哲学家到莱比锡大学就职的，他讲授哲学，建立哲学体系，并将心理学作为哲学的一部分。在德国知识精英主导的大学体系中，哲学占据主导地位，冯特必须在这样的知识体系中为心理学找到一个新的位置。本着赫尔德和维科的精神，德国知识分子明确区分了自然科学（Naturwissenschaft）和精神科学（Geisteswissenschaft）。"Naturwissenschaft"可以无争议地翻译为"自然科学"，即对物理世界的研究和对支配自然的规律的探索。"Geisteswissenschaft"却是一个比较复杂的概念。从字面上可以译作"精神科学"（Geist 意为"精神"），但其内涵却是指对人类历史所创造的人类文明进行研究，并探索能够控制人类生活、人类发展和人类历史的规律。

在中世纪新柏拉图主义的宇宙观中，人类处于物质世界和精神世界之间，一半是肉体的动物，一半是神圣的灵魂。在维科、赫尔德及其追随者的框架中，人类在物质世界和社会世界之间占据着相似的位置。在上述两种概念中，人类的身体，以及人与动物共有的基本心理官能，都属于研究物质世界的自然科学；而对更高层次人类心灵（对基督徒而言指灵魂，对科学心理学来说是高级心理过程）的探索，则属于精神（Geist）和精神科学。由此，"心理学出现了……由自然科学向精神科学的转变"。生理心理学的实验，研究那些与感觉和运动反应接近的心理现象，形成了一种"与物理科学的方法论相关"的方法。另外，除了这些基础的心理现象，"还存在更高层次的心理过程，它们是历史和社会的主导力量。因此，对它们来说，需要一种科学的分析，这种分析可以处理特殊的精神科学"（Wundt，引自 Hoorn & Verhave，1980，p.93）。

几年之后，冯特的莱比锡体系也发生了变化。所罗门·戴蒙德（Solomon Diamond）翻译了冯特从 1873 年的第 1 版到 1911 年最后一版的《生理心理学原理》的导论部分。随着版本的更新，冯特淡化了心理学和生理学联合的观点。正如我们所见，在早期版本中，心理学在还原论和方法论上，都与生理学联系在一起，冯特期望对神经系统的研究能阐明人类意识的本质。然而，到了 1893 年的第 4 版，就只剩下方法论上的联系了，生理心理学至此只能看作实验心理学（Wundt, 1873/1920, 1896, 1907–1908）。与弗洛伊德和詹姆斯一样，冯特不再把心理学看作生理学的简单延伸。

讽刺的是，尽管冯特本人否定了自己早年提出的海德堡体系，认为那只是一个年轻时犯的错误，但他的学生和全世界的读者却都接受了他对心理学作为一门独立的自然科学的定义。而冯特的莱比锡体系符合德国知识精英的世界观、思想和教育，却被证明是一个历史性的失败。

心理学研究方法 冯特认真定义了科学心理学应该使用的新方法。最主要的方法是内省，但这是一种新的、实验控制的内省，它基于费希纳开发的模型，而不是哲学意义上那种空想式的内省。老式的哲学心理学，用纸上谈兵的自省来揭示思想的内容和运行方式，被一些科学家和哲学家认为不可靠且主观，因而遭到摒弃。冯特同意这些对内省的批评，认识到意识科学只能建立在客观的、可复制的结果上，而这种结果又需要建立在能够重复和满足系统变异（systematic variation）的标准化条件之上（Wundt, 1907–1908）。正是为了实现这些目标，他将生理学技术，或者说实验技术，引入心理学的哲学领域，并沿用至今。

冯特区分了两种心理观察方法，不幸的是，这两种方法的德语术语都被翻译成了英文"introspection"（内省），这导致冯特在文章中既谴责内省，又将其作为心理学的基本方法（Blumenthal, 1980a, 1980b, 1986a）。德语"innere Wahrnehmung"可以被译作"内部感知"，指的是前文所说的纸上谈兵式的主观内省，这是一种前科学时代的内省方式，曾被笛卡儿和洛克所实践。这种内省是以一种随意的、不受控制的方式进行的，不能指望其产生对科学心理学有用的结果。与其相对的是"experimentelle Selbstbeobachtung"，也就是"实验性的自我观察"，它定义了一种符合科学标准的内省形式，"自我观察者"要身处标准化的、可重复的场景中，并按要求描述相应的体验。实验人员要设计场景，收集实验对象对意识的自我观察报告，如同天文学家的助手帮忙记录天文学家观测木星的结果一样。

实验内省法的理论基础和局限性随着冯特对心理学系统定义的改变而改变。在海德堡期间，冯特相信存在无意识心理过程，因此他拒绝传统内省，因为根据定义，传统内省只能观察意识内容，无法触及无意识过程。冯特认为，严谨的实验可以揭示一些现象，并推断出无意识心理规律。与后来相比，冯特在此期间赋予了内省法更广泛的应用范围，并指出，"试图通过实验方法研究高级心理过程的努力是徒劳"的论调仅仅是种"偏见"（引自Hoorn & Verhave, 1980）。

后来，冯特在否认了无意识的存在之后，认为实验的价值在于：能够在不同的观察者身上，或者于不同的时间在同一个观察者身上，重现相同的体验。这种对体验的精确重复的强调，严重地限制了实验内省法的应用范围，使其局限于最简单的心理过程，而冯特也顺水推舟地将对高级心理过程的研究从生理心理学中排除了，这完全颠覆了他的海德堡立场。在莱比锡体系中，冯特对内省的限制符合康德的唯心主义。康德将超验自我置于可能的体验之外，类似于冯特的做法，将内省局限于心灵的最表面：直观意识体验。

除了实验内省法，冯特还认可了其他几种心理研究的方法。实验内省法的本质决定了其只适用于研究正常成人的心理，也就是上文提到的"自我观察者"的思维。比较心理学方法和历史心理学方法都获得了冯特的认可（van Hoorn & Verhave，1980）。这两种方法都涉及对心理差异的研究。比较心理学方法适用于动物、儿童以及异常心理研究。历史心理学方法更加适用于研究"由种族或民族决定的心理差异"（引自 van Hoorn & Verhave，1980，p.92）。对正常成人、动物、异常心理和历史心理的研究，它们之间的关系逐年转变（van Hoorn & Verhave，1980），但主要的变化源自冯特对历史方法（或民族心理学）的重视。

和弗洛伊德一样，冯特始终相信生物遗传规律——个体的发展与物种的进化是相对应的。基于这一点，冯特认为建构个体心理发展理论的最佳方法，就是研究人类的历史发展。在他早期的心理学研究中，历史方法只是作为实验内省这一主要方法的补充。然而，当冯特将心理学重新定位为自然科学和精神科学之间的重要桥梁后，历史方法被提升到与实验方法同等重要的地位。面向自然科学的实验方法，适用于更完全的心理生理方面；而面向精神科学的历史方法，适用于研究历史视角下精神创造力的内在过程，尤其体现在语言、神话和习俗等方面。因此，当冯特不再通过实验心理学研究最高层次的心理过程时，实际上就与德国最具影响力的哲学——康德的唯心主义走到了一起。康德的唯心主义否认了超验自我的存在，代之以民族心理学的解释。总之，实验方法与民族心理学的结合，创造了一个完整的（虽然不能算是完全的）属于自然科学的心理学。

冯特的研究工作

想要理解冯特心理学的本质，我们需要考察两个心理学主题，分别对应于冯特心理学的两个分支。第一个主题关于用生理心理学的实验方法解决一个哲学心理学中的古老问题——"在某个时间节点，意识中可以包含多少观念？"第二个主题关于用民族心理学方法解释"人类如何创造和理解句子"。

生理心理学　一个人一旦接受了笛卡儿的"观念之路"，自然就会面临一个问题："大脑中一次能容纳多少个观念？"冯特认为，传统的哲学反思无法给出可靠的答案。在没有实验控制的情况下，试图通过内省计算大脑中的观念数量是徒劳的，因为大脑中的观念是瞬息万变的，我们得到的内省报告完全依赖于容易出错的主观记忆。

因此，需要通过实验补充和完善内省，并给出量化结果。以下是冯特实验的更新和简化版本。想象你正看着计算机屏幕，在某个瞬间，大概 0.09 秒，屏幕上闪过一组信息（刺激信号）。这组信息是由 4 行 4 列的随机字母组成的矩阵，你的任务是尽可能多地回忆起屏幕上闪过的字母。在这个实验中，你的回忆成为一个尺度，用以衡量你在一瞬间可以抓住多少简单观念，而这可能就是最初那个问题的答案。冯特发现，不熟练的观察者可以回忆起大约 4 个字母，有经验的观察者最多可以回忆起 6 个，但不会回忆起更多。这些数字与现代关于工作记忆容量的研究结果相一致，冯特的发现如今通常被称为图像记忆（iconic memory）（Leahey & Harris，2004）。

在这个实验中，可以进一步观察到两个重要现象。第一个现象关于字母排列是否随机：字母是和上述实验一样随机排列的，还是以单词的形式出现的？假设上述实验中的 4 行字母分别是 4 个单词，每个单词由 4 个字母构成，比如"work"（工作）、"many"（许多）、"room"（房间）、"idea"（观念）。那么，实验对象就有可能回忆起所有单词，或者至少 3 个单词，包含 12—16 个字母。同理，人们可以快速阅读或回忆起包含 17 个字母的单词。孤立的字母会迅速填满意识，因此实验对象在一瞬间只能感知 4—6 个字母，但是如果这些独立元素被组织起来，就可以记住更多的字母。用冯特的话来说就是，这些字母元素被整合为一个整体，成为一个独立的复杂观念，并被理解为一个新的独立元素。在关于格式塔心理学的辩论中，随机字母和单词之间的记忆差距，是整体（格式塔）存在的有力论据。美国心理学家将单词的记忆优势解释为联想的结果，这与英国经验主义一致。比如单词"home"（家），由于其使用频率很高，以至于组成这个单词的字母已经被整合为一个独立的功能单位。格式塔心理学的倡导者认为，"home"这个单词本身就被大脑识别为一个独立单元。冯特采用的是与康德唯心主义一致的折中观点："home"的确是一个有独立含义的整体，但这个整体是大脑将元素整合的结果。

冯特的实验中值得关注的第二个现象是"对未能复述的字母的感知"。据实验对象描述，那些得以复述的字母都是被清晰感知到的字母，其他字母则只被模糊地感知到。意识似乎是个巨大的"场"（field），其中分布着各种观念元素，部分场域位于注意的焦点范围内，相关的观念可以被清晰地感知。而位于场域边缘的内容，只能被隐约感觉到，无法被识别。冯特认为，意识场的中心便是"统觉"工作的地方，刺激信号可以被清晰识别，而处于统觉之外的信息，可以被捕捉（apprehended）到，但无法被清晰感知。

统觉在冯特的理论体系中占据重要的地位，它不仅负责主动整合元素，而且还负责更高层次的心理活动，包括分析（拆分整体）和判断。它负责关联和对比，这是比整合和分析更基础的形式。统觉是所有高级思维（比如推理和语言使用等）的基础，也是冯特个体和社会心理学的核心。

冯特对统觉的强调，反映了其理论体系的唯意志论倾向。既然心灵和自我都不涉及某种特殊实体，那么冯特如何定义自我意识呢？关于"体验的统一性"的主观感受便是答案。统觉是由意志决定的主动行为，通过这一行为，我们得以控制我们的心灵，并使其保持统一。行动感、控制和统一性定义了自我。冯特写道（Wundt, 1896, p.234）："我们所谓的'自我'，就是意志的统一，加上使意志统一成为可能的、对精神生活的普遍控制。"这一观点也呼应了康德的思想。

冯特还研究了感觉和情绪，因为它们是我们意识体验中不可忽略的一部分。他经常将自省报告中的各种感觉作为线索，来解释某个特定时刻大脑的运行过程。例如他认为，当统觉发生时，通常伴随着一种主观努力的感觉。冯特提出，感觉可以从三个维度定义：愉快－不愉快、兴奋－沉静、紧张－松弛。他进行了一系列旨在为每个感觉维度建立生理学基础的研究，但结果并不明确，而且其他实验室还得出与其相矛盾的结论。然而，现代心理学对于情绪的因素分析，得出了与冯特类似的三维体系（Blumenthal, 1975）。冯特在强调统觉的主动整合能力的同时，也意识到其被动属性的存在，他将其归类为各种形式的联想或者"被动"统觉。例如，我们会自动将当前的感觉信息与先前的某种认知关联起来，也就是"同化作用"（assimilations）。当一个人看到一把椅子，便可以立刻通过同化识别这个物体，因为当前感知到的椅子形象，会即刻与先前形成的椅子的抽象概念关联到一起。识别作为同化的一个过程，会经历两个步骤：先是有一种模糊的熟悉感，然后是准确的识别行为。另外，回忆对于冯特来说，就像一些现代心理学家认为的那样，是一种重构行为，而不是重新激活旧的元素。一个人无法体验已经过去的事情，因为观念是转瞬即逝的。但我们可以根据当前的线索，或者通过某些一般性规则将其重构。

最后，冯特还关注了意识的异常状态。他研究了幻觉、抑郁、催眠和梦。精神病学家埃米尔·克雷佩林与冯特共同探索了这一领域，并用科学诊断革新了精神病学（见第7章）。他的第一项研究是关于他所谓的"早发性痴呆"，这一症状后来被称为精神分裂症。在研究过程中，克雷佩林受到了冯特疾病理论的影响。冯特提出，精神分裂症涉及注意过程的崩溃。精神分裂症患者失去了正常意识所特有的对思想的统觉控制，转而屈服于被动的联想过程，因而思想变成了一个个简单的联想过程，而不是由意志指导的协调过程，这是一个在现代得以复兴的理论。

民族心理学　冯特在发展他的莱比锡体系时，曾专门提及，以实验为基础的个体心理学不可能成为完整的心理学，并将历史比较方法提升至与实验方法同等重要的水平。每个活生生的个体的思想，都是漫长的物种进化的产物，但个体对此是一无所知的。冯特认为，要理解心灵的发展，就必须求助于历史。对动物和儿童的研究，受到他们无法按要求自省的限制。而历史则扩大了对个人意识范畴的认知，尤其通过观察现存的文明形态，可以看到人类从原始部落到现代文明的发展过程中，文化和心理的不同发展阶段。因此，民族心理学研究的是集体生活的产物，尤其是语言、神话和习俗，它们为大脑的高级运作提供了线索。冯特说，实验心理学只能涉及心灵的"表面"，民族心理学才能深入超验自我。

强调历史发展是维科和赫尔德的遗产，是 19 世纪德国知识精英的典型特征。在德国人看来，每个人的人格都源于其原生文化（natal culture），并与其原生文化保持着有机的关联。而文化的形式和内容都是由复杂的历史决定的。因此，对历史的考察可以作为一种方法，以理解人类心理以及不同族群的心理异同（Burrow，2000）。

冯特对其所在时代的神话和风俗的见解很有代表性。与孔德类似，冯特提出人类文明的发展经历了从原始部落到英雄时代，再到国家形成的一系列阶段，最终形成了以整个人类概念为基础的世界国家。很多 19 世纪的学者认为，世界各地经济发展水平的差异能够体现人类历史发展的轨迹。因此，改变地理空间的，从一种文化到另一种文化的旅行，也是一种跨越时光的旅行。正如英国历史学家 W. E. 莱基（W. E. Lecky，1838—1903）所言，"现存的国家仍然保有如此多的文明，长途跋涉如同跨越时空，可以接触到几乎所有历史上存在过的文明形态"（引自 Burrow，2000，p.72）。一直到 19 世纪中期，冯特都在倡导"可以通过研究现有文化揭示人类思维进化过程"这一观点（Burrow，2000）。他在语言研究方面做出了最重大的贡献，提出了心理语言学理论，并得出了与 20 世纪 60 年代的心理语言学相似的结论（见第 12 章）。对冯特来说，语言是民族心理学的一部分，因为它和神话与习俗一样，是集体生活的产物。与 18 世纪思想家蒙博杜勋爵（Lord Monboddo）的看法一致，冯特认为，"只要方法得当，研究语言就是探索人类心灵进化史的最佳途径"（引自 Porter，2000，p.237）。冯特将语言分为两个部分："外部现象"（outer phenomena）和"内部现象"（inner phenomena）。其中，前者包括语句的输出和输入，后者指对外部信息的识别。这种典型的康德式心理现象内外二分法最早是由费希纳提出的，最终成为冯特心理学的核心。内部心理现象和外部心理现象的差异在语言方面有最明显的体现。我们可以将语言描述为一个有组织、有关联的声音系统，我们可以说或者听，这构成了语言的外在形式。然而，这种外在形式只是深层认知过程的表面，这些认知过程就是讲话者思维的组织过程，为讲话行为做好准备，并使听者可以从他的讲话内容中提取到适当的含义。这些认知过程构成了语言的内在心理形式。

冯特认为，句子的产生源于一个人希望表达一个整体思想（Gesamtvorstellung），或者称为一个整体心理结构（whole mental configuration）。统觉的分析功能为语言表达提供了统一的思想，因为语言必须首先被分解为组成元素和给定的结构，以保持局部和整体的关系。思考一句简单的话："猫是黑色的"（The cat is black）。这样一个句子的基本结构划分是在主语和谓语之间，可以用冯特介绍的树状结构图来表示。如果我们设 G = 整体思想，S = 主语，P = 谓语，就可以得出图 8.1。

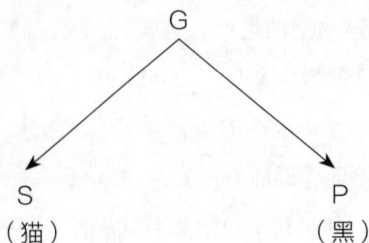

图 8.1　冯特对句子语法关系分析的例子

　　"黑猫"的概念现在被划分为两个基本概念，加上我们在特定语言中所需的功能词（The、is），可以用"猫是黑色的"来表达。更复杂的观念需要更多的分析，进而用更复杂的结构图来表示。总之，在任何情况下，语言过程都可以被描述为，将一个不可表达的、混沌一体的概念转化为一个可表达的、有序的词句结构的过程。

　　而对语言的理解则正好是上述过程的反向过程，在理解语言的过程中，统觉调用的是整合能力而不是分析能力。听者必须利用听到的语句中的单词和语法结构，在大脑中重建讲话者试图传递的整体心理结构。冯特补充道，我们只会记住我们所听内容的主旨，而几乎不会关注语句的表面形式，这些形式建构完整体思想后就会消失。

　　冯特关于语言的探索，我们只提及了一小部分。其他方面还包括：手势语言；语言起源于无意识的、表达性的声音；原始语言（基于联想多于统觉）；音韵学；词义变迁；等等。除了心理学创始人，冯特也无愧于心理语言学创始人的称号。

　　然而，冯特的民族心理学也有令人困惑之处。尽管他在自己的著作中高度推崇民族心理学，也讲授过相关课程，却始终没有培养出一个实践者（Kusch，1995）。此外，《民族心理学》一书晦涩难懂，即便在作为其知识精英文化背景发源地的德国，也没形成什么影响力（Jahoda，1997），在德国之外，更是被歪曲或忽视（Jahoda，1997）。

莱比锡之后：其他方法及新运动

　　虽然作为心理学的开创者，冯特使其成为一门公认的学科，但他的莱比锡体系并不代表心理学的未来。冯特被认为是一个过渡性的人物，将心理学从过去的哲学分支过渡到其后的自然科学和应用科学。在德国大学强调教化和哲学体系建设的时候，冯特一直把心理学视为哲学的一部分。然而，随着自然科学的不断突破及其声望的持续增长，他的学生们也受到影响，研究专业化的趋势削弱了教化的概念，他们努力使心理学成为一门自主的自然科学，而不仅仅是哲学的一个分支。但冯特拒绝让心理学成为一门应用科学。作为一个典型的德国知识精英，相比应用方面的成功，冯特更重视纯粹的学术。在这一点上，冯特的观点最终遭到摒弃，心理学的未来在于自然科学和实际应用。

冯特对下一代心理学家的影响出奇地小。德国年轻一代的心理学家创立了新的期刊和实验心理学学会，但冯特因不参与或很少参与而引人注目（Ash，1981）。1904年学会成立时，冯特还收到过一封"表彰信"，他被称为"实验心理学的涅斯托耳"（Ash，1981，p.266）。在《伊利亚特》中，涅斯托耳就像《哈姆雷特》中的普罗尼尔斯一样，是个聪明但浮夸的老家伙。

冯特的继任者们拒绝将他的心理学划分为自然科学、实验心理学、生理心理学和民族心理学。冯特之后的一代心理学家受实证主义的影响很大（Danziger，1979），他们认为，要想使心理学成为建立在客观事实基础上的科学，高级心理过程就不得不接受实验研究。早在1879年，赫尔曼·艾宾浩斯（Hermann Ebbinghaus，1850—1909）就着手研究记忆的高级过程。艾宾浩斯的研究方法是非内省式的，代表了未来心理学的行为主义研究方向（见第10章和第11章）。其他心理学家，最具代表性的是冯特的学生奥斯瓦尔德·屈尔佩（Oswald Külpe，1862—1915）和铁钦纳，他们试图通过"系统内省"直接观察思维，这是一种更加宽松、更具追溯性的意识探索，在某些方面更像精神分析而不是实验心理学。格式塔心理学家也着重于研究意识和行为、感知和问题解决，努力使心理学成为一门完全独立的自然科学。

铁钦纳的构造主义心理学

爱德华·布拉德福德·铁钦纳（Edward Bradford Titchener，1867—1927）是英国人，他把德国的心理学带到了美国，并将英国的联想主义变成了一个心理学研究方向。他在美国心理学的创立过程中发挥了重要作用，他的极端内省心理学（构造主义心理学）与受进化论影响的心理学（机能主义心理学）形成了鲜明的对比。在很大程度上，铁钦纳的心理学成了美国心理学家自我定义的反面教材，认为它是枯燥的、哲学的、过时的。此外，美国心理学家还倾向于将铁钦纳视作冯特在新大陆的忠实信徒，忽略了受康德和赫尔德影响的冯特的德国心理学与铁钦纳独特的科学版英国心理学之间的重要差异。

1867年，铁钦纳出生于英国奇切斯特，1885年至1890年间就读于牛津大学。在牛津期间，他的兴趣从古典文学和哲学转向了生理学。对哲学和生理学这两个学科兴趣的结合，自然使铁钦纳转向了心理学。也是在这段时间，他翻译了冯特的巨著《生理心理学原理》的第3版。铁钦纳在英国找不到能对他进行系统指导的导师，因此他于1890年去了莱比锡，并于1892年获得博士学位。

作为英国人，铁钦纳来到莱比锡意味着他跨越了传统西方和德国之间的思想鸿沟。他精通哲学，对詹姆斯·穆勒印象深刻，他说穆勒的推测可以通过经验来证明。他在自己的第一本系统化著作《心理学大纲》（*An Outline of Psychology*，1897）中写道："（我的）书的总体观点是传统英国心理学的观点。"因此，有理由猜测，当时的铁钦纳可能已经将冯特的德国心理学同化为冯特反对的"传统英国心理学"。

铁钦纳在英国这个对心理学不感兴趣的国家当了一段时间的生物学讲师，不久便前往美国康奈尔大学任教，直到 1927 年去世。他将康奈尔大学变成了精神主义心理学（mentalistic psychology）的堡垒，尽管美国心理学研究的焦点起初是机能主义，在 1913 年之后又转向行为主义。铁钦纳从未与这些流派妥协，尽管他与机能主义心理学家 J. R. 安吉尔（J. R. Angell）和行为主义创始人约翰·B. 华生（John B. Watson）私交甚好。甚至当美国心理学会在康奈尔大学开会时，他也没有积极参与。相反，他热衷于自己的团体——实验心理学协会，这是一个忠于其学术思想的组织。实验心理学协会最终对 20 世纪五六十年代的认知心理学运动起到了重要的推动作用。

铁钦纳显然持有某种观念，在这一观念中，一切事物都具有"意象－感觉"（imaginal-sensational）的属性。他甚至认为像"意义"（meaning）这样抽象的单词也有与之对应的意象。铁钦纳（Titchener，1904，p.19）写道："我认为'意义'是一把蓝灰色、带有一点黄色的勺子……正在舀一团……潮湿黏稠的物质。"尽管他承认，并不是每个人都有这种心理意象，但他仍将"心灵只包含感觉及与感觉对应的意象"作为其心理学的根基。这也导致了他拒绝康德式的概念，比如统觉。铁钦纳认为统觉只是个推测的概念，不是直接观察到的。铁钦纳的心理学是英国联想主义的一个极端版本，尽管是基于实验方法的。这是一种"精神的物理科学"（Beenfeldt，2013，p.20），它将思想和意识拆解为心理元素，就像化学家将化合物拆解为原子一样。

因此，铁钦纳心理学的第一个实验任务就是寻找能够简化所有复杂过程的基本感觉要素。早在 1897 年，他就罗列过一份对应不同感官的感觉元素清单。例如，30 500 种视觉元素、4 种味觉元素和 3 种消化道感觉元素。铁钦纳将感觉元素定义为能够体验到的最简单的感觉。感觉元素的界定是通过对内省的意识内容进行系统剖析，当某种体验无法被拆分成更多组成部分时，就被宣布为感觉元素。铁钦纳的内省方法比冯特的要复杂得多，因为它不是一个简单的体验报告，而是一个复杂的体验回顾分析，与维尔茨堡学派的系统内省类似（详见后文）。铁钦纳（Titchener，1901–1905）写道："尽可能关注引起这种感觉的物体或过程，当物体被移走或过程完成时，尽可能生动和完整地回忆这种感觉。"铁钦纳认为，只要持续使用这种方法，最终可以完整描述人类的感觉元素。直到铁钦纳去世，这项任务仍未完成（正如很多人所认为的，这是一项不可能完成的任务）。

铁钦纳心理学的第二个任务是确定感觉元素是如何关联到一起，并形成复杂的感知、观念和图像的。这里所说的关联并不完全指联想，因为对于铁钦纳来说，当关联的原始条件不存在时，通过联想产生的元素关联仍然存在。这是铁钦纳拒绝联想主义标签的理由之一。还有一个理由，联想主义所说的联想指的是有意义的观念之间的关联，而铁钦纳所关注的是简单的、无意义的感觉元素之间的关联。

铁钦纳心理学的第三个任务是解释思维的运作过程。根据铁钦纳的观点，通过自省只能得到对心灵的描述。至少到1925年之后，铁钦纳（Titchener，1929/1972）才意识到科学心理学仅仅依靠描述是不够的。只有诉诸生理学，才能解释为什么会出现感觉元素，以及感觉元素之间为什么会产生关联。铁钦纳反对冯特关于心灵运作过程的纯心理学解释。根据铁钦纳的理论，体验中只包含感觉元素，不存在"注意"等过程。在铁钦纳看来，使用"统觉"这种不可观察的概念是不科学的，这违背了他的实证主义主张。因此，他试图通过可观察的神经生理学现象来解释心灵。

在冯特的心理学中，统觉的概念引人关注，但铁钦纳认为这个概念完全没有存在的必要。他将注意简化为感觉元素。所有感觉元素最基本的属性之一就是清晰度（clarity），所谓"注意"的感觉，只是部分感觉元素在某个瞬间清晰度最高而已。那么，冯特所说的与注意相伴的精神努力又是怎么回事呢？铁钦纳同样将其还原为感觉元素。铁钦纳（Titchener，1908，p.4）写道："当我试图集中注意力时，我……会发现自己眉头紧皱。这些……反应和运动都会产生特有的……感觉。这些感觉不正是我们所谓的'注意'吗？"

铁钦纳的心理学代表了一种尝试，试图将英国哲学心理学的狭义版本转变为一门完整的心灵科学（Beenfeldt，2013）。铁钦纳的理论在他自己的圈子之外从未形成气候，却以"典型的将心理学带进死胡同的反面教材"，以及"误导了英语世界的心理学家对冯特唯意志论思想的理解"而为人熟知（Leahey，1981）。构造主义心理学随着铁钦纳的去世而消亡，并且少有人祭奠。

现象学的选择

当实证主义将心理学推向自然科学，且这一趋势日渐兴盛时，也出现了不同的理论主张。其中最重要的有两个，一个来自历史学家威廉·狄尔泰（Wilhelm Dilthey）。他反对自然科学化的心理学，其反对依据是维科–赫尔德（Vico-Herder）对自然科学和人文科学的划分标准，这一标准也被冯特的莱比锡体系所采纳。另一个来自弗朗兹·布伦塔诺的行为心理学，其理论根源是新亚里士多德派的知觉实在论（perceptual realism）。狄尔泰和布伦塔诺都反对铁钦纳基于原子论的心理元素拆分，认为这样的做法是将理论强加于真实的生活体验。他们更倾向于描述看起来幼稚的意识内容，不对其本质进行过分解读，这一方法被叫作现象学（phenomenology）。他们同时反对自然科学对专业进行过度细分的倾向，包括在心理学领域，如果心理学可以算作科学的话。狄尔泰写道，实证科学的兴起是危险的，因为它将导致"怀疑主义的盛行，让人热衷于收集肤浅的、无益的事实，从而导致科学与生活的日益分离"（引自 Ash，1995，p.72）。

弗朗兹·布伦塔诺的行为心理学　大多数心理学家会依照传统的笛卡儿思路，尝试将意识拆分成某些元素。铁钦纳的做法只是这一思路的最极端的版本而已。他们理所当然地认为，既然物质世界是由原子构成的，那么精神世界也一定可以拆分成若干感觉元素。这种拆分的思路在物理学和化学领域都取得了巨大的成功，因此他们希望在心理学领域也可以获得类似的成功。笛卡儿派的心理学家在"心理逻辑分析的本质"，以及"将元素整合成更大、更有意义的体验对象的驱动力"方面持有不同的观点。例如，冯特认为心理分析是一种具有启发性的工具，它使心理学得以成为一门科学。他说，所谓的感觉元素是虚构的，并非真实存在，但可以通过这样的虚构概念建立一个框架，在这个框架内，可以通过内省提出科学问题（Ash，1995）。冯特的观点与康德有点类似，他认为大脑会直接将体验元素整合为意识对象，联想只扮演"精神世界万有引力"的次要角色。而像铁钦纳这样的联想主义者则相信感觉元素是真实存在的，和休谟一样，认为联想是心理整合的唯一力量（Külpe，1895）。尽管存在这些差异，笛卡儿派的心理学家们研究意识的主要方法都是分解心理元素。

然而，在认知领域一直存在着不同的观点。这一不同观点认为：只要我们与现实世界有或多或少的直接接触，就不存在可以拆分的精神物质，我们不应该拆分体验，而应该简单地描述我们的体验。这种研究意识的方法被称为现象学。在美国，现实主义者的描述传统受到苏格兰常识心理学（commonsense psychology）的影响，并在威廉·詹姆斯的心理学（见第 10 章）和新现实主义者（neorealists，见第 10 章）的哲学中发扬光大。在 20 世纪，现实主义启发了斯金纳的激进行为主义，到了 21 世纪，现实主义引发了具身认知运动。

在德语世界，弗朗兹·布伦塔诺倡导现实主义。布伦塔诺是一位天主教神学家，当教会发布"教皇绝对正确"的教义时，他宣布与教会决裂。其后，他成为一名哲学家，就职于维也纳大学，并支持建立科学心理学。他提出的心理学现实主义催生了哲学上的现象学以及心理学上的格式塔运动。作为一名信奉天主教的哲学家，布伦塔诺的心灵概念根植于亚里士多德的现实主义，这并不奇怪，中世纪经院哲学家沿袭并发展了这一概念，但在科学革命期间放弃了。与苏格兰哲学家一样，布伦塔诺认为"观念之路"就是将一个虚构的理论强加于简单的体验。作为哲学现象学的开创者，他试图以体验本真的方式来描述体验。布伦塔诺发现，心灵是由针对外界有意义对象的心理活动组成的，而不是由感觉元素组成的复杂精神复合体：

> 所有心理现象的共同特点，都可以用中世纪苏格兰经院哲学家所说的"心理意象"来解释，所谓心理意象，可以粗略地理解为对内容的引用，指向某个对象……每个心理现象都会指向某个对象，虽然方式千差万别。在呈现中，某些东西被展示出来；在判断中，某些东西被肯定或否定；在爱中被爱；在恨中被恨；在渴望中被渴望。诸如此类。
>
> （Brentano，1874/1995，p.88）

布伦塔诺对心灵的描述和笛卡儿 – 洛克对心灵的分析之间差异明显。后者把观念看作与物理对象对应的精神对象，并且认为观念只是间接地代表对象，因为构成这些观念的感觉元素本身是没有内在意义的，比如"红色感觉 #113""棕色感觉 #14""亮度级别 3—26"，或者 3 个"升 C"后跟一个"降 A"。这就是笛卡儿为什么以及如何将一定程度的偏执引入哲学，引发了启蒙运动的怀疑主义危机。由于我们所体验到的世界，也就是我们的意识，只是一些感觉元素的集合，所以谁都不能保证观念能准确地反映对象。从而，对世界的真实、客观的认识变得令人怀疑，这也是笛卡儿哲学的出发点。另外，布伦塔诺认为观念是一种精神行为，通过这种行为人们可以理解对象。作为行为，观念不能被分解为元素。心灵之所以有序，因为世界本身是有序的，并不是因为"联想的引力"（休谟）或者"心灵赋予世界秩序"（康德）。在布伦塔诺看来，心灵并不是一个与物质世界偶然相连的精神世界，而是有机体主动把握自身之外的真实世界的手段。

在哲学领域，布伦塔诺的目标是描述意识，而不是将其分解为碎片，这一主张由他的学生埃德蒙德·胡塞尔（Edmund Husserl，1859—1938）传承并发展为一场运动。马丁·海德格尔（Martin Heidegger，1889—1976）和莫里斯·梅洛 – 庞蒂（Maurice Merleau-Ponty，1908—1961）进一步发展了现象学，并影响了让 – 保罗·萨特（Jean-Paul Sartre，1905—1980）的存在主义（existentialism）。虽然这些思想家在英语世界的影响相对较小，但他们都是 20 世纪欧洲哲学界的重要人物。布伦塔诺的弟子中不乏心理学家，包括西格蒙德·弗洛伊德（见第 9 章）和克里斯蒂安·冯·埃伦费尔斯（Christian von Ehrenfels）（详见后文）。在学院派心理学领域，布伦塔诺最重要的学生是卡尔·施通普夫（Carl Stumpf，1848—1946），他建立了布伦塔诺和格式塔心理学之间的联系。1894 年，德国领先的大学柏林大学成立了心理学研究所，施通普夫便是这个研究所的首任负责人。在那里，他培养出了格式塔心理学的开创者们，激励他们描述意识的本来面目，而不是像经验主义者一样以原子论思路拆解意识。

威廉·狄尔泰和人文科学 历史学家威廉·狄尔泰将意向性（intentionality）与自然

科学和精神科学的差异联系到一起。正如我们在第 1 章中所学的，解释人类行为与解释物理事件有着根本的不同。比如，一个女人开枪射杀一个男人，可以说这是一个物理事件。但是，要想真正理解这一事件，就不是仅仅研究弹迹的问题。我们需要搞清楚这个女人杀人的动机，而不是她开枪这个动作。假设这个男人是她的丈夫，因为提前一天结束了出差，他试图在深夜悄悄地进屋。而女人之所以开枪，是误以为进贼了，甚至以为是个强奸犯。她相信了自己的判断，从而采取了自卫行动。也可能是他们之间出问题了，她开枪是为了得到保险金或为了报复老公的出轨行为，或者兼而有之。在这两种情况下，物理事件相同，但行为的动机却取决于女人的内心，警察和检察官需要依据女人的动机做出判断。要判断她瞄准射击的心理对象是谁，是盗贼还是她丈夫（在拉丁文中，"动机"的原始意思就是"瞄准"）。自然科学家不能解决这个问题，基于科学的生理心理学也不能，因为心理行为的关键不在于神经元，而在于主观思维。

狄尔泰说："我们解释自然；我们理解精神生活"（引自 Smith，1997，p.517）。自然科学家通过解释物理事件来预测和控制未来；历史学家通过关注有历史记录的独特人类行为来理解这些行为背后的理由和动机。同样，狄尔泰说，心理学家必须寻求理解此时此地人类行为背后的理由和动机。对"意向性"，也就是理由和动机的研究，意味着需要超越自然科学所能提供的东西。如果心理学仍然局限于对意识及其生理基础的研究，将会与人类的生活渐行渐远。"意向性"的概念，以及"理由和动机"的地位，在心理学界仍然存在争议。把心理学变成一门纯粹的生理科学的想法再次被提出，其倡导者希望用纯粹的生理学概念取代心理学中的意向概念。认知科学认为，人类心智就是在大脑中运行的计算机程序，并致力于用信息处理来解释人的思想和行为。就像计算机的行为缺乏理由和动机（尽管有时候我们会当作它们有），也许人类的理由和动机也只是一种为了方便理解的幻觉。

系统内省：维尔茨堡学派

奥斯瓦尔德·屈尔佩是冯特最杰出和最成功的学生之一。像与他同时代的大多数心理学家一样，屈尔佩受到实证主义的影响，致力于使心理学成为一门更完整的自然科学，而不是一个部分引入了实验方法的哲学分支。在一本针对哲学家的书中，屈尔佩代表同时代的心理学家说："如果我们把哲学定义为关于法则的科学，那么我们就不能把这些心理研究称为哲学。事实上，关于这一点，实验心理学家或生理心理学家们有着普遍的共识……（因此）完全放弃一般心灵哲学或精神科学的想法似乎是可行的"（Külpe，1895，pp.64–66）。

此外，尽管他认为像冯特的《民族心理学》这一类对心灵的历史演变进行探索的学说可能会成为科学，但屈尔佩对科学心理学的定义与他的朋友铁钦纳在本质上并无不同：

> 那么，我们可以认为，心理学作为一门特殊科学的范畴已经被明确界定了。它包括：（a）将意识中的复杂事实简化为简单事实；（b）确定心理过程和与之平行的物理（神经）过程之间的依赖关系；（c）通过实验获得心理过程的客观数据和确切属性。
>
> （Külpe，1895，p.64）

当屈尔佩离开莱比锡前往维尔茨堡大学时，他进行了内省式的思维研究，倡议将心理学作为一门综合自然科学。这样的做法符合冯特偏向实证主义的海德堡体系，而不是其康德式的莱比锡体系。屈尔佩的研究得出了两个重要结论。第一个结论为，意识中的一些内容无法还原为感觉或情绪，这与"观念之路"相悖；第二个结论则推翻了联想主义对思维的定义，用布伦塔诺的话来说："思维是一种行为，而不只是被动的表征。"

屈尔佩采用的研究方法被称为询问法（Ausfragen method），也就是提问法（method of questions）。这一方法与莱比锡体系的内省法大相径庭。冯特的实验非常简单，只涉及对刺激的反应或简单描述。费希纳的心理物理学、唐德斯的心理计时法和冯特的统觉实验采用的都是相似的方法。而在屈尔佩的实验中，实验对象面临的任务变得更加复杂，内省的要求也更加精细。实验对象会被问及一系列问题（这个方法因此得名）。有时任务相对简单，比如要求根据某个词语进行联想；有时任务较为复杂，比如要求回答是否同意某个哲学家的一段很长的话。请注意，当时的实验对象不是尚未毕业的懵懂大学生，而是经过哲学训练的教授和研究生。实验对象先以正常的方式给出答案，但需要关注由问题引发的、解决问题的心理过程。在给出答案后，实验对象需要说出答题时脑海里发生了什么，也就是要描述思维过程。这种方法看似简单，结果却极具争议。

屈尔佩的一个结论几乎震惊了当时所有的心理学家：思维是可以没有图像的，也就是说，意识的一些内容可能并不是"观念之路"所认为的那样，都可以还原为情绪、感觉及相关图像。这一发现载于 1901 年由 A. M. 迈耶（A. M. Mayer）和 J. 奥思（J. Orth）发表的一篇论文中。在这个实验中，实验对象被指示用听到刺激词后联想到的第一个词来回应。实验人员先给出一个准备就绪的信号，然后说出刺激词并启动秒表；实验对象给出回应，实验人员按停秒表。随后，实验对象被要求描述这一思考过程。迈耶和奥思在论文中说，大多数思考过程都涉及与意志行为相关的明确的图像或感觉。然而，迈耶和奥思（Mayer & Orth，1901）写道："除了感觉和图像，我们必须引入第三种意识过程……实验对象经常报告说，他们经历了某些意识过程，这些过程既无法描述为明确的图像，也不能描述为意志行为。"例如，当迈耶自己作为实验对象时，他发现，"在听到刺激词'meter'（米）之后，出现了一个特殊的、无法进一步定义的意识过程，并给出了'trochee'（抑扬格，诗韵的一种）一词作为回应"。因此，根据迈耶和奥思的说法，传统观念是错误的，意识中还存在"无形象事件"（nonimaginal events）。

那么，无形象思维的本质又是什么呢？维尔茨堡学派对此的解释不断发生变化。迈耶和奥思只不过发现了无形象思维，这是一种模糊的、难以触及的、几乎无法描述的"意识状态"，并被简单地认定为"思维"本身。这一观点认为，思维实际上是一个无意识的过程，其作用在于将无形象的思维元素还原为有意识的思维指标，而非意识本身。然而，大西洋两岸的很多心理学家发现，维尔茨堡学派的方法、结论和解释都是令人难以接受的，或者至少是可疑的。

冯特在 1907 年发文批判了维尔茨堡学派的方法，进而否定了他们的理论。他认为维尔茨堡的实验是伪实验，是以实验室为包装的、不可靠的纸上谈兵式的内省的变种。冯特认为，这样的思维实验完全缺乏严谨实验需要的变量控制。实验对象无法真正理解任务，随后的心理观察也随着不同的实验对象和实验过程千变万化，结果无法重复。冯特最后说，既要思考给出的问题，又要观察这个过程，对于实验对象而言，就算不是无法做到，至少也太过复杂。因此，冯特说，所谓无形象思维的概念只是种臆测。

铁钦纳采纳了屈尔佩对内省范围的广义定义，他通过重复维尔茨堡实验证明了其错误，并捍卫了自己的联想主义传统。在方法上，铁钦纳与冯特一致，认为实验对象关于无形象思维的反馈根本不是对意识的描述，而是基于解答实验任务的主观臆测。铁钦纳的学生也通过实验验证，无法找到无形象思维的证据；他们成功地将所有意识内容还原为情绪和感觉（Clark，1911）。例如，根据铁钦纳的说法，在康奈尔大学接受实验的实验对象，可以将许多表面上看似可信的无形象思维还原为某种身体感觉，在维尔茨堡实验中却没有对这些还原后的感觉的反馈。铁钦纳由此得出结论，维尔茨堡实验未能准确观察实验对象的意识体验，当他们发现了一种难以进一步分析的心理内容时，便放弃了继续尝试的努力，并将该内容定义为"无形象思维"。

也有一些评论家对维尔茨堡学派的研究结论提出了不同的解释。有人认为，部分人的大脑拥有无形象思维，而其他人则没有，这一解释将铁钦纳 – 屈尔佩之争归为个人差异。这一假设遭到了批评：为什么大自然要为了达到"准确思考"这一目的而创造两种思维呢？为什么一种类型的思维在维尔茨堡大学占主导地位，另一种在康奈尔大学占主导地位？拒绝承认无意识思维的主要理由是，无意识的东西本质上不属于心理范畴，而是生理性的，因此不是心理学的一部分。随着争议的持续，这一问题变得越来越棘手。1911 年，安吉尔写道："我们感到，某些学者之间的分歧，很大程度上是由于双方对所讨论的确切现象存在误解"（Angell，1911a，p.306）。让安吉尔感到不安的是，这场争议中的双方"很大程度上只是简单地断言或否认……'就是这样！'或者'不是这样！'"（Angell，1911a，p.305）。

在美国，这场关于无形象思维的争论带来的最重要结果是，人们开始怀疑内省是一种经不起检验的不可靠方法，容易受到理论预期的影响。维尔茨堡的实验对象相信无形象思维的存在，因为他们认为自己感知到了其存在；铁钦纳的实验对象只相信情绪和感觉，因为他们只能感知到情绪和感觉。无形象思维的美国支持者 R. M. 奥格登（R. M. Ogden）写道，即便冯特和铁钦纳对维尔茨堡方法的批评是正确的，"也不能把这一结论扩大，否认所有内省的价值。事实上，在心理学家最近一次的讨论中，这一立场得到了争执双方的大力支持"（Ogden，1911a）。奥格登本人认为，康奈尔大学的铁钦纳实验室和维尔茨堡大学的屈尔佩实验室得出的不同结果，暴露了基于不同训练的"无意识偏见"（Ogden，1911b，p.193）。关于无形象思维的争论暴露了内省方法的软肋，到了 1911 年，也就是奥格登发表论文的那一年，我们发现一些心理学家准备完全抛弃内省方法。奥格登所谓的"争执双方"都成了尚未命名的行为主义者。无形象思维的争论与同时发生在变态心理学中的关于催眠和癔症本质的争论高度吻合（见第 9 章）。无论哪种形式的内省，其实验对象（无论是带着动机的研究人员还是临床病人）都可能受到暗示的影响，如果将这样的内省和行为反馈作为客观科学证据，是需要质疑的（Makari，2008）。如果实验对象，也就是我们如今所说的被试，仅仅是表达或做了实验人员所暗示的事情，那么这对于揭示心理规律似乎毫无意义。约翰·华生在将行为主义作为一种真正客观的心理学推进时，将关于无形象思维的争论作为内省心理学失败的一个信号。他认为内省方法论者没有意识到，行为、主观体验和内省报告，都有可能受到实验人员的期望的影响。

维尔茨堡学派的第二项发现使得他们拒绝将联想主义作为思维的合理解释。他们提出的核心问题是：在自省实验中，一个给定的观念为什么会触发某个观念而不是另一个？联想主义似乎可以给出一个合理的答案——自由联想，正如迈耶和奥思的实验所显示的。如果给出的刺激词是"鸟"，实验对象可能会给出"金丝雀"作为反馈。联想主义者可以解释说，鸟和金丝雀之间的联系是实验对象的联想网络中关联性最强的。然而，如果我们像亨利·J. 瓦特（Henry J. Watt）在 1905 年所做的那样，使用一种约束联想的方法，那么这种情况就会变得复杂。在约束联想实验中，实验人员会为实验对象设定联想的范畴，比如"给出下一级范畴"或者"给出上一级范畴"。对于前一个要求，实验对象还是可以反馈"金丝雀"；但对于后一个要求，却不可以回答"金丝雀"，而应该是"动物"。然而，这样的实验设定已经不再属于自由联想，而是一种有指向的思维活动，是有对错标准的命题。所以像"鸟－金丝雀"这样的简单联想在定向思维中是不被承认的。

维尔茨堡学派认为，仅靠"联想"无法解释理性思维的本质，因为除了联想，一定存在其他东西指引联想的方向，实验对象才能正确响应瓦特实验的任务。维尔茨堡学派提出，正是任务本身引导了思维。用他们后来的术语来说，就是任务本身在实验对象的大脑中建立了一种"心理定势"（mental set），这是一种决定性的趋势，用来引导实验对象的联想方向。瓦特的实验之所以暗示了无意识思维的存在，是因为实验对象发现，当任务要求说出"金丝雀的上级分类"时，脑海中就会立刻蹦出"鸟"这一概念，这一过程几乎没有体验到思考的参与。因此，维尔茨堡学派得出结论：甚至在给出具体问题之前，心理定势就已经完成了思考；实验对象已经准备好了给出一个更高级别的分类作为答案，以至于在听到具体问题时会自动得出答案。心理定势的概念受到了布伦塔诺行为心理学的影响，维尔茨堡学派从胡塞尔那里吸收了这种影响，认为思维不是对外部对象的被动表征，而是一种主动指向内心其他思维或者外部世界的行为。正如屈尔佩所写："思维的基本特征之一是其指向性，也就是针对某些事物"（引自 Ash，1995，p.79），这也应和了布伦塔诺的意向性概念。

随着维尔茨堡学派心理学研究的深入，他们从传统的内容心理学转向了机能主义心理学（psychology of function），用布伦塔诺的话说就是研究"心理行为"（mental acts）。起初，他们专注于描述一种新的心理内容，即无形象思维，但最终他们发现，思维作为一种行为，超越了感官内容描述的范畴。正如布伦塔诺所认为的，心理活动作为一种功能，比想象中的心理元素更基本、更真实。心理学的未来，尤其是在美国的发展，重在机能心理学，而非内容心理学。心理内容，也就是心理对象，被证明是转瞬即逝的，比构成物理实体的原子更难捕捉。随着进化论对心理学的冲击（见第 10 章），"大脑如何在生存斗争中服务于有机体"成为一个比"可能存在多少视觉感觉元素"更重要的问题。

正如我们将在第 10 章中看到的，心理学从研究意识到研究心理功能的演变是渐进的，几乎没有被 20 世纪早期的心理学家注意到。关于无形象思维的辩论是这一转变的前兆。我们可以通过查尔默斯（Chalmers，1996）对两种心灵概念（因果概念和意识概念）的划分，了解内省是如何以及为什么在心理学中失去了中心地位，包括内省方法的淡出是如何被忽略的。

在查尔默斯的理论中，心灵的因果概念主要用于解释导致行为的心理状态或过程。例如，我们在冰箱里翻找是因为相信里面有苏打水。意识概念则用于解释心智和意识，接近笛卡儿主义的定义。尽管两个概念有重叠的部分，但它们的外延是不同的。相信我的冰箱里有苏打水，这既是因果的也是意识的，因为我能够意识到我在找什么。而换个角度看，心理状态可以是因果的但却是无意识的。比如，当我跟同事聊政治的时候，把 1.5 美元塞进自动售货机，我不太可能刻意地想：这台机器里有苏打水。此外，意识体验也可能只是附带的，伴随着行为却不是导致行为的原因。比如当我问："法国的首都在哪里？"你可能会迅速回想起去巴黎旅游的经历，但这个回忆的意识却不太可能是你回答"巴黎"的原因。你只是先从你的语义库里提取了一个记忆事实（memorized fact），而这个记忆事实恰好和你的旅游经历——一个存储在你情景记忆或自传体记忆中的事件——联系到了一起。

查尔默斯说，因为这两个概念使用了同一个词——心灵，而这一模棱两可的概念引发了不必要的争论，理论家们认为他们在争论心灵的本质，而实际上他们在谈论两件不同的事情。这两个概念在心理学的早期就存在了，但没有人认识到它们之间的区别。费希纳的心理物理学研究的是作为意识的心灵，测量物理刺激如何映射到感觉上；而唐德斯的心理计时法则是测量非意识过程的速度，如判断。

没有人意识到，无形象思维的争论，正是因为作为内容的思维（铁钦纳的观点）和作为功能的思维（维尔茨堡学派和达尔文的观点）之间的差异是模棱两可的。实验室要求实验对象反馈解决问题时引发的心理过程，但他们反馈了不同的结果。由屈尔佩领导的维尔茨堡学派问的是一个关于心灵的因果性，或者说是功能性的问题："思维是如何工作的？"而铁钦纳是因为质疑无形象思维的存在而加入争论的，这时问题就转移到了关于意识内容的辩论上："究竟是否存在无形象思维？"

然而，一旦我们认识到附带体验（epiphenomenal experience）的存在，内省的准确性和可靠性就变得无关紧要了。在将铁钦纳的构造主义心理学与机能主义心理学进行对比时，安吉尔（Angell，1907，pp.62-63）写道："机能主义心理学（试图）……辨别和描绘现实生活条件下意识的典型反应（因果概念），而不是试图分析和描述其基本和复杂的内容（意识概念）。"就比如在巴黎旅游这样的附带体验，可能会被详尽地描述，而真正带来答案的语义库记忆的搜索过程却被忽略。机能主义者的兴趣是寻找导致行为的原因，内省方法的问题不仅在于它容易受到偏见和建议的影响，更在于它极少能够揭示人类思维或行为的根源。

从历史上看，维尔茨堡学派的系统内省方法被证明走进了一个死胡同（Danziger，1990）。正如冯特所暗示的，该学派的方法过于主观，无法满足科学方法的可复制性。虽然在1909年之后受维尔茨堡学派影响的研究仍然存在，但当屈尔佩去波恩大学任教时，学派基本已经解散了。基于维尔茨堡研究的理论从未被发表过，尽管有证据表明屈尔佩直到去世前都一直在从事相关理论的研究。令人费解的是，从1909年到他去世，屈尔佩对维尔茨堡学派的戏剧性结果几乎只字未提。维尔茨堡学派并没有催生出新的心理学。维尔茨堡学派的方法是创新的，尽管没有结出丰硕的理论果实；其研究成果对于心理学的发展有相当大的促进作用，尽管有些偏门。而且，其"心理定势"的概念预示了未来机能主义心理学的诞生。布伦塔诺现象学的一个更具实质性的产物是格式塔运动。

研究记忆

试图通过内省来研究思维所引发的争议，揭示了将内省从哲学工具转变为客观的科学方法存在内在困难的现实，也为将心理学重新定义成对公共行为的研究提供了论据。一种不同的更高级的心理过程——记忆，被证明更适合通过科学手段进行研究，因为它可以定量研究，而无须内省。不同于已经从心理学领域淡出了几十年的思维研究，关于记忆的研究，或者说关于学习的研究，在行为主义统治时期蓬勃发展，并且一直延续至认知科学的时代。

有关记忆的研究是由赫尔曼·艾宾浩斯（1850—1909）发起的，当时他还是一名年轻的哲学博士，没有就职于任何大学。他在一家二手书店偶然发现了一本费希纳的《心理物理学纲要》。他十分钦佩费希纳在感知方面研究的科学精确性，并决心探索被冯特排除在实验方法之外的"高级心理过程"。1879 年，艾宾浩斯以自己作为唯一的研究对象，试图证明一些更有用的过程可以通过实验来研究，这一点后来也得到了冯特（Wundt，1907）的承认。1885 年，他将研究成果发表为《记忆》一书，这一成果甚至被冯特誉为对心理学的一流贡献，艾宾浩斯也借此获得了柏林大学的教授职位。

对记忆的研究不需要很大的规模，但需要投入大量的心血。艾宾浩斯决定通过学习一系列无意义的音节列表来研究联想的形成过程，每个音节由三个字母随机组合。选择记忆无意义的音节，展示了艾宾浩斯的机能主义思想。选择无意义音节就是为了避免内在含义的关联，从而确保整个学习过程是相同的。他希望将记忆作为纯粹的学习能力进行研究，剥离一切可能影响功能识别的内容。

格奥尔格·埃利亚斯·缪勒（Georg Elias Müller，1880—1943）进一步发展了对记忆的研究，他是德国心理学家中最严谨的实验主义者（Behrens，1997；Haupt，1995；Kusch，1999）。缪勒对客观的坚持几乎到了狂热的地步，他把在哥廷根大学的实验室变成了一个工厂。他发明了"记忆鼓"（memory drum），一种节奏可控的展示艾宾浩斯无意义音节的机器。他能创造出这样的发明毫不意外。在理论方面，他坚持认为联想是唯一的精神力量，拒绝维尔茨堡学派的"决定倾向"（determining tendencies）概念。作为德国学术界的年轻一代，艾宾浩斯和缪勒没有冯特那样的德国知识精英倾向，他们从未试图发展冯特及其他德国教授所追求的心理学知识与社会使命的统一。他们更像美国的心理学家，强调方法和理论的最小化，这一倾向在 20 世纪的心理学界占据了主导地位，美国人很快采用了他们的方法。1896 年，玛丽·卡尔金斯（Mary Calkins）用配对联想法扩充了艾宾浩斯的系列学习方法（serial learning method），在该方法中，实验对象会被要求学习特定的成对单词或无意义音节。

科学现象学：格式塔心理学

格式塔心理学的领军人物包括马克斯·韦特海默（Max Wertheimer，1880—1943）、沃尔夫冈·柯勒（Wolfgang Köhler，1887—1967）和库尔特·考夫卡（Kurt Koffka，1887—1941）。韦特海默作为格式塔心理学的创始人之一，也是一位鼓舞人心的领导者，在维尔茨堡大学跟随屈尔佩获得了博士学位。柯勒接受过物理学、哲学和心理学方面的训练，后来接替施通普夫成为著名的柏林心理研究所所长，是该研究机构主要的理论家和研究员。考夫卡是第一个系统阐述韦特海默思想，并且通过书籍和文章向全世界传播格式塔心理学的人。在他们众多的学生和同事中，最重要的是库尔特·勒温（Kurt Lewin，1890—1947）。勒温将格式塔心理学理论带入了应用领域。受施通普夫"描述而非人为拆分意识"的启发，他们创造了一种全新的方法来理解意识体验，这种方法几乎完全摒弃了笛卡儿的"观念之路"。

甚至在维尔茨堡学派出现之前，人们就已经清楚地意识到，体验–联想理论在解释"无意义的感觉元素如何创造出有意义的感知对象"这一问题时面临巨大的挑战。与韦特海默合作的研究者克里斯蒂安·冯·埃伦费尔斯（1859—1932）逐渐形成了不同的观点，并将术语"格式塔"（形式或整体）引入心理学。埃伦费尔斯说，旋律不仅仅是一系列独立的音符。一段旋律可以用不同的曲调演奏，尽管其中的音符——组成旋律的感觉元素——全部都变化了，但我们对旋律本身的感知却没有改变。因此，埃伦费尔斯提出，除了感觉元素，还存在构成意识对象的形式元素——"格式塔质"（Gestaltqualitäten）。当埃伦费尔斯在 1890 年提出这一假设时，他对格式塔质的本质的理解还是含糊不清的。正如埃伦费尔斯的老师亚历克修斯·迈农（Alexius Meinong，1853—1920）的反问："它们是由意识强加给感觉元素的吗？或者它们是别的什么东西，就像哲学现实主义者和现象学家所认为的那样，是某种存在于世界中的客观结构（而不是元素）表征于意识？"格式塔心理学致力于证明后一种可能性。

格式塔心理学家对笛卡儿式框架的拒绝

格式塔心理学家厌恶关于意识的原子论，他们通过格式塔心理学推翻陈旧的心理学传统。柯勒在赴任心理学会会长的就职演讲中说：

> 我们为自己的发现感到兴奋，更为对事实的进一步揭示充满期待。此外，激励我们的，不仅仅是我们的探索中令人振奋的新鲜感，还有强烈的如释重负的感觉——就好像

我们终于从监狱里逃了出来。这个监狱就是我们还是学生时大学里教的心理学。当时，我们震惊于这样一个观点：所有的心理活动（不仅包括感知），都是由不相关的感觉元素组成的，而结合这些元素并导致行动的唯一因素，仅仅是基于邻近原则的联想。让我们感到困扰的是，这个观点展示了一幅毫无意义的图景，暗示着人类的生活表面上如此丰富多彩、充满活力，本质上只是各种无聊的随机事件，这让人感到不安。而我们现在发现，真实的图景不是这样的，未来的心理学探索一定会推翻这些陈旧的思想。

（Köhler，1959/1978，pp.253-254）

格式塔心理学家认为，以"观念之路"为代表的旧图景，建立在两个有缺陷且未经验证的假设之上。第一个是由韦特海默提出的"捆束假说"（bundle hypothesis）（本质上是联想原子论），这一理论认为意识对象是由固定不变的基本元素组成的。韦特海默认为，捆束假说是一种先入为主的臆测，而不是我们对意识的自然描述。韦特海默写道：

我站在窗前，看到房屋、树木、天空。理论上，我可以说我看到了327种不同的颜色和亮度。我看到的是这些颜色元素吗？不，我看到的就是房屋、树木和天空，更不可能看到"327"这样的抽象概念。就算这种可笑的计算可能存在于潜意识中，我也只会有所区分地说"房屋120、树木90、天空117"，而不会直接说"127、100、100"或者"150、177"。

（Wertheimer，1923/1938，p.71）

旧理论强加给体验的第二个有缺陷的假说是由柯勒（Köhler，1947）提出的恒常假说（constancy hypothesis）。该假说体现了"观念之路"的生理学观点，认为意识中的每一个感觉元素都对应一个由感官获取的物理刺激信息。

格式塔心理学家对捆束假说和恒常假说的批判，几乎否定了整个现代心灵哲学。关于意识的原子论始于笛卡儿将经验世界（观念）从物理对象世界中分离出来。感知变成了物理刺激在意识屏幕上的逐点投射，就像在暗箱里一样。格式塔心理学只继承了哲学现实主义的少数传统。

格式塔研究计划

作为一个研究方向，格式塔心理学始于1910年，主要针对表观运动（apparent motion）进行研究，由韦特海默领导，柯勒和考夫卡协助。表观运动在电影和视频游戏中很常见，它是一系列快速呈现的静止图像，被体验为物体的连续、平滑运动。在韦特海默（Wertheimer，1912/1961）的实验中，实验对象被要求观察白色背景上用频闪装置呈现的两条在不同的固定位置上的垂直黑色线条，韦特海默调整第一条黑线和第二条黑线闪现的时间间隔。当时间间隔为 30 毫秒时，实验对象看到的是两条黑线同时闪现；当时间间隔为 60 毫秒时，实验对象报告说看到的是一条黑线从一个位置移动到了另一个位置。

为了避免受到其他理论先入为主的影响，韦特海默称之为"phi"现象（即似动现象，也称为飞现象）。"表观运动"就是这一现象的传统称谓，也反映了当时的主流认知。在由捆束假说和恒常假说主导的学术环境下，心理学家将"表观运动"解释为一种幻觉，一种认知错误，即实验对象在两个不同的位置先后看到两个相同的物体，然后错误地推测是同一个物体从一点移动到另一点。这一解释认为，意识中不存在运动体验，运动只是一种被解读的"表观"。相反，韦特海默及其追随者坚持认为，有关运动的体验是真实的，是先天存在于意识中的，不依赖任何物理信号的刺激。这一观点与捆束假说和恒常假说相左。

这种格式塔思想可以通过对图 8.2 中虚幻轮廓的感知来说明。观察者可以清楚地感知到一个三角形，但严格地说，它其实并不存在。此外，观察者通常会看到，幻象三角形包围的区域比外部区域更亮。因此，观察者可以在没有对应物理刺激的情况下体验到一种轮廓，一种明暗差异。

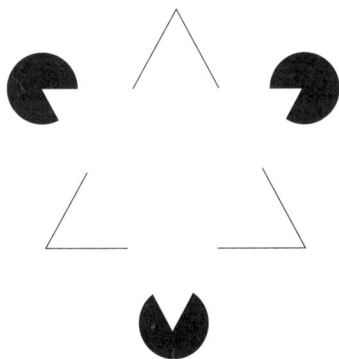

图 8.2　卡尼萨三角形

虚幻的轮廓向我们展示了格式塔心理学是如何通过对似动现象的研究解释"感知"问题的。在图 8.2 中，如同前文提到的关于旋律的似动现象，我们感知到了一种没有物理刺激信号与之对应的形式，称为格式塔（完形）。物体，比如韦特海默所说的房屋、树木和天空，在意识中瞬间形成一个有意义的整体，而不是感觉元素的集合。韦特海默（Wertheimer，1923/1938，p.78）写道："当若干刺激信号出现时，我们体验到的不是个别刺激信号，而是一个更大的、可识别的整体……这种感觉元素的组织以及识别对象的划分有客观标准吗？"韦特海默认为他们做到了，并制定了一套至今仍在教科书中引用的"组织原则"。例如，根据"相似律"（Law of Similarity），在图 8.3 中，我们往往会看到分别由正方形和圆形组成的竖列，而不是上下五行交替的图形。

后来，柯勒制定了一个通用的组织原则——完形趋向律（Law of Prägnanz），即体验倾向于采纳最简单的形式。

格式塔心理学着重强调，完形不是大脑强加给体验的，而是在体验中发现的。完形是客观的，不是主观的。柯勒特别提出，完形是自然形成的客观存在，无论是基于其本质、生理或体验，都是同质的。在物理学中，我们发现某种力量会自动将粒子组织成简单而优雅的形式。柯勒说，大脑同样是一个有自动组织能力的动力场，与物理完形对应，并上升到体验的完形。"从某种意义上说，格式塔心理学从此成了场物理学理论在心理学及脑生理学领域的一种应用"（Köhler，1967/1971，p.115）。

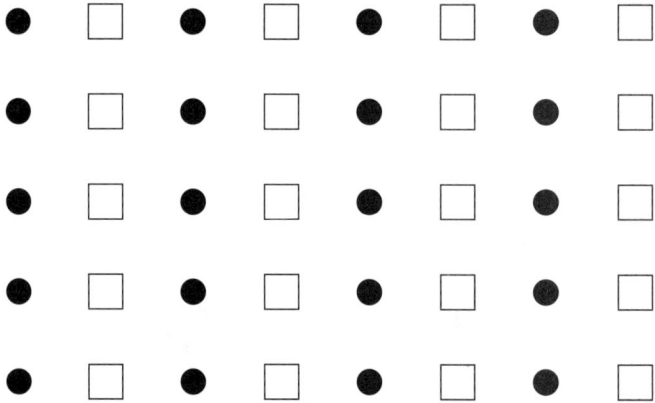

图 8.3　格式塔相似律

原子论和格式塔自组织理论之间的冲突扩展到了行为研究领域，包括动物行为研究。在世纪之交，研究动物行为的第一人是爱德华·李·桑代克（Edward Lee Thorndike，1874—1949），他将意识原子论彻底转变为行为原子论（见第 10 章）。他研究了猫如何通过触动"操控器"从"迷箱"中逃脱。通过观察猫的试错行为，桑代克得出结论：动物不会推理，只会对箱子里的刺激和逃避刺激所需的反应之间建立关联。随后，柯勒研究了类人猿的智力，得出了不同的结论。他所研究的类人猿表现出了洞察力，将问题简化为操作性步骤，就像完形是在意识中自发出现的一样。柯勒认为，由于迷箱中的动物并不理解箱子的原理，因此它们的行为只能局限于试错模式，这并不是说它们只拥有刺激 – 反应能力。正如旧的意识图景影响了心理学家对"感知"的理解一样，桑代克的方法也将随机的、原

子式的刺激 – 反应学习模式强加于动物，如果有机会，这些实验对象原本是能够解决问题的。柯勒所寻求的行为现象学不亚于意识现象学。

后来，韦特海默将洞察力作为一种格式塔式的自组织行为应用于人类思维，库尔特·勒温则将关于"动力场"的格式塔概念应用于社会行为。从对这些行为和社会心理学的研究中，我们可以看到，格式塔心理学家分享了他们这一代人的愿景——心理学是一门独立而完整的自然科学。但是，他们在强调整体不可拆分的同时，并没有坚持实证主义原则，这一点使他们与其他德国心理学家在推动心理学成为自然科学的动机方面产生了分歧。

19世纪末，德国知识分子对宇宙原子论保持警惕。正如我们所看到的，对他们来说，原子论与机械论的两大弊端紧密相连，一是构成机器的零部件之间缺乏有机关联，二是机器失效后会出现坍塌式的混乱。他们相信，真正的整体，也就是格式塔，其内在的秩序和意义提供了第三种选择。然而，"格式塔"一词与德国思想中的保守主义和种族主义联系在一起，这些思想倾向于拒绝现代科学。因此，当犹太人韦特海默将"格式塔"一词用于推进科学、民主的城市运动时，他的行为被看作一个大胆的举动。他不希望将现代社会的困境归咎于科学，而是希望用优秀的、坚定的科学证明，我们所体验到的世界不是一个谎言，而是一个有结构、有组织、有意义的物理现实。

格式塔心理学的传播与影响

到20世纪30年代中期，格式塔心理学在世界各地已经广为人知，这一事实短暂地保护了柯勒免受纳粹迫害。然而，德国人对格式塔理论提出了尖锐的批评，其中最主要的批评来自冯特在莱比锡的继任者费利克斯·克吕格尔（Felix Krueger，1874—1948）领导的整体主义（Ganzheit）学派。整体主义学派认为格式塔心理学过于强调完形的客观性而忽略了其主观性。他们的座右铭是"不存在离开完形者的完形"，他们坚持康德的观点，即格式塔是一种心理现象，而不是客观存在。

从1927年的考夫卡开始，格式塔心理学的领军人物纷纷离开德国前往美国。韦特海默是首批被纳粹剥夺教授职位的犹太人之一。柯勒抵制纳粹对大学的接管，尽管他的抵制得到了外交部的支持（Ash，1995），他还是来到了美国。在美国，格式塔心理学家在一个对格式塔概念没有文化共鸣的环境中对抗行为主义。虽然美国心理学家尊重格式塔心理学的实验发现，甚至选举柯勒为美国心理学会主席，但他们发现格式塔理论既奇怪又令人困惑。此外，由于格式塔心理学家不愿意放弃德国的学术传统，因此也很难有机会招收研究生（Sokal，1984）。库尔特·勒温是个例外，他按照美国的方式重塑了自己的个性，以确保自己能够招收博士生，并开始研究美国话题，如团体动力学（group dynamics）（Ash，1992）。

很难评价格式塔心理学对整个心理学的贡献。其论证和组织原则仍然可以在心理学教科书中找到。它最大的贡献在于将感知定义为"对自然基于个体完整性的分析"。格式塔理论家反对的不是对体验进行分析，而是任意肢解体验（Henle，1985）。也许正是因为格式塔心理学的影响，现在的心理学家仍然对理论的先入为主保持警惕。柯勒关于大脑是一个自组织系统的观点，正在联结主义心理学和神经科学中重新焕发生机，只是尚未得到承认。不过，格式塔心理学对整体性和统一性的关注，似乎来自一息尚存的德国知识精英传统。也许，可以用最后一位幸存的格式塔心理学家 A. S. 卢钦斯（A. S. Luchins）的话来总结格式塔心理学所产生的影响。卢钦斯承认格式塔术语在现代心理学中仍然经常被使用，尤其在美国，但他否认这些术语所指的概念已经被同化。由于格式塔心理学强调整体、统一，并将心理学置于更大的"对人类存在的整体理解"中，就像冯特的心理学一样，太过德国本土化，在海外容易水土不服。

实践转向：应用心理学

总的来说，德国心理学学术界反对"心理学应该成为一门应用科学"的观点。冯特和他那一代心理学家把心理学看作哲学的一部分，但下一代心理学家大多想把它变成一门纯粹的自然科学。学术心理学家出于三个理由拒绝将心理学带入实践领域。第一，德国人对纯学术的高度重视。务实的事业是为了挣钱，而不是为了培养灵魂，后者才是德国知识精英的学术目标。例如，施通普夫担心心理学会成为一门缺乏教养的狭隘专业。他尤其讨厌"某些美国人，他们全部的目标，就在于通过尽可能多的机械劳动，在尽可能短的时间内获得博士学位"（引自 Ash，1995，p.35）。第二，德国学术界已经实现了学术自由（Lehrfreiheit），也就是学习和教授任何人想要了解的任何内容，这是与俾斯麦的德意志帝国的政治交易。学者可以在学术范围内随心所欲，但他们不能干涉社会和政治事务（Danziger，1990）。第三，德国心理学转向了功能性方向——关注心理过程而不是心理内容，这也是我们在维尔茨堡学派的研究过程中看到的转变，但它的机能主义并没有像美国的机能心理学那样（见第 10 章），与达尔文的进化论联系在一起。德国人的担忧仍然是哲学方面的，而美国人则把思维看作适应环境的一个实用器官。因此，美国人开始关注大脑如何在日常生活中运作，以及如何帮助或改善其功能，而德国心理学家则关注"大脑如何认识世界"之类的传统认识论问题（Ash，1995）。

然而，在全世界范围内，社会的发展都促使心理学转向应用科学。正如我们在前文已经看到的，在法国，心理学与精神疾病的临床治疗相联系，因此与理解和治疗精神疾病等实践活动联系到了一起，比奈还研究了婴儿和儿童，以改善他们的教育状况。同样，在德国，威廉·斯特恩提出了"智商"这个有影响力的概念。我们将在随后的章节中看到，美国的心理学发展从一开始就是偏应用的。即便在德国，对包括自然科学在内的一切科学的应用性需求也在上升。例如，德国化工产业的发展促使德国的大学开设了化学学科（Smith，1997）。在1912年的实验心理学学会会议上，柏林市长直接要求心理学有应用价值，这意味着未来政府对这个新领域的支持将取决于其应用性（Ash，1995）。商业大学伴随着州立大学一起大量涌现，韦特海默就是在法兰克福商学院启动表观运动研究的（Ash，1995）。尽管遭到了德国知识精英阶层的抵制，但是各种应用心理学（在德国被称为心理技术）（van Drunen，1996），包括运动心理学（Bäumler，1996）、交通心理学（Häcker & Echterhoff，1996）和铁路心理学（Gundlach，1996）等心理学研究领域仍旧与科学心理学共同发展，并驾齐驱。

意识心理学的命运

意识心理学发生了什么？心理学不再被定义为研究意识的科学，而是一种行为科学。因此，意识心理学似乎在20世纪的某个时刻消亡了。从理论的角度说，这基本上是正确的。冯特、铁钦纳和屈尔佩的心理学理论不再被搬上讲台。只剩一点点格式塔传统仍被保留，还被边缘化了。换个角度说，如果我们将意识心理学定义为心理学的一个分支，专注于研究感觉和知觉，而非将其作为心理学的普遍定义，那么意识心理学其实仍然存在。自20世纪90年代初以来，已经出版了许多关于意识本质的书籍，通过认知科学和认知神经科学的研究，我们在解释人类如何体验世界方面取得了长足的进步。如今的心理学研究如此繁杂，早已超出了感觉和知觉研究的范畴。作为独立学科的心理学早期发展的后续故事，其实是关于两个国家的故事。

在德国的缓慢成长

在德国，哲学教化下的知识精英文化极大地抑制了心理学的发展。只要心理学还停留在冯特时代，被定位为哲学的科学化分支，心理学家就必须和哲学家竞争教授职位和资源。尤其随着心理学走向完全实验化，在哲学家看来，这是对哲学传统领域的粗暴侵犯，他们联合起来反对心理学在哲学领域的发展。即使是布伦塔诺的学生埃德蒙德·胡塞尔，也谴责实证主义倾向的心理学家是"实验狂热分子"，沉迷"实证的邪教"，尽管他同情施通普夫和格式塔心理学（引自Ash，1995，p.44）。也有哲学家同意年轻一代心理学家的观点，认为他们应该与化学家或者物理学家归为一类，而不是哲学家。然而，将心理学归于其他领域的努力，比如屈尔佩提议将其归入医学（加入生理学），并没有成功。

纳粹在 1933 年的掌权使事情变得更加复杂。他们摧毁了旧的德国知识精英体系，将德国最优秀的人才驱逐出境。大量犹太人和其他遭受纳粹压迫的人逃离德国，其中包括各领域杰出的知识分子，从作家托马斯·曼（Thomas Mann）到电影制片人弗里茨·朗格（Fritz Lange），再到阿尔伯特·爱因斯坦（Albert Einstein）这样的物理学家。很多知名的心理学家也在其中，比如最著名的格式塔心理学家柯勒，他移居到了美国，还有赴英国避难，并在那里度过了人生中最后几个月的西格蒙德·弗洛伊德。

移植到美国

一方面，德国心理学在美国得以广泛传播，正如我们将在第 10—14 章中看到的，美国心理学的发展速度很快超过了德国或其他任何国家。例如，美国心理学会比德国实验心理学学会早 10 年成立。然而，另一方面，德国式的意识心理学难以逾越德国知识精英的意识形态边界。

斯坦利·霍尔（Stanley Hall）在 1912 年写道："我们需要一种有用的心理学，一种思维、生活和工作都可借鉴、能提高效率的心理学。尽管康德的思想在学术界根深蒂固，但在这里（美国）很难适应，因为它与美国的精神和秉性格格不入"（引自 Blumenthal，1986b，p.44）。

心理学接下来的发展主要在美国，但那将是一种与其德国起源有很大区别的心理学。

注释

1 伯林（Berlin，1957）提出，知识精英通常分为两类：刺猬和狐狸。刺猬是指像柏拉图或笛卡儿一样的系统建构者，他们的思想是由一些包罗万象的愿景指导的；狐狸是指对很多事物都有很巧妙的认知，但缺乏统一思想的人，比如苏格拉底就是一只狐狸。

第 9 章

"无处不在的弗洛伊德"
无意识与精神分析运动

| 精神分析的兴起、影响和衰落 |

无意识心理学与意识心理学明显不同。冯特等意识心理学家致力于通过自省理解正常成人的心智，试图从哲学家的传统问题和理论中创造出一门实验科学。这一领域主要包括感知觉和认知心理学，也包括一部分社会心理学、发展心理学和动物心理学。相比之下，弗洛伊德的心理学专注于异常心理，并声称所谓意识，包括正常意识，都只是由不愿面对的原始冲动所控制的自欺欺人的傀儡。弗洛伊德没有把他的理论付诸实验，而是通过临床探索来研究心灵，在无意识中寻找人类行为的隐藏根源。他声称可以通过病人的症状、梦境和治疗性的交谈找到童年和进化的原始残留物。

弗洛伊德的性格也不同于其他德国心理学创始人。冯特及其弟子们，包括格式塔心理学家，这些人之间尽管有所不同，但他们都是德国知识精英传统的产物——小心谨慎的学者和科学家。然而，弗洛伊德拒绝了德国知识精英的传统，他"藐视对文化和文明的区分"（Freud，1930/1961）。作为一个犹太人，他是一个以自己犹太血统为荣的无神论者，尽管他生活在奥地利和德国反犹太主义的阴影下。

弗洛伊德想要成为一个英雄，一个征服者，就像他所崇拜的摩西一样。可能是受违禁药品的影响——他在 19 世纪 80 年代末和 90 年代经常使用违禁药品（Crews，1986）——弗洛伊德（Freud，1960）在信中对他的未婚妻玛尔塔·贝尔奈斯（Martha Bernays）说自己是一个勇敢的人，准备为伟大的事业而死（p.202，letter 94）。1899 年，当他的《梦的解析》（*Interpretation of Dreams*）即将出版时，弗洛伊德对他的密友威廉·弗利斯（Wilhelm Fliess）说，自己既不是科学家也不是实验人员，而是一个征服者。这两种自我判断都是正确的，而且最能解释精神分析失败的原因。

对于他想要征服的世界，弗洛伊德认为精神分析是一场革命。他常说（Gay，1989），精神分析代表着对人类自尊的第三次巨大打击。第一次打击是哥白尼论证人类并非生活在宇宙的中心；第二次打击是达尔文证明人类是自然的一部分，和其他动物一样。弗洛伊德声称，第三次打击是他自己证明的——人类并非自己的主人。

"弗洛伊德无处不在"，这是彼得·盖伊（Peter Gay，1989）对这位征服者的成就的总结。毫无争议的是，"不管我们理不理解弗洛伊德，我们总是会提及他"。弗洛伊德的术语和他的基本思想"弥漫在现代人对人类情感和行为的思考方式中"（Gay，1989，p.12）。然而，讽刺又不可避免的是，弗洛伊德在学术心理学领域的影响力应该比在经济学以外的其他任何与人类事务相关的领域都要小。

意识心理学家否认了作为弗洛伊德理论根基的无意识的存在，而行为主义者则完全否认了心灵的存在。因此，不足为奇的是，除了偶尔认可弗洛伊德对人类动机的文学见解，学术心理学在很大程度上忽视或否定了精神分析。学术心理学与精神分析之间偶有为了和解而进行的努力（Erdelyi，1985；Sears，1985），但从未成功。

此外，精神分析发展为医学的一个分支（尽管弗洛伊德本人反对），这加剧了精神分析与学术心理学之间的隔阂。尤其在美国，想成为精神分析师的基本门槛是获得精神病学专业的硕士学位。精神病学和临床心理学之间因职业竞争而从井水不犯河水转向敌对。

精神分析的创始人西格蒙德·弗洛伊德（1856—1939）拍摄于 1938 年的一张照片，当时他正逃离被纳粹占领的维也纳。

资 料 来 源: Library of Congress, Prints & Photographs Division, Sigmund Freud Collection, [reproduction number, e.g., LC-USZ62-1234].

精神病学家总是倾向于将临床心理学家视为缺乏医学基础的"闯入者"，以至于出现了心理学博士无法接受精神分析专业训练的情况。

然而，毫无疑问的是，弗洛伊德与心理学的其他创始人有着共同的目标：创造一门能和其他科学平起平坐的心理学。弗洛伊德否认"精神分析提供了除人类世界科学观点之外的任何东西"的说法。然而，弗洛伊德并没有着手建构一门有关无意识的实验心理学，也不愿尝试通过实验方法来验证他的观点。20 世纪 30 年代，美国心理学家索尔·罗森茨魏希（Saul Rosenzweig）曾写信给弗洛伊德，讲述了他通过实验验证精神分析命题的尝试。弗洛伊德非常简短地回答道（February 28，1934）："我很有兴趣地查看了你对精神分析命题进行验证的实验研究，但我并不会十分重视这样的验证，因为这些命题背后的大量可靠观察使其无须依赖实验验证。当然，你这样做也没什么坏处"（引自 Rosenzweig，1985，pp.171-172）。

弗洛伊德所说的"大量可靠观察"包括他的临床案例。

我们如今倾向于认为精神分析主要是一种疗法，但这并不是弗洛伊德的初衷。弗洛伊德原本想成为赫尔姆霍兹式的学术生理学家，但为了攒钱结婚而投向私人医疗实践，他的精神分析正是基于心理治疗的实践背景而创立的。然而，他坚持认为精神分析是一门科学，并认为疗效是衡量其是否科学的标准。弗洛伊德认为，一种疗法，只有在其理论基础正确的情况下才会有效。因此他认为，与病人的交谈属于科学数据，而分析阶段则是一种科学有效的研究方法。事实上，弗洛伊德对罗森茨魏希的评论表明，他眼中的分析，不仅仅等同于实验，还是一种科学方法。对于弗洛伊德来说，成功的治疗本身并不是终极目的，关键是可以为精神分析理论提供更多证据。

弗洛伊德对实验方法的摒弃使精神分析进一步被主流心理学孤立。精神分析家说，只有体验过精神分析的人才有资格批评精神分析，这导致学术心理学家认为精神分析更像一种带有神秘色彩的迷信，而不是一种对所有人开放的科学（Sulloway，1991）。对希望成为科学的精神分析来说，对临床证据的依赖带来的不只是派别之间的挑战。费希纳、唐德斯、冯特等人为了使其摆脱不科学的主观性，将实验引入心理学，用实验的严密性取代了空想式内省（armchair introspection，直译为"扶椅式内省"）。精神分析试图用"躺椅式内省"（couch introspection）代替"扶椅式内省"，这被人讥讽为选择了一个更糟糕的方法。毕竟，精神分析的对象是一个病人，一个希望其神经症能被治愈的病人，而不是一个致力于促进科学进步的实验对象。这些问题无论在过去还是现在都不是无足轻重的，正如我们接下来将看到的，在弗洛伊德最大的挑战——他的"诱奸"错误中，它们可能扮演了一个潜在的角色。

| 弗洛伊德和生物学 |

和其他心理学开创者一样，弗洛伊德最初也被"通过生理学来研究心理学"的想法吸引。在第8章中，我们回顾了为什么对于冯特和其他心理学开创者来说，生理学途径如此有吸引力。作为创始人之一，弗洛伊德的处境和抱负很大程度上与其他创始人相似。他拥有医学学位，在解剖学和生理学方面从事过重要工作。恩斯特·布吕克（Ernst Brücke）是赫尔姆霍兹的学生之一，他是一个坚定的还原论者，而弗洛伊德作为他的学生，在这方面受到了很大的影响。因此，与冯特的原因类似，弗洛伊德的心理学同样是倾向于生理学的。但是，当弗洛伊德开始临床实践，并开始创造既是科学又是治疗方法的精神分析时，对他而言，生理学途径便产生了两种特殊的吸引力。

首先，以神经异常患者的言论作为科学基础，必然会被批判为犯了"文化狭隘主义"（cultural parochialism）错误。科学应该发现普遍真理——跨越时间和空间的自然法则。

就心理学而言，这意味着要找到超越任何特定文化或历史时代的对人类行为的解释。这样的科学标准对实验心理学家来说已经够麻烦了，但他们至少可以通过证明自己实验的严格性和简单性来证明其普遍性。然而，精神分析疗法却无法这样自我证明。如果精神分析疗法可以用有关心理和行为的神经生理学理论来解释，那么文化狭隘主义的指控便会不攻自破。人类神经系统并不依附文化而存在，因此，一个以神经系统为基础的理论就可以被称为普遍真理。

其次，对弗洛伊德来说，经由生理学走向科学的途径，最独特的吸引力在于他自己作为临床神经学家的经历。如今，神经症（neurosis）这一术语完全被看作一种心理障碍，但是在弗洛伊德时代，神经症更多地被看作神经系统疾病。当时最常见的神经症是癔症。在我们如今的"后弗洛伊德"时代，癔症也被称作"解离性障碍"，被定义为一种心因性的躯体症状；但是在弗洛伊德时代，癔症的身体症状，比如瘫痪及晕厥，被认为完全是一种未知的神经系统疾病（Macmillan，1997）。随后我们将更加全面地探讨癔症的本质。

弗洛伊德和还原论：《科学心理学大纲》

就弗洛伊德而言，他未完成的手稿《科学心理学大纲》（*Project for a Scientific Psychology*，1950）最充分地体现了科学心理学的生理学途径。这本书著于 1894 年秋天至 1895 年春天，当时的弗洛伊德对牛顿式科学满怀激情（Solomon，1974）。

弗洛伊德"为两个目标而苦恼，第一个目标：尝试用定量方法（一种针对神经强度的计量方法）建立神经功能理论；第二个目标：从精神病学中剥离出一些可以应用于一般心理学的内容"（letter to Fliess of May 25，1985，p.129）。在《科学心理学大纲》中，弗洛伊德表明了他的牛顿式意图："……建立一种属于自然科学的心理学，也就是说，将心理过程分解为可定量描述的元素"（Freud，1950，p.1）。他进而发展出了一套完全通过生理学和定量方法研究心理和行为的一般性理论。例如，"动机"被描述为神经元之间的"屏障"（barriers，现称"突触"）压力积聚的过程。这个积聚的过程并不愉快，但当压力最终透过屏障释放时是愉快的。而记忆被解释为（就像如今主流的神经模型一样）神经元"屏障"渗透性的变化（突触强度的变化），这样的变化源自神经元重复的放电。弗洛伊德用类似的定量神经学方法解释了从幻想[1]到认知的所有"心理"功能。

弗洛伊德的《科学心理学大纲》至今仍然是精神分析史上最有吸引力却也最令人费解的文献之一。它之所以引人入胜，是因为其中囊括了大量弗洛伊德打着神经病学的幌子阐述的心理学理论；而它之所以令人费解，是因为人们很难评价弗洛伊德对它的最终态度，也很难在精神分析史中对其进行定位。由于他放弃了这本书的写作，后来又拒绝出版，我们可以得出一个公允的结论：弗洛伊德认为《科学心理学大纲》有致命缺陷。但问题是，为什么？后来，弗洛伊德主义者们接受的标准说法是，在《科学心理学大纲》写作启动后不久，弗洛伊德进行了一次"英雄式"的自我分析，发现导致行为的原因是发生在无意识中的心理事件，因此他放弃了《科学心理学大纲》的写作，认为之前的理论属于"年少无知"，就像冯特看待自己早期对还原论的坚持一样。

而萨洛韦（Sulloway，1979）提出了另一个很有说服力的看法：将弗洛伊德的自我分析视为精神分析史上的关键事件，是一个由弗洛伊德本人及其追随者炮制的神话，只是为了掩盖弗洛伊德的精神分析一直暗地里依赖生理学的事实。弗洛伊德之所以放弃《科学心理学大纲》的写作，是因为他无法建构一个与他的"神经症病因主要论点"相兼容的理论体系。无论是在其"诱奸理论"或是随后提出的其他理论中，弗洛伊德总是坚持这样的观点：成年人的神经症症状，是由童年时期的创伤或不可告人的幻想造成的。这种创伤或幻想发生时，并不会马上表现出病理反应，但病理反应会潜藏在无意识中，并可能在多年后随着无意识的唤醒而发作。

弗洛伊德对这一病因学（etiology）观点非常热衷，以至于放弃了神经病学。但他没有放弃生物学。根据萨洛韦（Sulloway，1979，1982）的说法：弗洛伊德从生理生物学（physiological biology）转向拉马克进化生物学（Lamarckian evolutionary biology）以解释人类的发展。例如，当时的许多科学家（包括冯特）接受了恩斯特·黑克尔（Ernst Haeckel，1834—1919，德国达尔文主义代表人物）的"生物发生律"（biogenetic law）。根据生物发生律（我们现在知道是错的），"个体发育是物种进化的重演"，也就是说，任何生物的胚胎发育都会重复其物种进化路径。因此，基于粗略的观察，人类胎儿也会经历两栖动物、爬行动物、简单哺乳动物等阶段，直到发育成一个人的雏形。而弗洛伊德只是将生物发生律扩展到了人的心理成长方面。他认为个体性心理发展的各个阶段，就是人类祖先作为一个物种不同性生活阶段的重现。

弗洛伊德通过黑克尔的生物发生律解释了癔症病因和发作之间的时间差。当时的弗洛伊德认为，癔症是由幼儿时期经历的性虐待引发的，只是这种虐待不会立刻导致病理反应，而是会潜伏在记忆中，并在成年后被无意识诱发。那时他尚未提出儿童性发育理论，这一理论声称性创伤不会马上对孩子造成影响，因为这对发育不利。由于受害者尚处于无性阶段，这样的经历没有体现出实质的影响，但当性成熟之后，被压抑的记忆就会迸发出来，引起癔症的发作。

弗洛伊德关于人类发展和行为的新生物学概念的核心是性本能。性，为建构真正具有普遍性且符合自然科学标准的心理学提供了基础，因为它既不是某个物种所特有的，也不是某种文化所特有的。遵循启蒙运动路线，反对德国知识精英，弗洛伊德想要的是一种

不受文化因素干扰的心理学。 无处不在的性欲为弗洛伊德的理想提供了基础。弗洛伊德一直认为，生物的基本需求其实并不多：饥饿、口渴、自我保护和性（后来加入了攻击性）。如果你认为这个清单已经囊括了生物的所有动机，那么就无法解释人类的很多行为。很明显，这几个动机看起来完全可以解释动物的基本需求，但同样很明显的是，这不足以解释人类的需求。人类建造教堂、绘画、写小说、思考哲学、进行科学研究，这些行为都不能立即满足任何生物需求。早期关注人类动机的学者们，从柏拉图到弗朗兹·约瑟夫·加尔，再到苏格兰现实主义者，都没有遇到这个问题，因为他们普遍认为，人类之所以会投身于宗教、艺术、哲学和科学，是因为人类有特殊的动机。

然而，弗洛伊德从生物学角度将动机还原并简化，接受了"少数基本动机驱动"的观点，并且试图证明，很多看似复杂的行为实则是由少数基本动机间接驱动的，从而断言，本能可以从原始的表现，转向不那么"生物性"的表现。饥饿、口渴和自我保护都以相对原始的方式表现出来，因为这些需求是有机体生存的必要条件。相比之下，作为一种强大的动力，性的满足却可以被推迟甚至放弃；没有性，动物可能不快乐，但不会影响其生存。因此，性的满足可能被转化为社会性的创造行为，也可能成为神经症的生物病因。弗洛伊德不是第一个发现性是人类成就潜在驱动力的人；浪漫主义诗人和哲学家如叔本华，以及弗洛伊德的朋友弗利斯都曾提到通过性向更高层次升华（Sulloway，1979）。然而，只有弗洛伊德将这种升华纳入人类思想和行为的一般性理论中。

性驱力是人类社会着重加以约束的基本动机之一。对于什么样的人可以作为性伴侣并结婚，任何社会都有相应的规范，但社会不会规定你跟什么人一起吃饭。因此，在弗洛伊德看来，人类社会普遍积极寻求将性从其自然目标转向更文明的目标，但这同时带来了神经症。

通过在神经症的形成中扮演关键的角色，性给弗洛伊德的科学之路带来了一个生物学基础（Sulloway，1979）。就真性神经症（actual neuroses，有器质性病变的神经症）而言，"性是一个基本诱因"（Freud，1908/1953），因为引发真性神经症的"神经毒素"是由错误的性行为造成的，如成人手淫或禁欲（Sulloway，1979）。精神神经症则不同，性行为在心理方面扮演着更加重要的角色。对于精神神经症，其最纯粹的生物因素是神经系统原本的状态，因为"受遗传影响更加显著"（Freud，1908/1953）。性行为对神经系统的影响会导致癔症的发作。在弗洛伊德早期的理论中，儿童所经历的诱奸创伤，会发展为神经症。在他后来的理论中，又提出童年的性幻想是导致成人神经症的核心因素。

到 1905 年，弗洛伊德已经完成了精神分析学的创始著作《梦的解析》和《性学三论》（*Three Essays on the Theory of Sexuality*），并且区分了精神分析学中的生物学因素和心理逻辑因素：

我们一些从事医学的同事把我的癔症理论视为纯粹的心理学理论，并宣称其无法解决病理问题……（但事实上）这只是采用了纯心理学的方法；这个理论很明确地指出了神经症的生理基础——尽管尚未在病理解剖中找到这个基础……可能没有人会否认性功能是一个生理因素，而我认为，性功能正是癔症和一般的精神神经症的根源。

（Freud，1905b，引自 Gay，1989，p.372）

由此，弗洛伊德得出结论：性是人类生活的主要动机。首先，性为神经症提供了一个生理基础，也为弗洛伊德的心理学理论提供了一个普遍性的生物学基础。其次，弗洛伊德"发现"童年时期的性欲是神经症的根源（详见后文讨论）。最后，他通过社会史发现：在他身处的时代，无论男女，都很难处理好"性"的问题。

弗洛伊德和其他医生发现，他们所面临的问题根源在于 19 世纪关于"性"的矛盾。前因后果很简单。随着社会经济的发展，人们经历了家庭形态的重要转变。在农业社会，孩子就是经济资源，家庭需要更多的劳动力，同时孩子也是父母养老的主要依靠。到了工业发达的社会，孩子变成了经济负担。在他们有收入之前，父母要投入高昂的抚养和教育成本，这增加了父母的经济压力。随着生活水平的提高，从经济角度来说，生孩子越来越不划算，大家都尽量少生孩子。

维多利亚时代欧洲的中产阶级，需要在没有现代避孕措施的情况下控制生育问题，为此他们饱受困扰。为了取得经济上的成功，他们必须努力工作，同时需要巨大的自制力来自我克制，避免昂贵的生育负担。看着农村和劳动阶层的大家庭，他们既恐惧又嫉妒，对于这些底层劳动人民来说，孩子都是潜在的劳动力。中产阶级憎恶社会底层生活的肮脏和悲惨，但羡慕他们的性自由。诗人乔治·梅瑞狄斯（George Meredith）表达了这种纠结的态度："你们这些乡村田野中强壮的恋人 / 是低等却幸福的星星！"（引自 Gay，1986）。弗洛伊德同样看到了穷人更多的性快乐，但他并不打算加入他们。他曾为听众描述了两个虚构的案例："对于一个看门人的女儿来说，成年后的性行为就像童年所经历的一样自然，没有问题"，而且"不会导致神经症"，而地主的女儿由于"受过教育，接受了教育的主张"，带着"厌恶"远离性，最终成为神经症患者（引自 Gay，1986）。然而，弗洛伊德本人，如同大多数维多利亚时代受过教育的不可知论或无神论者一样，坚持节制的生活，从未开出性解放的处方。他给自己的未婚妻玛尔塔·贝尔奈斯写的一封信（August 29，1883；Freud，1960，letter 18，p.50），语气很像一个德国知识精英："乌合之众生活放纵，我们却自我约束。"我们资产阶级这样做是"为了维护自己的正直……我们为了某样东西而自我节制，我们不知道那是什么，而这种不断压抑我们自然冲动的习惯给了我们高尚的品质"（引自 Gay，1986，p.400）。

弗洛伊德在临床实践中发现，他的病人根源性的问题是性，因为在当时的环境下，他的病人很难处理性与经济及道德追求之间的冲突。如果说弗洛伊德对性的强调在今天看起来有些怪异和令人难以置信，那可能是因为他所倡导的性改革（他本人却没能从中受益）已经实现了，同时也因为科技改善了避孕方法。

弗洛伊德和精神病学：癔症的治疗

癔症的困境

弗洛伊德时代最常见的"神经症"是癔症。癔症的诊断非常古老，可以追溯到古希腊时期；癔症的英文词根"hyster-"在希腊语中是"子宫"的意思，长期以来，人们以为只有女人才会得癔症。虽然几个世纪以来对癔症的特征和症状的描述变化很大，但诊断方法却一直延续到 20 世纪。如今，癔症及其疾病分类学后代——转换反应（conversion reaction），几乎都不存在了。探求这一变化的原因，不仅有助于理解弗洛伊德的思想，而且有助于理解心理学对社会的影响。

到了 19 世纪，由于逐渐将疾病与潜在的病理联系在一起，医学，包括精神病学和神经病学，才开始建立在科学基础之上。例如，科学诊断的早期成就之一是将结核病与一种特定的致病因素——结核分枝杆菌联系起来。然而，很多症状尚且无法追溯到任何器质性的病变。于是，癔症成了这些症状的"诊断垃圾场"，例如，我们将在后文详述的多拉（Dora）的情况。多拉是弗洛伊德的病人之一，她的癔症症状是持续咳嗽。一些所谓的癔症病例，几乎可以肯定，只是患了 19 世纪尚未认识到的一些疾病。其中常见的有两种，一种是局灶性癫痫（Webster，1995），另一种是神经性梅毒（Shorter，1997）。患有局灶性癫痫的人，只有一小部分大脑受到癫痫发作的影响，导致感知和运动控制的短暂病理性症状，确切地说，就是与"癔症"相关的那种症状。而一个感染了梅毒的人，开始会在生殖器上表现出一些直接的症状，但是如果不及时治疗，病毒就会潜伏在体内，并在多年后攻击大脑和神经系统，导致严重的心理障碍。由于染病和出现心理症状之间有很长的时间差，要将两者联系起来，比如诊断为神经性梅毒，难度很大，从而很多这类病人就会被诊断为"癔症"。

无论癔症的本质是什么，19 世纪的医生们开始将癔症视为一种不明缘由的身体疾病。在科学医学出现之前，癔症被认为是一种道德缺陷，无论是意志薄弱还是恶灵附身。威廉·詹姆斯自己就患有"神经"疾病，他在 1896 年洛厄尔市关于异常心理状态的演讲中，代表开明的医学观点和长期受苦的病人说："可怜的癔症患者！首先被看作生活作风有问题……然后被看作道德败坏和撒谎的人……接着被认为是空想者……却从来没有人想过癔症是'诚实'的疾病"（引自 Myers，1986，p.5）。讽刺的是，同年，弗洛伊德向精神病学和神经病学学会提交了一篇关于癔症的论文，他在论文中首次提出了癔症有心理病因，尤其是性心理病因的论点。学会的主席是当时最伟大的性精神病理学家理查德·冯·克拉夫特－埃宾（Richard von Krafft-Ebing），他宣称弗洛伊德的理论是"科学童话"。詹姆斯、克拉夫特－埃宾和其他医学机构的成员（弗洛伊德称他们为"驴子"）认为用严格医学观点诊断癔症是一个巨大的进步（Sulloway，1979）。

不幸的是，由于癔症被认定为器质性疾病，所以不管症状有多么特别，开出的都是物理性疗法。癔症的治疗通常极其"惨烈"，其主导疗法是"电疗"，温和一点的形式叫作"感应电疗法"（faradization），弗洛伊德在 1886 年还专门买了一套治疗设备。病人裸体或者穿着很少的衣服浸泡在水中，脚连上负电极，然后医生用正电极接触病人全身，以确保电流流经所有部位。对于太过敏感的病人，医生会使用"电子手"——正极连在医生的手上，再用手接触病人全身。每次治疗会持续 10—20 分钟，而且需要频繁治疗。很多患者出现了严重的不良反应，从烧伤到头晕，甚至大小便失禁。

这样的治疗手段很容易被看作有权势的男性对女性的虐待，但我们应该注意到，对一些男性疾病的治疗同样"惨烈"。我们还应该注意，当时的医学才刚刚开始以科研为基础。虽然医生们抛弃了古老的疾病理论，但对细菌理论等新理论的认知才刚刚开始。无论如何，他们总要面对饱受病痛困扰的病人，因此只能尽力尝试任何可能有效的疗法。在 19 世纪，治疗精神病的难度堪比 21 世纪的癌症治疗。癌症是一种可怕的疾病，其奥秘直到近些年才露出冰山一角，医生不得不让病人接受痛苦的放化疗和手术，尽管这些疗法只能提高一点治愈的希望。精神分析的吸引力，一定程度上就像某些癌症的"替代"疗法，两害相权取其轻。与其坐在电极上接受真实的电击，不如躺在沙发上接受性秘密被发掘的精神"电击"。

对癔症观念的重大转变之一始于让－马丁·沙尔科。弗洛伊德在 1885—1886 年与沙尔科一起学习后，将沙尔科的新思想带回了维也纳。虽然沙尔科认为癔症有遗传的、器质性的因素，但他也提出了癔症的一个重要心理来源。沙尔科启动了一项研究，研究一种叫作"铁路症候群"（railway spine）的创伤性疾病（Charcot，1873/1996）。产业工人，尤其是在铁路上工作的工人，容易出现某种心理和神经症状，这些症状貌似是由跌落等工伤事故引发的，"铁路症候群"也因此得名。沙尔科认为，很多这类案例，其根源与其说是医学上的，不如说是心理上的。这为弗洛伊德提供了一个日后不断扩展的理论源头：

很多神经症状都被称为"铁路症候群"……无论男女，其实都是癔症的表现……癔症是所有这些神经症状的根源……具体来说，这些症状是事故造成的心理性神经冲击的结果；而且，它们通常不会在事故之后立即出现，而是在事故发生后一段时间才会出现。

（Charcot，1873/1996，p.98）

如果我们更加仔细地审视沙尔科的工作，就会发现癔症的另外一个维度——这一病症的历史局限性。沙尔科认为癔症是一种单一的疾病，具有单一的潜在病理（心理性创伤对先天性脆弱神经系统的冲击）和一套独特的定义方法。他的理论模型是基于当时正在兴起的科学医学（现代医学），在科学医学中，特定的症候群与特定的病原体相对应，就像前文提到的结核病一样。因此，沙尔科认为癔症和肺结核一样，属于科学医学中的一种独立的疾病，需要精确的诊断和有效的治疗。

如今很多史学家认为，癔症并不是通过医学手段发现的一种原本就存在的疾病，而是医学从业者编纂的一种社会角色，被易受暗示的患者接受为一种寻找生活意义的方式。正如我们已经读到的，在心理学史上，癔症与催眠有关（见第 7 章）。沙尔科和法国临床心理学家普遍认为，催眠状态是一种真实的意识状态的改变，其根源是由催眠状态引发的神经系统的改变。这一观点最终被竞争对手南希催眠学派（Nancy school of hypnosis）击败，该学派认为催眠只是增强了对暗示的敏感性。因此，催眠状态取决于催眠师对催眠对象的期待，以及催眠对象对自己的期待（Spanos，1996）。同样，癔症的症状既是医生们在诊断手册中所描述的，也是病人接受癔症诊断后所期望的。催眠和癔症都没有对应的潜在器质性病变或明确的心理问题，更不用说神经状态了。

癔症的故事是我们需要从心理学史中吸取的一个重要教训。科学是一种普遍性的观点（见第 1 章），它发现并描述了与人类愿景、希望或思想相分离的世界。心理科学是对人性的探索，然而人性，甚至包括人类精神病理学，都不能完全脱离人类而存在。中世纪的时候，驱魔人真诚地认为恶魔是真实存在的，他们通过讲道、发传单以及提问使一些人真诚地相信自己被鬼附身了，于是他们表现得更像一个被鬼附身的人。心理暗示创造了被暗示的现实。在 19 世纪，像沙尔科这样的精神病学家普遍认为癔症是一种真正的疾病，他们的诊断和教导使一些人相信自己是癔症患者，于是他们越来越像一个"标准的癔症患者"。我们永远不应该忽略，心理学家所描述的人性，可能会成为普通人无意识中的文化脚本，反过来证明心理学家提出的理论似乎是一个科学事实。与物理或化学不同，心理学可以创造自己的现实，并将其误认为普遍真理。

在一幅题为《在萨尔佩特里厄尔医院的一次临床讲座》（*A Clinical Lecture at the*

Salpêtrière）的画中，沙尔科向其他医生展示了一个所谓的癔症重症病例。这幅画象征着将心理学作为一门自然科学进行研究和将其作为一种有用的职业进行实践所面临的挑战。沙尔科认为癔症是一种以固定症状为特征的真正的疾病。然而，如今的历史学家认为，癔症是一种社会建构的行为模式，而不是心理学"发现"的自然疾病。在这幅画中，沙尔科的病人将要表现出所谓的癔症典型症状之一：身体向后蜷曲。当病人摆出弧形的姿势时，助手们准备扶住她。然而，这样的体征并不是一种症状，而是一种习得行为：观察左侧的那幅图，它在观众们的头顶上。"症状"是沙尔科的病人可以模仿的。她已经了解了她应该有的"症状"，而这些"症状"反过来又加强了医生们对他们发明的疾病真实性的信念！

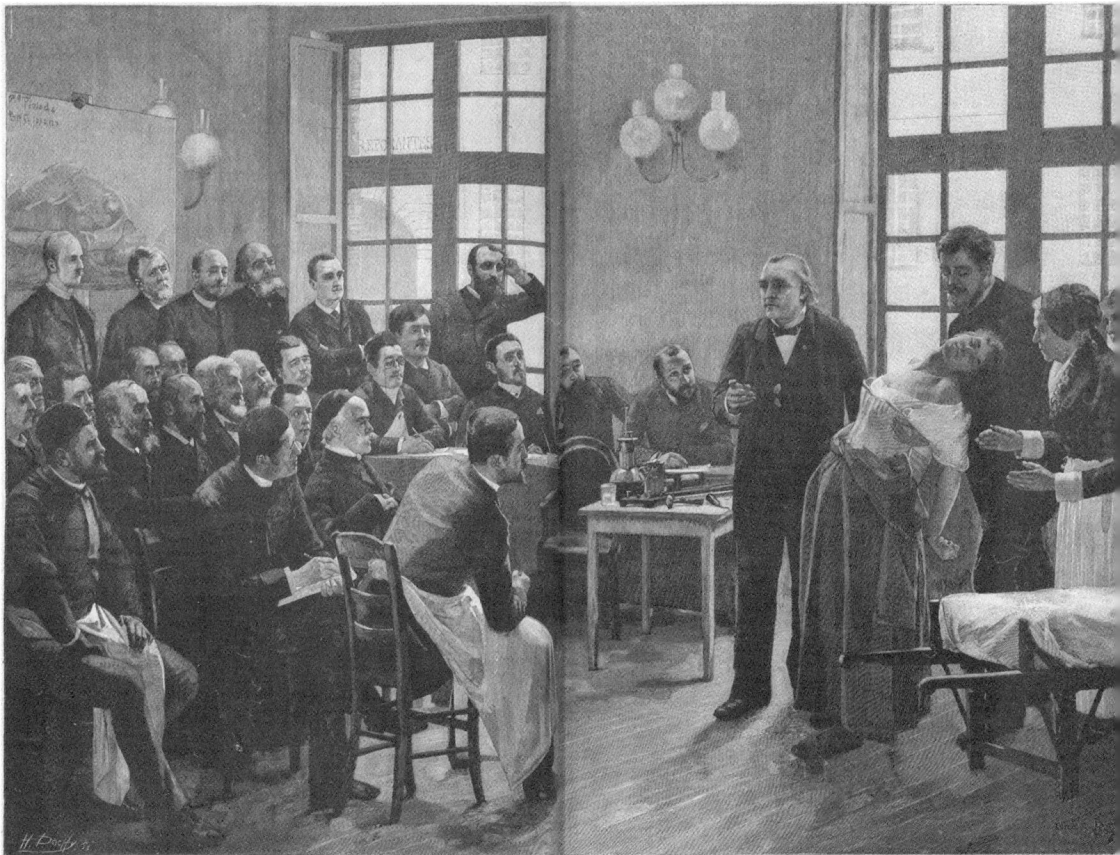

对任何心理学家来说，《在萨尔佩特里厄尔医院的一次临床讲座》这张画最重要的意义在于，它揭示了人类的暗示性问题，这是一个一直困扰心理学家的问题，从催眠术到关于无形象思维的争议，再到如今心理学中的可复制性危机。这幅画展示了心理学如何创造事实来适应它的理论，以及它如何因此对人和社会造成伤害。可以看到，对弗洛伊德有重大影响的沙尔科，在一群杰出的欧洲医生以及经常向他求诊的病患布朗什·威特曼（Blanche Wittman）面前，展示了他认为可以通过催眠唤醒的癔症症状。你以前可能见过这幅画，但在大多数引用中，它的左侧被剪掉了一部分，隐藏了威特曼在为医生表演时将使用的剧本。同样地，"癔症"也不是病，而是很多受过教育的欧美女性所扮演的社会角色。

资料来源： A Clinical Lecture at the Salpêtrière / Une leçon à la Salpêtrière, M. André Brouillet.

于是心理学家们认为，正如沙尔科所做的，他们正在研究的思想和行为，与他们的理论无关。《在萨尔佩特里厄尔医院的一次临床讲座》生动地提醒人们，心理学可以创造它所研究的"现实"，也可以发明新的"疾病"。

就这样，癔症卷入了关于无形象思维的争论中。在这场争论中，实验心理学家不得不面对暗示的可能性，即实验操作者的信念可以制造出心理学家想要解释的事实。因此，屈尔佩得出了无形象思维的概念，而铁钦纳则没有。沙尔科关于癔症的错误理论（关于癔症是不是一种病理状态），可以类比成变态心理学中的无形象思维之争。沙尔科自己的一些支持者也是这样认为的。巴宾斯基（Babinski）完全放弃了对癔症的诊断，沙尔科的学术继任者 J. J. 德斯瑞（J. J. Deserine, 1849—1917）写道："（广义癔症）所描绘的症状不过是暗示和模仿"（引自 Scull，2009，p.129）。然而，弗洛伊德继续走在沙尔科的道路上，寻找所谓癔症的"尼罗河源头"（source of the Nile）。

沙尔科关于癔症的想法给弗洛伊德制造了特殊的困难。我们已经看到，弗洛伊德的心理创伤延迟作用理论，就是沙尔科癔症病因学理论的另一个版本。新的大脑反射理论训练使弗洛伊德成为机械决定论的忠实信徒，因此他对于沙尔科认定的"癔症属于一种独立病症"的说法坚信不疑，然而，这为他治疗癔症及其他心理疾病带来了麻烦。我们还是用肺结核病做个比较（Macmillan，1997）。肺结核在当时刚刚被证明是一种单一疾病，由确定的病原体——结核分枝杆菌引起。弗洛伊德遵循沙尔科的观点，以类似的逻辑推断癔症同样是单一病因的独立疾病。我们会看到，弗洛伊德疯狂地寻找一个单一的"尼罗河源头"，一个癔症的单一病因。他改变了对病因的看法，但他从不怀疑癔症的一系列症状和一个潜在病因之间的一对一匹配。在科学抱负的驱使下，他不认为某些经历有时的确会给某些人带来某种不幸，而减轻这种痛苦是一项有价值的，甚至是高尚的事业。相反，他强迫他的病人坐在"一刀切"的沙发上，接受他关于神经症的起源和治疗的单一理论，这种治疗方法再现了沙尔科的错误（Macmillan，1997）。

《癔症研究》和安娜·欧

从巴黎回来后，弗洛伊德和他的维也纳同事约瑟夫·布洛伊尔（Joseph Breuer，1842—1925）一起研究催眠和癔症。弗洛伊德的第一本书《癔症研究》（*Studies in Hysteria*，Breuer & Freud，1895/1966）将这项工作推向了高潮。布洛伊尔是一位杰出的普通内科医生和生理学家，他在 1880 年接手了一个叫贝尔塔·冯·帕彭海姆（Bertha von Pappenheim）的病人，这个病人的病例开启了精神分析疗法的故事。在书中，帕彭海姆被称为安娜·欧（Anna O），她是一位年轻的中产阶级女性，和很多人一样，不得不护理一个生病的父亲，就像安娜·弗洛伊德（Anna Freud，弗洛伊德的小女儿）后来护理她的父亲一样。她成了癔症的牺牲品，主要症状是轻微的瘫痪以及语言和听力障碍。经过一段时间的治疗，布洛伊尔发现，她可以通过自我催眠描述并想起一些诱发症状的事件，从而缓解部分症状。例如，她无法用杯子喝水是因为她过去曾看到一只狗舔杯子里的水，当她恢复了这个记忆后，马上就能够用杯子喝水了。安娜·欧的症状在后续的心理治疗中并没有得到持续的改善，事实上，她不得不住院治疗。《癔症研究》中声称她康复了是不实的，并且她也没有经历传说中的"因癔症幻想自己怀孕，并且认为布洛伊尔是孩子的父亲"等症状。

从某些方面说，其实是安娜·欧这样的患者发明了心理疗法，她只是 19 世纪有记录的引导医生治疗的众多癔症病例之一（Macmillan，1997）。在安娜·欧的病例中，她给自己做了诊疗计划，进行自我催眠，并引导自己找到症状诱因——她将这一过程称为谈话疗法。她是一个聪明而坚强的女人，后来成为德国社会工作的创始人，身居高位，很有影响力，也很成功。然而，安娜·欧作为精神分析创立的亲历者，却从未说过精神分析的好话。

弗洛伊德与安娜·欧的案例无关，但他说服了布洛伊尔将安娜·欧的病例作为癔症病因和治疗理论的核心。布洛伊尔整理了安娜·欧的案例，弗洛伊德贡献了其余的案例，外加一个理论章节，构成了《癔症研究》一书。弗洛伊德和布洛伊尔合著的《癔症研究》，是"沙尔科的创伤性癔症概念向一般性癔症的延伸。癔症的症状……有时明显，有时是象征性的伪装，对应于某个确定的心理创伤"（引自 Ellenberger，1970，p.486）。在理论部分，布洛伊尔和弗洛伊德认为，癔症患者的发病原因是"主要受回忆的折磨"；也就是说，患者经历了被压抑的情绪创伤。这种情感并不会随着事件引发的负面情绪一起消解，而是会伴随记忆一起"潜伏"——被压抑起来，在潜意识中一直存在，并以症状的形式表现出来。在催眠状态下，事件的过程被重新体验：压抑的情感被释放，或者说被宣泄，然后与事件相关的症状就会消失。埃伦伯格（Ellenberger，1970）和麦克米伦（Macmillan，1997）指出，在安娜·欧的案例中，书中描述的情感宣泄实际上从未发生过。后来发现的布洛伊尔的临床笔记显示，安娜·欧是从简单的回忆事件中得到了解脱，而不是重温事件过程。

弗洛伊德很快发现，催眠不是挖掘无意识愿望和想法的唯一途径。在治疗师的解释和指导下，患者可以在不受约束的谈话过程中慢慢探索自己的潜意识。1896 年，弗洛伊德首次使用"精神分析"这个术语来代替"催眠"（Sulloway，1979）。《癔症研究》标志着弗洛伊德从对心理和精神病理学持有严格的生理学观点（在《科学心理学大纲》中仍存在），向所谓纯心理学的精神分析转变。

同年，弗洛伊德开始反对布洛伊尔。对于征服者弗洛伊德来说，科学家布洛伊尔过于谨慎。弗洛伊德反对布洛伊尔，是因为弗洛伊德是刺猬，布洛伊尔是狐狸；他在 1896 年 3 月 1 日（1985）写给弗利斯的信中透露：

> 根据他（布洛伊尔）的说法，我应该每天问自己，我是患有精神错乱还是科学妄想症。然而，我认为自己再正常不过。我相信他永远不会原谅，我拉他合著《癔症研究》，让他参与一些事情。他一直认为没有绝对的真理，并且厌恶所有的概括，认为那些都是自以为是……我俩之间会经历同样的事情吗？
>
> （Freud，1985，p.175）

站在布洛伊尔的角度，他认为："弗洛伊德执着于'绝对化'和'排他'；在我看来，这是一种导致过度概括的心理特征"（引自 Crews，1986）。布洛伊尔是第一个被弗洛伊德利用然后抛弃的合作者。多年后，当布洛伊尔已经是个老人，和女儿一起在街上蹒跚而行时，他们看到了弗洛伊德；布洛伊尔伸出双臂打招呼，弗洛伊德却假装不认识他匆匆走过（Roazen，1974）。而等待威廉·弗利斯的是更加痛苦的疏远。

走向纯粹心理学：诱奸理论的错误

弗洛伊德声称，他发现神经症的根源不仅是性欲，而且是儿童期的性欲。如果说与弗洛伊德同时代的一些人会震惊于他对性的强调，那么更多的人则会震惊于他关于儿童期性欲的假设。断言儿童期性欲的存在是通过精神分析解释人类行为的核心。没有童年的性冲动，就不会有俄狄浦斯情结（Oedipus complex），又称恋母情结。儿童期性冲动是否得到满足，是成年后心理是否正常或是否会得神经症的关键。儿童期的性以及俄狄浦斯情结，在整个深度心理学（depth psychology）中也是至关重要的。弗洛伊德认为自己已经在病人的大脑里找到了神经症的病因，并暗示快乐完全存在于病人的心中。弗洛伊德说，病人当下的处境并不是主要问题，关键是他们小时候的情感经历。因此，治疗的核心是调整病人的内心世界，而不是改变他们当下的生活处境。比如，一个病人可以通过打开他 5 岁时的某个心结来恢复健康，而不需要解决当下遇到的困难。

精神分析的神话　精神分析史上的中心事件是弗洛伊德放弃了他关于癔症的诱奸理论（在诱奸理论中，弗洛伊德断言癔症是由儿童期的性诱惑引起的），并以俄狄浦斯情结取而代之。回顾精神分析的历史，弗洛伊德（Freud，1925）谈到过早期诊疗中遇到的一个奇怪的现象：他的所有女性病人都告诉他，她们的父亲对她们有过诱奸行为。弗洛伊德称自己很快意识到这些故事不是真实的。这些行为从未真正发生过，但这些想法反映了病人与异性父母发生性关系的潜意识幻想（Phantasies）[1]。这些幻想是俄狄浦斯情结的核心，在精神分析理论中，是导致不同类型人格形成的关键因素。

近年来，尤其是在弗洛伊德写给弗利斯的完整的、未经删减的信件出版之后，诱奸理论的错误就占据了弗洛伊德相关学术研究的中心，随之而来的争议甚嚣尘上。首先，我将透过弗洛伊德写给弗利斯的信中的一些片段阐述诱奸理论的错误。弗洛伊德一度想销毁这些信件（Ferris，1998）。随后，我将以现代批评家的视角分析"弗洛伊德如何以及为什么会犯诱奸理论的错误"，并揭示弗洛伊德在他后来的声明中歪曲的事实。在开始之前，我们应该注意到，精神分析的基础其实是岌岌可危的。弗洛伊德的女儿和忠实的信徒安娜·弗洛伊德写信给杰弗里·马森（Jeffrey Masson，一位对诱奸理论颇有微词的批评家）："坚持诱奸理论意味着放弃俄狄浦斯情结，同时放弃相关幻想的重要性，不管是有意识的还是无意识的幻想。在我看来，这就等于放弃了精神分析"（引自 Masson，1984b，p.59）。

在弗洛伊德写《科学心理学大纲》的时候，他对癔症病因的发现和治疗取得的明显进展相当兴奋。他在 1895 年 10 月 15 日给弗利斯的信中写道："我正处于狂热写作的阵痛中……我向你揭示了伟大的临床秘密吗……？癔症是童年性经历冲击的结果……这种冲击……后来转化为（自我）责备……隐藏在无意识中……只能通过回忆唤醒"（Freud，1985，p.144）。5 天后，弗洛伊德惊叹道："关于神经症的其他证据正在向我涌来，这是确信无疑的"（p.147）。10 月 31 日，他告诉弗利斯："我轻率地做了三场关于癔症的讲座。我有点自大了"（p.148）。

于是，在 1896 年 4 月，弗洛伊德发表了一篇被克拉夫特－埃宾称为"科学童话"的论文，其中包含了他的癔症诱奸理论。正如我们所见，在《癔症研究》中，弗洛伊德和布洛伊尔提出，每一种癔症症状的核心都是一个被压抑的创伤事件。弗洛伊德在文中声称，基于他的病人在精神分析过程中的回忆，癔症的核心是一个单一的创伤事件——父亲对无辜儿童的性侵犯。在这里我们可以看到，弗洛伊德正致力于为他认为是独立疾病的癔症找到一个单一的病因。克拉夫特－埃宾和其他医疗机构的"驴子"对这一理论嗤之以鼻，认为这是在用"前科学概念"解释癔症，而这正是他们努力避免的。

然而，弗洛伊德随后对诱奸理论的热情灰飞烟灭。1897 年 9 月 21 日，弗洛伊德向他的朋友弗利斯承认，也许诱奸理论真的是一个童话，"我想立即向你吐露过去几个月里慢慢出现在我面前的伟大秘密。我不再相信我之前的神经症理论"（Freud，1985）。他的病人们所讲述的诱奸故事并不是真实的，毕竟他们并没有真的被诱奸。弗洛伊德提出了放弃诱奸理论的四个理由：

1. 失败的治疗。"我对试图通过一个简单的分析得出真实的结论感到失望；（先前成功治愈的病人）失去了联系；我期待的成功未能如愿。"弗洛伊德认为，只有真正的心智理论才能治愈精神疾病，因此他准备放弃诱奸理论，因为它缺乏疗效。

2. "令人惊讶的是，在所有情况下，父亲，不排除我自己（这一句在 1954 年出版的弗洛伊德-弗利斯书信中被删除了），都被指责为变态"，而"这种普遍的变态显然是不太可能的"。癔症是一种常见的疾病。如果儿童性虐待是癔症的唯一病因，那么性虐待一定很猖獗，弗洛伊德认为这是不可能的。此外，弗洛伊德也了解到其他一些案例，在这些案例中，遭受过性虐待的儿童后来并没有发展成为癔症患者，排除了疾病与单一病因的对应。

3. "某些观点认为，无意识并不对应于现实事件，因此人们无法区分现实和（情感上的）虚构……（因此，唯一的解释是，性幻想总是以父母为主题）。"由此，弗洛伊德提出了俄狄浦斯情结的概念。无意识只是简单地把童年的性幻想当成了真实的事件，并告诉治疗师它们是真正发生过的行为。

4. 患者在心理防御崩溃、胡言乱语的状态下并没有讲出此类故事。弗洛伊德认为，人在失智状态下，对不愉快的愿望和记忆的压抑性防御会消失。因此，如果人们在孩童时期经常被性侵，那么不惧怕这些记忆的精神病患者就应该能回忆起这些经历。

弗洛伊德彻底动摇了，"我准备放弃两件事：根治神经症和关于童年病因的某些认识"。然而，征服者并没有感到"软弱"或"羞耻"。相反，弗洛伊德写道："我更有胜利的感觉，而不是失败的感觉"，他希望"这样的自我怀疑只是走向成功的一个小插曲……无论如何，我的精神状态良好"（Freud，1985，pp.264–266）。

弗洛伊德在这一时期的自我分析在精神分析的发展史上发挥了戏剧性的作用。弗洛伊德在 1897 年 10 月 3 日给弗利斯的一封信中记录了他的重要发现：他发现了自己童年的性经历。弗洛伊德声称记起了他 2 岁时在一次火车旅行中发生的一件事："我对母亲的力比多（libido，弗洛伊德用以代指广义性欲，即生命力）被唤醒了……我们一定在一起度过了一夜，一定有机会看到她的裸体"（Freud，1985，p.268）。10 月 15 日，弗洛伊德宣称："目前自我分析对我来说是至关重要的，而且如果将其深挖，一定能发掘最有价值的东西"（p.270）。此外，他宣称自己的经验是普遍性的。在他"自己的案例"中，弗洛伊德认识到，"爱上我的母亲，嫉妒我的父亲，现在我认为这是一个人在童年时期的普遍事件"（p.272）。从单一的记忆重构事件到宣称其具有科学的普遍性，这可真是太大胆了！

现在，弗洛伊德总结道："我们可以理解《俄狄浦斯王》（*Oedipus Rex*）和《哈姆雷特》

（*Hamlet*）的影响力。"正如他在给弗利斯的信中所说的那样，弗洛伊德现在认为诱奸的故事来自孩童时代的俄狄浦斯情结，被错误地幻想为记忆。这一结论让弗洛伊德保留了他宝贵的观点，即神经症是童年事件无意识唤醒的结果。在旧理论中，这些事件是童年被诱奸的经历；在新理论中，这些事件是童年的性幻想。

这位精神分析的传奇人物总结道，他放弃了旧理论，用自己坦荡的、诚实的自我问询建构了新的理论，英雄般地发现了儿童期性欲和俄狄浦斯情结的存在。

可能的事实 精神分析的历史学家们开始就诱奸错误事件的真相达成共识。看起来，弗洛伊德要么强迫他的病人报告他们童年时经历的性侵，要么自己杜撰病人的经历，最后编造整个诱奸情节（Cioffi，1972，1974，1984；Crews，1999；Esterson，1993；Schatzman，1992）。

从那篇被克拉夫特–埃宾称为"科学童话"的关于癔症病因的论文中，可以看到编造诱奸情节的源头。弗洛伊德开创的精神分析神话声称，他的女性病人描述自己被父亲性侵。然而，在弗洛伊德发表的报告中，诱奸者从来都不是父母。他们通常是其他孩子，也有时是成年人，如家庭教师，偶尔是未指明的成年亲属，但从来都不是父母。要么是弗洛伊德向他的精神病医生同行们错误地描述了数据，要么根本不存在俄狄浦斯情结的故事。更严重的是，弗洛伊德的病人们可能从未告诉过他任何关于性侵的故事。

弗洛伊德的批评者已经证明，从他职业生涯的早期起，弗洛伊德就相信神经紊乱的性根源，我们也看到，弗洛伊德相信沙尔科的创伤性癔症理论。诱奸理论就是将这些信念与弗洛伊德激进的治疗技术相结合的结果。尽管精神分析最终成了非指导性治疗的前身，但在这种治疗中，治疗师说得很少，只在鼓励病人自我剖析时提供一些解释性的见解。而弗洛伊德的实践显然不同。至少在他早期的案例中，弗洛伊德的做法带有高度的指导性和解释性，他向他的病人灌输对他们病情的性解释，并让他们屈服，直到他们认同他的诊断（Crews，1986；Decker，1991；Rieff，1979）。作为一个征服者，弗洛伊德非常自信自己有能力辨别隐藏在病人自身意识中的秘密："没有人能保守秘密。如果他的嘴唇沉默了，指尖就会喋喋不休；背叛从他的每个毛孔中渗出"（Freud，1905b）。弗洛伊德写道："我毫不犹豫地利用事实来对付她（病人多拉）"（Freud，1905b）。弗洛伊德在提交给维也纳协会的论文中描述道："大胆地要求病人证实我们的猜想。我们不能被最初的否认引入歧途"（Esterson，1993，p.17），他在报告中说自己至少有过一次"费力地强迫病人了解一些知识"（p.18）。他的病人当然很抗拒。"事实是，这些病人从来不会自发地重复这些故事，他们也从来没有……向医生呈现这种场景的完整回忆"（Schatzman，1992，p.34）。在征服世界之前，弗洛伊德首先征服了他的病人。

弗洛伊德喜欢强迫他的病人接受他自认为的真理，他把每一次抵抗都解释为他接近了一个伟大秘密的标志。鉴于弗洛伊德的治疗方法，一旦他走上强调童年性行为的道路，并且认为其是癔症的单一创伤理由，那么就会像他的批评者所说的那样，他的病人肯定会编造故事来支持这一点。乔菲（Cioffi，1972，1973，1974，1984）声称弗洛伊德的病人发明了自己的诱奸故事，以安抚他们的征服者，毫无疑问，征服者很高兴验证了自己的假设。埃斯特森（Esterson，1993）和沙茨曼（Schatzman，1992）认为弗洛伊德"诱导"了诱奸故事，并将其强加在病人身上。不管是哪种情况，后来他的病人全跑了，这不足为奇[2]。

乔菲、埃斯特森和沙兹曼认为，一定程度上，弗洛伊德明白诱奸的故事是假的，这让他一直处于被动解释的局面，同时维持精神分析疗法作为揭示科学真理的方法的地位。他们断言，通过创造俄狄浦斯情结和儿童期性欲，他做到了。在新的构想中，关于童年被诱奸的故事后来被承认不是真实的，但这仍然很好地揭示了儿童的内心世界，展示了他们的恋母或恋父情结及性幻想。精神分析成为一种只关注内心世界的学说，而精神分析的方法则被认为可以揭示隐秘的内心世界，甚至追溯至童年早期。然而，为了自圆其说，弗洛伊德后来不得不否定或埋葬他在最初的诱奸理论中所相信的东西。在他后来的作品中，弗洛伊德把自己描述成一个天真的、非指导性的治疗师，"故意让我自己的批判能力处于搁置状态"（Esterson，1993，p.23），他为自己通过"一心一意地寻找"发现了诱奸这一病因而自豪（p.13）。他说，当他听到一个又一个病人描述被他们的父亲性侵时，他感到震惊，而在 1896 年的论文中，性侵者却成了成年陌生人、与小女孩发生性关系的大男孩，或者其他监护人，但从来不是父亲。

萨洛韦（Sulloway，1979）提出了弗洛伊德后来编造诱奸情节的动机之一。萨洛韦认为，精神分析理论的创立是为了掩盖弗利斯对弗洛伊德的影响，尤其值得注意的是，弗洛伊德是从弗利斯那里，而不是从他自己的自我分析中获得了儿童期性欲的概念。萨洛韦称之为"窃取了弗利斯的身份"。回想起来，弗利斯是一个想法古怪的人，弗洛伊德希望和他保持距离。

弗利斯相信生物节律理论（theory of biorhythms），该理论基于 23 天的男性周期和 28 天的女性周期，认为可以通过复杂的排列组合解释出生和死亡等事件。弗洛伊德一度全心全意地相信弗利斯的理论；他写给弗利斯的信经常包含有关他自己的计算和关于安娜出生的计算（用的是笔名），这些都曾被弗利斯引用在出版物中。弗利斯认为鼻子在调节人类性生活中起着重要作用，对鼻子进行手术可以治愈手淫等性问题。弗洛伊德本人至少有一次屈服于弗利斯的手术刀下。

萨洛韦认为，在《科学心理学大纲》的撰写失败后，弗洛伊德就几乎完全采纳了弗利斯的性和人类发展理论，同时系统性地隐瞒了他这样做的事实。根据萨洛韦的叙述，弗利斯构想了本我，而弗洛伊德未经确认就接纳了这个概念。弗利斯对弗洛伊德的影响是如此彻底，以至于不能简单地概括，从当前的视角看，最重要的借鉴还是儿童期性欲的概念。弗利斯支持儿童有潜在性欲的观点，他还曾观察过自己的孩子以证明这一点。

诱奸的后果：幻想胜过现实　在诱奸事件之后，弗洛伊德不再通过病人的现实生活寻找神经症的病因，而是将其定位于病人的精神生活中。事实上，弗洛伊德的批评者，包括一些精神分析家，指责弗洛伊德对病人生活问题的态度麻木不仁，有时甚至是残忍的（Decker，1981，1991；Holt，1982；Klein & Tribich，1982）。弗洛伊德临床实践中的两个案例说明了他的新态度。

第一个案例是一个戏剧性的插曲，后来在弗洛伊德 – 弗利斯书信集（Masson，1984a，1984b）的原始官方版本中被删除了。弗洛伊德有一个病人叫埃玛·埃克施泰因（Emma Eckstein），她患有胃痛和月经不调。我们已经看到，弗洛伊德认为手淫会致病，他显然同意弗利斯的观点，认为手淫会引起月经问题。此外，弗利斯声称，对鼻子进行手术可以控制手淫，从而消除手淫带来的问题。弗洛伊德把弗利斯带到维也纳，为埃玛·埃克施泰因做鼻子手术。这可能是弗利斯的第一次手术，埃克施泰因术后恢复得并不顺利，她遭受了疼痛、出血和流脓的折磨。弗洛伊德最终请来了一名维也纳医生，医生从埃克施泰因的鼻子上取下了弗利斯无力治疗而留下的半米长的纱布。这时，埃克施泰因大出血，脸色苍白，几乎要死了。看到埃克施泰因奄奄一息的样子，弗洛伊德精神崩溃了，躲了起来，医生妻子带来的白兰地才让他缓过神来。

值得注意的是，我认为埃克施泰因一直在接受弗洛伊德的治疗。她继续忍受着疼痛，鼻子不时地流血，有时出血还很严重。起初，弗洛伊德认为她的痛苦是弗利斯的错。他写信给弗利斯："所以我们亏欠了她，她原本挺正常的"，但她遭受了弗利斯的错误带来的痛苦，确切地说，是弗洛伊德的错误让她接受了弗利斯拙劣的治疗。然而，最终弗洛伊德对埃克施泰因的鼻出血回到了心理学的解释。1896 年 6 月 4 日，就在埃克施泰因与死神擦肩而过一年多之后，弗洛伊德写道，她的持续鼻出血是"出于自己的意愿"。她痛苦的根源在于她的思想，而不是她受伤的鼻子。

一个更具启发性的案例记录在"癔症病例分析的片段"（Freud，1905b）中，描述了弗洛伊德对一位名叫多拉（原名 Ida Bauer）的 18 岁女性的失败治疗，这是一个公认的失败案例。弗洛伊德将他的治疗失败归因于未经分析的移情：多拉已经将她的性欲从自己潜在渴望的 K 先生那里移情到了自己身上，而他当时并没有对此给予应有的注意。弗洛伊德对可能的反移情（countertransference，指治疗师对患者产生了潜在情感）只字未提——从一个不再和妻子睡觉的中年男人（弗洛伊德自己）到一个迷人的少女多拉（Decker，1981，1991）。

弗洛伊德精神分析的基本原则

在弗洛伊德与弗利斯的通信中，精神分析从一个强调真实体验的简化生理理论，演化成了一个纯粹的心理学理论。在 20 世纪的头几十年里，弗洛伊德在一系列的书籍和论文中发表了他的观点，论文主要发表在他自己主持的期刊上。我们将从三个方面考察弗洛伊德公开发表的精神分析理论：解释、心理的动力和结构（动机和人格），以及文化（弗洛伊德将精神分析作为文化和社会理论的延伸）。

解释

新精神分析学的第一本专著是《梦的解析》（1900/1968），弗洛伊德将其看作自己的杰作。在给弗利斯（Freud, 1985）的一封信中，弗洛伊德希望有一天可以竖立一块牌匾，上面写着："1895 年 7 月 24 日，在这座房子里，西格蒙德·弗洛伊德博士揭开了梦境神秘的面纱。"弗洛伊德十分重视他的见解，他认为梦不是毫无意义的体验集合，而是"通往无意识的康庄大道"——指向人格最深处的线索。弗洛伊德承认，解析梦境并不是一个独创的想法，但他的解析理论与他那个时代公认的学术观点不一致。包括冯特在内的大多数思想家都不太重视梦境，认为梦只不过是清醒时混乱的精神活动在夜间的余波。相反，弗洛伊德站在诗人和萨满一边，认为梦是清醒体验无法获得的关于现实的象征性表达。从长远来看，《梦的解析》是他迄今为止最有影响力的作品，也是今天唯一值得一读的作品。精神分析中一切有持久影响力的内容都源于此。

在书中，弗洛伊德试图将他的癔症临床研究成果与他在《科学心理学大纲》中描述的心理学化的机械生理学结合到一起。这一结合从未真正实现。随着精神分析首先在弗洛伊德手中发展，而后在 20 世纪被他的追随者传承，弗洛伊德过时的生物学，包括生理学和进化论观点，都逐渐被淘汰，只留下对梦、行为和文学意义的解析，成为他对西方思想的最大贡献（Bloom, 1986）。正如萨默斯（Summers, 2006）所言，有两个弗洛伊德，科学家弗洛伊德和解释学家弗洛伊德，所谓解释学家，就是对某个作品咬文嚼字，揭示出连作者都不知道的意义的人。

无论如何，我们还是先从弗洛伊德的科学理论，即因果理论入手，解释梦境是如何在睡眠过程中产生的（见图 9.1）。这部分内容出现在《梦的解析》的最后一章，重复了《科学心理学大纲》中的内容，对神经学细节强调得较少。

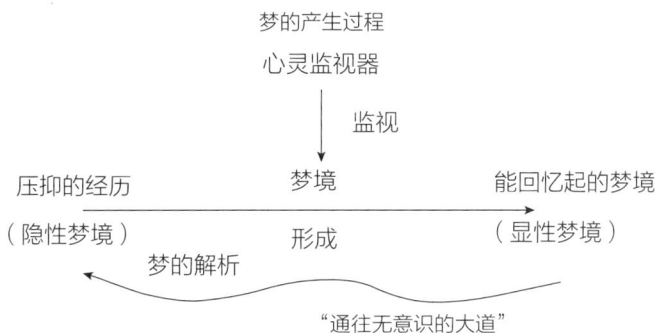

图 9.1　弗洛伊德关于梦的产生的理论图解

　　弗洛伊德的论点首先在《癔症研究》中有所暗示，即我们的内心都有压抑的欲望，需要不断寻求控制行为的途径。只要我们醒着，我们的自我，或者说有意识的自我，就会压抑这些欲望；但是在睡眠期间，主动意识下降，对欲望的压抑会减弱。结果，先前被压抑的欲望会接管大脑的运动中枢，并在行为中表现出来。然而，在睡眠期间，运动中枢是关闭的，欲望改变了神经传递从刺激到反应的这一常规方向，如弗洛伊德所说，欲望"逆向"移动到大脑的感觉区域，在那里它们会被体验到，就像它们在现实中发生一样。

　　然而，如果我们在睡梦中经历了我们潜意识中渴望的事情，弗洛伊德声称我们会非常生气和害怕，以至于我们醒来后会重新压抑它。因此，一个叫作"梦境机制"（dream-work）的过程被启动。我们有一种道德感，即在睡眠中保持警觉的"精神检查员"，顾名思义，它会阻止被禁止的欲望进入意识。"梦境机制"重铸了梦，将被禁止的欲望转码成可接受的思想和经历，然而它们仍然指向被压抑的内容。因此，与母亲发生性行为可能在梦中表达为将钥匙插入父母的门锁，进入通常禁止儿童进入的房间。做梦是一种保护睡眠的妥协，因为梦是幻觉，是被压抑的思想的伪装表达。弗洛伊德生长在一个政治审查严格的时代，当时政府禁止表达政治愿望，尤其是那些可能威胁其权力的愿望。但是反对派团体找到了间接编码他们信息的方法，以逃避审查（Sperber，2013），弗洛伊德只是把这个概念扩展到了梦境。在他的理论中，梦是一种颠覆性的政治文学，表达了受威胁的自我压抑的欲望。

　　弗洛伊德的释梦理论提出了一种用精神分析解释神话、传说和艺术作品的方法。在前文中我们已经看到，在写给弗利斯的所谓他发现了俄狄浦斯情结的信中，弗洛伊德声称能够理解像《俄狄浦斯王》和《哈姆雷特》这类戏剧的持久吸引力。在随后的几十年里，精神分析对文学批评产生了巨大的影响。弗洛伊德的释梦理论，建立了一个关于大脑多层次系统的一般性模型，在这个系统中，无意识会根据一套特殊的规则塑造思想和行为（Sulloway，1979），这为精神分析的解释功能提供了基础，其解释学应用对后来的社会和文学批评家都产生了巨大的影响。根据精神分析理论，梦境，以及由此引申的神经症症状、口误，甚至表面上的文明行为，从来都不是它们看起来的样子，因为它们是由令人嗤之以鼻的性以及攻击性的冲动所驱使的。在文学批评家看来，精神分析可以用来论证艺术作品从来都不是它们表面的样子，它们表达却又隐藏着艺术家的思想；如果作品是流行的或有争议的，就可以说是体现了观众最深层的需求和冲突。而对社会批评家来说，精神分析认为，社会实践、制度和价值观的存在，是为了实施并同时隐藏应受谴责的价值体系（通常是资本主义）和应受谴责的精英（通常是白人男性）的统治。在心理治疗、文艺和政治领域，精神分析理论将治疗师和评论家置于权威地位，能够透过无意识的迷雾，向被蒙蔽的客户、观众和公民揭示真相。

心理的动力和结构

动机 尽管弗洛伊德关于儿童期性欲和俄狄浦斯情结的观点是在 19 世纪 90 年代形成的，但直到 1905 年，弗洛伊德才在三个简短的专题讲座中公开这些观点，发表在《性学三论》中。正是通过这些学术记录，我们才了解到弗洛伊德关于人类动机的极其狭隘的概念。早期很多心理学家都假设过普遍性的人类欲望，从古希腊对荣耀的渴望，到苏格兰学派或弗朗兹·约瑟夫·加尔丰富的官能心理学。即使是严格的经验主义者大卫·休谟，也将其归因于人类独特的动机，如道德感，甚至连功利主义者（utilitarians）也认识到了满足和不满足的非生物根源。然而，弗洛伊德认为人类的动机与动物无异，他列出的动物动机清单非常简短：性、饥饿、口渴和自卫，后来，他又加入了攻击性。但是在《性学三论》中，性变成了最重要的动机。也正是在这里，弗洛伊德向全世界介绍了他关于儿童期性欲的想法，以及他基于虚构的诱奸情节发展起来的俄狄浦斯概念。

弗洛伊德还讨论了成人性欲，他说成人性欲始于青春期，成熟的性会唤醒并改变童年时期潜伏的性本能。弗洛伊德通过对性心理发展的探讨向他的读者暗示，培养一个健康的、没有神经症或心理异常的孩子是非常困难的。通过这种方式，弗洛伊德推动了应用心理学的兴起，因为心理学家开始著书出版，并对父母几千年来一直在做的事情提出了建议——现在父母们开始担心自己做错了。父母似乎不应该相信自己的直觉，而是需要向科学寻求抚养孩子的建议。

1920 年，弗洛伊德在《超越快乐原则》（ *Beyond the Pleasure Principle* ）中修改了他的动机理论。也许是因为自己患有难以治愈的下颌癌，弗洛伊德忍受过无数次手术，女儿安娜每天不得不痛苦地帮他更换下颌假体；也许是因为一战的大屠杀，弗洛伊德对人性越来越悲观。在《超越快乐原则》中，弗洛伊德提出，"一切生命的目的都是死亡"。弗洛伊德在这里从精神分析的角度表达了一个古老的观点：我们生来就是为了死亡。

弗洛伊德的论点基于他的一个理念：未被满足的本能就是驱动力，行为的目的是减少这种驱动力。没有满足的本能会带来唤醒（arousal）状态，生物体会尽力通过满足本能的行为来减少唤醒状态。满足只是暂时的，所以，随着时间的推移，本能必须重新得到满足，由此导致一个唤醒和满足的循环过程，弗洛伊德称之为强迫性重复（repetition compulsion）。因此，似乎每个生物体寻求的最佳状态都是完全平静（oblivion），也就是从唤醒中解脱出来。当生活的目的，也就是"减少紧张"永久达成时，也意味着强迫性重复的循环被死亡打破。弗洛伊德总结道，在我们的内心深处，存在着对死的渴望，也有强烈的对生的渴望。饥饿和口渴等自我本能保护着个体的生命，性本能保护着物种的生命，所以弗洛伊德将它们捆绑在一起，归结为生本能，以希腊语"Eros"（厄洛斯，"爱"的意思）命名。与生本能相对的是死本能，或称为"塔纳托斯"（Thanatos），"塔纳托斯"在希腊语中是"死亡"的意思。厄洛斯和塔纳托斯相互制约。塔纳托斯为自我提供了在道德超我的指引下抑制性欲的能量，而厄洛斯则提供了能量来抑制死本能，使其不能马上实现致命的愿望。

死本能的假设为攻击性问题提供了一种解释。在弗洛伊德早期的理论中，攻击行为被认为是出于受挫的自我或性需求。例如，动物出于自卫的需求或为争夺食物、水、领地或繁殖机会而争斗。在新理论中，攻击性本身就是一种自主的驱动力。如同生物体各自转换性本能的途径一样，死本能也可能转换形式从而避免生物体的死亡。厄洛斯可以暂时压制塔纳托斯的自杀式攻击，但结果必然是让攻击转移到其他人身上。弗洛伊德的新理论没有在后来的分析家中赢得普遍的赞誉，他们中的许多人更愿意接受弗洛伊德早期的、不那么悲观的人性观，但是这两种攻击理论都出现在后来的非精神分析的心理学中。由挫败引起的攻击性最早出现在属于社会学习理论的挫折 – 攻击假说中（Dollard，Doob，Miller，Mowrer & Sears，1939）；后一种攻击本能论被动物行为学家采纳，他们强调攻击性驱动的适应价值（Lorenz，1966），如果不是自杀驱动的话。

人格　心理无意识的概念是精神分析中一个真正不可或缺的信条（Gay，1989），是"精神分析研究的完善"（Freud，1915b）。但这并不是弗洛伊德首创的想法，而且无论在过去还是现在，它都充满争议。我们在古代和中世纪的作品中根本找不到这个概念。正如我们已经读到过的，在那些时代，占主导地位的心理学家是亚里士多德，他根本没有从意识的角度考虑心智，而是从功能的角度考虑心智。意识的心理空间和无意识的心理状态这样的概念在他的体系中没有意义，因为他将灵魂定义为生命过程的总和。回顾前文，他认为植物和动物都有灵魂，还说人类的独特之处在于形成普遍概念的能力，而不是一种特殊形式的体验。

笛卡儿用意识的概念取代了亚里士多德关于人类灵魂的功能概念。他认为，意识是一种特殊的体验，而自我意识仅限于人类拥有。在前文讨论过的笛卡儿模型中，人类拥有一个内在的精神空间——笛卡儿剧场，人通过这个剧场看到世界的投影；动物只是没有灵魂的机器。然而，一旦思想家接受了内在意识空间的概念，内在精神空间在某些方面类似于意识的可能性就出现了。康德的先验性自我并不是有意识的，而且由于无法内省观察，康德断定心理学不可能是一门科学。但是后康德时代的理想主义者，比如尼采，以及他的浪漫主义同盟者大量使用了无意识。莱布尼茨假设了微觉（即无意识）的存在，费希纳也遵循了这一假设。哲学家和教育家约翰·弗里德里希·赫尔巴特（Johann Friedrich Herbart，1776—1841）提出了一种复杂的心理学，其基础观点是，当思想或多或少地充满能量时，它们会在无意识中往返起伏。此外，不管是麦斯麦还是后来布雷德的催眠术以及沙尔科关于癔症的观点，都是建立在无意识思想和无意识影响的基础之上的。最后，维尔茨堡的心理学家至少有这样一种想法：他们的无形象思维是无意识思想在意识表面的涟漪。正如我们所见，冯特最初接受了无意识的概念，但后来拒绝了它。他转而采用了生理学家提出的框架，其中意识和大脑是同源的；所谓的无意识过程只是大脑运作的过程。

因此，无意识概念并非弗洛伊德独创，尽管他和他的追随者喜欢将其说成弗洛伊德的发明。在接下来的内容中，我们将讨论弗洛伊德对无意识的使用，以及威廉·詹姆斯对于将其视为神话的拒绝。

弗洛伊德提出了两种关于无意识的理论。第一种被称为"地形模型"（topographical model），因为它将心灵视为一个空间，在这个空间中，思想在意识和无意识之间移动。地形模型是弗洛伊德对笛卡儿、洛克及其哲学后继者发展的"观念之路"的阐述。然而，心理无意识的观点在心理学上是有争议的。对大多数英国哲学家来说，根据定义，"观念"必须是有意识的。意识之下是大脑的运作，而不是无意识的思想，弗洛伊德在他的《科学心理学大纲》中认可了这一立场。在放弃《科学心理学大纲》后，弗洛伊德发展了一种更符合德国莱布尼茨和康德传统的心智理论——在传统的认知中，精神生活的大部分内容都超出了内省的范围。弗洛伊德并不孤单；到20世纪初，研究人类事务的学生越来越倾向于认为人类行为是由意识之外的过程和动机引起的（Burrow，2000；Ellenberger，1970；Hughes，1958）。通过对沙尔科的研究，以及弗洛伊德自己在临床中使用催眠所观察到的，人在被催眠后的恍惚状态和暗示的力量，似乎展示了意识之外的精神领域。叔本华曾谈到过人类灵魂中的"野兽"，尼采说"意识只是一个表面"（Kaufmann，1985）。弗洛伊德在《日常生活的精神病理学》（Psychopathology of Everyday Life，1914/1966）中认可了尼采对无意识动力学的理解，当时他引用了尼采的格言："'我已经那样做了，'我的记忆说。'我不可能那样做，'我的自尊不为所动地说。最终，我的记忆让步了"（Kaufmann，1985）。

然而，无意识心理状态的假设在学术心理学家中并不占主导地位，他们认为心灵与意识是同步的。对他们来说，所谓的心灵科学，也就是心理学，就是关于意识的科学。弗洛伊德最重要的哲学导师弗朗兹·布伦塔诺否定了无意识（Krantz，1990），杰出的美国心理学家威廉·詹姆斯（James，1890）也加入了他的观点。布伦塔诺和詹姆斯共同持有一种理念：布伦塔诺称之为内在知觉的无误（infallibility），詹姆斯称之为"存在即知觉"（esse est sentiri）。根据这一理念，意识中的观念就是它们看起来的样子。

　　也就是说，意识中的观念并不是詹姆斯所谓的"康德式的无意识机器作坊"用更简单的精神元素合成的。格式塔心理学也持有类似的观点，认为复杂的整体是直接在意识中出现的，不存在隐藏在体验背后的心理机制。

　　然而，我们必须认识到，布伦塔诺和詹姆斯并不拒绝对"无意识"这一术语的纯描述性使用。他们都意识到，行为或体验可能是由人类不知道的因素决定的，但他们认为并不需要用"无意识心理状态"这一假说来解释体验和行为的无意识原因。他们提出了很多可能的机制，基于这些机制，思想和行为有可能受到无意识的影响。詹姆斯在他的《心理学原理》（*Principles of Psychology*，1890）中充分论述了这个问题。

　　詹姆斯指出，意识是一个大脑运作的过程，我们无法意识到我们的大脑状态。例如，我们的小脑让我们保持平衡直立，但是我们不需要为了解释直立的姿势而假设小脑在无意识地计算物理定律。因此，当下不存在于意识中的记忆会作为痕迹存留在大脑中，等待意识的激活（James，1890）。我们不需要假设存在一个无意识的记忆库。其他看起来明显无意识的精神状态可以被解释为注意或记忆的缺失。用冯特的话来说，被理解的刺激（apprehended stimuli）是有意识的，但是，由于它们没有被感知，所以它们可能不会被记住。如果我们受到它们的影响，我们可能会倾向于认为它们"无意识地"影响了我们，而事实上它们存在于意识中，只是不再被回忆而已。1960年，乔治·施佩林（George Sperling）指出，在冯特的字母感知实验中，被理解的字母其实是被短暂感知的，但在被试说出字母的过程中被遗忘了。我们无法恢复的梦或记忆，没必要因为被压抑而被认为是无意识的，所谓的无意识只是遗忘而已（James，1890）。最后，催眠和多重人格的存在，可能是由于意识的分离，而不是无意识。也就是说，在一个人的大脑中，可能存在两种不同的不知道彼此存在的意识，而不是一种被无意识力量所困扰的意识。

　　在詹姆斯和其他心理学家看来，假设一种无意识在科学上是危险的。因为根据定义，无意识是处于观察之外的，它可以很容易地变成一个工具，用来建构不可检验的理论。正如詹姆斯（James，1890，p.163）所写的，无意识"是一种无比高明的借口，任由一个人的喜好，让可能成为科学的东西变成异想天开的温床"。

　　弗洛伊德在《无意识》（*The Unconscious*，1915b）中详细阐述了他对无意识思维的理解。他为证明无意识精神领域的存在提出了两个主要论点。第一个"毫无争议的证据"是弗洛伊德声称精神分析在临床上取得了成功。他认为一种疗法只有基于正确的心智理论才会起作用；在前文中我们已经看到，这一观点也为弗洛伊德放弃他关于癔症的诱奸理论提供了一个理由。他坚信无意识存在的第二个依据是笛卡儿提出的"他心"问题。弗洛伊德（Freud，1915b，p.120）认为，正如我们可以从"可观察到的话语和行为"中推断出其他人（也许还有动物）的心理，我们也应该可以如此进行自我观察。"我在自己身上观察到的所有行为和表现，必须被判断为好像它们属于别人"，也就是自我之中的另一个心灵。弗洛伊德承认，这一论点"逻辑上导致了对自己体内存在第二意识的假设"。尽管詹姆斯支持这一假设，但弗洛伊德认为它不太可能赢得意识心理学家的认可。

此外，弗洛伊德断言，这种"其他意识"拥有"对我们来说似乎是陌生的，甚至不可思议的"特征，以至于最好不要将其视作第二意识，而是一种无意识的心理过程（Gay，1989，pp.576–577）。

弗洛伊德进而区分了无意识这个术语的几种含义。我们已经认识到弗洛伊德和意识心理学家一致同意的一种描述性说法：我们并不总是能够完全意识到自己行为的原因。分歧始于弗洛伊德关于无意识精神空间，也就是无意识在地形模型中的概念，当想法和愿望不存在于意识中时，它们便存在于这个空间里。弗洛伊德的构想和尼采一样：意识只是一个表面，位于一个巨大而未知的领域之上，感觉很模糊，如果这个领域存在的话。在弗洛伊德对心智的描述中，所有的感知和思想首先会出现在无意识中，在那里它们会被检验，以权衡是否能被意识接受。通过审查的感知和想法可能会转化为显性意识；如果没有通过审查，它们将不会被允许进入意识。这一分析应用于感知，为20世纪50年代重要的知觉的"新观点"运动提供了基础（见第12章）。通过审查的感知和想法也未必会直接转变为意识，只是"有可能出现在意识中"。观念在成为意识之前先存在于"前意识"（preconscious）中，弗洛伊德并不认为"前意识"与"意识"有很大不同。然而，更重要的，同时在精神分析中也更有意思的是，那些没有通过精神审查的想法或愿望的命运。这些想法和愿望往往非常强大，不断寻求表达。然而，由于它们本身是令人厌恶的，因此它们只能被迫保持无意识状态。这种动态的无意识是由压抑导致的，而这个压抑行为就是积极而有力地抵抗不可接受的思想进入意识的过程。

在《无意识》一书中，弗洛伊德提出了关于无意识的描述性的、地形模型的和动态的用法。然而，在他对无意识的解释中隐含着一个额外的结构性意义，弗洛伊德将其发展成了一个新的人格概念，一组相互作用的结构，而不是一个空间。无意识不仅仅是空间中的一个地方（地形模型视角），包含容易获得的思想（前意识）和被压抑的思想（动态无意识），它同时也是一个独立于意识的心灵系统，遵循自己的幻想原则。与意识相反，它不受逻辑约束，情绪不稳定，既反映当下也反映过去，与外部现实完全脱节。

系统的或结构的关于无意识的概念，对弗洛伊德来说越来越重要，并且成为他后来重建心灵图景的核心（Freud，1923/1960）。作为空间集合（意识、前意识、动态无意识）的心灵的地形模型被结构模型所取代。在新理论中，人格由三个不同的心理系统组成。第一个是先天的、非理性的和以满足为导向的本我（旧的无意识的系统概念）。第二个是有学问的、理性的、面向现实的自我（意识加上前意识）。第三个是道德上非理性的超我（审查者），由进化而来的道德使命组成。弗洛伊德说，随着结构观点的采用，意识和无意识的老式二分法"开始失去意义"。

文化

在生命的最后10年，弗洛伊德开始将精神分析应用于重要的历史和文化问题。他这样做的时候，采取的立场是将更极端的启蒙自然主义与反启蒙运动的潮流结合起来。针对伏尔泰，他说宗教是一种压迫性的幻觉，针对卢梭，他说文明是人类幸福的敌人。这一切的背后隐约可以看到沉思的、悲观的霍布斯的形象。

弗洛伊德在《一个幻觉的未来》（*The Future of an Illusion*，1927/1960）中呼应了法国自然主义者和实证主义者。正如我们所见，一方面，追随伏尔泰的许多哲学家，如孔德，都期待宗教的消亡，因为对世界和人性的科学解释已经取代了陈旧的迷信教条。另一方面，一些社会学家和人类学家，如埃米尔·涂尔干（Emil Durkheim，1858—1917）认为，即使关于上帝和来世的宗教主张是不正确的，宗教机构对人类的社会生活也至关重要，宗教信仰永远不会消失。[①] 在《一个幻觉的未来》中，弗洛伊德果断地站在了前一种更激进的思路一边。弗洛伊德认为宗教是一种幻觉，是一种实现愿望的宏大尝试。他说，宗教只不过是建立在我们幼稚的无助感，以及希望得到全能父母的保护的渴望上的，这时父母就变成了上帝。此外，对弗洛伊德来说，宗教是一种危险的幻觉，因为它的教条阻碍了民智，使人类处于幼稚的状态。随着人类对科学资源的开发并能够独立生存，宗教终将被取代。那些已经不再依赖宗教但还没有察觉的人是隐性的宗教怀疑论者，弗洛伊德向这些人推荐自己的作品。

霍布斯和卢梭以精神分析的形式出现在《文明及其不满》（*Civilization and Its Discontents*，1930/1961）一书中。在《一个幻觉的未来》（Freud，1927/1961，p.5）中，弗洛伊德写道："每个人实际上都是文明的敌人……而人们……感到文明期望他们为公共生

---

① 我们知道这种观点是错误的，宗教终将退出人类的社会历史舞台。——编者注

活做出牺牲，是一种沉重的负担。"人类与社会的关系是《文明及其不满》的主题："负罪感是文明发展中最重要的问题……我们为文明的进步所付出的代价，就是因负罪感的增强而失去幸福"（Freud，1930/1961，p.81）。根据弗洛伊德的说法，每个人都在寻求幸福，而最强烈的幸福感来自我们本能欲望的满足，尤其是性欲的直接满足。然而，在很大程度上文明要求我们放弃这种直接的满足，代之以文化活动。这种升华的驱动力给我们带来的快乐不如直接的满足感。除了无法直接满足，我们还将文明的要求内化为苛刻的超我，为不道德的思想和行为感到内疚。因此，文明人不如他们的原始祖先幸福；随着文明的发展，幸福会越来越少。

但是，文明也有其回报，它是人类社会生活所必需的。与霍布斯一样，弗洛伊德担心，如果没有一种抑制攻击性的手段，社会将陷入一场所有人反对所有人的战争。因此，除了最强壮的人，文明对于所有人的生存都是必需的，并且至少部分地服务于厄洛斯。此外，作为压抑的回报，文明不仅带给了我们安全感，还通过技术的发展给了人类艺术、科学、哲学和更舒适的生活。

因此，文明呈现了一个两难困境，弗洛伊德看不到出路。一方面，文明是人类的保护者和恩人。另一方面，文明要求人类放弃快乐，甚至它的代价之一就是神经症。在这本书的结尾，弗洛伊德暗示，不同文明产生的不快乐程度可能不同——这是他留给其他人思考的问题。

《文明及其不满》已被证明是弗洛伊德流传范围最广、最具煽动性的作品。一些作家声称只有西方文明才会导致神经症，因此他们渴望一些乌托邦的出现。还有一些人教导说，摆脱弗洛伊德困境的唯一方法就是放弃文明本身，回到童年时期简单的身体快乐。现在看来，这些说法已然是老生常谈。

| 精神分析运动 |

《梦的解析》出版后不久，弗洛伊德就开始吸引追随者。弗洛伊德的第一批追随者是对弗洛伊德的临床方法感兴趣的几位执业医生。正如我们了解到的，追求基础知识本身和追求实际应用通常是不一样的。基于希腊传统，科学家们经常看不起那些追求实用知识而不对自然进行深入理论探究的人（Eamon，1994）。弗洛伊德时代的医学也是如此。正如作为科学家和医生罕见结合体的鲁道夫·菲尔绍（Rudolph Virchow，1821—1902）所言："学术医学家说他什么也做不了，实践者说他什么也不知道"（引自 Makari，2008，p.133）。弗洛伊德为执业医生提供了一种疗法，这种疗法似乎是一种基于人类思维的一般性理论，可以将科学和治疗学结合起来。渐渐地，几位对弗洛伊德的临床实践感兴趣的医生每周三在他家碰面，用弗洛伊德的观点探讨感兴趣的案例，但他们的目标并不是创建一个新的精神分析专业。

《性学三论》的问世扩大了弗洛伊德的影响力。很多知识分子，尤其是那些有浪漫主义倾向的人，已经认为维多利亚时代的社会太刻板，因循守旧，不能容忍人性中更野性的一面，尤其是在性方面。这些知识分子加入了弗洛伊德的周三聚会，该聚会从1902年的5名成员发展到1907年的22名成员，成为"星期三心理学会"。随着团体更加有组织，该小组开始努力解决身份问题：精神分析家的身份意味着什么？是一种科学追求吗？是一种职业，还是一种意识形态？

这些问题的探讨在1907年达到顶峰，当时来自苏黎世伯格霍茨利精神病院的代表马克斯·艾廷顿（Max Eitington，1881—1943）来到维也纳（Makari，2008）。该医院提议，在它的主持下，在萨尔茨堡举行一次弗洛伊德心理学大会。维也纳以外的世界也已经认可了弗洛伊德，他们围绕精神分析的本质以及弗洛伊德的遗产，开始了永无休止的争论。

如同冯特之后的几代心理学家把心理学从对意识的研究变成了对行为的研究，又在冯特的纯科学心理学的基础上增加了应用心理学这一学科和临床心理医师这一职业一样，几代精神分析家都在寻求改变精神分析的本质。然而，这样的演进过程在两个领域是不一样的。心理学的第一个组织，美国心理学会，将自己定义为致力于心理学科学的进步，而不是深究心理学特定的理论观点，并最终因为科学家和实践者之间的经济利益矛盾分裂为两个团体。然而，由于最终致力于一种意识形态，即弗洛伊德自己关于心灵和动机的理论，精神分析的发展变得更加困难。弗洛伊德不能容忍任何对他的信条的背离。此外，精神分析在文化上比学术心理学更有争议，许多外部观察者认为精神分析是伪科学，或者只是简单的谎言。

伯格霍茨利精神病院历史悠久，闻名世界。精神病学家从世界各地，尤其是从美国，来到那里学习。诊所的主任是厄根·布洛伊勒（Eugen Bleuler，1857—1939），一位精神病学家，而不是治疗师。他之所以声名鹊起、影响巨大，是因为他重新研究了最伟大的、有科学头脑的精神病学家之一——埃米尔·克雷佩林对早发性痴呆的诊断。克雷佩林通过与冯特的合作，学习到了科学方法论，进而提出了第一个基于科学的精神病学诊断——早发性痴呆，他认为这是出现在年轻人中的一种老年痴呆症。布洛伊勒不认同这一诊断，并认为这些病人的思想是存在的，只是受到了干扰，他将这种疾病重新命名为精神分裂症（schizophrenia）。与后来的精神分析家不同，布洛伊勒认同克雷佩林关于精神分裂症是一种器质性病变的观点。

像克雷佩林一样，布洛伊勒也对冯特的科学心理学感兴趣，尤其是冯特对弗朗西斯·高尔顿首创的自由联想测验的应用。布洛伊勒将这一方法的临床应用工作交给了他的助手卡尔·古斯塔夫·荣格（Carl Gustav Jung，1875—1961）。他的理论导致荣格提出了心理"情结"（complexes）的概念，这是潜伏在意识之外，但可能在精神疾病中表现出来的相关思想的集群。荣格的发现受到了广泛的赞赏，并被世界各地的精神病学家和心理学家所使用。荣格首先成为弗洛伊德选定的继承人，弗洛伊德曾称他为"王储"（McGuire，1974，p.218），同时也是他最重要的对手。

荣格对弗洛伊德来说很重要，原因有二。首先，荣格本身就是著名的精神病学家，又与著名的伯格霍茨利医院有联系，因此荣格与弗洛伊德的结交，几乎代表了对弗洛伊德思想的科学认可。弗洛伊德是一个孤独的神经病学家（Skues，2012），而荣格和布洛伊勒是在一家大型诊所工作的受人尊敬的科学家。其次，荣格是个"异教徒"。弗洛伊德的早期追随者几乎全是犹太人，弗洛伊德担心在一个恶毒的反犹太时代，精神分析可能会被视为一门犹太科学。鉴于犹太科学家在纳粹德国的命运，弗洛伊德的焦虑不是毫无根据的。因此，弗洛伊德计划让荣格成为日益兴起的国际精神分析运动的领导者。

弗洛伊德和荣格的关系在开始的几年一直很好，但变得紧张也是早晚的事。有一件事发生在 1909 年弗洛伊德去美国做精神分析巡讲的时候。在船上，弗洛伊德和荣格发生了争执，弗洛伊德晕倒了。弗洛伊德自我诊断说，他与继承人荣格之间存在尚未解决的俄狄浦斯情结（Rosenberg，1978）。

随着精神分析成为一场国际运动，弗洛伊德和他的追随者之间的分歧变得更加严重和难以解决。许多思想家都接受了弗洛伊德对无意识的表述，尽管他并没有发明这个概念，尤其是荣格，他认为自己对于无意识的想法源自康德和浪漫主义（Makari，2008）。同样吸引人的是弗洛伊德把能量的概念带到了对心灵的理解上。能量的概念在 19 世纪的物理学和生理学中很重要。赫尔姆霍兹提出了一种由单一物理能量驱动所有运动的理论，以及由此产生的能量守恒定律——系统中的总能量既不能被创造，也不能被破坏。弗洛伊德的力比多（本我的一部分）似乎是一种精神等价物，一种总是在行为或梦中寻找出口的能量，它不能被摧毁，只能被压抑，或被转化为替代性的活动、思想或幻想。

弗洛伊德的许多追随者的一个分歧点是，弗洛伊德坚持认为力比多是完全源于性的。在新兴的国际精神分析协会（IPA）第一次大会结束时，弗洛伊德对荣格说，心理性欲（psychosexuality）必须是精神分析"不可动摇的堡垒"（引 Makari，2008，p.204）。

1910 年在纽伦堡召开的 IPA 成立大会上，荣格被选为主席，他被认可为弗洛伊德的继任者。然而，从另一个角度说，这次会议就是一场灾难（Makari，2008）。心理性欲被奉为协会成员必须认可的核心信念。一些成员，如布洛伊勒选择了退出，说弗洛伊德对性的偏执在科学中没有地位，这种情绪过去布洛伊尔也公开表达过（Crews，1986）。清洗始于阿尔弗雷德·阿德勒（Alfred Adler，1870—1937）等持不同意见的精神分析家，他们因拒绝心理性欲而被驱逐。开展这场运动的是一个秘密的内部圈子，他们的目的是保护弗洛伊德的形象，使他得以远离那些有争议的精神分析家；弗洛伊德后来为这个团体的成员制作了特殊的戒指。继纽伦堡大会之后，成为一名精神分析家意味着成为一名忠诚的弗洛伊德主义者（Makari，2008）。

1912年，荣格作为国际精神分析协会主席的任期结束后，他在福特汉姆大学的一系列讲座中都表达了与弗洛伊德决裂的信息（Jung，1961）。这个地点很重要，因为这意味着承认美国是对精神分析最开放的国家。荣格不断称赞弗洛伊德是精神分析的创始者，但指责他坚持力比多只源于性的观点。荣格保留了"力比多"这个术语，但将其扩展为一种"能量"原则（Jung，1961，p.36），即在行为和思想中寻找出口的动机，不管是健康的还是不健康的。荣格也不同意弗洛伊德对人性的悲观看法和对宗教的否定。荣格认为宗教冲动是深刻的、不可磨灭的，并且有很大的价值（Jung，1933/2001）。由于荣格不再需要弗洛伊德，他们之间关系的破裂是不可避免的，而且非常不愉快。荣格建立了他自己的系统，被称为分析心理学（Noll，1994）。

在弗洛伊德的忠实门徒卡尔·亚伯拉罕（Karl Abraham，1877—1925）的领导下，IPA的重心转移到了柏林。亚伯拉罕使精神分析成为一种职业，而不是一门科学，他为精神分析家建立了一套标准的培训制度，包括精神分析的候选人必须先对自己进行精神分析。柏林模式成了精神分析培训的行业标准（Shamdasani，1961）。

弗洛伊德的精神分析是科学吗

在这一章中，我们考察了弗洛伊德心智观的发展，包括正常心理和异常心理。当然，弗洛伊德还发起了一场运动，他更希望这是一场革命，而不仅仅是另一种心理和行为理论。在第8章中我们看到，科学心理学虽然诞生于德国，但很快就成了一门美国的科学。精神分析也是如此。正如弗洛伊德最重要的追随者荣格所承认的那样，从早期开始，精神分析在美国就比在德国更加繁荣。考察精神分析从德国学科向美国学科的转变，会为理解科学心理学的类似转变带来更多的启示。在关于弗洛伊德版精神分析的最后一节，我们将提出一个重要且备受争议的问题："弗洛伊德的理论科学吗？"

精神分析是科学还是伪科学

"精神分析是一门和其他科学一样的科学"，这一说法一直备受争议。实证主义者发现弗洛伊德学派的假说模糊不清，难以验证（Nagel，1959）。卡尔·波普尔对精神分析的科学地位发起了最具影响力的挑战，他认为精神分析是伪科学。正如我们在第1章中所学的，波普尔将可证伪性原则表述为区分真正的科学观点和伪科学观点的标准。根据可证伪性原则，一个理论要配得上被称为科学，其做出的预测就必须可以明确证伪。然而，波普尔发现，精神分析家总是能够解释任何行为，不管这种行为与精神分析有多么明显的不一致。在复杂的地形模型、结构模型和动态无意识这些理论中，总是可以找到对任何事情的解释。本着这种波普尔精神，已故哲学家西德尼·胡克（Sidney Hook，1959）在几十年的时间里，曾要求无数精神分析家描述一个没有俄狄浦斯情结的人会是什么样子。他从未得到过满意的答复。事实上，人们不止一次地对他怀有敌意，甚至对他的问题也报以尖叫。

精神分析是失败的科学吗

弗洛伊德将精神分析的临床成功作为证明精神分析理论是真正的心灵理论的"毫无争议的证据"。弗洛伊德说，不是精神分析可以治疗神经症，而是只有精神分析才能治疗神经症，因为只有精神分析才能找到与症状"吻合"的内心渴望和想法。弗洛伊德认为，其他疗法只能取得部分和暂时的成功，因为它们没有触及神经症的病因，只能通过暗示带来一点缓解。

哲学家阿道夫·格林鲍姆（Adolf Grünbaum，1984，1986）认为弗洛伊德的"理论参数"（tally argument）是可证伪的。如果精神分析是一门科学，问题就变成了确定它的主张是真是假。精神分析必须证明其独特的临床疗效，才能被接受为有所依据的真理。特有的成功对于这种"理论参数"至关重要，因为如果还存在其他治疗体系，哪怕和精神分析疗效相似，就没有理由选择复杂的精神分析，而不转向其他简单的理论。例如，行为疗法的理论原则就很简单，如果可以证明其疗效不输精神分析，那么根据奥卡姆剃刀原理，它在科学上就比精神分析更可取。

当我们研究精神分析在临床上的成功时，我们发现，尽管弗洛伊德一次次吹嘘自己的成功，但他提供的数据却少得惊人。弗洛伊德只详细报告过 6 个案例，其中一个他没有介入治疗，只有两个他声称是成功的（Sulloway，1991）。两个据称成功的案例分别是"鼠人"和"狼人"。鼠人之所以被称为鼠人，是因为他对老鼠有着病态的恐惧和幻想，而狼人之所以得名，是因为他反复梦到和看到狼栖息在树上。弗洛伊德对这两个案例的描述都经不起推敲。两个报告中都有大量对事实的歪曲，两个病人似乎都没有被治愈。在他公开宣称鼠人治疗成功后，弗洛伊德向荣格承认鼠人远未被治愈，并且和多拉一样，鼠人中断了治疗。狼人的例子更为人所知，因为他比弗洛伊德多活了很多年，在生命的最后阶段，他向一名记者讲述了自己的故事。弗洛伊德死后，他（义务）留在了精神分析室。他告诉

知识加油站 9.1

怀疑派

随着现代化的到来，新的生产方式出现了，这极大地增加了财富的积累。不足为奇的是，现代主义也有破坏性的一面。然而，现代主义的破坏性力量并不是针对旧的前现代秩序，而是针对现代性的创造者——资产阶级。弗洛伊德鄙视资产阶级。弗洛伊德与尼采一起，联合起来反对统治阶级的思想，形成了诠释学精神分析家雅克·拉康（Jacques Lacan，1968）所说的"怀疑派"的一部分。这个群体对 20 世纪社会思想的影响是巨大的。

怀疑派的共同敌人是中产阶级：布洛伊勒说，弗洛伊德对性的强调，一部分是由"一种想要震撼资产阶级的欲望"所驱动的（引自 Sulloway，1979）；尼采谴责中产阶级的道德不适合"超人"（尼采设想的未来世界理想化的人）。怀疑派的共同武器是揭露真相：弗洛伊德揭示了中产阶级在体面的表面——看似无辜的屏障——背后，有着极度的性堕落；尼采则揭露了基督教殉道者背后的懦弱。

对怀疑派来说，一切都不是看上去的样子；在弗洛伊德的心理学中，这意味着没有什么表达和行动是其看起来的样子——一切都需要解释。正如阿拉斯代尔·麦金太尔（Alasdair MacIntyre，1985）所观察到的，社会科学，尤其是心理学，在科学中是独一无二的，因为它们的理论可能会影响它们所研究的主体。因此，心理学塑造了它所描述的现实，而麦金太尔所说的过度解释的生活模式在现代生活中发挥着重要作用。

弗洛伊德将一种未被证实的动机作为可以解释一切的现实，我们每个人都被鼓励尝试寻找他人简单的公开行为背后真正的动机，同时被怂恿去回应那个"隐藏的现实"，而不是他人在表面上表现出来的东西（MacIntyre，1985，p.899）。在过度解释的生活模式中工作，没有什么是可以相信的；每一种状态、每一种行为，都需要一种诠释性的注解。这些解释甚至超过了传统的弗洛伊德式解释。要了解过度解释的影响，人们只需回想一下现代电视新闻的古怪之处，在这些新闻中，记者会引用专家和匿名"内部人士"的话，告诉老百姓，美国总统的演讲将如何"迎合"人民。政府官员的讲话失去了意义，他们只是"发送信息"给专家"解码"。权威和真诚都被降格。弗洛伊德和怀疑派留给你的只有偏执。

记者，后来有一名精神分析师要求他写了一部关于自身病例的回忆录，"向世界展示弗洛伊德是如何治愈一个重症患者的"，但这些都是假的，他感觉自己和刚开始去找弗洛伊德的时候一样难受。事实上，他说："整个事情看起来像一场灾难"（引自 Sulloway，1991）。费舍尔（Fisher）和格林伯格（Greenberg，1977）针对精神分析的科学地位写了一篇广受认同的评论，但得出的结论是，弗洛伊德自己的案例"在很大程度上是不成功的"。

最后，针对治疗结果的研究表明，没有足够的证据证明精神分析是唯一有效的疗法。各种治疗手段都有一定的疗效，而且大多数治疗形式的疗效相似。尽管弗洛伊德本人很少考虑对精神分析进行实验验证，但很多心理学家和精神分析师都进行过相关实验，并没有得出稳定的实验结果（关于治疗和实验研究的评论，见 Eysenck, 1986; Eysenck & Wilson, 1973; Farrell, 1981; Fisher & Greenberg, 1977; Grünbaum, 1984, 1986; Kline, 1981; Macmillan, 1997）。精神分析似乎陷入了两难境地。要么承认精神分析无法验证，这就等于承认精神分析是伪科学；要么接受实验验证，这样只会证明它是一门很差的科学。

注释

1　弗洛伊德所写的"幻想"（Phantasie），指的是无意识中出现的心理幻想；而"白日梦"（fantasy）指的是普通的有意识的幻想。因此，当弗洛伊德说孩子们在俄狄浦斯情结时期会对父母产生性"幻想"时，他的意思是孩子们从未有意识地体验过这些欲望或想法。

2　在弗洛伊德的批评者中，最知名的是杰弗里·马森（Masson, 1984a, 1984b），他谴责弗洛伊德明知儿童受性虐待的事实却保持冷漠，迫使受虐儿童接受精神病治疗而被迫沉默。马森的观点（Masson, 1984b）很容易被反驳，因为它建立在一个前提之上，即弗洛伊德得知了父母对儿童有性虐待行为，而这个前提现在看来是不足为信的。他并没有被告知，而且很可能从没有听到过任何人描述被性虐待的故事。此外，弗洛伊德和当时的所有精神病学家一样，非常清楚所谓的儿童受到性虐待是怎么一回事。对弗洛伊德来说，问题不是儿童是否受到性虐待，而是这种虐待是不是癔症的确切病因（Cioffi, 1984）。

第 10 章

新世界的心理学
达尔文革命、适应心理学与实用主义

接下来我们将研究最后一种心理学学说的创立，其被证明是心理学史上最持久和最有影响力的学说。在 20 世纪，德国的意识心理学很快成为 19 世纪德国思想的一个不合时宜的产物。我们也将在后文看到，精神分析成了一个垂死的运动。首先在英国，后来在美国，现代心理学家发现，极有吸引力和极为实用的心理学是基于进化的心理学。随着 20 世纪心理学在美国的崛起，以各种不同的形式出现的适应心理学已经成为学术心理学领域的主导。

| 达尔文革命 |

牛顿－笛卡儿式的机械世界和亚里士多德所描述的世界大同小异，都是一成不变的。每一个物体、每一个生物物种，都是永恒不变的，永远服从固定的自然法则。这样的世界观同样符合柏拉图的形式论、亚里士多德的本质论和基督教神学。在这种观点下，质变在本质上是不寻常的。根据牛顿－笛卡儿的理论，物质本身是充满惰性的，是不能自发改变的，只能是被动的，自发的变化只会出现在新物种的起源阶段，现有物种发生突变几乎是不可能的，因为每个物种都拥有自身特定的形式。

然而，在启蒙运动特有的进步氛围中，这种静态的自然观开始发生变化。有一个古老的亚里士多德神学概念有助于接受进化论的观点，即"存在巨链"，也就是亚里士多德的"自然的尺度"。在中世纪，"存在巨链"被视为衡量一个生物与上帝接近程度的标准，因此也是衡量其精神完美程度的标准。对于拉马克进化论的早期倡导者来说，它描述了生物向自然界最高级别进化的完美形式，也就是向人类进化的趋势。

生命形式可能随着时间而变化的观点也受到了浪漫主义和活力论生物观的帮助，这些生物观反对梅森（Mersenne）和笛卡儿的体系。如果生物在其自身从生到死的生命过程中能够自发地发生变化，并且能够通过繁殖产生新的生命，那么就有理由相信，生命形式可以在漫长的时间跨度中自我改变。然而，活力论者和浪漫主义者的进化论并不是机械的，因为他们赋予了物质神一般的属性。对于牛顿来说，有一个聪明的、有目的的造物主为惰性物质设定了机械运动。而对于活力论者来说，物质本身是智能的、有目的的。因此，活力论者持有的是一种浪漫主义的自然观——物质是自我完善和自我引导的，这个过程随着时间的推移逐渐展开。

当代科学和其他领域的发展也为进化论思想铺平了道路。医生更加了解了包括人类在内的动物从胎儿到成熟个体的发展过程。这种生长变化是戏剧性的、质变的，是形式的变化，而不仅仅是尺寸的变化，正如古代记载所表明的那样。因此，人们也更容易把地球上生命的发展看作一个物种转变成一个新物种的一系列质变的过程。大航海时代的开启也促进了进化论思维的发展，使得现有物种很难被纳入固定的柏拉图式思维模式中。例如，人类似乎与所有现存的动物都不一样，直到去过非洲的人开始描述大猩猩、红毛猩猩和黑猩猩。与现存生物的相似性，使我们更容易接受我们可能是由它们进化而来的观点。

到 1800 年左右，生物在地球的生命发展过程中不断变化的观点，也就是"逐代改良说"，在科学界已经司空见惯。此时需要解释的理论问题是，进化是如何发生的。任何进化论都至少需要两个组成部分。第一个是导致变化的动力，一种创造出在某些方面与亲代不同的后代的机制。第二个是保留变化的途径。如果一个有机体的创新不能传递给它的后代，它就会被淘汰，进化就不会发生。

浪漫主义进化论

让 – 巴蒂斯特·拉马克（Jean-Baptiste Lamarck，1744—1829）提出了第一个关于进化的重要理论。拉马克是一位博物学家，因分类学方面的工作而闻名，他是浪漫主义进化论最具科学精神的倡导者。拉马克提出的进化动力采用了活力论者的论点，即当环境发生变化时，生物必须改变行为才能生存；随着生物对环境的适应，自然将它们从简单的形式驱动到越来越复杂的形式。这与一种浪漫主义的说法有关，即每个现存的物种都有一种天生的自我完善的动力。每个生物体都努力使自己适应环境，并在适应过程中改变自己，发展出各种肌肉，获得新的身体特征或行为习惯。拉马克随后声称，物种可以通过某种方式将这些获得的特征传递给后代并保存它们。因此，每个个体追求完美的结果都会被保存并一代代传递下去，各种植物和动物会不断自我改进，实现它们对完美的追求。现代遗传学已经摧毁了浪漫主义基于活力论的自然观。然而，在没有遗传学的情况下，后天特征的继承似乎是合理的，甚至达尔文也会偶尔接受它，尽管他从未接受活力论者的物质观。

因此，在达尔文时代，人们争论的只是关于"进化"的细节，只有坚定的宗教主义者和生物学界的少数人才会完全拒绝进化论，他们仍然认为物种是稳定不变的。一个自然但浪漫的进化概念在这一时期成为主导。英国拉马克学派的赫伯特·斯宾塞早在 1852 年就说出了"适者生存"这句话。1849 年，在达尔文的《物种起源》（1859/1939）出版的 10 年前，阿尔弗雷德·丁尼生勋爵（Alfred，Lord Tennyson）在他最伟大的诗歌《悼念》（*Memoriam*）中写道，从生存的斗争中，我们看到了新的进化观点——丁尼生不赞成的观点（Canto 55，1.5–8）[①]：

> 上帝和自然是否有冲突？
> 因为自然给予的全是噩梦，
> 她似乎仅仅关心物种，
> 而对个体的生命毫不在乎。

在这首诗的后面，有一句被广泛引用的诗句，丁尼生在句中称大自然为"红牙利爪"（Canto 56，1.15）。

维多利亚革命：查尔斯·达尔文

达尔文的祖父伊拉斯谟·达尔文（Erasmus Darwin）在他的科学诗篇《动物法则》（*Zoonomia*）中预示了他孙子的理论，但进化论并没有长期停留在诗篇上。达尔文的成就在于他提出了一种非目的论的机制，也就是自然选择，并且取代了拉马克的浪漫主义观点，使进化论成为一种与其他科学理论一致的理论。然后，有必要开展一场运动来说服科学家和公众相信进化的事实。达尔文从未引领这场运动。他有点忧郁，一位传记作家（Irvine，1959）称他为"完美的病人"，在乘坐贝格尔号（HMS Beagle）旅行之后，他成了一个隐居者，很少离开自己的家乡。"物竞天择论"的倡导者另有其人，其中最引人注目的是被称为"达尔文的牛头犬"的托马斯·亨利·赫胥黎（1825—1895）。

理论的形成　达尔文是一位年轻的博物学家，他有幸于 1831 年至 1836 年乘坐英国皇家海军贝格尔号进行了一次环球科学航行。在这次航行中，达尔文萌生了两个关键思想。在南美洲的雨林中，达尔文对生物的多样性印象深刻——自然会使物种自发地在物种内部和物种之间产生形式上的变化。例如，在每公顷的雨林中居住着数百种不同的昆虫。在加

[①]　此处参考彭少健主编的《外国诗歌鉴赏辞典 2（近代卷）》中的译文。——编者注

拉帕戈斯群岛上，达尔文观察到了现在以他的名字命名的达尔文雀，一组雀鸟物种。虽然整体形状相似，但每个物种的喙都有些不同。此外，每种鸟喙都适应各自的觅食方式。长着细长喙的雀鸟会在树皮上搜寻小昆虫。喙较短但更结实的雀鸟靠坚果或种子为生，它们可以把坚果或种子敲开。达尔文提出，似乎每个物种都从一个共同的祖先进化而来，并且每个物种都随着时间的推移而改变，以适应一种特定的生活方式。这是达尔文适者生存理念的核心原则——进化的结果是改善物种与其环境之间的契合度。

然后，在他回到英国后的某段时间，达尔文开始收集关于物种的数据，分析它们的变异和起源。在他的《达尔文自传和书信集》（*The Autobiography of Charles Darwin and Selected Letters*，1888/1958）中，他说他"大规模地"根据"真正的培根分类法"（Baconian principles）收集事实。他的部分研究集中在人工选择上，也就是说，研究植物和动物的饲养者如何优选品种。达尔文与鸽子爱好者和园艺家交谈，阅读他们的手册。其中一本手册是约翰·西布赖特（John Sebright）在1809年写的《改良家畜品种的艺术》（*The Art of Improving the Breeds of Domestic Animals*），手册指出，大自然选择了一些特征，拒绝了另一些特征，如同饲养者所做的那样："在严冬或食物短缺时，通过淘汰虚弱和不健康的动物，巧妙地筛选出优良的个体"（Ruse，1975，p.347）。由此，到了19世纪30年代，达尔文已经形成了一个基本的自然选择理论框架：生物会自然发生无数的变异，其中一些变异可以通过变异个体的生存和繁殖来达到选择和保留的效果。随着时间的推移，特定的群体变得更能适应它们的环境。但目前完全不清楚的是，是什么力量维持了选择机制。为什么物种要自我完善？在人工选择的情况下，答案是明确的。育种者进行选择，以产出一种理想的植物或动物。但是自然界中有什么力量是与饲养员的动机类似的呢？达尔文无法接受拉马克"物种天生自我完善"的理念。他坚持认为，选择的动机一定在生物体之外，但是在哪里呢？

1838年，达尔文在阅读托马斯·马尔萨斯（1766—1834）的《人口论》（*Essay on the Principle of Population*，1798/1993）时得到了答案。马尔萨斯提出了一个困扰晚期启蒙运动的问题：如果科学技术进步了，为什么贫困、犯罪和战争仍然存在？马尔萨斯提出，尽管人类生产力有所提高，但人口增长总是超过商品供应的增长，因此生活必然变成僧多粥少的斗争。在自传中，达尔文说他终于"找到了一个可以研究的理论"，是生存的斗争导致了自然选择。生物为争夺稀缺的资源而努力，那些"虚弱和不健康"的生物无法养活自己，并在没有后代的情况下死去。强壮健康的个体得以生存并繁衍。由此，有益的变异得以保留，无益的变异得以淘汰。为生存而竞争就是进化的动力，只有成功的竞争者才能实现生物传承。

达尔文没有必要向马尔萨斯请教个体为生存而奋斗的概念。正如威廉·欧文（William

Irvine，1959）所指出的那样，对于自然在进化方面作用的认知，几乎是维多利亚时代中期的老一套。达尔文的理论"令19世纪中叶的乐观主义者欣喜不已"，他们认识到"自然界是以看似自由放任，实则类似商业竞争的原则向前发展的"（p.346）。

自然选择可能冒犯了虔诚信教的人，但没有冒犯工业革命时期的维多利亚商人，他们知道生活是一场不断的斗争，以贫穷和耻辱回报失败。通过个体竞争实现物种改良，也就是亚当·斯密（Adam Smith）所谓的"看不见的手"。这也符合埃德蒙·伯克的保守观点，即社会是成功的实践和价值观的集合。

理论的成形　到1842年，达尔文已经掌握了他的理论的要点，当时他第一次把它们写在纸上，但并没有公开出版的想法。他的理论可以概括为一个逻辑论证（Vorzimmer，1970）。首先，源于马尔萨斯的观点，达尔文认为，因为动物的生长速度超过了其食物来源，所以存在着持续的生存斗争。后来，他认识到，斗争的关键是繁殖（Darwin，1871/1896）。生物不仅为了生存而挣扎，它们还必须与同性竞争接触异性的机会。通常情况下，雄性为了接近雌性而相互竞争，这使得雌性的选择成为进化中的一股力量。其次，自然界不断在物种内部和物种之间产生变异形式，有些变种比其他变种更适应生存斗争。因此，拥有不利特征的生物难以繁殖，导致它们的特征消失。最后，由于亿万年不间断的微小变异积累，新物种从原来的种群中分化出来，以适应独特的环境。此外，随着环境的不断改变，为了保持对环境的持续适应，物种将会越来越不同于它们的亲本形式。因此，人们观察到的自然界的多样性，可以被解释为数百万年来机械筛选原则在物种持续进化过程中发挥作用的结果。

就目前情况看，这个理论是有缺陷的。如果没有今天的遗传学知识，变异的起源及其传播的性质是无法解释的。达尔文一直未能克服这些困难，事实上，当他为自己的理论辩护时，他更加接近拉马克主义。具有讽刺意味的是，当达尔文在撰写和捍卫他的《物种起源》时，一位默默无闻的奥地利修道士，格雷戈尔·孟德尔（Gregor Mendel，1822—1884），正在从事遗传方面的工作，最终为达尔文的困难提供了答案。孟德尔的研究成果于1865年发表，但被忽视，1900年被重新发现，成为现代遗传学的基础。达尔文去世后，被安葬在威斯敏斯特教堂，他的思想彻底改变了西方的世界观，但直到20世纪30年代，遗传学和自然选择理论被融合到现代新达尔文理论中，进化论才真正开始影响生物学。

达尔文在1842年就已经提出过自己的想法，但是我们不清楚为什么他当时没有试图将其公开出版。历史学家对达尔文的延迟出版提出了很多解释（Richards，1983）。一些受精神分析影响的历史学家认为，曾经考虑过当牧师的达尔文，被进化论的唯物主义内涵弄得神经兮兮，想要压制自己的发现。也有人说，达尔文之所以推迟，是因为他参与了其他不太有风险和紧迫的项目，例如发表了他在贝格尔号上的研究，他还花了8年时间研究藤壶。达尔文如此专注于他的藤壶工作，以至于他的小儿子跑到他的一个朋友家问"爸爸在哪里研究他的藤壶"。另有一些观点强调达尔文的科学严谨作风。他知道自然选择进化论的想法是危险的。因为在他的理论中，进化没有明确的方向，生物只是在被动适应环境的变化，其缺乏拉马克浪漫主义理论令人欣慰的优化方向。如果这个理论过早提出，可能会立即被否定。他想提出一个完整的、有说服力的支持理论。达尔文也意识到自己的想法面临理论挑战，其中最重要的是动物利他性（altruism）的存在。利他性，顾名思义，包括以牺牲自身为代价造福另一个有机体。利他性是如何通过自然选择进化而来的？利他基因乍一看似乎有自杀倾向。事实上，这个问题直到 20 世纪 60 至 70 年代亲缘选择（kin selection）和互惠利他主义（reciprocal altruism）思想的提出才得以完全解决（Ridley，1996）。

理论的发表　无论如何，达尔文继续发展自己的理论，并积累学术互审所需的数据支持。1858 年 6 月 18 日，达尔文被迫出手。他惊讶地发现已经有其他人发现了与他类似的理论。他收到了阿尔弗雷德·拉塞尔·华莱士（Alfred Russel Wallace，1823—1913）的一封信，华莱士是一位博物学家，但比达尔文年轻，也更大胆。华莱士也去过南美，那里的自然生物多样性同样给他留下了深刻的印象。在东南亚被雨困在帐篷里的时候，他读了马尔萨斯的著作，其中包含类似达尔文的见解。华莱士写信给英国著名的生物学家达尔文（他并不认识达尔文），并把一篇概述自己理论的论文寄给达尔文，以便发表。

达尔文发现自己处于左右为难的境地。他想被称为自然选择的发现者，但否认华莱士的功劳也是不合适的。因此，达尔文和一些朋友安排，于 1858 年 7 月 1 日在伦敦林奈学会上，在他们二人都不在场的情况下，共同宣读华莱士的论文和达尔文的一篇论文，从而确定了达尔文和华莱士是自然选择的共同发现者。达尔文匆匆完成了他关于进化论的框架性论著，并于 1859 年发表，即前文提到的《物种起源》，其全称可译为《物种起源：在社会竞争中思考物竞天择、优胜劣汰的生存法则》（*The Origin of Species by Means of Natural Selection or the Preservation of Favored Races in the Struggle for Life*）。书中阐述了达尔文的理论，并有大量的支持细节作为依据。《物种起源》是一本写得很优雅的书。达尔文是一个敏锐的自然观察者，文章中充满了对于生命相互交织的本质的复杂描述。这本书一直被修订到 1872 年的第 6 版，直到达尔文疲于应对针对他的科学批评——对遗传学的无知。达尔文还写过无数其他的著作，其中两部分别关于人类世系和人类与动物的情感表达，为适应心理学的发展提供了重要的基础。

对自然选择进化论的接受及其影响

世界已经为达尔文的理论做好了准备。进化的观点已经相当普及，当《物种起源》出版时，各领域学者都很重视它。生物学家和博物学家对这项研究提出了不同程度的批评。达尔文的论点之一，即所有的生物在遥远的过去都是由一个共同的祖先进化而来的，这个观点并不新颖，但却被广泛接受。然而，自然选择理论却面临着巨大的挑战，科学家仍然很容易倾向于某种形式的拉马克主义，相信上帝在渐进性进化过程中的那双"看不见的手"，或者把人类排除在自然选择之外，就像达尔文当时对其只字不提一样。然而，关于"人类是自然的一部分"的暗示那时还是悬而未决的，弗洛伊德称达尔文主义是对人类自我中心观念的第二次重大打击。

在很多方面，达尔文主义不是一场革命，而是启蒙自然主义的一种体现。达尔文只关心他的自然选择理论，但其他人却把它编织进正逐渐浮现的、用科学解释人类的图景中。赫伯特·斯宾塞在达尔文之前就相信适者生存，并将其无情地应用于人类和社会，他是形而上学达尔文主义的有力支持者。另一个是赫胥黎，他用进化论来打击圣经、奇迹、招魂术和一切宗教。

赫胥黎在推广达尔文主义作为自然主义形而上学方面做了很多工作。达尔文的理论并没有引发 19 世纪的良知危机。对上帝存在和生命意义的深刻担忧至少可以追溯到 17 世纪的帕斯卡。达尔文主义并不是发起科学对古老的中世纪 - 文艺复兴世界观这一挑战的起点。相反，达尔文主义是这一挑战的顶点，是人类很难摆脱的、不可改变的、确定的自然法则。在《人类在自然界的位置》（*Man's Place in Nature*，1863/1954）中，赫胥黎小心翼翼地将人类与现存的类人猿、低等动物和化石联系起来，表明我们确实是从低等生命形式进化而来的，不需要神的"创造"。在赫胥黎等人眼中，科学不仅成了幻想的破坏者，而且成了一种新的形而上学，通过科学本身提供一种新的救赎。

温伍德·里德（Winwood Reade）在《人类殉难记》（*The Martyrdom of Man*）中写道："光之神、知识之灵、神圣的智慧正在这个星球上逐渐传播……那时饥饿和饥荒都将不再存在……疾病将被消灭……永生将被实现……届时人类将是完美的……他因此成为世俗眼中的神"（引自 Houghton，1957，p.152）。这种希望类似于孔德的实证主义，赫胥黎称之为"天主教减去基督教"。对一些人来说，关于科学人性的新宗教显然就在眼前。赫胥黎（Huxley，1863/1954）还吹嘘科学的实际成果："生产中使用的每一种化学纯物质，每一种异常高产的植物品种，或迅速生长和增肥的动物品种……"

达尔文主义并没有煽动维多利亚时代对宗教的质疑，但它确实加剧了这种质疑。达尔文在生物学上实现了牛顿式的革命，掠夺了关于自然的浪漫主义资本，将进化简化为随机变异和生存斗争中的随机胜利。随着 DNA 的发现，生物性还原为化学性的过程开始了。在心理学方面，达尔文主义导致了适应心理学的出现。有人可能会问，除了器官的进化，思想和行为又是如何帮助每一种生物适应环境的。斯金纳以达尔文的"变异、选择和保留理论"为基础，精心建构了他激进的行为主义模型。然而，斯金纳倾向于低估包括智人在内的每个物种在进化过程中由遗传塑造的天性。如今，进化心理学（Barkow, Cosmides & Tooby, 1994; Buss, 2011; Dunbar, Barrett & Lycett, 2005）正尝试描述一个更完整的关于人性的图景。

然而，许多人并不能接受自然主义，或者为此感到沮丧。赫胥黎本人在他最后的著作中说，人在动物中是独一无二的，因为凭借其智慧，人可以将自己从自然宇宙的发展过程中提升出来，并超越生物进化。类似的看法在科学家和外行人中并不少见，这也有助于解释在达尔文时代关于人类独特性的各种半科学或伪科学的流行。从威尔伯福斯主教（Bishop Wilberforce）开始，一直到威廉·詹宁斯·布赖恩（William Jennings Bryan），圣经的捍卫者们攻击进化论，结果却被像赫胥黎和克拉伦斯·达罗（Clarence Darrow）这样强大的人物击败了。

│ 进化和科学心理学 │

问题 3

任何进化论都会引发两个问题，这两个问题都可以成为心理学研究的课题。第一个问题，我称之为物种问题。如果身体和大脑是生物进化的产物，那么我们可能会问，这种遗传在哪些方面塑造了生物体的思想和行为。休谟在其人性科学的基础上建立了他的哲学体系，但他没有深究为什么我们会拥有我们所拥有的天性。达尔文的进化论使得提出和回答休谟未提出的问题变得可行，因为我们可以考虑人性的各个方面在生存斗争中是如何适应的。这个问题引出了比较心理学、行为学和进化心理学的课题，它们研究物种在心理和行为方面的差异，而这些差异有可能是进化造成的。然而，站在意识心理学的角度，达尔文主义者最应该回答的问题是：我们为什么会有意识？进化论所提出的第二个问题，我们可以称之为个体问题。生物个体在成长的过程中，是如何以类似于有机进化的方式在心理上适应环境的？这个问题引出了关于"学习"的研究，旨在揭示个体如何适应环境。

物种问题和个体问题是相互关联的。如果物种差异很大，那么不同物种的个体有不同的适应心理过程。如果物种差异很小，那么同样的个体学习规律将适用于所有个体，不分物种。在本章中，我们将追溯适应心理学的发展，并很快发现其支持者采用的是后一种思路。加尔的颅相学暗示了一种比较心理学，这种心理学以心智能力区分物种。对于一个颅相学家来说，大脑的结构差异意味着心智的结构差异。然而，到了 19 世纪中叶，在众科学家之中，对大脑的感觉运动（sensorimotor）概念已经取代了颅相学，而在哲学家兼心理学家之中，联想主义正在取代官能心理学。把大脑看作一台无形的联想机器，把心灵看作一张等待联想的白板，这两种观点结合在一起，使得心理学家更加关注个体问题，将物种差异最小化。

英国适应心理学的开端

拉马克心理学：赫伯特·斯宾塞

1854 年夏天，赫伯特·斯宾塞开始创作一部心理学著作，其"思想路线与以前追求的思想路线几乎没有任何共同之处"（Spencer，1904）。这部作品于次年，也就是 1855 年问世，名为《心理学原理》（*Principles of Psychology*）。这本书足以让斯宾塞宣称自己是适应心理学的创始人。贝恩整合了联想主义和大脑功能的感觉运动概念，然而，尽管他承认达尔文进化论是正确的，但他的心理学仍然是古典的、前进化时代联想主义的一部分。在达尔文之前，斯宾塞已经将联想主义和感觉运动生理学与拉马克进化论结合在了一起。因此，他预见了适应心理学的诞生。此外，他不仅提出了两个关于进化的问题（见前文），而且回答了这两个问题——英美心理学家直到 1980 年左右才得出了类似的答案。

1854 年，斯宾塞写道："如果进化论是真的，那么必然意味着，只有通过观察心灵的进化过程，才能理解心灵。"这句话可以说是适应心理学的起点。斯宾塞进而探讨了两个关于进化的心理学问题。就个体而言，他认为成长是一个过程，在这个过程中，各种观念之间的联系准确地反映了环境中普遍存在的事件之间的关联。他认为，观念之间的联系是由连续性建立起来的。斯宾塞（Spencer，1897）写道："智力的增长大体上遵循这样一个规律，当任何两种心理状态相继发生，如果第一种心理状态随后再次发生，那么第二种心理状态必定有随之出现的趋势。"随着前后两种心理状态更频繁地关联，这种趋势会进一步加强。和贝恩一样，斯宾塞试图从神经系统和大脑的感觉运动构成中"推导"出心理关联的规律。总体来说，斯宾塞对个体心灵的分析基于的是原子论的联想主义。他将更复杂的心智现象分解成基本要素（Spencer，1897）。斯宾塞在贝恩的基础上增加了进化的概念，将心智的发展视为对环境条件的适应性调整。

斯宾塞将大脑描绘成一个感觉运动联想装置，他说（Spencer，1897）："人类的大脑是一个拥有若干经验的有组织的记录系统。"他的这个观点带来了两个重要后果。根据拉马克关于后天特征的可遗传性观点，本能可以被联想主义者和经验主义者所接受。说完上面这句话，斯宾塞紧接着描述了大脑是如何在"人类有机体进化过程中"积累经验的。因此，先天反射和本能也不过是后天习得的联想习惯，它们已成为一个物种遗传的一部分。

这样的习惯可能并不是在某个个体的生活中形成的，而是在整个物种的生存发展中获得的，并且遵循着联想法则。由此，先天观念已经不再使经验主义者感到害怕了。

斯宾塞将进化和基于神经功能的感觉运动概念相结合的第二个结果更具预示性：不同物种心理过程的差异，可以归结为大脑能够产生联想的数量。站在联想的角度，所有的大脑都以相似的方式工作，它们只是在联想的丰富程度上有所差异。正如斯宾塞（Spencer，1897）所说的："低级智能获得印象的过程，即使是最低级的，也是以相似的模式来处理的。"因此，他有关物种问题的回答是，否认物种之间质的差异，只承认数量上的、联想上的差异。这个观点延伸到物种内部以及物种之间的差异，他说："欧洲人遗传而来的大脑比巴布亚人多 20 到 30 立方英寸 [①]。"正如他在《第一项原则》（First Principles，1880/1945）中所写的那样，这意味着"文明人的神经系统也比未开化之人更复杂或更多样"。

一个多世纪以来，斯宾塞的理论框架塑造了适应心理学。而比较心理学则致力于研究少数物种的联想学习，旨在量化物种排列所依据的联想"智能"这一单一维度。此外，这样的研究可以在实验室中进行，忽略生物体所处的自然环境。如果大脑只不过是一个最初空白、仅与刺激反应相关联的机制，那么这种关联是自然的还是人为的便无关紧要了。事实上，实验室比自然观察更容易对过程进行控制。

同样地，如果所有生物都以同样的方式学习，那么简单的动物学习的研究结果，可以以其精确性、可复制性和严谨性，在很大程度上直接扩展到人类学习上。我们会发现，所有这些结论对于 20 世纪的适应心理学，也就是行为主义来说都是至关重要的。行为主义者寻求至少他们自己认为对所有哺乳动物都有效的学习规律，他们经常会在缺乏数据支撑的情况下，将关于动物的发现扩展到人类心理上（见第 11 章）。

斯宾塞将他的进化思想应用于当代社会问题，产生了一个政治理论，叫作社会达尔文主义。他认为，自然选择应该被允许应用在人类物种的发展上。政府不应该做任何事情来帮助穷人、弱者和无助者。在自然界，弱小的动物以及它们难以适应环境的遗传特征被自然选择所淘汰。斯宾塞声称，这也应该是人类社会的法则。政府不应该干涉宇宙进程，因为它将筛选出最合适的个体来完善人类。帮助失败的个体只会让物种退化，让他们繁育后代，只会传递他们失败的遗传特征。

当斯宾塞在 1882 年访问美国时，他已经成了名人。社会达尔文主义在自由放任的资本主义社会有很大的吸引力，在那里它甚至可以证明，残酷的竞争是正当的，理由是这种竞争完善了人类。尽管社会达尔文主义声称物种终将趋于完美，但其实它非常保守，因为

---

① 1 立方英寸 ≈ 16.39 立方厘米。——编者注

所有的改革都被其视作篡改自然法则。美国社会达尔文主义者爱德华·尤曼斯（Edward Youmans）对强盗大亨的罪恶愤愤不平，但当被问到应该怎样对付那些人时，他回答说："什么都不做"（引自 Hofstadter，1955）。他们认为，只有通过若干世纪的进化，才能缓解人类的问题。

达尔文心理学

斯宾塞在达尔文出版《物种起源》的四年前写了《心理学原理》。在后来的版本中，斯宾塞调整了他的内容以呼应达尔文的思想。与此同时，达尔文及其追随者开始将达尔文思想应用于动物和人类心理学。

达尔文论人类 《物种起源》的核心挑战与赫胥黎所说的"人类在自然界的位置"有关。在普适的、自然主义的进化方案中，人类变成了自然的一部分，不再是超越自然的存在。不管是否认同，大家都立即领会到了这一暗示。然而，《物种起源》本身所包含的人类心理学内容很少。我们知道，早在19世纪30年代，在达尔文早期的笔记中，他很关心这些话题，但在最初的出版物中他似乎刻意回避了这一话题，因为这太过冒险。直到1871年，他终于出版了《人类的由来》（*The Descent of Man*），把人性纳入了自然选择的范畴。

达尔文的《人类的由来》一书旨在证明"人类是由某种低级组织形态演变而来的"，同时他遗憾地表示，这一结论"会让许多人极度反感"。他广泛地比较了人类和动物的行为，并得出结论：

> 尽管人类和高等动物在思想上的差异很大，但这种差异只是程度上的，而不是种类上的。我们已经观察到，人类所夸耀的各种感觉和直觉，各种情感和官能，如爱、记忆、注意、好奇心、模仿、理性等，在低等动物中也存在一定的萌芽状态，甚至有时处于发育良好的状态。
>
> （Darwin，1871/1896）

《人类的由来》并不是一本关于心理学的专著；它的主要出发点是试图将人类完全融入自然。达尔文认为斯宾塞已经为进化心理学奠定了基础。然而，达尔文的理论与斯宾塞的原则形成了鲜明的对比。一方面，达尔文遵循哲学官能心理学，将联想归结为思想中的次要因素。这带来的结果之一是，达尔文几乎只关心物种问题，因为他认为是进化塑造了官能。他认为遗传带来的影响范围很广，有时听起来像个极端的先天论者。在达尔文眼里，美德和犯罪都有一定的遗传倾向；"无论从事什么"，女人天生不如男人。另一方面，达尔文也同意斯宾塞的观点，即物种差异的本质是数量上的，而不是质量上的，习得的良好习惯会逐渐变成天生的反射。拉马克心理学和达尔文心理学的区别仅在于侧重点，而不是核心内容。其主要区别在于达尔文的心理学是唯物主义进化生物学的一部分。相比之下，斯宾塞的心理学属于泛形而上学的一部分，倾向于二元论，并认为"不可知"永远超出科学的范畴。达尔文将其中的形而上学部分从适应心理学中剥离了出来。

达尔文心理学的灵魂人物：弗朗西斯·高尔顿（1822—1911） 我们在前文提到过作为心理测试创始人的高尔顿。现在我们可以将高尔顿归为适应心理学家。高尔顿是典型的维多利亚式绅士——"业余绅士"的杰出代表。由于家境富裕，他能够将自己的创造性思维运用到他所选择的任何事情上。他走遍了非洲大部分地区，并为荒野旅行者写了一本手册。他凭经验研究了祈祷的功效。他率先使用指纹进行个人身份识别。他发明了合成肖像摄影。他的许多田野调查都有心理学或社会学价值。他曾经试图通过怀疑他遇到的每个人的邪恶意图来理解偏执。他调查了英国的美女，试图确定哪个郡的女人最漂亮。他研究双胞胎，以理清先天和后天对人类性格、智力和行为的贡献。他试图用间接的行为指标（坐立不安的频率）来测量一种精神状态（无聊）。他发明了询问记忆（interrogating memory）的自由联想技术。他使用问卷来收集关于心理过程的数据，比如心理意象。据我们所知，他曾对成千上万的个体进行过拟人化测试。

高尔顿的研究是如此兼收并蓄，以至于没有一个明确的研究方向，所以他无法被认为是像冯特、铁钦纳或弗洛伊德一样的心理学家。然而，高尔顿对适应心理学的发展做出了重要贡献。他拓宽了心理学的范围，将被冯特排除在外的话题也囊括在内。在他的《人类才能及其发展的研究》（*Inquiries into the Human Faculty*，1883/1907，p.47）中，他写道："没有一个心理学教授有资格声称了解自己所讲授的内容，除非他熟悉智障、疯狂和癫痫等普遍现象。他们必须研究异常和先天性智障等情况，以及那些高智商个体。"冯特只想理解正常的成人思维，高尔顿却试图探究任何人的思想。

斯宾塞开创了适应心理学，但高尔顿却是适应心理学的缩影。他对方法和主题包罗万象的态度，以及他对统计学的使用，很大程度上丰富了达尔文心理学。最重要的是，他对个体差异的兴趣代表了未来的研究趋势。冯特以德国理性主义的方式，试图描述先验性的人类心灵，他明确表示，对个体差异的研究是画蛇添足的，个体差异的存在是令人讨厌的。高尔顿则截然不同，基于进化论的指导，尤其是受变异概念的影响，他对一切使个体异于常态的因素感兴趣。对个体差异的研究是达尔文科学的一个重要组成部分，因为没有变异，就不可能存在物种的差异选择和进化更新。

人类物种的改善正是高尔顿的目标。他的各种调查背后的动力并不是科学研究，而是一项"宗教义务"。他相信，最重要的个体差异，包括道德、性格和智力的差异，都不是后天获得的。他的伟大目标是证明这些特征是与生俱来的，然后对它们进行测量，这样就可以利用这些数据为人类的生育行为提供信息。优生学（eugenics）是人类为了改良物种而进行的选择性繁殖。高尔顿在他的《遗传的天才》（*Hereditary Genius*）中写道：

> 这表明人的天赋是遗传而来的，与整个有机世界的外形和物理特征一样，都是在完全相同的限制下遗传而来的。尽管存在各种限制，但通过仔细挑选具有特殊奔跑能力或其他特长的特定品种的狗或马都不是难事，因此，通过连续几代人的明智的联姻，繁衍出一个具有高度天赋的人类种族，是非常可行的。
>
> （Galton，1869/1925）

高尔顿的主要兴趣是改善个体，他认为通过繁殖筛选比改善教育能够更快地改善人类品质。高尔顿的人类选择育种计划是积极优生学（positive eugenics）的一种形式，积极优生学是他发明的一个术语，旨在让十分"优秀而般配"的个体通婚。高尔顿提议用考试筛选出英国十大最有才华的男女。在一个表彰他们才华的公开仪式上，如果他们选择与彼此结婚，每人将得到 5000 英镑作为结婚礼物。在一个 1 英镑可以让一个人维持一周生活的时代，这是一个惊人的数字。

当高尔顿在 1869 年第一次提出这些建议时，几乎没有人支持他。然而，到了 20 世纪，英国人开始关注高尔顿的提议。随着他们在南非布尔战争中的险胜和他们帝国的逐渐衰落，英国人开始担心他们的民族正在退化。1902 年，军队报告 60% 的英国人不适合服兵役，引发了一场关于英国人体质恶化（紧随军方报告）的激烈公开辩论。在这种氛围下，不同政治派别的担忧者都对高尔顿的种族改良优生学计划感到兴奋。

1901 年，高尔顿的密友卡尔·皮尔逊扩展并完善了高尔顿的生物学统计方法，这迫使高尔顿重新加入优生学的战斗。皮尔逊是一个社会主义者，他反对保守、自由放任的社会达尔文主义，并希望用有计划的、政治上强制执行的优生学项目来取代它。尽管他年事已高，但高尔顿同意再次扛起这面大旗，并在那一年发表了关于优生学的公开演讲，开始致力于优生学政策的制定。1904 年，他捐出 1500 英镑在伦敦大学建立了优生学研究基金和优生学档案室。1907 年，他帮助成立了优生学教育协会，该协会开始出版一份名为《优生学评论》的杂志。优生学很快吸引了所有政治派别的人。保守的当权派领导人利用所谓的"遗传和发展规律"来支持他们的道德改革运动，尤其是性改革。社会激进分子则将优生学作为他们政治和社会改革计划的一部分。在英国，优生学在 20 世纪的第一个 10 年甚嚣尘上。

尽管备受关注，但与美国的优生学相比，英国的优生学在影响公共政策方面只取得了有限的成功。高尔顿的激励计划从未被认真考虑过。当局的一部分注意力被放在了执行消极优生学的立法上，也就是试图管理所谓的"不健康"的生育，但这些都是相对温和的措施，结果只是将社会上丧失劳动能力的人安置在可以接受护理的机构中。英国优生学家本身在政府优生学项目存在的必要性上存在分歧，民间激进的优生学家尤其主张通过教育和自愿控制生育，而不是法律强迫。英国的优生学从未像美国的优生学那样受到种族主义和种族狂热的推动。英国优生学家更关心如何鼓励中产阶级和上层阶级生育，而不是恶意限制所谓的劣等种族的繁衍。事实上，彼时英国中产阶级和上层阶级的出生率长期以来一直在下降。虽然优生学始于英国，但在英语世界，将其付诸实践的主要还是美国，详见后文。

比较心理学的兴起

比较心理学是以进化为基础的心理学，旨在通过比较研究不同物种的动物所拥有的不同能力。对人和动物能力的简单比较可以追溯至亚里士多德，笛卡儿和休谟也曾以类似的思考来支持他们的哲学。苏格兰的官能心理学家认为，人类的道德感使他们区别于动物。高尔顿研究动物和人，以发现每个物种独有的心理官能。进化论给比较心理学带来了一股强大的推动力，将其置于一个更广泛的生物学背景下，并给了它一个具体的理论基础。在19世纪后期，比较心理学的影响越来越大，进入20世纪之后，学习理论的研究者们优先研究的是动物而不是人类。

现代比较心理学可以认为始于1872年达尔文《人与动物的情感表达》（*The Expression of the Emotions in Man and Animals*）一书的出版。达尔文在书中的描述预示了这一新理论方法的开端："毫无疑问，只要把人类和所有其他动物都看作独立的创造物，就能有效地制止我们对情感表达的源头刨根究底的自然欲望"（Darwin，1872/1965，p.12）。然而，一旦持有"所有动物的构造和习性都是逐渐进化而来"的想法，就会以一种新的、有趣的眼光看待整个课题。在这本书的其余部分，达尔文调查了人类和动物拥有的情感表达方式，注意到它们之间的连续性，并证明了其在人类种族中的普遍性。达尔文关于情感表达的进化理论是拉马克式的："最开始是自愿的行为，很快变成习惯性的，最后成为遗传的一部分，其影响甚至可能违背个体意志。"达尔文的理论是，我们不由自主的情感表达经历了上述发展过程。达尔文提出，面部表情的情感表达是普适和天生的，这一观点被行为主义者抛弃，但被保罗·埃克曼（Paul Ekman，2006）重新提出。

达尔文的朋友乔治·约翰·罗马尼斯（George John Romanes，1848—1894）将达尔文在比较心理学方面的早期工作进行了系统化。在《动物智慧》（*Animal Intelligence*，1883）中，罗马尼斯调查了从原生生物到类人猿的智力。在后来的作品，如《人类的心理进化》(*Mental Evolution in Man*，1889)中，罗马尼斯试图追溯人类心理在几千年间逐渐进化的过程。罗马尼斯在完成自己的比较心理学研究之前就去世了。他的遗稿管理人是 C. 劳埃德·摩根（C. Lloyd Morgan，1852—1936），他在自己的《比较心理学导论》(*Introduction to Comparative Psychology*，1903)中反对罗马尼斯对动物智力的过高估计。通过类比自己的思维，罗马尼斯简单地推论动物同样具有复杂的思维。在阐述后来被称为"摩根法则"（Morgan's canon）的理论时，摩根认为，动物思维的推论对于解释某些观察到的行为应该是绝对必要的。英国比较心理学早期创立者中的最后一位是哲学家伦纳德·T. 霍布豪斯（Leonard T. Hobhouse，1864—1928），他利用比较心理学的数据建构了一个关于进化形而上学的概述。他还对动物行为进行了一些实验，在某些方面，这些实验超越了格式塔心理学家对动物洞察力的研究，旨在对抗行为主义动物实验的人为干预。

这些比较心理学家在他们理论的发展过程中结合了官能心理学和联想主义，并收集了一些有趣的事实。然而，他们的工作中重要但充满争议的是他们的方法和目标。罗马尼斯将一种客观的行为方法谨慎地引入心理学，它与主观的内省方法形成了对比。我们不能观察动物的思想，只能观察它们的行为；然而，英国动物心理学家的理论目标绝不仅仅是描述行为。相反，他们想解释动物大脑的工作原理，因此他们试图从行为中推断心理过程。这个研究方向所涉及的问题对由美国比较心理学家创立的行为主义心理学的发展产生了重要影响。

在方法论上，比较心理学始于罗马尼斯的轶事法（anecdotal method）。他从许多记者那里收集了动物行为的小片段，并从中筛选出可信和可靠的信息来重新建构动物的心智。轶事法成为坚持实验取向的美国人嘲笑的对象，尤其是桑代克。这种方法缺乏实验室方法所拥有的对参数和过程的严格控制，并且被认为高估了动物的智力。轶事法确实有自己的优点——可以在自然的、没有人为干预的情况下观察动物，这一点在当时并未得到足够的重视。我们将会发现，动物心理学在 20 世纪 60 年代遇到了真正的困难，因为它完全依赖受控的实验室方法，而忽视了动物的生态历史。

理论上讲，从行为推断出心理过程是困难的。人们很容易倾向于推测动物拥有复杂的心理过程，因为任何简单的行为都可以被解释为复杂推理的结果。如今，任何读罗马尼斯《动物智慧》的人都能意识到，他经常犯这个错误。摩根法则尝试用保守的推理来解决这个问题。

在摩根对动物心智的研究中，他（Morgan，1886）提出了一个区分标准，不幸的是，这个区分标准没有他著名的摩根法则那么广为人知，也没有那么大的影响力。摩根区分了从动物行为到动物心理的客观推理（objective inferences）和投射推理（projective inferences），或者用他那个时代的哲学术语来说，就是推演推理（ejective inferences）。想象一下，一天下午三点半，你看到一条狗坐在街角。当一辆校车靠近时，狗站起来，摇着尾巴，看着校车减速，然后停下来。狗看着孩子们下车，当一个男孩下车时，它跳到他身上，舔他的脸，男孩和狗一起走在街上。按照摩根的说法，我们可以从客观角度推断出狗所拥有的某种心智能力。它必须拥有足够的感知技能，从下车的人群中认出某个孩子，并且它必须至少拥有识别记忆，因为它在所有孩子中只对一个孩子有不同的反应。这样的推论是基于客观视角的，因为其假定了某些内在的认知过程，而我们自己无法直接感知这些过程。当你看到一个朋友，你会挥手说"嗨！"但你对人脸识别的过程却一无所知。另外，我们可能会倾向于将一种主观的精神状态——幸福——投射到狗身上，就像我们问候不在身边的爱人时能有意识地感受到幸福一样。与客观推理不同，投射推理基于对我们自身主观精神状态的类比，因为在进行这种推理时，我们会将自己的感觉投射到动物身上。摩根认为，客观推理在科学上是合理的，因为它们不依赖于类比，非情绪化，并且容易通过实验验证。投射推理在科学上是不合理的，因为它是将我们自己的感觉投射于动物的结果，无法更加客观地评估。摩根并没有声称动物没有感情，只是说它们的感情，不管事实上是什么，都不属于科学心理学的范畴。

摩根的区分标准很重要，但被后来的比较心理学家忽略了。19世纪90年代，在罗马尼斯的轶事法和推理方法遭到美国动物心理学家的质疑后，投射推理的主观性——称老鼠"快乐"或"无忧无虑"——导致任何关于动物思维的讨论都被全盘否定了。然而，如果摩根的客观推理和投射推理的区分标准能够引起学界关注，大家就可能意识到，尽管投射推理在科学上毫无价值，但客观推理是完全值得尊敬的。

然而，无论如何小心谨慎地通过行为重构人类的心智，怀疑论者仍然有可能怀疑它。正如罗马尼斯所说：

> 这种怀疑论在逻辑上必然会否定所有关于心智的证据，无论是对于低等生物还是高级动物，甚至怀疑论者会怀疑除了本人之外一切心智的存在。因为用来质疑（推论）的那些想法……同样可以用来质疑任何其他人心智活动的证据。

（Romanes，1883，pp.5-6）

这种怀疑主义构成了方法论行为主义的本质。行为主义者承认他们是有意识的，但拒绝通过假设心理过程的存在来科学地解释动物或人类的行为，理由是它们无法被外部观察者证实（见第12章）。

适应心理学始于诞生了现代进化论的英国。但它在作为英国前殖民地之一的美国找到了更肥沃的土地。在那里，它成了唯一的心理学。随着美国逐渐引领心理学的发展，适应心理学也逐渐成为心理学的主导。

│ 美国的心理学思想 │

一般性知识与社会环境

美国是一个崭新的国度。其原住民被当时的移民视为高尚或粗鄙的野蛮人，他们揭示了未被文明触及的、原始的人类本性。第一批定居者满怀信心地期望取代印第安人，用农场、村庄和教堂取代他们的原始状态。移民们发现的荒野为在这里建立一个新的文明提供了可能。清教徒们来到这里是为了建立一个"山巅之城"，一个完美的基督教社会，一个被世界其他地方仰视的榜样。

但这并不是说欧洲殖民者就没有任何文化"行李"的沿袭。他们同样有（Fischer，1989），其中两股文化力量对心理学来说特别重要：福音派基督教和启蒙哲学。最初在美国定居的是新教徒，而不是天主教徒。事实上，当大量天主教徒初到美国时，他们被迫生活在美国主流社会之外。天主教徒被视为危险的外国势力，也就是教皇的代理人，在19世纪的美国，反天主教暴乱和焚烧天主教教堂之类的行为并不罕见。占主导地位的美国新教中最有影响力的是福音派基督教。这一教派几乎不强调神学内容，只强调接受上帝的意志，在一种情感转化体验中寻求个人灵魂的实际救赎。

欧洲人对启蒙运动牛顿精神反思的一个重要部分是浪漫主义。然而在美国，对理性时代的反思是宗教性的。美国在殖民时期经历过一次复兴，另一次复兴发生在法国大革命之后不久。浪漫主义只在超验主义运动中短暂地影响了美国。例如，亨利·戴维·梭罗（Henry David Thoreau）谴责了工业发展对浪漫天性的侵犯。然而，对大多数人来说，更重要的是福音派基督教，它拒绝了启蒙运动带来的反宗教怀疑论。

包括行为主义创始人约翰·华生在内的许多早期美国心理学家，他们最初的打算是成为传教士，这并非偶然。福音传道者的惯用方法是皈依，利用受众的情绪将人从罪人变成圣人，改变其灵魂和行为。很多美国心理学家在机能主义心理学和行为主义心理学盛行的时代，研究目标都是改变行为——让今天的"旧我"变成明天的"新我"。福音传道者总结了通过传道改变灵魂的方法；心理学家发明了通过条件作用改变行为的方法。

早期的美国确实存在一批真正的启蒙哲学家，其中包括本杰明·富兰克林（Benjamin Franklin），他关于电的实验在欧洲备受推崇，法国人赞誉他为"自然之子"，他被奉为启蒙运动的领袖人物之一，与伏尔泰齐名。另一位是哲学家托马斯·杰斐逊，他也许可以被

　　　　　　　　　　　　　　第10章·新世界的心理学

称为美国几何学精神的最好典范。杰斐逊试图将数学计算应用于从作物轮作到人类幸福等的每一个主题。他的牛顿式机械论甚至使他对生物学事实视而不见：他反对诺亚洪水的可能性，并通过物理计算"证明"，在任何洪水中，水位上升不会超过海平面50英尺[①]，因此在美国阿巴拉契亚山脉发现的贝壳化石只不过是一些很像贝壳的岩石（Wills，1978）。

然而，法国自然主义的激进思想冒犯了美国浓厚的宗教气息，只有一些特定的启蒙思想的温和元素在美国变得愈发有影响力。在这些可接受的思想中，最重要的是苏格兰的启蒙思想，实际上，它对杰斐逊的影响比通常认为的还要大。正如我们所见，里德的常识哲学与宗教完全兼容。在美国占绝对主流的教会大学中，苏格兰哲学成了必修课，主导着从伦理学到心理学等高等教育的各个方面。苏格兰哲学是美国的正统哲学。

在了解美国作为殖民地的文化环境时，除了福音派基督教和温和的启蒙运动的影响之外，还必须加上第三个因素——商业。它以十分重要的方式与另外两者相互作用。美国成了一个商业国家，不同于地球上的任何其他国家。没有封建贵族，没有国教，只有一个遥远的国王，以及私人企业和个体在荒野和商业竞争中的对抗与生存。在美国，最重要的"事务"（business）的确只是"生意"（business）。

基于美国这一独特的文化组合，结合日益增长的民族沙文主义，出现了几个重要的思想。一个是对实用知识的高度重视。启蒙运动当然认为知识应该为人类的需求服务，应该是实用的，而不是形而上学的。因此，美国新教徒认为，发明是对上帝的赞美，赞美其创造了如此聪明的人类心灵。"技术"成为一个带有美国标签的词语。这种态度带来的一个不幸后果是反智主义的滋生。抽象科学被蔑视为来自欧洲的、过时的东西。真正重要的是实际的成就，它能使商人致富，揭示上帝的原则，推进"美国梦"。商人们十分看重大学里教的那些实用的"常识"。常识哲学告诉普通人，其未经教育的想法基本上是正确的，这往往会助长美国的反智主义。

在读"businessman"（商人）这个单词时，"man"（人）这个音节是被重读的。他们是一群在商界为生存而奋斗的人，重视实用的常识和实际的成就。在卢梭之后，感觉和情感被认为是女人的事情。在19世纪，随着烘焙、酿造、奶酪制作和纺织等从前的家务活动工业化，妇女越来越远离工作场所。这一变化剥夺了早期女性在经济领域的重要性，只留下了专属于她们的情感领域。

美国人也更容易成为激进的环境保护主义者，相比于基因的影响，他们更相信外部环境是塑造人类特征和促成人类成就的主要因素。他们认为，与欧洲人的偏见相反，美国的综合环境是世界上最好的，这样的环境会孕育出超越牛顿的天才。这一信念反映了启蒙运

---

① 1英尺 ≈ 0.3048 米。——编者注

动的经验主义和商人灵活的信仰。在美国，人类可以无限趋向完善，自由个体的成就也没有界限。最重要的是不断进步。对自我完善的崇拜可以追溯到美国建国早期。在 19 世纪 30 年代，有一本名为《耕耘者》的月刊，"旨在改善土壤和心灵"。一个人不仅可以改善他的农场生意，还可以改善他的思想。事实上，一个公认的好基督徒应该是成功的商人或农民。

美国建国早期的一位观察者意识到了美国的这些趋势。亚历克西斯·德·托克维尔（Alexis de Tocqueville）在 1831 年和 1832 年访问美国后，在《论美国的民主》（*Democracy in America*，1850/1969）中写道："一个国家民主、开明和自由的时间越长，对科学天才感兴趣的促进者的数量就会越多，随之产生更多可以立刻应用于生产性工业的发明，带来收益、名誉甚至权力。"然而，托克维尔担心"在这样的社会中……人们会不知不觉地忽视理论的作用"。另外，贵族"拥有追求思想最高境界的自然冲动"。托克维尔预见得很准确。美国心理学自创立以来一直忽视理论，有时甚至公开敌视理论。当让·皮亚杰等欧洲人建构宏大的、近乎形而上学的理论时，斯金纳认为学习理论是没有必要的。

哲学心理学

旧心理学：宗教中的心理学　清教徒把中世纪的官能心理学带到了美国。然而，当美国第一个伟大的哲学家乔纳森·爱德华兹（Jonathan Edwards，1703—1758）读到洛克的著作时，这种心理学已经在 18 世纪早期消亡了。他对经验主义的热情非常强烈，以至于凭借一己之力独立地走向了贝克莱和休谟的方向。和贝克莱一样，他否认了主要和次要属性的区别，并得出结论：大脑只能了解自己的感知，而无法直接了解外部世界。和休谟一样，他扩展了联想在心灵运作中的作用，也同样发现邻近性、相似性和因果关系是联想的规律（Jones，1958）。最后，和休谟一样，他走向了怀疑论，因为他认识到，关于原因的概括无法被理性证明，情感，而非理性，才是人类行为的真正源泉（Blight,1978）。然而，爱德华兹仍然是一个基督徒（休谟不是），在这方面，他的思想被认为更倾向于中世纪，而不是现代的（Gay，1969）。

爱德华兹强调情感是宗教皈依的基础，这为美国的浪漫主义和理想主义形式，也就是超验主义铺平了道路。超验主义是新英格兰学派对已变得不思进取、呆板、枯燥的清教主义的反抗。超验主义者想要回到爱德华兹那个时代的活泼、感性的宗教，回到爱德华兹所信仰的可以与上帝直接、热情地相遇的宗教。这种态度既符合浪漫主义，也符合后康德唯心主义。前者珍视个人情感与自然的交流，类似于梭罗在瓦尔登湖畔荒野中漫长而孤独的旅居；后者相信康德的超验本体是可知的。同样地，超验主义代表人物乔治·里普利

（George Ripley）在"给帕切斯公理教会的一封信"中写道，他们相信"一种超越外在感官范围的真理秩序"（引自 White，1972）。因此，在某些方面，超验主义与欧洲的浪漫主义及理想主义是一致的。

然而，在其他方面，超验主义显得非常美国化。例如，它支持一种福音派的、情绪化的基督教，这一教派把个人的感觉和良知置于等级权威之上。拉尔夫·沃尔多·爱默生（Emerson，1950）宣扬"自力更生"，这一直是美国人的理想。爱默生嘲笑激进的经验主义者是"消极和有毒的"。然而，无论是来自欧洲还是来自美国的超验主义，对美国主流思想的影响都是有限的。和浪漫主义一样，其主要成果在艺术领域而非哲学领域，甚至其伟大的艺术作品，如梅尔维尔（Melville）的《白鲸记》（*Moby-Dick*），在当时也远不如那些如今已被完全遗忘的其他作品受欢迎。美国的学术机构对超验主义、康德和唯心主义抱有畏惧态度，因此初露头角的科学家和哲学家们几乎不会接触这些思想。

苏格兰学派的常识哲学是反对任何浪漫主义的堡垒，它保持着对美国思想的主导。随着 19 世纪的发展，美国人也开始以越来越快的速度编写心理学教材。美国心理学教科书复制了苏格兰道德理论家的论点。例如，托马斯·厄珀姆（Thomas Upham）的《精神哲学要素》（*Elements of Mental Philosophy*，1831）教导说，道德品质可以通过心理学提供的"对情感和激情的彻底了解"（p.25）而建立。厄珀姆称之为良知的道德感，它被认为是上帝赋予的，用来"激起我们因看到他人的行为而产生的赞同……（或）不赞同的情绪"（p.304）。对于"我为什么要做好事"这一问题，厄珀姆写道："道德义务的真正来源在于人类内心的自然冲动"（p.306）。

颅相学在美国　在美国心理学的前科学史上，最具启示性的事件之一就是颅相学的盛行。19 世纪初，加尔的同事约翰·施普尔茨海姆开始了他在美国的凯旋之旅；可惜几个星期之后，旅途的艰辛就夺去了他的生命。紧随其后的是英国颅相学家乔治·库姆，他受到教育家和大学校长们的欢迎。然而，库姆带来的信息还是太过理论化了，颅相学进而由两个勤劳务实的兄弟奥森（Orson）和洛伦佐·福勒（Lorenzo Fowler）主导。他们简化了颅相学的科学理论，最大化了其实际应用，并在纽约设立了一个办公室，客户可以付费进行颅相分析。他们不知疲倦地宣扬颅相学的好处，并出版了一份关于颅相学的杂志，该杂志从 19 世纪 40 年代一直持续发行到 1911 年。他们在美国各地游学，尤其是偏远地区，发表演讲，挑战怀疑论者。像伟大的魔术师霍迪尼（Houdini）一样，他们接受任何形式的能力测试，包括蒙住眼睛检查志愿者的头骨。

对于美国人来说，福勒兄弟的颅相学之所以如此受欢迎，是因为他们认为它可以判断一个人的品质。它坚持实际应用而避开形而上学。它假装告诉雇主应该雇用什么样的人，并建议男人娶什么样的妻子。美国的第一次心理测试运动其实是一场高尔顿式（优生学）的人体差异审查。加尔认为大脑的官能是由遗传决定的。然而，福勒兄弟说，较弱的官能可以通过练习来提高，而过于强大的官能可以通过意志来控制。很多人向福勒兄弟寻求生活的建议；他们成了第一批人生导师。他们还期望，只要每一个人都能得到"颅相学"的指导，国家和世界就能得到改善。最后，福勒兄弟认为他们是为宗教和道德服务的。他们鼓励客户提高自己的道德水平，并相信崇拜的官能的存在证明了上帝的存在，因为官能的存在意味着其对象的存在。

美国本土哲学：实用主义

形而上学俱乐部 1871 年和 1872 年，一群受过哈佛教育的富裕波士顿人——威廉·詹姆斯称他们为"波士顿最优秀的男子"——创立了形而上学俱乐部（Menand，2001），讨论达尔文时代的哲学。该俱乐部的成员包括注定会成为美国最杰出的法学家的奥利弗·温德尔·霍姆斯（Oliver Wendell Holmes，1809—1894），以及从心理学史角度看更为重要的昌西·赖特（Chauncey Wright，1830—1875）、查尔斯·桑德斯·皮尔斯（Charles Saunders Peirce）和威廉·詹姆斯。这三位对美国心理学的建立都很重要。赖特阐述了早期的刺激 – 反应行为理论，皮尔斯在美国进行了第一次心理学实验，詹姆斯凭借他的《心理学原理》奠定了美国心理学的基础。形而上学俱乐部的直接成果是促进了美国唯一的本土哲学——实用主义哲学的诞生，它是贝恩、达尔文和康德思想的混合体。该俱乐部反对当时占统治地位的苏格兰哲学，认为这种哲学是二元论的，与宗教和神创论密切相关。他们提出了一种新的、自然主义的心智理论。

贝恩告诉他们，信仰是行为的驱动力；贝恩将信仰定义为"取决于一个人准备行动的事情"。从达尔文开始，他们像当时的大多数知识分子一样，学会了将心智视为自然的一部分，而不是上帝的礼物。赖特将这样的想法向前推进了一步，使得人们将适者生存作为理解心智的模型。赖特将贝恩的定义和达尔文的自然选择理论结合起来，提出了"一个人的信仰会像物种一样进化"的观点。在一个人不断走向成熟的过程中，他的信仰也在不断地适应现实，"最合适的信仰最终得以保留"。这是适应心理学个体研究方法的基本思想，而且，如果我们用"行为"代替"信仰"，它便预示了斯金纳激进行为主义的中心思想。赖特还试图展示，自我意识是如何从感觉运动的习惯中进化而来的，而不是自然主义声称的神秘事物。赖特认为，所谓习惯，就是一类刺激和一些反应之间的关联。将刺激和反应联系起来所需的认知是初级的，包括回忆过去经历的场景。当一个个体意识到刺激和反应之间的联系时，自我意识就会产生。赖特的思想在将思维视为自然的一部分方面走了很长一段路，这些思想侧重于美国心理学强调的行为，即信仰只有在产生行为时才是重要的。

查尔斯·桑德斯·皮尔斯（1839—1914） 现在的一些历史学家和哲学家认为皮尔斯是美国历史上最伟大的哲学家。他是物理学家出身，并在美国海岸和大地测量局工作过一段时间。读大学期间，他组装过一台简单的计算机，而且可能是第一个提出"计算机是否能够模仿人类思维"这一问题的人。在获得一小笔遗产后，他辞去了测量局的工作，去了剑桥。遗产确实不多，皮尔斯一家过着看似体面的窘迫生活。他不是一个容易相处的人，尽管詹姆斯尽了最大努力想为他在哈佛大学找一个稳定职位，但最终只得到一份短期合约的工作。不同于詹姆斯流畅有力的写作风格（据说詹姆斯家的两个兄弟亨利和威廉，前者是一位写作风格像心理学家的小说家，后者是一位写作风格像小说家的哲学家），皮尔斯笔头功夫一般，有时甚至让人费解。皮尔斯当时的影响力非常有限，因为他一生中很少发表文章。然而，他总结了形而上学俱乐部的工作，为实用主义做出了第一个系统阐述。

实用主义排斥追求真理，然而讽刺的是，"实用主义"这个名字却源自康德。作为一名基础哲学家，康德试图为人类知识奠定哲学基础。尽管如此，他也意识到，无论什么人，都必须依据某种不确定的信仰行事，例如，医生可能不能绝对确诊，但必须坚持相信自己诊断的正确性。康德称"这种面对不确定的信仰为实用主义信仰，这种对不确定的信仰仍然构成了使用实际手段来达到某些目的的基础"。形而上学俱乐部深思熟虑的怀疑论结果是，没有一种信仰可以被认为是绝对确定的。人类所能期望的最好结果，是在世俗中引导能够带来成功行为的信仰，自然选择的力量会在信仰的实践过程中强化某些信念，而削弱另一些信念。达尔文已经证明物种不是固定的，形而上学俱乐部的结论与康德相反——真理也不是一成不变的。认识论所剩下的，只有康德的实用主义信仰，皮尔斯将其提炼为"实用主义格言"，反映了俱乐部的结论。

1878 年，皮尔斯在一篇名为《如何让我们的想法变得清晰》的论文中发表了这些结论，在形而上学俱乐部即将解散时才在内部宣读。皮尔斯（Peirce，1878/1966）写道："思想的全部作用就是产生行为习惯"，我们所说的信仰是"行为的规则，或者，简而言之，是一种习惯"。"信仰的本质，"他认为，"是一种习惯的建立，不同的信仰因其产生的不同行为模式而不同。"皮尔斯接着说，习惯必须有实用价值才有意义。"从而，一个习惯的意义取决于它能够如何引导我们去行动……因此，我们便归结到那实在的、可想象的、实际的东西，作为思维的一切真正差别的根源……除了以实践为标准的区分，再没有任何更好的区分标准了。"总之，"获得（清晰想法）的规则如下：考虑一下我们对某个事物的定义，都是指向某种实际效果的。那么，我们对这些效果的定义，就是我们对该事物定义的全部"（Peirce，1878/1966）。或者，正如皮尔斯在 1905 年更加直接地指出的，信仰的真实性"完全在于它对生活行为可相信的影响"（Peirce，1905/1970）。

皮尔斯的实用主义格言是革命性的，因为它放弃了基础哲学曾经的柏拉图式追求。它与赫拉克利特及后苏格拉底时代的怀疑论者共同认定，没有什么是确定的。同时，基于达尔文进化论他得出了这样的观点：最好的信仰是那些可以使我们适应不断变化的环境的信仰。实用主义格言也与科学实践相一致。作为一名曾经的物理学家，皮尔斯意识到单纯的科学概念是无用的，如果不能将其转化为一些可观察的现象，它就没有意义，因此，皮尔斯的实用主义格言为实证主义的实用定义打下了基础。后来，当詹姆斯将情感和伦理纳入对信仰有效性的考量时，固执的物理学家皮尔斯却拒绝附和。

在心理学中，实用主义代表了适应心理学中个人问题研究方法的清晰表达。就像斯金纳后来所做的那样，将达尔文的物种进化理论作为理解个体学习的模型。实用主义格言也预示着美国心理学的行为转向，因为它说信仰总是（如果有意义的话）表现在行为中，所以为意识本身所做的反思是徒劳的。

皮尔斯从未成为心理学家，但他确实促进了心理学在美国的发展。他在 1862 年阅读了冯特的一些研究，并反对苏格兰常识心理学在美国的持续主导，支持在美国大学建立实验心理学。1877 年，他发表了一篇关于颜色的心理物理学研究，这是第一篇来自美国实验室的研究成果。他的学生约瑟夫·贾斯特罗（Joseph Jastrow）是 20 世纪上半叶美国最著名的心理学家之一，也是美国心理学会的早期主席。1887 年，皮尔斯提出了现代认知科学的中心问题：机器能像人一样思考吗？尽管取得了这些成就，他的影响仍然非常有限。实用主义对哲学和心理学的巨大影响主要来自他的伙伴威廉·詹姆斯。

| 美国心理学家威廉·詹姆斯 |

詹姆斯的《心理学原理》

詹姆斯从 19 世纪 70 年代开始，从心理学角度而非哲学角度研究他自己版本的实用主义。1878 年，他与出版商亨利·霍尔特（Henry Holt）签约编写了一本心理学教科书。19 世纪 80 年代，他发表了一系列文章，这些文章构成了他新的心理学主张的核心，并被纳入《心理学原理》一书。1890 年，这本书的出版改变了美国心理学史的发展，因为它激励了美国学生，这是苏格兰学派和冯特都无法做到的，它为 1890 年至今的美国心理学的发展定下了基调。詹姆斯结合了心理学奠基者们普遍感兴趣的领域：生理学和哲学。虽然年轻时詹姆斯想成为一名艺术家，但在获得医学博士学位后他开启了学术生涯，并在哈佛大学担任过各种职务。他刚开始是一名生理学讲师，后来又为自己争取了一个心理学教授的职位；最后几年他当上了哲学教授。通过《心理学原理》，詹姆斯开始发展他的实用主义哲学。

"心理学是精神生活的科学，"詹姆斯这样告诉他的读者（James，1890，vol.1，p.1）。它的主要方法是普通的内省，伴随着的是德国经验主义"魔鬼般的狡猾"，以及对普通人、动物和"野蛮人"的比较研究。詹姆斯拒绝了感觉原子论（sensationistic atomism），冯特同样拒绝了"台球理论"（billiard ball theory）。詹姆斯说，格式塔心理学家早已预见了这一点，这一理论认为物体的可辨别部分是恒定不变的体验对象，错误地切断了体验的流动性。詹姆斯写道：

> 意识……似乎不会将自己切分成碎片。像"链条"或"火车"这样的比喻并不能恰当地描述它，因为它是完整展现的。它不存在什么节点，是流动的。用"河流"或"溪流"来形容则更加自然。以后谈论到它时，我们可以称之为思想、意识或主观生活的"流"（stream）。

（James，1890，p.239）

基于达尔文主义的视角，詹姆斯发现，意识包含的东西不如它引导的行为重要；重要的是功能，而不是内容。意识的首要功能是选择。他写道："它总是对某些对象比对其他对象更感兴趣，并在思考的同时接受、拒绝或选择"（James，1890，p.284）。意识创造并服务于有机体的首要目的，是使其通过适应环境而生存。然而对于詹姆斯来说，适应从来都不是被动的。意识的选择，总是朝着某个目标行动。选择的不断流动影响着感知和行为："简而言之，大脑对收到的数据进行加工，就像雕刻家对原石进行加工一样"（p.288）。詹姆斯眼中的大脑不是感性主义者的被动白板。它是一个"为目标而战"的斗士，积极参与着对世界的实践和体验。

意志的挑战与大脑的反射理论

要注意的是，詹姆斯认为意识的适应性体现在两个方面。第一个是意识赋予主体以意义——机器不会有生存动机，只会按照预设的程序运行。一旦环境不适合这些程序，机器就无法适应，就会"死亡"，当然它也根本不在乎自己是"生"是"死"。应对变化是进化的本质，所以意识才会出现，因为离开了它，我们不会也不可能适应环境。意识的第二个适应性，也就是选择，取决于人对生存的渴望。詹姆斯教导说，当本能和习惯无法应对新的挑战时，意识就会产生。一个人可以在无意识状态下，比如听收音机或与朋友交谈时，驾车行驶在熟悉的路上。正如笛卡儿所言，一个人的意识"在别处"。然而，如果一个人从收音机里听说有棵倒下的树挡住了他通常的路线，他会立即开始有意识地驾驶，因为他必须选择一条新的路线来适应变化了的环境。对詹姆斯来说，很明显，没有意识，就没有生存，因为没有意识，我们就会如同钟表，对环境视而不见，对自己的命运漠不关心。

然而与此同时，詹姆斯认可了生理学的道路，他说心理学必须基于"大脑科学"。这是一个基本假设："大脑是心理运作的一个直接的生理基础"，《心理学原理》一书共 1377 页，"或多或少证明了这一假设是正确的"（James，1890，vol.1，p.4）。他称赞哈特莱试图证明联想法则是大脑规律的想法，"联想的根源存在于大脑的生理活动"（p.554）。

这似乎让詹姆斯陷入了一个矛盾——大脑–机器必须做出选择。他曾说意识在人类和动物生活中起着积极的作用，并明确拒绝机械论，或者他自己说的"自动机理论"（automaton theory）。对于詹姆斯来说，进化自然主义要求意识存在，因为它实现了一个重要的适应功能。一台愚蠢的机器不知道方向，如同"无论何时将骰子扔在桌上……最大的数字一定会比最小的数字出现的频率高吗？"詹姆斯认为意识通过"干预骰子"来提高大脑（智力）的机器的效率。他写道（James，1890，vol.1，p.140）："干预骰子会带来持续的压力，但这符合'大脑所有者的利益'。"意识将生存从"单纯的概率"转变为"必要的指令。只要生存继续，器官必须如此工作……每一种实际存在的意识似乎都是一个为目标而战的战士。"意识因此具有了生存价值。联想可能依赖于大脑的规律，但是我们的意志可以通过强调和强化，引导联想为我们的利益服务，它们的方向就是"自由意志最热切的倡导者所需要的一切"，因为通过引导联想，它可以进而引导思维和行为（p.141）。

詹姆斯对意识的脑科学观点与他对意识行为效能的信念之间的冲突，清楚地表现在他的情绪理论中，即由他和荷兰生理学家卡尔·兰格（Carl Lange，1834—1900）分别在1884年和1885年独立提出的情绪理论，后称詹姆斯–兰格情绪理论。通过在《心理学原理》中的表述，詹姆斯–兰格情绪理论影响了每一位研究情绪主题的心理学家，并且至今仍然被广泛讨论。

作为一名意识心理学家，詹姆斯想解释情绪是如何，以及为什么会在意识体验中产生。他将自己的情绪理论与民间心理学的理论进行了对比，承认至少乍看之下，他的理论不太可信：

> 对于情绪……我们通常的认知是，对某些事实的心理感受会激发被称为情绪的心理状态，而这种心理状态会引起身体反应。与此相反，我的理论是，身体的变化会直接跟随我们对那些能够触动人的事实的感知变化，我们对这一同步变化的感觉，就是情绪。常识告诉我们，当我们失去财富，会因感到难过而哭泣；当我们遇到一只熊，会因为害怕而逃跑；当我们被对手侮辱，会感到愤怒并攻击对方。这里需要纠正的是，这样的认知顺序是不正确的，一种心理状态不会立即被另一种心理状态所诱导，身体反应必须

首先介于两者之间，更合理的说法是，我们感到难过是因为我们哭泣，愤怒是因为我们出手了，害怕是因为我们颤抖，而不是我们通常以为的，哭泣、动手或颤抖是因为我们难过、愤怒或恐惧，如此种种。没有身体状态跟随感知，感知只是纯粹的认知形式，苍白、无色、缺乏情绪温度。当我们看到熊的时候，我们可能会认为逃跑是最好的选择；当我们受到侮辱，我们可能认为攻击是正确的选择；但我们不应该感到害怕或愤怒。用这种粗略的方式阐述，这个假设肯定会立即遭到质疑。然而，既不需要很多牵强的思考来减少其看起来的不合常理，也没必要说服大家接受这一真理。

（James，1892a/1992，p.352）

在阐述情绪理论时，詹姆斯试图解决一些至今仍未解决的问题。第一个问题是最基本的：什么是情绪？对于很多人，或许是大多数人而言，我们的感知是"纯粹形式上的认知"。我对计算机屏幕、鼠标垫、桌上一杯茶的感觉都是"苍白、无色、缺乏情绪温度"的。的确，如果我在森林里遇到一只熊，我对它的感觉是有温度的（至少可以这么说），但是这种温度——恐惧的情绪——是由什么组成的呢？在遇到熊时，我的意识中增加了什么，是在我看到茶杯时意识中所没有的？

詹姆斯的回答实际上可以用大脑的反射理论解释。回想一下，在反射理论中，大脑被认为更像一个电话总机，提供刺激和反应之间的关联，但不能独立产生体验、感觉或行为。詹姆斯对这种关于大脑的相当被动的观点进行了动态修正，认为任何感知到的刺激都会作用于神经系统，自动带来一些适应性的身体反应，包括先天的本能反应和后天习得的反应。因此，如果一只体型庞大的动物抬头对我吼叫，我就会产生一种天生的、自动逃跑的倾向。当我开车时，交通灯变成红色，我就会产生一种习得的、自动踩刹车的倾向。

为了理解后来关于意识的一些争论，尤其是意识的运动理论，我们应该记住，在这一系列事件中，进化上的适应性指的就是我看到熊时的逃跑行为。只要我能逃离它的魔爪，那么我看到熊时任何主观上的感受，都是无关紧要的。正如詹姆斯所言，看到这只熊时，我可以冷静地认为逃跑是明智之举，没有任何感觉。寻找安全路径和避免危险的无人驾驶汽车已经问世，但它既没有欲望也没有恐惧。

然而，因为人类确实能够感觉到恐惧（和欲望），所以心理学家的主要工作是弄清楚恐惧（或欲望），也就是人在认知到熊的存在后，附带的那种额外的意识状态到底是什么。詹姆斯提出，额外的情绪，是我们的身体在看到熊之后产生反应的意识记录。因为他认为大脑只是一个连接装置，所以没有把情绪放在大脑本身，而是放在大脑之外，放在内脏（我们的胃因恐惧而翻腾）和肌肉中，肌肉的作用是让我们逃离熊。至于简单的情绪，如恐惧或欲望（相对于嫉妒或爱等微妙的情绪），詹姆斯认为，构成情绪最重要的身体感受源于内脏。综上所述，根据詹姆斯－兰格情绪理论（见图 10.1），恐惧并不会让我们的肠子翻腾或让我们的腿奔跑，"翻腾的肠子"和"奔跑的腿"也不会让我们感到恐惧，恐惧就是我们"翻腾的肠子"和"奔跑的腿"本身。情绪就是身体的状态。

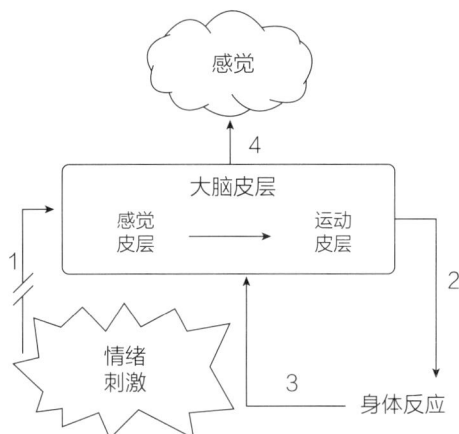

图 10.1　詹姆斯－兰格情绪理论
资料来源：*Adapted from J. LeDoux.*

更加概括地说，詹姆斯认为心理状态对身体会产生两种影响。首先，除非存在某种抑制，否则关于某个行为的想法会自动导致该行为的执行。其次，心理状态会引起身体内部的变化，包括潜在的运动反应、心率变化、腺体分泌，或许还有"更微妙的过程"。因此，詹姆斯认为："可以确定的是，不存在不是伴随着或紧跟着身体改变的心理变化"（James，1890，vol.1，p.5）。因此，意识的内容不仅由来自外部的感觉决定，还由来自身体运动的动觉反馈（kinesthetic feedback，这是如今的定义）决定。"因此，我们的心理学不仅必须考虑心理状态的前提条件，也必须考虑它们所产生的结果……整个神经组织……不过是把刺激转化为反应的机器；而我们所谓的智力，也不过是这台机器的操作中枢"（James，1890，vol.2，p.372）。

詹姆斯的问题就出在这里。如果情绪既存在于我们对产生情绪的刺激（如熊）的知觉中，也存在于由刺激自动触发的身体反应（如翻腾的肠子和奔跑的腿）中，那么我们就可能会质疑，情绪是否真的会触发行为。如果我们因为逃跑而感到害怕，那么恐惧不是逃跑的原因，而是一种意识状态，可以说是一种自发的状态。詹姆斯－兰格情绪理论似乎与詹姆斯否定的大脑自动机理论高度一致。意识，包括情感，与行为触发的关系，并不比汽车的颜色与汽车的驱动因素之间的关系更大。汽车必须有一些颜色，而生物似乎也必须有某种意识体验，但无论是汽车的颜色，还是大脑的意识，都没有什么实际作用。从这个角度看，作为一门研究行为动机的科学，心理学也许能够完全忽略意识。

詹姆斯发现自己陷入了与其他不愿相信机械论的人相同的困境，这种困境介于心灵的自由感和智力的科学决定论宣言之间。受个人经历影响，詹姆斯深深认可自由意志。在他年轻的时候，凭借再活一次的决心，他将自己从抑郁的黑暗中拉了出来。他一生都受抑郁症困扰，因而把人类的意志作为他哲学的中心。然而，在他的心理学研究中，他致力于大脑机能学说，他发现自己几乎不得不把决定论作为唯一科学上可接受的行为观。他坚决反对这个结论，谴责人类行为的机械论观点，并且，正如我们所看到的，宣称意识决定生存并控制身体。在写完《心理学原理》之后，詹姆斯在 1892 年放弃了心理学而转向了哲学，并发展了自己的实用主义理论。他试图通过把心的感觉和大脑的认知置于同等的地位来解决心脑之争。然而，冲突仍然存在，《心理学原理》的影响导致美国心理学家远离意识，走向行为，从而远离了詹姆斯本人将心理学定义为精神生活科学的初衷。

詹姆斯对心理学的影响

尽管詹姆斯的《心理学原理》对心理学的发展有很大的影响，但对他来说，它只是一种消遣。1892 年，他出版了一册《简明教程》（*Briefer Course*），一本更适合作为课堂教材的著作，但他宣称对心理学感到厌倦。同年，他找到了继任者雨果·闵斯特伯格（Hugo Münsterberg），让他成为哈佛大学的实验心理学家，而詹姆斯自己则恢复了哲学家的职业生涯，这使得 1892 年对心理学来说是具有双重意义的一年，因为美国心理学会也在这一年成立。

詹姆斯对科学心理学模棱两可的态度，在他回复（James，1892b）乔治·特朗布尔·拉德（George Trumbull Ladd，1842—1921）针对《心理学原理》的负面评论时可见一斑。虽然拉德接受了科学心理学的某些方面，但他捍卫苏格兰传统的、旧的、宗教导向的心理学，认为自然主义心理学不足以服务人类的灵魂。詹姆斯同意当时的心理学还不能算作一门科学，而只能算是"一堆语出惊人的描述、流言蜚语和神话"。他说，写《心理学原理》的目的就是希望"通过把心理学当作自然科学来对待，助其成为自然科学"（p.146）。

詹姆斯（James，1890）正确地界定了心理学作为一门自然科学的发展方向。大脑机能学说的反射 - 动作理论（reflex-action theory）的价值不可估量，因为它将行为看作生理上根深蒂固的运动习惯和冲动的结果，致力于"实用的预测和控制"，这是所有自然科学的目标。心理学由此不应再被视为哲学的一部分，而应被视为"生物学的一个分支"。在一个重要角度上，詹姆斯同意拉德的观点，认为科学心理学实际上不能解决很多与人类生活有关的重要问题。例如，正如我们所看到的，詹姆斯坚定地相信自由意志。在《心理学原理》中，他讨论了注意，认为它是一个重要的心理过程，在这个过程中，我们（似乎）

有意识地选择关注一件事而不是另一件事。他将注意的"原因"理论与注意的"效果"理论进行了对比，前者认为注意是一种故意的行为，后者认为注意是由我们无法控制的认知过程所产生的效果。詹姆斯无法在以科学为基础的理论和以道德为出发点的理论之间做出抉择，因为它们分别承载着自由意志和道德责任的现实。然而，由于道德考量并不属于科学范畴，詹姆斯没有进一步阐述就结束了他关于注意研究的一章，指出这个问题不能仅仅依据科学来决定。

在他的论文中，詹姆斯还谈到了心理学作为一门应用学科的未来。他说，人们想要的是一种实用的心理学，告诉人们如何行动，从而对生活产生影响。"那种可以治愈抑郁或慢性病态妄想的心理学，理应比那些一心探求灵魂最深刻本质的心理学更受青睐"（James，1892b，p.153）。心理学要实用，要有所作为。随着美国心理学家的组织化和专业化，詹姆斯不仅表达了他们日益增长的实践需求，而且宣布了他自己的真理试金石：真正的思想会改变生活。詹姆斯的下一个任务是充分发展典型的美国哲学——实用主义。

到了 19 世纪 90 年代中期，一种新的心理学的轮廓出现了，这种心理学具有鲜明的美国特色。美国心理学家的兴趣从"意识中包含什么"转移到"意识能做什么"，以及它"如何帮助生物体，即人类或动物，适应环境变化"。简而言之，心理内容变得不如心理功能重要。这种新的机能主义心理学是达尔文主义和新的美国经验的自然产物。詹姆斯曾在《心理学原理》中说，思想和意识，除非能满足主人的适应性需求，否则就不会存在；在 19 世纪 90 年代的美国，意识的主要功能显然是引导人们适应席卷移民、农民、工人和专业人士的社会剧变。在一个不断变化的世界里，古老的真理——心理内容、固定的教义——显得笨拙不堪。赫拉克利特所设想的宇宙最终变成了现实，人们不再相信柏拉图的"永恒"。在赫拉克利特的宇宙流动学说中，唯一永恒不变的就是变化，因此，唯一能够体验到的现实，即心理学的主题，就是适应变化。

詹姆斯式的实用主义

詹姆斯继续发展他自己的实用主义版本，一种比皮尔斯狭隘的科学主义更开放也更浪漫的实用主义。实用主义，始于皮尔斯严谨的科学态度，是一种确定人类概念是否有任何经验内容的方法。但是皮尔斯的概念过于狭隘，无法完全满足后达尔文时代赫拉克利特主义世界的日常需求。很明显，不存在柏拉图式的永恒不变的真理；然而，人们发现，如果没有某种确定性，没有某种能够指引方向的灯塔，人很难生活下去。詹姆斯在实用主义中创造了一座新的灯塔，提出了一种创造而不是发现真理的方法，在详细阐述皮尔斯的实用主义时，他将皮尔斯无法忍受的情感学习（emotional learnings）也纳入其中。

在一系列始于 1895 年、以《实用主义》(*Pragmatism*,1907/1955)告终的作品中，詹姆斯对科学、哲学和生活问题提出了一种全面、实用的方法。他认为，除非某些思想对我们的生活很重要，否则它们毫无价值，或者更准确地说，是毫无意义。一个没有结果的思想是毫无意义的。正如他在《实用主义》中所写的：

> 正确的思想是那些我们可以吸收、执行、巩固和验证的思想。错误的思想则与此相反。这就是判断我们的思想正确与否的标准……衡量一种思想真实性的标准，不是某种固有的、停滞不前的属性。真理"发生"于思想。真理之所以是真理，是因为事件使其变成真理。它的真实性实际上在于一个事件、一个过程。

(James，1907/1955，p.133)

到目前为止，这听起来还很像皮尔斯的话：一个冷静的、达尔文主义的真理标准。然而，当詹姆斯声称，一种思想的真实性，应该根据它与一个人所有体验的一致性来检验时，他超越了皮尔斯："没有什么可以被忽略。"当皮尔斯说我们用体验来衡量思想时，他指的是狭义的认知体验，也就是科学家对物理世界的理解。然而，詹姆斯和浪漫主义者一样，认为没有理由把一种体验看得比另一种更重要。希望、恐惧、爱、野心等非认知体验，和对数字、硬度或质量的认知体验一样，都是一个人生活中实实在在的一部分。"思想，"詹姆斯说，"(它们本身不过是我们经历的一部分)，只有当思想引导我们与体验的其他部分建立令人满意的关系时，它们才是真实的"(James，1907/1955，p.49)。因此，詹姆斯的真理标准比皮尔斯的要宽泛得多，可以适用于任何概念，无论看起来多么荒诞或形而上学。对于坚定的经验主义者来说，上帝或自由意志的观念是没有意义的，从字面上看既不正确也不错误，因为它们缺乏感官内容。但对于詹姆斯来说，这些思想仍然可以改变我们的生活方式。如果自由意志的概念及其推论，也就是道德责任，能够使人们过得比他们相信自动机理论时更好、更幸福，那么自由意志就是真实的；或者更确切地说，它在接受者的生活和体验中变成了现实。

詹姆斯的实用主义没有形而上学的偏见，不像传统的理性主义和经验主义：

> 理性主义坚持逻辑和至高形式；经验主义坚持外在感官；实用主义愿意接受任何东西，遵循逻辑或感官，并考虑最微不足道和最个人化的体验。如果某种神秘体验能够带来实际效果，它也会接受。

(James，1907/1955，p.61)

不同于皮尔斯冷酷、理性的实证式实用主义，詹姆斯坚持内心的主张，自乔纳森·爱德华兹时代以来，这一追求就与美国人的追求十分契合。正如詹姆斯自己意识到的，他的实用主义是反知识分子的，在寻求真理的过程中，他把心灵和大脑等同起来。与理性主义者和寻找完美真理的人相比，詹姆斯写道："激进的实用主义者是无忧无虑的无政府主义者"（James，1907/1955，p.168）。机能主义心理学家和他们的继承人，即行为主义者，同样贬低知识分子。正如我们将要读到的，学习和解决问题的过程将很快由盲目的试错以及由此产生的奖罚来解释，而不是直接的认知活动。

实用主义是一种功能哲学，一种方法，而不是一种教义。它提供了一种应对赫拉克利特式的流动的体验的方式，无论面对什么挑战或主题。在神学和物理学、政治和伦理学，以及哲学和心理学领域，它都树立了一座灯塔。尽管人们无法指望找到一个关于上帝或物质、社会或道德、形而上学或心灵的固定且终极的真理，但人们开始明白，应该探寻什么样的问题：这个概念重要吗？这对我、对我的社会、对我的科学有影响吗？实用主义声称，虽然任何问题都没有一劳永逸的答案，但至少可以找到解决当下问题的方法。

迄今为止，哲学家们一直在寻找第一原则，即建立哲学体系和科学哲学的不容置疑的思想。詹姆斯的实用主义放弃了对第一原则的追求，并且意识到，在达尔文之后，没有什么真理是固定的。詹姆斯提出了一种哲学，这种哲学通过远离内容（固定的真理）而转向功能（思想能为我们做什么）。当他这样做的时候，心理学家正在默默地发展一种机能主义心理学，不是研究大脑包含的思想，而是研究大脑如何使有机体适应环境的变化。与此同时，他们希望心理科学能在现代世界发挥作用，应对来自移民和教育、精神失常和智力障碍，以及商业和政治的挑战。

| 从心灵主义到行为主义 |

1913 年 4 月，哲学家沃纳·菲特（Warner Fite）按照《民族报》的惯例，匿名评论了三本关于"人类科学"的书。其中一本是关于遗传学的，另外两本都是关于心理学的，分别是雨果·闵斯特伯格的《心理学与工业效率》（*Psychology and Industrial Efficiency*）和莫里斯·帕米利（Maurice Parmelee）的《人类行为科学》（*The Science of Human Behavior*）。菲特观察到，1913 年的心理学似乎很少关注意识；闵斯特伯格明确指出，"试图通过邻居的日常生活，即心理功能来了解对方……这不是心理分析"。菲特总结说：

> 没错。真正的"心理分析"会忽略所有个人的心理体验。因此，心理学是我们可以称之为"自然主义阴谋"的最终结果，在这个阴谋中，每个研究者都用一个奇怪的誓言约束自己，所有的知识都源自对同伴的观察，就像"一个博物学家来研究化学元素或星

星"（闵斯特伯格），并且在任何时候都不能根据自己的生活体验来构想知识一样。即使心理学家的"心理状态"或"意识对象"也只是从外部读取的假想实体而已……一门无视人类最显著特征的人文科学能有什么作为？

（Fite，1913，p.370）

显然，自从詹姆斯写了他的《心理学原理》之后，心理学已经发生了变化。詹姆斯和冯特推出了一门新的关于精神生活的科学，即对意识本身的研究；弗洛伊德用自省和推理深入病人的心灵，包括意识和无意识。然而到了 1913 年，菲特创立了一种以行为而不是意识为目标的心理学，其基础是将人视为物，而不是有意识的行动者。从心灵主义将心理学定义为以意识为对象的科学研究，到行为主义将心理学定义为以行为为对象的科学研究，是诸多历史力量共同推进的必然结果。

基于詹姆斯的理论发展：意识的运动理论

美国新心理学的精神内核源自詹姆斯的《心理学原理》。卡特尔说这本书"将生命的气息吹入了心理学的泥塑"。詹姆斯本人很反感以职业化态度甚至商业化态度取代学术态度，并对科学心理学的有效性心存怀疑。然而，美国心理学正是在他的著作之上建立起来的。

雨果·闵斯特伯格与行为理论

1892 年，詹姆斯开始厌倦心理学，渴望转向哲学。因此他要寻找一个人来接替他做哈佛大学的实验心理学家。他注意到了雨果·闵斯特伯格（1863—1916），虽然他是冯特的学生，但他与他的老师意见不一致，这吸引了詹姆斯。和詹姆斯一样，闵斯特伯格用"对刺激引发的自发行为反应的反馈"来解释意志问题。然而，他的"行动理论"发展成了一种更加彻底的意识的运动理论，完全排除了意志（这是詹姆斯永远也不会采纳的一步），并将意识从一个积极追求目标的存在，简化成仅仅是对其持有者行动的旁观者。

在一篇冯特拒绝接受的论文中，闵斯特伯格从心理学的角度论述了意志的本质。18 世纪，大卫·休谟着手寻找关于"自我"的心理学基础，但发现这个"自我"在内省的凝视下消失了。现在，闵斯特伯格开始寻找意志的心理学基础，却发现它似乎更多的是幻觉而不是现实。意志是哲学和民族心理学中的一个重要概念，然而，闵斯特伯格反问："它作为一种心理体验，存在于什么之中？"此外，闵斯特伯格质疑任何自由意志概念在科学心理学中的地位。从洛克时代起，人们就认识到调和意志自由和科学决定论并不是一件容易的事。詹姆斯也因无法调和这两者而厌倦了心理学。特别是，在大脑的反射概念中，似乎没有自由意志充分施展的空间。在弗里奇和希齐格的研究之后，似乎更没有地方可以放置意志：大脑仅仅通过将负责输入的刺激神经与负责输出的反应神经联系起来，以产生行为。就生理学而言，根本不需要意识：S →生理过程→ R，其中 S 是刺激，R 是反应。

由此看来，反射理论是一个站得住脚的概念，可以用来解释行为是如何产生的。正如闵斯特伯格所写的："对于个体的生存来说，一个有目的的行为是否伴随着意识内容显然是无关紧要的"（引自 Hale，1980，p.41）。然而，意识内容（心理学的传统主题）也有需要解释的问题：为什么我们会相信自己拥有自主意志？和詹姆斯一样，闵斯特伯格从行为角度找到了这一信念的来源："我们的思想是我们准备行动的产物……我们的行为塑造了我们的认知"（引自 Kuklick，1977）。运动理论解释说，我们之所以会产生自主意志，是因为我们能意识到自己的行为和之前的行为倾向。比如，我可能会宣布我打算从椅子上站起来，但这不是我自主决定站起来，而是因为站立的运动过程刚一开始便进入了意识。我会觉得自己的"意志"是有效的，因为一般来说，最初的行为倾向之后便是真正的行为，前者会引发对后者的记忆。因为隐性倾向通常先于显性行为，所以我们相信我们的"意志"通常会被执行。

意识的运动理论如图 10.2 所示。

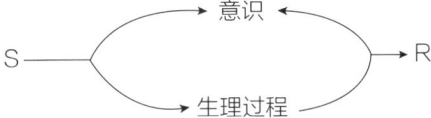

图 10.2　意识的运动理论示意图

意识内容，是由作用在我们身上的刺激、我们显性的行为，以及连接刺激和反应的生理过程所产生的肌肉和腺体的外围变化决定的。与詹姆斯不同的是，闵斯特伯格并不害怕意识运动理论的某种暗示。他得出结论，意识只是一种附带现象，在引发行为方面没有任何作用。意识观察世界和它所属的身体产生的行为，错误地认为它自己连接了两者，而事实上是大脑连接了两者。基于这样的定义，心理学必然还原为生理学，以潜在的生理过程，尤其是外围的生理过程来解释意识。闵斯特伯格所热衷的、实用性的应用心理学，必然倾向于行为主义——将人类行为解释为人类环境的结果。

意识的运动理论并不局限于詹姆斯或闵斯特伯格的理论。以这样或那样的方式，其影响力越来越大。现在摆在我们面前的是 1900 年到 1920 年哲学心理学的核心主题：如果意识存在，其作用是什么？意识的运动理论助长了行为主义的兴起。如果这个理论是对的，意识实际上什么也做不了。那么，除了相信心理学是"对意识的研究"这一旧定义之外，我们为什么还要研究它呢？对意识的研究，似乎与美国心理学家"建立对社会和商业有用的职业"这一动机越来越没有关系。

约翰·杜威和反射弧

在詹姆斯的《心理学原理》的影响下，哲学家约翰·杜威（1859—1952）从年轻时对黑格尔唯心主义的信仰中脱离出来，开始发展他自己的实用意识概念：工具主义（instrumentalism）。19 世纪 90 年代中期，他发表了一系列重要但冗长的论文，这些论文以《心理学原理》为基础，为他毕生所致力的，将哲学、心理学和伦理学融为一体的尝试奠定了基础。这些论文还提出了美国本土心理学的核心概念：机能主义。

在这些论文中，影响最大的是《心理学中的反射弧概念》（1896）。杜威批评传统的联想反射弧概念——S→想法→R，认为其人为地将行为分解成了不连贯的部分。他并不否认刺激、感觉（想法）和反应的存在。然而，他否认它们是不同的事件，就像一串链子上的三颗珠子。相反，杜威认为刺激、想法和反应是有机体适应环境时整体行为协调中的不同分工。

杜威发展了自己的意识运动理论，他认为感觉不是对印象的被动记录，而是一种与同时发生的其他行为动态互动的行为。因此，对于一个焦急地等待与敌人短兵相接的士兵来说，树枝折断的声音十分重要，它会立刻占据意识；对于一个在宁静的森林中的徒步旅行者来说，这又是另一回事。事实上，徒步旅行者甚至可能完全没有注意到脚下的啪嗒声。

杜威做出了一个决定性的举动，其意义隐藏在他枯燥、抽象的散文中，并没有完全挑明。冯特和詹姆斯可能会把对树枝折断的不同体验归因于有意集中的注意力。士兵正在认真倾听接近的声音；徒步旅行者正在听鸟鸣。但是杜威的运动理论在去除自我方面追随了休谟，在去除意志方面追随了闵斯特伯格。杜威声称，正是当前的行为赋予了感觉以意义，甚至决定了一种刺激能否变成一种感觉。只有当刺激与我们当前的行为有关联时，它才能成为感觉并且具备价值。

詹姆斯提出了一种大脑机能主义的心智解释，但没有充分阐明这一观点的含义。杜威认为，行为往往会自行消失，不会引起任何有意义的感觉或想法。只有当行为需要与现实重新协调时，也就是说，当行为需要调整时，感觉和情绪才会产生。徒步旅行者的行为不需要适应树枝的折断，因为这不会影响他继续行走。而士兵迫切地需要调整自己的行为，以适应树枝折断的声音，因此这个声音会在意识中凸显出来。此外，杜威认为，士兵的情绪，如恐惧、忧虑，也许还有对敌人的愤怒，都是可以感觉到的，只是因为他的行为受到了控制；他的情绪来自对受挫的行为倾向的反馈。杜威说，情绪是行为倾向出现冲突的标志，就士兵而言，他的行为倾向冲突是"战斗还是逃跑"。杜威说，如果他能立即全心全意地选择其中一种行为，就不会有什么情绪。

杜威提出的意识运动理论对后来的美国心理学至关重要。1943 年，他关于反射弧的论文被评选为《心理学评论》上发表的最重要的文章之一。杜威表明，心理学可以远离已经被詹姆斯削弱的唯心主义的自我中心。不是将感知和决策的控制权交给一个虚无缥缈的先验自我，而是尽量用协同的、动态的、适应性的行为来解释它们。因此，倾听是一种行为，参与是另一种行为，回应是第三种行为。所有这些持续不断、周而复始的行为都在为了个体生存而协调一致，就像当代美国人的日常生活一样。杜威的思想成为机能主义的共识。从更大的视角看，杜威在这些论文中开始发展前面我们提到过的进步观点，即自我并不存在于自然界中，而是一种社会建构。

┃ 从哲学到生物学：机能主义心理学 ┃

实验开始侧重于揭示机能

传统的意识心理学虽然不可避免地研究诸如统觉等心理过程，但仍然强调意识内容才是心理学的主题；其主要创新之处在于让意识受实验控制，以科学地捕捉意识内容。然而，正如我们在本章前面看到的，威廉·詹姆斯在他的《心理学原理》中，把美国心理学的兴趣从内容转移到了过程上。正如他描绘的那样，心理内容是转瞬即逝的东西——见过一次就永远不会回来；持久不变的是心理功能，尤其是选择功能。19 世纪 90 年代，美国的新经验强化了詹姆斯的新重点——旧式真理被新式真理取代，熟悉的场景被陌生的场景替换。保持不变的只有适应新环境的过程。

意识运动理论的发展进一步贬低了心理内容，同时也在暗中继续贬低观察心理内容的方法——内省。在该理论中，意识包含了对外部世界和肌肉活动（motor activity）的感觉，但在引起行为方面起的作用很小（如果有的话）。当然，尽管自省和报告意识内容仍然是可能的，正如闵斯特伯格在他的实验室里继续做的那样，但这很容易被视为毫无意义，甚至是不负责任的。美国心理学家认同詹姆斯的观点：他们需要的是一种通过"有效"（being effective）来满足实用主义测试的心理学。在变化的洪流中，美国人需要一种能应对新兴现代世界的心理学。内省只能揭示静态的内容；美国人需要的是为未来做好准备。詹姆斯、闵斯特伯格和杜威通过将注意力从内容转向适应过程，为新的机能主义心理学做着准备。

与此同时，实验心理学家将他们的研究重点从对意识内容的内省报告，转移到从客观角度确定刺激和反应之间的相关性上。冯特提出的实验方法包含两个方面：将一个标准化的、受控的刺激呈现给一个实验对象，当实验对象以某种方式对刺激做出反应后，报告其体验内容。作为一个心灵主义者，冯特对给定条件下产生的体验充满了兴趣，并将客观结果作为产生意识内容的过程的线索。然而，在美国心理学家那里，重点从"意识体验"转移到了"刺激条件与反应之间的关联规律"上。

我来用安吉尔的一个实验作为例子，说明人们如何根据声音定位空间中的物体（Angell，1903a）。在这个实验中，一个被蒙住眼睛的观察者——你就想象他是行为主义的奠基者约翰·华生好了——坐在仪器中央的一把椅子上，这个仪器可以在观察者周围的任何一点发出声音。当发声器设定在一个给定的点后，实验人员让它发出一种声音，随后观察者需要指出他认为的发出声音的方位。然后，观察者还需要提供一份关于声音引起的意识体验的内省报告。华生报告说，他看到了周围设备的心理图像，发声器就位于他指向的地方。现在，如果是一位心灵主义者，就会把内省报告作为感兴趣的数据，专注于描述和解释这些心理内容。除此之外，研究者还可以将发声器的位置与观察者所指示的位置相关联，关注被试响应的准确性。

在安吉尔的实验中，虽然包含了客观数据（刺激位置与被试反应的相关性）和主观数据（内省报告），但后者被赋予了次要地位。客观发现会被强调和广泛地讨论；内省发现则在文末一笔带过。在意识运动理论的影响下，内省变得不那么重要了，因为意识与行为没有因果关系，同样的态度也影响了当时的实验。从美国心理学开始，内省报告首先被从客观结果中分离出来，然后被压缩或完全删除，因为"内省者"变成了"被试"（Danziger，1990）。

在解释行为如何适应刺激的问题上，美国心理学家从研究心理内容转向研究适应性心理功能。由布赖恩和哈特（Bryan & Harter，1897）主持的另一个实验，揭示了美国心理学的第二种功能取向——社会功能。布赖恩，一位实验心理学家，和哈特，一位前铁路电报员转行攻读心理学的研究生，调查了新铁路电报员对电报技能的习得。他们的报告中没有任何关于自省的内容，而是记录了学生们在几个月的实践中逐渐进步的情况。这项完全基于客观数据的研究具有重要的社会意义，因为布赖恩和哈特研究的是一项重要的、由那些在工业化美国扮演重要角色的人习得的技能。随着铁路的发展，想要把美国农村社区——一些信息孤岛——联系到一起，铁路电报员变得至关重要。他们记录什么货物被送到哪里，什么火车去往什么地方；简而言之，他们是使整个铁路系统运转的通信纽带。对铁路电报员的培训是如此重要，以至于联合铁路公司和沃巴什铁路公司直接委托布赖恩和哈特进行研究。他们把心理学研究引入了一个真正具有社会和商业价值的轨道。

他们的研究还有另一方面的意义——预示了 40 年后实验心理学的中心问题。传统的意识心理学和心灵主义，主要研究知觉及其相关功能，因为正是这些功能产生了可内省的心理内容。然而，在詹姆斯及其追随者的后达尔文主义心理学中，意识的作用是很重要的，它能使生物体适应环境。学习就是随着时间的推移而逐渐调整的过程——了解环境，然后按照环境行事。布赖恩和哈特绘制了学习曲线，并讨论了新手电报员是如何逐渐适应工作需求的。布赖恩和哈特的论文体现了客观主义，体现了对社会应用性问题的关注，体现了对学习主题的选择，这预示了未来的趋势。因此，1943 年，它被美国顶尖心理学家评选为当时发表在《心理学评论》上的最重要的实验研究，并被评为最重要的 5 篇心理学论文之一，也就不足为奇了。

到了 1904 年，"客观"方法（刺激→反应）显然至少与内省式的意识分析一样重要了。在国际艺术和科学大会的发言中，美国心理学先驱卡特尔说："我不认为心理学应该仅限于研究意识本身"（Cattell，1904），这当然是詹姆斯和冯特对心理学的定义。卡特尔说，他自己在心理测试方面的工作"几乎与物理或动物学方面的工作一样独立于内省"。尽管内省和实验应该"持续合作"，但从"既成事实的残酷论证"中可以明显看出，现在心理学的大部分研究是"排除内省的"。尽管卡特尔似乎把内省和客观测量置于同等重要的地位，但从他的语气和他后来对应用心理学的呼吁中可以清楚地看出，客观的、行为的心理学方法正在兴起。

机能主义心理学的定义

无论是在理论还是研究上，美国心理学都在逐渐摆脱传统的意识内容心理学，而转向一种受进化理论启发的心理适应心理学。有趣的是，发现并认同这一新趋势的并不是美国心理学家，而是纯内容心理学最坚定的捍卫者铁钦纳。在他的《构造主义心理学的公设》（*Postulates of a Structural Psychology*，1898）中，铁钦纳中肯地区分了几种心理学方向，尽管对于各种流派的优劣并无定论，但他所使用的术语却经久不衰。

铁钦纳在三种生物学和三种心理学之间进行了广泛的类比（见图 10.3）。在生物学中，解剖学家和形态学（morphology）学生仔细地解剖尸体，观察其器官组成，揭示身体结构。一旦一个器官被分离并被描述出来，生理学家的工作就是弄清楚它的功能，了解它是做什么的。最后，人们可以研究器官在胚胎状态和出生后的发育过程，以及器官在进化过程中的形成过程，这样的研究构成了遗传生物学。

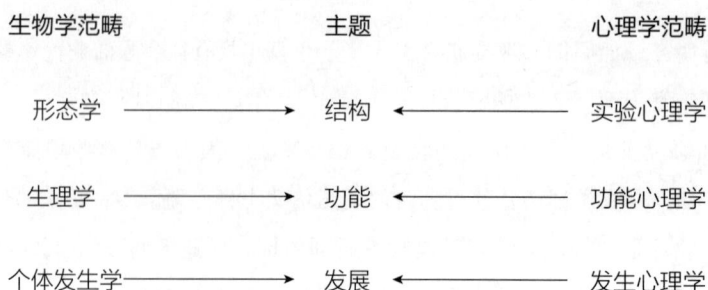

生物学范畴	主题	心理学范畴
形态学 ——————→	结构 ←——————	实验心理学
生理学 ——————→	功能 ←——————	功能心理学
个体发生学 ——————→	发展 ←——————	发生心理学

图 10.3　铁钦纳关于生物学和心理学的类比

同样，在心理学中，实验心理学家（铁钦纳指的是他自己和他的学生）将意识分解成各个组成部分，这种心理解剖定义了构造主义心理学。其揭示的结构正是心理生理学研究的内容——机能主义心理学。心理结构和功能的发展是发生心理学的主题，其研究的是个体和物种发育的过程。

根据铁钦纳的估计，构造主义心理学在逻辑上先于机能主义心理学，因为只有在心理结构被分离和描述之后，它们的功能才能被确定。与此同时，铁钦纳注意到机能主义心理学的吸引力。它的根源是古老的，它对思维的分析接近常识，因为它使用了"记忆""想象"和"判断"等功能概念，并且几乎可以立刻学以致用。铁钦纳引用了杜威的反射弧论文，也承认机能主义心理学的影响越来越大。然而，铁钦纳敦促心理学家避免机能主义心理学的诱惑，坚持实验内省心理学这一艰难的科学工作。铁钦纳的论文拉响了构造主义和机能主义争夺美国心理学主导权的斗争。他探讨的第三种心理学——发生心理学，由于刚刚起步（Baldwin，1895；Wozniak，1982），尚未提出自己的理论观点。然而，由于针对成长过程的研究侧重于心理状态，而不是内省内容——"不管怎样，孩子们都是可怜的内省者"（儿童不善于内省及表达）——发生心理学是机能主义的天然盟友。

从暗流到主流

在铁钦纳提出这些设想之后的 10 年里，很明显，其他心理学家普遍认同他的设想，但他们调整了优先顺序。皮尔斯曾经的合作者约瑟夫·贾斯特罗于 1900 年 12 月在美国心理学会的主席就职演讲中探讨了"心理学中的一些潮流和暗流"（Jastrow，1901）。他宣称心理学是关于"心理功能的科学"，而不是心理内容。功能方法起源于进化论，它"立刻给长期被'教条主义、误解和忽视'所占据的黑暗的心理学带来了耀眼的光芒"，并"给心理学的'枯骨'注入了新的生命"。贾斯特罗敏锐地观察到，尽管心理学的机能主义方向赢得了普遍关注，也是当下研究的热点，但它并非心理学研究的中心主题，而是给美国心理学赋予了一种独特的"色调"。贾斯特罗认为机能主义心理学是一股正在成长的暗流，他想让它成为心理学发展的一股"主流"。贾斯特罗说，机能主义心理学比构造主义心理学更具普遍性。它欢迎以前被排斥在外的比较心理学、变态心理学、心理测试、对普通人的研究，甚至还有心灵的研究，尽管最后一个主题显然困扰着它。贾斯特罗预测，在对实际事物的研究上，机能主义心理学将被证明比构造主义心理学更有价值。最后，他指出，正如我们已经看到的那样，所有这些趋势都是典型的美国趋势。他正确地预言，未来将属于机能主义心理学，而不是构造主义心理学。

机能主义心理学家采纳了詹姆斯的意识概念，并将其进一步推向行为主义。撒迪厄斯·博尔顿（Thaddeus Bolton，1902）写道："大脑被认为是行为的产物，是使有机体适应环境的更高级和更直接的手段。"H. 希思·鲍登（H. Heath Bawden，1904）补充说："意识的本质是一种行为。"意识内容本身在机能主义心智理论中并不十分重要，该理论认为心智是一组过程，其生物学价值在于使生物能够适应新的状况。当本能足以应付当下的刺激时，或者当以前习得的习惯运转顺利时，就不需要它了。

意识是一时的东西，只是偶尔需要，过不了多久，其他心理学家就会完全抛弃"心灵"的概念。正如弗兰克·梯利（Frank Thilly，1905）指出的，意识的功能观保留了詹姆斯的致命缺陷。和绝大多数人一样，詹姆斯和跟随他的机能主义心理学家坚持心身平行论，并且认为意识积极地干预了有机体的活动。博尔顿意识到了这个问题，并试图证明，尽管意识不影响神经过程，但它在学习过程中起着一定的作用。对于机能主义心理学家来说，这样的处境有点尴尬，他们将被更大胆的行为主义者所拯救或取代，行为主义准备将意识完全从心理学中抛弃。毕竟，如果一个人可以在行为中看到意识内容，就像博尔顿所坚持的那样，那为什么不专注于行为的研究呢？

到了 1905 年，对于当代心理学家来说，机能主义潮流已经明显到来。爱德华·富兰克林·布赫纳（Edward Franklin Buchner）多年来一直为《心理学公报》撰写年度"心理学进展"报告。布赫纳观察到，"人们普遍接受并捍卫'功能性'而不是'结构性'的心理学观点"。用一个新体系取代旧体系确实会付出一些不可避免的代价，布赫纳指出，重新启动一个领域的发展，之前的积累将付诸东流。在同一卷中，费利克斯·阿诺德（Felix Arnold）提出了当时心理学家的"伟大呼声"，即"（意识）有什么用"。他赞扬机能主义者放弃了博尔顿所攻击的旧观念，同时也赞扬他们以"决定（主体）对（某个）对象做出一系列反应……的动态过程"的知觉观作为替代的主张（Arnold，1905）。

同年，玛丽·卡尔金斯（1863—1930）利用在美国心理学会主席演讲中的机会，展示了她的自我心理学（self-psychology），以此作为调和构造主义心理学和机能主义心理学的一种方式。如果心理学被认为是对真实心理自我的研究，既有意识内容又有心理功能，那么每个系统都可以被视为整个心理学图景的一部分。尽管多年来，卡尔金斯一直在她能找到的每个论坛上积极推广她的自我心理学，但几乎很难吸引追随者。妥协的时代已经过去了。1907 年，布赫纳写道，在 1906 年，"功能性观点似乎已经几乎完全占据了上风"——以至于心理学（psychology，英文字面意思为关于心灵的科学）这一"'古老的'（几乎神圣的）术语"也差不多结束了。布赫纳期待着"建构一个符合新世纪（20 世纪）的全新心理学词汇"。

詹姆斯·罗兰·安吉尔（James Rowland Angell，1869—1949）是机能主义的领军人物之一，他和约翰·杜威是大学同学。1908 年，安吉尔出版了一本从功能的角度写的入门教材《心理学》（*Psychology*）。对于安吉尔来说，机能主义心理学比构造主义心理学更重要。与身体器官不同，构造主义者所谓的心理元素并不是稳定、持久的物体，而只存在于感知的瞬间。也就是说，对于心理而言，结构是由功能决定的，这一点与生物学相反，在生物学中，给定的器官执行一种独特的功能，没有器官就不存在功能。安吉尔还声称，构造主义心理学在社会上毫无意义，在生物学上也无关紧要。它研究的是脱离"生活背景"的意识，因此无法告诉我们任何关于"大脑在现实世界中如何工作"的有用信息。此外，构造主义还原论使得意识成为一种无关紧要的附带现象。相比之下，机能主义心理学揭示了意识是"促进有机体生命活动的有效媒介"，正如铁钦纳所说，它在生物学上是有用的，而且与常识非常一致。

在他于 1906 年就任美国心理学会主席的演讲"机能主义心理学的领域"中，安吉尔（Angell，1907）直接回应了铁钦纳的"构造主义心理学的公设"。这场演讲是行为主义道路上的一个里程碑。安吉尔在一开始就承认，机能主义心理学"不过是一个程序"，是对构造主义心理学的有限的"抗议"。但他接着表示，构造主义心理学是一种历史偏差，是科学的、以生物学为导向的心理理论发展过程中的一个短暂的哲学插曲。机能主义心理学只有在与德国早期实验室内省的内容心理学相比较时才显得新颖。事实上，机能主义心理学是心理学历史的真正继承人，是从亚里士多德到斯宾塞、达尔文和实用主义的古老传承的产物。

安吉尔重申了人们熟悉的区别：构造主义心理学关注的是心理内容，而机能主义关注的是心理状态。机能主义研究的是有机体在实际生活中的心理过程；构造主义是在"纯粹的事后分析"中研究意识是如何"出现"的。为此，"现代研究……摒弃了通常的直接内省和关注自身的形式……而关注确定完成了什么工作以及在什么条件下完成了工作"（Angell，1907）。安吉尔在这里承认了我们在他自己以及其他人的研究中发现的趋势，并定义了行为主义实验的观点。他非常正确地断言，与解剖学家解剖的身体器官不同，"心理内容是转瞬即逝的"，以此强调了新的研究重点。能够稳定、持久存在的只有心理功能：

内容来了又去，但注意、记忆、判断——旧心理学中所说的"官能"——"依然存在"。

安吉尔说，机能主义心理学也改变了心理学的学术关系。构造主义心理学起源于哲学，并与哲学保持着密切的联系。相比之下，机能主义心理学"让心理学家与通常意义上的生物学家紧密地联系在一起"，因为两者都研究有机体"有机活动"的"总和"；而心理学家则专注于研究意识的"适应功能"。安吉尔与生物学的结盟并非冯特式的。冯特沿着古老的、前达尔文主义的生理学道路，将心灵研究与大脑研究联系起来。安吉尔比詹姆斯更彻底地受到达尔文的影响，他将心灵研究与进化生物学联系在一起，而不是神经生理学。机能主义者的关键思想是将意识视为一个为个体的适应性服务的器官，认为研究意识是如何在大脑机制层面运作的，不如了解它是如何在适应性行为层面运作的更重要。

安吉尔断言，这种新的生物学方向也会带来实际的好处。"教育学和心理卫生……等待着机能主义心理学的促进和指导性忠告"。动物心理学是"我们这一代"中"最有内涵的"研究，它在新的理论方向中得到了"复兴"，因为它正变得"尽可能实验化"和"严谨的……非拟人化"，我们将在第 11 章中探讨这一趋势。发生心理学和变态心理学同样会受到功能方法的启发，前者很少被提及，后者则被铁钦纳完全忽视。

安吉尔赞同鲍登提出的观点，即意识"在特定情况下"出现在有机体的生命中，他把适应理论描述为"目前所有著名心理学家的共识"（Angell，1907）。但他比鲍登或博尔顿走得更远，声称意识"不是适应过程中不可或缺的特征"。尽管安吉尔在补充说明中承认"新的"空间属于"意识活动的领域"，但他仍继续向行为主义迈进了一步：提出学习可以在没有意识干预的情况下进行。

机能主义心理学的机能性体现在三个方面。首先，它认为思维同样具有进化选择的独特生物功能——使有机体适应新的环境。其次，它将意识描述为有机体生理功能的结果，基于这一观点，思维本身变成了一种生物功能。最后，机能主义心理学强调在教育、精神卫生和异常心理方面发挥社会作用——心理学将对 20 世纪的生活发挥重要的作用。1906年，安吉尔正处在现代心理学发展的关键时期。无论如何解释，他对意识的持续关注还是停留在把机能主义心理学与过去的心灵主义联系在一起的阶段。但与此同时，他对生物学、适应和应用心理学的强调，意味着机能主义心理学也是"新旧交替运动"中的一个阶段，它的时代终将被"更有价值的后继者填补"。

到了 1907 年，机能主义心理学基本上取代了构造主义心理学，成为心理学领域的主导方向。然而，它一直停留在纲领和抗议阶段。它的理论太不一致了，既坚持将心理学定义为对意识的研究，同时又提出知觉和学习理论，使得意识作为科学心理学的一个概念，越来越没有存在的必要。这导致机能主义心理学愈发难以存续。它的理论非常清楚地体现了那个时代的历史力量，将心理学推向了行为研究，它帮助心理学家改变了他们对专业的基本认知，但他们没有意识到自己正在做的事情非同寻常。

欧洲的机能主义心理学

虽然机能主义心理学在美国的发展风头最劲，但与机能主义类似的心理学也在欧洲兴起。布伦塔诺的心理学，由于被贴上了"行为"心理学的标签，常常被同化为机能主义观点。同样，维尔茨堡学派和研究记忆的学生也可以被认为是"机能主义"的，因为他们关注和研究的是心理过程。在现代进化论的发源地英国，詹姆斯·沃德（James Ward，1843—1925）等同于美国的威廉·詹姆斯，他有时被称为"现代英国心理学之父"（Turner，1974）。他曾经是一名牧师，但是在一场信仰危机之后，他首先转向了生理学，然后是心理学，最后是哲学，就像詹姆斯所做的那样。他对英国心理学的影响源自他在 1886 年出版的《大英百科全书》（*Encyclopedia Britannica*）第 9 版中关于心理学的文章。这是大英百科全书中第一篇以"心理学"命名的文章，沃德后来将其改写成了一篇课文。沃德定居在剑桥大学，在那里他积极尝试建立了一个心理学实验室。

和詹姆斯一样，沃德拒绝对意识连续体进行原子论分析。沃德主张意识、大脑和整个有机体的功能观，而不是感觉主义的原子论。沃德写道（Ward，1904，p.615）："从功能上看，有机体从始至终都是一个连续的整体……精神生活日益复杂，只有将其视为心理化学，才能避免这种情况。"对沃德来说，感知不是对感觉的被动接受，而是对环境的主动把握。在一篇詹姆斯式的文章中，沃德写道："主观现实的本质不仅仅是接受，更是创造性或选择性的活动"（p.615）。他用达尔文的风格说（Ward，1920，p.607）："因此，从心理学角度来看，知觉和智力的唯一功能是引导行动和激发意志——更概括地说，是促进自我保存和完善。"

沃德阐述了与詹姆斯相同的实用心理学。对这两个人来说，意识是一个主动的、有选择性的实体，它使有机体适应环境，从而为生存斗争服务。沃德在另一个方面更像詹姆斯：致力于保护宗教不受赫胥黎自然主义浪潮的冲击。沃德把他最后的伟大作品献给了对自然主义的驳斥和对基督教的支持。

沃德的影响在英国心理学领域持续了很多年。英国接受了机能主义心理学，这为后来的认知心理学提供了一个基准点。沃德的反原子主义也保留了下来，被后来的反联想主义者采纳。例如，剑桥大学心理学家弗雷德里克·巴特莱特（Frederick Bartlett，1886—1969）明确反对通过对无序"比特"信息的复述测试来研究记忆，如大多数记忆实验中使用的那些无意义音节。相反，巴特莱特研究对日常的真实语段的记忆。他认为散文不是一套原子论思想的集合，而是一个更大意义的体现，他称之为图式（Leahey & Harris，2004）。例如，巴特莱特（Bartlett，1932/1967）表明，不同的文化拥有不同的组织经验的图式，因此，一种文化的成员会对另一种文化的故事的记忆产生系统化的扭曲。

反思心灵：意识辩论

机能主义心理学家和他们在动物心理学方面的同行正在从根本上改变心灵在自然界中的地位。心灵的地位逐渐受到质疑，心灵在机能主义心理学中越来越被认为是适应性行为本身，而在动物心理学中则慢慢消失。1904年，哲学家们也开始重新审视意识。

意识存在吗：激进的经验主义

实用主义是一种寻找真理的方法，而不是一种实质性的哲学立场。威廉·詹姆斯从心理学转向哲学后，转向了形而上学的问题，并建立了一个他称之为激进经验主义的体系。1904年，他发表了一篇题为《"意识"存在吗？》的论文，开启了自己的哲学事业。詹姆斯极具挑衅性地在哲学家和心理学家之间引发了一场辩论，重塑了他们对心智的理解。他质疑意识的存在是笛卡儿二元论的遗留产物，随着科学的进步和哲学的妥协，意识的存在空间将越来越小：

> 我相信，"意识"这一概念一旦蒸发到这种纯粹透明的状态，就要完全消失了。它只是一个没有实体的名称，在首要原则中没有地位。那些仍然执着于它的人只是执着于一个回声，一个由消失在哲学空气中的"灵魂"留下的微弱谣传……在过去的20年里，我一直不相信"意识"是一个实体；在过去的七八年里，我一直在向我的学生表明它是不存在的，并且尝试向他们解释实际经验中意识的实用性替代物。在我看来，公开和普遍抛弃意识概念的时机已经成熟。
>
> 断然否认"意识"的存在，从表面上看是如此荒谬，因为不可否认"思想"确实存在，以至于我担心一些读者不会再追随我了。听我解释，我的意思只是否认把这个词当作一个实体，主要是强调，它代表的是一个功能……这个功能就是认知（knowing）。
>
> （James，1904，p.477）

詹姆斯从笛卡儿的"我思故我在"论证中抓住了笛卡儿的错误结论。笛卡儿在证明了意识过程的存在之后，便断定自己是一种思考的东西——一种灵魂。从这一点出发，詹姆斯提出，意识并不是独立于体验而存在的。只存在各种体验：硬度、红色、色调、味道、气味。除此之外，没有什么叫作"意识"（或灵魂）的东西拥有体验或认知。詹姆斯认为，纯粹的体验是构成世界的要素。意识不是一种事物，而是一种功能，一种对于各个部分之间的某种关系的纯粹体验。詹姆斯的立场很复杂，很难把握，涉及唯心主义（体验是现实的素材）和泛心论（panpsychism）（世界上的一切，哪怕是一块石头，都是有意识的；Leahey，2005b）。对心理学来说，詹姆斯所引发的辩论是重要的，因为由此产生了两个支持行为主义的关于意识的新概念：意识的关系理论和意识的功能理论。

意识的关系理论：新现实主义

在某种程度上，意识在心理学和哲学中的重要地位源于笛卡儿的"观念之路"，即知识的复制理论。如詹姆斯所言，复制理论主张客体和主体（知觉者）相对而存的"激进二元论"。复制理论认为，意识包含了世界的表征，只有通过表征才能认识世界。由此可见，意识是一个由表征构成的精神世界，与物质世界是相分离的。在心理学的传统定义中，心理学以内省的特殊方法研究表征世界，而物理等自然科学则研究通过观察而建构的客观世界。在格式塔心理学家复兴德国现实主义的同时，詹姆斯对复制理论的挑战激励了一批年轻的美国哲学家，他们提出了一种新的感知现实主义形式。

他们称自己为新现实主义者，声称人们可以直接感知世界，不需要内部表征作为中介。以现在的视角看，尽管这个理论在动机上是认识论的——主张一个真实的、外部的、物理世界的可知性，但它对心理学产生了有趣的影响。因为在这种现实主义的观点中，意识并不是一个可以通过内省来报告的特殊的内心世界。相反，意识只是自我和世界之间的关系——认知关系。这就是当时快速兴起的意识关系理论的基本思想，其中主要的倡导者包括拉尔夫·巴顿·佩里（Ralph Barton Perry，1876—1957），他是詹姆斯的传记作者和 E. C. 托尔曼（E. C. Tolman）的老师；埃德温·比塞尔·霍尔特（Edwin Bissel Holt，1873—1946），他是佩里在哈佛的同事，作为闵斯特伯格的继任者在哈佛大学做实验心理学家；以及埃德加·辛格（Edgar Singer，1873—1954），他关于意识的观点为吉尔伯特·赖尔（Gilbert Ryle）提出更有影响力的观点埋下了伏笔（见第 11 章）。

"内在心灵"和"外在心灵" 新现实主义心理理论的发展始于佩里（Perry，1904）对内省的特有属性的分析。自笛卡儿以来，哲学家们一直认为意识是一种私人的、内在的表征物，只为自己所知；笛卡儿关于心灵与客体的激进二元论，正是基于这一观点而展开的。在传统观点中，内省是对一个特殊地方的一种特殊的观察，与通常对外部物体的观察截然不同。传统的心灵主义心理学接受心灵和客体的激进二元论，将内省奉为意识研究特有的观察方法。佩里认为，内省只在一些微不足道的方面才是特殊的，内省的"内在心灵"与日常行为中所表现出来的"外在心灵"本质上并没有什么不同。

佩里承认，内省当然是进入自我思维的一种最简单的方式。只有"我"能够拥有自己的记忆，也只有"我"知道自己在任何时刻都在做什么。但是在这些情况下，内省并不是一种特权，思维也不是一个私人的空间。原则上，我过去的经历，可以由当时在场的其他观察者确定。仔细观察我当前的行为，就会发现我到底在关注什么。简而言之，意识的内容并不完全属于我自己：任何人都可以发现它们。事实上，这就是动物心理学的方法，佩里说："我们通过观察动物的行为来发现动物的心理，通过观察动物对其环境中物体的行为方式来解读动物的意图和心理内容。"

另一种似乎能够证明自我意识和内省特殊性的感知，是对自己身体状态的感知。显然，没有人能真正对我的头痛感同身受。但是佩里拒绝这一观点。首先，尽管一个人对另一个人的内在身体状态无法直接感知，但他可以很容易地从自己的类似状态中了解它们：虽然我没有和你一样真的头痛，但我知道什么是头痛。其次，一个有专业能力的外人可以更好地了解内在的身体过程。"有谁比农民更熟悉耕作呢？"佩里问道。显然没有。然而，一个受过科学训练的专家，也许能够告诉农民如何更有效地耕作。同样，身体内部的状况也不是某个人独有的，它是可以进行生理学研究的。因此，声称身体状态感知的特殊性，是对内省心理学的一个非常微不足道的辩护，因为这些内容几乎不涉及心灵的本质。

佩里暗示心灵主义心理学被误导了。意识不是只有自己才知道的私有物，也不是只能通过内省分享。更确切地说，意识是来自外部世界和自我身体的感觉集合。和詹姆斯一样，佩里坚持认为，除了体验到的感觉，并不存在"意识"的实体。由于这些感觉可以被任何人知晓，我的思想，事实上是一本打开的书，一个对科学研究开放的公共对象。毫无疑问，内省仍然是实用的，因为没有人能像我一样方便地接触到我过去和现在的感觉；因此，想翻开我思维之书的心理学家，应该先简单地让我进行自我观察，并报告我的发现。然而，在佩里看来，内省不是通往意识的唯一道路，因为意识终究是一种行为。因此，原则上，心理学可以作为一种纯粹的研究行为的事业来推进，偶尔可以利用其研究对象的自我意识作为参考，大部分时候只关注行为。佩里对心理的哲学分析最终与动物心理学中正在发展的观点一致：心理和行为在功能上是相同的，动物心理学和人类心理学都建立在相同的基础——对行为的研究上。

意识指向行为　佩里声称，任何一个人的意识都可以为一个见多识广的外部观察者所知。霍尔特提出了特定反应理论（theory of specific response），将意识从人的头脑中剥离出来，放到环境中。霍尔特认为，意识内容只是一个人对宇宙对象的某个横截面（过去或现在，远处或近处）做出的反应。霍尔特举了一个例子：意识就像黑暗房间里的手电筒光束，显示我们看到的东西，而把其他人留在黑暗中。同样，在任何给定的时刻，我们只对宇宙中的某些事物做出反应，从而使其出现在我们的意识中。所以意识根本不只是存在于某个人的内心，而是"存在于任何事物被做出反应的地方"。甚至对记忆的解释也类似：记忆不是将过去存储的一些想法恢复并重现，而是在意识面前呈现一个不存在的对象。

霍尔特的观点和佩里一样，否认所谓的私密心灵。如果意识只不过是一种特定的反应，其内容只不过是控制我当前行为的对象的清单，那么任何人只要把意识的手电筒对准和我相同的对象，就可以了解我的思想。霍尔特认为，人的行为总是受某个现实对象的控制，或指向某个现实对象，即目标，行为可以通过行为对象来解释。所以，要研究心理学，我们不需要让我们的研究对象进行内省，尽管我们当然可以这样做。我们可以通过研究他们的行为及其发生的环境来理解他们的思想，放弃心灵主义而转向行为主义心理学。霍尔特说，有机体只会对它意识到的物体做出反应，因此，对意识的研究和对行为的研究基本上是相同的。

心灵的物化　辛格虽然不是一个新现实主义者，但他提出的行为概念与佩里和霍尔特是一致的。辛格把真理的实用主义检验应用到解释他人思想的问题上：其他人是否有意识体验，这重要吗，或者说对我们的行为有影响吗？辛格认为，从务实的角度来看，"他心"的问题是没有意义的，因为它永远无法解决。自笛卡儿以来，哲学家和心理学家一直在争论这个问题，但没有任何进展的迹象。辛格断定这是一个无法解决的伪问题。

辛格提出了一个可能的实用主义反对意见，即他人的意识对我们的日常行为确实很重要，这就是詹姆斯所说的"活生生的问题"。在《实用主义》（*Pragmatism*，1907/1955）中，詹姆斯要求读者设想一个"自动情人"。假设你深陷情网：每一道爱慕的目光，每一次温柔的爱抚，每一声温柔的叹息，你都将其视为爱人爱你的信号；她所做的一切都表明她对你的爱，就像你对她的爱一样。然后有一天，你发现她只是一个机器，巧妙的设计使其可以向你表达爱意，但她不是一个有意识的存在，而是一个机器，一个情人的模拟物。你还爱她吗？詹姆斯认为不会再爱了，因此爱情的关键不只是眼眸、爱抚和叹息，而是坚信在这些信号的背后是一种被称为爱的心理状态，一种和自己一样的拥有爱慕、情感和承诺的主观状态。简而言之，詹姆斯总结道，对他人思想的信任需要通过实用主义考验，基于对方是否拥有思想，我们对一种生物的感觉会非常不同，进而对它的行为也会有很大差异。

辛格试图反驳詹姆斯的论点。他问道："心灵或灵魂或无灵魂等术语，在实践中是如何使用的？"答案是，它们是从行为中推论出来的，是我们从别人的行为中建立起来的概念。当然，这些概念可能是错误的，当我们对一个人的行为期望不被实现时，就会发现自己的错误。辛格认为，在自动情人的例子中，发现她"没有灵魂"只意味着你现在担心她未来的行为不会像过去那样。你不爱她，不是因为她没有意识，而是因为你再也无法预测她会怎么做。

辛格认为，心灵的概念是物化谬误（the fallacy of reification）的一个例子，赖尔后来称之为"类别错误"（category mistake）。我们相信一个叫作意识的实体，只是因为我们倾向于认为如果我们能命名某样东西，它就一定存在。辛格将心灵的概念和前科学时代的热学理论进行了类比。在物质的原子理论发展之前，如果一个物体被火加热，传说物体会吸收一种叫作"热质"的无形流体。因此，热的石头是一个二元实体：石头＋热。然而，现代原子物理学认为，热不是一种流体，而是一种分子的活动状态。当一个物体被加热时，它的原子成分移动得更剧烈，这种活动改变了物体的外观和行为，不存在热质流体。辛格说，笛卡儿和宗教二元论就像前科学时代的物理学一样，认为人是一个行为体加上一个寄居其中的灵魂。辛格总结道，"意识不是从行为中推断出来的东西，它是行为本身。或者，更准确地说，我们对意识的信念是基于对实际行为的观察而对可能行为的预期，这种信念需要更多的观察来证实或反驳"（Singer，1911，p.183）。在辛格看来，根本不存在可供研究的意识：心灵主义心理学从一开始就是一种错觉。因此，心理学应该抛弃意识概念，研究真正的存在：行为。

辛格对詹姆斯的自动情人思想实验的回答，对于现在比那时更重要，因为我们现在可以制造看起来会思考的机器，就像詹姆斯的自动情人看起来会恋爱一样。他们真的会思考吗？詹姆斯的创作在科幻小说家的作品中被赋予了生命。一台机器，一个机器人，有爱的能力吗［参见《机械姬》（Ex Machina）］？在我们这个计算机和基因工程的时代，这些都不是无聊的问题，我们将在认知科学的新领域再次遇到这些问题（见第12章）。

新现实主义作为一场哲学运动并没有持续很久。其主要失败是认识论上的：对错误问题的解释。如果我们直接认识对象，没有观念的中介，我们怎么会有错误的认知呢？在复制理论中，错误很容易通过"复制不准确"来解释。而现实主义发现错误很难解释。然而，现实主义确实产生了深远的影响。新现实主义者使哲学专业化。老一代的哲学家，如詹姆斯，为广大感兴趣的读者写作，他们的名字被受过教育的美国人所熟知。相比之下，新现实主义者以科学为基础建构他们的哲学，使其变得技术化，非哲学家难以理解（Kuklick，1977）。在心理学中，他们的意识关系论有助于行为主义及其发展，通过将意识的心灵主义概念改造成从行为中可知的东西，甚至可能是与行为相同的东西——在这种情况下，意识的概念不需要在科学心理学中发挥作用，无论它在专业之外有多重要。

意识的功能理论：工具主义

新现实主义者发展了詹姆斯（James，1904）提出的意识关系论。杜威及其追随者发展了机能主义概念。杜威的新兴哲学被称为工具主义，因为他强调心灵是现实世界有效的行动者，知识是先用于理解世界然后用于改变世界的工具。因此，杜威的心灵概念比新现实主义者更为活跃，后者仍然坚持杜威所称的"旁观者心灵理论"。之所以称复制理论为旁观者理论，是因为这一理论认为，世界先给自己（用休谟的话来说）留下一个被动的印象，然后简单地把这个印象复制成一个观念。虽然新现实主义者拒绝复制理论，但在杜威看来，他们并没有脱离旁观者理论，因为在意识关系论中，意识仍然完全由人们所回应的对象决定。所以大脑仍然是一个被动地观察世界的旁观者，只是变成了直接观察，而不是透过"观念的眼镜"。

杜威（Dewey，1939）摆脱了旁观者理论，保留了心灵的表征理论（representational theory of mind）。他将心灵描述为生物有机体的一种功能——主动适应环境，这一观点可以追溯到他 1896 年发表的关于反射弧的论文。随着杜威发展他的工具主义，他更加具体地了解到心灵实际在做什么。他提出，意识就是价值和观念的体现和运作——或者，更具体地说，是预测未来后果并以此引导当前行为的能力。因此，意识是对世界的一系列表征，其功能是工具性的，用以指导有机体适应环境。与布伦塔诺一样，杜威声称，某种东西是精神的还是物质的，取决于其指向性——也就是说，它是否拥有意义。"意义"这一概念并不需要一个单独的心灵理论来解释，因为观念被认为是神经生理功能，其全部功能被我们简单概括为"心智"。

杜威还强调了心灵的社会性，甚至有时否认动物有心灵，这与他 1896 年发表的论文不同。杜威对华生的主张印象深刻（见第 11 章），华生认为，思维就是语言，或者更极端地说，"讲话"（vocalization）是所有思维的组成部分，无论是对外讲话还是自言自语。有趣的是，这让杜威回到了笛卡儿的旧观点，即动物不思考是因为它们不会说话，这一观点似乎遭到了机能主义心理学家的反对。然而，杜威颠倒了笛卡儿的优先顺序。对笛卡儿来说，思维是第一位的，只是通过言语来表达；而对杜威来说，学习说话本身创造了思考的能力。笛卡儿是一个个人主义者，认为每个人都有与生俱来的自我意识，并赋予自我意识以思想，但却将其永远与其他意识相隔离。

广义上说，杜威是个社会主义者。他认为人类不拥有某种先验意识；因为语言，或者说言语，是通过社会互动获得的，所以思维，也许是所有的思维，是一种社会产物，而不是私人财产。当我们在内心思考时，我们只是默默地自言自语，而不是大声说话，使用社会给予的言语反应来适应不断变化的环境。作为进步主义（progressivism）哲学家，杜威始终致力于在社会基础上重建哲学和社会，打破个人主义，代之以群体意识和将个人淹没在更大的整体中。通过将心灵设想成一种社会结构，笛卡儿的个体私密心灵被抹去了。

相反，真正有意识的实体是社会本身，它是一个更大的有机体，每个人都是其中一个合作的部分。

建立美国的心理学

新心理学和旧心理学

在美国，实验心理学被称为"新心理学"，以区别于苏格兰常识现实主义者的"旧心理学"。绝大多数美国大学由新教教派控制，在19世纪20年代，推广苏格兰学派思想被当作一种保护措施，以对抗宗教领袖担心的、里德所描述的英国经验主义的怀疑和无神论倾向。洛克、贝克莱和休谟，以及后来的德国理想主义者的著作被逐出了课堂，取而代之的是里德、杜格尔·斯图尔特及其美国追随者的理论。常识心理学被当作宗教和基督教行为的依据来讲授。对于苏格兰学派的美国追随者来说，心理学"是灵魂的科学"，它的方法——普通的内省，揭示了"灵魂是从神圣的事物中散发出来的，是按照上帝的形象制造出来的"（Dunton，1895）。"因此，精神科学，或心理学，将是道德科学的（基础）……心理学领域……用于揭示官能是什么；道德哲学则是为了揭示如何运用官能达到官能的目的"（Hopkins，1870，引自 Evans，1984）。不出所料，除了少数例外，旧心理学的追随者普遍对新心理学持怀疑态度，因为新心理学将思维带入实验室，研究心理状态与神经过程的联系。

然而，随着高等教育在美国内战后变得更加世俗化，知识界的潮流开始转向支持新心理学的自然主义。1875年，威廉·詹姆斯在哈佛大学自然历史系开设了一门研究生课程——"生理学和心理学之间的关系"，并在那里建立了一个非正式的心理学实验室。1885年，他获得了哈佛大学的认可和资助，并在美国建立了第一个官方的心理学实验室（Cadwallader，1980）。在耶鲁大学，校长诺厄·波特（Noah Porter）的旧心理学让位于乔治·特朗布尔·拉德，后者尽管是公理会牧师和保守派心理学家，但他尊重冯特的实验心理学，并将其纳入自己十分有影响力的著作《生理心理学要素》（*Elements of Physiological Psychology*）中（Ladd，1887）。在普林斯顿大学，校长詹姆斯·麦科什（James McCosh）是一个坚定的苏格兰学派支持者，但他认识到"当今的趋势肯定会走向生理学"（引自 Evans，1984），并向他的学生教授冯特心理学。

哈佛大学在1878年培养了第一位哲学博士，斯坦利·霍尔（1844—1924）。作为詹姆斯的学生，他是一位真正的心理学家。他去了美国第一所研究型大学——约翰斯·霍普金斯大学，在那里他建立了一个实验室并开设了一系列新心理学课程。然而，霍尔的心理学远远超出了冯特的范畴，以典型的美国折中主义方式，对高级心理过程、人类学和变态心理学或"病态现象"等领域进行实验研究。霍尔还致力于推广发展心理学，发起了儿童研究运动，并创造了"青春期"（adolescence）这一术语。霍尔领导了美国心理学的制度化；他于1887年创办了《美国心理学杂志》，并于1892年组织成立了美国心理学会。霍尔的学生之一詹姆斯·麦基恩·卡特尔（1860—1944），后来跟随冯特和高尔顿学习，然后回到美国，在宾夕法尼亚大学（1887）和哥伦比亚大学（1891）建立了心理学实验室。当卡特尔在莱比锡时，他提议研究个体的反应时差异，但冯特不以为然地称这个课题为"ganz amerikanisch"（典型的美国式思路）。

有人说，虽然罗马在军事上征服了希腊，但希腊反而在文化上占领了罗马。德国的实验心理学在美国也相当于希腊之于罗马。在学术界的战场上，新心理学战胜了旧心理学，把心理学变成了自然的、客观的科学。然而，旧心理学的精神深刻地改变了新心理学，使其从关于感觉和知觉的狭隘实验室实验，转向对完整个体的社会应用性研究（Evans，1984）。苏格兰学派及其美国追随者一直强调心灵的作用，也就是心理活动，而不是心理内容。他们的官能心理学，和亚里士多德的一样，隐含着机能主义倾向。此外，由于亚里士多德的心理学是一种生物心理学，苏格兰学派强调心理功能的心理学，尽管与宗教有联系，但终究是与现代达尔文生物学兼容的。实验方法在美国心理学中是一个新事物，但美国心理学家直到今天仍保留着苏格兰学派对心理活动的关注，并强调让心理学对社会及个体有用。

展望未来：感知和思考皆因行为而存在

直到1892年，心理学在美国都发展得很好。在欧洲，科学心理学则发展缓慢，甚至在它的诞生地德国也是如此。相比之下，心理学在美国却发展迅速。1892年，全美拥有14个心理学实验室，其中一个远至堪萨斯州。其中一半是独立于哲学或其他学科建立的。心理学很快就成了一门美国（主导的）科学，至今仍是如此。

但是美国的心理学不会是传统的意识心理学。一旦心理学遇到进化论，研究行为而非意识的倾向就变得势不可当。传统上，哲学家关注人类知识，关注我们如何形成思想，以及我们如何判断它们是对还是错。由思想产生的行动不是他们的主要关注点。然而，在生物进化的背景下，只有当思想导致有效的行动时，它才是重要的。形而上学俱乐部意识到了这一点，并创造了实用主义格言。生存斗争是通过成功的行动赢得胜利的，任何生物一旦"被苍白的思想笼罩着"，无论是多么深刻的思想，都注定要失败。适应心理学的本质是这样一种观点，即思想对进化的成功至关重要，因为它导致成功的行为，即适应。

如果 [思想] 没有导致积极的措施，就会失去它的基本功能，只能被看作病态的或失败的。涌入我们的眼睛或耳朵的生命之流注定要从我们的手、脚或嘴唇流出……感知和思考只是为了行为。

（引自 Kuklick，1977，p.169）

从斯宾塞到詹姆斯，适应心理学仍然是关于精神生活的科学，而不是关于行为的科学。然而，很多意识与行为息息相关。就算意识只是刺激和反应之间的一个中转站，但其是真实存在的，值得认真研究，因为这是一个重要的中转站。詹姆斯说意识决定了生存，它命令身体做出适应性的行为。然而，在心灵主义的主流之下，有一股暗流在向行为研究而不是意识研究方向涌动，随着时间的推移，这股暗流成为主流，最终形成一股洪流，无形中抹去了"关于精神生活的科学"。

A HISTORY OF PSYCHOLOGY

现代世界的心理学

问题 1　进入 20 世纪初，心理学的定义如何发生转变？

问题 2　人类可以完全被看作机器吗？

问题 3　从认知科学角度看，图灵测试真的有效吗？

问题 4　进步主义哲学家约翰·杜威如何让教育成为心理学应用发展的新
　　　　　　起点？

问题 5　为什么说心理学的广泛应用是从心理测试开始的？

第 11 章

抛弃意识
行为主义兴起

从希腊时代起，心理学就一直是以心灵为主题的研究。哲学家们就如何定义及研究心灵进行了激烈的讨论，但他们从未怀疑过自己的主题。19 世纪的三种奠基性的心理学事实上属于古代哲学事业的科学版本。然而，随着心理学进入 20 世纪，它开始重新反思其方法和主题。注意力从心灵的本质转移到它所造成的行为上，我们在第 10 章末尾就开始注意到这种转移。到 1912 年，心理学家很快将心理学定义为行为科学，而不是精神科学。

动物心理学的研究促使心理学家们重新定义心理学。因为动物心理学认为人类是从动物进化而来的，心理学家不能将动物排除在他们的研究之外，因此他们创立了动物心理学这一全新的研究领域。要解释动物的心理和行为，就需要心理学家认真反思他们从笛卡儿那里继承的心灵定义。笛卡儿说过，动物没有心灵。然而，比较心理学家开始描述和解释动物的心灵，证明笛卡儿在机械反射和意识行为之间划出的绝对界线在达尔文之后不再成立。要么承认动物有意识，那么，机器，而不仅仅是灵魂，也应该可以思考；要么认定意识不存在，如果是这样，那么人类就是没有灵魂的机器，就像拉美特利在 1748 年提出的那样。行为主义——本章的主题——倾向于后一种选择；而认知科学——第 12 章的主题——则倾向于前者。

| 动物心理学的新方向 |

动物心理学，正如罗马尼斯在创立这一研究领域之初所做的那样，主要使用两种方法：收集数据的轶事法和解释数据的推理法。虽然这两种方法从一开始就受到了质疑、讨论和辩护，但在 19 世纪末和 20 世纪初，它们都受到了美国心理学家的特别审视和批评。轶事法被实验所取代，尤其是被桑代克和巴甫洛夫的技术所取代。

从轶事法到实验

从 1898 年开始，动物心理学的发展经历了一个活跃的高潮和兴趣的激增。但在新的动物心理学实验中，随着心理学家开始研究从原生动物到猴子等各类物种的行为，实验法取代了轶事法和非正式的自然主义实验。动物心理学和一般心理学的目的都是产生一门自然科学，其实践者认为，轶事法并不是通向科学的道路，正如桑代克（Thorndike，1898）所写的，"救赎并不来自这样的源头"。虽然有很多心理学家都在对动物的心理和行为进行实验，但其中有两个研究项目值得特别关注，因为其方法被普遍使用、经久不衰，其理论概念涵盖了整个心理学。这两个项目几乎是同时进行的，但地点和环境非常不同：一个是在威廉·詹姆斯的剑桥地下室，由一名年轻的研究生和他的研究助理（他导师的孩子）实施；另一个则位于即将获得诺贝尔奖的著名俄罗斯生理学家的精密实验室。

爱德华·李·桑代克（1874—1949）的联结主义 桑代克在他的本科学校卫斯理大学（位于康涅狄格州）准备辩论赛时，读了詹姆斯的《心理学原理》，并被心理学所吸引。当桑代克去哈佛大学读研究生时，他热切地跟随詹姆斯学习。他的第一个研究兴趣是儿童和教育学，但由于缺少儿童课题项目，桑代克开始研究动物的学习过程。桑代克未能从哈佛大学申请到官方的研究场所，而后詹姆斯给他提供了一个地下室当作实验室。在完成哈佛大学的工作之前，卡特尔邀请桑代克去哥伦比亚大学。在哥伦比亚大学，他完成了动物研究，然后在剩余的职业生涯中回归教育心理学。桑代克的重要贡献在于他提出的研究动物学习的方法论和理论方法，以及由他提出的、被他称为联结主义的 S–R 心理学。

桑代克的动物研究总结在 1911 年出版的《动物的智慧》（*Animal Intelligence*）一书中。其中包括他的论文《动物的智慧：动物联想过程的实验研究》（Animal intelligence: An experimental study of the associative processes in animals），最初发表于 1898 年。在引言中，桑代克（Thorndike，1911/1965，p.22）阐明了动物心理学的常见问题："通过动物了解精神生活的发展路径，特别是追溯人类官能的起源。"然而，他否定了先前动物心理学依赖轶事法的价值。桑代克认为，轶事法通过记录非典型的动物表现高估了动物的智力。他力劝用实验来取代轶事法，以便对所谓"动物智慧"的一大堆相互矛盾的观察结果进行整理。桑代克的目标是通过实验，在可控和可重复的条件下捕捉动物的"有意识活动"。

桑代克把一只幼猫放在许多"迷箱"中的一个里，每一个迷箱都可以被猫用不同的方式打开，如果成功逃脱，猫可以得到鲑鱼作为奖励（见图 11.1）。他的实验设计是后来被称为工具性条件作用的一个实例：动物在做出一些反应后，如果得到奖赏（在桑代克的例子中，是通过逃脱得到食物），就会习得这种反应。如果得不到奖赏，这个反应就会逐渐消失。

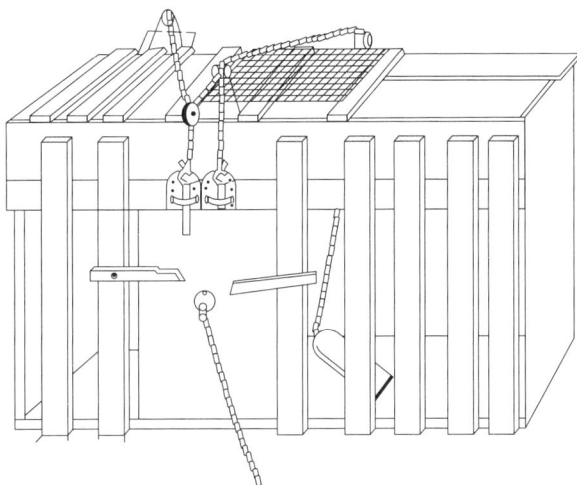

图 11.1　桑代克用于研究幼猫学习能力的迷箱之一 [1]

　　桑代克的研究结果使他放弃了轶事心理学家认为动物会推理的旧观点；他说，动物学习完全是通过试误、奖励和惩罚。桑代克在一篇预示未来的文章中提道，动物没有什么观念可供联想。动物有联想，但不是观念的联想。桑代克写道（Thorndike，1911/1965，p.98）："联想的有效部分是将情境和冲动直接联系起来。"

　　彼时美国科学家发起了一场大规模的争论，反对当时流行的拟人化动物观，而桑代克对传统动物心理学的轻蔑言论，与这一反对声浪是一致的。杂志和书籍向读者提供了很多关于动物的轶事，这些动物被赋予了人类的智力水平。例如，自然作家威廉·J. 龙（William J. Long）将动物描述为医生："当浣熊的脚被子弹打碎时，它会迅速把脚割下来，用流动的水清洗残肢，一方面是为了减少炎症，另一方面，毫无疑问，是为了使其保持洁净"（引自 Lutts，1990，p.74）。像约翰·伯勒斯（John Burroughs）这样的科学家认为这种故事是幻想出来的，因为它跨越了"事实和虚构之间的界限"，他们担心自然作家会"引诱读者跨越这条界限，以致其被洗脑后无法分辨虚构和现实"（引自 Lutts，1990，p.79）。

　　桑代克对旧的动物心理学的蔑视并没有逃过尖锐的回击。美国的高级动物心理学家韦斯利·米尔斯（Wesley Mills，1847—1915）抨击桑代克扫除了"几乎整个比较心理学的结构"，并将传统的动物心理学家视为"疯子"。与其他遭到伯勒斯攻击的自然作家一样（Lutts，1990），米尔斯为轶事心理学辩护，声称动物研究只能在它们所属的自然环境中进行，而不能在实验室的人工环境下进行。米尔斯直接点名桑代克的研究，讽刺道，桑代

---

① 这些迷箱的不同之处在于猫为了逃跑和获得食物奖励而不得不尝试的途径。

克"把猫放在只有 20×15×12 英寸的盒子里，然后期待它们自然行动。这就如同在违背个人意愿的情况下，把一个活人关在棺材里，埋到地下，并试图从他的行为中推断出正常的心理"（Mills，1899，p.266）。

然而，到了 1904 年，米尔斯不得不承认由桑代克领导的"实验学派"的主导地位，称桑代克是"这一学派的首席不可知论者"，他否认动物有推理、计划或模仿的能力。然而，米尔斯和后来的沃尔夫冈·柯勒坚持认为，动物在实验室里之所以看起来不会推理，是因为情况不允许，而不是因为它们天生不会思考。柯勒（Köhler，1925）说，桑代克的迷箱的构造迫使动物盲目地反复尝试。因为被禁闭的受试动物看不到逃逸机制是如何工作的，所以它根本无法通过推理找到出路。由于缺乏所有相关的信息，桑代克实验中可怜的动物们只能回归原始的试误策略。这种方法与弗卢朗所描述的切除术[①]（ablation technique）一样，决定了结果。桑代克的方法只允许随机试误，所以这就是他的发现。柯勒说，桑代克声称"动物所能做的仅仅是联想"，这是完全站不住脚的。

然而，桑代克进一步发展了他的学习理论，把人类和动物都包括在内，这是一种极简化的理论。他认为可以将这种客观方法推广到人类，因为我们可以从行为的角度研究心理状态。他批评构造主义者编造了人为的、想象的人类意识图景。桑代克（Thorndike，1911/1965，p.15）主张，心理学的目的应该是控制行为，这与进步派"用科学方法控制社会"的呼吁一致："除非研究能使我们控制人的行为，否则研究人的本性就缺乏道德依据。"他预言心理学将成为对行为的研究。

桑代克提出了关于人类和动物行为的两个法则。第一个是效果律（the law of effect）：

> 在对同一状况做出的几种反应中，那些可以给动物带来满足感的反应，在其他条件不变的情况下，会更紧密地与该状况联结在一起，因此，当该状况再现时，这些反应也将更有可能再次发生。

> （Thorndike，1911/1965，p.244）

另一方面，惩罚会降低联结的强度。进一步说，奖励或惩罚越大，联结的改变就越大。后来，当桑代克发现惩罚并不会终止学习，而只是导致对学习行为的暂时抑制时，他放弃了效果律中的惩罚，只保留了奖励部分。效果律成为工具性条件作用（instrumental conditioning）的基本法则，以不同的形式被大多数学习理论家所接受。桑代克的第二个法则是练习律（the law of exercise）：

[①] 法国神经科学家弗卢朗用切除部分脑区的方法研究大脑各部分结构与心理能力的关系。——编者注

在其他条件相同的情况下，对某一状况的任何反应都使得该反应与该状况的联系更紧密，且与两者之间关联的次数、平均强度和持续时间成比例。

（Thorndike，1911/1965，p.244）

桑代克认为，这两个法则可以解释所有的行为，不管行为有多复杂，或许，"抽象思维、相似联想以及选择性思维，都只是练习律和效果律的附带结果"（Thorndike，1911/1965，p.263）。和1957年的斯金纳一样，桑代克将语言解释为一组习得性的声音反应，因为父母会鼓励孩子的某些发音，而不是其他发音。因奖励而习得，没有奖赏就没有学习，这遵循效果律。

桑代克在《人类的学习》（Human Learning，1929/1968）中把他的联结主义应用于人类行为，书中收集了他1928年和1929年在康奈尔大学发表的一系列演讲。他提出了一种复杂的S–R心理学，在这一心理学所描述的S–R关联层次结构中，若干刺激与若干反应相关联。桑代克断言，每个S–R链都可以被赋予一个S引发R的概率。例如，食物引发唾液分泌的概率非常接近1.00，而在干预之前，某种声音引发唾液分泌的概率接近0。学习会提高S–R概率；遗忘则相反。正如动物的学习是自发的，不会受到反应和奖励之间偶发意识的影响，所以，桑代克认为，人类的学习也是无意识的。一个人可以在无意识的情况下习得一种自发性反应。正如桑代克对动物所做的那样，他把人类的推理简化为自动思维和习惯。他提出了基于优生学和科学管理教育的乌托邦愿景。

尽管桑代克代表他的联结主义提出了宏伟的主张，但他也意识到了一个问题，这个问题为后来的行为主义带来了困扰，甚至至今仍然困扰着所有自然主义心理学（见第1章）。这个问题是，如何在不考虑意义的情况下解释人类行为。动物对刺激的反应只与对象的物理特性有关，比如形状。因此，我们可以训练动物以一种方式对房子做出反应，以另一种方式对马做出反应，但认为动物会理解"房子"和"马"这些词的含义似乎是不可信的。类似地，你我也可能会通过奖励机制以某种方式回应两个不同的中文表意文字，却不知道其意思。意义存在于人类的心智中，根植于人类的社会生活中，在动物中是没有"意义"这一概念的，这就造成了一个严重的障碍，使得任何以动物为基础的理论，无论多么精确，都无法扩展到人类身上。

桑代克注意到了这个问题，但没有完全领悟它的本质，他将其作为一个关于刺激的复杂问题，而不是一个关于意义的问题。这位客观的心理学家避开了所有与思维相关的东西，面临着"如何确定控制人类行为的刺激"的问题。所有的刺激都与某种行为同等相关吗？例如，当我被问到"64的立方根是多少"时，会有很多其他刺激同时作用于我。一个不懂我的语言的外国人怎么分辨哪个刺激是相关的？对"反应"的确定同样困难。我可能会回答"4"，但很多其他行为（如呼吸）也同时在发生。如果不借助主观的、非物质的"意义"，我们怎么知道哪个 S 与哪个 R 相关联？桑代克承认，这样的问题是合理的，最终必须给出答案。关于阅读和听力，桑代克（Thorndike，1911/1965）写道："在听或读一段话的过程中，单词以某种方式组合在一起，被赋予某些整体含义。""以某种方式"掩盖了一个只被部分承认的秘密。当桑代克说理解一个简单句子所需的 S-R 联结数可能远远超过 10 万时，他意识到了语言的复杂性，他承认有组织的语言"远远超出了联结主义心理学所能给出的任何描述"。

桑代克是行为主义者吗？他的传记作者（Joncich，1968）认为他是，为了证明这个观点，她引用了这样一句话："我们相信他人思想存在的原因是我们对他们身体行为的体验。"他确实提出了工具性学习的基本法则，即效果律和意识对于学习非必要的学说。与巴甫洛夫不同，他从事的是纯粹的行为心理学，而不是生理学。另外，他提出了"归属"（belongingness）原则，这个原则违反了条件作用的基本原则，即那些在空间和时间上联系最紧密的元素将在学习中形成联结。看这样一句话："约翰是个屠夫，哈利是个木匠，吉姆是医生。"如果邻近联想理论是正确的，这样的排列应该会使"屠夫 – 哈利"比"屠夫 – 约翰"关联得更紧密。约翰和屠夫"归属"到一起（因为句子的结构），所以才会形成联结，共同被回想起。这种归属原则类似于格式塔心理学，而不是行为主义。

很难在心理学史中对桑代克进行定位。他没有建立行为主义，尽管他在动物研究中实践了它。他对教育心理学的热爱很快使他脱离了行为主义者从事的学术性实验心理学。最好的结论是，桑代克是一个行为主义实践者，但不是一个全心投入的人。

巴甫洛夫的神经科学（1849—1936） 动物心理学的另一个重要的新实验方法来自俄罗斯的客观心理学，一种毫不妥协的唯物主义和机械论的身心设想。现代俄罗斯生理学的创始人是伊万·米哈伊诺维奇·谢切诺夫（Ivan Michailovich Sechenov，1829—1905），他曾在欧洲一些最好的生理实验室学习，包括赫尔姆霍兹实验室。谢切诺夫将赫尔姆霍兹的方法和思想带回了俄罗斯。谢切诺夫认为，心理学只有完全被生理学接管，并采用生理学的客观方法，才是科学的。他认为内省心理学类似于原始迷信，并对此不予理会。谢切诺夫写道：

> 将心理现实从充斥人类心灵的大量心理虚构中分离出来，这是生理学方法的起点。生理学严格遵循归纳法的原则，将从心理生活更简单的方面着手深入研究，而不会立即研究最高级的心理现象。因此，其进步会在速度上有所损失，但在可靠性上有所提高。作为一门实验科学，生理学不会把任何无法通过精确实验证实的东西提升到无可争议的真理地位；这将在假设和实证知识之间划出一条清晰的分界线。心理学将因此失去其辉煌的普遍理论；科学数据的供应将出现巨大的缺口；许多解释会让位于简单的"我们不

知道"；表现在意识中的心理现象的本质（就此而言，所有其他自然现象的本质）在任何情况下都将是一个无法解释的谜，没有例外。然而，心理学将由此获得巨大的收益，因为它将以科学上可证实的事实为基础，而不再基于我们意识中的、带有误导性的声音。生理学方法的归纳和结论将限于实际存在的类比，不会受到研究者个人偏好的影响（这些偏好经常导致心理学荒谬的超验主义），因此这一方法可以推导出真正客观的科学假说。主观的、武断的和荒诞的结论，将让位于对真理证实或证伪的方法。总之，心理学会成为一门积极的科学。只有生理学能做到这一切，因为只有生理学掌握着对心理现象进行科学分析的关键。

（Sechenov，1973，pp.350-351）

《脑的反射》（*Reflexes of the Brain*，1863/1965，p.308）是谢切诺夫的伟大著作，他在书中写道："大脑活动的所有外在表现都可以归因于肌肉运动……数十亿种看似毫不相关的各种现象，都可以归结为几十块肌肉的活动。"激进行为主义后来摒弃了心智或大脑是行为的原因的观点，这在谢切诺夫的著作（p.321）中也有所体现："思想通常被认为是行为的原因……（但这是）最大的谬误：（因为）所有行为的最初原因，总是源自外部感官的刺激，而不是思想。"

弗拉基米尔·米哈伊诺维奇·别奇捷列夫（Vladimir Michailovich Bechterev，1857—1927[1]）推广了谢切诺夫的客观主义，他称自己的理论体系为反射学（reflexology），一个准确描述了其特征的名字。然而，谢切诺夫最伟大的追随者却不是他自己的学生，而是生理学家巴甫洛夫，他对消化系统的研究使他获得了1904年的诺贝尔奖。在进行这项研究的过程中，他发现食物以外的刺激可能会使狗分泌唾液，这促使他研究心理学，特别是条件反射的概念，并对此进行了详尽的研究（Todes，2014）。

巴甫洛夫的整体态度属于毫不妥协的、坚持客观的唯物主义。他坚信客观方法是自然科学的试金石，因此他拒绝提及心灵。巴甫洛夫（Pavlov，1957，p.168）写道："对于自然主义者来说，一切都在于方法，在于获得不可动摇的、持久真理的机会；仅仅从这个角度来看……灵魂的概念……不仅没有必要，甚至对他的工作有害。"巴甫洛夫反对一切针对主动的内部作用或心智的研究主张，而是支持对外部环境的研究：我们能够在不涉及"奇异内部世界"的情况下解释行为，只需要参考"外部刺激的影响以及它们的共同作用等"。他对思维的理解是原子论和反射性的："思维的整个机制在于对基本联想的阐述，以及随后形成的联想链。"他对非原子主义心理学的批评是坚持不懈的。他复制了柯勒的猿

---

① 原书为1867—1927，疑有误，已改为1857—1927。——编者注

类实验，以证明"联想就是知识……思维……和洞察力"（p.586），在每周三的讨论小组中，他会花很多时间对格式塔概念进行批判性的分析。他错误地认为格式塔心理学家都是二元论者，认为他们对自己的实验"一无所知"。

巴甫洛夫对学习心理学的技术贡献是巨大的。他发现了经典的条件反射，并开启了一个系统研究项目来研究其所有的相关机制。巴甫洛夫在他获得诺贝尔奖的狗分泌唾液的研究过程中观察到，当食物呈现在狗面前时，狗会受到刺激而分泌唾液。后来，巴甫洛夫发现，只要听到助手的脚步声，狗似乎知道马上就可以吃到食物，唾液的分泌也开始增加。他最初将这一习得反应称为"心理分泌"（psychical secretions），但后来改用"条件反应"（conditional response）一词代替。巴甫洛夫在实验中使用的装置如图 11.2 所示。

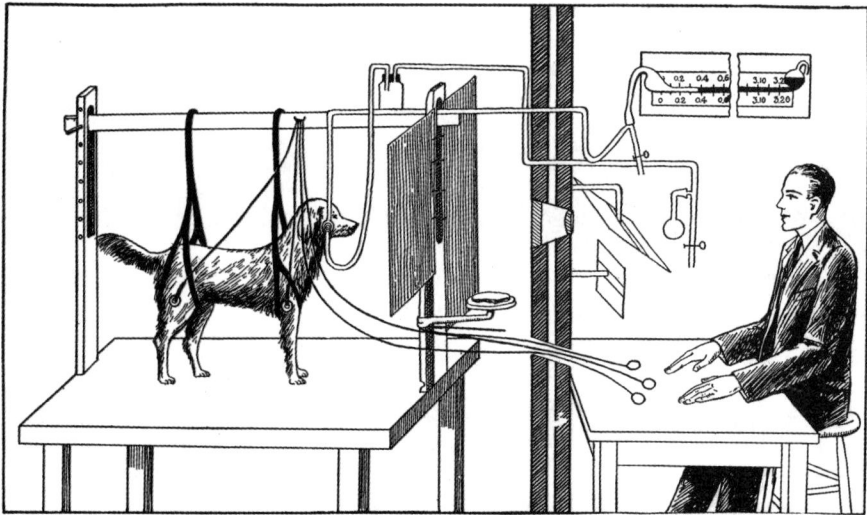

图 11.2　巴甫洛夫研究条件反射的实验装置 [1]
资料来源: From Pavlov, 1928, p. 271. Wellcome Library, London.

桑代克和巴甫洛夫为心理学贡献了重要的方法，这些方法后来成为行为主义的实验支柱。与此同时，他们都对心理学家和生物学家探讨动物心理的必要性提出了质疑。桑代克在他的实验中发现动物只能形成无目的的联想，认为动物没有理性，更不具备模仿能力。继谢切诺夫之后，巴甫洛夫提出用生理学代替心理学，用探讨大脑代替探讨心灵。

---

[1]　在这个实验中，条件刺激（conditional stimuli）是附着在狗腿上的触觉振动器。无条件刺激（unconditional stimuli）是放在旋转盘子上的食物。反应度量标准就是唾液分泌的量，由右上角的设备记录。

动物意识问题

探寻意识的标准 1902 年，E. C. 桑福德（E. C. Sanford）在美国心理学会发表的主席演讲中说，动物心理学的麻烦在于它"诱惑我们跨越内省的界限"，比较心理学在某些领域也有类似的趋势，比如对儿童、智力障碍者和心理异常者的研究。然而，桑福德问道，我们是否应该"满足于对动物、儿童、智力障碍者或心理异常者的行为进行研究的纯粹客观科学？"桑福德不这么认为，并解释了原因，他和罗马尼斯一起认识到了客观心理学的逻辑结论：

> 我怀疑是否有人认真考虑过（用一种纯粹客观的心理学）研究高等动物的情况，或者说如果有人愿意做的话，是否能够取得丰硕的成果。也不会有人严格依照客观心理学的标准对待自己的同伴，即拒绝相信对方拥有和自己类似的意识体验，尽管从逻辑上说应该这样。

（Sanford，1903，p.105）

然而，比较心理学家同样无法回避笛卡儿所面临的问题：要分析动物的心理过程，首先要提出适当的心理标准。哪些行为可以认定为纯生理行为，哪些是由心理过程引发的？笛卡儿提出了一个符合基督教神学的简单答案：思考着的是灵魂，而不是身体，所以语言和思想的表达，是心智的标志。然而，对于比较心理学家来说，事情并没有那么简单。在接受了物种进化的连续性并抛弃了灵魂概念之后，他们发现笛卡儿的标准不再可信。看起来似乎很好分辨：高等动物拥有心智，而草履虫没有（尽管一些动物心理学家认为它们确实拥有非常低级的智力）。然而，到底在哪里划分界限，是个充满挑战的问题。

为了解决这个问题，他们提出了很多标准。1905 年，著名动物心理学家罗伯特·耶基斯（Robert Yerkes，1876—1956）对这些标准进行了仔细的研究。和桑福德、罗马尼斯等人一样，耶基斯知道这个问题对人类心理学也很重要，因为我们也是通过推理来了解他人思维的，就像了解动物的思维一样。的确，"人类心理学与比较心理学密不可分。如果对低等动物精神生活的研究是不合理的，那么对人类意识的研究也是不合理的"（Yerkes，1905）。

在耶基斯看来，"意识的标准"可以分为两大类。首先是结构标准：如果某种动物拥有足够复杂的神经系统，就可以说它是有意识的。其次是更重要的功能标准——表明意识存在的行为。在可能的功能标准中，耶基斯发现，大多数研究人员把学习作为意识存在的标志，并通过实验验证某个特定的物种是否拥有学习能力。这样的标准符合詹姆斯的达尔文主义心理学和当代机能主义心理学。正如我们所见，延承詹姆斯思想的机能主义者认为意识首先是一种适应机制，所以很自然地，他们尝试在实验对象中寻找主动适应的迹象。不会学习的动物会被认为等同于一台自动机。

耶基斯认为，单一的辨别标准太过简单，他提出了意识的三个等级或层次，对应三类行为。最低层次的意识叫作"辨别意识"，表现为辨别不同刺激的能力，连海葵也拥有这种意识。中间层次的意识叫作"智能意识"，其标志是学习。最高层次的意识叫作"理性意识"，它能激发行为（区别于单纯对环境变化做出的应激反应，无论看起来多么复杂）。

约翰·布罗德斯·华生（John Broadus Watson），通常被认为是行为主义的创始人。尽管他创造了这个术语，但他的行为主义心理学观点汇集了美国心理学中已经存在的巨大潮流。

资料来源：*Hulton Archive / Stringer / Getty Images.*

根本的解决方案　一位年轻的心理学家发现整个问题就是一团乱麻。约翰·华生在芝加哥大学跟随安吉尔学习，这里是杜威工具主义和机能主义心理学的大本营。华生不喜欢内省，并开始研究动物心理学。他的论文《动物教育》（Animal education）是与安吉尔合著的，其中几乎完全不涉及心灵主义内容，主要是试图为学习找到一个生理学基础。作为一名有前途的动物心理学家，华生是《心理学公报》动物心理学文献的主要评论者之一，我们发现他对心智标准的争论感到厌倦。1907 年，他将其称为"行为学专业学生最讨厌的东西"，并称"整个争论都很乏味"。尽管他当时还在芝加哥大学跟随安吉尔学习，但他坚持捍卫动物意识的存在。[①]

1908 年秋，华生获得了约翰斯·霍普金斯大学的一个职位。离开安吉尔的华生变得更加大胆。在约翰斯·霍普金斯科学协会举办的一次演讲中，这位新上任的教授说，动物行为的研究可以纯粹客观地进行，得出与其他自然科学同等的事实；他没有提到动物的心智（Swartz，1908）。

同年 12 月 31 日，华生（Watson，1909）为南方哲学与心理学学会（the Southern Society for Philosophy and Psychology）阐明了"比较心理学的一个观点"，随后在约翰斯·霍普金斯大学举行了会议。他回顾了围绕动物意识标准的争议，并指出（引自 E. F. Buchner），"这些标准没有应用价值……对动物行为科学来说是毫无价值的"。华生认为"行为事实"本身是有价值的，不需要"基于任何心智标准"。他说，人类心理学也变得更加客观，几乎放弃了内省和"言语反馈"（the speech reaction）的使用。这些远离内省的趋势将引导心理学走向"物理科学技术的完美"。随着"心智标准……从心理学中消失"，

---

① 原书如此，疑有误。——编者注

心理学将致力于研究"所有泛生物学方面"的整个"适应过程"，而不是狭隘地专注于依赖内省的几个因素。尽管华生直到 1913 年才明确自己的行为主义路线，但很明显，那天下午他在约翰斯·霍普金斯大学麦考伊大厅所描述的"观点"实际上就是行为主义，只是没有用这个术语罢了。华生认为，心智标准在动物心理学中百无一用。基于这一论点的延伸，他得出结论，心智标准在人类心理学中也是无用的。

抛弃意识

到 1910 年，所有推动心理学从心灵主义转向行为主义的力量都参与进来了，使意识研究长期占据重要地位的哲学唯心主义，被实用主义、现实主义和工具主义所取代，所有这些都否认意识在宇宙中的特殊地位。意识的概念已经被重新定义，先后成为运动反应、关系和功能，不再与行为有明显的区别。动物心理学家发现意识概念在他们的领域是一个有争议的，甚至是不必要的概念。心理学作为一个整体，特别是在美国，正在将其关注点从心理内容的结构研究转移到心理过程的功能研究，同时，实验技术的焦点从"通过内省确定心理状态"转移到"客观确认刺激对行为的影响"。在这一系列变化的背后，是心理学家对社会实用性的渴望，这意味着研究的重点将转向行为，也就是人们在社会中做什么，而不是研究感官内容等与社会无关的方向。从心灵主义到行为主义的转变不可避免、水到渠成。

变化无处不在。回顾 1910 年，布赫纳承认："我们中的一些人仍然在努力厘清心理学是研究什么的。"这一年的一个标志性事件是耶基斯发现了生物学家对心理学的"不尊重"，而现在大多数心理学家认为生物学是他们最亲密的兄弟学科。耶基斯调查了主要的生物学家，发现他们中的大多数人对心理学一无所知，或者认为心理学很快就会消失在生物学中。耶基斯认为，"很少有哪个科学门类遇到过心理学当下的困境"，他将心理学的"悲惨困境"归因于缺乏自信、缺少公认的原则、心理学家缺乏自然科学方面的训练，只会讲一堆奇怪的事实或把心理学当作哲学的一个分支，而没有将其作为一门自然科学来讲授。耶基斯的调查受到了广泛的关注，显然让心理学家们颜面扫地，这些心理学家长期以来一直在努力使心理学成为一门有尊严的科学职业。

心理学家竭力寻找一个新的核心概念来组织他们的科学，试图将其变成一门更严谨的自然科学。鲍登继续推进他自己的"从手和脚的角度"解读心灵的计划，他注意到，彼时心理学家们在"没有清楚意识到正在发生什么"的情况下，已经开始从肌肉运动、生理学和"行为"的角度重新审视心灵。无论如何，鲍登说，心理学需要在方法和态度上从哲学概念转向生物学概念。

根据观察者 M. E. 哈格蒂（M. E. Haggerty，1911）的说法，1911 年的美国心理学会年会的主要议题就是"意识在心理学中的地位"。他有些惊讶地注意到，大会上没有人捍卫"心理学作为自我意识研究"的传统定义。安吉尔（Angell，1911b）在一次主题为"精神、意识和灵魂等术语的哲学和心理学应用"的研讨会上发言时，指出了从心灵主义到行为主义的转变。当然，当新的心理学取代旧的心理学时，灵魂作为一个心理学概念已经终结了。安吉尔指出，"心智"也是如此，在当时处于"高度危险的境地"，意识"同样处于灭绝的危险之中"。安吉尔给行为主义下了定义，就像我们在第 6 章开头所做的那样：

> 毫无疑问，有这样一种趋势，大家的研究兴趣集中在意识过程的结果上，而不是过程本身。这对于动物心理学而言完全正确，对于人类心理学也足可借鉴。对意识的分析主要是通过对行为的分析来证明的，而不是相反。

（p.47）

安吉尔的结论是，这一趋势如果持续下去，心理学将成为"关于行为的通用科学"，这正是帕米利（Parmelee，1913）、贾德（Judd，1910）和麦独孤（McDougall，1912）在最新的心理学教科书中对这一领域的定义。早在 1908 年，麦独孤就提议将心理学重新定义为"关于行为的实证性科学"（p.15）。

事实证明，1912 年是至关重要的一年。布赫纳观察到对心灵定义的进一步混淆，并注意到哲学家和他们的心理学盟友们希望将心灵与行为等同起来。奈特·邓拉普（Knight Dunlap，1912）是华生在约翰斯·霍普金斯大学的老同事，他用新的意识关系论提出了"反对内省的理由"。邓拉普说，内省只有基于心智的复制理论才有价值，因为内省描述了意识的专属内容。但是在意识的关系理论中，内省失去了其专属性，只不过是在特定的注意条件下对一个客观物体的描述。因此，内省不是对内部对象的报告，而仅仅是对决定当前行为的刺激因素的报告。邓拉普总结道，内省这个术语应该仅限于反馈内部刺激，这是无法通过其他方式获得的。内省不是心理学的核心方法。

埃利奥特·弗罗斯特（Elliot Frost，1912）记录了那些对于意识持激进新观念的欧洲生理学家。这些生理学家，包括在芝加哥对华生产生影响的雅克·洛布（Jacques Loeb），宣称心理学概念是"迷信"，认为动物意识在解释动物行为方面没有任何用处。弗罗斯特则试图用"心智是一种适应性'意识'行为"的功能性观点来驳斥这些挑战。

对我们来说，更重要的是这些欧洲生理学家和某些心理学家，在当时以及其后的还原论主张。心智概念可能会以两种截然不同的方式从心理学中被取消，这两种方式应该是分开的。生理学家弗罗斯特（包括巴甫洛夫）和心理学家马克斯·迈耶（Max Meyer，华生的另一个影响者）的看法是要将心理事件与导致这些事件的潜在神经生理过程联系到一起。当我们研究心智相关术语对应的生理根源时，心智概念可以从科学中被取消，或者被简化为解释心智概念的生理过程（见第 1 章）。这种还原论，或者说取消主义（eliminativist）的主张，在认知神经科学中非常盛行。

另一个取消心智概念的计划还不成熟，在未来的几年里，它将经常与还原论或生理学的取消主义相混淆。它声称心理概念可以被行为概念所取代，但行为概念本身可能无法简化为机械的、潜在的生理规律。这种观点后来在斯金纳关于心智的理论，尤其是辛格的理论中加以完善；但在 1912 年，它还不是一个完善的心理学体系。弗罗斯特所回顾的还原论者的历史影响力仍然存在——作为心理学核心概念的意识和心智的自主性正受到来自各个方面越来越多的攻击。

1912 年 12 月在克利夫兰举行的美国心理学会会议标志着心理学的最终转变，只有少数人反对从心灵主义转向行为主义。安吉尔（Angell，1913）在《作为心理学范畴的行为》（Behavior as a category of psychology）中明确了行为主义的观点。安吉尔回顾了他自己在 1910 年美国精神病学协会会议上做出的预言，即行为研究终究会取代意识研究。彼时，仅仅过了两年，意识就已经成为"被屠杀的受害者"，因为行为已经准备好完全取代精神生活成为心理学的主题。在哲学领域，关于意识的辩论质疑意识的存在。在动物心理学中，研究人员希望放弃对心智的考察，只研究行为，而在人类心理学中也有类似的"普遍趋势"。安吉尔指出，这种趋势并不是"刻意的"，因此很可能是"实质且持久的"。

此外，在很多与人类有关的蓬勃发展的领域中，如社会心理学、种族心理学、社会学、经济学、社会发展、个体差异等，内省没有提供合适的方法。将取消内省作为心理学主要方法的倾向，不仅仅是上述新主题的产物，而且还受到机能主义心理学的辅助，机能主义心理学研究的是反应而不是意识内容。

安吉尔不愿意完全放弃内省。尽管它不再是心理学的首要方法，但它在提供通过其他方式无法获得的数据方面仍然发挥着重要作用。安吉尔说，如果新的行为心理学否认人性的"根本区别"，认为自我意识毫无意义，那将是"极其荒谬的"。安吉尔警告说，行为心理学还有另一个风险。通过专注于行为，心理学家会侵入另一门科学——生物学的领域；因此，心理学有被生物学"吞噬"的风险，或者成为生物学"领主"的附庸。

安吉尔所传达的信息没有错。心理学现在是对行为的研究。这是一门与生物学密切相关的自然科学，放弃了它的哲学起源。它现在的方法是客观的，内省只在必要时作为实用的参考，但不再是该领域的中心。对意识本身的关注已经被对行为的解释、预测和控制的关注所取代。让沃纳·菲特感到恐惧的心理学时代已经到来。

行为主义的兴起

行为主义宣言

约翰·华生是一位年轻的雄心勃勃的动物心理学家，正如我们在本章之前的部分所看到的，他在 1908 年概述了动物心理学的纯行为方法。华生在他的自传中说，他在芝加哥大学读研究生时，曾向老师们提出过客观的人类心理学的想法，但他的提议遭到了激烈的反对，以至于他保留了自己的建议。在确立了自己的科学家地位后，他才有勇气开始推广自己的客观心理学。1913 年 2 月 13 日，他在哥伦比亚大学开始了一系列关于动物心理学的讲座，讲座的主题是"一个行为主义者眼中的心理学"。在《心理学评论》的编辑霍华德·沃伦（Howard Warren）（长期以来，他一直试图让华生发表他的新心理学观点）的鼓励下，华生发表了他的演讲（Watson，1913b）；1943 年，一些著名的心理学家认为这篇论文是《心理学评论》上发表过的最重要的一篇文章。

对心灵主义心理学的批判 出于现代主义宣言的精神，华生继续批判旧心理学。他认为构造主义和机能主义没有区别。两者都采用了心理学的传统定义，即心理学是"研究意识现象的科学"，并且都采用了传统的"深奥"的内省方法。然而，如此设想的心理学，"未能作为一门无可争议的自然科学在世界上占有一席之地"。华生尤其感觉受到传统要求的约束——动物心理学家被要求探讨研究对象的心智。由于动物无法内省，这便迫使心理学家以自己的心智作类比，为它们"建构"有意识的内容。此外，传统心理学是以人类为中心的，只在涉及人类心理学问题的范围内尊重动物心理学的发现。华生感到这种情况令人无法忍受，并试图扭转传统的优先事项。1908 年，他宣布将动物心理学作为研究动物行为的学科；他进一步建议"把人类作为研究对象，并采用与动物心理研究完全相同的研究方法"。早期的比较心理学家曾警告说，我们不应该将动物拟人化；华生则教促心理学家，不要将人类"拟人化"。

华生从经验、哲学和实践等角度批判了内省。从经验角度说，内省方法无法令人信服地解释自己提出的问题。即便是意识心理学中最基本的问题——有多少种感觉及对应的属性，至今也没有答案。华生看到了一场没有结果的讨论（Watson，1913a，p.164）："我坚信，除非摒弃内省方法，否则心理学仍会在听觉是否具有'延伸'性等诸如此类的问题上纠缠不休。"

从哲学上来说，华生谴责心灵主义心理学使用非科学的内省方法。在自然科学中，好的技术可以提供"可再现的结果"，当没有得到预期结果的时候，"对实验条件进行调整"，直到获得可靠的结果。然而，在心灵主义心理学中，我们必须研究被研究者意识的私密世

知识加油站 11.1
现代主义者华生

约翰·华生的人生剧本是由现代性和现代主义（Buckley，1989）谱写的，他用一生的时间从乡村和宗教的过去旅行到了城市和科学的未来。他出生在北卡罗来纳州的穷乡僻壤。母亲是一个虔诚的浸信会教徒，父亲是一个暴力的、不太富裕的南方老兵，很少在家。约翰·华生的母亲艾玛·华生（Emma Watson）最终被丈夫抛弃，离开了他们的小农场，搬到了附近的格林维尔，那里正在发展成为一个以纺织业为主的工业小镇。为了寻求大学教育带来的尊重，华生进入了福尔曼大学。虽然名义上是一所浸信会大学，但福尔曼大学已经去宗教化，在一位现代化校长的领导下，放弃了强制性的教堂礼拜，开设了更多的科学课程。年轻的华生在那里遇到了戈登·穆尔（Gordon Moore）老师，他曾在芝加哥大学学习过约翰·杜威的课程。19和20世纪之交的芝加哥和芝加哥大学是进步主义（见第13章）生活和思想的中心，华生在那里当了一段时间小学校长，过程不算愉快。1900年，华生进入芝加哥大学，在机能主义心理学领袖詹姆斯·罗兰·安吉尔的指导下进行研究生学习，并宿命般地成为耶鲁大学的校长，在耶鲁大学的人类关系研究所，他利用社会科学解决大萧条时期的社会问题。在作为新城市化中心的美国，华生精神崩溃，失去了他的宗教信仰，但在行为心理学及其控制力中，华生重新获得了一种驱动力和热切的信念。

华生写了无数受欢迎的文章和两本专著，以支持行为主义者统治未来。在华生的乌托邦中，行为主义者将取代政府官员和法律，运用预防心理学来检测和治疗"不规范的性反应"和"不合群的行为方式"。实际上，在一个由心理学家管理的社会中，国家的概念本身会随之消亡。斯金纳比华生年轻一些，同样经历了从过去的前现代思想转向科学的现代化思想，他在华生的思想中找到了灵感，继承了华生的信仰，在《瓦尔登湖第二》（Walden II，1948）中描述了他自己的无国家乌托邦，并在《超越自由与尊严》中表达了对人类状况的确定性观点。

从这篇论文咄咄逼人的语气来看，很明显，华生是在为一种新型心理学——行为主义（Watson，1913b）发表宣言。华生的论文可以被视为20世纪头几十年里发表的众多现代主义宣言之一。例如，在与华生同时代的1913年，现代艺术通过军械库展览来到美国，这是一种绘画上的现代主义的艺术宣言。现代艺术家也为各种运动发表书面宣言，如未来主义（futurism）和达达主义（dadaism）。华生的行为主义宣言与这些现代主义宣言有着共同的目标：批判过去，并提出一个可能的生活愿景，尽管充满了理想主义色彩。华生首先给心理学下了一个响亮的定义：

> 行为主义者认为心理学是自然科学的一个纯客观分支。它的理论目标是对行为的预测和控制。内省并不构成其方法的重要组成部分，其数据的科学价值也不依赖"通过意识的自我解释"。行为主义者在努力建立关于动物反应的统一范式时，没有认识到人和动物之间的分界线。人的行为，尽管精致而复杂，却只是行为主义者整个研究计划的一部分。

（Watson，1913b，p.158）

界。这意味着，当结果不清楚时，心理学家不会调整实验条件，而是会对内省者说"你的内省很差"或"你未经训练"。华生的观点似乎是，内省心理学的结果中包含自然科学所没有的个人因素，这一论点成了方法论行为主义（methodological behaviorism）的基础。

最后，华生以实践为依据谴责了心灵主义心理学。在实验室里，动物心理学家需要找到一些意识的行为标准，我们知道华生参与了这个过程，他在《心理学公报》中曾多次回顾过这个问题。但他现在认为意识与动物行为无关："人们可以假设意识在物种进化的任何阶段存在或不存在，而不会对行为问题产生丝毫影响。"事实上，实验是为了发现动物在某种新环境下会做什么，然后观察它的行为；但后来，研究人员不得不尝试"荒谬地"按照动物的行为来重建它们的思维。但是华生指出，重建动物的思维对已经完成的行为观察毫无帮助。对应用心理学而言，内省心理学几乎无关紧要，不能解决人们在现代生活中面临的问题。事实上，如华生的报告所说，正是因为他认为心灵主义心理学"没有应用价值"，他才对其"不满意"。因此，不难发现华生所推崇的现有心理学都属于应用心理学：教育心理学、精神药理学、心理测量学、精神病理学以及司法和广告心理学等。这些领域是"最繁荣的"，因为它们"更少依赖内省"。这是进步主义的一个关键主题，华生称赞了这些"真正科学的"心理学，因为它们"正在寻找能够控制人类行为的更为普遍的规律"。

在华生看来，内省心理学没有什么值得推荐的，也没有什么值得谴责的。"心理学必须抛弃所有与意识相关的东西。"心理学现在必须被定义为行为科学，"永远不要使用意识、心理状态、思维、内容、可验证内省、意象等术语……可以从刺激和反应方面，从习惯养成、习惯整合等角度来开展研究。此外，我相信现在进行这种尝试是非常有价值的"（Watson，1913a，pp.166–167）。

行为主义逻辑　华生的新心理学基于"生物，无论是人还是动物，都会自我调整以适应环境"这一事实。也就是说，心理学是对自我调节行为的研究，而不是对意识内容的研究。对行为的描述实现了根据刺激和反应对行为进行预测的目的（Watson，1913a，p.167）："在一个完全成熟的心理学体系中，给定反应，刺激可以被预测；给定刺激，反应可以被预测。"最终，华生的目标是"学会控制行为的一般和特殊方法"。一旦控制技术可用，社会管理者将能够"在社会实践中利用我们的数据"。虽然华生没有提及奥古斯特·孔德，但他的行为主义逻辑——描述、预测和控制可观察到的行为，显然是实证主义的传统。

华生（Watson，1916a）后来承认，实现心理学新目标的方法相当模糊。宣言中关于行为的方法论，只有一点是真正明确的：基于行为主义的原则，"对人类的研究"将与对动物的研究直接类比，因为行为主义者"在进行实验的过程中，对（一个人）'意识过程'的关注，和我们对老鼠的'意识过程'的关注一样少"。他举了几个例子来说明感觉和记忆是如何被研究的，但这些例子并不十分令人信服，很快就被巴甫洛夫的条件反射所取代。

华生提出了一些关于人类思维的惊人论点。他断言，思考不涉及大脑——不存在"中枢启动流程"——而是存在于"肌肉活动的微弱恢复"中，特别是"喉部声带的运动习惯"。换句话说，只要有思维发生，就会出现与显性的习惯性行为相关的肌肉系统的微弱收缩，涉及言语的更精细的肌肉组织系统表现尤为明显……意象成为一种精神奢侈品（即使它真的存在），没有任何功能上的意义"（Watson，1913b，p.174）。华生的主张是意识运动理论的逻辑结果（McComas，1916）。在运动理论中，意识仅仅记录了我们所说的和所做的，没有任何主动性。华生直接指出，由于心理内容"没有功能意义"，所以除了累积的偏见之外，研究它没有意义："50 多年来，我们一直致力于意识状态的研究，我们的思想已经被扭曲了。"

1913 年，另一场在哥伦比亚大学发表的题为"行为中的意象和情感"的演讲中，华生继续攻击心理内容。他考虑但拒绝了方法论行为主义的公式，即"我不在乎（一个人）所谓的心灵发生了什么"，只要确保他的行为是可预测的。但对华生来说，方法论行为主义是他无法接受的"部分失败"，他更喜欢"攻击"。他重申了他的观点："不存在中枢启动流程。"相反，思考只是"隐性行为"，有时发生在刺激和随之而来的"显性行为"之间。他假设，大多数隐性行为发生在喉部，并且是可以观察的，尽管这种观察的技术还没有发展起来。对华生来说，重要的一点是，在决定行为方面，并不存在可以起因果作用的功能性心理过程。只存在行为链，虽然有些难以观察。如果这是真的（华生将他的理论应用于心理意象和经历过的情感，正如标题所述），心理学的任何部分都逃脱不了行为主义的逻辑，因为心理将被证明是行为；行为主义者不会向心灵主义者让步。最后，华生提出了一个主题，这个主题将在他的后期作品中更加生动地出现，并表明他的行为主义是对文化历史的更高层面抗争的一部分，而不仅仅是对失败的内省心理学的反抗。华生声称，在一个推翻宗教迷信的科学时代，对心灵主义心理学的忠诚是对宗教的执着。那些相信存在中枢启动流程的人，也就是说，相信行为是由大脑引发，而不是由一些外部刺激引发的人，他们其实是相信灵魂存在的。华生说，由于我们对大脑皮层一无所知，很容易将灵魂的功能归因于大脑皮层：两者都是未解之谜。华生的观点非常激进：不仅灵魂是不存在的，而且大脑皮层也只是一个连接刺激和反应的中继站；在描述、预测和控制行为时，灵魂和大脑都可以被忽略。

初期反应

心理学家是如何接受华生的宣言的？人们可能会认为，行为主义将成为年轻心理学家的战斗口号以及前辈们谴责的对象，并且，后来当华生的宣言被看作行为主义的起点而备受尊崇时，人们认为它一定是以这种方式被接受的。然而，正如扎梅尔松（Samelson，1981）所描述的那样，对"行为主义心理学"的公开回应非常少，而且非常克制。

1913年有过零星回应。华生的老师安吉尔在公开发表的《作为心理学范畴的行为》一文中增加了一些对行为主义的评价。他说他"由衷赞同"行为主义，并认为这是对他自己强调行为的传承。然而，他并不认为内省可以从心理学中完全消除，只要内省能提供关于刺激和反应之间联系的有用报告。华生自己也承认这种内省方法的使用，但他称之为"语言方法"（language method）。安吉尔称行为主义发展得"顺风顺水"，但建议要"避免年少轻狂走极端"。和大多数对年轻人的教诲一样，这个建议被当成了耳旁风。哈格蒂认为，新兴的学习法则或习惯的形成可以将行为简化为"物理术语"，因此"不再需要以意识的形式召唤幽灵"来解释思维。罗伯特·耶基斯批评华生"抛弃"了将心理学从生物学中分离出来的自我观察方法；根据行为主义，心理学将"仅仅是生理学的一部分"。哲学家亨利·马歇尔（Henry Marshall）担心心理学可能正在"蒸发"。他观察了以行为主义为最新表现形式的"行为的时代精神"（behavioral Zeitgeist），并得出结论，认为它包含了许多价值，但将行为研究与心理学等同起来是一种"令人震惊的思想混乱"，因为无论行为主义的成就如何，意识仍有待研究。玛丽·卡尔金斯早先提出，她的自我心理学是构造主义心理学和机能主义心理学之间的妥协，现在提出，它是行为主义和心灵主义之间的中介。和大多数其他评论家一样，她同意华生对构造主义的大部分批评，并称赞行为研究，但她仍然认为内省是心理学不可或缺的方法，尽管有时很麻烦。

一战前的那些年，对行为主义的其他评论与这些最初的回应大同小异：承认构造主义的缺陷，承认行为研究的优点，但内省仍然被认为是心理学研究的必要条件；对行为的研究属于生物学范畴；为了保持心理学的独立性，必须保留内省。A. H. 琼斯（A. H. Jones，1915）写道："我们可以放心，不管心理学被怎么定义，它永远是一门关于意识的学问。否认这一点……就好比是倒洗澡水连娃一起倒掉。"铁钦纳（Titchener，1914）也将行为研究视为生物学而非心理学。因为意识的存在是个事实，他说，意识可以被研究，这就是心理学的任务。对华生的行为主义少有的、方法论上的实质性批评之一是由麦科马斯（McComas，1916）提出的，他正确地将其视为意识运动理论的自然延伸。麦科马斯的研究表明，华生认为思维与声带运动相关的观点是错误的：有些人因疾病失去了声带，但并没有因此失去思考的能力。

然而，除了麦科马斯的论文，一战前对行为主义的反应倾向于同样的结论：尽管行为研究是有价值的，但它实际上属于生物学范畴而不是心理学范畴，因为心理学顾名思义是对意识的研究，必须使用内省作为其方法。尽管这些批评家的立场并非没有道理，但他们似乎没有注意到，华生可能已经成功地从根本上重新定义了心理学。正如我们所看到的，华生正处于行为主义的巅峰，如果足够多的心理学家采用华生对心理学的定义，作为一个历史事实，它将不再是对心智的研究，而是对行为的研究。

当然，在华生的观点经受辩论时，他本人也没有保持沉默。他被美国心理学会提名委员会选中，并成功当选 1916 年的主席。在他的就任演讲（Watson，1916b）中，他试图填补行为主义中最显著的空白：可以研究及解释行为的方法和理论。华生多年来一直试图证明思维只是一种潜在的言语，但他失败了。于是，他转向了自己实验室的学生卡尔·拉什利（Karl Lashley）的研究，后者一直在复制和推广巴甫洛夫的条件反射技术。华生随后把条件反射作为行为主义的本质：把巴甫洛夫的方法应用于人类，它将成为行为主义的研究工具，条件反射理论将为预测和控制动物和人的行为提供依据。华生的演讲详细阐述了条件反射法是如何应用于人类和动物，并成为代替内省法的客观方法的。华生同时积极地在实验室之外应用这一理论。在 1916 年的另一篇论文中，他认为神经症只是"习惯障碍"，最常见的是"言语功能障碍"（Watson，1916a）。由此我们再次看到，华生的理念不仅限于科学领域，而是着眼于社会。甚至在他第一次学习和研究条件反射时，他就准备断言，言语和神经症症状都只是条件反射——不良的行为习惯可以通过应用行为原则来纠正。

我们看到了外界对华生宣言的各种反应。然而，除了十几篇论文，很少有心理学家或哲学家写这方面的文章。原因显而易见。宣言只是一种很主观、很宽泛的理念，当我们把华生的理念与他的实质性提议分开来看时，会发现他几乎没有说什么新东西，只是把他的观点用一种特别愤怒的语气表达出来了而已。在第 10 章中，我们已经看到了行为方法在 1892 年后的几年里潜移默化地征服了心理学。华生所做的只是代表行为主义发出了一个咄咄逼人的声音，并给它起了一个挥之不去的名字——行为主义，尽管这个名字后来变得很有误导性。在当时，他的宣言并不值得关注。老一辈的心理学家已经承认，心理学需要关注行为——毕竟，是他们把这个领域推向了"行为科学而不是精神科学"，但他们仍然坚持保留心理学的传统使命，即意识研究。华生那一代的年轻心理学家已然接受了行为主义，因此也就接受了他的广泛观点，虽然他们可能会拒绝他极端的外周论（peripheralism）。因此，没有人会对华生的心理学现代主义宣言感到愤怒或受到启发，因为所有人都已经学会了适应现代主义，或者已经在实践它。华生没有开展革命，但他明确表示心理学不再是意识科学。"一个行为主义者眼中的心理学"，仅仅标志着行为主义崛起并具有自我意识，为后来的行为主义者创造了一个有用的"创始神话"，为他们在心理学史上提供一个安全的锚定点，也为他们放弃一种他们认为枯燥无味的内省方法提供了理由。但是，即便华生没有成为心理学家，所有这些事情也还是会发生。

行为主义的定义

与有关心理学的其他活动一样，对行为主义的讨论被一战打断了。正如我们即将看到的，心理学因卷入战争而发生了很大变化；当心理学家重新开始思考行为主义时，讨论的背景与战前大为不同。心理学家设计的士兵分类测试证明了客观心理学的价值（见第 13章），这成功地将心理学带到了更广泛的受众面前。战争结束后，问题不再是行为主义是否正确，而是行为主义应该采用什么形式。

各种各样的行为主义 早在 1922 年，很明显，心理学家在如何理解行为主义，或者"如何表述行为主义才能赢得广泛认同"方面就已经存在困难。瓦尔特·亨特（Walter Hunter，1922），华生的同情者，写了一封"给反行为主义者的公开信"。他认为行为主义正是华生所宣扬的：心理学的定义就是研究"刺激和反应的关系"。他观察了行为主义的各种"新公式"，认为这些公式都是行为主义的"私生子"，这使得心理学家很难看清什么是行为主义。后来，亨特（Hunter，1925）试图通过定义一门新的科学——人类行为学（anthroponomy），即研究人类行为的科学，来巧妙地解决这个问题。但亨特的新科学从未流行起来，心理学家们不得不以某种新的"行为主义的"方式来重新定义心理学。

在这些心理学家中，最著名的是阿尔伯特·P. 韦斯（Albert P. Weiss，1924）和郭任远（Zing Yang Kuo，1928），他们试图像华生一样表述行为主义，只是更加精确。郭任远将行为主义定义为"一门处理……有机体机械运动的力学"，并认为"行为主义者的职责是以物理学家描述机器运动的方式来描述行为"。卡尔·拉什利（1890—1958）最清楚、最全面地阐述了这种机械论的、生理学还原主义的心理学，他是拉美特利的现代继承者。华生曾与他一起研究动物和人类的条件反射。

拉什利（Lashley，1923）写道，行为主义已经成为"一种公认的心理学体系"，但在强调"实验方法"时，却未能给出任何令人满意的对其观点的"系统阐述"。鉴于行为主义"与心理学传统的巨大背离"，需要对行为主义进行更清晰的表述。拉什利声称，迄今为止，已经提出了三种形式的行为主义。前两者作为"方法论行为主义"的形式很难区分。他们承认"意识体验这一事实是存在的，但不适合对其进行任何形式的科学研究"。根据拉什利的说法，这是华生本人行为主义的起点，但最终证明它难以令人满意，因为它对内省心理学让步太多。正因为它承认了"意识的事实"，方法论行为主义承认它永远不可能成为一门完整的心理学，并且不得不承认一门与行为科学并列的心理科学或至少是一项研究。与方法论行为主义相对立的是"严格行为主义"，或者，如卡尔金斯（Calkins，1921）和惠勒（Wheeler，1923）所称的激进行为主义（Schneider & Morris，1987），其激进观点是"所谓的意识并不是一种独特的存在"。拉什利承认，这一观点乍一看似乎不太可信，因为它没有提出任何令人信服的论点。拉什利清楚地表明了自己的观点：

> 让我来扒掉狮子皮。我抱怨行为主义，不是因为它走得太远，而是因为它犹豫
> 了……是因为它没有把它的前提发展成逻辑结论。对我来说，行为主义的本质是，相信
> 对于人的研究，除了通过力学和化学的概念充分表述，不会揭示任何东西……我相信有
> 可能建立一种符合二元论的生理心理学……它对行为的生理学解释也将是对所有意识现
> 象的完整和充分的解释……要求所有心理学数据，无论是如何获得的，都应服从物理学
> 或生理学的解释。
>
> （Lashley，1923，pp.243-244）

　　最终，拉什利认为，在行为主义心理学和传统心理学之间做出选择，归根结底是在
两种"不相容"的世界观之间做出选择——科学还是人文。迄今为止，心理学一直被要
求"必须为人类的理想和抱负留出空间"。但是"其他科学已经挣脱了这种束缚"，心理学
也必须通过转向生理学来摆脱"形而上学和价值观"以及"神秘的蒙昧主义"（mystical
obscurantism）。心理学可以通过生理学途径找到解释的原则，使其成为一门自然科学，以
解决它"最重要的问题"，它"最有趣和最重要的问题就是关于人类行为的问题"。这样，
它就能够从"社会学、教育和精神病学"这些被内省心理学所忽略的应用领域中重新找到
"日常生活中的问题"。拉什利的心理学公式显然与拉美特利是一脉相承的：关于行为和意
识的机械论、生理学解释。这显然也符合孔德实证主义的传统。它宣扬一种反对人文学科
和价值取向问题的科学帝国主义，着手发展一种声称可以解决人类问题的无价值取向的技
术。拉什利、韦斯、郭任远和华生试图狭义地定义行为主义，遵循生理学路径的行为主义
版本，几乎使心理学失去了独立科学的地位。其他心理学家以及心理学的哲学观察者认为，
行为主义的生理学还原定义过于狭隘，并定义了一种更具包容性的行为主义心理学。

　　一方面，新现实主义哲学家佩里（Perry，1921）认为行为主义并不是什么新观点，
"只是回到了亚里士多德最初的观点，即心智和身体的关系，就是活动和器官的关系"。接
受行为主义并不意味着否认心智在行为中的作用。"如果你是一个行为主义者，认为心智
是一种干预行为的存在，那么行为主义能够将心智从内省心理学强加于它的人文解读中拯
救出来。"另一方面，新现实主义者斯蒂芬·佩珀（Stephen Pepper，1923）曾在哈佛大
学与佩里一起学习，尽管他同样拒绝将华生的行为主义视为真正的行为主义，但还是坚决
地反驳了佩里。在佩珀看来，行为主义的核心论点是"意识和行为之间并没有因果关系"，
行为主义注定要将心理学"与其他自然科学联系到一起"。贾斯特罗（Jastrow，1927），
美国心理学的元老级人物，声称行为主义没有什么新东西，他称詹姆斯、皮尔斯和霍尔为

"行为主义者"。贾斯特罗认为，将华生的激进行为主义与大多数美国心理学家持有的更普遍和温和的行为主义相混淆是一个错误。

当我们把拉什利、佩里、佩珀和贾斯特罗的观点放在一起时，会发现行为主义几乎像个筐一样，什么都可以装进去。它可能意味着生理还原主义，或者只是通过客观手段研究行为；它可能意味着与过去的重大决裂，也可能有着非常古老的延承；它可能意味着将心智视为决定行为的因果因素，也可能意味着拒绝将意识作为因果因素。伍德沃思（Woodworth，1924）是正确的，他写道，"没有哪个伟大的包容性事业"会将各种主张捆绑在一起，冠之以"行为主义"的头衔。伍德沃思将行为主义的"基本程序"视为"行为研究、行为概念、行为规律、行为控制"，而不是与华生相关的心理学"神经机能解释"。伍德沃思注意到，心理学最初是对反应时、记忆和心理物理学的非内省研究，但在1900年左右，受到铁钦纳、屈尔佩等人的影响，心理学的科学之路改变了方向。行为主义，确切地说，我们在这里定义的行为主义，是心理学发展的一个阶段，而不是一个新方法。科学心理学不可避免地要经过行为主义阶段，而华生并没有创造任何新东西。

人类还是机器人　在几篇倡导行为主义的论文中出现了一个值得注意的地方——将行为主义在机能主义中的过去与在认知科学中的未来联系到了一起，詹姆斯的"自动情人"就是一个例子。在将行为主义与人文主义进行对比时，拉什利指出："对行为主义最根本的一个反对意见是，它无法解释极其重要的、关于个人品质的体验"，这一反对意见"在詹姆斯关于'自动情人'的论点中非常明显"。亨特（Hunter，1923）同样考虑了詹姆斯对行为主义可能的反对意见：行为主义声称一个人的爱人是一台自动机，一个人会真正爱上一台机器吗？拉什利说，对体验的描述"属于艺术，而不是科学"，亨特打消了人们对能否爱上一台机器或被一台机器所爱的担忧，认为这一担忧只关乎与信仰相关的"审美满足"，而与科学真理无关。

博德（Bode，1918）更全面地处理了这个问题，捍卫了行为主义者的观点。博德经过深思熟虑后提出，人类情人和机械情人之间并没有什么实质性的区别，因为他们之间没有行为上的区别：

> 如果没有"客观上可观察到的"差异，那么少女活跃的内心世界对行为没有造成任何影响；意识只是一种伴随现象或附带现象……"程序"（mechanism）才是终极解释，永恒的女性奥秘与高等数学的奥秘几乎具有相同的性质。
>
> （p.451）

最后，行为主义批评家麦独孤用最新的术语阐述了这一问题。"robot"（机器人）一词是卡雷尔·恰佩克（Karel Capek）在他的科幻剧《罗素姆的万能机器人》（*Rossum's*

Universal Robots）中创造的。麦克杜格尔（MacDougall，1925）认为行为主义的关键问题是：人还是机器人？行为主义提出了人类只是机器（机器人）的主张，但这一主张未经证实。在伍德沃思看来，机器人是否能做人类能做的一切，还有待考证。

对詹姆斯的"自动情人"或"机器人宝贝"的关注，引出了20世纪科学心理学的核心问题：人类可以完全被看作机器吗？这个问题超越了自詹姆斯（甚至是拉美特利）时代以来的所有心理学体系，因为它将机能主义、现实主义、行为主义和认知心理学联系到了一起。随着二战中计算机的发展，计算机的创造者们可能会用更理性的术语提出詹姆斯式的问题：如果你可以和一台机器对话，甚至无法分辨对方是不是一台机器，那么可以认为这台机器是在思考吗？A.M.图灵（A.M.Turing）和许多认知心理学家会给出博德的答案：如果你看不出它是机器，那我们也只是机器（见第12章）。自动情人的研究前景令一些心理学家感到兴奋，而另一些心理学家，如詹姆斯，则感到厌恶。拉什利很可能是对的，他认为关于行为主义的争论，不仅仅是不同心理学研究方法之间的争论，而且是更深层次的"机械论解释和最终评价"之间的争论：把人类看成机器人，还是看成有目的、有价值、有希望、有恐惧、有爱的行动主体？

后华生时代的行为主义　二战结束后，华生在军队里为飞行员做测试，但很不愉快。华生把他的研究和他对行为主义的倡导转向了一个新的方向。现在，他通过观察婴儿对条件反射的习得，深入研究基于条件反射的人类心理学。华生认为，大自然赋予了人类很少的无条件反射，所以成年人的复杂行为可以简单地解释为多年来通过巴甫洛夫条件反射的积累而习得。优生学家及其追随者们认为，人类大部分的智力、个性和道德都是遗传而来的，华生反对这一观点（Watson，1930，p.94），并断言："能力、才能、气质、心理素质和性格都不是通过遗传得来的。"例如，华生否认人类的左右手偏好是天生的。他找不到婴儿左右手和手臂之间的结构差异，也看不出不同的手之间能力的差异。因此，尽管他对大多数人都是右利手的事实感到困惑，但他把原因归结于社会训练，并表示试图将明显的左利手儿童矫正为右利手也不存在什么害处。由于他没有发现手的力量和结构之间的外周差异，因此他得出结论，习惯使用哪只手并没有生物学基础——没有什么比这更能证明华生激进的外周论了。他完全忽略了大脑的"神秘"（Watson，1913b）。他认为大脑皮层只不过是神经脉冲的中继站。我们现在知道，人类大脑的左右半球有非常不同的功能，左利手和右利手之间的差异是由此决定的。试图把一个孩子从天生的左利手变成右利手，就是强加给孩子一个非常艰难的、刻意的任务，这会让左利手的孩子感到沮丧和自卑。

为了证实他同样激进的环境决定论，他转向幼儿园进行研究，为了证明人类只不过是等待社会打磨的可塑性材料，他断言："给我一打健康的婴儿……让他们在我指定的环境中长大，我确保可以将其中任何一个训练成我希望他成为的任何一种专家"（Watson，

1930，p.104）。华生在一个名为"阿尔伯特·B."（Albert B.）的婴儿身上进行了一项颇有争议的实验。该实验旨在证明，人天生只拥有几个"本能"——恐惧、愤怒和性反应，而所有其他情绪都是这些无条件情绪的有条件版本。他断言，他的实验设计是正常人在正常人类环境中情绪学习的模型。华生认为，他已经证明了，成年人丰富的情感生活，归根结底，不过是人类多年生活过程中形成的大量条件反射的积累。我们应该指出，华生的主张是可疑的，他在这个实验中的伦理也值得怀疑（E. Samelson，1980）；此外，实验经常被二手资料错误地描述（Harris，1979）——相比之下，华生至少前后一致。他爱上了自己的研究生罗莎莉·雷纳（Rosalie Rayner），并在1920年闹出了一桩丑闻，这让他失去了在约翰斯·霍普金斯大学的工作。华生曾写信给罗莎莉："我拥有的每一个细胞都是你的，无论是单独的还是作为一个整体"，并且所有的情感反应，"每一次心跳……都是发自内心地为你"（引自Cohen，1979）。

华生一直都很愿意推广大众心理学。1920年，在被学术界除名后，他成为第一位现代流行心理学家（Buckley，1989），例如，从1926年到1928年，他在《哈珀杂志》（Harper's）上写了一系列关于行为主义视角下的人类心理学的文章。在那里，华生开始将行为主义作为心灵主义心理学和精神分析的科学替代品，后者早些时候已经得到了大众的认可。根据华生的说法，精神分析中"真正的科学太少"，不足以长期获得严肃的关注，而传统的意识心理学"从来没有任何权利被称为科学"。正如他在他的通俗作品中经常做的那样，华生将心灵主义心理学与宗教联系起来，声称"心灵和意识"只是"中世纪教会教条的残留"。根据华生的说法，心灵，或者说灵魂，都是神秘主义的事物，通过祈祷，"牧师，实际上都是心理医生，控制了公众"。精神分析只是"用对鬼神的信仰代替科学"，想要推翻这种"宗教保护的坚固墙壁"，科学必须"爆破"出一条新的道路。

华生藐视心灵主义者"对意识存在的证明"。对于心理学家声称自己有精神生活的说法，华生只是简单地回应说："我只知道，你说的那些是未经证实也无法证实的话，你有的只是图像和感觉。"因此，华生认为心灵主义的概念仍然属于神话，"是心理学家虚构的术语"。行为主义取代了荒诞、神秘、传统的心灵主义心理学，代之以描述、预测和控制行为的实证主义的科学心理学。华生说，行为心理学从观察我们同伴的行为开始，并以相对科学的风格形成"控制个人的新武器"。华生清楚地表明了行为科学的社会用途："（我们）可以把任何人，从出生开始，按要求塑造成任何一种社会或反社会的存在。"在其他方面，华生（Watson，1930）说："行为主义者的科学使命之一，就是能够陈述个体的特征，并在社会需要这些信息时对其未来的能力做出有用的预测。"基于孔德的实证主义传统，华生的行为主义反对宗教和道德对行为的控制，只依靠科学和技术手段，以行为心理学对行为的控制来取代宗教和道德对行为的控制。行为主义已经准备好与进步主义相融合。由于进步主义热衷于通过科学手段建立对社会的理性控制，进步主义政治家及其辩护者在行为主义中找到了盟友，而行为主义似乎正是进步主义所需要的技术，以取代过时的传统权威。

理论的黄金时代

到了 1930 年，行为主义已经成为实验心理学的主导观点。华生的推广取得了胜利，心理学家称这种新观点为"行为主义"（behaviorism），同时也承认它有多种形式（Williams，1931）。这为心理学家使用新的观点创造"预测和解释行为"的具体理论奠定了基础。他们在未来几十年要解决的核心问题是"学习"（McGeoch，1931）。机能主义把学习能力作为动物思维的标准，而行为主义的发展只是放大了它的重要性。学习是动物和人类适应环境的过程，是动物和人类接受教育的过程，也是出于社会控制或治疗目的而调整的过程。因此，毫不奇怪的是，后来被看作心理学理论的黄金时代的 1930 至 1950 年，其实只是学习理论的黄金时代，而不是感知、思维、群体动力学或其他任何理论的黄金时代。

实验心理学这几十年的另一个主要进步是，心理学家越来越意识到要选择正确的科学方法。心理学家总是对他们所谓的"自然科学"的科学地位没有把握，因此他们渴望找到一些可遵循的方法论，这样就可以使心理学成为一门不折不扣的科学。在谴责心灵主义时，华生认为它不可弥补的缺陷是"不科学的"内省方法，他宣称心理学的科学救赎之道是源自动物研究的客观方法。华生的信息击中了要害，但他自己给出的方法太模糊也太复杂，除了明确的态度，没有带来多少实质性的东西。到了 20 世纪 30 年代，心理学家开始注意到一种非常具体、享有盛誉的科学研究方法——逻辑实证主义。实证主义者的科学哲学为心理学家早已想做的事情提供了理论依据，因此心理学家们欣然接受了这一方法，并确定了未来几十年中心理学的目标和语言。与此同时，他们自己最初的想法也受到了逻辑实证主义潜移默化的影响，直到今天我们才得以看清楚这个影响的过程。

心理学和研究科学的科学

我们已经注意到，行为主义是如何体现出孔德实证主义所描绘的科学形象的：它的目标是对行为的描述、预测和控制，其技术将被应用于一个理性管理的社会，作为社会控制的工具。然而，孔德和物理学家恩斯特·马赫早期的简单实证主义已经发生了改变。到了 20 世纪初，很明显，实证主义极端化地强调"只谈论能直接观察到的东西"，而不讨论诸如"原子"和"电子"这样的科学概念，这样的做法难以持续。物理学家和化学家发现，他们的研究无法回避这些术语，他们的研究结果证明了原子和电子的存在，尽管是间接证明（Holton，1978）。因此，实证主义做出了改变，其追随者找到了一种（折中的）方法：在不放弃从人类，或至少是从科学的话语中删除形而上学这一实证主义基本原则的情况下，承认那些"显然是尚未被直接观察到的客观存在"。

这种新的实证主义被称为逻辑实证主义，因为它将实证主义者对经验主义的坚持，与现代形式逻辑的逻辑原则结合在了一起。逻辑实证主义是一个由很多人发起的、复杂而不断变化的理念，但它的基本思想很简单：科学已经被证明是人类理解现实、生产知识的最强大的手段，因此认识论的任务应该是解释并形式化科学方法，使其适用于新的学科，并指导改进科学家的研究实践。因此，逻辑实证主义者声称为科学研究提供一个正式的方法论，这恰好为心理学家带来了他们认为需要的东西。逻辑实证主义始于一战后维也纳的一个哲学家小圈子，但它很快演变成一场世界性的运动，目的是把科学统一到一个由实证主义者主导的宏大的研究框架中。逻辑实证主义有很多方面，但有两个方面已被证明对寻求"科学方法"的心理学家特别重要，在 20 世纪 30 年代，它们曾被当作科学美德的护身符，这两个方面是理论的正式公理化（axiomatization）和理论术语的操作性定义（见第 1 章）。

逻辑实证主义者解释说，科学语言包含两种术语。最基本的是观察术语，指的是自然的直接可观察属性：红色、长度、重量、持续时间，等等。旧的实证主义强调观察，并坚持科学应该只包含观察术语。逻辑实证主义者同意观察提供了科学的基础，但他们认识到理论术语是科学词汇的必要组成部分，除了描述自然现象，还有解释功能。离开了诸如力、质量、场和电子这类术语，科学根本无法发展。然而问题是，如何在承认科学理论词汇正当性的同时，排除形而上学和宗教迷信。逻辑实证主义者得出的解决方案是，将理论术语与基本观察术语紧密联系起来，从而确保它们的意义。

逻辑实证主义者认为，理论术语的意义，应该被理解为"包含在将其与观察术语关联的程序中"。例如，质量可以被定义为物体在海平面上的重量。一个不能以此标准定义的术语可能会被认为是形而上学的胡说八道。这样的定义被称为"操作性定义"，这一定义沿用了物理学家珀西·布里奇曼（Percy Bridgman）的用法，他在 1927 年独立地提出了同样的想法。

逻辑实证主义者还声称，科学理论是由将理论术语相互关联的理论公式构成的。例如，牛顿物理学的一个核心公式是"力等于质量乘以加速度"，或 $F = m \times a$。这个公式表达了一个公认的科学规律，可以通过验证预测来加以检验。由于每个术语都有一个可操作的定义，所以可以对物体的质量进行可操作的测量，将其加速到给定的速度，然后测量物体产生的力。如果预测的力与实验中测得的力等同，那么这个公式便得到了验证；如果结果不一致，公式就会被推翻，需要修改。根据逻辑实证主义者对理论的描述，理论的解释功能源于其预测能力。所谓的可解释，就是说针对某个事物，基于给出的事实或数据，结合一些科学"覆盖律"，可以对其未来进行预测。因此，为了解释花瓶掉落在地板上时为什么会破碎，我们可以这样证明：由给定花瓶的重量（操作性定义的质量）和掉落的高度（操作性定义的地球重力加速度）产生的力足以打碎花瓶的陶瓷结构。

逻辑实证主义规范化了早期孔德和马赫等实证主义者的思想。对于这些早期实证主义者而言，只有通过观察才能得到客观真理——两种形式的实证主义都是经验主义的。科学定律只不过是经验的总结性陈述：理论公式是几个理论变量相互作用的复杂总结，而每个变量又完全是根据观察来定义的。对于逻辑实证主义者来说，现实世界中是否存在原子或力并不重要，重要的是这些概念是否可以系统地与观察联系起来。因此，尽管逻辑实证主义者明显固执地坚持只相信自己观察到的东西，但他们是真正的浪漫唯心主义者（Brush，1980），对他们来说，观念，也就是感觉或观察术语，才是唯一的终极现实。然而，逻辑实证主义似乎为任何领域的科学研究提供了一种特殊的方法：首先，从实际操作的角度定义一个领域的理论术语，比如"质量"或"饥饿感"；其次，将理论表述为一套可以做出预测的理论公理；再次，通过实验验证这个预测，使用操作性定义将理论和观察联系起来；最后，根据观察结果修改自己的理论。

由于逻辑实证主义者研究了科学，并以明确的逻辑形式阐述了他们的发现，因此，为心理学带来操作性定义的心理学家史蒂文斯（Stevens，1939）称其为"科学的科学"（the science of science），操作性定义使得心理学成为"一门无可争议的自然科学"（正如华生所希望的），并且在逻辑实证主义者的"科学统一"计划中，与其他科学统一起来。操作主义让心理学家感到兴奋，因为它可以一劳永逸地解决长期处于争议中的心理学概念问题：心灵到底是什么？"是无形象思维吗？""是本能冲动吗？"正如史蒂文斯（Stevens，1935a）所言，操作主义是"一场将终结革命可能性的革命"。操作主义声称，无法建立操作性定义的术语在科学上是没有意义的，科学术语可以给出普遍认可的操作性定义。此外，操作主义革命认可了行为主义是唯一的科学心理学的主张，因为只有行为主义符合操作主义的要求，即理论术语必须与观察术语相兼容（Stevens，1939）。在心理学中，这意味着理论术语不能指向心理内容，只能定义行为类别。因此，心灵主义心理学是不科学的，必须被行为主义所取代。

到 20 世纪 30 年代末，操作主义已经成为心理学中根深蒂固的教条。西格蒙德·科克（Sigmund Koch，1950），一个脱离操作主义信仰的人，在他 1939 年的博士论文中写道："几乎每一个心理学大二的学生都知道，如果'定义'这个词不能用形容词'操作的'来限定，那它就不会是一个好的形式。"操作主义为心理学带来了救赎："将你的猜想关联到某个领域的科学事实（通过操作性定义），只有这样你才能得到一个科学的理论"（Koch，1941，p.127）。

在更高级别的学术领域，美国心理学会主席同意科克的观点。约翰·F. 达希尔（John F. Dashiell, 1939）观察到，哲学和心理学正在重新走到一起，不是为了让哲学家来主导心理学议程，而是为了找出科学的适当方法。从那时起，心理学就赢得了"解放"。促成哲学和心理学的"和解"的逻辑实证主义观点中有两点最为重要。一个是操作主义；另一个要求科学理论是数学公式的集合。达希尔称赞赫尔，一位满足了第二点要求的心理学家："以同样的实证主义精神（和操作主义一样），赫尔敦促我们去关注思维的系统性特征"，他提出了一套严格的、公式化的理论。达希尔将赫尔视为心理学家中最重要的逻辑实证主义者，但这种看法是错误的。赫尔是一名机械论者，笃信理论术语的生理可观察性。然而，达希尔的观点后来成了心理学家的神话，令人欣慰的是，尽管他们的理论细节是错误的，但赫尔和托尔曼已然成功地将心理学推上了逻辑实证主义者所定义的科学之路。几十年来，他们的学习理论的真正本质一直模糊不清，不仅一般的心理学家难以理解，甚至他们自己也感到云里雾里。撇开逻辑实证主义的缺陷及其对赫尔和托尔曼独立思想的扭曲，毫无争议的是，逻辑实证主义成了心理学的官方科学哲学，并且至少延续到了 20 世纪 60 年代。

目的性行为主义：爱德华·切斯·托尔曼

尽管很少有人承认，但行为主义的核心任务是，在不诉诸心智的前提下解释心理现象。更自由的行为主义者可能（最终也会）选择将心智看作心理学中一个看不见却带有因果关系的决定行为的媒介。但至少在行为主义发展的早期及其持续激进化的过程中，其目标是将心智从心理学中驱逐出去。华生、拉什利和其他还原主义或生理行为学家都曾试图这样做，他们声称意识、目的和认知都是虚构的东西，因此心理学的任务是将体验和行为描述为神经系统机械化运作的产物。意识运动理论可以很好地论证这样的思路，比如其认为，意识的内容只是对身体运动的感觉，仅仅回应行为，而不是导致行为。托尔曼和赫尔采用了不同的方法来解释行为，唯独回避了心智概念。

拥有电化学学士学位的爱德华·切斯·托尔曼（Edward Chace Tolman, 1886—1959）于 1911 年来到哈佛大学进行研究生阶段的学习，专业是哲学和心理学，他认为后者更符合自己的能力和兴趣。在哈佛大学，他与当时领先的哲学家和心理学家佩里和霍尔特、闵斯特伯格和耶基斯一起做研究。有一段时间，阅读铁钦纳的文章"几乎说服了（他）采纳构造主义内省"方法，但他在闵斯特伯格的课程中注意到，尽管闵斯特伯格"做了简短的开场白，大意是说心理学的方法是内省"，但他实验室的工作"主要是客观的"，在写实验报告时，几乎完全不会采用内省的数据。因此，在耶基斯的比较心理学课程中阅读华生的《行为》（*Behavior*）一书是"一种巨大的刺激和解脱"，因为这本书表明"对行为的客观测量，而不是内省，才是心理学的真正方法"。托尔曼在哈佛大学的那段时间也是新现实主义的鼎盛时期，佩里和霍尔特正是在那段时期推出了新现实主义。

1918 年，托尔曼在加利福尼亚大学伯克利分校任职后，发展了新现实主义，为他研究心智问题的方法奠定了基础。传统来说，支持心灵存在的证据有两种：一是意识的内省，二是行为的智能和目的性。在佩里之后，托尔曼发现华生的"肌肉抽动论"（muscle-twitchism）（Tolman，1959）过于简单和粗糙，无法解释这两种证据。新现实主义否定内省的存在，因为没有可观察的心理对象；在新现实主义者看来，所谓"内省"，只是对一个人所处环境中的某个对象刻意地、仔细地检查，然后非常详尽地报告其属性。托尔曼将这一分析与意识运动理论联系起来，认为对情绪等内部状态的内省，只是行为对意识的"反向作用"（Tolman，1923）。无论是哪种情况，内省对于科学心理学都没有特别的重要性；基于这一点，托尔曼（Tolman，1922）的"行为主义新公式"是一种方法论行为主义——承认意识的存在，但将其研究排除在科学领域之外。

同样，行为中存在"智能目的"（intelligent purpose）的证据也可以从新现实主义的角度来解释。当时主要的目的心理学是威廉·麦独孤的"荷尔蒙"心理学。在《行为主义与目的》一文中，托尔曼（Tolman，1925）批评了麦独孤以传统的笛卡儿方式解释目的：麦独孤，"作为一个心灵主义者，仅仅从行为（持续性）中推断目的，而我们，作为行为主义者，是将目的与"朝向目标的持续性"等同起来。继佩里和霍尔特之后，托尔曼认为"目的……是行为的一个客观方面"，是观察者直接感知到的，而不是从观察到的行为中推断出来的。托尔曼对记忆进行了同样的分析——这让人想起了苏格兰现实主义者，他也预示了斯金纳的观点："记忆和目的一样，可以被认为是……纯粹属于行为的一种体验。"说一个人"记得"一个不存在的物体 X，只是在说一个人当前的行为"在因果上依赖于"X。

总之，托尔曼提出了一种行为主义，如华生所愿，将心智和意识从心理学中剥离出来，但保留了目的和认知，不是将其看作从行为中推断出的神秘"心理"力量，而是作为行为本身客观和可观察的属性。与华生不同的是，托尔曼的行为主义是"摩尔式的"（molar），而不是"分子式的"（molecular）（Tolman，1926，1935）。在华生的分子观点中，行为被定义为由刺激触发的肌肉反应，因此预测和控制行为的合理策略是将复杂的行为分解成最小的肌肉构成，而这些肌肉构成又可以从生理学中找到依据。托尔曼则认为行为具有无法排除的目的性，且研究了整体的、完整的摩尔式行为。

例如，根据一位分子学家的说法，在电击前发出预警信号，会使一个人学会从电极上抽出手指，从而形成一种特定的肌肉条件反射；而摩尔式行为主义者则认为这样会让他掌握一种全面的回避反应。现在，将被试的手翻个面，并实施同样的实验流程，他会出现什么反应？华生认为一种新的分子式反射必须经过再次学习；而托尔曼则认为，被试会立刻抽回自己的手，这一动作是基于已经形成的避免电击的摩尔反应（Wickens，1938；结果符合托尔曼的预测，这并不奇怪）。

在托尔曼从新现实主义角度看待目的和认知的同时，他也暗示了一种不同的、更传统的心灵主义方法来解释这个问题。在 20 世纪 20 年代新现实主义消亡后，这种方法对托尔曼很有帮助，也是当今认知科学的基础。在一篇早期的论文中，托尔曼（Tolman，1920）写道，思想"可以从客观的角度来理解，它是有机体的一种内部表征"，而不是源于当下的刺激。后来，托尔曼（Tolman，1926）在论述认知在行为中是"内在的"（immanent）而非"推论的"（inferred）时，也指出意识提供了引导行为的"表征"。把认知和思想说成"在确定的行为中起因果作用的、关于世界的内部表征"，同时违背了新现实主义和行为主义：站在新现实主义的角度，如洛克所述，表征源自推论；站在行为主义的角度，心理因素在行为的动机中占有一席之地。随着托尔曼理念体系的发展，他越来越依赖于"表征"这一概念，正如我们将看到的，托尔曼成了一个致力于心灵真实存在的推论行为主义者（inferential behavioralist）。

1934 年，托尔曼去了维也纳，在那里他受到了逻辑实证主义者的影响，尤其是维也纳学派的领袖鲁道夫·卡尔纳普（Rudolph Carnap）。在卡尔纳普对心理学的论述中，他认为传统的民间心灵主义心理学术语不应被用来描述心理对象，而应被理解为身体中的物理化学过程。例如，"弗雷德很兴奋"这句话指的是源自腺体、肌肉和其他产生兴奋的身体过程；卡尔纳普的分析是意识运动理论的一个版本。卡尔纳普认为，在心理学术语完全还原为其真正的生理意义前，我们必须做出行为主义的妥协。我们由于不知道"兴奋"的物理化学指称，因此只能将"兴奋"理解为"导致一个人因另一个人而兴奋的行为"；这种妥协是可以接受的，因为这些行为是尚不可知的、潜在的生理学"探测器"。从长远来看，我们应该能够消除行为主义，用纯粹的生理学术语来理解心灵主义的语言。卡尔纳普同时意识到，除了指称功能，语言还具有表达功能；如果我说"我感觉疼"，这不仅是指我身体里发生的一些物理过程，还是在表达痛苦的感受。根据卡尔纳普的观点，语言的表达功能不在科学解释的范畴之内，它是诗歌、小说以及更广泛艺术的主题。

卡尔纳普的心理学与托尔曼独立发展的观点并不矛盾，但它确实给托尔曼提供了一种新的方式来表达他的行为主义，在科学哲学中，他的声望和影响力与日俱增。回到美国后不久，托尔曼用逻辑实证主义的语言重新表述了他的目的性行为主义。托尔曼在《科学心理学》（Scientific Psychology，1935）一书中写道："寻找……控制行为的、客观存在的规律和过程""直接体验……可能留给艺术和形而上学去描述"。托尔曼此时已经能够非常精确地掌握行为主义的研究方法。行为被认为是一个因变量，是由环境和内部（而不是心理）的自变量引起的。行为主义的最终目标是"以函数 f 的形式，将因变量（行为）……与自变量——刺激、遗传、训练和生理"状态（如饥饿）联系起来。由于这一目标过于雄心勃勃，不可能一蹴而就，于是行为主义者引入了连接自变量和因变量的中介变量，提供了让人们可以在给定自变量值的情况下预测行为的方程。托尔曼认为，摩尔行为主义将自变量"宏观地"定义为目的，但最终分子行为主义将能够"用详细的神经学和腺体术语"解释摩尔自变量。

托尔曼（Tolman，1936）扩展了这些评论，并将他的行为主义重新定义为操作行为主义。操作行为主义被塑造成"很多现代物理学家和哲学家正在采用的普适性实证主义态度"。托尔曼解释说，"操作的"这个形容词反映了行为主义的两个特征。首先，它按照现代逻辑实证主义的要求，"操作地"定义了中介变量；其次，它强调了这样一个事实，即行为"本质上是一种活动，生物体通过这种活动……在其环境中生存"。操作行为主义有"两个主要原则"。首先，"它断言心理学的最终兴趣仅仅是对行为的预测和控制"。其次，这种兴趣是通过对行为的功能分析来实现的，在功能分析中，"心理概念……可以看作被客观定义的中介变量……完全属于操作性定义"。

在1935年和1936年的两篇论文中，托尔曼基于逻辑实证主义，清晰而有力地阐述了方法论行为主义的经典纲领。然而，我们应该看到，托尔曼的心理学概念并不是从逻辑实证主义者那里得到的。他们的科学哲学与托尔曼的思想及实践相吻合，至多为他自己的概念提供了一个复杂而有声望的解释，逻辑实证主义的自变量、因变量和中介变量对心理学术语做出了长远的贡献。更重要的是，托尔曼似乎很快就从他的操作主义转向了心理现实主义。根据操作主义，理论术语根本不指任何东西，而只是总结观察的便利方式。对"一只饥饿老鼠的意图"的定义是它明显地朝着迷宫中目标箱的方向努力。然而，在他后期的著作中（Tolman，1948），托尔曼至少将认知视为心理上真实的实体，而不仅仅是对行为的简单描述。因此，"认知地图"被认为是对环境的表征，老鼠或人通过参照环境来引导智能行为达到目的。回到维也纳后的几年里，托尔曼没有讲授，甚至没有刻意讨论过逻辑实证主义（Smith，1986）。因此，尽管托尔曼在这两篇论文中对方法论行为主义的阐述被广泛阅读，但它可能从未代表过托尔曼真正的心理学概念。

最后，有趣的是，托尔曼有时似乎在摸索一个不太可行的心理学概念，即认知科学的计算概念。1920年，托尔曼否定了华生提出的关于生物体的"售货机"（slot machine）观点。这一观点假设，生物体是一台机器，对其施加的任何刺激都会引发某些反射性反应，就像把硬币投入自动售货机的投币口会得到对应的商品一样。不同的是，托尔曼更愿意把有机体看作"一个具备各种调节能力的复杂机器"，当一种调节有效时，一个给定的刺激会产生一种反应，而在不同的内部调节下，相同的刺激会产生不同的反应。内部调节可能是由外部刺激或"机体的自动变化"引起的。托尔曼在1920年希望建立的模型其实就是计算机，它对输入的响应取决于它的编程和内部状态。同样，托尔曼在 1948 年预测了大脑的信息处理功能，他将大脑描述为"一个中央控制器"，在那里"输入的神经冲动通常被处理并详细阐述为一个和认知行为类似的环境地图"。

机械论行为主义：克拉克·伦纳德·赫尔

克拉克·伦纳德·赫尔（Clark Leonard Hull，1884—1952），和许多出生在 19 世纪的人一样，在十几岁时就失去了宗教信仰，并在后来努力寻找替代信仰。赫尔在数学和科学方面发现了自己的专长。正如托马斯·霍布斯从欧几里得的著作中得到启发一样，可以说，研究几何是赫尔学术生涯中最重要的事情。和霍布斯一样，赫尔也得出结论，人们应该把思考、推理和其他认知能力（包括学习）的本质看作机械的，能够通过精确的数学来描述和理解。由于痴迷数学，他最开始的职业规划是当采矿工程师，但脊髓灰质炎的发作迫使他改变了计划。他寻求的是"一个在理论意义上与哲学相结合的领域"，这是一个非常新的领域，他可能很快就会"得到认可"，这将使他能够"设计和使用自动装置"，从而使他对机械的爱好得以发展。心理学满足了"这一系列独特的要求"，赫尔开始"有意地在科学史上争取某个位置"。他开始学习詹姆斯的《心理学原理》，一开始是让他的母亲在他康复期间读给他听。赫尔本科就读于密歇根大学，在那里他学习了一门逻辑课程，并且发明了一台展示三段论逻辑的机器。赫尔没考上耶鲁大学和康奈尔大学的研究生（他最终在耶鲁大学度过了自己职业生涯的大部分时光），只好去了威斯康星大学，在那里获得了博士学位。

赫尔最终以他的理论和对学习的研究在心理学上留下了自己的印记，他的第一次调查预示了他在 20 世纪 30 年代的影响力。在本科阶段，他研究的是"精神病人的学习"（learning in the insane），试图用精确的数学法则来解释他们是如何形成联想的（Hull，1917）。他的博士论文是关于概念形成的，也是强调定量的（Hull，1920）。然而，由于环境所迫，赫尔花了几年时间在不相关的领域进行研究：催眠（一个"不科学"的领域，赫尔试图用"定量方法"来改进）；烟草对行为的影响（赫尔为此设计了一种机器，人们可以通过它在不吸入烟草化学物质的情况下吸烟）；能力测试，这使得赫尔在心理学领域名声大噪。赫尔设计了一台能力测试机器，用来计算一系列测试中各种得分之间的相关性。对他来说，这样做证实了"思维是一个可以被真实机器模拟的机械过程"。帕斯卡被同样的观点吓到了，但赫尔却从中发现了一个可行的假设。

和那个时代的每个心理学家一样，赫尔不得不与华生的行为主义做斗争。尽管一开始赫尔认同华生对内省的抨击和对客观性的呼吁，但他对华生的教条主义和"一些年轻人怀着几乎疯狂的热情……以一种宗教而非科学的狂热来拥护华生的事业"感到反感（Hull，1952b，pp.153–154）。由于对格式塔心理学产生了兴趣，作为威斯康星大学的年轻教授，赫尔设法让库尔特·考夫卡来访了一年。然而，考夫卡对华生的"惊人的否定"，反而使得赫尔觉得"不是格式塔的观点是正确的"，而是华生的行为主义需要沿着数学路线进行改进。赫尔认为："我没有转向格式塔理论，而是经历了一种迟来的向新行为主义的转变——一种主要研究行为的定量化规律及其演绎的系统化的行为主义"（Hull，1952b，p.154）。1929年，赫尔到耶鲁大学任教，在那里开启了他作为那个时代最具影响力的实验心理学家的职业生涯。

赫尔的研究可以分为两个部分。首先，正如我们所看到的，赫尔对机器着迷，并确信机器可以思考，因此他试图制造能够学习和思考的机器。对这种机器的第一次描述出现在1929年，用他的话说，直接预示了"现代心理学的机械主义倾向"。他断言，学习和思考并不是生命与生俱来的必然功能，而是持续运动（serial locomotion）的必然结果"（Hull & Baernstein，1929）。其次，赫尔研究的另一部分，代表了霍布斯几何精神和休谟联想主义的延续，休谟被赫尔视为第一个行为主义者。大约在1930年，赫尔说："我得出了明确的结论……心理学是一门真正的自然科学"，其任务是"通过适量的普通方程式定量地表达规律"，推导出个人和群体的行为结果（Hull，1952b，p.155）。鉴于赫尔对机械论和数学的兴趣，他对物理学抱有强烈的渴望，并幻想自己是行为学界的牛顿，也就不足为奇了。在20世纪20年代中期，他读了牛顿的《原理》，这本书成了他的"圣经"（Smith，1986）。他在研讨会上分享这本书的内容，并把它放在自己会客的桌子上。对他来说，这代表了科学成就的巅峰，他努力地效仿他的"英雄"。

建造智能机器的目标和根据数学系统将心理学形式化的目标并不矛盾。牛顿主义者认为物理宇宙是由精确的数学定律控制的机器，赫尔只是想对所谓的心理现象和行为做同样的事情。在20世纪30年代早期，赫尔同时研究形式理论和学习机器，出版了越来越多关于复杂行为的数学处理方法，如简单的S–R习惯的养成和建立，并承诺发明能够思考并作为应用性工业机器人的"心灵机器"（Hull，1930a，1930b，1931，1934，1935）。然而，随着20世纪30年代的流逝，赫尔的心灵机器在他的研究中所起的作用越来越少。他似乎担心自己对智能机器的痴迷会让外人觉得"荒唐可笑"，他在这方面的研究也会受到压制，就像在早期，任职的大学压制他在催眠方面的研究一样（Smith，1986）。与此同时，和托尔曼以及大多数其他心理学家一样，赫尔也受到了逻辑实证主义的影响。逻辑实证主义对形式主义的坚持，以及对精神到物质的还原，与赫尔自己的科学哲学相当一致，因此他发现，对形式化的、数学化理论的进一步强调，是最有用的"宣传"，可以推动自己的事业发展（Smith，1986）。

赫尔从对心灵机器和形式理论的双重追求转向只专注于后者，可以追溯到 1936 年，那一年他当选美国心理学会主席，在就职演讲中，他描述了对理论心理学的抱负。在那场演讲中，赫尔谈到了行为主义的核心问题：对心智的解释。和托尔曼一样，他注意到了心理的外在迹象：在追求目标的过程中，有目的的、坚持不懈的行为。然而，基于赫尔的机械论、公式化和行为主义原则，他提议用一种完全不同的方式来解释它们："有目的行为的复杂形式（将）被发现来源于……理论物理的基本实体，如电子和质子"（Hull，1937）。赫尔认识到，这种传统的机械论的立场只是一种哲学态度，他建议通过实施他认为的科学程序使其科学化。赫尔说，科学始于一系列"明确陈述的假设"（欧几里得几何也是如此），基于这些假设，"通过最严格的逻辑"，可以推断出对实际行为的预测。正如牛顿通过一小部分物理定律推导出行星的运动规律一样，赫尔在他的论文中提出了一套（更大的）行为定律来预测生物体的运动。赫尔声称，科学方法的优点是，其预测可以通过观察得到精确的验证；而模糊的哲学主张，无论是唯心主义还是唯物主义，都无法做到这一点。

利用他提出的一系列假设，赫尔试图证明目的性行为可以通过机械论来解释。最后他问道："那么意识呢？"在回答这个问题时，他阐述了自己的方法论行为主义。赫尔说，心理学可以排除"意识"概念，原因很简单，"因为迄今为止还没有发现任何定理能够通过加入"一个关于意识的假设"而以任何方式促进定理的推导"。"此外，我们一直无法找到任何其他的行为科学体系……发现意识是推导行为所必需的"（Hull，1937，p.31）。和托尔曼一样，赫尔把心理学的原始主题——意识经验，置于行为主义者所界定的心理学范畴之外。赫尔和华生一样，将心理学家对意识的持续兴趣归因于"中世纪神学的持久影响"，声称"心理学的基本原则在很大程度上受到中世纪的束缚，尤其是我们在意识问题上普遍的系统观点，很大程度上是属于中世纪的"。然而，赫尔总结道："幸运的是，我们的拯救手段是显而易见且明确的。毫无疑问，它与科学流程的应用密切相关……我们想要应用这种方法论，只需要摆脱一种死气沉沉的传统束缚"（p.32）。

关于目的性机器人这一话题的内容，被放在了一个脚注中，赫尔在其中提到"一种实验捷径，可以确定适应性行为的最终本质"。如果一个人可以"用无机材料……建立一种机制"，而这种机制可以证明他的设计能够产生适应性行为，那么，"就可以有把握地、问心无愧地说，这种适应性行为可以通过纯粹的物理手段达成"（p.31）。在面向美国心理学会的实际演示中，赫尔向观众展示了他发明的一台学习机器，一些观众对其表现印象深刻（Chapanis，1961）。由于赫尔很少再提到他的"心灵机器"，他关于认知科学中心论点的陈述被忽视了，或者被认为是他理论的外围内容。事实上，很明显的是，思维的机械模型是赫尔思想的核心，它产生了形式理论，赫尔因此成名，并且由此获得了影响力。

我们已经看到了托尔曼是如何在 20 世纪 30 年代中期开始用逻辑实证主义的术语来阐述其心理学的，赫尔也做了同样的事情。1937 年后，他将自己的体系认同为"逻辑经验主义"，并称赞美国行为理论与维也纳逻辑实证主义的"结合"，这将"在美国催生一门作为成熟自然科学的行为学"（Hull，1943a）。从那时起，赫尔致力于创建一个形式化的、还原的、量化的学习理论，并在很大程度上冷落了他对心灵机器的追求，尽管心灵机器继续在赫尔的思想中发挥着启发性的、潜在的作用（Smith，1986）。和托尔曼一样，对实证主义语言的采用模糊了赫尔的现实主义。当然，赫尔不像托尔曼那样相信目的和认知，但他是一个现实主义者，相信自己的理论假设能够描述生物（人类或动物）神经系统中真实的神经生理状态和过程。

赫尔在一系列著作中阐述了自己的理论假设。第一个是机械学习的数学演绎理论（Hull et al.，1940），阐述了人类语言学习的数学逻辑。这本书被称赞为"预示了心理学达到系统化、定量化、精确化后的样子"（Hilgard，1940）。机械学习理论是赫尔的代表性作品《行为的原理》（*Principles of Behavior*，1943）问世前的"彩排"，"行为系统……是我在整个学术生涯中逐渐发展起来的"理论，这也是赫尔在美国心理学会发表主席演讲的基础。《行为的原理》出版后，《心理学公报》给予了它一个"特别评论"，誉其为"20世纪心理学领域最重要的著作之一"（Koch，1944）。这本书承诺将所有的心理学统一在 S-R 公式之下，并对"社会科学主体"进行必要的"彻底手术"，将其留给真正的科学。赫尔先后两次修改了自己的理论体系（Hull，1951，1952），但真正让赫尔在心理学领域名垂千古的，还是这本《行为的原理》。

托尔曼 vs 赫尔

理论对抗　托尔曼的目的性行为主义不可避免地与赫尔的机械论行为主义产生了冲突。托尔曼一直相信目的和认知是真实存在的，尽管随着时间的推移，他对其概念真实性的看法有所改变。而赫尔却试图将目的和认知解释为可用逻辑数学描述的无意识机械运算的结果。在 20 世纪 30 年代和 40 年代，托尔曼和赫尔进行了一场智力上的网球比赛：托尔曼试图证明目的和认知是真实存在的，而赫尔及其追随者则修正了这一理论，试图证明托尔曼的论证是有缺陷的。

我们来看一个比较"认知观"和"S-R 观点"的实验。实际上，早在 1930 年就存在相关的实验报告（Tolman，1932），远早于赫尔和托尔曼的辩论，但那只是托尔曼 1948 年所描述的更为复杂的"老鼠和人的认知地图"实验的一个简单版本，旨在从不同的角度支撑托尔曼的理论。如图 11.3 所示的托尔曼 – 杭齐克迷宫，老鼠之所以熟悉整个迷宫，是因为在早期训练中，它们被迫跑完了所有路径。训练之后，老鼠从起点出发，面临选择点（分岔路）时，只有一条路是正确的。老鼠是如何找到这条路的？

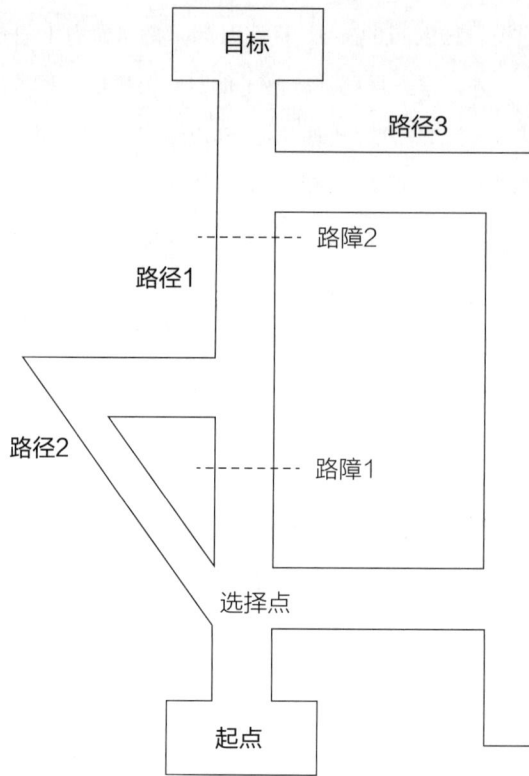

图 11.3　托尔曼 - 杭齐克迷宫

赫尔的分析如图 11.4 所示。每个选择点都意味着一个刺激信号（S），这个刺激信号与每条路径对应的三种反应（Rs），经过前期的训练结合在一起。出于各种原因（最明显的是完成每个路径需要的奔跑量），路径 1 比路径 2 更受欢迎，而路径 2 比路径 3 更受欢迎。也就是说，$S-R_1$ 的结合强于 $S-R_2$，$S-R_2$ 强于 $S-R_3$。这种情况可以整理为一套公式。

这被称作发散性习惯等级序列。现在，如果将一个路障设置在路障 1 处，老鼠遇到路障只能折返，并选择路径 2。$S-R_1$ 之间的联结由于路障而被削弱，因此路径 2 变得更有吸引力并驱动行为。换一个方式，如果将路障设置在路障 2 处，当 R_1 被阻断从而使得 R_2 更有吸引力时，和上一种方式一样，老鼠将撤退到选择点并选择路径 2。然而，由于路径 2 也走不通，因此 R_2 的吸引力也将被削弱，最后 R_3 会变得最强，老鼠将选择路径 3。这是赫尔的预测。

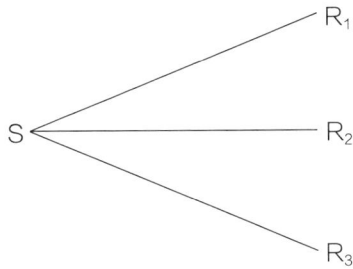

图 11.4　赫尔的习惯等级序列

托尔曼否认老鼠学到的东西是一组由选择点的刺激所引发的不同程度的反应。相反，他认为老鼠掌握了关于迷宫的心理地图，这个地图可以指导其行为。根据这一观点，遇到路障 1 的老鼠会转身选择路径 2，这和 S-R 模型一致，因为路径 2 比路径 3 短。然而，如果老鼠遇到路障 2，它将理解同一个路障同时切断了路径 1 和路径 2。因此，老鼠会表现出"洞察力"：它会返回并选择路径 3，完全忽略路径 2。心理地图可以显示环境的各个方面，比一组 S-R 连接提供更多的信息。实验结果支持了托尔曼的认知学习理论。

虽然赫尔和托尔曼在对行为的具体描述上有很大差异，但我们不应该忘记，他们有着共同的重要假设和目标。托尔曼和赫尔都想建立至少能囊括所有哺乳动物（包括人类）的学习和行为科学理论。他们通过对老鼠进行实验并将其理论化来实现共同的目标，他们假设老鼠和人类之间的任何差异都是微不足道的，实验室的结果能够代表自然行为；他们遵循了赫伯特·斯宾塞的心理学公式。托尔曼和赫尔都拒绝将意识作为心理学的主题，并将行为的描述、预测和控制作为心理学的核心任务；他们是行为主义者，特别是方法论行为主义者。最后，他们都受到了逻辑实证主义的影响，似乎也认可了逻辑实证主义。

心理学家倾向于认为托尔曼和赫尔是逻辑实证主义的忠实信徒，二人共同确立了现代心理学的实证主义风格。然而，这样的判断对他们自己来说并不公道，模糊了他们的独立性，贬低了他们的创造力。托尔曼和赫尔的科学、心理学和行为概念完全独立于逻辑实证主义。当他们在 20 世纪 30 年代遇到逻辑实证主义时，各自都发现可以利用这一享有盛誉的哲学更加有力地阐述自己的观点；但是我们不应该忽略，他们也有自己独立的想法。不幸的是，由于他们确实采用了实证主义的语言，而实证主义很快成为主导心理学界的科学哲学，托尔曼和赫尔真正的研究计划被模糊或遗忘，导致了 20 世纪 50 年代一些毫无结果的争议，我们将在第 12 章中看到相关内容。

相对影响力　尽管托尔曼和赫尔都是受人尊敬且有影响力的人物，但毫无疑问的是，赫尔的影响力要比托尔曼大得多。在加利福尼亚大学伯克利分校，托尔曼让学生们对心理学充满了热情，对科学上的浮夸表现出一种健康的蔑视。他的论文写得生动活泼，对科学也充满热情，他说："到头来，唯一可靠的标准是享受乐趣。我很开心"（Tolman，1959）。他从来都不是一个系统化的理论家，最终不得不承认自己是一个"神秘现象学家"（cryptophenomenologist），他通过想象"如果自己是一只老鼠会做什么"来设计他的实验，并且很高兴地发现老鼠和他一样聪明和有常识。不幸的是，这意味着虽然托尔曼可以激励学生，但他无法教给他们一个可推广的、系统化的心理学观点。

然而，赫尔做到了。赫尔不重视乐趣，而重视建构假设并从中推导定理等漫长而艰巨的工作。尽管冗长乏味，但这给了赫尔一套明确的思想，可以用来感染他的学生，并在整个学科领域中传播。此外，赫尔所处的制度环境是培养门徒的理想环境。除了耶鲁大学的心理学系，赫尔还被战略性地安排在了耶鲁大学人际关系研究所（Institute of Human Relations，IHR），该研究所吸引了很多来自各专业的知识才俊，他们渴望接受严谨的科学训练，并将其应用于自己的领域和全球性问题（Lemov，2005）。稍后我们将看到非正统的行为主义和社会学习理论是如何诞生于赫尔在 IHR 主持的研讨会的。赫尔发现肯尼思·斯彭斯（Kenneth Spence，1907—1967）是自己理论合适的传承者。斯彭斯参与了赫尔的著作，将他严格的理论延续到 20 世纪 50 年代，创造了一个真正意义上的实证主义版的新行为主义，并培养了很多 20 世纪五六十年代实验心理学的领军人物，这些人都可以算是赫尔的徒孙。当然，赫尔严谨的理论体系，朴素的机械论和对"一切有关目的和认知的神秘主义"的拒绝，完全符合一战后美国心理学的自然主义 – 实证主义时代精神。

赫尔对心理学的影响大于托尔曼。例如，早在 20 世纪 60 年代，一项关于"最常被心理学核心杂志引用的心理学家"的研究（Myers，1970）显示，被引用最多的心理学家是肯尼思·斯彭斯，赫尔名列第八。尤其值得注意的是，赫尔早在 1952 年就去世了，并且他的理论自 20 世纪 50 年代初以来就一直受到严厉批评。尽管很多心理学家认为认知"革命"发生在 20 世纪 60 年代，但目的性认知行为主义者托尔曼并没有挤入前 60 名。

我们现在都是行为主义者了

赫尔的同事肯尼思·斯彭斯在 1948 年观察到，很少有心理学家"认为自己是，或者明确地称自己为行为主义者"，因为行为主义是"一种几乎被所有心理学家接受的非常普遍的观点"。斯彭斯指出，在他的结论中有一个例外：托尔曼可能太过强调自己是一个优秀的行为主义者了。斯彭斯同时认识到行为主义有很多种形式，因此其定义相当模糊。尽管如此，斯彭斯认为，行为主义还是取得了进步，因为各种新行为主义都只是从华生早期相当粗糙的经典行为主义中分离出来的。斯彭斯试图整理行为主义的嘈杂声，他沿着逻辑实证主义的路线，建立了行为主义的形而上学。正如我们将在第 12 章中看到的，他的希望落空了，托尔曼的支持者拒绝认可他的观点。

在实验心理学的视野中，出现了一种新形成的激进行为主义，它在二战后将挑战并取代所有其他的行为主义。

斯金纳是一名作家，也是一名心理学家。1931 年，他开始在华生的激进精神下研究行为主义，提出了一套新的技术概念。斯金纳的影响在于未来，二战结束后，心理学家会再次对他们的事业失去信心，并开始寻找新的牛顿。然而，在战前，斯金纳并没有受到太多的重视。E. R. 希尔加德（E. R. Hilgard，1939）错误地预言，斯金纳的第一个主要理论著作——《有机体的行为》（*Behavior of Organisms*，1938）——对心理学不会产生什么影响。

| 黄金时代之后 |

二战后心理学中最受"意识"概念困扰的领域是传统科学心理学的核心——对"学习"的研究。此时西格蒙德·科克（Koch，1951a，p.295）已经成为行为主义心理学的一个有影响力的倡导者，他写道："心理学现在似乎已经进入了一个完全迷失方向的时代。"在另一篇论文（Koch，1951）中，科克断言："自二战结束以来，心理学一直处于一场旷日持久且愈演愈烈的危机之中……其核心似乎是对近期理论的不满。科学的发展不是一种自动前进的运动，这一点以前似乎从未如此明显过。"科克在实验心理学中找到了引发"危机"的两个原因，一个是内在的，一个是外在的。在实验心理学领域内部，科克发现，战前学习理论体系的发展停滞了 10 年之久。在外部，临床心理学和应用心理学都在寻求"社会认同"，相关心理学家放弃理论，投身于有用的实践，从而承担起"社会责任"。在追求社会效用的热潮中，理论心理学家变得十分沮丧，于是寻求一个"新浪潮"来重新激发自己。

科克并不是唯一一个对实验心理学状态不满的古怪预言家，因为不满的迹象比比皆是。1951 年，华生的学生卡尔·拉什利抨击了最初由华生自己提出的关于复杂行为的标准 S–R 联结理论。拉什利从生理学的角度提出，由于神经冲动从感觉器官传递到大脑，再返回到效应器（effector）的速度相对较慢，所以这样的联结是不可能形成的。相反，他提出生物拥有中央计划功能，以大单位而不是 S–R 联结的形式协调各种行动。他特别指出，语言就是以这种方式组织的，这提出了一个会越来越困扰行为主义的问题。1950 年在另一条战线上，研究动物行为的学生弗兰克·比奇（Frank Beach）谴责实验心理学家越来越关注老鼠的学习。他认为，如果缺少针对其他行为和物种的研究，实验室结论的普遍性肯定是可疑的。他还指出，像印刻现象（imprinting）这种物种特有行为的存在，并不是学习或本能单一因素的结果。这类行为脱离了所有现有的学习理论，因为现有的学习理论将已学与未学区分开来，并且只研究后者。在 20 世纪五六十年代，比较心理学的问题日益困扰着学习心理学。

新行为主义岌岌可危

赫尔和托尔曼并不是在逻辑实证主义和操作主义的专业背景下成长起来的，但在二战后步入专业成熟阶段的下一代实验心理学家却是。很多新一代心理学家和西格蒙德·科克一样，认为 20 世纪三四十年代的理论辩论毫无结果，学习心理学的问题，也就是"调节过程"（adjustment process）的核心，并没有得到解决。因此，在 20 世纪 40 年代末至 50 年代初，理论心理学家进行了认真的自我审视，运用逻辑实证主义和操作主义工具发展心理学理论建构策略，并将实证主义和操作主义的标准应用于赫尔和托尔曼的理论。

在 1950 年举行的达特茅斯学习理论会议上，新一代的学习理论家根据他们掌握的逻辑实证主义来评估学习理论，他们认为自己的前辈们在形成他们的学习理论时遵循了这种理论。赫尔的理论，作为他们所认为的最接近实证主义理论建构标准的理论，受到了最具破坏性的批评。作为关于赫尔的那份报告的作者，西格蒙德·科克说："我们做了一件可能不太令人愉快的事情。我们对一些命题进行了文字解释，比如'赫尔提出了一种关于行为的假设演绎理论'。"按照这种解释，科克证明，以实证的标准来判断，赫尔的学术事业是彻底失败的。科克的言辞是毁灭性的，他指出：赫尔的理论在其自变量的定义上遭受了"可怕的不确定性"，存在"多方面的缺陷"；它在"经验上是空洞的"，是一个"伪定量体系"；他的理论从 1943 年提出到 20 世纪 50 年代初都未能取得进展。"可以有把握地说，就所考虑的大多数问题而言……自 1943 年以来，没有证据表明这些研究取得了建设性进展。"其他的理论，包括托尔曼、斯金纳、库尔特·勒温和埃德温·格思里（Edwin Guthrie）（另一个行为主义者）的理论，因未能达到实证主义的合格理论标准，而受到不同程度的批评。

在达特茅斯，人们注意到斯金纳的行为主义未能达到逻辑实证主义原则的要求，因为它并没有尽力满足这一点。斯金纳制定了自己的理论充分性标准，根据这些标准，他的理论建构得很好。那么，也许心理学家们的目标需要调整，而不是继续追求抽象哲学所设定的目标。学习理论真的有存在的必要吗？

激进行为主义

迄今为止，在所有的主流行为主义者中，最著名和最有影响力的是伯尔赫斯·弗雷德里克·斯金纳（Burrhus Frederic Skinner，1904—1990），他的激进行为主义如果被接受，将会为人类对自我的理解带来一场重大革命，其要求我们完全拒绝在本书中学到的整个心智心理学传统，除了新现实主义。斯金纳的理论建议用一种以达尔文进化论为模型的科学心理学来取代传统心理学，在人类之外寻找行为的原因。事实上，从冯特、詹姆斯、弗洛伊德到赫尔和托尔曼，我们所提及的每一位心理学家，都认为心理学是对内部过程的解释，无论这些内部过程是产生行为的还是产生意识现象的构思过程。然而，斯金纳仿效华生，在环境中寻找行为的诱因。对斯金纳来说，人们做的任何事情都不该被表扬或责备。环境控制着行为，所以善与恶，如果存在的话，都源于环境，而非取决于个体。套用莎士比亚《尤利乌斯·恺撒》（Julius Caesar）中的一句话："亲爱的布鲁图斯，错误都是由环境造成的，而不是我们自己。"斯金纳将他的工作定义为三个方面：激进行为主义哲学、行为实验分析科学，以及激进行为主义视角下对人类行为的解释。

作为一种哲学的激进行为主义　　激进行为主义的核心可以通过斯金纳在他的论文《对精神分析概念和理论的批判》（Skinner，1954）中对弗洛伊德理论的分析来探讨。在斯金纳看来，弗洛伊德的伟大发现是，很多人类行为都有无意识的诱因。然而，对斯金纳来说，弗洛伊德最大的错误在于发明了一套心理概念——本我、自我、超我，及其伴随的心理过程——用以解释人类行为。斯金纳认为，弗洛伊德的无意识概念带给我们的教训是，意识与行为无关。例如，想象一个学生神经质地对她的老师卑躬屈膝。一个弗洛伊德主义者可能会这样解释：学生的父亲是一个要求服从的苛刻的完美主义者，这个孩子心目中有一个严厉的父亲形象，当碰到类似的权威形象时，便会影响她的行为。斯金纳能够接受"引用严厉父亲的惩罚"来解释学生当前的奴性，但他坚持认为这种联系是直接的。这名学生现在的畏缩，是因为她小时候曾受到权威人物的惩罚，而不是因为她的超我中融入了她父亲严格的要求。对斯金纳来说，对超我中无意识的父亲形象的推论，不能解释任何不能通过简单地将当前行为与过去行为的结果联系起来解释的东西；也就是说，她父亲的完美主义导致她屈从于老师。根据斯金纳的说法，心理联系对行为的解释没有任何帮助，事实上，要求解释心理联系本身，使事情变得更加复杂。斯金纳将这种对心理实体的批评扩展到所有的传统心理学，同样也拒绝超我、统觉、习惯强度和认知地图等概念，认为所有这些对正确地、科学地解释行为而言都没有存在的必要。

尽管无论从科学角度还是常识角度看，激进行为主义都代表了与心理学的一种尖锐的决裂，然而其理论传承是可溯源的。它显然站在经验主义阵营，特别是文艺复兴时期的哲学家弗朗西斯·培根和德国物理学家恩斯特·马赫的激进经验主义。年轻时，斯金纳读过培根的著作，他经常赞扬这位伟大的归纳主义者。和培根一样，斯金纳认为，真理存在于观察本身，存在于"做"和"不做"中，而不是存在于我们对观察结果的解释中。斯金纳的第一篇心理学论文是将马赫激进的描述性实证主义应用于反射概念。斯金纳（Skinner，1931/1972）的结论是，"反射"并不是动物体内的某种实体，而只是一种方便描述刺激与反应之间规律性关联的术语。这代表了他对假设性实体的拒绝。

斯金纳对行为的解释也继承了达尔文对进化的分析，如同他自己经常说的那样。达尔文认为，物种不断产生新的变异特征，大自然会选择那些有助于生存的特征，淘汰那些没有贡献的特征。同样，对斯金纳来说，有机体也会不断尝试不同形式的行为。这些行为中的一部分带来了有利的结果，因此得到了加强，而另一部分则没有。某些行为因对生存有利而得到强化和学习，那些没有被强化的行为就不会被学习，并且从生物体的技能库中消失，就像弱小的物种会灭绝一样。正如我们即将看到的，斯金纳对行为的分析和他的价值观都是基于达尔文主义的。

斯金纳的激进行为主义也是新现实主义在心理学中的直接延伸（Smith，1986）。通过宣扬生物体可以直接感知物质世界，新现实主义者拒绝了"观念之路"所设想的内心世界。如果没有观念，也就不存在私人意识或者自省这类东西。因此，正如托尔曼早期的行为主义所认为的那样，有机体的行为是其对环境做出反应的一种功能。假设内在心理因果关系是没有必要的。

和许多有创新精神的科学思想家一样，斯金纳并未接受过多少早期专业训练。他在汉密尔顿学院获得了英语学士学位，打算当一名作家，没有学习心理学。然而，在一位生物老师的影响下，他的注意力转向了巴甫洛夫和机械论生理学家雅克·洛布的著作。前者使他关注有机体的整体行为，而后者让他对仔细、严谨、科学的行为研究留下了深刻的印象。他从伯特兰·罗素（Bertrand Russell）关于华生的一些文章中了解到华生的行为主义。在未能如愿成为作家后，斯金纳转向了充满华生行为主义精神的心理学。他开创了一个关于行为的新的系统化研究方向：操作性（the operant）。

行为实验分析　斯金纳科学工作的指导思想在他的第一篇心理学论文中就有所体现，并受到巴甫洛夫条件反射研究成功的启发。斯金纳在《行为描述中的反射概念》一文中写道："给定一个迄今为止被认为是不可预测的有机体行为的特定部分（很可能被分配给非物理因素），研究者寻找与该活动相关的先行变化，并建立相关的条件"（Skinner，1931/1972，p.440）。因此，心理学的目标是通过定位特定行为的具体决定因素来分析行为，并确定前因影响和后续行为之间关系的性质。最好的方法是实验，因为只有在实验中才能系统地控制所有影响行为的因素。斯金纳因此称他的科学为行为实验分析。

强化相倚　在斯金纳的理论框架中，当研究者已经确定并能够控制所有影响行为的因素时，就可以对行为进行解释。我们把作用于行为的前因影响作为自变量，而行为是它们的函数，即因变量。有机体可以被看作一个处理变量的程序——各种自变量共同作用并产生行为的地方。自变量和因变量之间没有心理过程干预，如果自变量是确定可控的，那么传统上对心理实体概念的引用就可以被取消。斯金纳假设，即便生理学最终能够详尽地描述控制行为的物理机制，但是从变量之间的函数关系来分析行为是完全独立于生理学的。即使理解了潜在的生理机制，这些功能仍然存在。

到目前为止，斯金纳的论述紧跟马赫的脚步。科学解释无非是对可观测变量之间关系的精确描述；对斯金纳来说，这些不过是环境变量和行为变量。就像马赫试图排除物理学中对未观察到的因果联系的"形而上学"引用一样，斯金纳也试图排除心理学中心理性因果联系的"形而上学"引用。斯金纳在早期的工作中强调了他的工作的描述性，现在他的工作有时仍然被称为描述性行为主义。我们可以在这里注意到斯金纳和铁钦纳心理学本质上的相似。铁钦纳同样追随马赫的脚步，一心寻求将实验框架内的分析变量联系起来，当然，他想要的是对意识的描述，而不是行为。斯金纳有时承认这种研究的可能性，但他认为这与行为研究无关，就像铁钦纳认为行为研究与意识心理学无关一样。

除了主题，铁钦纳和斯金纳的不同之处还在于"控制"对斯金纳的重要性。斯金纳不仅想要描述行为，而且想要控制行为，这是华生式的做法。事实上，对斯金纳来说，控制是对"通过观察确定的前因变量和行为变量之间关系函数"科学充分性的最终检验。光有预测是不够的，因为预测可能是由两个变量的相关性引起的，而这两个变量有可能取决于其他变量，而不是相互依赖。例如，儿童的脚趾大小和体重有很大的相关性：儿童的脚趾越大，他可能越重。然而，脚趾的大小不会"决定"体重的大小，反之亦然，因为两者都取决于身体的生长，是身体的生长导致了两个变量共同的变化。斯金纳认为，研究者不仅要能预测行为，还要能通过操纵自变量来影响行为，这样才能被看作解释了行为。因此，对行为的充分实验分析意味着一种行为技术，其中的行为可以为特定的目的而设计，例如教学。铁钦纳总是激烈地拒绝将技术作为心理学的目标，但在二战后，斯金纳很显然越来越重视心理学的技术性应用。

在《有机体的行为》（1938）中，斯金纳区分了两种习得性行为，每一种之前都被研究过，但没有明确区分。斯金纳称第一类为应答性（respondent）行为或应答性学习，巴甫洛夫研究的就是这类行为。这类行为被恰如其分地称为反射行为，因为应答者的行为是由特定的刺激（无论是无条件的还是有条件的）所引起的。它大致对应于"非自愿"行为，如巴甫洛夫研究的唾液反应。斯金纳将第二类行为称为操作性（operant）行为或操作性学习，与"自愿"行为大致对应。操作性行为不能被诱发，而只是不时地被激发出来。然而，如果一个自愿操作行为伴随着一个被称为"强化物"（reinforcer）的事件，它发生的概率就可能会增加；在强化之后，同样的反应在类似情况下更有可能再次发生。桑代克的迷箱就是一种操作性学习情境：被囚禁的猫会做出各种行为；其中某种行为，比如按下杠杆，得以逃跑，这就是一种强化；把猫放回箱子后，出现正确反应的概率比之前提高了。这一系列动作可归纳为：操作反应→按压杠杆→得到强化。行为发生的环境（迷箱）、正确的反应（按压杠杆）和强化物（逃脱）三者，共同定义了强化相倚。行为实验分析包括系统地描述发生在一切形式的动物或人类行为中的强化相倚。

这些偶发性行为是以达尔文主义的方式进行分析的。做出的行为与物种性状的随机变化是平行的。来自环境的强化跟随某些操作而不是其他操作；前者加强，后者消失。环境通过操作学习过程筛选不同的反应，就像成功的物种繁荣而其他物种灭绝一样。斯金纳认为行为实验分析是生物学的一部分，倾向于将个体的行为解释为环境的产物，认为行为产生的过程与物种产生的进化过程类似。在这两门学科中，都没有活力论、心灵论或目的论的空间。所有的行为，无论是习得的还是非习得的，都是由一个人的强化史或基因决定的。行为从来不是意图或意志的产物。

斯金纳的"操作性"，及其"控制的偶发性"，使他在三个经常被误解的方面不同于其他行为主义者。第一，操作性反应从来不是被引发的。假设我们训练一只老鼠按下斯金纳箱（斯金纳称之为"实验空间"）中的一个杠杆，只有当杠杆上方的灯亮起时，按压行为才会被强化。只要灯一亮，老鼠就来按压杠杆。光的刺激似乎会引起反应，但根据斯金纳的说法，情况并非如此。亮灯只是为强化创造了条件。它使有机体能够区分强化情境和非强化情境，因此被称为辨别刺激（discriminative stimulus）。它不会作为一种无条件刺激引发杠杆按压（也不会作为条件刺激引发巴甫洛夫实验中的狗分泌唾液）。因此，斯金纳否认自己是 S-R 心理学家，因为这个公式暗示了反应和某些刺激之间的反射性联结，这种联结只存在于应答者中。华生坚持 S-R 公式，因为他将经典条件反射范式应用于所有行为。激进行为主义的精神内核具有如此明显的华生倾向，以至于很多批评家把华生对行为的分析误认为是斯金纳的分析。

第二，斯金纳不属于 S-R 心理学家。他说，有机体可能会受到未必属于"刺激"的控制变量的影响。这在动机方面是最明显的。赫尔派和弗洛伊德派认为动机是一个驱动刺激还原的问题：食物匮乏会导致与饥饿驱动相关的不愉快刺激，而有机体会试图减少这些刺激。斯金纳拒绝"驱动刺激"（drive-stimuli）的概念，认为这是心灵主义的思维，可以直接将食物匮乏与行为改变联系起来。剥夺一个有机体的食物是一个可以观察到的过程，它会以某种规律影响一个有机体的行为，而谈论"驱动力"或与之相关的刺激是没有好处的。一个可测量的变量，虽然不是从刺激的角度来考虑的，但可能与可观察到的行为变化有因果联系。有机体只是一个处理变量的场所，这些变量是不是有机体意识到的刺激并不重要，这使得 S-R 公式对斯金纳不太适用。

第三，对操作的定义。在斯金纳看来，行为只是空间中的移动，但他很谨慎，没有将操作定义为简单的移动。首先，操作性行为不同于应答性行为，操作性行为代表着一类反应。在不同的实验中，迷箱中的猫可能会以不同的方式按下逃生杆。但这些行为都属于操作性行为，因为每一次反应都受到相同的强化相倚的控制。猫是用头撞杠杆还是用爪子推杠杆并不重要，两种操作本质是一样的。同样，如果两个完全相同的动作被不同的强化事件所控制，那么它们可能属于不同的操作性行为。你举起手可能是宣誓效忠，也可能是在法庭上发誓说实话，或者是向朋友挥手。在每种情况下，动作可能是相同的，但其属于不同的操作性行为，因为在每种情况下，环境和强化（强化相倚）是不同的。这在解释语言行为方面被证明是十分重要的："sock"（有"袜子"和"重击"等意思）一词至少对应两个操作性行为，分别由（1）"柔软的脚套"或（2）"鼻子上的一拳"所控制。早期的行为主义者，如赫尔，试图用纯粹的物理术语将反应定义为运动，因忽视行为的意义而受到批评。人们批评说，词不是空话，它有意义。斯金纳同意这一点，但他将意义归于强化相倚中，而不是说话者的头脑中。

这些是指导行为实验分析的最重要的理论思想。当斯金纳问："关于学习的理论有存在的必要吗？"他的回答是否定的。但他并不打算回避理论化。他所反对的，是那些他认为用于解释虚构的、未被观察到的假想实体的理论，不管是自我、认知地图还是统觉。他认可马赫式的理论——可观察变量之间相互关联方式的总结，仅此而已。

操作性行为方法论 斯金纳在他的《有机体的行为》一书中还定义了一种创新且激进的方法论，或者说是一种共享范例。第一，他选择了一个保留行为流动性的实验场景，拒绝将其任意分割成人为"实验"。一个有机体被放置在一个空间中，它会在任何时候因做出的某些行为而得到强化。它的行为会随着时间的推移而不断变化，而不是被人为切分的实验打断。第二，实验人员会尽量控制有机体的环境，以便实验人员调整自变量或让其保持恒定，从而直接观察这些变量如何改变行为。第三，选择一个非常简单，但可以加入一些人为干预的反应来进行研究。在斯金纳自己的研究中，这通常是一只老鼠按压杠杆，或者一只鸽子啄一个按键来获得食物或水。选择这样的操作方式可以使每个反应被明确、容易地观察，并方便被机器计数，从而得到一个关于反应的累积记录。最后，斯金纳将响应率（rate of responding）定义为分析的基本数据。因为响应率很容易被量化；作为反应概率的衡量标准，它很有吸引力；而且人们发现，它会随着自变量的变化而有规律地发生变化。如此简单的实验场景，与桑代克的迷箱或赫尔和托尔曼的迷宫那种相对缺乏控制的实验场景，形成了鲜明对比。这种情况能够为研究人员定义出精确的谜题，因为它对生物体施加了如此多的控制。研究者只需要利用以前的研究来选择某些变量，并操纵和观察它们对响应率的影响。这对操纵或测量的对象来说不确定性最小。斯金纳为所有从事行为实验分析的人提供了一个定义明确的范例。

解释人类行为　20 世纪 50 年代，当其他行为主义者都在解放他们的行为主义时，斯金纳开始将他的激进行为主义扩展到人类行为，而没有改变他的任何基本概念。斯金纳将人类行为视作与动物行为等同，与他在实验室里研究的老鼠或鸽子的行为没有显著差异。

斯金纳在语言方面的研究　斯金纳在他认为最重要的著作《言语行为》（*Verbal Behavior*，1957，p.3）中写道：尽管"负责行为实验分析的大部分实验工作，都是在其他物种身上进行的……结果出人意料地被证明，不受物种限制……而且其方法可以推广到人类行为，无须大规模修改。"

斯金纳称《言语行为》是一部关于"解释"的作品，只是试图建立激进行为主义者对语言分析的合理性而非正确性。此外，说他在"分析语言"，其实是一种误导，正如《言语行为》的书名所传达的那样，他将言语行为定义为"其强化过程受他人影响的行为"。这个定义包括动物在实验人员控制下的行为，它们一起形成了一个"真正的言语社区"。这个定义并没有提及我们通常认为发生在说话过程中的交流过程。然而，言语行为基本上就是我们通常认为的语言，或者更准确地说，就是讲话。斯金纳在他对言语行为的讨论中引入了一些技术概念。为了显示斯金纳的分析特色，我们将简要讨论他的"触发语"（tact）概念，因为它大致对应于共性的问题，并且斯金纳认为它是最重要的言语操作。

我们应用强化的三个术语：刺激、反应和强化。"触发语"是在物理环境的某些部分的刺激控制下的言语操作反应，"触发语"的正确使用源自言语社区的强化。因此，一个孩子会因为在父母面前发出"娃娃"的声音后得到了娃娃玩具而获得言语强化（Skinner，1957）。这样一个操作者与物理环境的"接触"，被称为一个"触发语"。斯金纳将提及或命名的传统概念简化为反应、辨别刺激和强化之间的功能关系。这种情况完全类似于斯金纳箱里老鼠的按压杆、为反应设定条件的辨别刺激，以及强化反应的食物之间的功能关系。斯金纳对"触发语"的分析，其实就是将针对行为范式的实验分析直接延伸到一个新的情境。

斯金纳在对"触发语"的激进分析中提出了他对人类意识的一个重要的一般性观点——"内部刺激"（private stimuli）的概念。斯金纳认为，托尔曼和赫尔等早期方法论行为主义者将内部事件（如心理图像或牙痛）排除在行为主义之外是错误的，因为这些事件是内在的。斯金纳认为，肉体内部的世界是个体所处环境的一部分，只有个体自身有特权接触到这些刺激。这样的刺激对于外部观察者来说可能是不可知的，它们是由拥有它们的人体验到的，它们可以控制行为，因此必须包含在任何行为主义者对人类行为的分析中。很多口头陈述，包括复杂的技巧，都在这种控制之下。例如，"我牙疼"这句话，就是由某种痛苦的内部刺激控制的"触发语"反馈。

这个简单的分析暗示了一个重大的结论。人们是如何学会表达"个体触发语"

（private tact）的？斯金纳的回答是，言语社区会通过强化提及的言语，训练我们观察自己的内部刺激。对于大人来说，知道孩子哪里不舒服很重要，所以他们尝试教孩子用言语进行自我报告。"我牙疼"是指去看牙医，而不是去看脚。这样的反应具有达尔文主义的生存价值。正是这些自我观察的内部刺激构成了意识。因此，人类意识是言语环境强化实践的产物。一个在没有强化自我描述的社会长大的人，除了清醒的感觉之外，不会意识到任何事情。因此，笛卡儿和詹姆斯的人类自我意识概念，对斯金纳来说不是与生俱来的，而是人类社会化建构的结果。

"自我触发语"（self-tacting）还使得斯金纳能够解释明显有目的的言语行为，而不涉及意图或目的。例如，"我在找我的眼镜"这句话似乎描述了我的意图，但斯金纳（Skinner，1957，p.145）认为："这种行为必须被视作等同于——当我过去有这样的言语行为时，我找到了我的眼镜，然后停止了这一行为。"意图是一个心理学术语，斯金纳将其还原为对一个人身体状态的物理描述。

在《言语行为》中讨论的最后一个话题是思考，这是所有人类活动中最明显的心理活动。然而，斯金纳继续通过论证"思考就是行为"来驱除笛卡儿的心灵主义。斯金纳否定了华生认为思考是一种隐性行为的观点，因为很多隐性行为是非言语的，但仍然可以以一种"思考"的方式控制显性行为："'我想我应该去'可以理解为'我发现我正在去'"（Skinner，1957，p.449），强调的是一种自我观察，属于非言语刺激。

斯金纳的理论极其简单，但难以理解。一个人一旦像斯金纳那样否认心灵的存在，剩下的就只有行为，所以思维必然是强化相倚控制下的行为。用斯金纳的话来说，他的思想只是"他对自己生活的复杂世界的反应的总和"。"思考"只是一种我们学会的应用于某些行为形式的触发语，斯金纳要求人们忘记这种触发语，或者至少不要教给我们的孩子。因为斯金纳不仅仅想描述人或动物的行为，他还想控制它们，控制是行为实验分析的一个基本组成部分。斯金纳认为，目前对人类行为的控制基于虚构的心理实体，这样的控制，说好一点是无效的，说坏一点是有害的。

文化的科学建构　在二战期间，斯金纳致力于一种空对地导弹的行为制导系统的研发，称为 OrCon 项目，即有机控制系统。他训练鸽子啄食目标的投影图像，以制导装着鸽子的导弹攻击目标。鸽子通过啄食控制导弹，使其跟踪目标，直到摧毁目标。斯金纳完全控制了鸽子的行为，它们可以在模拟攻击中执行最困难的跟踪动作。这项工作让他深刻地意识到，彻底控制任何有机体的行为是有可能的。斯金纳的军事资助者认为这个项目难以置信，而且从来没有鸽子制导导弹发射过（Moore & Nero，2011）。然而不久之后，斯金纳写了他最被广泛阅读的书《瓦尔登湖第二》，这是一部基于行为实验分析原则的乌托邦小说。

在书中，有两个人物代表了斯金纳：弗雷泽（Frazier，实验心理学家，一个实验性乌托邦社区"瓦尔登湖第二"的创始人）和伯里斯（Burris，一个持怀疑态度的游客，最终赢得了瓦尔登湖第二的会员资格）。接近尾声时，弗雷泽对伯里斯说："我这辈子只有一个想法——一个真正的固定观念……自行其是的想法。我认为'控制'表达了这一点。对人类行为的控制，伯里斯"（Skinner，1948，p.271）。弗雷泽进而将瓦尔登湖第二描述为行为实验分析的最终实验室和实验场："只有瓦尔登湖第二才能做到。"最后，弗雷泽大声说道："那么，你对个性设计有什么看法呢？气质的控制？把说明书给我，我就把人给你！想想这些可能性吧！一个没有失败，没有厌倦，没有重复努力的社会……让我们控制孩子们的生活，看看我们能把他们变成什么样子"（p.274）。弗雷泽对个性化定制的主张让人回想起华生对婴儿职业定制的主张。我们已经看到，进步主义对社会控制的渴望，是对华生行为主义的积极响应。斯金纳继承了进步主义的愿望，即为了社会的利益，更具体地说，为了社会的生存，科学地控制人类的生活，这是达尔文和斯金纳的终极价值观。他也是启蒙主义关于人类进步的乐观主义传统的继承者，而且他是有意识地这样做的。斯金纳要求人们，在一个幻想破灭的时代，不要放弃卢梭的乌托邦梦想，而要在行为实验分析的原则基础上建立一个乌托邦。如果鸽子的行为能被控制来制导导弹袭击，那么一个行为同样被决定的人，就可以被控制得快乐而富有成就，感到自由而有尊严。《瓦尔登湖第二》是斯金纳描述自己愿景的第一次尝试。

行为主义与人类心灵：非正统的行为主义

虽然斯金纳的激进行为主义延续了华生拒绝所有行为内在原因的传统，但其他行为主义者，即赫尔和托尔曼的学生，却没有这样做。二战后，一种内在原因——认知过程，得到了越来越多的关注。心理学家从不同的角度来看待认知，包括新赫尔学派的"自由主义"或"非正统的行为主义"，以及欧美心理学家提出的各种不相关的理论。很少有行为主义者愿意同意斯金纳的观点，认为有机体是"空的"，认为像赫尔那样假设有机体内部发生的机制将刺激和反应联系在一起是不合理的。正如查尔斯·奥斯古德（Charles Osgood，1916—1991）所言："大多数当代行为主义者（可以）被描述为'沮丧的空盒子'"（1956）。他们意识到"旧货商店心理学"（junkshop psychology）的陷阱，在这种心理学中，心智能力或实体的增长速度与要解释的行为一样快。然而，他们越来越相信行为，特别是"在人类语言行为中表现得如此明显的意义和意图现象，完全脱离了黑盒子 S–R 心理学的单阶段概念"（Osgood，1957）。对于关注人类高级心理过程的心理学家来说，很明显，人们拥有"符号过程"，即从内部表征世界的能力，人类的反应是由这些符号控制的，而不是由外部刺激直接控制的。他们的问题是避免"旧货商店心理学"（Osgood，1956）："处理符号过程所需的最少附加概念是什么？"

他们在赫尔的 r-g-s-g 机制和"纯刺激行为"概念的基础上解决了这个问题。r-g-s-g 机制，即部分预期目标反应，这个概念被提出是为了解决学习走迷宫的老鼠所犯的一种特定类型的错误。赫尔观察到，这些动物在到达目标前的最后一个选择点之前，往往会进入死胡同。错误在于"总是过早地做出正确的反应"，并且随着目标的接近，出错的可能性越来越大。例如，如果最后一个正确的转弯是向右，那么老鼠可能在通往目标的选择点之前就右转了。赫尔解释了他的发现，他认为在早期的实验中，动物在目标盒中进食时经历了巴甫洛夫条件反射，因此目标盒的刺激引发了唾液反应。归纳发现，正确选择点的刺激也会引起唾液分泌，进一步归纳发现，其他刺激也会引起唾液分泌。因此，当老鼠在迷宫中移动时，它会因期待食物而分泌越来越多的唾液，唾液产生的刺激促使它向右转（在本例中）。因此，老鼠在到达通往目标的最后一条小路之前，越来越有可能拐进死胡同。由于唾液反应是隐蔽的（未被观察到的）而不是外显的，赫尔用一个小 r 来标记它，它形成了唾液刺激小 s。因为唾液反应是由迷宫刺激触发的，并且对行为有影响，所以它可以被看作 S-R 行为链的一部分：$S \rightarrow r_{唾液分泌} \rightarrow s_{唾液刺激} \rightarrow R$。

赫尔引出中介作用理论（mediation theory）的第二个概念是纯刺激行为（pure stimulus act）。赫尔指出，这类行为不会直接作用于环境，而是为了给另一种行为提供刺激支持。例如，如果你让人们描述他们是如何系鞋带的，他们通常会在口头描述他们怎么做的同时，用手指做系鞋带的动作。这种行为是赫尔纯刺激行为的一个例子。这些行为有时也会发生在内部，没有任何外在表现。例如，如果问："你家里有多少扇窗户？"你可能会在想象中走进家里的屋子，数一数窗户。这些过程在外部刺激和我们对它们的反应之间起中介作用。新赫尔学派的心理学家认为人类的符号过程是 S-R 行为链的内部延续，即 $S \rightarrow (r \rightarrow s) \rightarrow R$。

外部刺激引发内部中介反应，而内部中介反应又具有内部刺激特性；正是这些内部刺激，而不是外部刺激，最终引发了外在的行为。"这一解决方案的最大优点是，由于每个阶段都是一个 S-R 过程，我们可以简单地将单阶段 S-R 心理学的所有概念机制转移到这个新模型中，而不需要新的假设"（Osgood，1956，p.178）。因此，认知过程可以被纳入行为理论的主体，而不需要放弃任何严格的 S-R 公式，也不需要发明任何独特的人类心理过程。行为仍然可以用 S-R 行为链来解释，只不过现在有些行为链是隐藏在有机体内部的。行为主义者现在拥有了一种语言，用来探讨意义、语言、记忆、问题解决，以及其他明显超出激进行为主义解释范围的行为。

奥斯古德描述的方法有很多实践者。奥斯古德将其应用到语言中，特别强调了"意义"问题，他试图用他的语义差异量表（semantic differential scale）通过行为来衡量意义。欧文·马尔兹曼（Irving Maltzman, 1955）和阿尔伯特·戈斯（Albert Goss, 1961）将其应用于"问题解决"和"概念形成"。在自由主义的背景下，人类心理学最广泛的研究是由尼尔·米勒（Neal Miller, 1909—2002）领导的社会学习理论。米勒和耶鲁大学赫尔的人际关系研究所的研究人员试图建构一种心理学，既符合弗洛伊德对人类状况的洞见，又符合S–R心理学的客观范畴。他们淡化了赫尔基于动物研究的公式和量化标准，将人类纳入S–R框架，并引入了"中介"概念，将其作为一种比弗洛伊德的洞见更精确的谈论精神生活的方式。米勒（Miller, 1959）将他的行为主义学派，包括整个新赫尔学派的中介论阵营，描述为"自由化的S–R理论"是恰当的。社会学习理论家没有抛弃S–R理论，他们只是放宽了限制，将人类语言、文化和心理治疗也纳入进来。例如，霍华德和特雷西·肯德勒（Tracy Kendler, 1962, 1975），将中介理论应用于人类辨别学习（discrimination learning），表明辨别学习模式在动物、儿童和成年人间的差异可以解释为：动物很少会产生中介反应，这种能力的形成时期是儿童中期。

中介的概念是新赫尔行为主义者对解释人类思想挑战的创造性回应。然而，中介论者并没有让S–R心理学完好无损，因为他们不得不修改赫尔的外周论（peripheralism）和种间一致性（phylogenetic continuity）的加强版，以建构一种能够公正地处理人类高级心理过程的理论。赫尔曾设想将部分预期目标反应和纯刺激行为作为实际的（虽然是隐藏的）运动反应加入行为链；相比之下，中介论者所设想的中介作用是发生在大脑中枢的，而不是华生和赫尔定义的肌肉反应。赫尔想要一套单一的学习法则，以至少涵盖哺乳动物行为的所有形式；中介论者缩小了他的野心，接受了这样一个事实：尽管一般情况下，S–R理论可能是普遍成立的，但必须对物种和发育差异给予特殊的考虑。然而，新赫尔行为主义者带来的变化是改革性的，而不是革命性的：米勒准确地声明，他们解放了S–R理论，而不是推翻了它。

尽管在20世纪50年代，中介行为主义是一个主要的（也许是主要的）理论立场，但最终证明，它只不过是一个"中介"，连接了20世纪三四十年代的推理行为主义和80年代的推理行为主义：认知心理学。中介作用过程的图表很快变得非常复杂。更重要的是，没有很好的理由把一个无法观察的过程看作r和s的小联结。中介论者致力于内化S–R语言，主要是希望保持其理论的严谨性，避免"旧货商店心理学"明显的非科学特征。从本质上说，他们缺乏任何其他语言来清晰而有规则地讨论心理过程，只能采取他们认为唯一可行的方法。然而，当一种强大、严谨而精确的新语言——计算机编程语言——出现时，心理学家们很快就放弃了他们的r–s救生筏，转而乘坐信息处理的远洋轮船。

哲学行为主义

心理学行为主义的发展源于动物心理学遇到的问题，以及对内省式心灵主义的反抗。因此，行为主义心理学家从来没有解决对于行为主义来说最大的挑战——普通人相信他们拥有心理过程和意识。有一种民间心理学思想，值得任何偏离它的心理学研究注意。人们可以质问："如果不存在行为主义者所主张的心理过程，为什么普通的语言对心灵和意识的描述如此丰富？"哲学行为主义者将常识心灵主义心理学重新解读为可接受的"科学"行为主义，作为他们"将不可观察的和可观察的联系起来"的更大理论范畴的一部分。

逻辑行为主义 通常所说的哲学或逻辑行为主义，"是一种关于心理术语含义的语义学理论。其基本思想是，将一种心理状态（比如口渴）归因于一种有机体，就等于说该有机体倾向于以某种方式行事（比如，如果有水，就喝水）"（Fodor，1981，p.115）。根据逻辑行为主义者的观点，当我们将一个心理陈述归因于某个人时，我们实际上只是描述了他在特定环境下的实际或可能的行为，而不是某种内在的心理状态。原则上来说，从日常心理学中消除心灵主义的概念，用只涉及行为的概念来代替是可能的。如上所述，逻辑行为主义是相当不可信的。例如，根据逻辑行为主义，某个人认为湖面上的冰太薄而不能滑冰，就一定意味着这个人倾向于不在湖面上滑冰，并对别人说他们不应该在湖面上滑冰。但是，事情没那么简单。如果你看到你很讨厌的人打算在湖面上滑冰，你可能什么也不说，希望那个人赶紧掉进水里。如果你对滑冰者怀有真正的恶意，例如，他勒索你，你可以什么也不说，希望淹死他；甚至，你还可以暗自引导他走到冰最薄的地方。因此，"认为冰很薄"的心理陈述不能简单而直接地转化为行为倾向，因为一个人的行为倾向可能取决于其他信念和其他人，例如，滑冰者是敲诈者，这使得任何心理状态和行为倾向的直接等式都不成立。

逻辑行为主义的困境与实验心理学有关，因为它的理论是操作主义对普通心理学术语的应用。逻辑行为主义的心理状态与行为或行为倾向的公式提供了"信念""希望""恐惧""处于痛苦之中"等操作性定义。滑冰的例子表明，人们不能对"认为冰很薄"给出一个操作性定义，而如果不能对如此简单和直接的概念下"操作性"定义，就会引发对整个操作主义心理学产生怀疑。继路德维希·维特根斯坦（Ludwig Wittgenstein）之后，英国哲学家摩尔更直截了当地驳斥了逻辑行为主义者、操作主义者对心理学术语的处理："当我们同情别人牙疼时，我们同情的并不是他把手放在脸颊上"（引自 Luckhardt，1983）。

逻辑行为主义显然是错误的，它成了持有其他观点的哲学家很容易驳倒的理论，但尚不清楚是否有人真正持有上述立场。这样的勘误通常归功于鲁道夫·卡尔纳普、吉尔伯特·赖尔和路德维希·维特根斯坦，但事实上，这些哲学家对心灵主义民间心理学的性质持有不同的更有趣的观点。我们在本章前一部分讨论过卡尔纳普的行为主义和托尔曼的联系，托尔曼曾一度受到卡尔纳普的影响。卡尔纳普的立场最接近逻辑行为主义的立场，但我们应该记住，对他来说，这只是将心灵主义语言解释为大脑状态时的一个临时中转站。

"机器中的幽灵" 在《心的概念》(*The Concept of Mind*, 1949) 中，英国哲学家吉尔伯特·赖尔 (1900—1976) 抨击了他所谓的由笛卡儿开始的"机器中的幽灵的教条"。笛卡儿定义了两个世界：一个是物质的世界，包括身体在内；另一个是精神的世界，一个幽灵般的内部舞台，个体心理事件发生在这个舞台上。赖尔指责笛卡儿犯了一个巨大的"分类错误"，把心灵当作与身体截然相反的东西，神秘地隐藏在行为背后。下面是赖尔关于分类错误的例子：一个人在牛津大学参观，看到了学校的建筑、图书馆、院长、教授和学生。一天结束时，这个人问道："你给我看了所有这些东西，但是大学在哪里？"这个例子中的错误之处在于，因为存在"牛津大学"这个名字，它就必须适用于某个与建筑物不同的对象，但又要像建筑物一样是个实体。所以赖尔声称笛卡儿二元论是一个分类错误。笛卡儿主义者用诸如"聪明""有希望""真诚""不真诚"等心理谓词 (predicates) 来描述行为，然后假设行为背后一定有一种精神力量使他们聪明、有希望、真诚或不真诚。赖尔说，错误就在这里，因为行为本身是聪明的、有希望的、真诚的或不真诚的，不需要内心的幽灵来使它们如此。此外，在机器中加入幽灵毫无用处，因为如果有一个内在的幽灵，我们仍然必须解释为什么它的操作是聪明的、有希望的、真诚的或不真诚的。幽灵中还有幽灵吗？是不是可以无限"套娃"下去？因此，"机器中的幽灵"的观点非但没能解释精神生活，反而使我们对心理的理解变得非常复杂。

到目前为止，人们可能会像赖尔担心的那样，把他当成一个行为主义者，声称思想只是行为。但是赖尔认为，心理谓词确实不仅仅是对行为的简单描述。例如，我们看到鸟类向南飞，我们说它们在"迁徙"，行为学家可能会说"迁徙"只是"向南飞的行为"。然而，正如赖尔指出的那样，说鸟类在"迁徙"，不仅仅是说它们在向南飞行，因为"迁徙"一词意味着一个关于它们为什么向南飞行，它们以后如何返回，每年如何往返，以及它们如何导航等的完整故事。所以说鸟在"迁徙"，说的是鸟向南飞背后的事实，而不仅仅是说它们在向南飞这个行为。同样地，说一种行为是"明智的"，不仅仅是简单地描述某种行为，还涉及我们用来描述明智行为的各种标准——例如，它符合当时的情况，它很可能是成功的。一个人的行为是明智的，并不意味着这个行为的背后存在一些内心的计算，这些计算使这个行为变得聪明，但这远远超出了行为主义者对这个人行为的描述。尽管赖尔反对二元论，并且他对心灵的分析与行为主义有一些相似之处，但他的理念明显不同于心理学行为主义和逻辑与哲学行为主义。

作为社会建构的心灵观 维也纳哲学家维特根斯坦 (1889—1951，后移居英国) 对普通心理语言进行了艰难而微妙的分析。维特根斯坦认为笛卡儿主义哲学家使人们相信有心理实体（如感觉）和心理过程（如记忆），而事实上两者都不存在。举一个心理实体的例子，比如痛苦。很明显，行为主义者声称痛苦是一种行为，这是错误的。行为主义者的错误在于认为"痛苦"的第一人称和第三人称指代是等同的。如果我们看到有人抱着头呻吟，我们会说，"他很痛苦"；但我不会因为观察到自己抱着头呻吟才说"我很痛苦"——这是严格的操作主义坚持的荒谬逻辑。所以"我很痛苦"这句话并不描述行为，同时如维特根斯坦所言，也不是描述一些内心的东西。实体是可知的，所以我们可以描述其真实情况，例如"我知道《维特根斯坦》这本书售价5.95美元"。然而，对知识的陈述，只有在我们能够怀疑的情况下才有意义，也就是说，存在其他可能性。因此，人们可以理智地说："我不知道《维特根斯坦》是否卖5.95美元。"现在我们回头看，"我知道我很痛苦"这句话看起来没什么问题，它指向一个描述的内在对象，但"我不知道我很痛苦"的说法简直是胡说八道；当然，一个人可能经历了身体上的伤害却感觉不到痛苦，但他不能说："我不知道我是否痛苦。"将痛苦视为实体的另一个问题是，如何定位痛苦。如果我把一块糖果夹在手指之间，然后把手指放进嘴里，很明显糖果在我的嘴里，同时也在我的手里。但是假设我手指疼，把手指放进嘴里，会变成嘴疼吗？这么说似乎有些奇怪，因此，痛苦并不像我们给普通物体分配位置那样被定位。维特根斯坦的结论是，痛苦根本不是我们所知道的某种内在对象，关于痛苦（或快乐或狂喜）的陈述不是对任何事物的描述。相反，它们只是表达。呻吟表达痛苦，它不描述痛苦。维特根斯坦认为，像"我很痛苦"这样的句子，是呻吟的习得性语言等价物，表达但不描述痛苦的状态。痛苦是完全真实的，然而，它不是一个幽灵般的心理实体。

卢克哈特（Luckhardt，1983）引入了一个有用的类比来阐明维特根斯坦的观点。绘画是通过画布上的颜料这一物质媒介来表达艺术家的思想的。我们认为这幅画是美丽的（或丑陋的），源于我们的解读。行为主义者就像颜料推销员，他们认为，由于油画是由颜料绘成的，所以颜料的美与油画的美是等同的。然而，这个结论显然是荒谬的，因为一幅在1875年被学院派画家和观众赞美的画，很可能被现代主义者和他们的观众认为俗不可耐。美依赖于对画布上的绘画的一种解读，并不等同于画布本身。这幅画也是艺术家的一种身体表达，而这种表达反过来又被观众所理解。所以"我很痛苦"，就像呻吟和鬼脸一样，是一个人的身体表达，必须由听到它的人来解读。

同样，维特根斯坦认为，心理过程也不存在于任何事物中。以记忆为例。显然，我们无时无刻不在记东西，但是，是否所有记忆行为都有一个共同的内在记忆过程呢？维特根斯坦认为不是。马尔科姆（Malcolm，1970）举了下面的例子——你把钥匙放在厨房抽屉里几个小时后，有人问你："你把钥匙放在哪里了？"你可能会有几种回忆方式：

你什么也想不起来，然后你就在脑海中回想当天早些时候的步骤，想象着把钥匙放在抽屉里的情景，然后你说："我把它们放在厨房抽屉里了。"

　　同样什么也想不起来。也没有回想，只是自问："我把钥匙放在哪里了？"然后惊呼："厨房抽屉！"

　　这个问题是在你和另一个人深入交谈时被问的。你没有中断谈话，只是指向厨房的抽屉。

　　这个问题是你在写信的时候被问的。你什么也没说，走到抽屉前，把手伸进去，取出钥匙递给对方，脑子里还在想下一句要写的话。

　　没有任何犹豫和迟疑，你直接回答："我把钥匙放在厨房抽屉里了。"

　　在每一种情况下，你都记得钥匙在哪里，但每一种情况都不一样。行为是不同的，所以记忆没有必要的行为过程；记忆行为并没有统一的心理伴随，因此记忆没有必要的心理过程；由于没有共同的行为或意识体验，记忆也就没有必然的生理过程。每种情况下都有行为，都有心理事件，都有生理过程，但没有一个是相同的，所以没有统一的记忆过程。我们把这些事件归为"记忆"，不是因为每一事件都有一些基本的定义特征，如同我们用统一的定义特征来定义"电子"，而是因为它们具有维特根斯坦所说的"家族相似性"。一个家族成员彼此相似，并不是所有成员都具有某个单一特征。可能两兄弟鼻子长得很像，父子耳朵很像，两个堂兄弟头发很像，但没有共同的基本特征。维特根斯坦认为，涉及心理过程的术语都是家族相似性术语，没有可以捕捉的定义本质。"记忆""思考"和"希望"不是过程，而是人类的能力。在维特根斯坦主义者看来，维尔茨堡心理学家试图揭示思维过程的努力以失败告终，因为根本找不到思维过程。思考和记忆一样，只是人们做的事情（Malcolm，1970）。

　　如果维特根斯坦是对的，这对心理学的影响将是深远的。维特根斯坦（Wittgenstein，1953，Ⅱ，Sec.14）对心理学的评价很差："心理学的混乱和贫瘠不能用'年轻的科学……'来解释。因为心理学中存在实验方法和概念的混淆。"心理学的概念混淆源自认为存在心理实体和心理过程，而实际上它们并不存在，然后寻求对虚构实体和过程的描述：

　　　　对于这一切，我一直试图消除这样的想法："一定有"一个思考、希望、期望、相信等心理过程，独立于表达思考所得、希望、期望、信任等过程……如果我们仔细观察"思考""意义""希望"等词的用法……通过这个过程，我们可以摆脱寻找一种特殊的思考行为的冲动，（我们通常认为）这种思考行为独立于表达思考所得的行为，并藏在某种特定的媒介中。

（Wittgenstein，1958，pp.41-43）

维特根斯坦在这里的观点与赖尔有关：我们的行为背后什么都没有；机器里没有幽灵。维特根斯坦的分析中还有一个关于科学的更为广泛的观点：解释止于某处（Malcolm，1970）。问物理学家"为什么一个物体一旦开始运动，除非受到另一种力的作用，否则它会永远沿直线运动"是没有用的，因为这是物理学用以解释其他事物的基本假设。没有人见过物体以这种方式运动，我们能观察到的唯一明显未受干扰的运动物体，即行星，在圆周上运动（大致如此）；事实上，古人曾假设一个在太空中运动的物体会自然地做圆周运动。同样，物理学家也无法解释为什么夸克具有它们所具有的特性，而只能解释，在具有这些特性的情况下，它们的行为如何才能得到解释。心理学家一直认为思考、记忆、希望等需要解释，但赖尔，尤其是维特根斯坦，声称它们不需要解释。它们是人类的能力，是我们在没有"内幕"的情况下所做的事情，无论是心理上的还是生理上的——尽管它们也不仅仅是行为。当心理学家把他们的问题框定为"思考的过程是什么"时，他们就错了，会自然地提出关于心理过程的理论。正如维特根斯坦所言：

> 我们谈论过程和状态，却忽略其本质。有时也许我们应该更多地了解它们——我们的思考。但这正是促使我们以一种特殊的方式看待这个问题的原因。因为我们对"学会更好地理解一个过程"有明确的定义。魔术中决定性的一步已经完成，而这正是我们认为非常无知的一步。

> （Wittgenstein，1953，I，paragraph 308）

对维特根斯坦来说，我们无法科学地解释行为，但我们可以理解它。要理解人们的行为和他们的思想表达，我们必须考虑维特根斯坦所说的人类"生活形式"。"什么是必须被接受的、与生俱来的，我们可以说是——生活形式"（Wittgenstein，1958）。在讨论卢克哈特的绘画隐喻时，我们指出绘画的美在于对它的诠释。如何解读这幅画，取决于我们欣赏这幅画的直接背景和整体大背景。一个画廊常客可能读过艺术史和评论，这些知识将塑造他对这幅画的欣赏。他将基于弗兰克·斯特拉（Frank Stella）之前的作品、其他艺术家的展品，以及他对现代主义和后现代主义绘画的历史、抱负和技巧的了解，欣赏斯特拉最新的画作。绘画就像画布上的颜料，无所谓美丑或意义，它只有在诠释者的眼中才有意义。所有这些语境都是一种"生活形式"，是现代主义和后现代主义艺术中的生活形式。请注意，一个对现代主义一无所知的人可能会认为斯特拉的作品毫无意义，因为这个人没有参与适当的生活形式。如果他去上了现代艺术史的课程，他就可以学习一种新的生活形式，画作在他眼中将变得有意义。

维特根斯坦的观点是，人类的行为只有在一种生活形式的背景下才有意义。一个没有受过教育的西方人可能会认为另一种文化或另一个历史时期的风俗没有意义，就像无知的画廊参观者认为斯特拉的画没有意义一样，反之亦然：假如一些非洲部落成员第一次来到一座城市，当他们在一座高楼里看到两个男人走进一个盒子，并在几秒后变成三个女人时，他们会深感震惊（他们看到的是电梯）。如果维特根斯坦的说法是正确的，那么不仅心理学不能成为科学（因为它没有研究和解释的心理过程和实体），而且其他社会科学也不能成为科学（因为不存在永恒和跨文化的普遍原则来理解人类的思想和行为）。他说，心理学应该放弃来自自然科学的"对一般性的渴望"和"对特定情况的轻蔑态度"（Wittgenstein，1953），接受解释生活形式的朴素目标，并在历史给定的生活形式中解释特定的人类行为。

第 12 章

认知革命
信息处理、人工智能与认知心理学

| 行为主义的衰落 |

笛卡儿语言学

如果说有谁能在 20 世纪 50 年代的折中主义的和平时期扮演华生的角色，那一定是语言学家阿夫拉姆·诺姆·乔姆斯基（Avram Noam Chomsky，1928— ）。乔姆斯基在政治和语言学研究方面都很激进。乔姆斯基恢复了他所认为的笛卡儿式理性主义方向，提出了高度形式化的语言描述，认为语言是理性自我表达的器官，并重新抛出了先天论。由于乔姆斯基认为语言是人类特有的、理性的天分，这与语言的行为主义理解产生了冲突。

对言语行为的攻击　对于行为主义来说，语言是一个持久的挑战。赫尔的学生斯彭斯怀疑语言无法用动物的学习规律来解释。1955 年，非正统的行为主义者奥斯古德将意义和感知问题称为"当代行为主义的滑铁卢"，作为回应，他尝试提出一种只适用于人类语言的中介理论（Osgood，1957）。行为主义者担心，笛卡儿关于人类语言独特性的观点可能是正确的，这一点在乔姆斯基（Chomsky，1959）对《言语行为》（Skinner，1957）的评论中得到了体现，这可能是自华生发表行为主义宣言以来心理学史上最有影响力的论文。乔姆斯基不仅攻击了斯金纳的书，还攻击了语言学、心理学和哲学中的经验主义思想。他把《言语行为》一书看作"行为主义假想的归谬论"，并打算揭示这一纯粹的"神话"（引自 Jakobovits & Miron，1967）。

乔姆斯基对斯金纳著作的基本批评是，这本书代表了一种模棱两可的做法。斯金纳的基本技术术语——刺激、反应、强化等，在动物学习实验中有很好的定义，但不能像斯金纳所说的那样，在没有认真修改的情况下扩展到人类行为。乔姆斯基认为，如果一个人试图在严格的技术意义上使用斯金纳的术语，这些术语会被证明不适用于语言，如果这些术语被隐喻地扩展，就会变得十分模棱两可，以至于对常识性认知的改进没有任何帮助。乔姆斯基系统地攻击了斯金纳的所有概念，我们重点关注其中的两个例子：斯金纳对刺激和强化的分析。

显然，对于任何行为主义者来说，准确定义“控制行为的刺激”都很重要。然而，正如桑代克所预见的那样，难以定义“刺激”，是行为主义公开的软肋。“刺激”这一概念是用纯粹的物理术语来定义的，独立于行为，还是根据它们对行为的影响来定义的？如果我们接受前一个定义，那么行为看起来就是不合法的，因为这种情况下很少有刺激能够影响行为；相反地，如果我们接受后一种定义，行为从定义上来说是合法的，因为行为主义者只考虑那些能够系统地决定行为的刺激。除了这个问题，乔姆斯基还提出了其他针对斯金纳《言语行为》的具体问题。首先，乔姆斯基指出，言语行为的所有细节都处于刺激控制之下，这一观点在科学上是空洞的，因为对于任何反应，我们总能找到一些相关的刺激。一个人看着一幅画说：“这是伦勃朗的画，不是吗？”斯金纳会断言，是这幅画的某些微妙属性决定了人的反应。然而，这个人可能会说，“花了多少钱买的”“它跟墙纸不协调”“你把它挂得太高了”“太难看了”“我家里就有一幅一样的”“它是伪造的”，诸如此类，几乎无穷无尽。无论说什么，都可以找到一些“控制”行为的属性。乔姆斯基认为，在这种情况下，无法对行为进行预测，当然也不存在严格的控制。斯金纳的体系只是看似可以预测和控制行为，并不是一种科学突破。

乔姆斯基还指出，斯金纳将刺激的定义变得极其模糊且具有隐喻性，与严格的实验室环境相去甚远。斯金纳谈到了“远程刺激控制”，在这种方法中，刺激根本不需要影响说话者，就像一个被召回的外交官描述国外的情况一样。斯金纳说英语时态后缀“-ed”是由“我们所说的过去行为刺激的微妙属性”控制的。什么物理维度可以定义“过去的事物”？乔姆斯基认为，斯金纳在这里的用法与他在杠杆按压实验中的用法没有一点关系，斯金纳对言语行为的所谓“刺激控制”没有什么新的说法。

在对斯金纳的刺激定义提出了相当多的问题之后，乔姆斯基接着研究了“强化”，这是另一个在常规的操作学习实验中很容易定义的术语，即提供食物或水。乔姆斯基认为，斯金纳将该术语应用于言语行为同样是模糊和具有隐喻性的。想想斯金纳的自发性自我强化的概念。自言自语被认为是一种自发的自我强化，也是人们这样做的原因。同样，思考也被认为是一种自发影响行为的行为，因此也是一种强化。同时考虑一下我们可以称之为“期许强化”（remote reinforcement）的东西：一个作家在他自己的时代不得志，可能会通过期待未来的声誉而得到强化。乔姆斯基（Chomsky, 1959/1967, p.153）认为：“强化的概念已经完全失去了它曾经可能有的任何意义……一个人即使不做出任何反应（思考）也可以被强化，而强化的‘刺激’并不需要影响‘被强化的人’（期许强化），甚至这个

'刺激'不需要存在（不出名的作家始终保持默默无闻）。"

乔姆斯基对斯金纳的态度是轻蔑的：他不愿意接受斯金纳的《言语行为》，将其看作一种似是而非的科学假设，并认为这本书充满了无可救药的混乱和根本的错误。他尖锐而无情的批评，加上他自己积极的研究，旨在彻底推翻行为主义心理学——而不是使其自由化。对乔姆斯基来说，行为主义是缺乏根基的，它只能被取代。

乔姆斯基的影响　乔姆斯基（Chomsky，1966）采用了理性主义的笛卡儿式观点，声称行为主义的语言方法在原则上无法解释语言的创造性和灵活性。他认为，语言的无限创造力（除了陈词滥调，你每天听到或说出的每一句话都是新的），只有人们认识到语言是一个受规则支配的系统，才能被理解。作为心理过程的一部分，人们拥有一套语法规则，允许他们通过适当地结合语言元素来生成新的句子。因此，每个人都可以通过重复应用语法规则来生成无限多的句子，就像一个人可以通过重复应用算术规则来无限地生成数字一样。乔姆斯基认为，除非心理学发现了构成听说基础的语法规则和心理结构，否则人类语言是不会被理解的。肤浅的行为主义方法只研究说和听，而忽略了支配说和听的内在规则，这必然是肤浅的。

作为在 20 世纪复兴笛卡儿理性主义努力的一部分，乔姆斯基提出了语言习得的先天论，以配合他的形式化的、受规则支配的成人语言理论。乔姆斯基（Chomsky，1959，1966）提出，儿童在 2 岁到 12 岁之间拥有一种生物学上的语言习得天赋，引导他们习得母语。因此，对于乔姆斯基和笛卡儿来说，语言是人类独有的。在一些方面，乔姆斯基的论点甚至比笛卡儿更加强调先天属性。笛卡儿提出，人类之所以拥有语言，是因为人类是所有动物中唯一能够用语言思考和表达自己的物种，而乔姆斯基则声称，语言本身，而不是更普遍的思考能力，是人类特有的天赋。在乔姆斯基提出他的观点后不久，行为主义心理学家恢复了拉美特利曾经的实验，即通过手语、计算机语言或人造符号系统来教猩猩语言。这类项目是否取得了成功，仍然充满争议（见 Kenneally，2008），目前看来，虽然猿类可以粗略地学会通过符号来表达它们的愿望，但这与真正的人类语言还相去甚远。

乔姆斯基的思想对心理语言学产生了巨大的影响，迅速将行为主义方法甩在身后，无论是中介方法还是斯金纳的方法。事实上，很多心理学家确信他们的行为主义观点是错误的，并致力于按照乔姆斯基的思路重新研究语言。乔姆斯基的《句法结构》（*Syntactic Structures*，1957，与《言语行为》同年出版）描述了其技术体系，该体系提供了一个新的研究基础。这引发了大量的新研究，因此，仅仅几年之内，乔姆斯基的思想就催生了比斯金纳更多的实证研究。对儿童语言的研究同样受到乔姆斯基有争议的先天论的影响。乔治·米勒（George Miller）很好地描述了乔姆斯基的影响。20 世纪 50 年代，米勒坚持行为主义的语言观，但乔姆斯基说服他必须放弃旧的范式。1962 年，他写道："在我的研究过程中，我似乎变成了一个非常老派的心理学家。我现在相信'心灵'（mind）不只是一个由四个字母组成的盎格鲁撒克逊语单词——人类的心灵是真实存在的，而研究心灵是我们心理学家的工作"（Miller，p.762）。华生在1913年驱逐了这种思想，但现在它又回到了心理学中，由一个名叫诺姆·乔姆斯基的局外人带了回来。乔姆斯基对语言规则性的强调，有助于后来"所有行为都受规则支配"的信息处理理论的形成。

对斯宾塞范式的侵蚀：动物学习的局限性

在乔姆斯基从外部攻击行为主义的同时，行为主义的基础也开始从内部瓦解。华生是作为一名动物心理学家开启职业生涯的，而托尔曼、赫尔和斯金纳很少研究人类行为，他们更喜欢动物实验的可控性。人们期望通过动物实验能得出适用于包括人类在内的所有物种的一般性行为规律，而且几乎不需要跨物种调整。托尔曼谈到了老鼠和人的认知地图，赫尔谈到了哺乳动物行为的一般性规律，斯金纳谈到了将动物原则扩展到言语行为。人们相信，从人工控制的实验中得到的规律，将阐明所有生物的学习方式，而不管它们在进化中遗传了什么。普遍性的假设对行为主义理论至关重要，因为如果学习规律是物种特有的，那么动物行为研究对于理解人类来说，就可能毫无意义。

然而，20世纪60年代积累的证据表明，在老鼠和鸽子身上发现的学习规律并不具备普遍性，不同物种的学习内容和学习方式有很大的局限性，这些局限性由动物的进化史决定。这些证据来自包括心理学在内的很多学科。一方面，心理学家发现，学习规律在不同场景下的应用存在异常；另一方面，动物行为学家已经证明，考虑先天因素，对于解释动物祖先在自然进化环境中的行为，是非常重要的。

在开发鸽子制导导弹的过程中，斯金纳与一位年轻的心理学家凯勒·布里兰（Keller Breland）合作，布里兰对行为控制的可行性印象深刻，以至于他和他的妻子都成了专业的动物训练师。正如斯金纳在1959年所写的那样："行为可以根据规范来塑造，并且几乎可以随意地、无限期地保持……凯勒·布里兰如今将'行为塑造'作为一项收费服务。"斯金纳对布里兰的描述，与《瓦尔登湖第二》中弗雷泽所吹嘘的能够按照秩序塑造人类人格相似。

然而，在训练很多物种做出不寻常行为的丰富经验中，布里兰夫妇发现了动物没有做出应有行为的例子。1961年，他们在一篇题为《有机体的不良行为》（The misbehavior of organisms）的论文中描写了他们遇到的困难，论文题目是斯金纳第一本著作《有机体的行为》书名的双关语。例如，他们试图训练猪把木制硬币叼进存钱罐里。尽管他们可以教授这种行为，但布里兰夫妇发现猪的行为一只接一只地退步。它们最终会叼起硬币，扔到地上，然后拱到土里，而不是丢进存钱罐。布里兰夫妇报告说，他们发现了很多动物"被强烈的本能行为所困"的例子，这些行为会彻底压制学习行为。猪天生就喜欢拱食，所以它们会拱那些通过食物强化的硬币。布里兰夫妇（Breland & Breland，1961/1972）得出结论：心理学家应该在行为主义提出的一般性学习法则中检查"导致这些灾难性崩溃的隐藏假设"。他们根据大量的实验异常现象，明确质疑了行为主义的范式假设。

他们指出了三个需要反思的假设："动物……是一个虚拟的白板；物种差异是无关紧要的；所有的反应对所有刺激都是等价的。"这些假设是经验主义的基础，也是由主流行为主义者做出的陈述。尽管之前就有人提出过，要对这些假设加上限制条件，但布里兰夫妇的论文似乎打开了一扇在更可控条件下发现更多异常现象的大门。

约翰·加西亚（John Garcia）和他的同事进行了一系列类似的研究（Garcia，McGowan & Green，1972）。加西亚是 I. 克利切夫斯基（I. Krechevsky）的学生，而克利切夫斯基又是托尔曼的门生之一。加西亚研究了他所谓的"条件反射性反胃"，这是一种经典的条件反射。巴甫洛夫提出的标准经验主义假设认为，任何刺激都可以作为条件刺激，通过条件作用可以引出任何反应作为条件反应。更通俗地说，任何刺激都可以用来引发任何反应。实证研究进一步表明，条件刺激和无条件刺激必须在大约半秒内配对，学习才会发生。

为了验证这一理论，加西亚设计了一个实验，让老鼠喝一种味道新奇的液体，这将使它们在一个多小时后生病。加西亚想确定，老鼠能否学会避开它们生病时所在的地方，即与它们的疾病直接相关的无条件刺激；或者它们能否学会不喝这种液体，尽管这种液体与无条件反应在时间上相去甚远。结果是，老鼠学会了后者。经典条件反射的规律在这里并不成立。加西亚认为，老鼠本能地知道恶心一定是由它们吃的东西引起的，而不是生病时的外在环境刺激。这在进化上很有意义，因为野生环境中的疾病更有可能是由饮用受污染的水引起的，而不是由坐在灌木丛下引起的。将疾病与味觉刺激联系起来，比将疾病与视觉或听觉刺激联系起来更符合生物适应性。因此，进化似乎限定了哪些刺激与哪些反应相关联。加西亚的研究最初受到了极度的怀疑，并被拒绝发表在专门研究动物行为的主流期刊上。然而，从那以后，其他研究人员的研究进一步证实了这样一种观点：对很多行为而言，动物的进化遗传，对它能学会的东西施加了明显的限制。加西亚的研究如今已被奉为经典。

布里兰夫妇、加西亚和其他人的发现，证明了行为主义理论所依赖的陈旧的斯宾塞范式的缺点。继斯宾塞之后，行为主义者认为学习规律可以在一两个物种中建立，然后扩展到其他物种，包括人类。新的研究表明，这一假设是有缺陷的——物种问题不容忽视。此外，这些新发现支持了乔姆斯基的说法，即人类远不是复杂的老鼠。

认知心理学的早期理论

　　并不是所有对认知感兴趣的心理学家都在第 11 章所讨论的新赫尔中介心理学的框架内工作。在欧洲，一场被称为结构主义的运动作为一种跨学科的方法论，出现在包括心理学在内的社会科学中，并在 20 世纪 50 年代末至 60 年代对美国心理学产生了一定的影响。在美国，社会心理学家在 20 世纪的头几十年已经放弃了群体心理（the group mind）的概念，并对相关研究进行了重新定义：对参与社会互动的人的研究。在战争期间，社会心理学家一直关注于研究"态度""说服和宣传如何改变态度"，以及"态度与人格的关系"。战后，社会心理学家继续研究关于"人们如何形成、整合并根据信念行动"的理论。最后，杰尔姆·布鲁纳（Jerome Bruner）研究了人格动力学如何塑造人们对世界的看法，以及人们如何解决复杂的问题。

新结构主义

　　现代意义上的结构主义是涉及欧陆哲学、文学批评和社会科学领域的一场运动。结构主义的主要代表，克洛德·列维 – 斯特劳斯（Claude Lévi-Strauss）、米歇尔·福柯（Michel Foucault）和让·皮亚杰，他们都是讲法语的，他们继承了柏拉图 – 笛卡儿式的理性主义尝试——描述超验的人类心灵。结构主义与更加激进的认知心理学家联系在一起，后者在美国心理学中寻求与过去的彻底决裂；他们特别关注欧洲心理学，以及欧洲大陆（区别于英美）的哲学、心理学和其他社会科学传统。结构主义希望成为所有社会科学的统一范式，其追随者从哲学家扩展到人类学家。结构主义者认为，人类的行为模式，无论是个人的还是社会的，都可以通过引用逻辑或数学性质的抽象结构来解释。

　　在心理学方面，领先的结构主义者是让·皮亚杰（1896—1980）。皮亚杰最初是作为生物学家接受训练的，但他的兴趣转向了认识论，并致力于关于认识论的科学研究。他批评哲学家在可以对认识论问题进行实证研究时，仍然满足于关于知识增长的空想。他试图用"发生认识论"（genetic epistemology）来描述儿童的知识习得过程。皮亚杰将智力的发展分为 4 个阶段，每个阶段都由一套独特的逻辑认知结构来定义。他认为智力的发展不只是量变，而且是随着儿童从一个阶段进入下一个阶段而发生的全面质变。由此可见，5 岁的儿童不仅比 12 岁的儿童懂得少，而且思维方式也不同。皮亚杰将这些不同种类的智力或认识世界的方式，追溯到儿童思维逻辑结构的变化。他尝试针对心理结构（皮亚杰认为心理结构决定智能行为）建立高度抽象化和形式化的逻辑模型，以描述不同的思维阶段。

发生认识论是发展曲折的康德认识论。皮亚杰的许多作品的标题都属于康德先验论范畴，如《儿童的空间概念》《儿童的数字概念》《儿童的时间概念》等。康德认为先验自我是无法被理解的，而皮亚杰则认为他所定义的先验自我，即认知主体，在其成长的过程中揭示了本质，因此可以从观察儿童解决问题的行为中推断出来。皮亚杰也认同德国心理学家的知识精英倾向，他们旨在形成一种宽泛的哲学，而不是一种旨在实际应用的心理学理论。皮亚杰把"训练是否能加速认知发展"的问题称为"美国问题"，因为在欧洲没有人问这个问题。美国人本着务实的态度，希望认知的发展可以进行得更快、更有效。在皮亚杰漫长的一生中，他系统化地推进自己的研究计划，只偶尔关注行为主义。因此，尽管在1960年之前人们很少阅读皮亚杰的著作，但他和他的发生认识论构成了一个复杂的、替代行为主义的理论，当行为主义摇摇欲坠时，它随时会被拾起。

不出所料，鉴于欧洲结构主义的理性主义背景，它对美国心理学的影响是有限的。虽然美国心理学家在1960年后非常重视皮亚杰，但很少人采用他的结构主义。他的逻辑模型被认为过于深奥，与行为相去甚远，没有任何价值。此外，随后的研究证实，皮亚杰的"发展阶段"概念并不像他自己认为的那样明确或严谨，他可能严重低估了幼儿的智力（Leahey & Harris，2004）。此外，美国人只对个体差异，以及"经验或训练对认知发展的影响"感兴趣，并不太关心皮亚杰理想化的"认知主体"。今天，皮亚杰被称为认知发展研究的先驱，但他的理论影响甚微。

乔姆斯基（Chomsky，1957）的"转换语法"（transformational grammar）试图描述一种所有人类大脑共有的先天性普遍语法特征，它与欧洲结构主义一样强调抽象结构，忽视个体差异，尽管乔姆斯基不像皮亚杰那样认同这一运动。此外，当皮亚杰的理论走向衰落的时候，乔姆斯基的转换语法仍然是语言学和认知科学的一个强有力的理论支撑。乔姆斯基对激进行为主义的批判，很大程度上重新激发了人们对认知的兴趣，而他的转换语法表明，像语言这样复杂的活动，可以被解释为受规则支配的系统。与皮亚杰的理论不同，乔姆斯基的理论一直都是不稳定的，今天的转换语法与他在第一本书中提出的语法理论几乎没有相似之处。

社会心理学中的认知

社会心理学是对"社会人"的研究，所以它可以追溯到希腊政治思想家马基雅维利对政治实践的客观态度，以及霍布斯创立的第一门政治科学。我们之前很少提及社会心理学，因为作为一个领域，它是非常折中的；它是由它的研究对象，而不是任何关于人性的独特理论来定义的。它之所以引起我们的注意，是因为在20世纪40年代和50年代，它仍继续使用常识性的心理概念。我们先简要了解一个在 20 世纪五六十年代早期有广泛影响力的理论——利昂·费斯廷格（Leon Festinger，1919—1989）的认知失调理论（theory of cognitive dissonance）。

费斯廷格的理论是关于一个人的信念以及信念之间的相互作用的理论。该理论认为，信念可能彼此一致，也可能相互冲突。当信念发生冲突时，就会引发一种被称为认知失调的不愉快状态，人们会努力减少这种状态。例如，一个不吸烟的人被告知吸烟会导致肺癌，他不会经历认知失调，因为他相信吸烟会导致癌症，这与他拒绝吸烟的信念是一致的，并支持他拒绝吸烟。然而，一个被告知并相信吸烟会导致癌症的烟民，却会经历认知失调，因为吸烟的欲望与这一新的信念产生了冲突。烟民会采取行动来减少失调，也许是通过戒烟。然而，以其他方式处理失调是很常见的。例如，烟民可能只是避开戒烟宣传，以避免失调感。

费斯廷格的理论引发了大量研究。其中一项经典研究似乎挑战了效果律。费斯廷格和卡尔史密斯（Festinger & Carlsmith，1959）为实验对象设计了一些极其枯燥的任务，比如长时间拧螺丝。然后实验人员让实验对象告诉下一个实验对象，这个任务很有趣。部分实验对象因为说谎而得到 20 美元（大约等于今天的 300 美元），而其他人只得到 1 美元。根据认知失调理论，得到 20 美元的实验对象应该不会有失调感：高额的报酬证明了他们的小谎言是正确的。而只得到 1 美元的实验对象应该会感到失调：自己竟为了这点微不足道的钱而说谎。解决这种失调的方法之一，是让自己相信这个任务实际上是有趣的，因为如果自己相信了这一点，那么告诉另一个实验对象它是有趣的，就不是谎言。整个实验结束后，另一位实验人员采访了实验对象，并发现，正如费斯廷格的理论所预测的那样，得到 1 美元的实验对象比得到 20 美元的实验对象更喜欢这项任务。这一发现似乎与效果律相悖，因为我们通常会认为，20 美元的奖励会比 1 美元的奖励，更能改变一个人关于实验乐趣的体验总结。

从历史的角度来看，认知失调理论的重要之处在于它是一个认知理论，一个关于心理实体的理论，具体来说，是关于信念的理论。这不是一个非正统的行为主义理论，因为费斯廷格并不认为信念是什么中介反应，而只是常识角度的、控制行为的信念。20 世纪 50 年代，认知失调理论等社会心理学认知理论在严格的行为主义轨道之外，形成了蓬勃发展的认知心理学。费斯廷格（Festinger，1957）的著作《认知失调理论》（*A Theory of Cognitive Dissonance*）没有提及行为主义观点。社会心理学家很少直接挑战行为主义，但他们所研究的领域却成了行为主义的替代品。

关于知觉和思维的新认知理论

知觉的新观点运动 二战后不久，布鲁纳（Bruner，1915b）领导的知觉研究引发了新观点运动。新观点运动背后的动机，是试图统一心理学的几个不同领域（包括知觉、人格和社会心理学），以及反驳流行概念的愿望，这些流行概念至少可以追溯至休谟，并深刻影响了 S-R 行为理论，即认为知觉是一个被动的过程，通过这个过程，刺激直接给知觉者留下印象（休谟的术语）。布鲁纳和他的同事提出了一种知觉的精神分析观点——知觉者扮演主动的角色，而不是被动地记录知觉数据。布鲁纳等人做了各种研究来支持这样一种观点，即知觉者的个性和社会背景，对知觉者看到的东西有影响。其中最著名又最有争议的是关于"知觉防御"（perceptual defense）的研究，它提出了"阈下知觉"（subliminal perception）的可能性。新观点运动中，布鲁纳等人（Bruner & Postman，1947；Postman，Bruner & McGinnies，1948）向实验对象限时展示一组单词，冯特在对意识跨度的研究中也是这样操作的。然而，这些现代研究人员改变了这些词的情感取向：有些是普通或"中性"的词，有些则是"禁忌"的词。布鲁纳和他的同事发现，与识别中性词相比，实验对象识别禁忌词需要更长的时间。他们提出的弗洛伊德式假说是，被试无意识地感知到了禁忌词的负面情感内容，并试图抑制其进入意识。因此，实验对象只有在展示时间足够长的情况下才会不得不去看那个词。

多年来，对知觉防御的研究一直存在极大争议，一些心理学家认为，实验对象对禁忌词的理解和对中性词的理解一样快，只是花了更多时间来掩饰自己的体验，以避免尴尬。争议越来越激烈，而且从未真正达成共识（Leahey & Harris，2004）。对我们而言，其意义在于，知觉的新观点运动将知觉看作一种积极的心理过程，包括有意识和无意识的心理活动，这些心理活动影响了"知觉"以及"人对知觉的反应"。

对思维的研究 布鲁纳对知觉的关注，以及他自己提出的"心理和人格主动塑造知觉"的观点，使他开始研究传统的"高级心理过程"（Bruner，Goodnow & Austin，1956）。虽然布鲁纳不是一个中介理论学者，也没有将他自己的理论置于精神分析的传统中，但他将自己对认知过程的兴趣与新的 S-R 中介理论联系起来，发现了关于认知过程的一个新的兴趣点并投身其中。在具有里程碑意义的著作《思维研究》（*A Study of Thinking*，1956）中，布鲁纳研究了人们是如何形成"概念"的，并将新的刺激根据概念分门别类。布鲁纳和他的同事向实验对象展示一组几何图形，这些几何图形拥有不同的属性：形状、大小、颜色等，然后实验对象被要求通过筛选猜测实验人员通过范例暗示的图形类别（概念）。例如，如果实验人员心目中的概念是"所有的红色三角形"，那么实验人员可能先指向一个大号的红色三角形。随后，实验对象尝试选择各类图形，并被告知其选择是否符合实验人员心目中的概念。如果实验对象选择了一个大号的红色正方形，会被告知"不是"；如果实验对象选择了一个小号的红色三角形，会被告知"是的"。实验对象可以一直尝试，直到猜出实验人员心目中的概念。

布鲁纳、古德诺（Goodnow）和奥斯汀（Austin）并没有从隐性中介反应（implicit mediational responses）的角度来看待概念学习的过程，尽管一些非正统的行为主义者持有这样的观点。相反，他们认为概念的形成是一个主动的，而不是被动联想的过程，在这个过程中，实验对象的选择受到"为解决问题而建构的某种策略"的引导。同样，理论细节对于我们来说并不重要。重要的是布鲁纳理论的心灵主义本质。实验对象没有被视为 S 和 R 之间的被动连接者，甚至没有被视为连接 S–r–s–R 的纽带，也没有被看作变量处理器。相反，概念形成被认为是一个主动的智能过程，在这个过程中，主体建构并遵循某些策略和决策程序，这些策略和决策程序引导（或未能引导）主体获得正确的概念。

然而，在重新唤起人们对认知过程的研究兴趣方面，最重要的成果是发明了可能会思考的机器。

┃ 认知科学的兴起 ┃

自从科学革命以来，哲学家和心理学家对人与机器的相似性既感兴趣又排斥。笛卡儿认为，除了思考，人类所有的认知过程都是由神经系统机械化完成的，他笃信有意识的人类和类似机器的动物有明确的区别。帕斯卡担心笛卡儿是错的，因为在他看来，他的计算器是会思考的，于是他借助人类的心灵及其信仰，把人与机器区分开来。霍布斯和拉美特利认为人不过是机械化的动物，这让那些浪漫主义者感到震惊，他们和帕斯卡一起，从情感而非智力中寻找人性的神秘本质。莱布尼茨曾梦想有一台万能思考机器，英国工程师查尔斯·巴比奇（Charles Babbage）也曾试图制造一台（Green，2005）。威廉·詹姆斯担心他的自动情人，他得出结论说，机器没有感觉，所以不可能是人。华生、霍布斯和拉美特利宣称，人类和动物都是机器，人类的救赎之道在于接受现实并设计一个完美的未来，斯金纳在《瓦尔登湖第二》中阐述了这一点。科幻作家和电影制作人在《罗素姆的万能机器人》《大都会》（Metropolis）、《银翼杀手》（Blade-Runner）和《机械姬》中探索了人和机器之间的差异。但是直到二战之前，人们也没有如愿制造出能够模仿人类思维的机器。

正如我们在前文中探讨过的，心智作为一个科学范畴，也就是心灵科学定义的"心智"，一直是有问题的。像柏拉图和笛卡儿这样的二元论者，以及那些相信灵魂不朽的宗教信徒，似乎将心智，进而将对心智的研究，完全置于科学之外。由科学革命开启的全球机械化图景，似乎注定要停滞于"易于科学解释的机械化身体"和"神秘的灵魂载体和意识"之间。

意识心理学所面临的困难也给侧重方法论的行为主义者带来了很多启示，他们勉强承认心灵、意识等概念并不是适合科学研究的课题，并继续研究行为，就好像意识根本不存在一样。在这些理论中，托尔曼认为心理过程，即他的认知地图，确实存在，而且必定属于心理学的一部分，但他从未找到一种科学语言来支撑他的心灵主义直觉。像拉什利这样的生理行为主义者，试图通过将思维简化为大脑的活动来征服它，但是，至少在拉什利的时代，这是一个没有足够的概念或方法来支撑的研究。激进的行为主义者完全摒弃了心灵的概念，认为它是一个糟糕的笛卡儿主义概念，不比前科学时代的化学中虚构的"燃素"或"热质"概念高明多少。对他们来说，通常所以为的心理现象，可以更加有效地看作行为，一些行为是个体独有的，但这不影响其作为行为的本质。

然而，笛卡儿、洛克和其他17、18世纪的哲学家所创造的"观念之路"提供了一种关于心灵的观点，事实证明，这种观点不仅可以与身体的机械论概念相调和，也可以与观念本身相调和。观念之路有两个核心概念——规则和表征。和柏拉图及斯多葛派一样，笛卡儿认为思考更像是做数学或逻辑推理，通过应用规则，从旧命题中推导出新命题。笛卡儿和他的经验主义对手，包括康德，都认同这一观念，并补充了一个观念：思考的规则或法则，适用于对客观世界的内在心理表征。问题是，思维过程似乎仍然是在一个非物质的地方进行的，即心灵，在那里物理定律并不适用。

此外，托尔曼和赫尔之间还存在关于"目的"的争议。赫尔完全信奉物理主义，即宇宙中唯一起作用的力量是物理上的因果关系，因此他否认存在目的性行为，即由一个非生理性目标引起的行为。对他来说，所有的行为都是由某个刺激引起的。托尔曼反对这一观点，认为至少在活着的人当中，目的是引导行为达到想要的目标的真正力量。然而，在不断发展的宇宙机械论图景中，他的直觉推论又一次难以立足。

接下来我们将了解到，心理学家和心智哲学家所需要的，是一些跨专业（如工业、数学、逻辑和战争研究）的概念：反馈、信息和计算。这些概念将彻底改变世界（如今的生活中这些概念无处不在），并使"心智"在心理科学中再次受到尊重。

有目的性的机器　如果说科学革命依靠的是世界图景的机械化，那么工业革命依靠的则是工作的机械化，用机器代替动物或人做纯粹的体力劳动。机器劳动可以比动物或人类劳动更有效率、成本更低，使人们能够用他们的头脑而不是身体，去做不那么需要体力但更有成效的工作。然而，想让机器变成生产力，"控制"成了一个挑战。蒸汽机能产生巨大的能量，远远超过动物身体所能产生的能量。动物拉不动100节车厢的火车，也不能为一个城市发电。然而，要想使蒸汽机的能量输出达到应用标准，保持稳定且有规律，并不十分容易，另外，蒸汽锅炉压力过大还会爆炸。1788年，企业家兼工程师詹姆斯·瓦特

（James Watt，1736—1819）解决了这个问题，为迅速发展的工业革命做出了巨大贡献。他发明了用于调节蒸汽机输出的离心调速器，如图 12.1 所示。

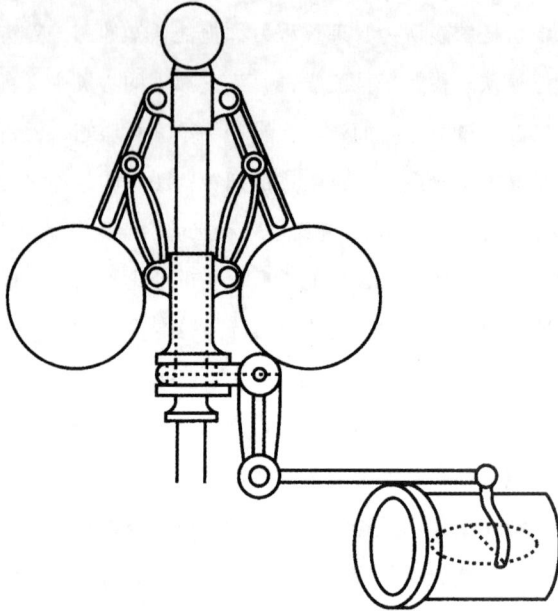

图 12.1　詹姆斯·瓦特用于调节蒸汽机输出的离心调速器（概念形成之前的反馈示例）
资料来源：*Evers (1875).*

　　有一根轴连接两个重球。轴是由锅炉中的蒸汽带动旋转的，蒸汽压力越大，轴旋转得越快，球也就旋转得越快。它们被安装在一个枢轴上，因此当它们旋转时，离心力会将它们向上推离轴。旋转球的位置控制着进入锅炉的热量。快速旋转的球降低了锅炉的温度，避免了爆炸。随着锅炉温度下降，轴旋转得慢了，球的旋转也就跟着减速，增加了锅炉的燃料输入，因此温度上升，提高了蒸汽压力，增加了轴的速度，从而降低了温度。这个连续的动态循环，保证了锅炉的输出达到稳定的可用水平（van Gelder，1995）。

　　这个重要的工程学原理和心理学有关系吗？有很大关系。托尔曼和赫尔的分歧在于，是把包括人在内的动物看作机器，还是拥有目的性的有机体。瓦特的改良蒸汽机是一种有目的、有目标的机器。调速器的（简单）目标是保持发动机锅炉中安全稳定的压力，它以灵活的方式追求这一目标，随着锅炉温度的变化调整燃料流量。赫尔说生物是机器，是对的，但托尔曼说生物是有目的的，也是对的。然而当时并没有人意识到这一点，因为虽然瓦特的发动机是一种有目的的机器，但他所使用的概念还没有一个名称，也没有推广到其他目的性行为。这个概念就是"反馈"（feedback），直到 1943 年才形成。

　　鉴于后来信息处理心理学和激进行为主义之间的竞争，具有讽刺意味的是，反馈的概念源于斯金纳为解决战争问题而进行的鸽子研究。OrCon 项目旨在对导弹进行有机控制。他用老式的方法解决了这个问题——在机器中加入一个"迷你人",一个"幽灵"。他把一只鸽子放在导弹的头部,称之为"鹈鹕"。而另一个致力于解决相同的制导问题的团队,从目标中分解出了"反馈"这一概念。

1943 年,三位研究人员描述了信息反馈的概念,这一概念是他们引导设备实现目标的解决方案的基础,展示了目的和机制是如何协调的。罗森布鲁斯、威纳和比奇洛(Rosenblueth,Wiener & Bigelow,1943/1966)将反馈阐述为适用于各种目的性系统的一般性原则,无论是机器还是生物。反馈系统的一个很好的例子是恒温器和热泵。当你设定房子的温度时,你就给了恒温器一个目标。恒温器包含一个测量房子温度的温度计,当温度偏离设定点时,恒温器打开热泵来冷却或加热房子,直至达到设定温度。这里存在一个信息反馈的回路:恒温器对房间的状态很敏感,它会根据温度计接收到的信息采取行动;这个行动反过来改变房间的温度,反馈给恒温器,改变它的行为,进而影响房间的温度,如此循环往复。

不同于时钟,恒温器是一种有目的的装置,它一定程度上改变了对自然的机械论观点(Pinker,2002)。牛顿物理学带来了宇宙的发条机械形象——一台盲目遵循不可阻挡的物理定律的机器。威廉·詹姆斯认为有意识的生物不可能是机器,因此必须进化出意识,才可能出现可调整的、适应性的行为。然而,恒温器是无意识的机器(Chalmers,1996),其行为是对变化的环境做出的适应性反应。当然,恒温器里没有幽灵。在过去,需要一个仆人看着温度计,必要时给炉子加燃料,现在这个仆人已经被一个简单的机器代替了。反馈概念解释了所有的目的性行为。有机体有一些目标(如获得食物),能够预测它与目标的距离(如它在迷宫的另一端),并采取行动减少并最终消除这一距离。"机器中的幽灵",或者托尔曼的"认知地图阅读器",可能会被复杂的反馈回路所取代。实际上,一旦机器可以完成以前只有人类才能做的事情,它们就可能取代仆人和产业工人。

在这种反馈的概念中,隐含着一个更具变革性的概念,即"信息"的概念。如今,我们已经习惯了信息的概念,以至于我们认为它是理所当然的,事实上,这个概念是花了很长时间才发展起来的。我们还是用恒温器举例。你家的恒温器可能是根据下述的物理原理工作的。如果你打开它,你会看到一圈金属。它实际上是由两种金属组成的薄夹层,随着温度的变化这两种金属会产生不同的弯曲。随着温度的升高,金属夹层向一个方向弯曲,随着温度的降低,它向相反的方向弯曲。金属夹层的弯曲度可以控制热泵开关。如果温度超过目标,比如说 24℃,金属就会向一边弯曲,直到它打开空调开关。随着空气冷却,金属带变直,空调关闭。现代办公楼(包括你的教室)里没有恒温器,但是有传感器将温度读数传送到中央计算机,中央计算机调节每个房间的气流。重要的一点是,相同的功能是由两个非常不同的物理设备执行的。控制这两个设备的是关于房间的信息，我们可以通过这些信息来解释、预测和控制房间和教室的温度，而不需要亲自参与具体的物理过程。

虽然我们目前看到的设备，从瓦特的调速器到恒温器，向我们展示了机器可以通过信息来实现目的，但其局限性在于，它们都是只拥有单一目的的机器。然而，人不是。一个人可以做很多事情，从弹吉他到解决微积分问题。人类的大脑是一个通用设备。走向现代认知科学的最后一步是"运算"（computation）的观点，这种观点认为，有可能造出一台机器，它能处理很多任务，从导弹制导，到调节房间温度，到玩《使命召唤》，到模拟世界经济。或许还可以模拟最原始的通用设备——人类大脑。

逆向工程思维：人工智能

由上所述，机器是可以拥有目的的。当机器拥有目的时，它们是智能的吗？或者说，它们有能力变得智能吗？它们能模仿人类的智力吗？计算机是否智能，成为认知科学的核心问题。这一问题是由杰出的数学家图灵（1912—1954）以现代形式提出的，他在 20 世纪 30 年代创造了通用计算机的概念，该概念在二战中得到了应用（Dyson，2012）。1950年，图灵在《心灵》杂志上发表了一篇名为《计算机器与智能》的论文，定义了人工智能领域，奠定了认知科学的纲领。图灵开篇问道："我希望大家考虑一个问题——机器会思考吗？"由于"思考"的含义非常模糊，图灵提议将他的问题更具体地设定为"一个我们称之为'模仿游戏'的游戏"。想象一下，一名询问者通过计算机终端与两名应答者（一个是真人，一个是计算机模拟）"交谈"，但不知道哪个是真人。这是一个提问游戏，旨在分辨哪个是真人，哪个是计算机模拟。图灵提出，当一台计算机能够欺骗询问者，被其误认为是人类时，我们就认为它是智能的。图灵的模仿游戏从此被称为图灵测试，被广泛使用（虽然不是普遍使用，详见后文讨论），并被认为是人工智能的标准。

几年后，计算机科学家约翰·麦卡锡（John McCarthy）创造了"人工智能"一词，当时，他需要为一项拨款申请取个名字，以组织第一次关于认知科学的跨学科会议。人工智能领域的研究人员旨在制造出能够执行以前只有人类才能完成的任务的机器，从下棋到组装汽车，再到探索火星表面。在"纯人工智能"领域，目标是制造出高度仿人的计算机或机器人。更接近心理学的是计算机模拟，其目的不是简单地模仿人类，而是模拟人类。

理解认知科学基础理论的一个好方法是先了解被称为"逆向工程"（reverse engineering）的工程学概念。这里有一个现实生活中的例子。多年来，英特尔公司（Intel Corporation）垄断了 IBM 个人计算机芯片的制造。后来美国超威半导体公司（Advanced Micro Devices，AMD）决定进入这个领域。但是 AMD 不能简单地拆解和复制现有的英特尔芯片，因为这将违反专利法和版权法。然而，它可以合法地生产与英特尔芯片功能类似的芯片。因此，AMD 可以购买英特尔芯片，向芯片的输入端施加电压，测量输出结果，然后制造性能相同的芯片。人工智能的研究方法与此类似。心理学家可以把人们带到他们的实验室，控制他们的实验对象受到的刺激信号（输入），并测量由此产生的行为（输出）。然后，心理学家和人工智能研究人员可以尝试建构关于给定刺激如何导致结果行为的计算理论，描述信息处理的心理过程。

逆向工程的这个目标可以通过两种方式来实现。在纯人工智能中，研究人员旨在建构一个行为智能系统，而不管其信息处理过程是否与发生在人类大脑中的信息处理相同。现代的棋牌程序就是纯人工智能的例子。它们下棋下得很好，但它们的信息处理方式与人类棋牌大师的信息处理方式差异很大。这些"蛮力"程序利用了计算机比人类快得多的算力优势，人类则必须依靠自己的直觉来判断棋局的好坏，而这些直觉是人类在玩了数千局之后磨炼出来的。对智能的蛮力破解似乎与心理学关系不大，但它非常有用。人们认为下象棋很难，但现在出现了可以打败任何人类的计算机。相反，我们认为在我们所处的环境中观察并移动是很容易的事情，甚至老鼠也能做到！但我们还没能发明出机器佣人。总的来说，人工智能模仿人类智慧的失败证明，我们直觉上认为困难的东西其实很容易计算，但我们认为容易的东西却很难计算。

另一种更心理化的逆向工程思维方式是计算机模拟。它有一个更严格的要求：我们的目标不仅是建构像人一样行事的计算机程序或设备（纯人工智能包含这个目标），而且它们必须执行与人类相同的心理信息处理过程。纯人工智能旨在模仿人类行为；计算机模拟旨在模仿人脑。

信息处理的胜利

心灵与身体、程序与计算机的解绑　我们看到一些心理学家已经尝试过设计学习机器，其中最著名的是赫尔。心理学家们被计算机所吸引，这一点毫不奇怪，因为它是研究"学习"和"有目的行为"的最佳模型。在与哈佛大学心理学家波林的谈话中，诺伯特·威纳（Norbert Wiener）提出，有什么是人脑能做到而电子计算机做不到的？这让波林提出了和图灵类似的问题：一个机器人需要做什么才能被认为是智能的？在回顾了人类的心智官能和心理学家早期的一些机器模拟尝试后，波林提出了他自己的图灵测试标准："当然，一个你无法将其与其他学生区别开来的机器人，将是对人类机械本质和科学统一性的极具说服力的证明"（p.192）。对于波林来说，一个会思考的机器人将带来很多形而上学领域的颠覆，因为这将证明拉美特利关于人是机器的声明是正确的，进而确保心理学在自然科学中的地位。波林的希望成了当代认知科学家的期待。

在 20 世纪 50 年代早期，人们进行了各种尝试，试图创建学习和其他认知过程的电子或其他机械模型。英国心理学家 J. A. 多伊奇（J. A. Deutsch，1953）建立了一个"机电模型……能够学会走迷宫和辨别……（以及深刻的）推理"。本杰明·威科夫（Benjamin Wyckoff，1954）和詹姆斯·米勒（James Miller，1955）也讨论过类似的模型。查尔斯·斯莱克（Charles Slack，1955）利用反馈和杜威提出的反射弧之间的相似性来攻击赫尔的 S-R 理论。另一位英国心理学家唐纳德·布罗德本特（Donald Broadbent，1958）提出了一种关于注意力和短时记忆的机械模型，即把球扔进一个 Y 形的管子里，这个管子代表了不同的感官信息"通道"。

布罗德本特与行为主义最明显的差异在于，他认为心理学家不应该把感官输入看成物理刺激，而应看成信息。从笛卡儿时代开始，心灵的奥秘就在于它的非物质特性，从而产生了一个不可解决的相互作用问题：非物质心灵如何与物质身体发生因果性的相互作用？赫尔和拉什利等心理学家认为，唯一值得尊敬的科学心理学将生物体视为传统意义上的机器——通过工作部件之间的直接物理接触而移动的设备。信息的概念允许心理学家尊重思想的非物理性质，避免了笛卡儿的二元论困境（Pinker，2002）。信息是真实存在的，但不是物质的东西。当你阅读这些文字时，重要的不是所涉及的物理刺激——白纸黑字将不同的光子反射到你的视网膜上，而是它们传达的思想和非物质信息。同样，计算机的物理工作是由它运行的程序中包含的信息控制的，但程序不是一个实体的灵魂。将心灵当作信息来思考，使得心理学家拥有了一种新的身心二元论，这种二元论摆脱了物理（physicalistic）行为主义的局限。

信息处理的概念被迅速应用于人类认知心理学。乔治·米勒的《神奇的数字 7±2：人类信息加工能力的某些局限》（1956）是一篇标志性的论文。彼时，米勒的人类学习研究正从折中行为主义的立场中走出来，他将在 20 世纪 60 年代成为认知心理学的领导者之一。在 1956 年的那篇论文中，他引起了人们对人类注意和记忆局限性的关注，并为信息处理心理学的第一波大规模研究奠定了基础，这些研究集中于注意和短时记忆。

在所有这些试图将计算机概念应用于心理学的早期论文中，人们对"到底是什么在思考"感到困惑，因为将信息从机械体中分离出来需要一些时间。在计算机领域的流行说法"电子大脑"的鼓舞下，有一种强烈的倾向认为，是电子设备本身在思考，心理学家应该寻找人脑结构和电子计算机结构之间的相似之处。例如，詹姆斯·米勒（Miller，1955）设想了一种"比较心理学……不研究动物，而是研究电子模型"，因为计算机的行为"在许多有趣的方面很像生活行为"。然而，人类的神经系统跟计算机电路的区别太明显了。正如图灵在他 1950 年的论文中所言，计算机是一种通用机器（理论上理想的通用计算机也被称为图灵机）。计算机的实际电路结构并不重要，因为决定计算机运行内容的是它的程序，同一个程序可以在物理结构不同的机器上运行，不同的程序也可以在同一台计算机上运行。图灵指出，如果一个人在一个房间里，有无限的纸张和一本把输入符号转换成输出符号的规则手册，那么他就可以被看作一台计算机。在这种情况下，他的行为只会受到神经学的轻微控制，因为规则手册会指导他对问题的回答，如果有人改变了规则手册，他的行为也会改变。计算机和程序的区分对认知心理学至关重要，因为这意味着认知心理学区别于神经学，人类思维的认知理论应该探讨人类的心智，也就是人类的"程序"，而不是人类的大脑。一个正确的认知理论将由人类的大脑来实现，并可以通过合理的编程在计算机上运行，但该理论是关于程序的，而不是关于大脑或计算机的。

20 世纪 50 年代出现了一种将人类视为机器的新概念，以及用来建构认知过程理论的新语言。人类似乎可以被描述为某种通用计算设备，生来就拥有特殊的硬件，通过经验和社交编程，以特定的方式行事。心理学的目标变成了说明人类是如何处理信息的，刺激和反应的概念将被信息输入和输出的概念所取代，r–s 链的中介理论将被内部计算（internal computations）和计算状态（computational states）的理论所取代。基于人类的思维就像计算机程序，而人脑就像计算机这一观点，1956 年在达特茅斯学院（Dartmouth College）召开了一场关于"人工智能"这一新研究领域的会议。其组织者宣称：

> 理论上说，学习的每一个方面，或智能的任何其他特征，都可以被十分精确地定义，以至于可以制造出一台机器来模拟它。
>
> （引自 Crevier，1993，p.26）

在这次会议上，只有赫伯特·西蒙和艾伦·纽厄尔建构了一个可运行的人工智能程序，他们试图通过模仿人工智能来建立人类的问题解决理论。

模拟思维　艾伦·纽厄尔、J. C. 肖（J. C. Shaw）和赫伯特·西蒙在《问题解决理论的要素》（1958）一文中清楚地阐述了心理学的新概念。自 20 世纪 50 年代初以来，他们一直在编写可以解决问题的程序，首先是证明数学定理的程序"逻辑理论家"（Logic Theorist），然后是更强大的程序——通用问题解决程序（General Problem Solver, GPS）。他们以前主要在计算机工程类期刊上发表他们的文章，但现在在《心理学评论》上发表文章，他们定义了心理学的新认知方法：

> （我们）方法的核心，是用一个指定的程序来描述系统的行为，这个程序是用基本信息处理（elementary information processes）来编写的……一旦指定了程序，我们就

可以像处理传统数学系统一样进行操作。我们试图从程序（方程式）中推导出系统的一般性质；我们将通过程序（方程式）预测的行为与观察到的实际行为进行比较……当需要修改程序以符合事实时，我们会修改程序。

（Newell，Shaw & Simon，1958，pp.165-166）

纽厄尔、肖和西蒙宣称他们将心理学理论化的方法具有特殊的优势。计算机"运行程序的能力"，使得对行为进行非常精确的预测成为可能。此外，要想在计算机上实际运行，必须为程序设定"一个非常具体的（内部）处理规范"，理论必须确保精确，绝不可以含糊其词甚至用口头语言。"逻辑理论家"和 GPS 代表了纽厄尔、肖和西蒙的结论，"一个关于人类问题解决的完备的操作理论"。

纽厄尔、肖和西蒙对他们的问题解决程序提出了比图灵假想的人工智能程序更高的要求。人工智能的研究人员希望编写一个行为像人，而思维方式不一定像人的程序。例如，他们编写的下棋程序，利用计算机的超强算力，提前计算数千种可能的步骤，而不是模仿人类象棋大师的思维方式，它不会评估那么多可能性，但做法更明智。然而，纽厄尔、肖和西蒙从人工智能转向计算机模拟，声称他们的程序不仅能解决问题，而且能以人类的方式解决问题。在国际象棋的计算机模拟中，程序员会试图编写一个程序，其推理步骤与人类象棋大师相同。人工智能和计算机模拟的区别很重要，因为纯人工智能不属于心理学。人工智能的发展可能会对心理学有所启发，因为它揭示了人类为获得智能所必须拥有的各种认知资源（Leahey & Harris，2004），但是，要想明确人们到底是如何明智地行事的，就需要真正地模拟人类的思维，而不仅仅是行为。

人与机器：信息处理隐喻的影响　尽管纽厄尔、肖和西蒙对 GPS 寄予厚望，但其对问题解决心理学几乎没有产生直接影响。1963 年，唐纳德·W.泰勒（Donald W. Taylor）回顾了思维研究并得出结论：尽管当前看来，计算机模拟思维在所有理论中是"最有希望的"，但"这一希望仍有待证明"。三年后，戴维斯（Davis，1966）研究了人类的问题解决领域，并得出结论："最近关于人类思考和问题解决的理论有一个惊人的一致性……在相对简单的经典条件反射和工具条件反射情况下建立的联想行为法则，同样适用于复杂的人类学习"；戴维斯将 GPS 归为问题解决的另外三个次要理论之一。乌尔里克·奈塞尔（Ulric Neisser）在其影响深远的著作《认知心理学》（*Cognitive Psychology*，1967）中提出，计算机思维模式"过于简单"，而且"从心理学的角度来看并不令人满意"。在这一预言提出的 10 周年之际，西蒙和他的同事们悄悄地放弃了 GPS 的研究（Dreyfus，1972）。

然而，包括反对者在内的所有人都承认，认知心理学在 20 世纪 60 年代蓬勃发展。1960 年，心理学公认的领袖之一唐纳德·赫布（Donald Hebb）呼吁心理学的"第二次美国革命"（第一次是行为主义）："对思维过程的认真分析研究刻不容缓"（Hebb，1965）。1964年，罗伯特·R. 霍尔特（Robert R. Holt）说："认知心理学经历了显著的繁荣。"这种繁荣甚至延伸到临床心理学，路易斯·布雷格（Louis Breger）和詹姆斯·麦高（James McGaugh，1965）主张用基于信息处理概念的治疗代替行为主义心理治疗。1967年，奈塞尔写道："一代人以前，像这样的书至少需要一章的自我辩护来反对行为主义者的立场。如今，令人高兴的是，舆论风气已经改变，几乎不需要再自我辩护"，因为心理学家已经接受了"人与计算机之间的相似之处"（Neisser，1967）。人们很容易将人视为信息处理设备，从环境中接收输入（感知），处理信息（思考），并根据做出的决定采取行动（行为）。人类作为信息处理器这一共识非常令人兴奋。因此，尽管西蒙预言心理学理论以计算机程序的形式出现还为时尚早，但到了1967年，人工智能和计算机模拟在开拓视野方面已经取得了胜利。

认知心理学对信息处理观点的接受，得益于大量心理学家（无论是新赫尔主义者还是新托尔曼主义者）信奉传统的中介理论。这些心理学家已经接受了"内部过程影响刺激 – 反应"这一观点，并且在整个20世纪50年代，他们"发明了假设机制"，主要以中介 r–s 链接的形式，将可观察到的 S–R 关联到一起。20世纪50年代，新行为主义人类心理学蓬勃发展（Cofer，1978）。艾宾浩斯对记忆的研究在语言学习领域得到了复兴，独立于计算机科学，语言学习心理学家在1958年开始区分短时记忆和长时记忆。心理语言学领域（语言学和心理学的跨学科结合），在社会科学研究委员会的支持下于20世纪50年代形成。自二战结束以来，美国海军研究办公室一直在资助有关语言学习、记忆和语言行为的会议，并于1957年成立了一个语言行为研究小组。和马斯洛的人本主义心理学家小组（见第14章）一样，一开始它只是个邮件列表（mailing list，类似如今的微信群）；1962年，它又像人本主义心理学家小组一样，创立了一份杂志，即《语言学习和语言行为杂志》。

这些早期的认知心理学家是相互联系的，他们的研究涉及语言行为和思维，将 S–R 理论的中介版本看作理所当然。例如，在心理语言学中，"前乔姆斯基语言学家的语法和中介理论被认为是同一思路的变体"（Jenkins，1968）。尽管早在1963年，詹金斯（Gough & Jenkins，1963）就可以用纯粹的中介术语来讨论"言语学习和心理语言学"，但到了1968年，乔姆斯基显然已经"从语言学的角度（Jenkins，1968）动态化了（心理语言学的）中介结构"。乔姆斯基让这些心理学家相信，他们的 S–R 理论，包括中介理论，不足以解释人类语言。因此，他们寻找一种新的语言以建立心理过程理论，并很自然地被计算机语言所吸引，这种语言就是信息处理。S–r–s–R 公式的 S 可以变成"输入"，R 可以变成"输出"，r–s 可以变成"处理"。此外，即便不用来编写计算机程序，信息处理语言也可以被看作"一个全球性框架，在这个框架内，可以为许多不同的……现象建构精确陈述的模型，并可以以定量的方式进行测试"（Shiffrin，1977，p.2）。希夫林（Shiffrin）发表了一篇关于信息处理（不是传统的计算机编程）的里程碑式的论文《人类记忆：一种拟议系统及其控制过程》（Atkinson & Shiffrin，1968），后来几乎所有关于信息处理的论述，都是由此衍生而来的。

信息处理语言正好为认同中介理论的心理学家带来了他们所需要的东西。它是严谨而先进的，至少和赫尔的旧理论一样可以量化，而不必做出令人难以置信的假设——连接刺激和反应的过程与动物的单阶段学习过程是一样的。心理学家现在可以谈论"编码""搜索集""检索""模式识别"和其他信息结构及操作，满怀期望地认为他们正在建构科学理论。信息处理心理学比赫尔的心理学更好地满足了心理学家对物理学的羡慕，因为信息处理心理学家总是可以把计算机作为他们理论工作的具体体现。这些理论可能不是计算机程序，但它们很像计算机程序，因为它们把思维看作对存储信息的形式化处理过程。因此，尽管信息处理理论独立于人工智能的运算理论，但它们在概念上依附于运算理论，认知心理学家希望，在未来的某个时刻，它们的理论也可以编程。

正如奈塞尔（Neisser，1984）所言："能在真实计算机上运行的模型，比仅存在于纸上的假设模型更有说服力。"正如乔治·米勒（Miller，1983）所写的，人工智能对心理学家的启发是，当行为主义者说谈论心灵是"空谈"时，认知心理学家可以指着人工智能说："如果我能造一个，那就不是空谈。"西蒙的预言在短时间内未能实现，但他的梦想没有消失。

行为主义失败或被边缘化　在20世纪60年代和70年代初，信息处理理论逐渐取代中介理论成为认知心理学的主流理论。到了1974年，受人尊敬的《实验心理学杂志》中只剩两种理论支持者的文章：信息处理理论和激进的行为主义，并且前者数量远远超过后者。1975年，该杂志被分成四份独立的期刊：两份涉及人类实验心理学，一份涉及动物心理学，一份涉及长篇理论实验论文；信息处理的观点主导了人类实验心理学分刊。同年，信息处理心理学家推出了自己的期刊，包括《认知心理学》（1970）和《认知》（1972）；新的认知观点传播到了心理学的其他领域，包括社会心理学（Mischel & Mischel，1976）、社会学习理论（Bandura，1974）、发展心理学（Farnham-Diggory，1972）、动物心理学（Hülse，Fowler & Honig，1978）、精神分析（Wegman，1984）和心理治疗（Mahoney，1977；Meichenbaum，1977）；同时促进了《认知疗法与研究》（1977）杂志以及其他一些科学哲学的创立（Rubinstein，1984）。中介行为主义不复存在，激进行为主义者被限制在由三种期刊组成的"出版物角落"：《行为实验分析期刊》《应用行为分析期刊》和《行为主义》。

1979年，拉赫曼（Lachman）夫妇和巴特菲尔德（Butterfield）试图在他们经常被引用的《认知心理学与信息加工》杂志中，将信息处理认知心理学描述为库恩范式

（Kuhnian paradigm）。他们声称："我们的（认知）革命已经完成，现在才是正常科学的氛围"（Lachman，Lachman & Butterfield，1979，p.525）。他们根据我们在第 11 章中提到过的计算机隐喻定义了认知心理学：认知心理学是关于"人们如何吸收信息，如何记录并记忆信息，如何做出决策，如何转换他们的内部知识状态，以及如何将这些状态转化为行为输出（的科学）"。

赫伯特·西蒙（Simon，1980）同样宣布革命已经发生。西蒙在《科学》杂志 100 周年特刊上写道，在过去的 25 年里，社会科学的发展中最激进的莫过于我们理解人类思维过程的革命——通常被称为信息处理革命。西蒙认为行为主义是"局限的"和"专注于实验室的老鼠"，并称赞信息处理理论帮助心理学实现了"新的复杂性"，创造了"一般性范式——信息处理范式"，保留了行为主义的"可操作性"，同时"在精度和严密性上"超越了它。

认知革命的神话

拉赫曼夫妇、巴特菲尔德和西蒙的言论表明，认知科学家都有一个关于革命起源的神话。信息处理理论的支持者认为，信息处理构成了库恩范式，行为主义构成了另一种范式，并且在 20 世纪 60 年代发生了一场库恩科学革命，在这一革命中信息处理理论推翻了行为主义。然而，信息处理认知心理学被认为是行为主义的最新形式，与行为主义的历史形式有很强的相似性。这当然不是对作为意识心理学基础的内省式心灵主义的回归。

尽管写了《意象：被排斥者的回归》一文，罗伯特·霍尔特（Holt，1964）还是无意中将新的认知心理学与其行为主义前辈联系了起来。他承认中介的概念已经将认知概念引入了行为主义，他用赫尔可能认可的术语阐述了认知心理学的目标：建构"行为的有机体的详细工作模型"。事实上，对于霍尔特来说，信息处理模型的一个吸引人的特点就是，通过它，人们可以"建构一个可以在没有意识参与的情况下处理信息的精神器官模型"。麻省理工学院人工智能研究的领导者马文·明斯基（Marvin Minsky，1968）急于证明人工智能可以找到"那些具有真正价值的心灵主义概念的机械解释"，从而将心灵主义斥为前科学概念。

现代信息处理心理学的创始人之一赫伯特·西蒙在《人工科学》（*The Sciences of the Artificial*，1969，p.25）中写道："一个人，作为一个行为系统，其实很简单。随着时间的推移，他的行为表面上的复杂性，很大程度上反映了他所处环境的复杂性。"西蒙和斯金纳一样，认为人类很大程度上是环境的产物，环境塑造了人类，因为人类本身很简单。在同一项研究中，西蒙效仿华生，否定了心理意象的有效性，将它们简化为一系列事实和感官属性。西蒙还认为复杂行为是简单行为的集合。

　　信息处理认知心理学与激进的行为主义仅有的本质区别在于，信息处理心理学家否定外周论。他们认为复杂的内部过程介于刺激（输入）和反应（输出）之间。与华生和斯金纳不同，信息处理认知心理学家愿意从可观察到的行为中推断出心理过程。然而，虽然外周论是华生和斯金纳行为主义的一部分，但它并不为赫尔、托尔曼和非正统的行为主义所认同。信息处理理论的支持者不相信心理过程是 S–R 联结的内在形式，但他们的理论除了在复杂性方面，其他方面与赫尔和托尔曼的理论相差无几。

　　信息处理心理学是行为主义的一种形式。它代表了适应心理学概念的持续演变，因为它将认知过程视为适应性行为功能，某种意义上也是对早期美国机能主义的重申。机能主义者认为心智是具有适应性的，但他们受到了 19 世纪的形而上学（同时支持身心平行论和心智的适应性功能）的束缚，华生在建立行为主义时利用了这一冲突。然而，对目的的控制论分析，以及它在计算机中的机械实现，证明了旧机能主义的态度是正确的，因为目的和认知并不一定是神秘的，也不需要涉及实质性的二元论。

　　华生和斯金纳的行为主义是适应心理学的极端陈述，试图绕过人类大脑中难以接近的（因此可能是神秘的）领域。信息处理的观点跟随威廉·詹姆斯、赫尔和托尔曼的脚步——了解有待研究和解释的行为背后的过程。行为主义是对危机适应心理学的一种回应，信息处理理论是另一种，但在这两种回应中，我们都看到了表面变化下更深层次的连续性。也许对那些参与其中的人来说，对 S–R 心理学的反抗是一场科学革命，但从更广泛的历史框架来看，这种反抗只是加快了变革，而不是革命性的颠覆。

　　而认知科学家们宁愿相信这是一场革命，因为由此可以建立一个起源神话，一个关于他们起点的描述，有助于使他们的科学实践合法化。库恩提供了关于范式和革命的语言，乔姆斯基发出了呼吁变革的愤怒声音，异化的 20 世纪 60 年代的喧嚣与骚动，为中介行为主义向信息处理理论的转变提供了令人兴奋的背景。但是没有革命发生。行为主义以一种新的语言、新的模型和新的关注点，延续了其不变的终极目标：对行为的描述、预测和控制（Leahey，1981，1992a；另见 Costall，2006）。认知革命，是一场幻觉。

｜　认知科学的本质　｜

信息：认知科学的主题

　　20 世纪 70 年代末，人工智能和计算机模拟心理学领域开始合并，形成了一个与心理学截然不同的新领域——认知科学。认知科学家在 1977 年创办了他们自己的期刊《认知科学》，并在一年后举行了他们的第一次国际会议（Simon，1980）。认知科学将自己定义为乔治·米勒所称的信息处理科学（the science of informavores）（Pylyshyn，1984）。认知科学家的观点是，对于信息处理系统，无论其物质基础是有血有肉的人类，还是由硅和金属组成的计算机，抑或是由其他任何可能被发明或发现的材料构成，其运行的原理都是相同的，因此构成了一个围绕信息处理范式的单一研究领域——认知科学（Simon，1980）。

正如西蒙（Simon，1980）所定义的，人类认知科学的"长期战略"有两个目标，每一个目标都有自己的还原论。首先，"人的复杂表现"，也就是传统所说的"高级心理过程"，将与"基本信息处理及组织"相关联。换句话说，认知科学，和行为主义一样，旨在表明复杂的行为可以简化为较简单行为的集合。其次，"我们不能满足于我们对人类思维的解释，除非我们能确定人类符号系统基本信息处理的神经基质"。换句话说，和卡尔·拉什利的生理行为主义一样，认知科学旨在表明人类思维可以简化为神经生理学。

"认知科学和人工智能研究简报小组"重申了人工智能和认知心理学在认知科学领域的融合，以及认知科学家的宏大主张（最早的认知心理学家之一西蒙已有过相关陈述）（Estes & Newell，1983）。根据该小组的说法，认知科学解决了一个"伟大的科学之谜，相当于理解了宇宙的进化、生命的起源或基本粒子的性质"，并"在一个被证明是革命性的尺度上，推进了我们对思维本质和智能本质的理解"。

认知科学家如此乐观的一个重要原因（也是认知心理学和人工智能融合的概念基础）是，思维 & 身体 / 大脑 = 程序 & 计算机这一隐喻，也被称作机能主义。因为正是机能主义让认知科学家认为人和计算机本质上是相似的，尽管它们在物质构成上有所不同。

作为信息处理中枢的心智概念：新机能主义

机能主义的基本论点源于计算机程序的设计。假设我用 BASIC 这类的编程语言写了一个简单的程序来整理我的账户收支。该程序将启动一系列计算功能：从内存中检索我的旧余额，减去开支，加上存款，并将结果与银行的结果进行比对。忽略细微的差异，我可以在很多不同的机器上安装和运行这个程序，包括个人计算机或大型计算机。

为了能够预测、控制和解释计算机的行为，人们根本没有必要了解所涉及的电子过程，只需要理解系统中的高级计算功能。我现在就在用微软的 Word 程序打字（我最开始用的是一款叫 AmiPro 的旧编辑软件），因为我熟悉 Word 的操作方式，所以我可以有效地使用它——也就是说，我可以预测、控制和解释我的计算机的行为。我对构成高级功能（如段落移动）的底层软件基础一无所知，也不了解我的 iMac 内部硬件是如何工作的，然而这些知识对于正确使用应用程序来说，都是没必要了解的。

机能主义只是将程序和计算机的分离扩展到了人类。计算机使用硬件来执行计算功能，因此机能主义得出结论，人类使用"湿件"（wetware）来做同样的事情。当我手动整理收支时，我执行了与 BASIC 程序完全相同的功能。我的神经系统和我的 iMac 芯片在物质基础上是不同的，但在整理收支这件事上，它们实现了相同的功能。所以，机能主义的结论是，我的思维是一组在我身体中运行的计算函数，如同计算机程序是一组控制计算机的计算函数：我的思维就是一个运行的程序（Pinker，2002）。这样，心理学家便可以期待通过理解人类的"程序"，而不必理解神经系统和大脑等生理基础，来预测、控制和解释人类的行为。因此，认知心理学家就像是研究外星计算机的程序员。他们不敢胡乱摆弄机器的接线，所以试图通过对其输入输出功能进行实验来了解它的内部程序。

机能主义和信息处理理论的吸引力在于它们为行为主义者的问题提供了一个解决方案：如何解释行为的意向性而不残留任何目的论。在行为主义中，有两种基本方法。像赫尔这样的纯机械论者，试图将人类和动物描述为"对任何随机刺激都盲目反应"的机器。托尔曼在放弃了他早期的现实主义之后，选择了一种表征策略：有机体会建立起他们关于世界的表征，并用来指导公开的行为。每种策略都有缺陷，最终都失败了。不同于赫尔的观点，托尔曼的研究表明，动物并非简单地对环境做出反应；相反，它们从环境中学习，同时利用早期经验中存储的表征做出行动。然而，托尔曼的方法遇到了"迷你人"问题：他暗示了有一只在真老鼠大脑里阅读认知地图并拉动杠杆的小老鼠。简而言之，他在机器中创造了一个幽灵，未能解释其目的性，并将问题推到神秘的幽灵身上。持中介观的新赫尔主义者试图将赫尔的机械论 S–R 理论与托尔曼看似合理的表征主义相结合，将中介 r–s 机制视为表征，这种解释得到了赫尔"纯刺激行为"概念的支持。然而，这种中介主义的妥协基于一种违背直觉的观念，即大脑的 r–s 联结与明显的 S–R 联结遵循完全相同的定律。

机能主义保留了赫尔和托尔曼方法的优点，同时通过借鉴计算机程序的复杂过程而不是小小的 r–s 联结来避免其缺点。计算机会处理其内部表征，比如在整理开支的例子中，程序指示计算机计算我之前的余额、我的开销、我的存款等。然而，我的 iMac 里并没有一个小会计埋头在账本上做算术；机器里不存在幽灵般的会计。相反，机器将精确陈述的形式规则应用于表征，以完全机械的方式执行计算。从机能主义的角度来看，赫尔和托尔曼都是对的，但仍然需要计算方法来整合他们的见解。赫尔说有机体是机器没有错；托尔曼说有机体是从经验中建立表征的也是对的。根据机能主义，计算机程序将赫尔式的机械论规则应用于托尔曼式的表征，如果机能主义是正确的，那么这对生物同样适用。最后，如果机能主义是正确的，那么就有可能编写出定义思想和个性的代码，并将其上传到信息处理云中，这样人类就可以永远生活在虚拟现实中，而将身体抛在脑后（Hanson，2016）。

成熟的认知科学：争论与发展

不确定性

20 世纪 80 年代，认知科学经历了一场中年危机。发起这场运动的一些心理学家对认知科学的现状感到不满。一些关键问题的难以解决，时常会成为激烈争论的焦点，传统的认知信息系统方法出现了竞争对手，一度有被取而代之的危机。最终，这些挑战对认知科学的发展并没有造成致命的影响，但却改变了它。

部分问题源自最初对人工智能的期许过高。赫伯特·西蒙是人工智能领域的创始人之一。1956 年他预言，到 1967 年，心理逻辑理论将被写成计算机程序；他还预言"10 年内，一台数字计算机将成为世界象棋冠军""10 年内，一台数字计算机将发现并证明一个重要的新数学定理"。1965 年，他预言"在 20 年内，机器将能够做任何一个人能做的工作"（引自 Dreyfus，1972）。到了 2000 年，西蒙的预测大多没有实现，尽管计算机程序深蓝确实在 1996 年的一场表演赛中击败了当时的人类象棋冠军加里·卡斯帕罗夫（Gary Kasparov，2017）。但在 2003 年，卡斯帕罗夫与深蓝的升级版深蓝二代打成了平手（Kasparov，2003）。

心理学领域也有不满的声音。1981 年，经历了从中介行为主义转向信息处理理论的詹姆斯·J. 詹金斯（James J. Jenkins）断言："认知心理学界存在一种不安情绪，陷于琐碎，缺乏方向。"他不甚乐观地诘问道："这个领域是否像我们所认为的，在按照科学的规律发展？该领域是否加强并深化了我们对认知的原则、过程或事实的理解，从而有助于解决实际问题，并得到相关问题的答案？"虽然詹金斯并不怀疑"人类是通用机器"，并能够找到"认知心理学的一些（更好的）方向"，但他表现出了对一个研究领域的茫然。同年，《认知》杂志的编辑们迎来了创刊十年庆，但他们担心，"在认知心理学领域，进步（不）明显"，自 1971 年以来，这一领域没有"重大突破"，几乎没有"实质性的改变"（Mehler & Franck，1981）。

对认知心理学现状更加不满的是奈塞尔，他著于 1967 年的《认知心理学》帮助建立了认知心理学及信息处理方法。1976 年，他写了一本新书——《认知与现实》（*Cognition and Reality*），这本书"毁了我作为主流认知心理学家的名声"（引自 Goleman，1983）。在新书中，奈塞尔说："认知心理学在过去几年的实际发展十分有限，令人失望"；他想知道"它的总体方向是否正确"，他说他已经意识到"信息处理的概念值得更仔细地研究"。奈塞尔开始主张认知心理学应该"转向更'现实'的方向"。

讨论

"意向性"的挑战　正如拉赫曼夫妇和巴特菲尔德（Lachman, Lachman & Butterfield, 1979）所言："信息处理心理学归根结底致力于表征的概念。"布伦塔诺意识到，意向性是衡量心理状态的标准。像"信念"之类的心理状态具有"指向性"（aboutness）：它们指向超越自身的东西，而这是神经元无法做到的。托尔曼的表征也具有意向性：认知地图是"指向"迷宫的，是迷宫的表征。

然而，正如维特根斯坦所指出的那样，尽管表征的概念看起来很简单，但研究它却充满了困难。假设我绘制了一幅简笔画（见图 12.2）。它表征了什么？乍一看，你可能会认为这是一个拄着拐杖走路的人。但我可能会用它来表征一个站着休息的击剑手，或者用来展示一个人应该怎样拄着拐杖走路，或者一个男人拄着拐杖向后走，或者一个女人拄着拐杖走路，或者其他很多东西。另一个例子：不管你看起来多么像一幅亨利八世的肖像，但这幅画所表征的仍然是亨利八世，而不是你。所以表征不只是表象。究竟是什么决定了一个表征所代表的对象，这是一个有争议的问题，但机能主义有一个针对此问题的独特策略。

图 12.2　根据维特根斯坦对表征模糊性的说明绘制的简笔画

任何表征都有语义和语法。表征的语义就是它的含义，其语法就是它的形式。比如单词"DESK"（桌子），它的含义指的是一种家具，它的语法就是字母 D、E、S、K 的实际结构和排列。从科学的、唯物的观点来看，表征的神秘之处在于其意义，也就是它的意向性；这是布伦塔诺意向性概念的出发点，表明意义不能简化为物理过程。但是，如前所述，机能主义的目标是揭开意向性的神秘面纱，将行为和心理过程纳入机械论的科学范畴。它试图通过将语义简化为语法来做到这一点。

刚才我在键盘上输入"DESK"这个单词的时候，计算机明白它的意思了吗？当然没有。它只会单纯地按照计算机语言的语法规则来处理这些字母，用二进制机器语言将它们存储为一组 0 和 1。然而，我可以让 Word 程序用"DESK"这个词来做一些看起来很聪明、可以用心灵主义语言解释的事情。我可以用单词"CHAIR"（椅子）替换"DESK"。

Word 程序还可以检查"DESK"的拼写，并检索同义词库来提供类似含义的单词。然而，尽管计算机可以用单词"DESK"做所有这些事情，但不能说其理解"DESK"的语义成分。因为在任何情况下，计算机的操作方式都是搜索编码"DESK"的唯一机器码 0 和 1，然后在处理器中执行我指定的操作。尽管其行为符合其表征的含义，但实际上计算机只是在表征的语法层面上工作。虽然从它的行为来看，它似乎知道"DESK"的语义，但它真正知道的只是用 0 和 1 表示的语法。

另一种表述复杂但重要的观点需要借用丹尼尔·丹尼特（Dennett, 1978）的一些术语。他是机能主义的创始人之一。当我们和计算机下棋时，很可能把它当作一个人来看待，揣摩其"心理倾向"：它试图早点下出它的王后，它想抓住我的王后，它害怕我会控制棋盘中心。丹尼特将我们在这种情况下的心态称为抱有意向性态度。我们会自然而然地对人，有时对动物，甚至在某些情况下对机器，抱有意向性态度。但是计算机内部发生的一切完全不是意向性的。棋盘上棋子的布局，在计算机内存中以一种复杂的 0 和 1 的模式表示。然后，计算机找到一个适用于当前模式的规则，并执行该规则，改变内存的内容，该内容在显示器上显示为象棋棋子的移动。一个新的输入，也就是你的象棋走法，会改变 0 和 1 的模式，计算机再次将适用的规则应用到新的模式中，以此类推。程序不会尝试、渴望或害怕，它只会对 0 和 1 的模式进行形式化的计算，而你会将其看作一种意向性行为。

在一次与乔纳森·米勒（Jonathan Miller）的面谈中，丹尼特（Dennett, 1983）这样总结了意向性的计算方法（对话内容略有删减）：

> 大意是，你站在智慧生物的顶端，拥有信念、欲望、期待和恐惧等一切信息。然后你说："这些信息在这里是如何被表征的呢？"你把整个系统拆分成了子系统，更小的迷你人。每个小迷你人都是一个专家，负责一部分工作。他们通过分工合作，实现整个系统的完整运行。（米勒：）"但这难道不是另一种不科学的心灵主义吗？"是的，你的确是用一个"委员会"代替了传统的迷你人，其可取之处恰恰是这个"委员会"中的个体会比整体更愚蠢。子系统无法独立复制整体的才能，否则会出现套娃式的"迷你人背后的迷你人"。相反，你让每个子系统都只做一部分工作；每个子系统都不那么聪明，知道的更少，相信的更少。表征本身并不代表表征内容，所以你不需要一只内在的眼睛来观察它们；你可以忽略某种内在的过程，以某种弱化的方式"访问"它们。

（pp.77–78）

因此，虽然我们把自己的意向性投射到下棋的计算机上，但实际上它只是个无意向性的愚蠢子系统的集合，按照机械规则对语法化的表征进行无意识的计算。

在第 1 章中，我们对比了现实主义和工具主义的科学方法。当我们对计算机抱有意向性态度时，我们使用的是工具主义理论。我们知道玩游戏的计算机并不是真的有需求和信念，但我们把它当作有需求和信念，因为这样做有助于我们预测它的动向，并（希望）打败它。当我们对人抱有意向性态度时，我们是在做同样的事情，还是说人类真的拥有需求和信念？如果人类的需求和信念是真实存在的，那么意向性的民间心理学理论就是一个关于人的现实主义理论，将其投射到计算机身上只是一种假想。哲学家约翰·塞尔（John Searle, 1994, 1997）采纳了这一观点，并认为，计算机永远无法真正通过图灵测试，而民间心理学，由于其描述的是客观事实，则永远不会被抛弃。然而，也有哲学家更加倾向于计算机式的心理隐喻，并得出了不同结论。例如，斯蒂芬·斯蒂克（Stephen Stich, 1983）断言，人类认知心理学中唯一在科学上可接受的理论，是那些将人类的信息处理视为计算机信息处理的理论，即基于语法化表征的机械计算，民间心理学由于缺乏客观性，最终会被科学和日常生活所抛弃：

> 西方民间智慧中对宇宙的普遍认识是完全错误的……也没有任何理由相信古代骑骆驼的人会有更大的洞察力或更好的运气，如果其认知体系是基于他们自己的心灵，而不是基于物质或宇宙的结构。

（pp.229-230）

> 如果我们的科学，与定义"我们是谁"以及"我们是什么"的民间常识不一致，那么我们早晚会遇到瓶颈。科学和常识总有一个要被推翻。

（p.10）

> 失去了经验基础，我们古老的内在宇宙概念肯定会崩溃，就像古老的外在宇宙概念在文艺复兴时期崩溃一样。

（p.246）

丹尼特本人（Dennett, 1978, 1991）试图跨越这两种观点，承认在科学中我们最终必须把人当成机器，但是基于需求和信念的"民间心理学"，可以作为日常工具而保留。

图灵测试有效吗 想象你坐在一个空房间的桌子旁。在你面前的桌子上有一本书和一堆纸，在桌子前面的墙上有两个插槽。左边的插槽里吐出来几张写有汉字的纸。你完全不懂汉字。当你收到这张纸后，你可以查看上面的字符串（中文），并在书中找到相应的字符串。这本书告诉你，将你在书中查询到的与输入字符串对应的另一组字符串抄写在自己的纸上，并将其从右边的插槽里传出去。你可以对左边插槽中的任何字符串执行此操作。你不知道的是，墙另一侧的中国心理学家正从左边的插槽里输入中文故事，然后问一些关于故事的问题，他们从另一个插槽里得到答案。从心理学家的角度来看，墙另一侧的机器能够理解中文，是因为他们能够与机器进行对话，并获得关于他们问题的可信答案。他们由此断定这台懂中文的机器已经通过了图灵测试。

当然，你自己心里清楚，其实你什么也不懂，你只是按照书中要求，根据看不懂的输入字符，抄写另一堆看不懂的输出字符。提出这个思想实验的约翰·塞尔（Searle, 1980）指出，你在"中文房间"（Chinese Room）中的功能，与计算机的功能完全一样。计算机接收机器代码输入（0 和 1 的模式），应用语法规则将这些表征转换成新的表征（0 和 1 的新模式），并输出。只有计算机用户称计算机正在做的事情为"理解故事""下棋"等，就像墙一侧的心理学家称墙背后的机器能够"理解中文"。塞尔的论点表明，图灵测试并不能充分衡量智力，因为"中文房间"在不理解任何东西的情况下通过了图灵测试，它的操作模式与计算机完全相同。

塞尔接着指出了认知模拟与其他模拟相比的一个重要特点。气象学家通过计算机建构飓风模型，经济学家建构美国对外经贸模型，生物学家建构光合作用模型，但他们的计算机不会产生每小时 100 英里 [①] 的风速，也不会产生数十亿美元的贸易逆差，更不会将光转化为氧气。然而，认知科学家声称，只要能够模拟智能，也就是说，当一个程序通过图灵测试时，这样的计算机就可以被看作真正拥有了智能。而在其他领域，模拟和真实场景是不同的。塞尔认为，忽视认知科学与其他领域的差异是荒谬的。

塞尔对弱人工智能和强人工智能做了区分。弱人工智能保持模拟和真实场景之间的区别，并像其他科学家一样使用计算机，作为使用和检验理论的极其方便的计算工具。强人工智能宣称的"模拟智能就是智能"受到"中文房间"实验的驳斥。塞尔认为，强人工智能永远不会成功，原因与计算机无法执行光合作用相同——这是由制造计算机的物质基础决定的。在塞尔看来，光合作用是某些植物结构的自然生物学功能，思考和理解是大脑的自然生物学功能。机器没有自然的生物学功能，因此既不能进行光合作用，也不能思考和理解。塞尔总结说，计算机可以作为工具来帮助人们研究光合作用或人类认知，但它们实际上并不能真正理解其本质。塞尔的论点类似于莱布尼茨提出的一个观点：

> 假设有一台可以思考、感受和感知的机器，我们将其体积放大，但比例保持不变，这样我们就可以像走进工厂一样进入机器内部。当我们查看机器内部时就会发现，只能找出相互作用的机械运动，而不存在任何解释感知的东西。

> （引自 Gunderson, 1984, p.629）

---

① 1 英里约合 1.609 千米。——编者注

436 ／ **437**   第 12 章·认知革命

塞尔关于"中文房间"的论文被证明是人工智能和认知科学史上最有争议的论文之一，这场争论延续至今。它激发了一些心理学家和哲学家的灵感，也激怒了另一些人，以至于争论双方都在互相指责，而不是交谈（Searle，1997）。

随着时间的推移，计算机程序偶尔会处于通过图灵测试的边缘，尽管只是在有限的领域。例如，客服聊天机器人会假装成真正的后台技术人员，微软就开发了一个名为 Tay 的推特聊天机器人。辅助聊天机器人通常形同鸡肋，而 Tay——被设计为可以智能学习其他人的聊天内容——很快就变成了一个聊天机器人中的危险分子，其因为煽动性的评论而不得不被关闭：聊天机器人变成了喷子。最近最有趣的聊天机器人是"吉尔·沃森"（Jill Watson）。IBM 将击败加里·卡斯帕罗夫的国际象棋程序深蓝升级成了一个名为沃森（Watson）的人工智能程序。沃森因在《危险边缘》（Jeopardy，美国智力挑战节目）中击败了上届冠军而一举成名。从那以后，它就被重新设计出各种用途，从为快餐车设计新的墨西哥食品，到进行医疗诊断。沃森的分身之一，"吉尔·沃森"，是佐治亚理工学院人工智能课的一名在线助教（Korn，2016）。"她"是一群人类助教中唯一的聊天机器人，但当学生们发现"她"不是一个人时，都"目瞪口呆"。这证明，就算一个计算机程序能够通过其创造者认可的图灵测试，它距离成为电影《机械姬》中的那种人工智能仍有很长的路要走。

形式主义可信吗　根据认知科学简报小组的说法（Estes & Newell，1983），因为计算机的运行是"符号行为"（正是塞尔的论点所否认的），"我们自己可以通过编写计算机程序来处理许多事情——我们想做的任何事情"。小组的这个声明是基于一种形式主义的假设。计算机可以执行任何能够编写成计算机程序的事情，而专家组紧随西蒙的观点，认为计算机可以被编程去做"任何人能做到的事""我们想做的任何事"，这也暗示了人类所做的任何事，本质上也都是形式化的程序。心理学中的形式主义代表了世界图景机械化的终极形态。正如物理科学通过将自然分析为机器而取得成功一样，认知科学也希望通过将人类分析为机器而取得成功（Dreyfus，1972）。然而，塞尔的"中文房间"思想实验挑战了机械论的形式主义，表明符号的形式处理不会产生对语言的理解。另一个更具经验主义的挑战是框架问题，因为它不仅质疑计算机模仿人类智能的能力，还质疑实现机器智能的可能性。

丹尼尔·丹尼特用一个故事生动地展示了框架问题：

> 从前有一个机器人，被它的创造者命名为 R1。它唯一的任务就是保护自己。一天，它的设计者安排它去了解，它的备用电池，即它宝贵的能源供应，被锁在一个房间里，房间里有一个定时炸弹，很快就要爆炸。R1 找到了房间和门的钥匙，并制定了营救电

池的计划。房间里有一辆小货车，电池在货车上，R1启用了一个被称为"拖出（货车，房间）"的动作指令，该指令可以将电池从房间里移出。它立即行动起来，并在炸弹爆炸前成功地将电池取出了房间。然而不幸的是，炸弹也在货车上。R1知道炸弹在房间里的货车上，但没有意识到拉货车会把炸弹和电池一起带出来。可怜的R1没能意识到行动的终极目的。

从头再来。"解决方案是显而易见的，"设计师们说，"我们的下一代机器人不仅要认识到其行为的预期意义，还要认识到其副作用，方法是从它在制订计划时使用的描述中推导出这些意义。"他们称他们的下一代机器人为"推理者"（robot-deducer），简称R1D1。他们将R1D1置于与R1同样的困境中，当R1D1也想到"拖出（货车，房间）"的指令时，它会按照设计开始考虑这样一个行动过程的影响。它推断出将货车拉出房间不会改变房间墙壁的颜色之后，接着进一步证明，想要拖出货车，自己的轮子转动的圈数要大于货车轮子转动的圈数……这时炸弹爆炸了。

失败乃成功之母。"我们必须教会它区分相关信息和无关信息，"设计师们说，"并教会它忽略无关信息。"因此，他们开发了一种识别信息与手头项目是否相关的方法，并将其编程到下一代产品中——相关信息推理者，简称R2D1。当实验人员将R2D1置于导致其"前辈"毁灭的实验场景中时，他们惊讶地看到R2D1像哈姆雷特一样坐在装有定时炸弹的房间外面，正如莎士比亚（以及离我们现在的时代更近一点的福多尔）所说的那样："决心的赤热的光彩，被审慎的思维盖上了一层灰色"（《哈姆雷特》）。"做点什么！"他们对它大喊大叫。"我正在……"它反驳道，"我正忙着忽略成千上万个我认为无关紧要的信息。每当我发现一个无关的信息，我就把它加入无关信息列表，然后……"炸弹爆炸了。

（Dennett，1984，pp.129–130）

R1及其升级版机器人陷入了框架问题。如何将人类的知识和问题解决的技能形式化为一套计算机规则？很明显，人们不会像R机器人那样做：正如维尔茨堡的心理学家发现的那样，我们解决问题的速度很快，而且很少有意识地思考。如果我们真的像R机器人那样工作，那我们和它们一样，早就灭亡了。人类似乎不是通过计算工作，而是凭直觉工作：解决问题的方法不经思考就会出现；适应性行为不假思索就会发生。R机器人必须计算谬误和无关信息，而我们不需要，因为我们根本不会关注这些内容。但作为形式化的系统，计算机必须详尽计算所有行为的含义，然后选择忽略无关信息。如今，突破框架的尝试涉及情感，而这是计算机所不具备的（Leahey & Harris，2004）。

发展

上架的新游戏：新联结主义 尽管认知科学中的符号操纵范式存在种种疑问和困难，但正如哲学家杰瑞·福多（Jerry Fodor）喜欢说的那样，它在 20 年里一直是"唯一的游戏"。如果思维不是通过形式规则操纵形式符号，那还能是什么？由于这个问题没有答案（除了少数的斯金纳主义者和其他一些持不同意见的人，如维特根斯坦主义者），认知心理学家不得不留在符号系统阵营。然而，在 20 世纪 80 年代早期，一款与之竞争的游戏以"联结主义"的名义竖起了自己的招牌，让我们想起了桑代克的旧联结主义（新联结主义者不会这样关联）。

1986 年出版的关于联结主义观点和成就的两卷本《并行分布式处理：认知微观结构的探索》（*Parallel Distributed Processing: Explorations in the Microstructure of Cognition*）上市后广受欢迎，这成为衡量联结主义的影响力和重要性的一个标准。PDP（parallel distributed processing，并行分布式处理，联结主义的另一个名字）研究小组的高级作者和带头人是戴维·E. 鲁梅尔哈特（David E. Rumelhart），他以前是符号范式人工智能领域的领导者之一。这套书上市当天就卖出了 6000 册（Dreyfus & Dreyfus，1988）。6000 册听起来不算多，但在学术界，500 册都已经是相当可观的销量了，所以 6000 册绝对称得上"巨量"。不久之后，鲁梅尔哈特获得了麦克阿瑟基金会的"天才奖"（genius grant）。很快，联结主义被誉为认知心理学的"新浪潮"（Fodor & Pylyshyn，1988）。

联结主义再现的重要意义在于，其代表了心理学和人工智能传统的复苏，而这两者似乎早已消亡。在心理学中，从桑代克到赫尔，以及新赫尔学派的中介理论，都有一种联结主义的传统（Leahey，1990）。他们都从自己的理论中摒弃了符号和心灵主义的概念，并试图通过强化或削弱刺激和反应之间的联系来解释行为：这是桑代克效果律以及他和赫尔习惯等级序列的中心思想。中介心理学家通过在外部刺激和外部反应之间插入隐蔽联结（小的 r-s 联结），将内部处理引入赫尔的联结主义思想。

在人工智能领域，联结主义复兴了计算机科学中的少数传统，与 20 世纪 50 年代和 60 年代的符号操纵范式相竞争。符号操作的计算机体系是围绕单个处理单元设计的，该处理单元一次执行一个运算任务。传统计算机的能力来自中央处理器（central processing units，CPU）以极高的速度执行连续计算的能力。然而，从计算机科学诞生之初，就一直存在着围绕多个连接在一起的处理器建构竞争性架构的可能性。由于是多个处理器同时工作，信息的顺序处理被并行处理（parallel processing）所取代。顺序体系结构的机器必须通过编程来运行，并行处理计算机同样如此。一些并行处理计算机的设计者希望根据环境反馈来调整多个处理器之间的连接强度，从而制造出能够自主智能行动的机器（见图

12.3）。其中最重要的一个实例是弗兰克·罗森布拉特（Frank Rosenblatt）在20世纪60年代发明的感知机（Perceptron machine）。

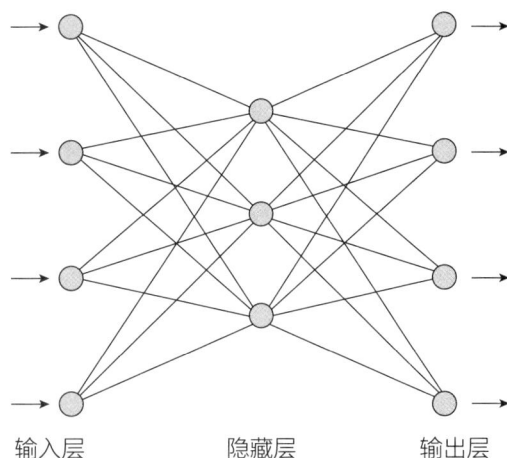

图12.3　简单联结主义神经网络的示例

很明显，并行处理计算机比单CPU机器的潜力大很多，然而很长一段时间以来，其建构遇到了障碍。并行机在物理上要比顺序机复杂得多，而且它们的编程难度也大得多，因为必须以某种方式协调多个处理器的工作，以避免混乱。对自编程机器（self-programming machines）来说，弄清楚如何将行为结果反馈到位于输入和输出单元之间的内部（"隐藏"）单元是特别困难的。由于普通的顺序计算机在早期取得了巨大的成功，并行架构计算机的功能似乎没有什么必要，因此在20世纪60年代，并行处理计算机的研发实际上处于停滞状态。早期的联结主义人工智能似乎在1969年宣告终结。当时，象征主义人工智能学派的领袖马文·明斯基和西摩·佩珀特（Seymour Papert）出版了《感知机》（Perceptrons）一书，对罗森布拉特的研究给予了毁灭性的批评，从数学上证明了并行机器甚至不能学习最简单的东西。

然而，在20世纪80年代，数学、计算机科学和心理学的发展汇聚到一起，使得并行处理架构重获新生。尽管串行处理器的速度在不断提高，但设计师们仍在努力突破电子在硅基上移动速度的极限。与此同时，计算机科学家们正在处理对计算速度要求更高的工作，使得并行处理器被重视起来。例如，如果要制造像《星球大战》（Star War）中的R2D2这样的机器人，就必须要解决计算机视觉的问题。想象一个由256×256像素（显示器上的光点）组成的计算机图形。对于串行计算机来说，要识别这样的图像，它必须逐次计算65 536（256×256）个像素值，这可能需要几个小时。相比之下，"连接机"（Connection Machine）是一台包含 256×256 个互连处理器的并行处理计算机，它可以分配不同的处理器来计算单个像素的值，从而在几分之一秒内完成图形处理（Hillis，1987）。随着硬件（如连接机）和软件的发展，协调独立处理器的运行成为可能，可以在自修改网络（self-modifying networks）环境中，调整隐藏单元（hidden units）的行为。

在心理学中，符号范式的持续失败使得联结主义的并行处理概念成为替代旧游戏的一个有吸引力的方案。除了已经讨论过的机能主义的困难，有两个问题对新联结主义者特别重要。首先，传统的人工智能虽然在一些人类认为很费力的任务（比如下棋）上取得了进步，但始终无法让机器执行人类无须思考就能完成的任务，比如识别模式。也许对心理学家来说最重要的是，他们几十年来最深入研究的行为——学习，仍然是编程计算机无法企及的，因此，开发出真正具备学习能力的并行机器，是相当令人兴奋的。

其次，符号人工智能的另一个缺点，也是激发新联结主义者的另一个简单事实是，大脑不是一个顺序计算设备。如果我们把神经元视为小处理器，那么很明显，大脑更像是连接机，而不是个人计算机。大脑包含大规模互联的神经元，所有这些神经元同时工作。正如鲁梅尔哈特和 PDP 小组在他们的书中宣布的那样，他们的目标是用大脑模型取代心理学中的计算机模型。在联结主义模型中，相互连接的处理器的功能与神经元类似：每个处理器都被输入激活，然后根据输入的总强度"启动"或输出。如果组装得当，这样的网络将会像生物一样以稳定的方式对不同的输入做出反应，通常称之为学习型神经网络。

联结主义提出了一种解释智能的新策略。正如我们已经看到的，符号系统方法依赖于这样一种思想，即"智能的本质是通过形式化的计算规则对符号进行操纵"。和符号系统方法一样，联结主义也是计算性的，因为联结主义者试图建构模拟人类行为的计算机模型。但是联结主义系统使用非常不同的规则和表征（Dreyfus & Dreyfus，1988；Smolensky，1988）。为了理解符号系统和联结主义系统之间的差异，我们需要更深入地了解计算理论。符号系统理论和联结主义理论提出了不同的认知架构，以及不同的智能系统设计思路或解释人类智能的方式。

计算水平　马尔（Marr，1982）在认知科学的一部定义性著作中提出，对智能行为的分析必须在三个层次上进行。就人工智能而言，这些层次定义了思想的产出；就心理学（研究一种进化的智能）而言，定义了心理学理论的三个层次。这个分层从人工智能的角度最容易描述：

- 认知层指定人工智能系统要执行的任务；
- 算法层指定影响任务的计算机编程；
- 实现层指定硬件设备如何执行程序指令。

为了让马尔的分析更加具体化，我们以一个简单的算术为例。在认知层，任务是将任意两个数字相加。在算法层，我们用 BASIC 语言编写了一个简单的程序，可以执行加法，如下所示：

```
10    input X
20    input Y
30    let Z=X+Y
40    print Z
50    end
```

第 10 行在计算机屏幕上显示一个请求输入的提示，然后将其存储为一个名为 X 的变量。第 20 行对第二个数字，即变量 Y 重复该过程。第 30 行定义了变量 Z，即 X 和 Y 的和。第 40 行在屏幕上显示 Z 的值。第 50 行表示程序结束。如果我们想多次重复这个过程，我们可以在 40 和 50 之间添加一个新行：

```
45    goto10
```

这将使程序回到起点。将程序安装在计算机中并运行，这将我们带到了上述的实现层。计算机将 BASIC 程序翻译（计算机术语是编译）成二进制语言，本质上是通过线路和硅芯片来控制电子的移动。

来到实现层之后，我们就要面对一个区分符号系统假说和联结主义的关键点。在认知层，我们没有考虑执行加法的设备，可以是计算机、计算尺、袖珍计算器或一个四年级的孩子。在算法层，我们指定了一组规则，这些规则也可以由各种设备执行，包括计算机或儿童，但不能由无法编程的袖珍计算器执行。袖珍计算器以电子方式执行加法，无法运行程序。然而，当我们来到实现层，硬件（对于大脑是"湿件"）的性质变得至关重要，因为实现层是通过真实的机器或真实的人执行计算，并且不同的计算机以不同的方式实现相同的认知任务。

即使是同样的算法，不同的机器执行的方式也不一样。我们可以在任何兼容 BASIC 的机器上运行 BASIC 程序。然而，二进制机器代码和运行程序的电子进程因计算机而异。我可以在我的古董机器德州仪器 TI-1000 和苹果 IIe 上运行这个程序；也可以在我老旧的 CompuAdd 386/20 上运行——它是我最初写下这些文字时所用的机器；也可以用 CompuAdd 325TX 笔记本，或者我现在编辑这些文字所用的 iMac。在每种情况下，运行该程序的电子流程将是不同的。将认知的符号系统结构与其联结主义对手区分开来的两个主要问题之一是，有关学习和认知的心理学理论，是否需要关注实现层。根据符号系统的观点，只需要关注认知和算法层，至于最终是在计算机还是在人脑中实现，完全可以忽略。而联结主义者的观点是，更高层次上的理论推导，必然受到执行硬件（机器或人）特性的限制。

第二个主要问题涉及智能的算法层。威廉·詹姆斯（James，1890）首次提出了这一根本问题。他观察到，当我们第一次学习某项技能时，我们必须有意识地思考要做什么；随着我们变得越来越有经验，意识会逐渐忽略这个任务，我们可以在无意识的情况下自动执行。比如学习驾驶飞机（Dreyfus & Dreyfus，1990），具体来说就是从跑道上起飞。我们从马尔的认知层开始，把要执行的任务描述为"如何操纵一架小飞机起飞"。新手飞行员通常在起飞的过程中默背操作规则，这等同于马尔的算法层：

1. 滑行到飞行路线。
2. 将加速器设置为100%。
3. 沿着跑道滑行，直到达到起飞速度。
4. 将操纵杆向后拉到一半，直到轮子离开地面。
5. 收回起落架。

然而，随着新手飞行员成为老手，起飞操作会变得自动化，不再需要一步一步地思考。以前需要有意识思考的东西现在变成了直觉，一个重要的问题是，新手飞行员有意识遵循的规则发生了什么变化。当获得了这样的专业技能，适当的行为不再需要意识介入时，会发生什么样的心理变化？

意识和直觉处理器　为了有助于回答这个问题，保罗·斯莫伦斯基（Paul Smolensky，1988）从"思考过程如何成为直觉性行为"的角度分析了认知架构。斯莫伦斯基的框架区分了两个层次：意识处理器和直觉处理器。当我们有意识地思考一项任务或问题时，意识处理器会参与进来，就像新手飞行员一样。然而，当一项技能被掌握时，它就进入了直觉处理器；我们只是"做"，而没有进行有意识的思考。因此，经验丰富的飞行员与他们的飞机融为一体，不用有意识地思考就能操控飞机（Dreyfus & Dreyfus，1990）。类似地，在熟悉的路线上驾驶汽车几乎不需要任何有意识的注意，我们可以一边开车一边听收音机或智能手机，或者与乘客交谈。此外，并非所有直觉处理器执行的任务都经历过有意识阶段。直觉处理器的许多功能都是天生的，比如识别面孔或一些简单模式，还有些能力是可以在无意识的情况下习得的。例如，小鸡性别鉴定师可以通过将小鸡的尾部举到灯前来识别新生小鸡的性别。然而，他们并不知道自己是如何做到这一点的，一个人要想成为一名小鸡性别鉴定师，必须坐在一位熟手旁边，观察他的工作。

像飞行或驾驶这样的技能一旦变得自动化，就会由直觉处理器接管，但是，从意识到直觉的转变过程中具体发生了什么，是一个难题。要了解原因，我们必须区分遵循规则的行为和受规则控制的行为。

物理系统说明，受规则控制的行为不一定是遵循规则的行为。地球在牛顿运动和引力定律的支配下沿椭圆轨道绕太阳公转。然而，地球的规律运动，并不是因为其经过运算调整路线进而遵守这些规则。引导宇宙飞船的计算机确实需要遵循牛顿定律，因为这些定律被写入了程序，但自然物体的运动是受物理定律支配的，而不是遵循其内部的程序。

下面的例子表明，同样的区别也适用于人类行为。想象你看到一幅卡通画，画的是一种叫"wug"的陌生动物。如果我给你看两幅画，你会说："有两只 wugs。"而当我展示两张叫作"wuk"的生物的照片，你会说："有两只 wuks。"在说复数时，你的行为受到英语形态学规则的支配，即要使一个名词成为复数，你要在单词末尾加上一个 s。尽管你可能是无意识地使用了这一规则，但当你还是个孩子的时候，你就已经将这样的规则视作自然而然。然而，你的行为也受英语音韵学的一条规则支配，即浊辅音后面的 s（例如 /g/）读浊音——"wugz"；而清辅音后面的 s（例如 /k/）读清音——wuks。就像小鸡性别鉴定师一样，你很可能意识不到这条规则。[①]

在了解了"受规则支配的行为"和"遵循规则的行为"之间的区别后，我们就可以说明符号系统和认知的联结主义架构之间的算法层差异。所有心理学家都接受人类行为受规则支配的观点，因为如果没有规则，就没有人类行为的科学。区分符号系统假说与联结主义的问题，涉及人类行为是否以及何时遵循规则。根据符号系统观，意识处理器和直觉处理器都是遵循规则和受规则支配的系统。当我们有意识地思考或做决定时，我们制定规则，并遵循它们行事。直觉思维也同样遵循规则。对于曾经有意识的行为，直觉处理器的处理程序与曾经有意识状态下的程序是一样的，只是意识被剔除了。在如鉴定鸡的性别等行为中，该过程被截断，规则由直觉处理器直接制定并遵循。而联结主义者认为，人类行为只在意识层面上遵循规则。在直觉处理器中，发生了完全不同的过程（Smolensky，1988）。符号系统观的支持者和托尔曼有些相似，托尔曼认为，无意识的老鼠和有意识的迷路者一样使用认知地图。联结主义者类似于赫尔，认为摩尔规则控制的行为处于较低的水平，仅仅是"输入 – 输出"连接的强化和弱化。毕竟，桑代克在 1910 年也称自己的理论为"联结主义"（Thorndike，1910）。

---

① 更详细的内容可以参见《语言的发展》一书。——编者注

直觉处理器位于意识思维（意识处理器）和实现人类智能的大脑之间。根据符号系统理论，直觉处理器进行逐步的无意识思维，这与意识处理器逐步的有意识思维本质上是相同的，因此克拉克（Clark，1989）将符号系统理论称为认知的心灵观（the mind's-eye view of cognition）。而根据联结主义理论，直觉处理器进行的非符号并行处理，类似于脑神经的并行处理，克拉克称之为认知的大脑观（the brain's-eye view of cognition）。

从历史上看，联结主义不仅仅是认知心理学的一种新的技术方法。从古希腊时代起，西方哲学就认为：所谓拥有知识，就是理解规则，理性的行动在于遵循规则。框架问题的关键——人类的直觉，在最好的情况下被认为是无意识地遵循规则，在最坏的情况下被认为是基于非理性的冲动。与这一观点相一致的是，心理学一直在寻找受规则支配的人类行为之源泉，我们被教导：道德上正确的行为就是遵循道德规则的行为。但联结主义可以证明，人类的直觉是人类成功的秘诀，并复兴了哲学中的一个以弗里德里希·尼采为代表的传统异见——蔑视被规则束缚，认为这是一种低劣的生活方式（Dreyfus & Dreyfus，1988）。此外，心理学家和哲学家开始相信情感比纯粹的思想更明智（Damasio，1994）。正如心理学历史上经常发生的那样，看似只是科学家之间的一场技术性的争论，却触及了关于人性和人类生活的最深层问题。

20世纪80年代末，关于学习和认知的联结主义与符号系统观的争论，似乎再现了行为主义黄金时代的理论大战。然而，在1990年前后，一种实用的过渡性方法（modus vivendi）重新统一了认知科学领域，通过将人类思维视为两种认知结构的混合体而得以调和（Bechtel & Abrahamsen，1991；Clark，1989）。在神经层面，学习和认知必须通过联结主义模式运行，因为大脑是有着巨量简单互联单元的集合。然而，正如我们所知，物理基础不同的计算系统可以运行相同的程序。因此，可能的情况是，虽然大脑是一台大规模的并行计算机，但从理性的角度来看，人类的思维是一个关于表象的串行处理器，特别是当思维有意识时。而人类思维在自动化和无意识（直觉）方面，本质上是属于联结主义的。因此，联结主义理论作为理性的、遵循规则的思维与直觉的、非线性的、非符号的思维之间的接口，扮演着重要的角色。

例如，哲学家丹尼尔·丹尼特（Dennett，1991）提出了一个很有影响力的意识的"多重草稿模型"（multiple drafts model），该模型基于"思维是串行和并行处理的混合体"这一观点。具体来说，丹尼特提出：意识（斯莫伦斯基的意识处理器），是在大脑的并行架构（斯莫伦斯基的直观处理器）中实现的串行虚拟机。很多计算机系统，比如Windows，都包含虚拟计算器。如果你打开一个计算器，一个真实计算器的图像就会出现在显示器上。在这个图像上，可以将光标移至某个键，单击鼠标左键，虚拟计算器就会像真实的计算器一样执行操作。

真实的计算器是通过线路实现其功能的。而 Windows 的虚拟计算器则通过模仿真实计算器的程序来实现其功能。正如图灵所展示的，计算机是通用设备，可以通过编程来模仿任何专用设备。虚拟计算器看起来和其模拟的真实计算器一样工作，但幕后的电子流程则完全不同。广义地说，计算机上运行的每个程序都实现了一个不同的虚拟机。计算器程序创建虚拟计算器，飞行模拟器创建虚拟飞机，象棋程序创建虚拟棋盘和虚拟对手。

丹尼特提出：意识是社会环境安装在大脑的并行处理器上的虚拟机。最重要的是，社会化给了我们语言，通过语言，我们可以通过某次思考表达出某个想法，创造我们的串行处理意识处理器。人类是非常灵活的生物，能够适应地球上的每一种环境（甚至梦想生活在太空和遥远的星球上）。动物就像真实的计算器，拥有适合每个物种在特定环境中进化的电路反馈。人类就像通用计算机，不是通过改变物理性质来适应客观世界，而是通过改变内在程序。这些程序就是对应于不同时空的文化。学习一种文化会产生意识，而意识具有适应性，因为它赋予人们思考自己行为的能力、思考替代方案的能力、提前计划的能力、获得常识的能力，以及成为社会一员的能力。正是通过社会互动，而不是通过单独的狩猎、觅食和繁殖，人类个体和文化才得以生存和繁荣。

深度学习　尽管科学界对联结主义和混合符号系统神经网络模型（hybrid symbol system-neural networks model）充满热情，但在应用领域，联结主义的人工智能几乎没有取得什么成就，直到 2010 年代中期所谓的"深度学习"（deep learning）的兴起（Le Cun，Bengio & Hinton，2015；Stix，2015；Bengio，2016；Montanez，2016）。正如我们所见，军事的实际需求带来了人工智能的第一波繁荣，美国国防部高级研究计划局的大量资金投入成就了符号系统方法的胜利。实际的需求和资金同样推动了深度学习的诞生，但这里的资金主要来自私人企业而不是军方。Facebook[①]、亚马逊和谷歌等科技公司，希望尽可能准确地定位它们的好友和热点推荐、产品推荐、搜索结果和广告投放。

这些公司希望找到这样的模式：根据"点赞"为 Facebook 用户推荐潜在好友、推荐特定文章阅读、推荐产品，或者优化谷歌搜索排名。模式识别是神经网络最擅长的，数学和计算能力的进步使得建构和调整大型多层网络（因此得名深度学习）成为可能，这一功能在如今远比 20 世纪八九十年代的网络更强大。它们能够在数十亿个数据点中确定模式。有时候，模式识别的目标可能非常容易触及隐私。有一家塔吉特（仅次于沃尔玛的美国第二大百货公司）门店的经理曾经接到一个十几岁女孩父亲愤怒的电话，质询该门店为什么给他女儿发婴儿用品优惠券。根据他女儿的购物模式，塔吉特的算法推算出她已经怀孕

---

① Facebook 现已更名为 Meta。——编者注

　　　　　　　　　　　　　　　　第 12 章·认知革命

了，所以发送了相关的优惠券。塔吉特比她父亲更早知道她怀孕了（Duhigg，2014）。

更有心理学意义的是，一款深度学习计算机程序在一项围棋锦标赛中击败了世界排名第三的围棋大师——韩国人李世石（Lee Sedol），赢得了五局比赛中的四局（Sneed，2016）。围棋是一种具有战略意义的棋类游戏，有点像国际象棋，但棋盘更大，摆放着黑棋和白棋，目标是通过布局棋子包围并捕获对手的棋子。

我们知道，计算机几十年前就在国际象棋界所向披靡了，但国际象棋公认比围棋简单得多。李世石的失败举世震惊。国际象棋可以由标准的符号系统程序掌控，该程序每秒可以尝试数百万步走法和博弈，以找到最好的走法。然而，众所周知，围棋要求棋手根据棋盘上变换的马赛克图像，区分模式的强弱，这是符号系统所不具备的技能。

获胜的围棋程序，即阿尔法围棋（AlphaGo）由 Deep Mind（Silver et al.，2016）公司开发，Deep Mind 于 2014 年并入谷歌旗下。阿尔法围棋的算法非常复杂，但粗略地说，它是一个混合联结主义者 / 符号系统程序。深度学习网络被训练来区分弱模式和强模式，而符号系统组件生成可能的走法——就像在国际象棋中那样。程序在和人类交手之前，先通过自我博弈来学习。虽然阿尔法围棋与之前依靠蛮力破解棋局的象棋程序一样，并没有试图模仿人类，但它的胜利表明，人工智能正日益显示出类似人类的智能。

2017 年，另一场令人印象深刻的人工智能战胜人类的游戏出现了，卡内基梅隆大学的Libratus（意为"平衡但有力"）程序在德州扑克锦标赛中击败了著名的人类冠军（Hsu，2017）。虽然象棋和围棋既复杂又具有挑战性，但它们是博弈论者所说的完美信息游戏。也就是说，两个玩家都可以获得游戏中竞争所需的所有信息，例如所有象棋棋子或围棋棋子的位置，双方都没有隐瞒信息。而在扑克中，每个玩家的信息都是不完全呈现的，因为每个玩家都持有只有他自己知道的面朝下的牌。因此，与象棋或围棋不同，在扑克中，一个重要的策略是虚张声势，通过下注和行为暗示（"告诉"）他人自己手上的牌更强。虚张声势是一种深刻的心理学和心智理论的策略，似乎超出了计算机冰冷的数学逻辑。一位观看了比赛的扑克迷在社交媒体上发言："兄弟们，扑克的时代结束了！！！"Libratus 的设计者们承认，读心术与它的胜利无关：强大到令人难以置信的超级计算机才是关键。

认知神经科学　符号系统认知科学和联结主义认知科学的结盟，乘上了 20 世纪 90 年代"大脑的十年"之东风，随着大脑和神经系统研究的技术进步，心理学家在 20 世纪早期放弃的生理学路径得以复兴。生理学的新路径被称为认知神经科学。如同人工智能当初因发展需要而必须独立命名一样，认知神经科学也迎来了需要独立命名的阶段。20 世纪70 年代末，乔治·米勒和迈克尔·加扎尼加（Michael Gazzinaga）乘坐出租车去参加一个学术会议，探讨"大脑如何使思维成为可能"，在会上，他们给这个羽翼未丰的事业取了这个名字（Gazzinaga，Ivry & Mangun，1998，p.1）。如今，联结主义模型被用以在"实现认知功能的符号系统算法模型"和"运行认知过程的大脑结构"之间架起桥梁。

拒绝笛卡儿范式：具身认知　现在认知科学正在兴起一场运动，它完全或部分拒绝用传统的符号系统定义心理和心理过程，传统的符号系统认知理论有时也被称为笛卡儿认知科学（Rowlands，2010）。这一新运动的参与者包括很多学派，但其共同的旗帜是"具身认知"。

这些观点的支持者对于笛卡儿认知科学的哪些方面需要修改或替换并没有共识，也不总是清楚他们的方法是互补的、兼容的、重叠的还是冗余的，但他们普遍对笛卡儿范式的四个核心原则中的一个或多个有着深刻的怀疑：

- **计算主义**，主张西蒙的符号系统假说，即认知在于通过形式逻辑规则对表征进行数字操作。
- **神经中心主义**，认为认知过程只位于大脑。尽管联结主义挑战了西蒙的符号系统假说，但它保留了笛卡儿的观点，即所有的心理过程都发生在大脑中。
- **载体无关论**，声称计算系统的物理结构与其认知过程几乎没有关系，因此认知过程原则上可以由任何合理编程的物理系统来执行，而不管该物质载体是由什么物质组成的，或其形状如何。我们在探讨反馈和马尔的认知分层时曾提及这一理念。基于这一观点，进而出现了分离论。
- **分离论**，认为心理过程可以从身体或任何执行它们的设备（如计算机）中分离出来。在笛卡儿和宗教思想中，灵魂被认为是一种不灭的物质，可以从身体中分离出来，并具有永生的能力。同样的想法在唯物主义的笛卡儿认知科学中重现。例如，计算认知科学的创始人之一马文·明斯基（Minsky，1989）认为，身体是"终将朽坏的"，期望将人的心智转化为计算机程序，然后上传到超级计算机中实现永生。

可以看出，第一个假说，计算主义，是最基本的假说，因为它支持或暗示了其他三个假说。如果心智是一个正在运行的计算机程序，那么这个程序是在大脑、硅片中运行，还是在人体、大象的身体或超级计算机中运行，都没有什么区别。

我们可以通过回顾瓦特的调速器来理解笛卡儿认知科学和具身认知科学的基本区别。瓦特通过设计一种物理装置来实现单一功能，从而解决了调节蒸汽机功率输出的问题。然而，我们可以从人工智能的逆向工程角度来解决瓦特的问题。让我们利用马尔的认知分层对其进行分析：

- 认知层：我们如何保持稳定、可控的发动机输出？
- 算法层：什么样的规则可以用来管理一个确保稳定、受控输出的系统？
- 实现层：我们可以建构或使用什么设备来执行这些规则？

我们可以按照如下方式操作。在锅炉上安装一个传感器，每10秒对锅炉内部压力进行一次采样。然后，该传感器向以下计算程序提供输入数据，如同传统符号系统 AI（每个编号行对应一个单独的计算步骤）：

10. Input（Pressure）

20. If $P > 500$ psi then goto 40

30. If $P < 450$ psi then goto 50

40. Decrease fuel input

45. Goto 10

50. Increase fuel input

60. Goto 10.

然后，我们将这个程序输入计算机（甚至智能手机也可以），将计算机连接到锅炉的传感器和燃料控制阀上，计算机将代替瓦特调速器的工作，通过调节燃料投放来控制锅炉内部的压力，以根据需要升高或降低温度。

在这个场景中，一个通用的信息处理设备代替了瓦特的非信息专用设备。传统人工智能遵循笛卡儿范式的假设是，人类是通用信息处理器，通过学习适当的信息处理步骤来执行特定任务。而具身认知的拥护者相信，人类更像瓦特的调速器，被进化所塑造，以有效地与外部环境互动。他们认为，智力根植于我们与世界的身体互动。无论是作为符号系统还是作为神经网络的大脑信息处理过程本身，都不能解释动物的智力。拥有一个与世界互动的身体是前提条件。马尔式系统除了提供输入数据的传感器和执行程序命令的燃油控制阀外，没有其他相关部件。而瓦特的调速器只有"身体"没有"大脑"，其控制发动机的行为可以用耦合动力系统的物理定律来解释。没有表征，没有规则，也没有计算。

具身认知的倡导者致力于研究人体对智能行为的影响。笛卡儿认知科学提出了一个相当脱离现实的认知版本，其中输入信号被提供给中央处理器，它们在那里被解码、操纵，决策也是在那里做出的。经验和行动被看作大脑做出的智能决策的外围因素。阿廖蒂等人（Aglioti et al., 2008）的一项研究对笛卡儿的观点提出了怀疑。在这项研究中，实验对象观看了优秀篮球运动员的罚球视频；在球到达篮筐之前，视频会在不同的时间点暂停，实验对象被要求预测球是否能投进。实验对象分三组，包括熟练的篮球运动员、篮球教练和体育记者，以及对篮球没有特殊经验的人。假设计算篮球的连续轨迹的能力是成功完成这项任务的关键技能，那么有经验的罚球观察者，包括球员、教练和记者，都应该比新手强很多，因为他们已经看过无数成功或失败的罚球。然而，结果是，只有熟练的球员才能做出准确的预测。更重要的是，球员甚至可以在篮球离手之前预测能否投中。熟练的球员能够切身感受到他们所观察的罚球者的移动，因为他们自己已经无数次体验过类似的动作，并且能够根据视频中罚球者的身体位置判断他是否会投进。如果缺乏罚球相关的身体体验，没有对他人罚球的感同身受，单靠大脑，是无法解决这个简单问题的。至少在上述情况下，身体可以直觉地认知，而不需要计算。

具身认知的另一个特点是延展心智的论题。它同意符号系统假说，即思维是一种符号操纵，但它认为人类的认知系统可以延伸到大脑之外更大的环境中（Clark，2008）。例如，记忆的认知过程通常位于大脑中，但在现代世界，我们的大部分记忆已被转移到智能手机和谷歌等互联网服务中。我们不必记住好朋友的电话号码，因为它们已经存在手机通讯录里了；我们不需要知道《大宪章》的具体内容，因为可以随时上网搜索到。此外，从人类进化初始，这种减轻认知负担的行为就一直在进行：在骨头上刻符号、在石板上做记录、手抄笔记、电子备忘录，以及依靠同事了解关键信息（Hutchins，1995）。

具身认知在 AI 领域也有发展，特别是在机器人领域。机器人技术最初努力遵循符号系统的方法。机器人被制造出来之后，需要建构关于环境的内部模型，并根据内部模型的数据从一个点移动到另一点，定期停下来更新表征以识别新的障碍，并基于新的位置重新对环境建模。然而，这些机器人速度慢且效率低，因为"识别表征→移动→重构表征→识别新表征→移动"这一流程周期太长，无法实时生成有效的行为。机器人专家罗德尼·布鲁克斯（Rodney Brooks，iRobot 公司的创始人，Roomba 和军用机器人的制造商）得出结论：对外部世界表征建模是愚蠢的，因为"世界是它自己最好的模型"（Brooks，1991，p.417）。当你可以直接看到真实世界时，为什么要费心建立一个虚拟表征呢？

布鲁克斯的陈述让我们回到了哲学和科学心理学中的一个老问题——认知的表征理论和现实主义理论之间的争议。笛卡儿的观念之路，即符号系统假说，认为心灵是对世界的表征，思维是对这些表征的操纵。反对这一观点的是里德之后的现实主义者，他们认为，我们可以直接感知世界；正如布鲁克斯所说，我们不需要表征，因为我们可以直接面向现实世界。

然而，我们一旦提出这个问题，就回到了第 1 章探讨过的关于心灵的最根本问题——逻各斯，即心灵本质的问题。心灵究竟是像原子一样的自然物质，等待着科学的发现；还是像燃素一样的虚构概念，在科学上暂时有用，但并非真实存在，终究会被更好的概念所取代呢？具身认知看起来很像激进的行为主义。两者都以现实主义的观点看待知觉，都强调有机体与客观世界之间物理互动的重要性，认为这是适应性行为的基础。两者的区别主要在于，具身认知的倡导者认为心灵是自然的一部分，真实存在于自然界。他们认为笛卡儿对心灵的描述是错误的，需要被取代，如同人们早期认为"原子是物质的最小单位"一样，需要被更复杂的亚原子粒子理论取代。而激进的行为主义者认为，笛卡儿在先前存在的宗教思想的帮助下，发明了一个虚构的概念——心灵，类似于"宙斯"或"燃素"的概念。在他们看来，"心灵"的概念不是需要改进，而是必须放弃。但是具身认知和激进行为主义在心理学上的观点是一样的：心理学是关于有机体与环境直接互动的研究，不受思想的影响。斯金纳（Skinner，1977，p.6）曾回应布鲁克斯说："身体会在接触外部世界的同时直接做出反应；复制是在浪费时间。"作为一种"认知"理论，具身认知的问题在于它通常将大多数人所说的"行为"称作"认知"（Aizawa，2015）。

| 可复制性危机 |

科学革命的奠基著作之一是人文主义学者尼古拉·莱奥尼奇尼（Nicolai Leonicini）于 1492 年出版的《论普林尼的错误》（*On the Errors of Pliny*）（Grayling，2016）。像其他人文主义者一样，莱奥尼奇尼也试图清除古代作品中的誊写错误，这些错误是手稿在数世纪以来被不断誊写的过程中积累的。促使莱奥尼奇尼创作《论普林尼的错误》的，是罗马作家普林尼（Pliny the Elder，23—79）的《自然史百科全书》（*On Natural History*）。在研究这本古籍时，莱奥尼奇尼逐渐相信，许多自然史上的荒诞说法，比如"伞足人"（sciapods，传说能把脚当伞的大脚怪）的存在，不是由于誊写错误，而是因为普林尼自己。莱奥尼奇尼写道，普林尼的说法"没有得到充分的研究和证实"。由此，莱奥尼奇尼提出了一个观点，即科学界的一个重要职能是检查和验证科学家的研究成果。从科学革命开始，科学家们就对"确保科学报告中的发现得到适当的审查"有所关注，到了 19 世纪初，这种关注最终成了今天所有科学中都使用的同行评议制度（Fyfe，2015；Csiszar，2016）。

然而，在 21 世纪，同行评议制度似乎没有发挥应有的作用，许多未经充分研究和论证的报告得以发表。在艾奥纳迪斯（Ionannadis，2005）发表了一篇题为《为何多数已发表的研究结果有错》的警示性论文后，这一问题引起了医学界的关注。他通过对科研材料的技术性统计分析论证了这一现象，而不只是简单地提出批评（见 Tabarrok，2005）。

危机的中心很快转移到了社会认知领域，因为有报告称，在社会启动（social priming）领域，一些著名的反直觉发现未能重现，这些报告迅速滚雪球般地演变成了一场全面的心理学危机（Pashler & Wagenmakers，2012）。《心理科学展望》杂志的专区对这一危机的证据和原因进行了深入的讨论。究其原因，从彻头彻尾的欺诈（Stapel，2014），到实验之后直接提出未经验证的假说（Kerr，1998），或者反复分析数据直到出现想要的东西，再到不懂得"如何正确使用统计数据"。随后，改革建议被提出，例如预先登记研究，在开始实验之前公开展示一个人的实验设计和要验证的假说。布朗和希瑟斯（Brown & Heathers，2016）开发了一种简单的算术测试，用于检测小样本研究（典型的心理学研究模式）中的数据错误，并将其应用于71项已发表的研究，发现约一半的研究存在严重的统计问题。

危机蔓延到了所有科学领域，甚至包括物理、化学等自然科学（Baker，2016）。目前，美国国立卫生研究院等资助机构正在实施改革（Collins & Tabak，2014），英国心理学会举行了一次特别会议，讨论科学实践和出版物资助的改革，重点是控制质量，避免盲目追求创新和数量（Rhodes，2016）。此外，还有一个网站被创设出来，用以负责监控所有科学期刊的错误更正和论文撤回。

然而，核心问题仍然是复制本身的困难，以及复制实验的内容难以发表。毕竟，无论是统计性错误还是欺诈性错误，只有当非原创者重现其研究过程时才能被发现。但期刊编辑强烈倾向于发表原创的和违反直觉的发现；成功的复制是无聊的，而失败的复制会在最初的研究者和那些质疑其研究的人之间引起激烈的争论。因此，雄心勃勃的学者不会把时间浪费在简单的复制上，他们的任期和晋升机会取决于发表一长串论文——最好是大胆和创新的文章。

为了解决这个问题，弗吉尼亚大学的心理学家布赖恩·诺塞克（Brian Nosek）创建了一个由多所大学参与的开放性科学合作团队，复制了100项著名的研究项目。他们发现，只有大约40%的原始发现可以被证实（Bohannon，2015；Open Science Collaboration，2015）。

虽然这些复制的失败本身已经够糟糕了，但如果我们更深入地思考，就会发现这一现象与我们在本书中探索的一个深层次的心理学问题之间的联系：心理学应该是关于普遍的行为原则和心理机制的研究，适用于所有人，而不仅仅是那些在心理学实验室中探索自我的人（或动物）。关于复制的争论很容易变得有针对性且充满恶意，因为实验不仅仅是对自然的质问，同时也测试了操作实验的科学家的能力。因此，如果原始研究者的发现因复制失败而被质疑，他可以指责复制者是无能的科学家，而复制者同样也可以指责原始研究者无能。这两种指控都有可能是真的，这就引出了我要说的关键问题：如果两个实验程序之间的微小差异都能影响不同实验室的心理学研究结果，那么它们怎么能够解释安全、结构良好、精心打磨的大学实验室环境之外的世界呢？很可能研究结果是真实的，但仅限于学术实验室精心控制的环境内，而无法应用于外面更复杂且难以控制的现实。

此外，这些复制的失败，也再次提醒了我们在无形象思维方面的争论，以及关于癔症和弗洛伊德精神分析方法的争论中所遇到的关于人类暗示性的研究问题。某个争议性研究项目的论文作者罗伊·鲍迈斯特（Roy Baumeister）说："过去有一种实验手法。你和人们一起工作，让他们进入预期的心理状态，然后测量结果"（Engber，2016）。鲍迈斯特所谓的"手法"，可能只不过是利用暗示，让实验对象按照调查者的意愿行事。

除此之外，绝大多数行为科学研究的研究对象相当特殊，他们大都受过良好教育，来自后工业化的、富裕的西方国家（Henrich, Heine & Norenzayan, 2010）。放眼世界，很多人并不生活在这样的社会中，在 19 世纪初，在科学和工业革命之后、现代民族国家兴起之前，也没有人生活在这样的社会中（Fukyama, 1999, 2015）。仅仅基于对特定人群的研究，可能不会得到多少关于人性的信息。尽管亨里奇和他的同事们（例如：Ensminger & Henrich, 2014）已经开始在各种不同的文化和社会中进行"最后通牒博弈"（Ultimatum Game）等实验，但目前这一问题并未得到普遍解决。[1]

| 总结 |

对思维的科学研究（以认知神经科学这一新形式）在第二个千年结束时蓬勃发展，似乎准备在第三个千年取得进一步的成功。作为认知神经科学的热门论述，史蒂芬·平克（Steven Pinker）的《心智探奇》（*How the Mind Works*，1997）及其续集《白板》（*The Blank Slate*，2002）都成了畅销书，诺贝尔奖得主、心理学家丹尼尔·卡尼曼（Daniel Kahneman）的《思考，快与慢》（*Thinking，Fast and Slow*，2011）也是如此，《华盛顿邮报》（周一）和《纽约时报》（周三）的几乎每个科学版都在报道大脑研究的一些新突破。心理学创始一代对"关于心灵的综合自然科学"的憧憬，似乎尽在现今心理学家的掌握之中，他们拥有了创始者们梦寐以求的工具。唯一持反对意见的是科普作家约翰·霍根（John Horgan），他认为牛顿和爱因斯坦式的"宏大"科学正在走向终结（Horgan，1997），并认为认知科学是"开挂"（gee whiz）科学，报告了一个又一个突破，却没有得出关于人类心灵的总体图景。基于这一点，霍根回应了前面探讨过的关于认知心理学的抱怨，并站在那些认为人脑／心智无法自我理解的思想家一边。他还详细论证了心理学未能产生任何持续有效的理论应用。

然而，在过去的几年里，认知科学已经开始通过行为经济学应用于社会问题。行为经济学是认知科学和经济学的交叉学科（Samson，2016），主要源自认知科学家卡尼曼（Kahneman，2011）和经济学家理查德·塞勒（Richard Thaler，2015，

2016）之间卓有成效的合作。在《助推》（*Nudge*）一书中，塞勒与法律学者卡斯·桑斯坦（Cass Sunstein）共同提出，公司和政府应利用在这两个领域的深入观察，研究人类认知的怪癖和弱点，以改善普通人的决策（Thaler & Sunstein，2009）。

塞勒和桑斯坦利用一个重要的研究思路来研究思想和决策，推翻了可以追溯到古希腊人的理性观，古希腊人将人看作理性动物。这样的理性观在文艺复兴时期也有所体现，哈姆雷特曾说："人类是一件多么了不得的杰作，多么高贵的理性……"对于希腊人和莎士比亚来说，不理性就是疯了，就会成为一个被无意识的愤怒所驱使的不可预测的人（Dodd，1951）。弗洛伊德追随他们的观点，认为非理性的无意识不受逻辑约束，可能颠倒黑白。经济学家们以一种缺乏浪漫的视角把人看作理性效用的最大化者。当然，他们也认识到，个体可能会在判断中犯错，但他们相信，这些错误只是围绕着一个共同理性均值的随机方差。因此，有人投资不足，就一定有人过度投资。关于所有这些理性观点的重要基本假设是，非理性行为不属于任何可辨别的模式：理性的思想和决策是可以预测的，因为它们遵循逻辑和效用规范，任何不符合这些规范的行为都是不可预测的、随机的和严重非理性的。

然而，卡尼曼和其他认知科学家的研究表明，尽管人类的思想经常偏离逻辑、统计和经济决策的规范，但它绝不是完全随机的；用一种流行的行为经济学观点来说，人类拥有"可预测的非理性"（Ariely，2009）。与逻辑计算不同，人们依赖于认知捷径（西蒙和纽厄尔的启发法），并受到各种认知偏差的影响，如确认偏差，即倾向于关注和记住我们已经确认相信的信息，拒绝或遗忘尚未接受的信息（Thaler，2016）。

在经济决策中，人们系统性地偏离了经济学家提出的效用最大化的规范。举个例子，如果你参加了一个实验，一个心理学家给你 1 美元，你可以接受或放弃，你会接受这 1 美元——有总比没有好，这是一个效用最大化的选择。然而，稍微改变一下规则，典型的行为就会改变。在行为经济学家的最后通牒博弈中，两个博弈者被随机分配为提议者（proposer）或接受者（acceptor）。提议者被给予一笔钱，比如 10 张 1 美元现金，并被要求向接受者提议分这笔钱。如果接受者接受分配方案，两个实验对象都可以保留各自的那一份并离开。如果接受者拒绝分钱，实验人员就会收回现金，两个实验对象都空手而归。在这个游戏中，经济学家预测实验对象会按照效用最大化的方式推理。提议者应该能意识到，对他来说，最好的结果是留下 9 美元，给出 1 美元，并期望接受者会接受这 1 美元作为他的最佳选择，否则他将一无所获；这就像前一个简单游戏一样：只有 1 美元，要么接受，要么放弃。然而，在最后通牒博弈的规则下，绝大多数接受者拒绝接受低于 3 美元的分配，否则宁可大家都拿不到钱，这显然违反了效用最大化原则。而提议者通常也不会按照效用最大化原则，只舍得分1美元，而是提出分5美元或4美元。这些研究结果在世界各地得到了广泛的印证，只不过金额各异。

数百个类似的实验已经证明，人们并不会一味地遵循几个世纪以来被看作标准的逻辑和决策规范，但同时，人们也不是疯狂和不可预测的非理性个体。这带来了一场"理性大辩论"（Tetlock & Mellers，2002）。有一种极端观点认为，人比"非理性"还糟糕，他们是危险的"理性障碍者"（dysrational）（Stanovich，2004），无法有效地参与现代社会生活。另一些科学家为启发法和偏见辩护，认为它们通常是人们在认知资源有限的情况下使用的有效手段，是在真实的（而非理想的）状况下做决策所必需的（Gigerenzer，2008，2014；Leahey，2005）。

塞勒和桑斯坦的"助推"概念位于两者之间。他们承认人类不是完全理性的，但他们认为决策者可以也应该利用启发法和偏见来帮助（而不是强迫）人们做出更好的决策。例如，由于认知上的惰性，如果某个公司给出的默认选项是不缴纳社会保险，那么公司的新员工可能也不会提出什么异议。"助推"意味着做出更好的决策，将缴纳社会保险作为默认选项。员工有权拒绝，但要让他意识到这个选择权的存在，这就是助推而不是强迫。桑斯坦（Sunstein，2016）本人曾建议成立美国心理顾问委员会，作为与现有经济顾问委员会平行的社科咨询研究机构，卢卡斯和塔西奇（Lucas & Tasić，2015）也曾将心理学和行为经济学应用于法律。

尽管存在可复制性危机，应用行为科学的黄金时代可能已经到来。

注释

1 2017年，斯旺（Zwann，2017）等人能够完美复制认知心理学中的9个关键实验，这似乎说明认知心理学是一个比社会心理学更加科学的领域。

第13章

影响社会

心理测试、职业心理学家与应用心理学兴起

| 心理学的社会 |

想象一下，你出生在 1880 年的美国，那时还属于农业时代，你可能是一个农民。你的父母可能一辈子都住在离他们出生地几英里之内的地方。尽管你身处农业时代，但现代的春风已经徐徐吹来。1920 年，当你刚满 40 岁时，周围的世界彻底、永远地改变了。你可能搬到了城里，在工厂或者被称为现代新奇迹之一的百货商店工作。你的父母一辈子都是自己种菜、缝衣服，自给自足，你却开始习惯于购买商品。你拥有父母那一代人从未有过的机会：在自己喜欢的地方工作、生活，和自己喜欢的人约会（date 一词是在 1914 年创造的），跟自己选择的人结婚。你比你父母走得远很多，可以搭乘火车，或者乘坐有史以来最新、最具革命性的交通工具——汽车。你在家就可以通过收音机听闻天下事。你的子孙也正被现代化改变。你自己、你的父母和孩子 [正处于青春期的中后期，"青春期"（adolescence）这个词是由霍尔创造的] 只上过几年小学，就要在组建自己的家庭之前养家糊口。一种新的教育机构——高中，才刚刚出现。直到 20 世纪 30 年代，它才成为美国青少年成长的核心仪式。这些机会和变化是有代价的——创造了各种新的社会压力。由于父母那一代人生活在自己的土地上，自制食物和衣服，因此他们有一定的自主权（就算不能称为自由），而你没有。虽然你可以选择在哪里工作，但你现在的生计取决于那些你不太熟悉甚至完全陌生的人。

在这一时期，许多人开始感到他们正在失去对自己生活的控制，他们以各种各样的方式来维护自己的个人自主权。随着美国传统价值观的瓦解，人们寻求新的权威形式来指导自己的生活。与此同时，政治家、商人和其他社会领袖开始实施启蒙计划，以科学而非宗教或传统的社会控制手段为基础，建立理性管理的社会。

到了 1912 年，美国人真正进入了一个"人际关系的新时代"。心理学将在现代世界中

扮演重要角色。随着针对个体的心理学研究（尤其是热衷于研究个体差异的美国心理学）繁荣发展，人们得以用一种新的、定量的、科学的方式来定义人格和个性。心理学家被期待在人们面临重大人生选择时提供帮助：咨询心理学家帮助人们选择合适的工作，临床心理学家对在追求幸福的路上受挫的人进行干预。美国领导人希望心理学能够提供管理商业和社会的科学手段。心理学的未来是光明的，但现代性的转变（威尔逊所说的"非常时代"）也改变了心理学。

在最近的两章中，我们从内在主义者（internalist）的角度研究了心理学的历史。在第 11 章中，我们探讨了"心灵和意识问题"如何导致心理学家将他们的研究领域重新界定为行为科学，而不是意识科学。在第 12 章^①中，我们考察了语言学和计算机科学对心理学的影响，以及认知科学是如何通过将心理过程视为计算进程以调和"心灵"概念的。在本章中，我们将看到现代化的进程如何塑造了心理学，以及心理测试是如何在传统的学术心理学之外产生一个全新的、职业化的应用心理学领域的。在最后一章中，我们将看到心理学是如何影响社会的，尤其是在美国，可能创造了第一个所谓的"心理学社会"。应用心理学在规模和重要性上迅速超越了学术心理学，带来了心理学的裂变。

科学心理学、应用心理学和职业心理学

当美国心理学会于 1892 年成立时，其章程的序言宣布，该协会的成立旨在"将心理学作为一门科学来推进"。当美国心理学会在 1945 年重组时（见第 14 章），其使命调整为"将心理学作为一门科学、一种职业和促进人类福祉的手段来推进"。这样的新表述不仅是为了迎合美国公众重视应用甚于理论科学的特点，还代表了心理学领域的根本改变，包括创造了全新的社会角色——职业心理学家，其关注点与传统的学术心理学家不一致。

德国心理学奠基者们反映的是他们的知识精英价值观，他们把自己看作纯粹的科学家，只研究心灵的运作，而不考虑科研成果的社会效用。然而，正如我们已经看到的，美国心理学注定对社会效用比对纯粹的研究更感兴趣。如詹姆斯所言，美国人想要的是一种能指导他们如何行动的心理学。然而，尽管第一批美国心理学家很快就转向了应用方向，但他们仍然是学者和科学家。例如，当杜威在 1899 年敦促心理学家将他们的学科应用于社会实践时，他并不是说心理学家本人就应该成为应用心理学的践行者。他只是希望心理学家能够科学地研究对教育有指导意义的课题，比如学习和阅读。心理学家的科研成果将被教育专家参考，用于为教师开发教学方法。在这种情况下，应用心理学仍然属于科学心理学的范畴。

---

① 原文为 chapter 13，疑有误。——译者注

然而，几乎从一开始，心理学家就有向机构和个人提供心理服务的倾向。心理学家最初只是设计智力和人事测试方案，后来逐渐倾向于亲自在学校和企业中组织测试，利用得到的数据来为父母和企业家就如何对待自己的子女或潜在员工提供建议。设计测试方案是一项科学活动，而组织并解释测试结果则是一项职业活动。最终，职业心理学家成为企业家式的商人，提供有偿服务。

　　科学/学术和职业心理学家的角色划分带来了不完全相容的社会和经济利益。科学家希望通过出版物和会议推进他们的科研。后来，当政府开始资助科学研究时，科学家们通过游说获得研究资金来推进自己的研究项目。在某种程度上，职业心理学家依赖于科学研究的进步，这方面的利益与学术心理学家是一致的，但他们也有自己独立的利益所在。职业心理学家希望控制执业门槛；他们希望职业技能只传授给符合标准的人；因此，他们寻求建立执业许可的法律标准；他们希望通过扩大执业范围来增加收益来源。当医疗保险出现之后，临床心理学家希望心理治疗能够像精神病治疗一样被纳入医保。美国心理学会在1945年不得不重组，因为职业心理学家已经变得如此之多，他们特殊的利益诉求已无法被忽视，修订后的章程序言反映了这一现实。如今在美国，职业心理学家（主要是临床心理学家）占到了心理学家总数的一半（Benjamin，1996）。

心理学与社会

　　将1892年定为现代心理学的起始年是合理的，因为在那一年美国心理学会成立了。从那时起，我们的注意力开始集中于美国心理学，因为尽管德国最早授予了心理学学位，但心理学是在美国成为一门职业的；德国的与APA相当的心理学会直到1904年才成立（见第8章）。不管其好坏，美国心理学几乎代表了现代心理学。美国的思想运动和理论在海外被广泛采用，以至于1980年的德国社会心理学教科书中满是美国的参考文献，却没有提到冯特或民族心理学。

　　从岛屿社区到无处不在的社区　当今社会是如此的职业化，在美国的许多州，美容师都需要执照，以至于人们很容易忽视美国心理学会在心理学史上的重要性。在美国心理学会成立之前，哲学家、医生和生理学家都在研究心理学。科学心理学的创始人必然要从其他领域启动他们的职业生涯，典型的是医学或哲学。然而，创造一个被认可的职业，需要对这一领域的定义有自我意识，需要决定甚至控制谁可以自称为该领域的一员。建立一个像美国心理学会这样的组织，意味着建立成员资格标准，允许一些人自称为"心理学家"，而禁止其他人使用这一称号。如果涉及的职业领域包含向公众提供服务，其成员可以请求政府根据执行标准，向经过适当培训的执业人员发放执照，并驱逐那些无证从事该行业的人。

美国心理学会是在美国社会发生巨大变化的时期成立的，其中学术和应用学科的职业化发挥了重要作用。在南北战争之前，美国人质疑受过教育的专业人士是否应该被赋予特殊的地位或权威（Diner，1998）。例如，在安德鲁·杰克逊（Andrew Jackson）任总统期间，州立法机关曾废除了对医生的执照要求。然而，到了 19 世纪 90 年代，专业化的职业迅速发展，其成员通过组织专业协会来认证他们的专业水平，并向政府施压以承认他们的特殊权威，寻求更高的地位和权力。"杰出的律师、工程师、教师、社会工作者以及其他行业的成员，都有过类似的表态：专业知识的拥有者应该被赋予自主权、社会地位和经济保障，并且只有相关专业人士才能规范和限制其执业成员"（Diner，1998，p.176）。新中产阶级渴望通过获得专业知识来提升自己，这导致大学生人数从 1900 年的 23.8 万人增加到 1920 年的 59.8 万人。

1890 年至一战期间被公认为美国历史上的关键时期。用罗伯特·维贝（Robert Wiebe）的话来说，19 世纪 80 年代的美国是一个由"岛屿社区"（island community）组成的国家，散布在美国广袤的乡村汪洋之中。在这些与世隔绝的小社区，人们生活在由家庭关系和熟悉的邻里组成的网络中；外面的世界在心理上是遥远的，不会（实际上也不可能）经常性地或非常深入地闯入人们的生活。到了 1920 年，美国已经成为一个民族国家，现代媒体的兴起和对共同文化的追求将美国团结在了一起。

城市化是那个时代的诸多变化之一。1880 年，只有 25% 的人口居住在城市；到 1900 年，40% 的美国人成为城市人口。城市不再是岛屿社区，而是陌生人的聚集地，19 和 20 世纪之交的美国城市尤其如此。每天都有大量来自偏远农村的人口以及外国移民涌入纽约和芝加哥等大都市。从农村居民到城市居民的转变，带来了心理上的变化，人们也需要新的心理技能。

正如丹尼尔·布尔斯廷（Daniel Boorstin,1974）所言，从岛屿社区到民族国家的转变，深刻地影响了人们的日常生活，教育和大众媒体拓宽了个人的视野，同时缩小了个人直接体验的范围，并带来了人们必须跟上持续变化的潮流。铁路可以把农村移民带到大城市，还可以给农民和村民带来城里的产品：冷冻肉和蔬菜、罐头食品，最重要的是，沃德百货公司和西尔斯 – 罗巴克百货公司的商品目录。从前，大多数老百姓一辈子都生活在步行几个钟头的半径范围内。现在火车方便了大家出远门，有轨电车每天载他们去市中心的百货商店工作和购物。所有这些都将人们从小镇生活的单调乏味中解放了出来。这同时也是一种"同质化"（homogenized）体验。今天，我们看着同样的电视节目和新闻，购买同样品牌的食物和衣服，从一个海岸旅行到另一个海岸，同样住在 Days Inn 汽车旅馆，吃同样的麦当劳汉堡。

作为以"人"为研究对象的科学，心理学深受人类所经历的这一巨大变革的影响。在最后的两个章节中我们将看到，职业心理学家不再仅仅是心灵的纯理论家，而开始根据全新的美国环境来定义自己在社会中的工作和角色。

旧心理学 vs 新心理学　对心理学而言，19 世纪 90 年代也是一个"疯狂的十年"（Boring，1929/1950）。一开始，它见证了植根于苏格兰常识哲学的旧宗教心理学对植根于实验和心理测量的新科学心理学所做的最后防御。旧心理学的失败呼应了布赖恩被麦金利击败——自然主义、实用主义的科学，取代了乡村的、受宗教启发的哲学。

乔治·特朗布尔·拉德在大学任教和写作期间，为将新心理学引入美国做了很多工作，他对心理学正在发生的变化感到厌恶。他拒绝了詹姆斯提出的生理学的、自然科学的心理学概念，并为精神二元论辩护（Ladd，1892）。在美国心理学会的主席演讲中，他谴责用实验和客观测量代替普通的反省，并称其是"荒谬的"，他认为科学无法处理人类心理的重要构成，尤其是人类的宗教情感。其他旧式心理学的追随者，如拉金·邓顿（Larkin Dunton），在 1895 年马萨诸塞州大师俱乐部成立之前为旧式心理学辩护，称其为"灵魂的科学""神圣的流露"，是打开"道德教育"大门的钥匙。

和布赖恩、拉德、邓顿一样，旧心理学基于传统宗教真理，代表了美国乡村过去的世界。苏格兰常识心理学的创立是为了捍卫宗教，并将继续这样做，因为原教旨主义者坚决与现代主义潮流相抗衡。旧心理学相信灵魂，它所教导的美国文化中的古老道德和价值观，受到了时代的冲击。

19 世纪 90 年代是"新事物的时代"：新教育、新伦理、新女性和新心理学。美国心理学的过去属于神职人员；而它的未来属于科学家和专业人士。冯特的学生詹姆斯·麦基恩·卡特尔是其中最有代表性的人物之一，他是美国心理学会的第四任主席。卡特尔（Cattell，1896）将新心理学描述为一门快速发展的定量科学。并且，这一趋势对未来几年职业心理学的发展十分关键，他声称实验心理学在教育、医学、美术、政治经济，乃至整个国民生活中具有"广泛的应用价值"。不同于旧心理学，新心理学与时俱进：自信、自觉、创新、科学，准备好面对城市化、工业化和美国生活不断变化的挑战。

进步主义和心理学　进步主义哲学家及 20 世纪的自由主义先驱约翰·杜威，在 1899 年被选为美国心理学会的主席。和许多人一样，杜威认为 19 世纪 90 年代的压力标志着一种全新的现代生活方式的诞生。"人们很难相信在人类历史上会出现一场如此迅速、如此广泛、如此彻底的革命"（引自 Ross，1991，p.148）。在他的主席演讲"心理学和社会实践"（Dewey，1900/1978）中，杜威将新兴的心理学科学和职业与现代性联系在一起。正如我们将学到的，专业的应用心理学的第一个应用领域就是教育（Danziger，1990），杜威让教育心理学成了心理学未来发展的起点。

教育改革是进步主义关注的核心问题之一，杜威是进步主义教育（progressive

education）的创始人。杜威认为，目前的教育不适合美国城市和工业发展的需要。霍尔以他的"儿童研究运动"（child study movement）和"学校应该以儿童为中心的理念"开启了教育改革。然而，杜威和进步主义者仍然希望推动进一步的改革。移民必然会带来外来习俗和语言；移民，尤其是他们的子女，需要被美国化。农村进城人口也需要接受教育，养成适应工业社会的习惯并学习农民不了解的新技能。最重要的是，学校必须成为孩子们的新社区。美国岛屿社区的旧价值观正在消失，因此学校必须变成儿童社区，能够将他们培养成人，成为改革美国社会的工具。学校教育成为强制性的，学校建设进入了繁盛时期（Hine，1999）。

知识加油站 13.1
心理学与进步主义

随着弗洛伊德和华生对前现代生活的解构，心理学承担了沿着"科学"路线重建社会和文化的任务。的确，正如我在第 1 章所说的，我们甚至可以认为，正是现代社会的重建，奠定了心理学的地位。意见领袖开始传达这样一种观点——过去的一切将永远消失在一种新的生活方式中，这使得现代性在 19 世纪后期进入了全盛时期，渗透到日常生活的每一个角落。有意识地促进现代性转变的美国政治运动——进步主义运动，其领导人之一是伍德罗·威尔逊（Woodrow Wilson，1856—1924），美国第 28 任总统（1913—1921），他在 1912 年写道：

我们来到了一个与我们之前的任何时代都截然不同的时代。我们已经来到了不再像过去那样做生意的时代，不再像过去那样从事制造、销售、运输或通信业务。在我们这个时代，人们有一种已经被淹没的感觉。在这个国家的大部分地区，人们不是为自己工作，也不是像以前那样作为合伙人工作，而是通常在大公司的各种职位上作为雇员工作。曾经有一段时间，公司在我们的商业事务中起着非常小的作用，但现在，它们起着核心作用，大多数人都是公

司的服务者……曾经，人们作为个体彼此之间关系密切……如今，人们的日常关系很大程度上是非个人的，人们与组织而不是其他个体联系在一起。这是一个新的社会时代，一个人际关系的新时代，一个人生戏剧的新舞台。

（Wilson，1912/1918）

约翰·杜威在他 1899 年的美国心理学会主席演讲中将心理学决定性地与现代主义和进步主义联系在一起。和威尔逊一样，他相信前现代的生活一去不复返；和伯克一样，他相信道德的力量来自传统；和尼采一样，他相信传统应该被废除；和启蒙哲学家们一样，他相信传统的替代品是科学。这就是心理学的价值所在。杜威说：

当人们从习俗中获得道德理想和法律时，他们也通过习俗来实现它们；但是，当它们以任何方式脱离习惯和传统时，当它们被有意识地宣布时，就必须有某种东西来代替习惯作为执行的工具。我们必须知道其操作方法，并详细了解它……只要习俗仍然存在，传统仍然盛行，只要社会价值是由本能和习惯决定的，就不需要有意识地质疑这些价值是如何实现的，因此也不需要心理学。社会制度凭借自身的惯性运作，它

将个体囊括其中，并在各种制度范围内指导个体。个人被群体的大众生活所支配。制度和附属于它们的习俗，既要考虑社会理想，又要兼顾社会手段。然而，价值观一旦进入意识……投射道德理想的手段和机制也会进入意识。道德一旦被反思，心理学就必然诞生……此外，心理学作为对人格运作机制的一种解释，也是取代专断的阶级社会观和贵族观的唯一选择……这是一种新的认识：现有的秩序既不是注定的，也不是随机的，而是建立在法律和秩序之上的，通过现有的刺激和反应模式，我们可以修改实际结果。

（Dewey，1900/1978）

但是杜威没有回答一个问题——"心理学应该教授什么样的'科学价值观'？"正如心理学家亚伯拉罕·马斯洛（Abraham Maslow）所言，在剔除了"生活世界"（life world）之后，心理学家必须找到一个"自然价值系统"。心理学家倾向于在个人所有的外部价值来源完全崩溃后，从内在自我中发现它。超越性自我的意义被揭穿了，社会成了敌人；真理只能在内心中寻找。正如你我所见，心理学家是"自我"的学生，因此他们（显然）承担起了创造"以自我及其需求为基础的新生活方式"的义务。

杜威对聚集在一起的心理学家们说："学校是一个特别适合研究心理学在社会实践中的实用性的地方。"在深入研究了适应心理学的主题后，杜威（Dewey，1900/1978）认为"心理从根本上说是一种适应的工具"，需要通过学校经验来改进，而要使"心理学成为一种有效的假说"，也就是说，要能经得住实用主义的考验，它就必须参与美国年轻人的思想教育。杜威继续说，心理学家一旦参与教育，就不可避免地会被引导去干预整个社会。最重要的是，学校必须教授价值观，这些价值观必须是能够促进社会发展和社区团结的价值观，满足实用主义和适应城市生活的价值观。最终，这些价值观就不仅仅是学校的价值观，而且必定会成为每一个社会机构的价值观；因此，心理学家必须自觉投身于进步主义社会改革的伟大事业中。

进步主义是现代美国版本的启蒙运动，因此，它谴责传统，包容宗教，目的是在新的受过教育的专业人士（尤其是社会科学家）的指导下，用一种科学精神来取代传统和宗教。杜威认识到，岛屿社区的价值观是通过习俗来维护的，然而一旦价值观"以任何方式脱离习惯和传统"，它们就必须"被有意识地宣布"，并且必须找到"习俗的某种替代品，作为其执行的抓手"。因此，研究心理适应的心理学在社会重建中起着特殊的作用：

> 有意识的道德（不同于习惯性道德）与心理学有着一定的历史重叠这一事实，只是让我们具体地认识到："有意识的目的"与"对实现目标所依赖的手段的关注"之间存在着必然的等价性……只要习俗仍然存在，传统仍然盛行，只要社会价值是由本能和习惯决定的，就不存在有意识的问题……因此也不需要心理学……然而价值观一旦进入意

识……投射道德理想的机制也会进入意识。道德一旦被反思，心理学就必然诞生。

（Dewey，1900/1978，pp.77-78）

杜威认为，心理学是意识的社会化模拟。詹姆斯认为，对于个体而言，当适应新环境势在必行时，意识就会产生。杜威说，美国社会面临着势在必行的变革，心理学的兴起正是为了应对这些变革。只有心理学提供了一种"对强权的和阶级化观点的替代，对权贵观点的替代"，那些旧的观点会使一些人无法充分实现自己作为人的价值。与法国启蒙运动的哲学相呼应，杜威说："我们不再把现存的社会形式作为最终的和不容置疑的。心理学在社会制度中的应用……只是在社会生活的重大问题上对充分理性原则的承认。"社会的运行符合人类行为科学的规律，一旦心理学家理解了这些规律，他们将能够用理性规划代替偶然的增长，并以此建构一个更完美的社会。杜威总结道："所有问题都关乎科学的发展，及其在生活中的应用。"放弃贵族社会反复无常的自由，我们应该渴望一个科学社会，期待"除了加强对伦理领域的控制，别无其他"。在新社会中，心理学将"使人类的努力能够理智地、理性地、有把握地进行下去"。

在他的演讲中，杜威触及了进步主义的所有主题，并在他作为一名公共哲学家的漫长职业生涯中深化并发展了这些主题。他为进步主义发声；正如一位进步主义者所言，"我们在读杜威之前就是杜威派"。因为进步主义不仅代表了一种当下和未来的政治诉求，还反映了美国最深层的传统：不信任世袭的、有钱的或选举的贵族，以及承诺人人生而平等。

进步主义和杜威在他们关于"社会要达到的目的"和"达到目的的手段"上有了新的突破。正如托克维尔所观察到的，美国人不信任知识分子，他们将知识分子与贵族联系在一起，在近一个世纪后仍然如此。1912年，《星期六晚邮报》抨击大学鼓励"最非美国的东西，即阶级和文化……在（美国）不应该有什么高人一等的头脑"。然而，进步主义要求政府由受过科学训练的管理精英主持。在一个进行进步主义改革的城市，市长的政治权威被大学培训的城市经理人的专业知识所取代，他们的职业技能是从大企业中获取的。进步主义者执迷于社会控制，将秩序强加给世纪之交中混乱的美国民众。

在进步主义的观点中，社会的目标就是在一个健康的社区环境中培养个体。进步主义者更看重个人成长，而不是持久的成就。正如杜威后来写道："成长、改进和进步的过程，而不是……结果，才是最有意义的事情……不要把完美作为最终目标，生活的目标是一个不断完善、成熟、精炼的过程……成长本身就是唯一的道德目的"（Dewey，1920/1948/1957）。进步主义革新的目标是拉马克式的。既然进步主义的（即拉马克式的）进化没有尽头，个体的成长也应该永无止境。科学已经废除了上帝，但杜威定义了一种新的原罪；正如一位进步主义狂热分子所写的那样："长久以来备受争议的违背圣灵的原罪终于被发现了……拒绝与重要的改进原则合作。"

在杜威看来，个体的个性与思想是从社会中获得的。事实上，没有任何个体先于社会存在，社会也不是一群独立的个体的集合。尽管岛屿社区模式正在走向衰落，但美国人仍然渴望社区生活，进步主义提出了一种新的、合理规划的社区模式。进步主义的代表人物伦道夫·伯恩（Randolph Bourne）认为，在新的秩序中，没有什么比"光辉的人格"更重要；"如果一个人想有效地实现改革社会的伟大目标"，自我修养"几乎成了一种责任"。因此，理性的社会规划会带来个人成就感。正如杜威所言，个人应该得到发展，"他应该与国家中所有其他人和谐相处，也就是说，他应该具备社会的统一意志……个人并没有被牺牲，只是借由国家实现个人价值"（引自 Ross，1991，p.163）。

然而，尽管进步主义与美国的某些价值观有共鸣，但它与美国过去的个人主义、自由主义存在着矛盾。继杜威之后，社会学家阿尔比恩·斯莫尔（Albion Small）谴责"（美国人）荒谬的对个人主义的原始崇拜"（引自 Diggins，1994，p.364）。无论是关于"人"的科学观，还是基于心理学原则的科学社会管理，都没有个人自由的空间，因为自然主义科学中当然没有自由。个人应该得到培养，但要符合整个国家的利益：

> 社会控制不能由个人来决定，而是必须从一个受控的环境开始，这个环境为个人提供了一个统一的、持续的刺激源……"干涉个人自由"这样的抗辩，在法庭上不应有任何分量，因为个人无权反对一个科学化管理的社会，但（这些个人主义者会）发现，他们所有的合法自由都符合并促进了这样的社会功能。
>
> （Bernard，1911）

进步主义的视野当然不局限于心理学，而是沿着相似的路线重塑所有的社会科学（Ross，1991）。不可避免的方向是行为学，因为归根结底，社会控制是对行为的控制。而要实现社会控制，心理学家将不得不放弃无用的、神秘的内省实践，转而对行为进行应用性研究，旨在揭示进步主义者可能实现社会控制的科学原理。随着 20 世纪的发展，心理学家努力实现杜威的希望。心理学家越来越多地深入社会，试图重塑不合群者、孩子、学校、政府、企业和人们的心灵。20 世纪的心理学深刻地改变了我们对自己、对需求、对爱人和对邻居的看法。哲学家兼心理学家约翰·杜威，比任何人都更能描绘 20 世纪美国人的心灵蓝图。

在美国创立应用心理学

1892 年，威廉·詹姆斯写道："那种可以治愈抑郁或慢性病态妄想的心理学，理应比那些一心探求灵魂最深刻本质的心理学更受青睐"（James, 1892b）。詹姆斯发现了现代心理学（尤其是现代美国心理学）中的一种张力，一种在整个 20 世纪持续增长的张力："作为科学家的心理学家"和"作为一门手艺的实践者的心理学家"之间的紧张关系。这种紧张关系在成立于 1892 年的美国心理学会的历史中体现得最为明显。它的成立是为了推动心理学作为一门科学的发展，但很快它的成员就转向了心理科学的应用，而美国心理学会发现自己卷入了很多不必要的问题，这些问题涉及定义并规范作为一种技术性职业的心理学。然而，专业应用心理学的发展并没有倒退，尤其是在美国：心理学的社会环境，以及实用主义和机能主义的意识形态需要它。

在 19 世纪的德国，决定大学录取门槛的学者们需要确定心理学作为一门学科的合法性。当时大学里的主要学者是哲学家，在他们的德国知识精英文化中，纯粹的知识比技术更重要。自然而然地，冯特和其他德国心理学家创立了一门学科，严格致力于"对灵魂本质的哲学洞察"。而在美国，情况则大不相同。美国大学不是由少数学者控制的机构，而是公立和私立学校的混合体，更多受地方控制。正如托克维尔观察到的，美国人重视实用性的东西，寻求社会和个人的进步，而不是纯粹的知识。因此在美国，决定心理学价值的"合议庭"，是由对社会控制技术感兴趣的工商界实干家组成的。自然地，心理学家开始强调这门学科的社会和个人效用，而不是其精致的科学特征。

与颅相学一样，美国心理学希望被认可为一门科学，尤其希望被认可为一门有实用意义的科学。在美国心理学会成立 25 周年之际，约翰·杜威（Dewey, 1917）谴责了加尔或冯特对心灵的定义，即心灵是先于社会存在的自然创造。杜威认为，"将心灵置于社会控制之外"的观点，成了政治保守主义的堡垒。他提出了自己的实用主义观点，认为心灵是一种社会创造，是实验心理学的合理基础。在杜威看来，心灵是由社会创造的，它可以被社会有意地塑造，而心理学作为研究心灵的科学，可以将"社会控制""社会的科学管理"作为其目标。这样的心理学与后来的进步主义一脉相承，并给美国心理学带来了冯特心理学所缺乏的社会效用。

美国心理学家由此带来了一门具有实用主义"现金价值"的科学。实用主义认为，思想的意义在于对行为的改变，基于这一点，心理学理论就必须证明其能够给个人和社会带来影响。机能主义认为，心理的作用就是调整有机体的行为以适应环境。自然地，心理学家们就会对美国人生活中的适应过程产生兴趣，进而改进适应过程，使其更加有效，并在出现问题时予以修复。基于"适应"对心灵的重要性，人类生活的每个领域都需要心理技术专家对人格和行为的全方位干预：孩子对家庭的适应、父母对孩子的适应、夫妻间的适应、工人对工作场所的适应、士兵对军队的适应，等等。生活的方方面面最终都逃不过职业心理学家的临床观察。

测试：美国的高尔顿传统

心理学的应用是从心理测试开始的。高尔顿研究智力的方法和他研究心智的进化方法被证明是相当有影响力的，尤其是在美国（见第 7 章）。高尔顿的方法被詹姆斯·麦基恩·卡特尔带到了美国，后者在 1890 年创造了"心理测试"这一术语。正是通过测试，普通美国人第一次接触到了心理学。在 1893 年的哥伦比亚博览会上，他们参加了心理测试。

当卡特尔引入"心理测试"这一术语时，他清楚地认识到，测试是科学心理学的一部分，而不是心理学职业发展的第一步。对卡特尔来说，测试是一种与心理学实验具有同等价值的科学测量方式：

> 除非心理学建立在实验和测量的基础上，否则它无法达到物理科学的确定度和精确性。通过对大量个体进行一系列的心理测试和测量，我们可以向这个方向迈出一步。这些结果对于发现心理过程的稳定性、不同心理过程之间的依赖性，以及它们在不同情况下的变化，具有相当大的科学价值。

（Cattell，1890）

随着测试对心理学的重要性与日俱增，人们开始关注哪种测试最有价值。美国心理学会专门任命了一个委员会来研究此事（Baldwin，Cattell & Jastrow，1898）。习惯纸笔测试的现代读者会对早期的心理测试清单感到惊讶。卡特尔（Cattell，1890）列出了他在宾夕法尼亚大学实验室对"所有自我呈现者"进行的 10 项测试。有些测试是纯粹的物理测试，比如"测力计测试"；有些是心理物理学方面的，比如"重量的最小可觉差"；最"纯粹的心理"测试是"听觉记忆记住的字母数量"，用以评估当今认知心理学家所说的短时记忆或工作记忆。专门委员会推荐的测试还包括对"感觉"的测量，反映了经验主义者对感官敏锐度、"运动能力"和"复杂的心理过程"的强调。最后一类测试仍然倾向于测试简单的能力，如反应时和联想能力。笛卡儿式的法国人渴望测量推理能力，而英美人则渴望测量感官敏锐度和简单的思维敏捷度，两者之间的差异至今仍然存在。

迄今为止，最重要的美国早期心理学家是刘易斯·推孟。比奈的智力测试给戈达德等美国心理学家留下了深刻印象，但只有推孟成功地翻译和改编了比奈的测试，供美国学校使用。斯坦福－比奈测验（Terman，1916）成为整个 20 世纪心理测试的黄金标准。在引入心理测试时，推孟对它的期许远远超出了卡特尔和其他测试先驱，先驱们只把心理测试当作一种科学工具。而推孟将测试与进步运动联系起来，为新兴的职业心理学提出了宏伟的目标。

和杜威一样，推孟首先对心理测试在教育中的应用感兴趣，但他将测试的视野扩展到了学校系统之外。推孟写道："遗传中最重要的问题是关于智力遗传的问题。"和高尔顿一样，推孟相信智力几乎完全由遗传决定，而不是由教育决定。同样与高尔顿相似的观点是，推孟认为智力在取得成功方面起着关键作用，而且在现代工业世界中，智力比以往任何时候都更具决定性：

> 除了道德品质，对孩子的未来来说，没有什么比他的智力水平更重要的了。甚至健康本身对决定人生成功的影响也可能较小。虽然力量和敏捷性对于低等动物有很大的生存价值，但这些特征在人类的生存斗争中早已失去了至高无上的地位。对我们来说，体力规则已经被打破，智力已经成为成功的决定性因素。学校、铁路、工厂和最大的商业企业可以由身体虚弱甚至体弱多病的人成功管理。一个有智慧的人通常会根据自己的优势或劣势来衡量机会，并遵循那些最有可能自我实现的原则进行自我调整以适应环境。
>
> （Terman，1916）

因此，智力测试对于科学心理学（用以解决智力遗传的问题）和应用心理学（为人们在学校和工作中找到合适的位置）来说都很重要（Minton，1997）。推孟（Terman，1916）希望学校"重点关注智力的提升"，而不是对当前年级教科书的掌握。但推孟设想，他的智力测试可以应用于任何必须管理和评估大量人员的机构，他描述了智力测试在"全国进步主义监狱、少管所和少年法庭"的使用。

对推孟来说，最重要的是对极端智力人群（包括智力超常者和智力低下者）的识别和社会控制。天才需要被发现和培养：

> 这个国家未来的发展，很大程度上取决于对这些优秀孩子的正确培养。文明是否向前发展，在很大程度上取决于具有创造性的思想家和领导人在科学、政治、艺术、道德和宗教方面取得的进步。中等能力的人可以跟随，也可以模仿，但天才必须带路。
>
> （Terman，1916）

在职业生涯的后期，推孟发起了一项纵向研究——识别智力天才，并跟踪他们的一生

（Cravens，1992）。

对于"智力低下者"（feeble-minded），推孟（Terman，1916）提出了一系列优生学方案，计划在一战后逐步实施。根据推孟的说法，低智力的人应该感到恐惧：

> *不是所有的罪犯都智力低下，但所有智力低下的人至少都是潜在的罪犯。每个智力低下的女人都是一个潜在的妓女，这一点几乎不会被任何人质疑。道德判断和商业判断、社会判断或任何其他更高层次的思维过程一样，是一种智力功能。如果智力方面是幼稚的，道德就不会开花结果。*
>
> *因此，"智力低下者"必须服从国家的控制，以防止他们有缺陷的智力被传递下去：*
>
> *可以有把握地预测，在不久的将来，智力测试将把成千上万的此类高危缺陷者置于社会的监视和保护之下。这将最终控制"智力低下者"的繁衍，消除大量的犯罪、贫困和工业低效。*
>
> *几乎没有必要强调，现在经常被忽视的这类高危人群，正是国家最需要承担监护责任的人群。*
>
> （Terman，1916）[①]

阐明应用心理学：雨果·闵斯特伯格

令人惊讶的是，发展应用心理学这一独特领域的主要倡导者是雨果·闵斯特伯格。在科学心理学方面，闵斯特伯格继续发展他从冯特那里学到的德国知识精英式的内省心理学。然而，当他走出实验室，向公众发表演讲时，闵斯特伯格把心理学应用到了实际工作中。

在《在证人席上：心理学与犯罪论文集》（*On the Witness Stand: Essays on Psychology and Crime*，1908/1927）中，闵斯特伯格观察到："虽然美国大约有50个心理学实验室……但受过教育的普通人迄今尚未注意到这一点。"此外，当人们参观他的哈佛实验室时，他们倾向于认为这是一个进行心理治疗、展示心灵感应，甚至是搞神秘通灵仪式的地方。闵斯特伯格认为，心理学最初在默默无闻中发展是幸运的，因为"一门学科能够自我发展的时间越长……在寻求纯粹真理的过程中，它的基础就越坚实"。然而，闵斯特伯格写道："实验心理学已经到达了一个阶段，在这一阶段，关注其在日常生活中的实用性，合情合理。"他呼吁创立"独立的实验科学，它与普通实验心理学的关系，就像工程学与物理学

---

① 这段话体现了当时心理学界的观点，现在看来显然极其错误，请在阅读时甄别。——编者注

的关系一样"。推孟（Terman，1916）还呼吁培养心理学上的"工程师"。闵斯特伯格说，应用心理学最初会应用于"教育、医学、艺术、经济学和法律"等领域。前两个领域反映了在学校和法国临床心理学中使用心理测试的现状，而闵斯特伯格写这本书的目的，是希望将心理学应用到法律领域。

1918 年，令沃纳·菲特非常震惊的一本书是闵斯特伯格写的《心理学与工业效率》（*Psychology and Industrial Efficiency*，1913），因为闵斯特伯格在书中不再将心理学仅仅定义为关于意识的内省，还对应用心理学及其在未来日常生活中的角色给出了更宽泛的定义。闵斯特伯格正确地指出了现代生活对心理服务的需求，这是"现实生活中日益增长的需求……因此，实践心理学家有责任系统地考察实验心理学的新方法，以及这些方法能在多大程度上推进现代社会的其他目标"。《心理学与工业效率》的目标是通过心理学来帮助实现"其他目标"，例如帮助发展新的城市－工业生活方式，探寻"如何找到最好的人（招聘），如何优化分工，以及如何获得最好的效果"。

在这本书的结论中，闵斯特伯格阐述了他对应用心理学未来的愿景，例如大学应该建立专门的应用心理学系，或者建立独立的应用实验室。"对美国来说，理想的解决方案是建立一个'政府应用心理学研究局'……类似于……农业部"（Münsterberg，1913）。闵斯特伯格担心他关于"心理工程师"的雄心可能会被嘲讽，甚至担心心理学有朝一日会沦落到应用于他不屑一顾的方面——心理学家被要求对国会议员进行心理测试，或者实验方法可能会被用于研究"饮食和做爱"。如今，在这个心理学无处不在的时代，闵斯特伯格那些看似杞人忧天的担忧，反倒成了先见之明。

尽管担心自己的提议可能看起来很傻，并且也意识到实现它的道路是曲折的，但闵斯特伯格还是以一首对未来心理学社会的赞歌作为总结：

> 我们绝不能忘记，通过未来的心理适应和心理生理条件的改善来提高工业效率不仅符合雇主的利益，也符合更多雇员的利益；他们的工作时间可以减少，他们的工资可以增加，他们的生活水平可以提高。最重要的是，比双方赤裸裸的商业利益更重要的是，一旦每个人都能发挥出最大的能量，获得最大的个人满足感，这种文化收益就会成为国家整体经济生活的一部分。经济实验心理学提供的最鼓舞人心的想法，莫过于这种对工作和心理的调整，通过这种调整，工作中的心理不满、精神压抑和沮丧情绪，可以被社会中洋溢的快乐和完美的内心和谐所取代。

> （Münsterberg，1913）

无论这个术语看起来多么贴切，职业心理学家都不会被称为闵斯特伯格和推孟所谓的

"心理工程师"，他们将被称为"临床心理学家"，这个角色正在费城悄然形成。

职业心理学

临床心理学　作为一种现实职业，临床心理学，也就是职业心理学，是由莱特纳·威特默（Lightner Witmer）创立的（Benjamin，1996；Routh，1996）。1888 年从宾夕法尼亚大学毕业并短暂地留校任教后，威特默选择了继续深造。他开始跟着卡特尔读研究生，最后在莱比锡跟着冯特读完了博士。回到宾夕法尼亚大学后，威特默继续从事教育相关的工作，他为费城的老师们讲授儿童心理学课程。除了是临床心理学的创始人，威特默还是学校心理学的创始人（Fagan，1996）。1896 年，他的学生之一（费城的一个老师）让威特默留意她的一个学生，这个学生虽然智力正常，却不识字。威特默检查了这个男孩，并试图解决他的问题，由此产生了临床心理学史上的第一个案例（McReynolds，1996）。同年晚些时候，威特默在大学建立了他的心理诊所，并在 12 月的美国心理学会会议上做了介绍（Witmer，1897）。

威特默诊所不仅是职业心理学实践的第一个正式场所，它还承接了第一个临床心理学研究生培训项目。威特默诊所的核心功能是为费城学校系统的儿童及青少年提供心理检查和治疗，但很快就惠及了父母、医生和其他社会服务机构（McReynolds，1996）。威特默的治疗方案还不是我们今天所了解的心理治疗，而是类似于 19 世纪精神病院的道德疗法（见第 7 章）。威特默试图重建孩子的家庭和学校环境，以改变孩子的行为（McReynolds，1996）。

威特默（Witmer，1907）在他创办的期刊《心理诊所》的第一期中描述了他对临床心理学的定义。在回顾了他的开创性诊所和培训项目的建立过程后，威特默注意到"临床心理学"这个术语有点怪异，因为临床心理学家并没有像医生那样一对一治疗。"临床心理学"是"我能找到的最好的术语，用以描述我认为这项工作所必需的方法特征……这个术语意味着一种方法，而不是一个地点"。对威特默来说，因为临床心理学是由一种方法——心理测试来定义的，所以它的应用范围很广：

> 我不认为临床心理学的方法必然局限于智力和道德有缺陷的儿童。准确地说，这些孩子并不算不正常的，他们中很多人的状况也不能被看作病态。他们之所以不同于一般儿童，只是因为个人的发展阶段相对滞后。

> （Witmer，1907）

因此，临床心理学不排除其他类型的偏离平均水平的儿童，例如，早熟儿童和天才儿童。事实上，临床方法甚至适用于所谓的正常儿童。因为凡是通过观察和实验来确定个体心智状况的地方，就必然要引用临床心理学的方法，并应用教育学的方法来实现改变，也就是促进这种个体心智的发展。无论被试是儿童还是成人，都可以进行检查和治疗，并得出临床结论。与推孟和闵斯特伯格一样，威特默期待心理学大规模介入现代生活。

职业心理学一经推出就开始腾飞。到 1914 年，已经出现了 19 所类似威特默诊所的大学心理诊所（Benjamin，1996）。还出现了一种附属于新的进步少年法庭的类似机构——儿童辅导诊所。1909 年，第一个这样的诊所附属于芝加哥的一个少年法庭，在那里，心理学家格雷斯·弗纳尔德（Grace Fernald）对即将出庭的儿童进行测试。临床心理学的第一次正式实践是在 1908 年，在由亨利·戈达德指导的为智力障碍儿童设立的瓦恩兰培训学校（Vineland Training School）。与在法国一样，临床心理学家开始与精神病院合作，比如著名的马萨诸塞州麦克莱恩医院（McLean Hospital）。由于进步运动致力于让孩子们留在学校而不是去工作，职业局得以成立，向希望就业而不是在新的高中接受教育的青少年颁发"工作证书"。心理测试成为发放此类证书和为他们安排合适工作的流程之一（Milar，1999）。

当雨果·闵斯特伯格谈论商业和工业心理学时，沃尔特·迪尔·斯科特（Walter Dill Scott，1869—1955）将其进一步付诸实践，从 1901 年的广告心理学开始，到 1916 年的人事选拔（Benjamin，1997）。流行的自助心理学也开始出现。1908 年，曾患过精神疾病的克利福德·比尔斯（Clifford Beers）写了一本由威廉·詹姆斯亲自推荐的书——《一颗找回自我的心》（A Mind that Found Itself），由此开启了精神卫生运动。这一运动借鉴了 19 世纪在公共卫生方面取得的巨大成就——通过传授如何保持良好的身体卫生来预防疾病，从而根除了伤寒和霍乱等古老的人类灾祸。而精神卫生运动的目的，则是预防心理疾病。心理学系开始将精神卫生课程纳入其课程体系，但很多课程仍以"个人适应"或"有效行为"为名。这项运动还进一步推动了儿童辅导诊所的建立，这类诊所会在问题出现之前就启动防范性介入。

精神分析在美国　虽然精神分析发源于德国，但到了 20 世纪 30 年代，大多数精神分析学家都是美国人。随后，纳粹上台导致了大量精神分析学家逃离本土。一些精神分析学家，其中最有影响力的是弗洛伊德和他的女儿安娜（1895—1982），一起去了英国。在那里，弗洛伊德获得了加入历史悠久的英国皇家学会的巨大荣誉，该学会的历史可以追溯到科学革命时期。考虑到弗洛伊德的健康状况不佳，该协会的会员手册第一次也是唯一一次离开了该协会的总部，便于弗洛伊德在上面签名。

正如他们对颅相学和学术心理学所做的那样，美国人接受了精神分析，这是一门专注于个人心灵的科学。特别之处在于，美国人发展了他们本土的心理治疗形式，通常是在宗教咨询的背景下（Benjamin & Baker，2004；Shamdasani，2012；Skues，2012）。1909年，弗洛伊德应霍尔之邀，在克拉克大学（霍尔是该校校长）做了一系列关于精神分析的演讲（Burnham，2012a）。尽管弗洛伊德出于欧洲知识分子一贯的清高鄙视美国人[认为美国人是对精神生活不感兴趣的逐利者（Falzeder，2012）]，但他和荣格等一小部分精神分析学家还是同意了去美国介绍精神分析。

纳粹主义兴起后，逃离德国的精神分析学家对美国精神分析的影响与对英国类似。大多数移居国外的德国精神分析学家定居在纽约市，马卡里（Makari，2012）称纽约为"哈得孙河上的中部欧洲"（另见 Leahey，2009），这些来自德国的精神分析学家最终与美国精神分析学家产生了激烈的冲突，他们认为美国化的精神分析偏离了弗洛伊德的正统学说（Makari，2008，2012），专注于自我的力量，而不是本我的原始力量，就像海因茨·科胡特（Heinz Kohut，1913—1981）那样（Lunbeck，2012）。

| 职业心理学的组织 |

职业心理学或临床心理学是心理学短暂历史中的一个新趋势，它在世界上的地位尚不确定。有的机构根本看不起自己雇用的心理测试员（Routh，1994）。例如，1910年，J. E. 华莱士·沃林（J. E. Wallace Wallin）受雇于新泽西州癫痫村（现为新泽西州神经精神研究所）进行比奈测试。癫痫村的负责人是一名医生，他禁止沃林进入病房，禁止沃林在没有署负责人名字的情况下发表科学论文，甚至禁止沃林未经允许离开医院！与此同时，让沃林感到不安的是，操作比奈测试的未经训练的学校教师，也被称作"心理学家"（Routh，1994）。

为了改变这种状况，沃林与其他临床和应用心理学家一起，在1917年组织成立了美国临床心理学家协会（American Association of Clinical Psychologists，AACP）（Resnick，1997；Rout，1994）。其主要目标是为职业心理学家创造一个公共身份。美国临床心理学家协会章程的序言宣布，协会的目标是：提升职业心理学家的士气，鼓励对精神卫生及教育的研究，提供分享应用心理学思想的论坛，并建立"明确的心理学实践职业标准"（引自 Routh，1994）。最后一个目标是最新颖也是最重要的，因为它将新兴职业心理学家的利益和美国心理学会学术心理学家的利益区分开来。

在1915年，尽管美国心理学会支持临床心理学家的意愿，即对测试人员设置培训标准（Resnick，1997；Routh，1994），美国临床心理学家协会的创立还是引起了轰动。1961年，沃林回忆说，在1917年的美国心理学会会议上，新组织成立的消息"迅速传播，并成为人们津津乐道的话题"。一个参与人数众多的协会会议被匆忙召集起来，"其特点是激烈的辩论，大多数发言者强烈反对成立另一个协会"（引自 Routh，1994，p.18）。

为了保持心理学的统一，美国心理学会专门创建了一个临床分会，赋予职业心理学家一个独特的身份，美国临床心理学家协会解散了。然而，美国心理学会仍然拒绝为临床培训和实践制定相关标准。临床分会的工作人员在撰写他们的章程时，列出的第一个目标就是"鼓励和促进临床心理学领域的执业标准"，美国心理学会却将其删除了（Routh，1994）。此外，美国心理学会还同意向该分会的"咨询心理学家"颁发证书。该分会的现有成员需要支付 35 美元，这至少相当于 2017 年的 731 美元，并且新成员还需要接受认证考核。然而，这个计划落空了。1927 年，本应担任认证委员会主席的 F. L. 韦尔斯（F. L. Wells）承认失败，他说："由此可以看出，存在这样一种呼声——职业化的心理学家需要一个与现在不一样的组织"（引自 Routh，1994，p.24）。

学术心理学家和职业心理学家的利益取向被证明是不相容的。美国临床心理学家协会从美国心理学会独立出来，这是心理学组织发展史上的第一次分裂。

然而，随着美国卷入一战，心理学家们都积极地将他们的想法和技术，尤其是心理测试，广泛应用于社会问题。然而，他们的努力太分散且不成气候。当战争到来时，心理学家开始致力于一项真正艰巨的任务：评估男人们是否适合在美国军队服役。一年后，心理学已然成为美国人精神生活的一个永久性组成部分，其术语也开始进入美国社会的主流语境。

| 社会争议中的心理学家 |

第一次世界大战的毁灭性影响

由于一战远不如二战受到美国人的关注，所以一战对于塑造现代世界的重要性经常被忽略。以任何标准衡量，一战都是极其血腥的。一项数据可以展示一战的残酷：每三个 19—22 岁的德国男孩中，就有一个死于这场战争（Keegan，1999）。

一战是美国历史上的一个重要转折点。1917 年美国的参战，标志着长达 20 年的深刻社会变革的结束，美国从一个由岛屿社区组成的农村国家转变为一个由各地社区组成的工业化、城市化国家。美国成了一个可以在大西洋对岸施展军事力量的大国，帮助决定了欧洲战争的结局。进步主义政治家在战争中看到了一个难得的机会来实现他们的社会控制目标，从工业化带来的大量移民和分散的群体中创建一个统一、有凝聚力和高效的国家。在威尔逊总统的领导下，他们也看到了一个给全世界带来进步和理性控制的机会。正如一位进步主义者所言："社会控制万岁！社会控制，不仅能让我们满足战争的严苛要求，而且也是即将到来的和平和兄弟情谊的基础"（引自 Thomas，1977，p.1020）。

但这场"终结一切战争的战争"让进步派的梦想受挫，继而破灭。政府创建了以效率为口号、以标准化和集中化为目标的官僚机构，但收效甚微。战争的恐怖之处在于，许多欧洲村庄因为几英尺的外国土地而失去了全部男性人口，这让美国人开始直面非理性因素，也让很多欧洲人终生抑郁和悲观。战胜国开始像秃鹫一样瓜分战利品，威尔逊成了一个可悲的理想主义者，在凡尔赛被忽视，在国内也被忽视，无法把美国带入他的国际联盟（League of Nations）。

这场战争最无形但也许是最重要的遗产是，它彻底粉碎了 19 世纪的乐观主义。1913 年，人们认为战争已经成为过去。商人知道战争对商业不利；工会领导人认为，劳工兄弟会的国家间纽带将战胜狭隘的民族主义情绪。到了 1918 年，这种希望被证明只是一厢情愿。新悲观主义抬头的迹象部分体现为权威的消亡。年轻人不再热情洋溢地走上战场，不再相信他们的领袖绝对不会背叛他们。事实证明，立法机构像过去的国王一样反复无常，容易引发战争。知识分子和社会政治领袖得到的教训是，理性不足以实现社会控制。

在战争的余波中，20 世纪 20 年代热血青年的反抗，以及原生家庭关系的岌岌可危，更加凸显了这一教训。然而，由于科学主义仍然在美国盛行，美国领导人转而求助于社会科学，尤其是心理学，给他们提供管理非理性群众、重塑家庭和工作关系的工具，以解决战后世界的各种问题。正如菲利普·里夫（Philip Rieff，1966）所言，中世纪，凭借对上帝的信仰，人们被教会统治；进步主义的 19 世纪，凭借对理性的信仰，人们被立法机构统治；20 世纪，人们对科学的信仰因对非理性的认识而有所缓和，人们被医院统治。因此，在 20 世纪，心理学机构成了社会上最重要的机构之一；毫不令人意外的是，心理学家的想法得到了更广泛的应用，所有人都关注最新的科学奇迹，领导者们希望找到社会控制的线索，而大众则希望借此洞察自身行为的根源。

战争中的心理学

和进步主义者一样，心理学家认为一战是一个机会，表明心理学作为一门科学已经成熟，可以投入社会应用。比较心理学家罗伯特·耶基斯是在战争中让心理学为国家服务的组织者。战争开始几个月后，他在美国心理学会的主席演讲中自豪地解释道：

在这个国家，在我们的科学史上，一个为了某些理想和实际目标的普适性组织横空出世。今天，美国心理学界派遣了一批训练有素的热心人员为我们的军事组织服务。我们并非单打独斗，而是基于共同的职业训练和价值，采取集体行动。

（Yerkes，1918，p.85）

正如进步主义利用战争来统一国家一样，耶基斯告诫心理学家"为了国防利益而团结一致"，将心理学家聚集在一起"作为一个专业团体，在全国范围内努力使我们的专业培训发挥作用"。

1917 年 4 月 6 日，在美国宣战仅两天后，耶基斯就抓住了一次铁钦纳"实验主义者"会议的机会，组织心理学家为战争服务。在耶基斯和其他一些人旋风般的活动之后（包括去加拿大考察，看加拿大心理学家作为大英帝国的公民，在他们的战争中做了什么），美国心理学会成立了 12 个委员会，分别关注战争的不同方面，从声学问题到娱乐（即让士兵远离妓女）。很少有年轻的男性心理学家能置身事外。然而，与二战不同，在这次战争中，只有两个委员会真正完成了任务。一个是沃尔特·迪尔·斯科特的动机委员会，它后来成了陆军部人事分类委员会。另一个是耶基斯自己的新兵心理检查委员会，该委员会专注于从美国军队中清除"心理不健康"的人。

一开始，耶基斯和斯科特之间的关系就相当紧张。耶基斯是实验心理学家出身，将研究兴趣带到了测试新兵的工作中，希望收集情报数据，同时满足军队的需求。而斯科特的背景是工业心理学，他为军事测试带来了实用的管理视角，优先关注实际结果，而不是科学结果。在费城沃尔顿酒店举行的美国心理学会战时组织会议上，斯科特说他"对耶基斯的观点非常愤怒，以至于我非常清楚地表达了自己的观点，并离开了美国心理学会理事会"（引自 von Mayrhauser，1985）。斯科特认为耶基斯是在玩弄权力，以促进自己在心理学上的利益，他指责耶基斯利用虚假的爱国主义掩饰一己私利。争吵的结果是，耶基斯和斯科特在对新兵进行考核时各行其是。耶基斯（他曾想成为一名医生）在军医总监办公室工作，而斯科特则在陆军副官办公室工作。

就军方反馈和使用的具体成果而言，斯科特领导的委员会是两者中更有效的一个。斯科特借鉴了他在卡内基理工学院的人事心理学的工作经验，开发了一个选拔军官的评定量表。斯科特让军队相信了这一评定量表的实用性，被允许成立他的陆军部委员会，该委员会很快参与了更大规模的任务，在军队中指派"合适的人担任合适的工作"。到战争结束时，斯科特委员会的成员已经从 20 人增加到 175 人以上，对成千上万的军事人员进行了分类，并为 83 个军事职位开发了能力测试。斯科特因其工作被授予杰出服务勋章。

耶基斯的委员会对军队的贡献很小，他没有获得勋章，但对推进职业心理学的发展做出了很大贡献。其标志性成就是开发了第一个集体智力测试。彼时，临床心理学家操作的个体测试已经趋于成熟，但难以针对成千上万的应征者做个体测试。1918 年 5 月，耶基斯召集了瓦恩兰培训学校测试方面的顶尖心理学家，编写了一份可以在短时间内对不同群体的男性进行测试的智力量表。最初，耶基斯也认为集体智力测试是不科学的，会将不可控因素引入测试场景。他想单独测试每一个新兵，但是斯科特在瓦恩兰的同事说服他，在这种情况下单独测试是不可能的（von Mayrhauser，1985）。耶基斯的研究小组设计了两种测试，一种是针对识字新兵的"陆军甲种测验"（the Army Alpha test），另一种是针对在甲种测验中表现不佳、被认为是文盲的人的"陆军乙种测验"（the Army Beta test）。新兵被按字母等级从 A 到 E 打分，就像在学校一样；A 类男子可以成为军官，D 类和 E 类男子则被认为不适合服兵役。

1917 年 12 月，军队顶住了相当大的压力，在一个营地进行了一段时间的实验后，批准对所有新兵进行全面测试。在整个战争期间，耶基斯的研究受到了军官们的敌视和冷漠对待，他们认为耶基斯带领的心理学家不该插手军队事务；耶基斯等人也受到了军队精神病学家的反对，精神病学家担心他们可能会在军队中越俎代庖。然而，在该项目于 1919 年 1 月结束之前，有 70 万人接受了测试。随着集体智力测试的发明，耶基斯和他的同事们设计了一种工具，极大地扩展了心理学家活动的潜在范围，并将心理学家们可测试的人口规模扩大了数倍。

耶基斯（Yerkes，1918）在他的心理学会主席演讲中总结道："展望未来，努力预言未来的心理学需求。军事心理学工作一个明显且重要的趋势是，对心理学家和心理服务的需求将势不可挡，这既是一个激励，也是一项挑战。"未来的发展超出了耶基斯的预料，虽然他只谈到了军队中的心理服务，但实际上，他的话描述了整个 20 世纪机构心理学最深刻的转变。战前，全国的应用心理学家都在相对孤立的环境中默默无闻地工作。战争期间，通过他们主动的、有组织的、专业的努力，心理学得以应用于紧迫的社会需求，影响了数百万人。一战后，心理学闻名于世，应用心理学突飞猛进，已经成为美国社会中的一个重要角色，自耶基斯将心理学家召入军队以来的 80 年里，其影响力持续增长。

美国社会背景下的心理学

随着心理学家开始关注美国的社会问题，他们便自然而然地卷入了学术界以外的有关社会、政治和智力的争议。第一个涉及心理学的重要社会问题是所谓的"智力低下者威胁"，很多美国人认为他们的集体智力正在下滑。陆军智力测试的结果一度支持了这一观点。对"智力低下"的担忧激发了公众和行政机构对优生学的兴趣，并带来了严格控制美国移民的首次尝试。随着职业心理学的不断发展，心理学家开始研究并影响越来越多的人类生活领域。其中最为突出的是研究工厂工作环境与行为的心理学家，以及那些重新思考现代家庭功能的心理学家。20 世纪 20 年代，心理学火遍美国。

美国的民主安全吗："智力低下者威胁论" 进步主义者和桑代克（Thorndike，1920）都认为："从长远来看，通过智力来统治大众是正确的路径。"但是陆军甲种测验和乙种测验的结果表明，聪明的美国人（得 A 的人）少得惊人，智力低下的美国人（得 D 和 E 的人）太多了。

从现在的角度来看，当时的军队智力测试是多么愚蠢。有一幅漫画来自《谢尔曼营新闻》，转载于 1919 年的《心理学公报》，描述了普通士兵的测试体验。一大群男人聚集在房间里，测试人员发给他们铅笔和答卷。他们不得不服从大声的命令，做不熟悉的事情，回答奇怪的问题。漫画中那个不幸的新兵要回答的测试内容，只是对真实事项的略微夸大。斯蒂芬·杰伊·古尔德（Stephen Jay Gould）对哈佛大学的本科生进行了测试，测试严格遵循了战时的方法和流程。他发现，尽管大多数学生表现不错，但有少数学生只能勉强达到"C"水平。当然，古尔德的学生被试对标准化测试非常有经验，这与压力巨大的部队应征者截然不同，应征入伍的很多人几乎没有受过教育。我们可以想象，普通的被试面对这样的测试会多么头疼，谢尔曼军营中那些倒霉的士兵是多么令人同情。

研究结果震惊了那些认同高尔顿的智力先天论的人。心理学家威廉·麦独孤（McDougall，1921）用了这样一句话作为书名——《美国的民主安全吗？》（*Is America Safe for Democracy?*）。他认为，除非人们采取行动，否则答案是悲观的："我们的文明，由于其日益增加的复杂性，对身在其中的民众提出了越来越高的要求；然而，这些文明承载者的素质却在下降或者恶化，而不是提高"（p.168）。亨利·戈达德曾协助建构过军队测试，他得出结论："普通人只能谨小慎微以糊口，并且他们按照指示行事，比独自计划更容易获得收益"（引自 Gould，1981，p.223）。高尔顿式的危言耸听者声称，个人和种族的差异源自遗传，因此不能通过教育来消除。例如，耶基斯（Yerkes，1923）指出，生活在北方各州的非洲裔美国人，远远强过生活在南方各州的非洲裔美国人，但他声称这是由更聪明的非洲裔人北迁而留下了智力低下者造成的。当然，他可能已经注意到，非洲裔美国人在北方接受教育的可能性比在南方更大，但他却直接排除了这一因素。

对这些测试及其声称的结果一直存在一些批评，但在很长一段时间里这些批评被忽视了。最具洞察力的评论家是政治作家沃尔特·李普曼（Walter Lippmann），他于 1922 年和 1923 年在《新共和》中发表了一篇文章，针对危言耸听者对军队测试结果的解读，进行了毁灭性的批评（转载于 Block & Dworkin，1976）。李普曼认为，普通美国人的智力不可能低于平均水平。推孟认定的 16 岁为"正常"心理年龄这一指标，是以加利福尼亚州的几百名学童作为参考标准的，而部队的测试结果却基于超过 10 万名的新兵。因此，更符合逻辑的结论是，部队的结果代表了美国人的平均智力，而不是坚持使用加利福尼亚州的样本，荒谬地认为美国人的平均智力低于平均水平。而且把人分为 A、B、C、D、E 五类是很草率的，这至多反映的是军队的需求，而不能反映真实的智力状况。例如，危言耸听者对只有 5% 的新兵得到 A 而感到担忧，但李普曼指出，测试的建构本身就是为了找出 5% 能够得 A 的人，因为军队想把 5% 的新兵送到军官训练学校。如果军队只需要一半的军官，那么测试只会产生 2.5% 得 A 的人，危言耸听者就会更加杞人忧天了。李普曼表示，简而言之，陆军的成绩没有任何特别值得关注的地方。然而，尽管他提出了警告，很多人还是对部队的测试感到兴奋。高尔顿式的危言耸听者敦促有关当局采取政治行动，对所谓的"智力低下者威胁"采取行动，正如我们即将看到的那样，他们做到了。

军队测试的另一个更持久的影响是，通过将智力测试应用于战争，提高了智力测试的地位。刘易斯·推孟从 10 岁开始就对人体测量产生了兴趣，当时一位颅相学家摸到了他的"清奇骨相"。他后来当选美国心理学会主席。在他的主席演讲中（Terman，1924），他认为智力测试在科学价值上等同于实验，而且，它们能够解决"人类面临的最重要的（问题）之一"，即先天和后天对智力的相对影响。后来推孟（Terman，1930）预测，心理测试将广泛应用于学校、职业指导及教育、工业、政治和法律等领域，甚至用于"婚姻诊所"——结婚前先进行心理测试。在推孟的世界里，颅相学家的愿景将会实现。另一位著名的心理测量学家查尔斯·斯皮尔曼（Charles Spearman）夸张地描述了智力测试，称其"填补了心理学长期缺失的、真正的科学基础……因此，心理学今后可以与其他基础坚实的科学（甚至与物理学）一道，占据应有的地位"（引自 Gould，1981）。心理测量学家和实验心理学家一样，总是嫉妒物理学。

推孟的愿景似乎正在实现。在关于军队工作的总结报告中，耶基斯谈到，"商业机构、教育机构和个人，不断要求使用军队的心理检查方法，或者希望对这些方法进行调整，以适应特殊的需要"（引自 Gould，1981）。在推孟的帮助下，耶基斯预见了基于心理测量的应用心理学的光明前景。他（Yerkes，1923）呼吁心理学家响应"对有关人的知识的需求，（这样的需求）在我们这个时代已经显著增加"。因为"人就像一根棍子或一台……机器一样可以测量"，心理学家会发现"人的更多方面将逐渐可以测量……更多的社会价值可以评估"，从而产生心理学上的"人类工程学"。在"不远的将来"，应用心理学将会像应用物理学一样精确而有效。进步主义者的社会控制目标，将可以通过心理学工具来实现。

移民控制和优生学　　如同普洛斯彼罗（Prospero）在莎翁的《暴风雨》（*Tempest*）中对卡利班（Caliban）的看法一样，高尔顿主义者视新移民和非洲裔美国人为"魔鬼，天生的魔鬼，他（们）的本性、教养永远不会改变"。军队的测试似乎证明了他们不可救药的愚蠢，这种愚蠢根植于基因，任何教育都无法改善。由于教育无助于提高美国人的智力、道德和相貌，因此他们得出结论：如果美国人不想"种族自杀"，就必须对愚蠢、不道德和丑陋的人采取措施。具体来说，根据高尔顿主义者们的说法，必须阻止那些劣等血统的人移民到美国，必须阻止那些已经身在美国但被愚蠢或不道德诅咒的人繁衍后代。因此，高尔顿主义者们试图只接收那些他们认为人种优秀的移民，并实施消极优生学，阻止最差的人群生育。虽然只有少数高尔顿主义者能够成为移民政治和优生学方面的领导者，但心理学家在推动高尔顿主义实现目标方面发挥了重要的作用。

最糟糕的高尔顿主义者是彻头彻尾的种族主义者。他们的领袖是麦迪逊·格兰特（Madison Grant），《伟大种族的逝去》（*The Passing of the Great Race*，1916）一书的作者。他把欧洲人按所谓的"种族"分为北欧人、阿尔卑斯人和地中海人，认为最佳种族是金发碧眼的新教徒，他们是自立的英雄，比其他种族更聪明，更足智多谋。格兰特和他的追随者说，北欧人建立了美国，但面临着被后来涌入的其他种族移民淹没的危险。耶基斯（Yerkes，1923）本人支持格兰特的荒谬种族主义，呼吁制定选择性移民法，旨在将非北欧人拒之门外，从而抵御美国"种族恶化的威胁"。耶基斯为心理学家卡尔·布里格姆（Carl Brigham）的《美国智力研究》（*A Study of American Intelligence*，1923）一书写了序言，该书利用军队的研究数据得出结论：由于移民（尤其是北美发展史上最具毁灭性的事件——非洲裔美国人的输入），美国人的整体智力将会……迅速下降……（除非）能够唤起公众行动来阻止它。没有理由不采取法律措施来阻止这一趋势的恶化……移民不仅应该是限制性的，而且应该是高度选择性的"（引自 Gould，1981，p.230）。

高尔顿主义者向国会施压，要求采取行动阻止美国劣等人群的流动。美国的国家移民研究所（National Institute of Immigration）所长布劳顿·勃兰登堡（Broughton Brandenburg）作证说："我们说我们培养了世界上有史以来最优秀的 6000 多万人口，这不是虚荣。至今，有超越我们的吗？没有。因此，任何移民进来的其他种族，都或多或少是劣等的"（引自 Haller，1963，p.147）。关于高尔顿式种族主义的移民观，最积极的传播者是 A. E. 威格姆（A. E. Wiggam），他是《科学新十诫》（*The New Decalogue of Science*）和《家谱的果实》（*The Fruit of the Family Tree*，1924）的作者。继高尔顿之后，威格姆宣扬"种族优化几乎是一种宗教责任"，他的畅销书向成千上万的读者传播了他的伪科学。整个高尔顿主义运动中普遍存在粗俗的种族主义倾向，以及知识分子的优越感。威格姆的歪理邪说不是来自达尔文或孟德尔，而是来自盲目的偏见。在一个科学主义的时代，偏执的思想往往需要用科学的语言来包装，因为宗教异端式的语言已经没有市场。

高尔顿主义的论点是错误的，布里格姆在 1930 年放弃了其论点，承认军队数据没有价值。然而，1924 年，国会通过了一项移民限制法案（在 20 世纪 70 年代和 1991 年都有所修改），该法案将未来移民的数量限制在一个基于 1890 年各国移民数量的公式内，那时非北欧移民的数量还没有增加。100 多年前，种族主义在这个国家赢得了一场"伟大"的战斗，而这个国家曾以神圣的荣誉承诺"人人生而平等"。芸芸众生——波兰人或意大利人，墨西哥人或越南人——再也无法自由地进入美国。

但是，对于已经身在美国的"劣等"（基因上不受欢迎）的人，我们能做些什么呢？军队测试极大地促进了美国的优生学事业。正如我们在第 10 章中看到的，英国的优生学关注的是阶层而不是种族，并且在优生学立法方面也没有取得真正的成功。然而，美国的优生学痴迷于种族差异，提出了关于消极优生学的激进计划，并在立法方面取得了显著的成功。

诺伊斯（Noyes）和伍德哈尔（Woodhull）继高尔顿之后，提出了自愿积极优生学，认为这是通过进化优化人类的最佳途径。从生物学家查尔斯·达文波特（Charles Davenport）开始，人们开始转向消极优生学和强制控制所谓的劣等人群。1904 年，在卡内基研究所的资助下，达文波特在纽约冷泉港建立了一个实验室，该实验室加上他的优生学档案办公室，成为美国优生学的中心。达文波特决心"斩草除根"（Freeman，1983），并通过《优生学，通过更好的繁殖改善人类的科学》（*Eugenics，the Science of Human Improvement by Better Breeding*，1910）和《遗传与优生学的关系》（*Heredity in Relation to Eugenics*，1911）推广他的观点。达文波特认为，酗酒、智力低下和其他弱点是基于简单的遗传机制，它们反过来会导致贫困和卖淫等社会顽疾。例如，他认为妓女是无法抑制大脑"天生性冲动"的智力低下者，因此转向了性生活。达文波特坚信不同族群在生物学上是截然不同的，他的著作中充满了贬损种族的刻板印象，声称这些刻板印象根植于基因。

心理学家中首屈一指的优生学家是亨利·戈达德，他是瓦恩兰特殊教育学校的负责人。高尔顿绘制了精英人群的家谱；在达文波特优生学档案办公室的帮助下，戈达德起草了一份"愚蠢、邪恶和犯罪者的家谱"——《柯克里克家族：智力低下遗传研究》（*The Kallikak Family: A Study in the Heredity of Feeblemindedness*）。戈达德将柯克里克人描述为"现代野人""智力低下但体格强壮"。为了证明自己的描述，戈达德展示了丑化柯克里克人的图片，图片里的柯克里克人半人半兽，看起来很邪恶（Gould，1981）。和达文波特一样，戈达德认为："人类行为的主要决定因素是一个单一的心理过程，我们称之为智力……它是天生的……很少受到任何后天因素的影响"（引自 Gould，1981）。戈达德认为："白痴不是我们最大的问题。白痴确实令人讨厌"，但他不可能自己生孩子，所以"正是这种隐性的白痴群体给我们带来了大问题"。因为这些"高级次品"可以伪装成正常人，结婚生子，戈达德担心他们会对美国人的整体智力造成影响。他们的数量将淹没相对较少的、富裕的、天生的美国贵族后裔。

达文波特、戈达德等高尔顿主义的危言耸听者提出了各种优生学计划。一方面是从宣传人手，旨在促进积极的优生学。例如，在 20 世纪 20 年代，州博览会的特色是举办"健康家庭竞赛"（Fitter Families contests），有时优生学家们会在"人类血统"展览中展示图表和海报，宣传遗传规律及其在人类中的应用。一些优生学家赞成将避孕作为控制有害基因的一种手段，但另一些人则担心这会助长放纵，并且主要会被能够制订计划的聪明人（那些应该被鼓励生育而不是控制生育的人）使用。麦独孤（McDougall，1921）想要通过政府补贴来鼓励优生。戈达德倾向于将智障和低能的人隔离在独立的环境中（如同他自己组织的高智商机构），在那里他们可以在适合他们的环境中幸福地生活，只是被禁止生育。

达文波特和其他大多数优生学家都青睐的解决办法之一是强制对所谓的劣等人群进行绝育。他们担心，自愿的方法很可能会失败，而永久机构化的成本又太高。绝育是个一劳永逸的办法，确保了不健康人群的繁衍终止，而国家只需支付很少的费用。缺少法律支持的绝育手术早在世纪之交就在中西部开始了，H. C. 夏普（H. C. Shap）发明了输精管切除术（结扎），并在印第安纳州为数百名精神缺陷患者进行了手术。在一战之前，强制绝育法就已经出台。1897 年，密歇根州的立法机关第一次考虑了这一点，但没有通过。1907年，印第安纳州通过了第一部绝育法，但在 1921 年被州最高法院推翻，并在 1923 年被另一部可接受的法律取代。一战后，一个又一个州通过了强制绝育法，直到 1932 年，30 个州中有 12 000 多人绝育，其中 7500 人在加利福尼亚州。需要绝育的条件包括智力低下（最常见的理由）、癫痫、强奸、"道德堕落"、卖淫、酗酒或吸毒，等等。

在 1927 年的巴克诉贝尔一案中，强制绝育法的合宪性得到了美国最高法院的支持，只有一票反对。该案发生在弗吉尼亚州，其绝育人数仅次于加利福尼亚州（Cohen，2016；Lombardo，2008）。卡丽·巴克（Carrie Buck）是一个 20 岁的女孩，住在弗吉尼亚州林奇堡的癫痫症和弱智者监护中心，据说她未婚生了一个弱智女儿。查尔斯·达文波特的助手哈里·劳克林（Harry Laughlin）在没有亲自检查卡丽·巴克的情况下得出结论，她是典型的"南方那些得过且过、愚昧无知、毫无价值的反社会白人"，也是典型的"低级白痴"（引自 Quinn，2003，p.36）。基于劳克林的判断，她被法院下令绝育，然后她起诉了弗吉尼亚州。奥利弗·温德尔·霍姆斯（Oliver Wendell Holmes）是一名法官，他因支持进步主义以及在裁决案件时愿意听取专家的科学意见而闻名，他撰写了代表多数派的意见。他写道："如果社会能够阻止那些明显不适合继续繁衍后代的人，而不是等着处决他们劣等的违法犯罪的后代，或是让他们因愚蠢而挨饿，那么对全世界都更好……别再祸及三代了"（引自 Landman，1932）。

有人批评优生学，特别是针对绝育。像 G. K. 切斯特顿（G. K. Chesterton）这样的人本主义者谴责优生学是科学主义的有害产物，走向"个人自由的秘密和神圣的地方，在那里，没有理智的人会想要见到它"。天主教徒谴责优生学"完全回归野兽的生活"，把人看作动物，企图用对待动物的方式来改善人类，而不是把人看作一种精神存在，通过美德来改善。顶尖的生物学家们谴责优生学在生物学上是愚蠢的，其中最著名的是那些将达尔文的自然选择理论与孟德尔的人口遗传学理论相结合而创立了综合进化论的人。统计学和遗传学的事实是，基于均值回归，大多数"低能"儿童出生于智商正常或高于平均水平的家庭，而"低能"父母生下的孩子比他们自己更聪明。例如，卡丽·巴克的孩子，最初被称为弱智，后来被证明是正常的，甚至是聪明的。因此，对"不合格人群"进行绝育，就算能在一定程度上改善国家人口的平均智力水平，也不会有太大的改变。

像克拉伦斯·达罗（Clarence Darrow）这样的公民自由主义者谴责优生绝育是"当权者为了自己的利益不可避免地引导人类繁殖"的一种手段。在社会科学领域，人类学家弗朗兹·博厄斯（Franz Boas）及其追随者领导了对优生学的批评。他的教导启发了心理学家奥托·克兰伯格（Otto Klineberg）以实证来检验优生学家的主张。他去了欧洲，测试了纯北欧人、阿尔卑斯人和地中海人，没有发现他们在智力上的差异。在美国，他的测试表明北方非洲裔美国人在智力测试中表现更好是因为接受了更多的学校教育，而不是因为他们更聪明。1928 年，戈达德改变了主意，认为"弱智不是不可治愈的"，他们"通常不需要被隔离在机构中"（引自 Gould，1981）。

到 1930 年，优生学已经奄奄一息。托马斯·加思（Thomas Garth，1930）在《心理学公报》上回顾了"种族心理学"，他得出结论说，在智力和其他方面的种族差异论，"并没有比 5 年前更加可信。事实上，很多心理学家似乎已经准备好接受另一个假说——种族平等论"。在鼓吹优生学的心理学家中，作为代表人物的布里格姆和戈达德收回了他们的种族主义观点。第三届优生学国际会议只吸引了不到 100 人。但最终扼杀优生学的不是批评而是尴尬。受美国优生学立法成功的启发，纳粹开始极为残酷地执行优生计划。从 1933 年开始，纳粹德国制定了强制绝育法，适用于任何据称有基因缺陷的人，无论其是否已经被机构收容。医生必须向遗传健康法庭报告这些人，到 1936 年，该法庭已经下令执行了 25 万例绝育手术。纳粹落实了麦独孤的计划，资助雅利安精英阶层生育第三胎和第四胎，并为党卫军母亲 [①]（无论已婚与否）提供温泉浴场，让她们生下优秀的孩子。1936 年，雅利安人和犹太人之间被禁止通婚。1939 年，精神病院里患有某些疾病的患者开始被国家下令杀害，包括所有犹太人，不管他们的精神状况如何。起初，受害者是被枪决，后来，他们直接被赶进毒气室，批量毒死。纳粹优生学的最终解决方案是屠杀，在这场大屠杀中，600 万犹太人"奉国家之命"死去。美国人对此感到震惊，于是停止了对一切消极优生学的宣传和实施。然而，很多法律并没有马上被废除。直到 1981 年，在发现州立医院详细

---

① 来自被占领地区的欧洲妇女，被选中为党卫军军官生孩子。——编者注

记录了很多法院下令绝育的案例之后，弗吉尼亚州才修订了优生学法律。优生学只作为一种遗传咨询服务存在，鼓励患有某些遗传性疾病（如镰状细胞性贫血）的人绝育，或在医疗监督下生育，比如通过羊膜穿刺术诊断是否适合生产，允许放弃"不健康"的胎儿。

心理学与日常生活

心理学家的工作　除了广告心理学（广告心理学通过广播或电视影响着每个人），受工业心理学（心理学在商业管理中的应用）影响的人比受其他任何应用心理学分支影响的人都要多。正如我们所看到的，工业心理学开端于一战之前，但与其他应用心理学一样，其全盛时期出现在战后。

无论是在商界还是在政府中，进步主义者的目标都是提高效率，而在任何情况下，提高效率的最佳途径都被认为是科学。在商业领域，科学管理的第一个代表人物是弗雷德里克·泰勒（Frederick Taylor，1856—1915），他在世纪之交发展了自己的思想，并将其写入 1911 年出版的《科学管理原理》中。泰勒研究了工作中的产业工人，并将他们的工作拆解为规范化动作，任何人都可以有效地完成，而不必成为手艺大师。本质上，泰勒把人类工人变成了机器人，无意识但高效地重复着常规化的动作。泰勒不是心理学家，他的理论缺陷在于，他的理论面对的是工作，而不是人，他忽视了工人的主观工作体验，以及工人的幸福感对生产效率的影响。然而，泰勒的目标却与科学心理学的目标一致："在科学管理下，权力的滥用和随意的指挥趋于消失；无论大小，每个问题都成为科学研究的问题，成为规则问题"（Taylor，1911）。当这些规则被理解后，它们就可以应用于追求更高的工业效率。

渐渐地，管理者认识到仅仅针对工作进行管理是不够的，只有工人被视为有感情、对工作有情感依恋的人时，工作效率和整体利润才会提高。一战后，随着心理学家在解决军队大规模人事问题方面取得的显著成功，工业心理学在美国商界变得愈发流行。20 世纪20 年代早期，由心理学家埃尔顿·梅奥（Elton Mayo）领导的一群社会科学家在美国西部电气公司（Western Electric Company）的霍桑工厂进行了一项影响深远的研究，该研究证明了将心理学应用于工业管理的可行性。

"霍桑效应"（Hawthorne Effect）是最著名的心理学结论之一。它基本阐明了主观因素在决定工人工作效率方面的重要性。虽然所进行的实验很复杂，但继电器装配车间的结果是定义霍桑效应的核心。一群装配电话继电器的女工被选来做实验。科学家们几乎考虑到了工作环境的每一个细节，从作息时间表到照明度。结果是，他们发现，他们所进行的每一项操作都提高了生产率，即便这项操作意味着返回旧的模式。研究人员得出结论，生产率的提高不是由工作场所的变化引起的，而是由研究人员的参与引起的。他们认为，实验的进行让工人感到管理层关心自己的福祉，因此对工作和公司的情感得到了改善，而这带来了产出的提高。

梅奥（Mayo，1933，1945）遵循了约翰·杜威为教育开出的处方中所阐明的民粹主义路线，他认为，由于工业化，工人已经远离社会，失去了过去岛屿社区中将人们联系在一起的前工业化生活的亲密关系。然而，与怀旧的民粹主义者不同，梅奥和杜威一样，认为农业世界已经无可挽回地消失了，他敦促企业通过创建工人社区来填补空白，以使工人在他们的工作中找到意义。为了满足工人明显的情感需求，人们采取了各种措施；第一个也是最显著的心理方面的发明是"人事咨询"。对工作或雇主对待自己的方式不满的员工，可以去找接受过培训的心理顾问，向他们倾诉自己的挫折和不满。在接下来的几十年里，这样的项目数量缓慢增长。

布拉梅尔和弗兰德（Bramel & Friend，1981）对霍桑的发现进行了重新分析，认为霍桑效应是一个神话。没有确凿的证据证明车间工作人员因为实验而对公司感觉更好，也有很多证据表明工作人员将心理学家视为公司派来监视他们工作的"间谍"。布拉梅尔和弗兰德（Bramel & Friend，1981）解释说，在实验进行到一半的时候，一个心怀不满的、生产力不高的工人，被一个充满热情的、生产力高的工人替换了，从而提高了继电器组装团队的生产效率。经济学家莱维特和利斯特（Levitt & List，2009）也重新分析了霍桑研究的原始数据，他们没有发现"霍桑效应"的有效证据。从更大的角度看，工业心理学的激进批评者（Baritz，1960；Bramel & Friend，1981）认为，工业心理学制造出了快乐的"机器人"，但归根结底，还是机器人。梅奥的人事顾问的工作是"帮助人们以一种他们会对自己的工作更满意的方式思考"；一位顾问报告说，他们接受的培训是"处理看待问题的态度，而不是问题本身"（Baritz，1960）。通过心理操纵，管理者可以转移员工对客观工作条件（包括工资）的关注，让他们转而关注感情，关注他们对工作环境的适应。工人们仍然会执行泰勒制定的机器人程序，但他们会以更快乐的心态这样做，倾向于将不满解释为心理适应不良，而不是工作中确实存在问题。

当心理学为王的时候 内省心理学对普通美国人不具备吸引力。铁钦纳的学生玛格丽特·弗洛伊·沃什伯恩（Margaret Floy Washburn，1922）在她的美国心理学会主席演讲中描述了一个聪明的看门人对她的心理学实验室的反应："这是一个奇怪的地方。不知怎么的，它会给你一种印象，那件事是做不到的。"然而，到20世纪20年代，心理学已经走向行为化，并且不断证明，在工业、学校、法庭和战争领域，心理学是可行的。当代观察家评论了行为心理学的大流行。20世纪20年代最具影响力的历史学家弗雷德里克·刘易斯·艾伦（Frederick Lewis Allen，1931，p.165）写道："在所有的科学中，最年轻、最不科学的科学最能吸引大众，对宗教信仰的影响也最大。心理学才是王道。你只要看看报纸，就会完全相信，心理学解决的是任性、离婚和犯罪等问题的关键。"铁钦纳的另一名学生格雷斯·亚当斯（Grace Adams，1934）放弃了心理学，转而从事新闻工作，并对心理学提出了严厉的批评，他称1919年至1929年为"心灵时代"。幽默作家斯蒂芬·李科克（Stephan Leacock）在1923年写道："一股伟大的思想文化浪潮席卷了整个社会。"

由于精神分析爱好者（Ostrander，1968）领导的道德革命与科学主义的最终胜利交织在一起，心理学在公众的关注中获得了特殊的地位。"'科学'一词，"艾伦说，"已经变成了口头禅。用'科学证明'作为一个声明的开头，足以平息争论。"宗教似乎处于毁灭的边缘。自由神学家哈里·爱默生·富司迪（Harry Emerson Fosdick）写道："有信仰的人可能会声称他们的立场是基于古老的传统、实用性和精神上的可取性，但一个问题就可能戳破所有这些泡沫——这是科学的吗？"（引自Allen，1931）

科学破坏了宗教，而科学主义则试图取代它。20世纪20年代的年轻人是在城市里、工业环境中长大的第一代美国人。由于与正在消失的岛屿社区的传统宗教价值观隔绝，他们转向现代科学，寻求道德和行为准则。一战后的心理学不再专注于枯燥的社会反思，而是成为一门公认的科学，可以用来指导人们如何生活，如何在商界和政界取得成功。

流行心理学同时完成了两件明显矛盾的事情。它给人们提供了一种从过去过时的宗教道德中解放出来的感觉。同时，它为社会控制提供了新的、公认的科学技术；进步主义者则强化了其应用。正如大众作家艾布拉姆·利普斯基（Abram Lipsky）在《人类的傀儡：控制思想的艺术》（Man the Puppet: The Art of Controlling Minds）一书中所写的那样："我们终于走上了控制人类同胞思想的心理法则的轨道"（引自Burnham，1968）。

流行心理学的第一波，也就是公众所认为的"新心理学"（Burnham，1968），是弗洛伊德主义，它倾向于淡化维多利亚时代的宗教理想。在精神分析的显微镜下，传统道德被发现是对健康的生理需求（主要是性需求）的压抑，从而产生神经症。年轻人从精神分析学说中得出结论："心理健康的首要条件是不受约束的性生活。"正如奥斯卡·王尔德（Oscar Wilde）明智地告诫过的那样："永远不要抗拒诱惑！"（Graves & Hodge，1940）贝蒂·鲍尔弗夫人（Lady Betty Balfour）在1921年英国教育协会的会议上发表演说，表达了弗洛伊德式正确育儿的流行观点：她"不确定道德态度是否应该为所有犯罪负责"。庸俗的弗洛伊德信徒认为，孩子们在成长过程中应该少受束缚，这样他们才有可能像玛格丽特·米德（Margaret Mead）笔下的"萨摩亚人"那样，不受压抑地成长，快乐而无忧无虑（见后文讨论）。

20世纪20年代流行心理学的第二波是行为主义，普通人有时会把它与精神分析混淆。罗伯特·格雷夫斯（Robert Graves）和艾伦·霍奇（Alan Hodge）是英国社会的资深观察者，然而他们却认为，精神分析学家把人看作"行为主义的动物"（Graves & Hodge，1940）。行为主义的主要推广者是华生本人。在精神崩溃后，他转向了精神分析。虽然弗洛伊德对生物学的强调给他留下了深刻印象，但他开始把精神分析看作"鬼神学（demonology）对科学的替代"。华生认为，精神分析的"无意识"是虚构的，只代表了一个事实，即我们无法用语言表达所有影响我们行为的因素。如果我们没有谈论某些刺激，就说明我们没有意识到它们，根据弗洛伊德的术语，我们称其为无意识，但并不存在隐藏着潜在冲动的神秘内心世界（Watson，1926c）。根据华生（Watson，1926a）的说法，"在弗洛伊德的心理学中，有用或一以贯之的真正科学太少了"，因而他提出了行为主义，并成了大众关注的新主张。

华生（Watson，1926a）将行为主义描述为代表"心理学的真正复兴"，推翻了内省心理学，代之以科学。他一贯将内省心理学与宗教联系在一起，并对两者都表示反对。行为主义者"抛弃了精神和意识的概念，称其为中世纪教会教条的残留……意识（只是）灵魂的伪装"（Watson，1926a）。"牧师——本质上都是巫医——通过让公众相信诸如灵魂之类的未被发现的神秘事物来控制公众"；哲学家华生说，科学正在"冲破""宗教保护的坚固墙壁"（Watson，1926b）。在评价了社会和心理学的过往之后，华生对当今的问题提出了立场鲜明的意见和建议。

华生抨击优生学。他写道，"优生主义者的宣传强化了大众对人类本能的信仰"，优生主义者的选择性繁殖计划十分危险。他坚持认为不存在劣等种族。华生注意到美国的种族主义，他说非洲裔美国人没有得到适当的发展，所以即使一个非洲裔美国人每年得到100万美元并被送到哈佛大学读书，"白人社会"也能让他感到自卑（Watson，1927b）。华生告诉《哈珀杂志》的读者，人是"一种低等的原生质，随时准备被塑造……哭喊着被鞭打成形"（Watson，1927b），并且承诺，行为主义者"可以把任何一个人，从出生开始，按照秩序塑造成任何一种社会或反社会的存在"（Watson，1926a）。

由于剔除了"天生"的概念，而人类可以按秩序来塑造，华生自然有很多建议可以给那些渴望科学育儿的父母。华生采取了强硬的立场，否认遗传对个性的任何影响，并坚持认为"家庭对孩子的成长负有责任"（Watson，1926a）。家务，包括抚养孩子，应该成为女孩需要接受培训的"职业技能"。他们的训练不能容忍诸如溺爱孩子、拥抱他们、容忍他们幼稚的要求等无意义行为。华生对传统的家庭（以及其他家庭改革家所倡导的新家庭）嗤之以鼻。

华生关于如何抚养孩子的建议体现了行为主义的残忍：

> 对待孩子有一种明智的方式。对待他们就像对待年轻的成年人一样。给他们穿衣服，细心地给他们洗澡。让你的行为永远客观且善良坚定。永远不要拥抱和亲吻他们，永远不

要让他们坐在你的腿上。如果一定要的话，在他们说晚安的时候亲一下他们的额头……早上和他们握手……试试看……你会为你处理这件事的方式如此多愁善感而感到羞愧……

　　由溺爱而来的陋习是非常有害的。那些有着根深蒂固的坏习惯的男孩或女孩，当他们不得不离开家去做生意、上学，或结婚时，会遭受挫折……无法打破陋习可能是导致离婚和婚姻分歧的最主要根源……

　　总而言之，当你想要抚摸你的孩子时，难道你忘记了母爱是一种危险的工具吗？这个工具可能造成永远无法愈合的创伤，可能使婴儿期不快乐，使青春期成为噩梦，甚至可能破坏你的成年子女的职业前途和他们的婚姻幸福。

（Watson，1928b，pp.81-87）

　　华生的《孩童的心理教养法》(*Psychological Care of Infant and Child*)一书（在他的第二任妻子罗莎莉·雷纳的帮助下完成）卖得很好。卡尔·罗杰斯（Carl Rogers），来访者中心疗法的创始人，后来的人本主义心理学的领导者，甚至也试图参考"华生的书"来抚养他的第一个孩子。有时，华生会对一个母亲养育一个快乐孩子的能力感到绝望（他把这本育儿书献给了第一个这样做的母亲），以至于他主张把孩子从父母身边带走，由育婴所的专业人员抚养（Harris & Morawski，1979），这正是斯金纳在他的乌托邦小说《瓦尔登湖第二》中提出的解决方案。

　　华生（Watson，1928a）写道："那么，行为主义者带给社会……一种控制个体的新武器……如果社会认定某些行为是可取的，心理学家就应该能够确定地去设计情境或因素，使个体能够以最快的速度和最少的努力去完成那项任务。"华生的第二职业是广告主管，他有机会通过操纵消费者来展示控制社会行为的力量。华生因与罗莎莉·雷纳的婚外情（随后他们结婚了）而被学术界排斥，他受雇于智威汤逊（J. Walter Thompson）广告公司，该公司正致力于研究控制大众思想的科学原理。

　　因此，进步主义者接受华生的行为主义并不奇怪。后来创造"新政"一词的斯图尔特·蔡斯（Stuart Chase）在《纽约先驱论坛报》(*New York Herald Tribune*)上称，华生的《行为主义》可能是"有史以来最重要的著作，代表了黎明的曙光"（引自 Birnbaum，1955）。正如华生（Watson，1928a）所言，行为主义给了社会"一种控制个体的新武器"，而进步主义者也渴望使用它来追求他们的社会控制梦想。他们认为，华生正确地描述了支配人类大众的条件反射定律。然而，进步主义者却乐于将自己归入"极少数"具有"创造性智慧"的个体之列，他们不仅不受条件反射定律的约束，还能够将其作为工具来使用，以避免"群体的声音"，并管理群体以达到进步主义的目的。就算控制不了思想，进步主义也希望至少可以控制人的行为。应该说，华生本人并不赞同进步主义的计划。他坚持认为条件反射定律适用于所有人，不管他们的祖先是不是乘坐五月花号来的，经过一定的训练，任何人都可以使用行为技术来自我控制或控制他人（Birnbaum，1964）。

华生普及的行为主义受到很多人的欢迎，但也有人认为其危险或肤浅。约瑟夫·贾斯特罗（Jastrow，1929）认为，华生在杂志和报纸上的自我宣传，贬低了心理学的地位。行为主义中有价值的东西——对行为的研究——"将会在……行为主义的'奇怪的插曲'和华生的公共滑稽表演中幸存下来"。格雷斯·亚当斯嘲笑华生的行为主义，认为他只分享了"精神分析的吸引人之处，回避其晦涩乏味的一面"，由此产生的肤浅体系是"一种令人振奋的学说，看起来十分直接、客观，相当美国化"。在1912年受实验心理学打压的沃纳·菲特（Fite，1918），认为行为主义是科学主义逻辑的终极产物，或者如他所言，在"行为主义心理学中，我们看到了科学所痴迷的完美之美"。按照行为主义者的说法，"内在的、个体的、精神体验意义上的心灵，必须与不朽的灵魂一起，被丢弃在非科学的历史垃圾堆中"。根据他们的观点，你的行为仅限于别人能够观察到的行为；而你的外表，不是对于你自己，而是对于世界，代表了你的全部（Fite，1918，p.802-803）。结合精神分析和行为主义的影响，菲特这样预测20世纪后半叶的心理学社会："毫无疑问，在我们充分科学化之前，这个时刻就会到来，届时，所有的家庭和社会交往都会因心理学专家的干预而变得明亮和通透。在那些美好的日子里，社交不会被虚假或不真诚所困扰，甚至不会被夸张的亲热所困扰"（p.803）。

到1930年，对心理学的狂热已经走到尽头。1929年大萧条发生之后，大众媒体有更紧迫的经济问题要考虑，关于心理学的文章数量明显减少。格雷斯·亚当斯希望其影响已经结束，但事实上，心理学只是暂时蛰伏（Sokal，1983）。在整个20世纪30年代，心理学继续发展并扩大其应用领域，尽管其发展速度不像一战后的辉煌岁月那么快。它正等待着另一场战争的信号，蓄势待发。

热血青年与家庭的重建

当意识到自己卷入了一场大规模的堕落狂欢，我感到十分震惊；校园里散发着放荡的恶臭，如此的无孔不入，以至于整个学年我们都被笼罩其中。在铺天盖地的恐慌中，赫斯特传媒掀开了布朗大学舞会中那些极端行为的面纱。在激烈的节奏中，它咆哮着，表现出一种堕落和自由主义，这种堕落和自由主义会使彼得罗纽斯（Petronius）[①] 感到

[①] 古罗马作家，他精于享乐，得到罗马皇帝尼禄的赏识，被召为廷臣，主管宫中娱乐，有"风雅裁判官"之称。——编者注

恶心，让梅萨利纳（Messalina）[①]自愧不如。它展现了在最好的精英学校接受教育的女孩，沉迷于酒精，被拉格泰姆音乐（ragtime）所感染，与穿着浣熊外套和德比鞋的年轻混混打成一片。在原始丛林节奏的刺激下，这些堕落的人来到停在沃推孟大街的跑车上，在黑暗的掩护下，用兄弟会徽章换取亲吻……作者通过形象的比喻，号召震惊的社会踩下刹车，悬崖勒马，从魔鬼的车轮下救出误入歧途的年轻人。

（Perelman，1958）

20 世纪 20 年代是年轻人反叛的时代，它是爵士乐的时代，也是一个摩登时代，当然，以赫斯特传媒主流作家为代表的老一辈作家对此感到十分震惊。年轻人的生活似乎正体现了威廉·巴特勒·叶芝（William Butler Yeats）在《第二次降临》一诗中所描述的现代主义的混乱。在混乱和迷茫中，这些 19 世纪 20 年代的热血青年 [《热血青年》是一本迎合家长忧虑的畅销小说，这些年轻人也是佩雷尔曼（Perelman）讽刺的对象] 的父母试图了解他们的孩子出了什么问题，更重要的是，这些父母试图学习如何应对。出现在家庭及年轻人身上的明显的危机，为包括心理学家在内的社会科学家提供了机会，使他们能够将他们的关注范围，以及科学的社会控制范围，从政治和商业的公共领域扩展到家庭的亲密关系中。

在社会科学家看来，传统意义上所构想和组织的家庭，在现代世界已经过时了。家庭曾经是一种经济单元，父亲、母亲和孩子在其中发挥独特的生产作用。然而，在工业化世界中，以家庭为单位的工作越来越少，所以个人而不是家庭才是一个独立的经济单元。孩子们不应该被允许参加工作，因为他们需要在学校学习城市化后的美国社会的价值观和习惯。女性"走出家门，并出于工作需要"走向工厂和企业。男人的劳动同样远离家庭，但它只是一份 8 小时的工作，而不是一种生活方式。家庭不再是一个社会功能单位。杜威派的进步主义者认为，家庭是一种自私的存在，因为父母只关心自己的孩子，而在现代城市世界里，必须平等地关爱所有的孩子。社会科学家说，热血青年的危机，只是更深层的社会危机的外在表现之一。

因此，家庭必须由专业的社会科学家来改造，用他们的专门知识来处理家庭适应性问题。抚养孩子不再被认为是任何人在没有帮助的情况下都能做的事情。通过专业的社会科学家，国家将在抚养孩子方面发挥主导作用。正如一位改革家所写的那样："国家所要做的，是调和亲子关系……使其转变为伙伴关系、合作关系、企业生活和良知"（引自 Fass，1977）。简而言之，母亲必须成为"母职"——一个需要接受教育和培训的职业。以抚养孩子为职业促进了专业社会科学的发展，并产生了一种意识形态——专家干预家庭生活是正当的。

[①] 古罗马皇后，以贪图享乐、淫乱而闻名。——编者注

由于作为经济单位的传统家庭角色不再存在，社会科学家不得不为新家庭提供新的功能："新家庭的特色将是亲情。新的家庭将经历更多的困难，保持更高的标准，接受更严格的性格考验，但也将提供更丰富的成果，以满足人类的需求。""这样的新家庭似乎不可能恢复失去的功能。但是，即便新家庭不生产针线、布料、肥皂、药物和食物，它仍然可以生产幸福"（引自 Fass，1977）。在改革者看来，家庭的主要功能是情感调节，以适应现代生活。那么，现代父母将在某种程度上成为心理治疗师，监控孩子的情绪状态，并在必要时进行干预，以调整他们的心理状态。父母是专业人士，家庭是情感幸福的生产者，这两种观念相辅相成。至少对于成为"治疗师"这一角色，父母需要接受培训，并且同时他们可能还需要一群专家，以便在出现严重问题时能得到帮助。应用心理学家自然会发现，儿童养育、儿童指导、儿童心理治疗是心理学应用的一片沃土。

与此同时，年轻人正在为自己建构一套新的价值观和新的社会控制体系。随着父母失去了对孩子的控制，年轻人在他们的同龄人文化中找到了远离家庭的新生活中心。他们会设定自己的价值观、自己的风格和自己的目标。20 世纪 20 年代青年文化的核心是拥有"良好的个性"，学会"全面发展"，并与其他年轻人合群。年轻人重视自我表现和社交能力，注重个人满足感，而不局限于客观成就。兄弟会和姐妹会等团体用自己的治疗技巧来强制成员遵守新的个性规则。违反规则的年轻人被迫参加"真相会议"，在会上，他们的"不良特质"和弱点被识别并分析。然后违规者需要认错，因为"兄弟会的群体意识是最强烈的。一个做错事的人不仅使自己蒙羞，也使他的兄弟会蒙羞"（Fass，1977）。

因此，尽管赫斯特传媒的主流作家们危言耸听，事实上父母和年轻人之间的距离并非想象中那么远。两者都被"治疗的胜利"（这是一种用心理学术语定义生活的现代趋势）重新塑造了。父母们逐渐认识到，他们的作用是治疗性的，目的是培养出情绪上适应良好的孩子。青年文化同样重视情绪调节，并试图通过自我治疗技术来实现。20 世纪的核心价值观形成于 20 世纪 20 年代：忠于一个人"真实"的自我，表达自己"最深"的感受，与更大的群体"分享"自己的个性。

就在新家庭和青年文化努力将生活重新定义为以自尊为中心，而不是以成就为中心的时候，人类学家和心理学家玛格丽特·米德从南太平洋回来，见证了一个田园式的社会，在这个社会里，人们无事可做，过着完美闲适的、和谐的平静生活。正如在启蒙运动时期，当启蒙哲学家们从几个世纪的宗教压抑中解脱出来时，他们渴望自由自在的生活，这在塔希提岛中显而易见。哲学家们致力于心理环境保护主义（psychological environmentalism），认为通过社会工程可以在欧洲建造一个塔希提式的天堂。当 20 世纪的知识分子反对维多利亚时代的性道德和极端优生学时，他们觉得自己正处于"新启蒙运动"的边缘，或者像华生所说的："社会复兴，为道德观念的改变做准备"（引自

Freeman，1983）。因此，他们对米德（Mead，1928）的《萨摩亚人的成人礼》（*Coming of Age in Samoa*）就像 18 世纪的读者对第一批太平洋岛屿旅行者的故事一样着迷。关于这本书，一位评论家写道："在我们每个人内心的某个地方，隐藏在我们的欲望和逃避的冲动背后的，是一个棕榈树环绕的南太平洋岛屿……一种客观自由和不需要负责任的慵懒气氛……我们在那里寻找自由、轻松和满足的爱"（引自 Freeman，1983，p.97）。

玛格丽特·米德是一位年轻的心理学家和人类学家，她曾师从美国现代人类学的创始人弗朗兹·博厄斯，我们之前已经提到过，他反对优生学。博厄斯和他的追随者们相信，用杜威的话来说，人性是由社会塑造的"无形冲动"，进而形成个性。他们同意杜威的观点，即心灵是一种社会结构，它与自然无关，与文化有关。同样，根据博厄斯的另一个学生鲁思·本尼迪克特（Ruth Benedict）的说法，文化只是"放大的个性"：个性完全由文化塑造，在历史个体中表现为文化；而文化是个性的塑造者，是社会的个性。如果说优生学者走向了一个极端，否认后天培养对先天的任何影响，博厄斯主义者则走向了另一个极端，认为文化是"某种机械的压力，大多数人都被推入其中进行塑造"。米德最为极端地认同华生的观点，她描述了人性"几乎难以置信的可塑性"是如何"被文化打造成形的"。

米德去了美属萨摩亚，进行了相当草率的实地考察，回来时描述了一个社会，这个社会似乎完美地支持了杜威主义和博厄斯主义关于"个性无限可塑"的概念，并提供了幸福社会的理想模型，在这个社会中，人们可以体验到与周围环境、社会和彼此之间的"完美和谐"。米德描绘了这样一个社会：不存在那种对父母强烈逆反的青年；没有侵略，没有战争，没有敌意；父母和孩子、丈夫和妻子之间没有深厚的情感；没有竞争；在这个社会里，父母以优秀的孩子为耻，以最迟钝的孩子为荣，也为其他孩子的发展设定了标准。

米德试图通过萨摩亚人的例子解决 20 世纪 20 年代的"先天 – 后天"之争，反对优生学，支持博厄斯主义。她的作品还提出了一个关于性自由和完美幸福的新乌托邦愿景，这个愿景激怒了赫斯特传媒的《波士顿美国人报》，但却成了 20 世纪 60 年代享乐主义哲学（hedonistic philosophy）的基础。最后，它赋予了心理学家在建构新社会中的核心作用。

然而，热血青年和萨摩亚社会背后的现实是不同的，既不同于赫斯特传媒作家们的危言耸听，也不同于米德散文式的描述。佩雷尔曼的"狂欢"实际上"文雅到了麻木的程度"："我整个晚上都在没有舞伴的男士那边闲逛，虔诚地恳求我认识的低年级男生允许我插队找舞伴……经常和其他几个伙计一起退到衣帽间，抿一口被身体焐热的杜松子酒。总之，这是一次极其平常的经历，我毫发无损地上床睡觉了"（Perelman，1958）。德里克·弗里曼（Derek Freeman，1983）表明，萨摩亚远不是米德所描述的天堂，而是沉迷于童贞，充斥着强奸、侵略、竞争和难以理解的人类情感的地方（另见 Pinker，2002）。

第 14 章

心理学专业团体与组织
分裂、融合与发展

| 第二次世界大战中的心理学 |

　　如同一战一样，二战将深刻地影响心理学。那场"终结一切战争的战争"使一门不起眼的小学科变成了一个雄心勃勃、引人注目的职业领域。二战为心理学家们提供了一个更大的机会，让他们可以同时追求社会公益和自己的职业兴趣。在这一过程中，战争使心理学以前所未有的速度发展，重新整合成一个单一的学术应用专业，并创造了一个新的职业角色——心理治疗师，这个角色很快就成了美国心理学家的代表。战争结束后，心理学未能被纳入联邦研究基金支持的科学范畴。然而，作为一种职业的心理学则更为成功。政府发现自己需要心理健康领域的专业人员，并开始招募和培训新的心理学专业人员，要求心理学重新定义自己，并为其从业人员设立标准。

职业争议中的心理学家：临床心理学家的出走

　　一战后，应用和职业心理学家的数量呈指数级增长。当时，职业心理学被不恰当地称为临床心理学，因为它起源于威特默的心理诊所。事实上，那些年的"临床"心理学与今天的临床心理学并没有什么相似之处。这个术语主要是指心理学家的心理治疗实践，但在二战之前，临床心理学主要是对不同人群进行测试：儿童、士兵、工人、精神病患者和偶尔的个人来访者。

　　无论如何，临床心理学家很少做科研，他们通常受雇于大学以外的地方，为公司、学校等机构工作，或者担任心理咨询师。创立美国心理学会的科学心理学老前辈们，尽管他们显然致力于实用心理学，但临床心理学家数量的不断增加让他们感到不安。毕竟，美国心理学会的成立是为了"将心理学作为一门科学来推进",临床心理学家能否不通过研究来促进心理学的发展,这一点完全未知。此外,临床心理学家主要是女性,而男性心理学家很难认真对待女性,认为她们只是心理学的业余爱好者。

在 20 世纪二三十年代,美国心理学会在对待应用心理学家的问题上摇摆不定。一段时间以来,能否加入该学会取决于申请人是否在科学期刊上发表过文章;后来学会又为非学术人士设立了一类"准会员",这些人在学会中只享有有限的参与权。这些临床心理学家自然反感自己的二等会员地位。在同一时期,美国心理学会认识到,作为心理学家的官方组织,它对确保执业心理学家的执业能力负有一定的责任,并开始关注冒充真正心理学家和玷污公众眼中科学荣誉的江湖骗子。因此,有一段时间,美国心理学会向应用心理学家(或如官方所称的"咨询心理学家")颁发了昂贵的证书,即防伪徽章。然而,这个尝试是短暂的。很少有心理学家费心去申请这些证书。美国心理学会的学者也不愿意通过执行标准和采取法律行动打击心理学欺诈来努力实现职业化这一目标。

20 世纪 30 年代末,学术心理学和应用心理学之间的紧张关系发展到了临界点。职业和应用心理学家意识到,他们的兴趣,即创造一个被社会接纳的、独立的心理学应用领域,与医生、律师、工程师和其他专业从业者一样,无法在一个致力于将心理学作为一门学术性基础科学的学会中实现。早在 1917 年,应用心理学家就试图成立他们自己的协会,但是当美国心理学会同意在学会内建立一个临床分会时,这一事项引起了争议并陷入沉寂。1930 年,纽约的一群应用心理学家成立了一个全国性组织——咨询心理学家协会(Association of Consulting Psychologist,ACP)。ACP 敦促各州(从纽约开始)为"心理学家"的界定建立标准,为心理学实践编写了一套道德准则,并于 1937 年创办了自己的期刊——《咨询心理学杂志》。尽管职业心理学家请求美国心理学会参与定义并制定心理学从业者标准(例如:Poffenberger,1936),但该学会仍然未能做到。因此,在 1938 年,对美国心理学会临床分会心怀不满的心理学家离开了 APA,加入了 ACP,创建了美国应用心理学会(American Association for Applied Psychology,AAAP)。

在两次世界大战之间的几年里,应用心理学家致力于寻找一种不同于传统科学心理学家的身份。学术和职业心理学家兴趣不同,在某种程度上是不相容的,他们分别关注"学术成果"和"法定及社会地位的提高"。学术心理学家对日益增多的应用心理学家感到担忧,他们担心自己可能会失去对自己创立的协会的控制。然而,应用心理学家仍然与学术心理学有着千丝万缕的关系。他们在大学心理学系受训,并认为心理学是一门科学学科。因此,尽管应用心理学家通过创立 AAAP 建立了一个职业身份,但这一次科学心理学和应用心理学的分离将是短暂的。

战争考验中的和解

正如我们所见，在 20 世纪 30 年代，心理学出现了严重的分歧。职业心理学家成立了他们自己的组织——AAAP，于 1938 年与美国心理学会分道扬镳。另一个持不同意见的团体是社会问题心理研究学会（Society for Psychological Study of Social Issues，SPSSI），由左翼心理学家于 1936 年成立。尽管其隶属于美国心理学会，但与美国心理学会的传统学者不同，SPSSI 的心理学家旨在利用心理学来推进他们的政治观点。旧的美国心理学会致力于纯粹的研究和学术的独立，很难为 AAAP 或 SPSSI 找到一个合适的位置。

然而，在许多心理学家看来，心理学内部的制度分歧是可以而且应该克服的。毕竟，AAAP 的专业人员是在心理学系接受教育的，而 SPSSI 希望将心理学的科学原理应用于紧迫的社会问题。因此，在 AAAP 和美国心理学会决裂后的几年里，为了让心理学家在一个旗帜下重新团结起来，非正式的谈判开始了。

二战的到来大大加快了这一进程。1940 年，甚至在美国参战之前，美国心理学会就已经成立了一个紧急委员会，为美国及其心理学家不可避免地卷入全球冲突做准备；1941 年，在日本偷袭珍珠港的几个月前，《心理学公报》用了整整一期的篇幅讨论"军事心理学"。同年，美国心理学会扫除了应用心理学家全面参与协会的最大障碍。在 9 月举行的美国心理学会年会上，要求会员申请者"除毕业论文外发表过专业论文"这一门槛被另一项要求所取代，即申请者可以提交已发表论文或作为准会员在近 5 年内对心理学发展做出"贡献"的记录，AAAP 心理学家符合这个标准。

战争一开始，变革的步伐就加快了。为了响应政府节约重要燃料的号召，美国心理学会年会被取消了。心理学和战争委员会宣告成立，这不仅为心理学家在战争期间的行动做好了准备，也为心理学在战后扮演更重要的社会角色埋下了伏笔。委员会注意到，鉴于即将到来的全球冲突，心理学应该像在上次战争中那样统一起来，为此，委员会提议为心理学建立一个"总部"。这个总部后来成为位于华盛顿特区的心理学人事办公室（Office of Psychological Personnel，OPP）。

创建 OPP 作为心理学总部是美国心理学机构史上的一件大事。1941 年之前，美国心理学会没有常设的中央办公室，而是使用当年任秘书长的教授的办公室。然而，自那以后，OPP 成了美国心理学会的中央办公室，位于华盛顿——也是资助和游说的中心地。OPP 的心理学家看到了一个机会，既可以重新统一心理学，也可以提升心理学在美国社会的地位。1942 年，国家研究委员会的心理学代表伦纳德·卡迈克尔（Leonard Carmichael）向美国心理学会委员会报告说："这个办公室（OPP）很可能标志着一个心理学家中央机构的创立，它将对心理学职业产生重要和日益增长的影响。"OPP 的负责人斯图尔特·亨德森·布里特（Stuart Henderson Britt, 1943）将 OPP 的工作定义为"不仅仅是做对战争有用的工作"，而且还"促进心理学作为一种职业的发展"，以及促进"心理学良好的公共关系"。

由于战争的需求，美国军方急需心理学家的加入。心理学在社会科学中独树一帜，被美国陆军部列为"关键专业"。1942 年 12 月，就在珍珠港事件后一年，一项针对心理学家的调查发现，在参与调查的 3918 名心理学家（并非全都是美国心理学会的成员）中，有约 25% 的人全职从事与战争有关的活动。许多其他心理学家间接地为战争服务。例如，波林写了一篇关于军事心理学的文章，名为《战斗人员的心理》，这篇文章后来成了西点军校的教材（Gilgen, 1982）。正如在一战中，心理学家在各自擅长的专业领域工作，从"心理测试管理"到"研究新型尖端武器对人类表现的心理需求"，再到"制导导弹的生物控制"。战争使工业活动中的人际关系变得更加重要，强调了心理学家在有效的工业管理中的作用。工业界面临着心理学家可以帮助解决的两个问题。生产战争物资需要大幅提高生产率，与此同时，正规的工厂工人被征召入伍，取而代之的是新来的、没有经验的工人，特别是妇女，她们首次大规模进入劳动力市场。战争生产委员会对低生产率、缺勤和高离职率的问题感到震惊，任命了一个由埃尔顿·梅奥领导的跨学科小组，运用社会科学技术留住工人并提高生产率。商界开始认识到"人际关系的时代"即将到来，因为"影响一个人成功的因素可以像谢尔曼坦克一样被精确地描述和分析"（Baritz, 1960）。

即使在战争肆虐之时，心理学家们也在通过整理自己的"家事"来为战后世界做准备。紧急委员会成立了跨领域公约大会，这是一个由美国心理学会、AAAP、SPSSI 和其他心理团体（如全国女性心理学家理事会）代表组成的会议。该大会按照联邦原则成立了一个新的美国心理学会。这个新的美国心理学会是一个代表心理学中各种利益集团的自治组织。新的章程被制定出来，此时的美国心理学会，除了将心理学视作一门科学，还将其视作"一种职业，以及一种促进人类福祉的手段"。罗伯特·耶基斯为建立新的美国心理学会所做的工作比任何人都多，他向大会提出了该组织的目标："世界危机为明智规划和指导良好的专业活动创造了独特的机会。如果心理学家们能够团结起来，使他们的愿景成为现实，在未来的世界里，心理学将发挥重要的作用"（引自 Anderson, 1943, p.585）。在战争最灰暗的一年，心理学家开始瞥见一个光明的未来。

1944 年，美国心理学会和 AAAP 的成员投票通过了新的章程。普通成员（传统的学术心理学家）以 324 票对 103 票（共 858 名合格选民）通过；协会成员（如 AAAP 成员）以 973 票对 143 票（共 3806 名合格选民）通过。对于新美国心理学会的成立，传统成员的支持声不算太响亮。但无论如何，新的章程还是通过了。OPP 总部成为美国心理学会执行秘书长的办公所在地，现在永久设在华盛顿。一份新的杂志——《美国心理学家》被创立，作为新的心理学联合组织的发声渠道。

在这个新的美国心理学会中，有一个年轻且成长迅猛的群体，几乎是全新的存在：作为心理治疗师的临床心理学家。

应用心理学的新前景

"心理学的象牙塔似乎被彻底摧毁了"（Darley & Wolfle，1946）。二战前，心理学一直由美国心理学会的学者控制，尽管 AAAP 对此有所抱怨和让步。然而，这场战争极大地改变了心理学家的社会角色和心理学领域的政治力量平衡，主要通过为应用心理学家开创了一个新角色来填补快速增长的人数需求。在 20 世纪 30 年代，应用心理学家一如他们在 20 世纪 20 年代所做的那样，主要充当测试员：评估雇员、青少年罪犯、问题儿童等，以及为寻求智力或个性指导的人提供服务。

知识加油站 14.1
亨利·昌西，精英统治和大考试

"心理学，社会科学的灰姑娘。王子带她去舞会的日子不远了。

"不受赏识，被鄙视。"

亨利·昌西（Henry Chauncey，1905—2002）在他 1948 年的日记中写下了这些话。昌西并不出名，但实际上他可能比任何心理学家对你生活的影响都大。他的赞助人，或许就是所谓心理学的王子，是哈佛大学校长詹姆斯·布赖恩特·科南特（James Bryant Conant，1893—1978）。昌西拥有测量人类潜能的方法、测试和远见；科南特拥有摧毁美国现存贵族统治的动机。他们一起创造了 SAT（相当于美国的高考），以精英统治取代贵族统治。[1]

像哈佛这样的大学自美国建国以来一直是上层人士聚集的机构，但这是因为去那里的人，而不是因为它们提供的教育。美国的上流家庭一代又一代地把子女送到常春藤盟校，磨炼他们，以便他们将来在商业和政府中扮演重要角色。学术性学习不是他们受教育的重点；社交和领导技能是通过体育和课外活动习得的，而不是在课堂上（Brooks，2001）。科南特轻蔑地称他们为"圣公会"，因为他们中有很多人是圣公会教徒。科南特希望通过建立一个系统来打破他们对权力的控制，在这个系统中，来自美国任何地方的高中天才儿童（不仅仅是东北地区的教会私立学校），都可以有机会进入哈佛、普林斯顿和耶鲁大学。

他转向了心理学家亨利·昌西。昌西应该是圣公会的成员：他的家族可以上溯到 1637 年，最初发家于马萨诸塞州海湾殖民地，他是圣公会教徒。但他所在的家族已经失去了财富，他不得不在俄亥俄州立大学接受教育，并在那里对智力测试产生了浓厚的兴趣。他的思想反映了进步主义和杜威心理学，他在日记中写道："我们的道德观不应该来自宗教的伦理原则，而应该来自对社会中人的研究"（引自 Lemann，1999，p.68）。在执掌新成立的教育考试服务机构时,他写道:"我希望看到的是,建立宗教的道德等价物,但它基于理性和科学,而不是情感和传统。"进步主义记者沃尔特·李普曼尖锐地批评了陆军甲乙种测验(见第13章),但他在1922年写道:心理测试者可以"占据自神权政治崩溃以来任何知识分子都无法占据的权力地位"(引自 Lemann,1999,p.69)。

虽然如今它被称为"学术评估测试",但昌西为科南特创建的测试最初被称为"学术能力测试",旨在测试一般智力。当时的想法是,本土人才在美国各地都有分布,但不可能就地得到培养。SAT 旨在寻找聪明的年轻人,并把他们带到常春藤盟校,让有才能的人成为美国的领袖,以取代那些没资格拥有财富的人。科南特的目标是一种美国版的柏拉图理想国,在 SAT 考试中得高分的学生将成为美国的守护者。作为脑力劳动者成功的关键,高等教育变得越来越重要,SAT 对美国生活的影响变得越来越大,并引发了争议。它引导一些孩子接受精英教育和有利可图的教育——大多数哈佛大学的学生进入了金融领域,同时淘汰掉其他人,这是有社会责任感的科南特厌恶的发展方向。如果考试成绩是可继承的,那么一种新的世袭精英可能正在形成。

重塑临床心理学 二战的爆发,使得对心理学家提供的一种新服务的需求变得旺盛,这种服务就是心理治疗,它以前是精神病医生的专利。在战时心理学家从事的各种工作中,最常见的是测试工作,例如在一战中,测试新兵以确定他们最适合什么兵种,测试从前线回来的士兵以确定他们是否需要心理治疗。直到1944年,罗伯特·西尔斯(Robert Sears)还能用这些传统术语来描述军事心理学家的角色。然而,从前线回来的士兵需要的心理服务比任何人预期的或现有的精神科团队所能提供的都要多。到战争结束时,在74 000名住院的退伍军人中,约有44 000人是因为精神原因住院的。心理学家此前曾作为军事医疗团队的一部分履行诊断职责,但面对心理治疗的巨大缺口,无论多么缺乏训练的心理学家都开始担任治疗师。甚至实验心理学家也被迫成为治疗师。例如,霍华德·肯德勒(Howard Kendler)刚离开艾奥瓦大学肯尼思·斯彭斯严格的实验项目,就被派往华盛顿的沃尔特·里德陆军医院从事治疗工作。

随着战争的结束,退伍军人对心理服务的迫切需求显然会继续下去。除了住院的退伍军人,"正常"的退伍军人也会经历无数的适应困难。至少,那些被迫离开战前的工作、城镇和家庭的男人们,渴望得到"如何在战后世界中建立新生活"的咨询;65%—80% 的退伍军人表示对此类建议感兴趣(Rogers,1944)。还有人患有战争创伤后应激综合征。战争部长史汀生(Stimson)在他的日记中写道:"这是对我们的士兵在当前战争中所面临的精神障碍的一种相当骇人的分析。卫生局局长告诉我们,心理崩溃的蔓延令人震惊,它将影响到每一个士兵,无论他们多么优秀和强壮"(引自 Doherty,1985,p.30)。回到美国后,退伍军人"对平民生活感到陌生",经常因家里人"无法理解战争的恐怖"而感到痛苦，并经历了焦虑、睡眠障碍、过度情绪化以及婚姻和家庭纠纷。当然，也有很多因伤致残的军人，需要心理和物理治疗（Rogers，1944）。

在退伍军人管理局的推动下，新统一的美国心理学会现在完全从学术的象牙塔中走了出来，承担了几十年来一直回避的任务：认证职业心理学家并建立培训标准。事实证明，这些工作并不容易，时至今日，心理学家们对职业心理学家培训的恰当性还存在着广泛的分歧。自二战以来，美国心理学会成立了很多小组和委员会来研究此事，但没有一个提案能让所有人满意，关于临床心理学性质的争议由来已久。

最常规的执业培训模式被战后成立的心理学执业培训筹办委员会否决了。一般来说，培训某一技艺实践者的学校，与相关的科学学科是分开的。例如，医生是在医学院而不是在生物学系培养的，化学工程师是在工科学校而不是在化学系培养的。当然，医生不会不懂生物学，化学工程师也不会不懂化学，但他们在基础科学方面的学习，被认为与他们需要被培训的手艺截然不同。然而，心理学家需要将自己与他们非常接近的对手，也就是精神病学家分开。从一战前临床心理学的首次出现开始，精神病学家就担心心理学家可能篡夺他们的治疗职责。因此，临床心理学家决定把他们自己定义为"科学家从业者"，而不是像医生一样，仅仅是科学领域的从业者。也就是说，希望接受训练成为临床心理学家的研究生，首先要被教育成为从事科学心理学研究的科学家，其次才是执业人士——一门手艺的实践者。医生似乎首先要被培养成生物学家，其次才是治疗师。该计划的吸引力在于，它既为临床医生保留了科学家的声望，又允许他们填补退伍军人管理局为心理治疗师开设的诸多职位（Murdock & Leahey，1986）。1949 年，博尔德会议确立了临床心理学家作为科学家 – 执业者的模式。博尔德模式并非没有批评者，美国心理学会定期被要求重新思考其执业培训方法。此外，从一开始（例如：Peatman et al., 1949），学术心理学家就担心他们的学科会被执业人士接管，他们会沦为美国心理学会的二等公民。

无论临床心理学的重新定义面临着怎样的考验和磨难，它都发展迅猛，逐渐成为公众心目中心理学家的主要职能。1954 年，在美国心理学会年会期间，科恩和维贝（Cohen & Wiebe，1955）在调查中问纽约市民："佩戴徽章的人是谁？"在受访者中，32% 的人正确地认为他们是心理学家，尽管也有接近 25% 的人认为他们是精神病医生。当被问及佩戴徽章的人在做什么时，71% 的人说他们在进行心理治疗，这是 1944 年之前心理学家几乎没有做过的工作；24% 的人说他们是老师，剩下 6% 的人说是"其他"（百分比经过了四舍五入）。美国心理学会的创始人以自己是科学家为荣，并成立了自己的组织来推进心理学这项科学事业。到 1954 年，也就是仅仅 62 年后，科学心理学在很大程度上已经被公众遗忘，取而代之的是一门应用学科，即便是最优秀的心理学科学家——赫尔、托尔曼、桑代克、华生——所取得的成就也显得非常肤浅。

咨询心理学的发明 退伍军人管理局为退伍军人提供了所需的服务。为了满足职业指导的需要，退伍军人管理局在大学建立了指导中心，在那里，退伍军人可以接受由退伍军人法案承担费用的大学教育。在这些指导中心工作的心理学家像战前一样继续推动应用心理学的发展，但范围更广，他们的活动大体上决定了今天咨询心理学家的工作。更多精神失常的退伍军人，尤其是那些在退伍军人医院的退伍军人，需要的不仅仅是简单的咨询建议。退伍军人管理局开始定义一种新的心理健康专业人员，即临床心理学家，他们可以为成千上万需要心理治疗的退伍军人提供心理治疗。1946 年，退伍军人管理局在主要的大学设立了培训项目，培养临床心理学家，他们的工作将是治疗和诊断。作为临床心理学家的最大雇主，退伍军人管理局在定义临床心理学家的工作以及如何培训他们方面做了很多工作。

| 第二次世界大战后的乐观主义 |

在大科学时代的黎明为尊严和金钱而战

二战中盟军的胜利在许多方面取决于科学，主要是物理学在战争方面的成功应用。战争期间，联邦政府在科学研究和开发上的支出从 4800 万美元增加到 5 亿美元，从占总研究支出的 18% 增加到 83%。战争结束后，政治家和科学家们认识到，国家利益要求联邦政府继续支持科学的投入，研究经费的分配不应继续由军方垄断。当然，国会从来不会在没有辩论的情况下分配资金，对于研究经费分配方案的争议集中在一个问题上，即谁有资格申请。

这个问题不是以心理学为中心的，但对于理解"现代大科学时代下研究资金如何分配"很重要。在现代大科学时代，巨额资金只能授予少数希望其研究得到支持的研究人员。问题是，钱是应该只给最好的科学家，还是应该在其他基础上分配？也许可以给每个州分配一定数量的资金？威斯康星州参议员罗伯特·拉福莱特（Robert La Follette）等进步主义新政政治家支持后一种方案，但他们被科学界的精英分子及其保守的政治盟友击败，这些人要求确保研究资金的申请必须基于严格的竞争制。随着体制的演变，大部分研究经费由少数顶尖高等教育机构"赢得"，而声望较低的大学研究人员则被迫争夺他们几乎无法获得的资助。大学看重科学家获得的资助，因为他们得到的是"管理费"，这些钱表面上是花在电力、门卫和其他实验室维护上的，实际上却被花在了新建筑、增加员工、复印机和许多其他大学原本负担不起的东西上。1991 年，人们发现几所大学非法将科研经费用于娱乐和其他无关事项上（Cooper，1991）。在这种资助体系中，科学家不只是大学的雇员，还成了一种敛财手段。反过来，科学家们被迫把研究方向转向那些联邦资助机构认为重要的问题，而不是他们自己认为重要的问题。因此，科学家要花费大量的时间和才智去猜测官僚们的心思，而官僚们自己也在执行模糊的国会指令。

对心理学来说，最重要的是，国家科学基金会（National Science Foundation，NSF）是否应该支持社会科学领域的研究。旧进步主义者和新政自由主义者在最初的国家科学基金会提案中设立了一个社会科学部门，但是自然科学家和保守的立法者反对这样的安排。最初法案的主要支持者，阿肯色州参议员 J. 威廉·富布赖特（J. William Fulbright）认为，社会科学应该被包括在内，因为它们"可以引导我们理解人际关系的原则，使我们能够和谐地生活在一起，避免永无止境的纷争"。反对者认为，"没有什么比所谓的社会科学研究更容易导致各种主义和骗术，除非永远保持警惕"。

在辩论中，就连参议员富布赖特也觉得社会科学没什么好处，他承认"这个领域有很多疯子，就像巫术时代的医学领域一样"。他无法给社会科学下一个恰当的定义，最后引用了一位自然科学家的话："我不会称之为科学。通常所说的社会科学，是某个个体或群体告诉另一群人他们应该如何生活。"在给国会的一封信中，主流物理科学家们反对设立社会科学部门。最初的提案试图通过"防止社会科学分裂失控"的特殊控制机制来安抚这些反对者，正如富布赖特在参议院说的那样。他还说，"如果社会科学部门得到任何东西，我会非常惊讶"，因为国家科学基金会委员会将由物理科学家主导。辩论的结果是以 46 对 26 的参议员投票取消了社会科学部。作为科学，社会科学并没有得到普遍的尊重（社会科学家可能会觉得有了富布赖特这样的朋友，就可以无视敌人），无论他们的具体服务，如咨询、心理治疗和人事管理有多么大的社会需求。

尽管政府还不支持心理学和其他社会科学，但一个新的基金会——福特基金会——却明确支持。在二战之前，一些私人研究基金会，其中最著名的是洛克菲勒基金会，为支持社会科学的发展提供了一定的资助。战后，福特基金会作为世界上最大的基金会成立，并决定大力资助行为科学（据说是约翰·杜威创造了这个术语，但福特基金会将其发扬光大）。和富布赖特一样，福特基金会的工作人员希望社会科学可以用来防止战争和减轻人类痛苦。因此，他们建议利用福特的巨大资源，给"人类研究和原子研究"一个"平等的社会地位"。然而，在基金会的高层，工作人员的提议遭到了类似参议院的抵制。基金会主席保罗·霍夫曼（Paul Hoffman）说，社会科学真是"一个可以'烧掉'数十亿美元的好领域"。他的顾问，芝加哥大学校长罗伯特·梅纳德·哈钦斯（Robert Maynard Hutchins）同意这一观点。他说，他熟悉的社会科学研究"很吓人"。哈钦斯对社会科学特别熟悉，因为芝加哥大学建立了第一个专门研究社会科学的学院。然而，在律师罗曼·盖瑟（Rowman Gaither）的带领下，福特的员工推动了他们雄心勃勃的计划，并获得了批准。盖瑟曾协助创办了兰德公司。起初，基金会直接将钱作为捐款发放出去，但并没有失控，出现耸人听闻的"很快烧光"的情况。相反，基金会在加利福尼亚州建立了行为科学高级研究中心，精英社会科学家可以在那里聚集，在阳光明媚、气氛融洽、没有日常学术琐事的大学氛围中从事理论和科学研究。

心理学家对心理学组织的展望

到战争结束时，对心理学家来说很明显的是，他们的象牙塔确实被摧毁了。根据最新一代美国心理学家的说法，由于心理学的利益导向，心理学与其古老根源——"纸上谈兵"的哲学家（Morgan，1947）之间的联系，已经不可挽回地断绝了。在美国心理学会的一次关于"心理学和战后问题"的研讨会上，雷默斯（Remmers）观察到心理学失去了其"哲学遗产"，但并没有因此而悲伤：

> 不幸的是，我们的哲学遗产并不是一种纯粹的祝福。心理学源于哲学中相对枯燥的认识论分支，并受到理性主义科学观的影响，这种科学观倾向于弘扬思想和理论而忽视行动和实践。心理学通常被供奉在象牙塔中，学究们会偶尔走出象牙塔，针对怀疑给出充满智慧又自圆其说的解释，而不关心这些精神食粮的营养是否充足。
>
> （Remmers，1944，p.713）

克利福德·T.摩根（Clifford T. Morgan）在1947年的一次主题为"心理学当前的趋势"的会议上，更加直言不讳地提出了类似的观点，他指出："其中最大的（趋势）是，在过去30年里，心理学减少了空谈，离开了它所谓的象牙塔，投身实践。"显然，发展中的世界要求心理学家少关心一些从哲学继承而来的深奥的、几乎是形而上的问题，而要多关注如何实现人类幸福的问题。

心理学家带着焦急和希望进入了他们的美丽新世界。韦恩·丹尼斯（Wayne Dennis）在"当前趋势"会议上发表讲话，宣称"今天的心理学有无限的潜力"。与此同时，他担心心理学尚未赢得"作为一种成功的职业"所需的"声望和尊重。如果没有相当一部分人的信任和好评，我们就不能有效地发挥作为顾问和咨询师，或作为人类行为研究者的作用"。正如参议院关于国家科学基金会社会科学部的辩论所表明的那样，他的担忧并没有错。丹尼斯主张心理学进一步职业化，以此作为获得公众尊重的手段，他代表了很多人的意见。他说，心理学家应该做好自己的事情，提高心理学培训门槛，起诉伪心理学家，并为执业心理学家建立认证和许可标准。

尽管存在这些担忧，心理学家们还是为自己在战后世界中找到了一个安全而强大的位置。雷默斯（Remmers，1944）反映了许多心理学家的观点，定义了心理学新的、后哲学的工作："心理学和所有科学一样，必须以对美好生活做出积极贡献、为社会服务为根本目标……为才智而求知充其量是一种副产品，一种审美奢侈品。"在大学里，心理学应该被"放在与其他科学同等的位置"，它的作用应该是教大学生如何进行"自我评估及社会定位"。更广泛地说，心理学应该有助于建构一门"价值科学"，并学会使用"新闻、广播和不久的将来的电视"来实现"文化控制"。心理学应该更广泛地应用于工业、教育等"应用心理学最重要的领域"，以及老年学和儿童抚养，并解决种族主义等社会问题。在心理学对人类幸福的潜在贡献中，雷默斯只字未提心理治疗。心理学家们终于准备好给人们提供威廉·詹姆斯在1892年所希望的东西：一门"教他们如何行动的心理科学"。

价值观和调整

心理学在二战后的地位具有一种不为人知的讽刺意味。以苏格兰常识哲学为基础的旧心理学自豪地把对基督教宗教价值观的训练和辩护作为其终极使命。新心理学在挑战旧心理学的同时，骄傲地以科学的名义抛弃了道德，尤其是宗教价值观。然而，随着科学主义成为现代的"新宗教"，到了1944年，雷默斯似乎把心理学想象成了一门"价值科学"。心理学经历了一个完整的循环：从为宗教服务并教导其价值观，到成为自己，正如约翰·伯纳姆（John Burnham，1968）所说的，代表了科学主义价值观的"杀出重围"。

心理学的新价值观是什么？有时候，为了与科学的中立姿态保持一致，心理学似乎只是提供了社会控制的工具。例如，华生认为条件反射就是一种技术，心理学家可以通过这种技术向公民灌输社会价值观，无论是什么价值观。正如雷默斯（Remmers,1944）所言，心理学所要推进的"美好生活"是"社会的内稳态"；心理学将使人们避免内心的"动荡"。华生、雷默斯和其他有控制欲的心理学家一定都同意1933年世界博览会的口号："科学发现，产业应用，人类顺应"（Glassberg，1985）。对社会控制技术的强调是美国应用心理学与政治进步主义长期互动的表现，它使应用心理学家能够接受伦道夫·伯恩（Randolph Bourne）对进步主义政治家的批评。伯恩自己也曾是一名进步主义者，他开始意识到进步主义者没有自己明确的价值观："简而言之，除了明智的服务，他们没有明确的人生哲学。他们不清楚自己想要什么样的社会，或者美国需要什么样的社会，但他们具备所有的行政态度和才能来实现目标"（引自 Abrahams，1985，p.7）。

从另一个角度看，心理学有时也有积极的自我价值评价：对自我的崇拜。心理学的研究和关注对象是个人，它的核心价值是鼓励个人永无止境地成长，这进一步助长了美国人把个人利益置于公共利益之上的倾向。正如杜威（Dewey，1910）所言，"成长本身是唯一的道德目的"。美国心理学家并没有注意到假装中立和持有个人成长价值观之间的矛盾，因为他们的核心价值观是如此美国化，以至于难以被察觉。对美国人来说，持续的增长和发展似乎是自然和必要的，就像中世纪的欧洲人所坚信的以上帝为中心的停滞不前、永不改变的理想神圣秩序一样。在我们这个自力更生的世界里，促进持续成长和变化的心理技巧似乎与价值观无关：美国社会和心理学所需要的是个人主义。

然而，自19世纪以来，个人的概念发生了重大变化。"性格"（character）是19世纪人们用来理解个人的概念。爱默生将性格定义为"以个人天性为媒介的道德秩序"，用来描述性格的词汇包括"责任""工作""高尚的行为""正直"和"男子汉气概"。因此，通过描述性格的语言我们可以看到，一个人与一种包罗万象而超越一切的道德秩序有某种关系，无论是善是恶。良好的性格需要自律和自我牺牲。19世纪流行的心理学家，如颅相学家，会为性格的自我认知以及识人用人提供指导，并就如何改善自己的性格提出建议。然而到了20世纪，性格的道德观开始被自恋的个性观所取代，自我牺牲开始被自我实现所取代。用来描述个性的形容词不再属于道德范畴，而是变成了"迷人的""炫酷的""有吸引力的""专横的""占主导地位的""强有力的"。拥有一个好的个性并不需要遵从道德秩序，相反，它满足了自我的欲望并获得了凌驾于他人之上的力量。性格关乎善恶，个性只关乎声誉。心理学家摆脱了定义性格的宗教价值观，推崇将个性作为一种自我定义的手段。自我成长意味着发挥自己的潜能，而不是实现非个人的道德理想。此外，潜能——即尚未实现的能力——既可以是好的，也可以是坏的。有些潜能是用来做坏事的，因此，开发每个人的各方面的潜能对社会是不利的。心理学对个人成长的促进，与其声称的"为社会提供社会控制工具"是不一致的。

20世纪心理学的一切都围绕着"适应"这一概念。在实验心理学中，研究学习的心理学家探究了心理及相应行为是如何调整有机体以适应环境的。在应用心理学中，心理学家开发了一些工具来衡量一个人对其所在环境的适应能力，如果发现适应能力不足，他们还研究了一些方法来帮助儿童、工人、士兵或神经质的人恢复与社会之间的和谐。在心理学概念中，"罪"被"行为偏差"所取代，"绝对道德"被"统计道德"所取代（Boorstin，1974）。在更加信奉宗教的时代，如果一个人违反了外部道德规范，就说明他有问题；现在，如果一个人的行为标准低于统计研究所确定的社会平均水平，那就说明他有问题。从理论上讲，心理学站在个人表现的一边，不论个体看起来有多么古怪；而实际上，通过提供社会控制工具和强调适应，心理学是站在循规蹈矩一边的。

发展心理学组织

20 世纪 50 年代的职业心理学

美国心理学家（到 20 世纪 50 年代，心理学已经成为一门美国科学）（Reisman，1966）带着和大多数其他美国人一样的对未来的自信，进入 20 世纪 50 年代。战争已经结束，大萧条只是一段不愉快的记忆，经济和人口都在蓬勃发展。对于美国心理学会的秘书菲尔莫尔·桑福德（Fillmore Sanford）来说，心理学的未来在于职业心理学，而这个未来的确是光明的，因为一个新的时代已经到来——"心理学家的时代"：

> 我们的社会似乎特别愿意采用心理学的思维方式，并接受心理学的研究成果。美国人几乎是强烈而主动地渴求心理学家带来的职业服务……心理学家的时代已经来临，心理学家必须承担责任，不仅因其开创了当下的时代，还因其将引导未来的进程。不管我们喜欢与否，我们的社会越来越倾向于用心理学家发明及推广的概念和方法来思考。也不论我们是否乐意，心理学家将继续在社会决策和文化建构中发挥重要作用。
>
> （Sanford，1951，p.74）

桑福德认为，心理学家拥有了一个前所未有的机会来"创造一种前所未有的职业，无论出于形式还是内容……这是历史上第一个精心设计的职业"。

从每一个量化指标来看，桑福德的乐观都是有道理的。协会成员从 1950 年的 7250 人增加到 1959 年的 16 644 人；增长最快的是应用心理学部门，心理学家们通过在美国心理学会内部建立各种委员会，也确实如桑福德所希望的那样有意识地设计了他们的职业。尽管与另一个 APA（the American Psychiatric Association，美国精神病学协会）发生了小冲突（该协会不愿意放弃其在精神卫生保健方面的垄断地位，并拒绝承认临床心理学的合法性），但各州仍然逐步开放认证和法律认可，涵盖应用心理学（主要是临床心理学和咨询心理学）的心理学家，从法律上对他们进行定义，当然，包括承认他们是合法的执业人员（Reisman，1966）。工业心理学随着工业的发展而繁荣，商人认识到"我们不需要'改变人性'，我们只需要学会控制和使用它"（Baritz，1960）。关于心理学的流行杂志和文章开始定期出现，经常给人们提供各种建议，告诉人们如何避免心理学欺诈，选择真正的临床心理学家。心理学家们沉浸在欧内斯特·哈费曼（Ernest Havemann）于 1957 年在《生活》杂志上发表的关于心理学的系列文章中，并因他的文章给他颁奖。

人本主义心理学 20 世纪 50 年代最广泛、最连贯的心理学理论运动是人本主义

（humanistic）心理学，又称"第三势力"心理学。它与行为主义，即"第一势力"心理学相抗衡，但对实验心理学影响甚微。在实验心理学中，行为主义正受到我们前文提及的新认知运动发起的更有力的挑战。人本主义心理学对职业心理学，尤其是临床心理学的影响更大，它反对被称为"第二势力"的精神分析学。

虽然人本主义心理学直到 20 世纪 50 年代末才兴起，但其直接的历史根源在于二战后时期。其最重要的创始人是卡尔·罗杰斯（1902—1987）和亚伯拉罕·马斯洛（1908—1970）。尽管罗杰斯和马斯洛最初被行为主义所吸引，但他们都对行为主义不再抱有幻想，并提出了类似的替代的心理学。罗杰斯在 20 世纪 40 年代开发了以来访者为中心的心理治疗方法，并将其应用于返回美国的士兵。以来访者为中心的心理治疗是一种现象学导向的治疗技术，治疗师试图进入来访者的世界，帮助来访者解决自己的问题，从而使来访者过上渴望的生活。罗杰斯这种以来访者为中心的治疗方法，成为精神病学家所使用的精神分析方法的重要替代品，因此它在二战后临床心理学和咨询心理学的学科独立化建设中发挥了重要作用。由于罗杰斯强调移情性理解，他与行为主义者发生了冲突，在他看来，行为主义者看待人类就像看待动物一样：都是机器，其行为可以被预测和控制，而不用参考意识。1956 年，罗杰斯和斯金纳就各自观点的优劣展开了一系列辩论。

现象学导向的心理学对临床心理学家特别有吸引力，因为临床心理学家的惯用手段就是移情，现象学是对主观经验的研究（见第 8 章）。罗杰斯区分了三种认识模式。第一种模式是客观模式，在这种模式中，我们寻求的是科学地理解世界的本来面目。第二种和第三种认识模式是主观的：第二种模式是每个人对意识体验的个体的、主观的认识，包括目的性和自由的感觉；第三种模式是同理心，指试图理解另一个人主观的内心世界。当然，临床心理学家必须掌握最后一种认识模式，因为在罗杰斯看来，只有通过了解来访者的个人世界和主观自我，临床心理学家才有可能帮助到来访者。罗杰斯认为个人信仰、价值观和意图控制着行为。他希望心理学能找到系统的方法来了解他人的个人体验，这样治疗效果就会大大加强。

罗杰斯认为，行为主义是对人性的一种残缺、片面的看法，因为它将自己局限于认识的客观模式，将人类视为被操纵和控制的对象，而不是体验的主体。在罗杰斯看来，行为主义犯了康德的错误，把人当作不自由的东西，而不是道德行为人。在与斯金纳的具体对比中，罗杰斯非常强调每个人的体验自由，拒绝斯金纳的纯粹物理因果关系概念。罗杰斯说（Rogers，1964）："选择的体验，选择的自由……不仅是一个深刻的真理，而且是治疗中一个非常重要的因素。"作为科学家，他接受决定论，但作为治疗师，他接受自由：两者"存在于不同的维度"（p.135）。

亚伯拉罕·马斯洛是人本主义心理学的主要理论家和组织者。他最开始是一位动物实验心理学家，后来逐渐把注意力转向艺术和科学中的创造力问题。他对有创造力的人进行了研究，得出的结论是，他们是被人类大众中潜在的、未实现的需求所驱动的。他称这些人为自我实现者，因为他们代表了人类的创造力，而与之形成鲜明对比的是，大多数人工作只是为了满足他们对食物、住所和安全的动物性需求。然而，马斯洛认为，拥有创造性的天才并不是特殊的人，其实每个人都拥有潜在的创造性才能，如果没有社会强加的抑制，这些才能都是可以实现的。马斯洛和罗杰斯的观点一致，他们都在寻找方法，让人们从自己认为舒适但愚蠢的心理习惯中走出来。人本主义心理学的一个关键目标是帮助人们实现作为人的全部潜能。因此，尽管人本主义心理学有时似乎是在批判现代性，但事实上它与现代思想一样，倾向于将个体视为价值的唯一定义者，贬低传统和宗教的作用。

1954 年，马斯洛为"对创造力、爱、更高价值、自主、成长、自我实现、基本需求的满足等科研主题感兴趣的人"创建了一个"邮件群"（引自 Sutich & Vich，1969，p.6）。这个群的人数迅速增加，到了 1957 年，人本主义运动已经明显需要一个更正式的交流和组织方式。马斯洛及其追随者于 1961 年创办了《人本主义心理学杂志》，于 1963 年创办了人本主义心理学会。

人本主义心理学家同意古希腊人本主义者的观点，认为"指导人类行动的价值观必须基于人的本性和客观现实"（Maslow，1973，p.4）。但是人本主义心理学家不能接受行为主义者的自然主义价值观。行为主义者将人类视为事物，不考虑他们的主体性、意识和自由意志。在人本主义心理学家看来，行为主义者与其说是错的，不如说是被误导了。行为主义者将罗杰斯的客观认识模式应用于人类，客观认识模式本身是一种有效的认知模式，但不能单单用这一种模式来认知人类。尤其令人本主义心理学家反感的是，行为主义者拒绝承认人的自由意志和自主性。赫尔是"心理学突破前（即前人本主义）的圣人"，他把人类看作机器人，而人本主义心理学家则宣称"人类是有意识的……人类是有选择的……人类是有意图的"（Bugental，1964，p.26）。

人本主义心理学家因此尝试不彻底推翻行为主义者和精神分析学家，而是去芜存菁并超越他们。"我把第三势力心理学（人本主义心理学）解释为包含第一势力和第二势力心理学……我是弗洛伊德主义者，我是行为主义者，我也是人本主义者"（Maslow，1973，p.4）。于是，人本主义心理学在对行为主义提出批评和替代的同时，仍然倾向于遵循 20世纪 50 年代的折中精神。虽然人本主义认为行为主义是有局限的，但承认其在一定领域内的有效性，人本主义心理学家试图在行为主义中加入对人类意识的关注，这将完善人类心理学的科学图景。

20 世纪 60 年代的社会"革命" 在 20 世纪 50 年代的繁荣和人们普遍良好的情绪中，有一股微弱但日益增长的令人不安的潮流，这种潮流在心理学领域可以被隐约感受到，在更广泛的美国文化中可以被更明显地感受到：对"适应"的精神和伦理的不满。罗伯特·克里根（Robert Creegan，1953）在《美国心理学家》中写道："心理学的工作是批评和改善社会秩序……而不是被动地适应……（和）发福。"社会学家 C. 赖特·米尔斯（C. Wright Mills）谴责将心理学应用于工业社会控制，"在从社会权威到心理操纵的运动中，权力从可见转移到不可见，从可知转向匿名。随着物质标准的提高，剥削变得越来越不物质化，越来越心理化"（Baritz，1960）。精神分析学家罗伯特·林德纳（Robert Lindner，1953）抨击"适应"是一种危险的"谎言"，它将人类降至一种"可怜的"状态，并有可能"将物种送入进化的阴影中"。林德纳指责精神病学和临床心理学保留了"适应"的神话，将精神病患者和其他不快乐的人视为"病人"，而事实上，根据林德纳的说法，这些所谓的病人只是对令人窒息的从众文化进行了正确但方式错误的反抗。林德纳写道，治疗的目标不应该是让病人适应一个病态的社会，而应该是"将病人的消极抗议和反叛转变为对反叛冲动的积极表达"。

在心理学之外，对"适应"的反抗则更为普遍，并随着年代的发展而不断增长。在社会学方面，戴维·里斯曼（David Riesman）、内森·格莱泽（Nathan Glazer）和鲁埃尔·丹尼（Reuel Denney）的《孤独的人群》（*The Lonely Crowd*，1950）和威廉·H. 怀特（William H. Whyte）的《组织人》（*The Organization Man*，1956）剖析并抨击了美国的从众文化。在政治方面，彼得·菲尔埃克（Peter Viereck）称赞了《不适应的人：美国新英雄》（*The Unadjusted Man: A New Hero for America*，1956）。J. D. 塞林格（J. D. Salinger）的《麦田里的守望者》（*Catcher in the Rye*，1951）、斯隆·威尔逊（Sloan Wilson）的《穿灰色法兰绒西装的人》（*The Man in the Grey Flannel Suit*，1955）和杰克·凯鲁亚克（Jack Kerouac）的《在路上》（*On the Road*，1957）等小说表达了人们在适应和从众的灰色世界中的不快乐，渴望生活少一些约束、多一点情感。电影《无因的反叛》（*Rebel Without a Cause*，1955）描述了一个人的悲惨命运，他找不到建设性的目标。越来越多的年轻人通过摇滚乐释放自己激烈、躁动不安的能量，这成了唯一的创造性出路。

20 世纪 50 年代末期，社会学家丹尼尔·贝尔（Daniel Bell）写了一篇关于 20 世纪 50 年代思想枯竭的文章。年轻的思想家不再接受过去的信仰，折中的适应之路"不适合（他们）；这条路缺乏激情且沉闷"。贝尔认为，他是在"一种深深的、绝望的、几乎可悲的愤怒"中，"探求一个原因"。对许多年轻人来说，这个世界是灰色的、乏味的。在心理学中，折中主义可能很无聊，因为没有什么问题需要争论；再也没有像心理学创建之初，或者像机能主义者 vs 构造主义者以及行为主义者 vs 内省主义者那样的战斗了。心理学在蓬勃发展，但没有明确的方向，满足于这个适应的过程。

心理学家对美国文化的批判

心理学家倾向于认同并推动社会科学对美国社会现状的批判。基恩（Keehn，1955）调查了全美 27 位著名心理学家的社会态度之后，发现他们比大众更加开明。与大多数美国人相比，心理学家更加不信教，甚至反宗教（否认上帝的存在，否认身体复活，否认人们需要宗教），反对死刑，认为罪犯应该被治愈而不是受到惩罚，支持更简易的离婚法律条款。

精神疾病的神话　1960 年，精神病学家和政治自由主义者托马斯·萨斯（Thomas Szasz）通过发表《精神疾病的神话》（*The Myth of Mental Illness*），开启了对整个精神健康机构的攻击（Szasz，1960a，1960b）。萨斯指出，精神疾病的概念是基于身体疾病概念的隐喻，这是一个具有恶劣后果的糟糕隐喻。萨斯的论文借鉴了赖尔对心灵概念的分析。赖尔认为心灵的概念只是一个神话，是关于"机器中幽灵"的神话。萨斯简单地得出结论：如果人类机器中不存在幽灵，那么这个幽灵，也就是心灵，也就根本不会生病。正如赖尔所言，我们（错误地）将行为归因于导致这些行为的内在幽灵。因此萨斯说，当我们发现某些行为令人讨厌时，我们认为一定是幽灵生病了，并发明了"精神疾病"这一（错误）概念。所以，根据萨斯的说法，"精神疾病不是某个人所拥有的东西（不存在生病的幽灵），而是指他的行为，或他本身"（Szasz，1960b，p.267）。

萨斯并没有说所有"精神疾病"症状都是虚构的，只是说精神疾病这个概念本身是虚构的，或者更确切地说，这个概念是一种社会建构，就像 19 世纪的癔症（歇斯底里）一样（见第 9 章）。显然，大脑可能会生病，并导致奇怪的想法和反社会行为，但在这种情况下，根本就不是精神疾病，而是真正的身体疾病。萨斯认为，大多数所谓的精神疾病是"生活问题"，而不是真正的疾病。当然，生活中的问题是真实存在的，一个正遭受这些问题困扰的人可能需要专业人士的帮助来解决这些问题。因此，精神病学和临床心理学是合法的职业："心理治疗是一种有效的方法，它并非直接帮助人们治愈'疾病'，而是帮助他们了解自己、他人和生活"（Szasz，1960a，pp.15–16）。从医学角度看，精神病学是一门"伪科学"；"从教育角度来看，这是一个有价值的职业"，萨斯总结道。

萨斯的想法在过去和现在都极具争议性。对于正统的精神病学家和临床心理学家来说，他是一个危险的异教徒，他的"虚无主义和残忍的哲学……读起来很不错，然而，除了为忽视精神病患者提供理由外，没什么实质内容"（Penn，1985）。但对于另外一些人来说，萨斯的想法很有吸引力，他提供了一种关于人类痛苦的替代概念，这种概念避免了把当事人毫无必要地看作病人。萨斯和他的追随者在"反精神病学运动"中取得了一些成功，改变了人们被强制送进精神病院的法律程序。在很多国家，精神病人的收治受到了法律的限制；在大多数地方，正如 1960 年萨斯第一次在论文中所阐述的那样，仅靠一个精神病医生的诊断就可以将一个人送进精神病院的情况再也不会发生了。此外，在 20 世纪 60 年代，大量精神病人从精神病院出院，因为那些精神病院被视为不公正地关押病人的监狱，而不是精神病患者应该得到保护和照顾的收容所。

人本主义心理学与对"适应"的批判　20 世纪 60 年代，美国社会因民权斗争、暴动和犯罪，尤其是越南战争和围绕越南战争的争议而变得更加动荡不安，越来越多的美国人果断地拒绝了"适应"价值观——从众。正如我们所看到的，不满的根源在于 20 世纪 50 年代，但到了 20 世纪 60 年代，对从众的批评变得更加公开和普遍。

例如，在社会科学领域，斯内尔（Snell）和盖尔·J. 帕特尼（Gail J. Putney）在《适应后的美国人：个人和社会的普遍神经症》（*The Adjusted American: Normal Neuroses in the Individual and Society*，1964）中抨击了从众心理。在《文明及其不满》一书中，弗洛伊德认为文明人必然会有点神经质，这是为文明付出的心理代价，所以精神分析只能把神经症简化为普遍的不快乐。然而，根据帕特尼夫妇的说法，"普遍的神经症"不只是普遍的不快乐，而是真正的神经症，可以而且应该被治愈。帕特尼夫妇说，"适应后"的美国人已经学会了遵从一种文化模式，这种模式误导了人们对"真正需求"的了解。由于"一种疾病，一种残疾，一种发育不良成为常态，我们与其他所有人一样，因此无法意识到"（Maslow，1973），"适应后"的美国人无视他们内心最深处的渴望，试图满足文化规定的需求，而不是真正的人类需求，因此体验到挫折和普遍的焦虑。帕特尼夫妇拒绝"适应"价值观，取而代之的是"自主——意味着个体根据自己的需求对自己的行为做出有效选择的能力"这一价值观（Putney & Putney，1964）。马斯洛（Maslow，1961）认为大多数心理学家都持有这样的观点："我想说，在过去的 10 年里，大多数（就算不是所有）心理学理论家都变得反适应了。"他赞同用"自主"，也就是自我实现，代替"适应"价值观。

人本主义心理学家说，人通过心理治疗可以获得自主。这一观点的主要倡导者是卡尔·罗杰斯。他的以来访者为中心的心理疗法试图引导来访者自我接纳，并引导他们不去迎合主流社会规范，而是洞察他们真正的需求，从而获得满足需求的能力。成功接受过心理治疗的来访者会变成赫拉克利特（古希腊哲学家）式的人。罗杰斯（Rogers，1958）说，当一个人经过以来访者为中心的心理治疗后，"这个人会变成一个完整的个体，一种流动的能量……他已经成为一个完整的变化过程"。罗杰斯的疗法以情感为中心。前来寻求帮助的人，即来访者（和萨斯一样，罗杰斯拒绝采用"精神疾病"概念，也拒绝称服务对象为"病人"），最大的痛苦是无法合理体验和充分表达自己的感受。治疗师与来访者一起敞开心扉，来访者充分直接地体验感受，并与治疗师分享这些感受。对健康人群而言，最重要的"能量流"是一种直接且可以充分体验的情感流。因此，在罗杰斯及其支持者的概念中，所谓不健康的个体，就是被控制且压抑情感的人；而健康的个体，也就是马斯洛的自我实现者，是能够自发地体验每一刻的情感，并自由直接地表达情感的人。

罗杰斯、马斯洛等人本主义心理学家为西方文明带来了新的、基于"成长"和"真诚"的价值观。价值观关系到一个人应该怎样生活，应该珍视什么。人本主义心理学家提出，人永远不应该固守不变，而应该始终处于不断变化的状态，也就是要成为赫拉克利特式的人。同时，他们也教导人们应该珍视情感。这两种价值观都来源于罗杰斯的心理治疗实践。

人本主义心理学家称之为"成长"的价值观，正是罗杰斯希望给来访者带来改变的开放态度。治疗师自然想要改变来访者，因为来访者来寻求帮助的目的就是改善他们的生活。人本主义心理治疗师将"改变"看作一种基本的人类价值观，使其成为普罗大众的共同目标，无论他们是否接受治疗。人本主义心理学家同意杜威的观点："成长本身是唯一的道德目的。"

另一个新的价值观——"真诚"，与接受过罗杰斯疗法的来访者的情感公开表达相关。马斯洛（Maslow，1973）将真诚定义为"让你的行为和言语成为你内心感受的真实和自发的表达"。传统上，人们被教导要控制自己的感情，谨慎表达。商务场合或熟人之间行为的得体，也就是所谓的礼貌，取决于不直接表达自己的感受，甚至需要说一些有助于公共场合社交的小谎言。只有在一个人最亲密的圈子里，自由、私密、情绪性的表达才是被允许的，即便如此，也只能局限于文明的范围内。然而，人本主义心理学家崇尚真诚而反对礼仪——总是教导人们进行情绪控制和欺骗性的情绪表达，马斯洛称之为"虚伪"，认为这是一种心理上的邪恶，而人们应该公开、坦率、诚实地对待彼此，向所有人展示自己的灵魂，就像他们在心理治疗师面前一样。虚伪被认为是一种罪过，理想的生活是以心理治疗为原型的：好人（Maslow，1973）不受困扰，深刻地体验情感，并与他人自由地分享情感。

人本主义心理学家很清楚，他们正在与传统的西方文明作战，并试图进行道德和心理革命。马斯洛（Maslow，1967）鄙视聚会中的寒暄客套、推杯换盏，称之为"人人都逃不开的虚伪"，并宣称"对好人们来说，英语这门语言真是烂透了"。罗杰斯（Rogers，1968）在一篇题为《人际关系：美国2000》的文章收尾处引用了安蒂奥克学院（Antioch College）提出的"学生新道德标准"："（我们拒绝）用'以得体的举止为媒介的非情感模式的人际交往'来构筑'看似可接受的人际关系'。"

当然，罗杰斯的思想在西方文明中并不新鲜。重视情感、相信直觉和质疑理性的传统可以追溯到浪漫主义者、基督教神秘主义者以及希腊化时期的犬儒主义者和怀疑论者。然而，罗杰斯、马斯洛等人，却在心理学这门科学的背景下，以科学权威的身份表达了这些观点。人本主义心理学家的"心气平和"（关于感觉和分享）处方在现代希腊化时期（modern Hellenistic Age）开始付诸实践。随着文明带来的麻烦越来越多，常规的生活对很多人来说越来越无法忍受；正如古希腊世界的人们一样，他们在公认的文化界限之外寻求新的幸福形式。

人本主义心理学是现代学术的产物，倡导一种现代形式的怀疑主义。马斯洛这样描述自我实现者的"纯真认知"：

> 如果一个人什么都不期待，如果一个人没有预期或担忧，如果一个人在某种意义上没有未来……就不会有惊喜，也不会有失望。所有事情的发生都只是概率使然……没有预测意味着没有担忧、没有焦虑、没有恐惧、没有预感……这一切都与我对创造性人格的定义有关，这是一个完全生活在当下的人，一个拒绝生活在未来或过去的人。
>
> （Maslow，1962，p.67）

马斯洛在这里抓住了希腊怀疑论者的"心气平和"秘诀：不做任何概括，因此不受所发生的事情的干扰。人本主义的自我实现者，就像古代的怀疑论者一样，不受干扰地接受现状，"随波逐流"，心无旁骛地随着现代美国生活不断变化的潮流前进。

嬉皮士运动是新希腊主义更明显的表现形式。和古希腊的犬儒主义者一样，他们退出了他们蔑视和排斥的传统社会。和人本主义心理学家一样，他们跟自己的文化作战，不信任理性，重视感情，但他们把反智主义和对礼仪的蔑视带向更极端的地步，试图过上赫拉克利特式的感情流动的生活，不受才智或礼仪的约束。嬉皮士运动始于1964年左右，并迅速成为一股强大的文化力量，被描述为"美国生活方式的红色警告灯""一种安静、一种兴趣——某种好东西"或"危险的欺骗"（Jones，1967）。尽管嬉皮士们很少有人听说过卡尔·罗杰斯和亚伯拉罕·马斯洛，但乐于分享他们的价值观。嬉皮士就像后康德时代的理想主义者一样，最终渴望的是精神上而非物质上的自我实现。在一封信中，马斯洛写道："我生活在我自己的柏拉图式精神世界里……只有在别人的视角里我是生活在这个世界上的"（引自 Geiger，1973）。

到1968年，嬉皮士运动和与之相关的反越战抗议运动达到了顶峰。"水瓶纪"（The Age of Aquarius）——一个新的希腊化时代，正缓缓拉开帷幕。

心理学的广泛传播

在20世纪60年代后期动荡与异化的背景下，心理学在1969年经历了一次"社会相关性"（relevance）的爆发（Kessel，1980）。心理学家担心他们在解决社会问题上做得不够。关于心理学家的"社会相关性"冲动，被引用得最多的是乔治·米勒在1969年的美国心理学会主席演讲，他在演讲中说："对于人类的幸福，我想不出还有什么比找到将心理学广泛传播的最佳途径更加重要的了，这对下一代心理学家来说也是最大的挑战"（Miller，1969）。

米勒断言："科学心理学是人类思想中最具革命性的智力活动之一。如果我们在理解、预测和控制心理及行为这一既定目标上取得实质性进展，对社会各方面的影响将会使勇士战栗。"然而米勒说，尽管应用心理学家不断地尝试，但总体上，心理学家在引导"新的、更好的个人和社会关系"方面"没有得到应有的效果"。在尝试"如何将心理学广泛传播"方面，米勒拒绝了行为技术，因为心理学在人类和社会价值观这一更广泛层面的进化中发挥了作用："我相信心理学的真正影响不是通过……技术成果……而是通过它对大众的影响，通过一种新的、不同的公众观念，即什么是人类可能实现的，什么是人类渴望的。"米勒呼吁发动一场以教育为基础的、"基于对人类本性全新理解的和平革命"："我们的科学成果必须以实用和可用的形式变成共识"（Miller，1969）。

米勒正赶上公众对心理学兴趣的顶峰。1967年，《今日心理学》开始发行，1969年，《时代》杂志成立了"行为"部门，因此在大众传媒领域，心理学几乎已经得到了广泛的传播。心理学家前所未有地积极推动社会相关性。1969年美国心理学会年会的主题是"心理学和社会问题"，《美国心理学家》杂志上开始大量出现关于学生运动、心理学的社会义务，以及对青年叛逆吟游诗人鲍勃·迪伦（Bob Dylan）的时髦引用。

并非所有心理学家在解决社会问题方面都回避心理技术。两年后，肯尼斯·克拉克（Kenneth Clark，1971）在他的美国心理学会主席演讲中倡议，应该对政治领导提出"强制要求"，要求他们"接受并使用最前沿的、完善的心理技术干预和生化干预形式，以确保他们有效利用手中的权力"。在《今日心理学》的一篇文章中，心理学家詹姆斯·麦康奈尔（James McConnell，1970）宣称："从某种意义上说，我们必须学会强迫人们彼此相爱，迫使他们追求得体的行为。我是指通过心理学的力量。"麦康奈尔认为，这种技术是存在的，通过这种技术，社会几乎可以"绝对地控制个人的行为……我们应该重塑我们的社会，以便每个人从出生起就被训练得想要做社会希望他们做的事情。"麦康奈尔呼应华生在20世纪20年代的说法，总结道："今天的行为心理学家是'美丽新世界'的建筑师和工程师。"

麦康奈尔并不是唯一渴望接管和重塑传统社会职能的人。哈丽雅特·莱茵戈尔德（Harriet Rheingold，1973）敦促创造一种新的心理学职业——"育儿科学家"，这种职业"必须代表这个国家的最高水平"。而且，就像临床心理学家自己一样，"要成为合格的父母，就必须获得认证"。类似地，克雷格·T.雷米（Craig T. Raimey，1974）呼吁通过有组织的心理学"为这个国家的儿童提供充分的服务"。心理学专家将在雷米的乌托邦计划中扮演多种角色，在地方咨询委员会、协调机构、转诊资源中发挥作用，最重要的是在学校中扮演筛查、评估和治疗不幸儿童的核心角色。

具有讽刺意味的是，心理学试图在社会上解决的问题在美国心理学会内部先爆发了。20世纪70年代，一场关于标准化测试，尤其是智商测试的社会价值的激烈辩论开始了。众所周知，非洲裔儿童在智商测试中的表现比欧洲裔儿童差得多。阿瑟·詹森（Arthur Jensen，1969）似乎又回到了旧的优生学立场，他认为这种差异是基因造成的；因此"伟大社会"（Great Society，美国约翰逊总统一揽子改革计划的统称）的补偿性教育计划注定会失败，这引起了轩然大波。詹森的批评者和支持者之间的争论持续了多年。在1968年的美国心理学会年会上，非洲裔心理学分会提交了一份请愿书，呼吁暂停在学校使用智商测试，声称存在广泛的虐待行为，具体来说，智商测试导致了对非洲裔儿童的压迫，把他们排挤到水平较差的学校。美国精神病学协会以典型的学术官僚方式做出回应：任命了一个新委员会。1975年，这个新委员会发表了一份报告（Cleary et al.，1975），该报告以标准的学术官僚主义方式得出结论：虽然测试可能存在滥用的现象，但整体上是合理的。

委员会的结论令非洲裔心理学家感到不满。乔治·D.杰克逊（George D. Jackson，1975）以非洲裔心理学分会主席的身份发言，称该报告是"公然的种族歧视"，并得出结论："我们现在不仅要求暂停测试，而且要求政府干预并实施严格的法律制裁。"关于测试的争论仍在继续，一些学校严格限制通过测试评价学生。具有讽刺意味的是，有组织的心理学却解决不了与其致力解决的社会问题类似的内部问题。

一些美国人，尤其是保守的美国人，不想要心理学家提供的东西。在一次被广泛引用的演讲中，当时的副总统斯皮罗·阿格纽（Spiro Agnew，1972）抨击了心理学家，特别是斯金纳和肯尼斯·克拉克，因为他们提出"对国家精神进行彻底的手术"。阿格纽引用约翰·斯图亚特·穆勒的话："任何压制个性的东西都是专制"，并补充道："我们正在与一种新的专制进行斗争。"保守派专栏作家约翰·洛夫顿（John Lofton，1972）为《美国心理学家》的一期特刊撰稿，关注心理学博士的严重过剩和就业不足问题。从一些非正式的采访中，洛夫顿得出结论，公众认为"博士学位供不应求是一件好事。太多的人学了一堆不重要的知识"（p.364）。洛夫顿说，人们对心理学没有同情心，因为他们担心行为矫正技术和测试的滥用，并且感受到了传统的美国人对"任何一类贵族博士学位"的反感。包括认知心理学在内的学术心理学同样遭到了外界的抨击："这门学科继续充斥着两种命题：真实但不证自明的命题和真实但无趣的命题……在几乎所有被认为对人类生存很重要的问题上……它能带来的帮助微乎其微"（Robinson，1983，p.5）。

在米勒那次演讲的 10 年后，人们举办了一场研讨会，探讨在心理学广泛传播方面取得了哪些进展。大多数报告都相当悲观；即使是乐观主义者也认为收效甚微。其中两位发言者特别尖刻。西格蒙德·科克（Koch，1980）彻底否定米勒的演讲，揭示了其思想的愚昧、牵强，以及自我矛盾。他认为，硬要说有什么收获的话，那就是心理学通过流行的心理治疗和大量励志书籍得到了很好的传播。科克说，"总之，我相信我们能做的最好的事情不是把心理学广泛传播，而是收紧它"。迈克尔·斯克里文（Michael Scriven，1980），一个哲学家出身的项目评估者，给心理学打出了一张不及格的成绩单。心理学之所以失败，是因为它没有植根历史，因为它没有将适用于其他领域的标准应用于自身，因为它幻想自己价值中立，因为它继续沉迷于牛顿式的幻想。在现场刚刚介绍完科克和斯克里文的米勒非常沮丧地说："我非常崇拜的两个人刚刚毁了我的生活"（Miller，1969）。

反抗，但不是革命

讽刺作家汤姆·莱勒（Tom Lehrer）曾这样描述吉尔伯特（Gilbert）和沙利文（Sullivan）著名的诙谐歌："充满了喧哗和骚动，却毫无意义。"20 世纪 60 年代充满了喧嚣和愤怒，1968 年可能是最糟糕的一年：马丁·路德·金（Martin Luther King）和罗伯特·F. 肯尼迪（Robert F. Kennedy）遇刺，美国每个主要城市的贫民窟都爆发了暴力冲突，反战运动日益高涨。在心理学方面，人本主义心理学家与理性主义开战，支持并激励嬉皮士及其政治派别——雅皮士（Yippies），而认知心理学家则呼吁，针对赫尔、斯彭斯和斯金纳进行一场库恩式的革命。然而，正如认知革命并没有发生一样，社会人文领域的嬉皮士革命也没有真正发生。

尽管人本主义心理学认为它对现代美国社会提出了激进的批评，但实际上它是极其反动的。在其"自我实现"的概念中，马斯洛只不过用现代心理学术语刷新（用"玷污"这个词可能更合适）了亚里士多德的"自然阶梯"[①]。在强调感觉和直觉的过程中，人本主义心理学其实延续了浪漫主义对科学革命的反抗，只是他们自己从未承认罢了。包括马斯洛和罗杰斯在内的人本主义心理学家，总是把自己视为科学家，而忽视了"科学对自然法则和决定论的坚持"与"他们自己对人类目的至上的追求"之间深刻的冲突。人本主义心理学打着科学的旗号来推动与现代科学完全不同的思想。19 世纪，狄尔泰和其他真正的传统浪漫主义者提出了建立精神科学的理由，以使其区别于物理、化学和其他自然科学，但人

---

① 亚里士多德根据他的"自然阶梯"对植物和动物进行分类，并赋予每一种生物以"完美形式"。——编者注

第 14 章·心理学专业团体与组织

本主义心理学家只能对科学帝国主义做出诉求模糊的抗议。如果要反对自然科学的、还原论的人类形象定位，就一定要先找到不同的、更智慧的论据。

同样，嬉皮士及其追随者们非但没有像他们习惯的那样对美国进行激进的批判，反而亲身体现了美国过去经历的每一个矛盾。他们崇尚简单的前城市生活方式，但大多却生活在城市（城市比小城镇更能容忍过激行为），并将生活重心放在精神麻醉品和电子音乐这些他们假装拒绝的工业世界的产品上。在人本主义心理学家的推波助澜下，他们重视情感和对新体验的开放，呼应浪漫诗人布莱克的呐喊："愿上帝保佑我们远离单一的视野和牛顿（在苹果树下）的小憩。"正如人本主义心理学未能取代行为主义一样，嬉皮士运动也未能推翻"正统社会"（straight society）。1967 年，芝加哥大学的一位神学家说，嬉皮士"代表了一种社会传统的枯竭——一种西方的、生产为本的、问题和目标导向的、强迫性的思维方式的终结"（Jones，1967）。嬉皮士和人本主义心理学家也不是他们自称的"伟大的非正统主义者"。嬉皮士们过着怪异的生活，但他们又要求其他人跟他们的怪异保持一致。对他们来说，最大的罪过就是"正统主义"——坚持自己父母和原生文化的价值观，努力工作，取得成就，情感上"自我封闭"。人本主义心理学家不把"适应"看作一种美德。马斯洛（Maslow，1961）描述了他的"理想精神国"（Eupsychia）乌托邦，那是一个"没有必要固守过去——人们会乐于适应不断变化的环境"的地方。人本主义心理学家在心理治疗方法上最大的突破是发明了"会心小组"（encounter group），旨在让人们通过这样的小组学会真正的开放和坦诚。正如罗杰斯所描述的，小组成员们是被迫坦诚的：

> 随着时间的推移，小组成员发现所有人都是戴着面具在生活。礼貌的话语，理性地理解彼此和人际关系，圆滑的手段和掩饰……都不是好事……小组有时会温和地、有时会近乎野蛮地要求个体做回自己，要求完全坦露当前的感受，要求摘掉社交的面具。

（引自 Zilbergeld，1983，p.16）

与嬉皮士一样，人本主义心理学家并没有真正质疑"适应"和"社会控制"背后的价值观；他们只是想改变人们不得不去适应的标准。20 世纪 60 年代遗留下来的问题仍然存在争议，但随着新千年的结束，当道琼斯指数达到 14 000 点时，嬉皮士成了街头怪景，而互联网泡沫的破裂并没有使人本主义心理学及其对自由世界的准浪漫主义（quasi-romantic）批判复苏。2001 年 9 月 11 日的恐怖袭击表明，比起缺乏自尊，还有更可怕的事情。

职业心理学

社会科学基金

20 世纪 60 年代，包括心理学在内的社会科学与政治的关系，从灾难走向明显的胜利。所谓的灾难，是由卡米洛特工程（Project Camelot）造成的。这是有史以来最大的社会科学项目。然而，当 1965 年卡米洛特工程暴露后，社会科学被蒙上了一层阴影。外国政府认为卡米洛特工程是美国对他们内政的干涉。这些抱怨导致了国会的调查，并在 1965 年 7 月终止了卡米洛特工程。社会科学的形象被玷污了，因为参与卡米洛特工程的社会科学家似乎成了美国政府的工具，而不是中立的社会现象研究者。

然而，得益于卡米洛特工程的崩溃，社会科学终于走出了联邦科研资助的低谷。20 世纪 60 年代中期，随着美国城市种族骚乱和街头犯罪的爆发，以及林登·约翰逊（Lyndon Johnson）总统发起的"向贫困宣战"（War on Poverty）运动，国会议员们开始发问，社会科学能否为种族仇恨、贫困、犯罪和其他社会问题做点什么。心理学家达伊勒·沃尔弗利（Dael Wolfle，1966a，p.1177）是科学与政府关系问题的资深观察者，他在《科学》杂志上写道："呼吁大规模支持社会科学是众议院科学技术委员会在 1 月 25 日至 27 日的会议中一个反复出现的议题。"沃尔弗利认为"大力支持社会科学的时机应该已经成熟"，特别是考虑到"定量和实验方法论"的最新进展，"在合理的时间内，这些学科能够在解决紧迫的社会问题方面提供更多的帮助"。直到 1966 年，在联邦政府用于科学研究的 55 亿美元中，只有 2.21 亿美元（不到 5%）用于社会科学；但是到了 1967 年，国会"想为社会科学做一些慷慨的事"（Greenberg，1967）。

然而，国会具体打算怎么做还不是很清楚（Carter，1966；Greenberg，1967）。在参议院，自由民主党急于给社会科学家提供资金，让他们成为社会规划者。弗雷德·哈里斯（Fred Harris）也许是最具自由派倾向的参议员，在 1968 年当选参议员不久就试图争取民主党总统提名（注定失败），他向第 90 届国会提出了一项法案，即第 836 号法案，授权参照国家科学基金会（National Science Foundation，NSF）建立国家社会科学基金会（National Social Science Foundation，NSSF）。休伯特·汉弗莱（Hubert Humphrey）领导的自由民主党的继任者沃尔特·蒙代尔（Walter Mondale），提出了第 843 号法案——"全面机会和社会核算法案"（the Full Opportunity and Social Accounting Act）。其主要诉求是在总统办公厅设立一个社会科学顾问委员会。这些顾问将进行"社会核算"，利用他们的专业知识，就政府行为的社会后果向总统提出建议，并理性地规划美国的未来。在众议院，埃米利奥·Q. 达达里奥（Emilio Q. Daddario）提出了一种更保守的方式，即通过重写国家科学基金会的章程，来"为社会科学做一些慷慨的事情"。国家科学基金会的任务是支持自然科学，但也被允许支持"其他科学"，事实上，它也向社会科学提供了少量资金 [1966 年为 1600 万美元（Carter，1966）]。达达里奥的法案，要求国家科学基金会同时支持社会科学和自然科学，并将社会科学家纳入其机构管理。

心理学组织非常关注参议院法案。美国心理学会的官方期刊《美国心理学家》为哈里斯和蒙代尔的提议发行了一期特刊，同时，美国心理学会执行秘书长阿瑟·布雷菲尔德（Arthur Brayfield）向国会提交了一份支持第 836 号法案的长篇声明。然而，个别心理学家和其他社会科学家对建立 NSSF 的提议反应不一。从积极的一面来看，NSSF 将给社会科学家带来一个由他们自己控制的联邦资金来源，并承认他们对于国家的重要性，提高他们的社会地位。从消极的一面来看，NSSF 可能会成为一个"社会科学隔离区"，将社会科学与国家科学基金会涵盖的那些"真正的科学"加以区分，从而贬低社会科学。此外，它可能同时给社会科学带来太多的曝光度：卡米洛特工程给社会科学家带来了超出他们应付能力的宣传和争议。在哈里斯团队提交 NSSF 法案之前的专家审议会中，两人 [布雷菲尔德和罗斯·斯塔格纳（Ross Stagner）] 热情高涨，两人 [伦西斯·利克特（Renisis Likert）和罗伯特·西尔斯（Robert Sears）] 有保留地支持该法案，一人（赫伯特·西蒙）反对该法案。沃尔弗利在《科学》杂志（Wolfle，1966b）的一篇社论中支持西蒙的观点。但所有参与审议的专家都一致认为，社会科学应该得到比现在更多的联邦资金。例如，西尔斯说，不管源自哪个机构，社会科学基金都应该比目前的水平高出"许多倍"。

社会科学家拿到了他们的资助，但却不是来自 NSSF 或社会科学顾问委员会。蒙代尔的法案，就像他在 1984 年竞争总统候选人一样，毫无进展。哈里斯的议案也成了一厢情愿。然而，达达里奥提出的重写国家科学基金会章程的法案在众议院获得通过，并得到了自由派参议员爱德华·肯尼迪（Edward Kennedy）的支持，后者起草了新的国家科学基金会法案的修订版。这一修订法案通过了参议院的审议，并由约翰逊总统于 1968 年 7 月 18 日签署生效，成为第 90-407 号公法。国家科学基金会希望保持对美国科学的控制，因此随时准备响应国会的要求 [主任利兰·J. 霍沃思（Leland J. Haworth）已经向哈里斯保证，国家科学基金会希望支持社会科学]，承诺为社会科学注入新的资金。心理学家可能还会眼红物理学，但联邦的拨款让这样的嫉妒有所缓解。

事实证明，心理学并没有从国家科学基金会增加的社会科学资助中获得任何好处。从 1966 年到 1976 年，国家科学基金会在除心理学以外的社会科学上的支出增长了 138%，而在心理学上的支出下降了 12%。此外，国家科学基金会不仅在自然科学上的支出继续高于社会科学，而且在自然科学上的支出增长速度也快于社会科学。例如，1966 年至 1976 年间，在自然科学最传统的物理和化学领域的支出增长了 176%。为什么资助心理学的进展如此缓慢，仍不明了（Kiesler，1977）。

20世纪六七十年代的临床心理学

毫无疑问，虽然心理学整体发展很快（Garfield，1966），但是职业心理学，尤其是临床心理学，发展更快。在美国心理学会1963年的会议上，临床心理学有670个空缺，但只有123名申请者（Schofield，1966）。1948年至1960年间，美国心理学会学术部门的成员以54%的速度增长，而职业部门以149%的速度增长，学术/职业混合部门的增速是176%（Tryon，1963）。相对于心理学的传统科学分支，职业人员的相对成功加剧了两类心理学家之间的紧张关系，尚（Chein）在1966年为双方创造了"科学家"和"实践者"的标签，在心理学家看来，这是一种"非理性的"和"破坏性的"分裂（Shakow，1965）。与20世纪30年代的辩论相呼应，伦纳德·斯莫尔（Leonard Small，1963）说，心理学面临的最大任务是"获得对其能力的认可"，他暗示，如果美国心理学会不帮助职业心理学家实现这一目标，他们将单独成立组织。

还有其他令人不安的事态发展。最初的说法是，临床心理学家（和精神病学家）既无法有效地诊断（Meehl，1954），也不能有效地治疗（Eysenck，1952）他们的病人。在1958年至1968年的10年间，实验心理学似乎正在发生从行为主义到认知心理学的激动人心的变化，与之相反，职业心理学却似乎处于随波逐流的状态。正如内维特·桑福德（Nevitt Sanford，1965）所写的："心理学现在真的很低迷……二战期间发生的心理学革命……已经渐行渐远了。"

职业心理学家也有理由担心他们的公众形象。自二战以来，心理测试在教育、商业、工业和政府部门的应用如雨后春笋般涌现，不仅包括智力测试，还包括用来测量人格特征和社会态度的工具。许多人开始觉得这些测试侵犯了隐私，因为它们经常调查性行为、亲子关系和其他敏感领域，是心理学家病态好奇心的产物，容易被雇主、政府或任何寻求社会控制工具的人滥用。1963年，记者马丁·格罗斯（Martin Gross）所著的《大脑观察者》（*The Brain Watchers*）一书的流行令心理学家感到不安，该书抨击了政府和行业对人格测试和社会测试的滥用。1965年，一些学校销毁了针对儿童的人格测试结果，国会调查了联邦政府通过人格测试筛选潜在雇员的情况，导致联邦政府对人格测试的使用受到限制。到了1967年，心理学家们对自己社会声望的降低已经见怪不怪。当父母被问及他们最希望孩子从事下列6种职业中的哪一种时，他们按照从最喜欢到最不喜欢的顺序排列依次是：外科医生、工程师、律师、精神病医生、牙医、心理学家。最令人恼火的发现是，父母们甚至对临床心理学家的"死敌"——精神病医生——的偏好都大过心理学家，比例为54%比

26%（Thumin & Zebelman，1967）。

对博尔德临床培训模式的挑战　博尔德临床心理学会议说临床心理学家应该既是科学家又是从业者。然而，越来越明显的是，很少有临床心理学家成为科学家，他们更倾向于选择私人执业或在机构开展心理治疗业务（Blank & David，1963；Garfield，1966；Hoch，Ross & Winder，1966；Shakow，1965）。临床专业的学生想要直接帮助患者，希望专注于学习关于治疗的实操内容，他们认为科学训练部分是一件无聊的苦差事。博尔德模式受到越来越多的怀疑，心理学家开始考虑遵循医师培训的路线将心理学家单纯作为职业人士培训（Hoch，Ross & Winder，1966），并反思他们作为科学家和职业人士两种身份的目标（Clark，1967）。乔治·W. 阿尔比（George W. Albee，1970）认为，临床心理学家一味以医生为榜样是错误的，事实上，他们应该是更大范围的社会变革的推动者。当然，也有一些临床心理学家为博尔德模式辩护（Shakow，1976）。面对似乎正在脱离心理学组织控制这一趋势，美国心理学会又召开了一次关于临床培训的会议。

1973 年，他们在科罗拉多州的维尔度假村开会。尽管存在分歧，但这次会议认可了博尔德会议和其他培训会议拒绝的一些东西：认可临床心理学的新学位，即职业心理学博士学位（PsyD），面向以职业为导向的学生。PsyD 项目降低了对学生在学术方面的要求，致力于培养实践者而不是学者（Strickler，1975）。当然，这些建议不可避免地带来了争议；一些临床心理学家欢迎这个想法（Peterson，1976），而另一些（Perry，1979）则谴责 PsyD 项目及相关提议——建立"独立的"职业学院，因为它们不附属于大学。尽管 PsyD 项目和毕业生数量在 20 世纪 80 年代有所增长，但参加 1990 年全国临床心理学家培训会议的代表们普遍认为，科学家 – 执业者模式对心理学来说是"必要的"，对心理学实践来说是"理想的"（Belar & Perry，1991）。

与精神病学的竞争　另一个无法解决的问题是临床心理学关于社会地位的焦虑。一方面，主流临床心理学家想要表明，他们比越来越多的没有博士学位或没有接受过心理学培训的治疗提供者，如临床社会工作者、婚姻顾问和精神科护士更加优越。在这方面，心理学家们最明显的做法就是把没有博士学位的人排除在美国心理学会之外。另一方面，临床心理学家想要争取和精神病医生平等的地位——事实上精神病医生通常瞧不起他们。精神病学家西摩·波斯特（Seymour Post，1985）称临床心理学家和任何没有医学博士学位的人为"心理保健的赤脚医生"。"令人惊讶的是，"波斯特接着说，"这群门外汉正叫嚣着要求享有正规医生才能拥有的特权，包括设立并运营其专科医院的权利。"他说，更糟糕的是，病人带着症状去找临床心理学家，就像他们去找普通医生或内科医生一样，但"他们（临床心理学家）没有能力扮演这样的角色。出医疗事故是早晚的事"（p.21）。在整个 20 世纪 80 年代，精神病学组织试图阻止心理学家的全面治疗实践，认为心理学家并不完全有能力诊断或治疗精神障碍。美国医学会（AMA）主席保罗·芬克（Paul Fink）是一位精神病学家，他曾说心理学家"没有接受过理解心理细微差别的训练"，但他说这话时似乎忽略了一个事实：与精神病学家相比，心理学家接受过更多的治疗和诊断训练（Anonymous，1988，p.4）。

自然，心理学家反感这种态度。美国精神病学协会执业理事会主席布赖恩特·韦尔奇（Bryant Welch）的话无疑代表了很多临床心理学家的看法，他说："美国医学和精神病学组织是一个典型的垄断型人格障碍社群病例"（Anonymous，1988，p.1）。然而，不管波斯特的观点是对是错，临床心理学家的确正强烈要求拥有类似精神病医生的法律地位。一方面，临床心理学家已经赢得了由国家颁发执照的权利，尽管有些人对执照是否真正服务于公众利益而不是心理学家的私人利益持保留态度（Gross，1978）。另一方面，当医院认证委员会限制临床心理学家必须在执业医师的指导下才能在医院执业时，临床心理学家被激怒了（Dörken & Morrison，1976）。20世纪90年代初，临床心理学家曾为了获得开精神类药物处方的权利而与精神病学进行了斗争（Squires，1990；Wiggins，1992）。临床心理学和精神病学之间最大的争议不可避免地涉及金钱。

心理治疗应该由谁买单？虽然显而易见的答案是来访者或患者，但在管理式医疗时代，大多数医疗费用由保险公司或政府支付，因此出现了是否应该将心理治疗纳入第三方支付计划的问题。少数精神病学家和临床心理学家（例如：Albee，1977）同意萨斯的观点，认为不存在精神病这种东西，并从逻辑上得出结论，心理治疗并不属于真正的医疗，因此不应该包含在第三方支付计划中。对神经系统器质性疾病（如内源性抑郁）的药物治疗将包含在内。然而，在实践中，大多数治疗师意识到，如果心理治疗费用必须由来访者自己支付，他们的实践收入将大幅减少。精神病学家和临床心理学家因此同意第三方应该为心理治疗付费的主张，但他们在应该向谁付费这一问题上存在严重的分歧。

多年来，令临床心理学家非常不满的是，保险公司同意精神病医生的观点，即只有执业医师才有资格按疗程收费，并且，由于某些特殊的限制（不适用于器质性疾病），疗程收费只适用于由精神病医生实施的心理治疗。临床心理学家认为这是一种垄断，他们敦促各州为"选择自由"立法，迫使保险公司同样支付临床心理学家的费用。当然，心理学家希望的是分一杯羹，而不是彻底摧毁垄断。面对不断上涨的成本，保险公司与精神病学结盟，抵制心理学的入侵，并提起诉讼（在弗吉尼亚州），指控其对医学和商业实践的不当干预。最终，选择自由法得到了法院的支持，但这场斗争持续了很长时间，加剧了美国精神病学协会和美国心理学会之间的长期冲突。在20世纪70年代末和80年代初，这场斗争曾短暂地出现在一个新的舞台上，当时联邦政府考虑启动全民医疗保险，后来在里根（Reagan）和布什（Bush）政府期间平息下来，只是在比尔·克林顿（Bill Clinton）和希拉里·克林顿（Hillary Clinton）雄心勃勃的全民医疗政策计划中昙花一现。

心理学界还必须面对另一种医疗成本控制方法：管理式医疗（managed care）。管理式医疗包含各种计划，通过这些计划，公司和政府限制患者获得高成本专业护理的机会。美国心理学会提出了自己的心理健康管理式医疗概念，称之为范式Ⅱ（Paradigm Ⅱ）（Welch，1992）。范式Ⅱ的核心是，让那些强制购买医保的企业直接享有心理医疗保障，以确保心理学家的服务被包含在内。而面向个体市场，心理学家和精神病医生必须自主经营、自负盈亏（Gelman & Gordon，1987）。

关于医保和管理式医疗的争论，以及医疗保健越来越多的市场化营销，给精神病学家和临床心理学家带来了一个尴尬而棘手的问题：心理治疗真的有用吗？私人和公共健康计划都不可能为骗术买单，所以其治疗必须被证明是安全有效的。第一个真正研究心理治疗结果的人是英国心理学家汉斯·艾森克（Hans Eysenck），他于1952年着手开展相关研究，并得出结论：专业的治疗效果并不比"时间的治疗效果"更好——"自愈率"与"治愈率"几乎是一样的。这意味着心理治疗是一种欺诈。随后，心理治疗师对艾森克的结论提出了怀疑，并进行了数百项心理治疗结果研究。自然，主流临床心理学家认为心理治疗，或者至少他们的心理治疗是有效的，只是提供的证据极其复杂。于是，出现了这样一种共识：参与心理治疗总比什么都不做要好，尽管改善的幅度不是很大（Landman & Dawes，1982；Smith, Glass & Miller，1980）。然而，很多研究结论显示，训练有素的心理治疗师提供的专业心理治疗，可能并不比业余治疗或自助治疗效果更好（Prioleau, Murdock & Brody，1983；Zilbergeld，1983）。

就从业者和患者的数量而言，临床心理学是成功的，但对其身份、地位和有效性的质疑依然存在。卡尔·罗杰斯是现代临床心理学的创始人，他说："治疗师在他们的目标或目的上并不一致……他们对成功治愈的标准意见不一，也无法就失败标准达成一致。似乎这个领域是完全混乱和分裂的"（引自 Zilbergeld，1983，p.114）。

转向服务

尽管西格蒙德·科克和迈克尔·斯克里文曾抱怨过被广泛传播后的心理学的质量，但心理学家们似乎普遍响应乔治·米勒的呼吁，希望参与对社会问题的解决。时间来到20世纪70年代，在科学心理学奠基者们常去的教室和实验室中，心理学家的身影越来越少，他们更多地出现在他们的服务场所。美国在20世纪六七十年代的主要变化之一是从工业主导转向服务业和信息产业主导。1960年至1979年间，美国的总劳动力增长了45%，而服务业从业人数增长了69%。最大幅度的增长发生在社会科学领域，其从业人数的增长达到了令人难以置信的 495%；心理学从业人数则增长了 435%。

越来越多的心理学家开始选择实验心理学这个旧的核心领域之外的专业。从 1966 年到 1980 年，实验心理学的博士学位人数平均每年仅增长 1.4%（在所有专业领域中增长最慢）。应用心理学领域的增幅更大。比如临床心理学每年增长 8.1% 左右，咨询心理学 12.9%，学校心理学 17.8%。到 1980 年，应用心理学家占所有心理学博士的 61%，而传统的实验心理学家只占 13.5%。新一批的心理学家选择在学术界之外工作。1967 年，61.9% 的心理学博士毕业后选择在学院或大学工作；到 1981 年，这个数字下降到 32.6%。增长最快的职业是作为私人执业的临床心理学家或咨询师。在 1970 年之前，私人执业的心理学家甚至没有被统计在内。在 1970 年，只有 1.3% 的心理学博士毕业后选择私人执业，但到了 1981 年，6.9% 的人选择了私人执业。其他快速增长的就业机构分别是政府、企业和非营利机构。即便是那些接受过专业科研机构培训的心理学家，也越来越多地在非学术机构就职，尽管有时是因为高校职位有限而不得已为之。1975 年，有 68.9% 的新毕业的学术心理学博士从事学术工作；1980 年，只有 51.7% 的人这样做，平均每年下降 8%。学术界以外的就业人数出现了相应的增长，因此实际上几乎没有心理学博士失业。

到了 1985 年，心理学家已经几乎无处不在，影响着数百万人的生活。在美国教育考试服务中心（Educational Testing Service，ETS），心理学家们继续完善 SAT（美国高中毕业生学术能力水平考试），并将其推向新的领域。搞不定 ETS 的多选题，你就不可能成为高尔夫职业选手（Owen，1985）。在斯坦福研究所（Stanford Research Institute），心理学家和其他专业人士致力于一项雄心勃勃的市场营销计划——价值观和生活方式计划（Values and Lifestyle，VALS）。VALS 使用了一种名为"消费心理特征"（psychographics）的技术，将美国消费者划分为几个定义明确的群体，如"自我者"（I-Am-Mes）、"归属者"（Belongers）和"成就者"（Achievers）。企业和广告公司购买 VALS 大数据，定位其产品或服务，并根据受众的心理特征调整其营销方式（Atlas，1984；Novak & MacEvoy，1990）。尽管美国心理学会官方对此表示担忧，但临床心理学家们仍在举办电台热线节目，人们可以在节目中倾诉自己的问题，并向心理学家寻求建议和安慰（Rice，1981）。这类节目最开始只在地方台播出，但是到了 1985 年，出现了一个全国性的广播网"清谈电台"（Talk Radio），每天至少播放 6 个小时的"心理热线"。1986 年，美国心理学会创建了一个媒体心理学部门。人们开始向心理学家倾诉烦恼，这是前所未有的。1957 年到 1976 年间，有过心理健康咨询经历的美国人的比例从 4% 上升到 14%；在接受过高等教育的人群中，这一比例从 9% 上升到了 21%。事实上，接触治疗技术的人数要多得多，因为很多自助组织，比如减肥和戒烟组织，都在使用类似技术（Zilbergeld，1983）。甚至书店里也专门开设了心理学专区，里面全都是与心理励志相关的书籍，其实在家庭生活专区，关于两性、亲密关系和亲子教育的书籍皆属此类。

心理学家无处不在，并把自己视为一股社会力量。美国心理学会的执行官员查尔斯·基斯勒（Charles Kiesler，1979）写道："因此，我认为心理学是一种面向未来的国家力量，一种研究科学问题、为人类提供服务、探究我们已知的各种人类问题的知识力量。"

再次分裂：学院派的出走

在心理学领域，传统的实验心理学家和理论心理学家对应用心理学家日益增长的数量和影响力越来越不满。1957年，实验心理学部门的一个委员会做了一个调查，以了解其成员对美国心理学会的态度。他们发现，尽管55%的人支持美国心理学会，30%的人反对，但越来越多的实验主义者（尽管仍是少数）渴望脱离美国心理学会（Farber，1957）。

学院派心理学家与那些在1938年创建AAAP的职业心理学家之间的矛盾，只是暂时被1945年创建的"新"美国心理学会掩盖了。事实上，在20世纪80年代，当执业者与学者之间的势力天平决定性地转向了前者时，这两个群体之间的关系变得愈发紧张。1940年，美国心理学会成员约有70%在学术界工作；到了1985年，这个比例只剩下33%。学院派认为，美国心理学会越来越致力于服务实践派心理学家的利益，如纳入医保范围、争取开处方药的权利、为临床心理学家争取和精神病学家一样的专科开设权利等。到1965年，他们迫切要求对美国心理学会进行新一轮的重组，以增加他们对该组织的影响力。20世纪70年代，美国心理学会成立了各种委员会，试图改组学会，以平衡学院派心理学家和实践派心理学家之间的利益和矛盾。提案的一再遇挫使得学院派进一步被边缘化，逐渐有成员脱离学会，这增加了留下来的学院派改革者的紧迫感。

最后一次重组努力发生在1987年2月，当时一项雄心勃勃的重组计划被美国心理学会理事会否决。学院派改革者们成立了科学与应用心理学理事会（Assembly for Scientific and Applied Psychology），其首字母缩写ASAP（与As Soon As Possible缩写相同，即"越快越好"的意思）反映了他们迫切需要改革的决心。美国心理学会理事会成立了另一个重组委员会——重组小组（Group on Restructuring，GOR），由美国心理学会前任主席和ASAP成员洛根·赖特（Logan Wright）担任主席。几个月来，GOR召开了一系列会议，一位成员后来称之为"她最不愉快的经历"。一名临床心理学家在激烈的争吵和怨恨中辞职。1987年12月，GOR以11比3的投票通过了一项相当尴尬的重组计划。

在1988年2月的冬季会议上，美国心理学会理事会针对该项计划进行了辩论。整场辩论十分情绪化，充满了恶意攻击、利益冲突和相互指控。依靠大量幕后工作，该计划才以77比41的票数得以通过，并且只是温和地建议成员单位采纳。就连向成员分发选票的问题，也成为投票活动中争论的焦点。最终，在 1988 年夏末，GOR 计划被美国心理学会 9 万名成员中的 2.6 万名以 2 比 1 投票否决。在同一次选举中，斯坦利·格雷厄姆（Stanley Graham）当选美国心理学会主席。格雷厄姆是一名私人执业者，尽管他作为 GOR 成员签署过重组文件，但他改变了立场，发起了反对重组的运动。结果是，用洛根·赖特的话来说，很多学院派得出结论认为"美国心理学会已经沦为一个由小商人控制的行业协会"（引自 Straus，1988）。

美国心理学会随后实施了备用计划，成立了一个致力于学术心理学的新机构——美国心理科学协会（American Psychological Society，APS）。从最初的约 500 名成员开始，到 2000 年，APS 已有近 20 000 名成员（美国心理学会的成员人数约为 154 000 人）。两个组织之间有很强的敌意。美国心理学会理事会曾试图以利益冲突为由，将 APS 成员从美国心理学会的管理职位上赶下来，但经过激烈的辩论后，此事不了了之。然而，APS 的组织者最终都还是陆续退出了。

当美国心理学会在 1992 年庆祝其成立 100 周年时，美国心理学也迎来了第二次分裂。职业心理学家对行业协会的需求和渴望与学术科学家对学术组织的需求和渴望再次被证明是不相容的。执业者和科学家的第一次分裂在二战期间为强烈的爱国热情所调和。也许心理学是一个太广博、太过多样化的领域，无法真正统一起来。

| 新千年时期的职业心理学 |

后现代精神分析

精神分析在 20 世纪中期开始主导美国精神病学（Shorter，1997），但它对美国心理学的影响非常小（Shakow & Rapaport，1968；Dolby，1970），20 世纪中期的美国心理学由行为主义主导。英国的情况类似，弗雷德里克·巴特莱特的折中认知心理学构成了学术心理学的主流。

精神分析对美国心理学缺乏影响的原因之一是，心理学家没有资格被训练成精神分析学家，因为他们不是医学博士和精神病学家。然而，还是有一些美国心理学家对精神分析感兴趣，在 1979 年，他们成立了美国心理学会的第 39 个分会——精神分析分会。他们起诉美国培训中心非法设限，将非医学博士排除在精神分析培训之外。这场诉讼在 1988 年达成了和解（Pear，1992），精神分析学的大门向心理学家敞开，在其即将走下坡路的时候（Burnham，2012a，2012b）。

弗洛伊德是一个坚定的现代主义者，致力于理性地面对非理性的本我，以及将科学作为最好的世界观。然而，在新兴的后现代世界中，精神分析学家能够将弗洛伊德严格的现代主义重塑为更灵活、更像文学的后现代主义版本，将梦和症状视为可阅读的内容，而不是机械神经过程的结果。在针对沙科和拉帕波特（Shakow & Rapaport，1968）文章的评论中，费希尔（Fisher，1970）认为，精神分析不应该试图成为心理科学的一部分，而是应该成为一种自主的治疗艺术，走自己的道路。费希尔是有先见之明的——尽管弗洛伊德本人希望精神分析成为一门科学，但还有另一个视角来看待他的实践，即作为内容的诠释者。因为有两个弗洛伊德，一个是科学家弗洛伊德，另一个是解释学家弗洛伊德（Summers，2006）。

回想一下，《梦的解析》德语原版的书名，直译也是"梦的解释"，弗洛伊德在各种梦境中寻找意义，就像文学评论家寻找诗歌、戏剧或小说的意义一样。针对内容的解释，源自圣经研究中的"解释学"（hermeneutics）原理。你可能在语文课上观察到，人们可以用很多通常矛盾的方式来解释文学作品的含义。事实上，我们可以看到精神分析的后现代解释学方法的起源。作为一名科学家，弗洛伊德相信梦或症状只有一种真正的解释，而找出真正的解释，是精神分析成功的基础（Borch-Jacobsen，1993）。

后现代主义包含很多东西（Cahoone，1996），但其核心是怀疑真理的存在。弗洛伊德的精神分析是现代主义的一部分（Ross，2012），植根于科学革命和启蒙运动，认为人们可以获得关于自然和社会世界的真正知识——真理，并利用这些知识来改善和管理人类生活。后现代思想家给这一观点泼冷水，认为所有形式的"知识"都是"话语"或"叙事"，没有什么绝对正确的表达。作为后现代主义文学的领军人物，雅克·德里达（Jacques Derrida，1930—2004）曾说："字面之外一无所有"（Derrida，1976，p.158）。

精神分析的后现代解释学视角已经成为对精神分析的主流认知（Summers，2006；Naso，2005）。

分析师和来访者不是试图找到梦、症状或自传故事的真正含义，而是努力寻找对来访者最有意义的生活叙事，让来访者过上更健康的生活（Spence，1982）。解释学方法也解决了治疗中的暗示问题。以科学为导向的精神分析学家，如弗洛伊德或荣格，担心暗示的力量，因为这意味着分析师的暗示可能会扭曲或隐藏来访者所表达的内容的本意。然而在基于解释学的后现代治疗方法下，不存在什么真实的故事，只有最令人愉快和有用的故事。正如纳索（Naso，2005，p.386）所言，后现代精神分析"从美学角度解释体验"，因为分析师不是发现意义，而是塑造它。

精神分析的后现代版本放弃了弗洛伊德关于精神分析是一门科学的主张（Summers，2006；Naso，2005；Strenger，1991，2010；关于精神分析应该仍然是一门科学的相反观点，见 Chiesa，2010）。这也为精神分析开辟了一个有趣的视角。纳索（Naso，2005， p.382）引用精神分析历史学家菲利普·里夫的话写道："分析师致力于通过引导和深挖心灵来改变来访者的思想"（Rieff，1966，p.21）。萨默斯（Summers，2006，p.336）称赞解释学精神分析是"我们获取更深层意义的唯一途径……（这）是我们触及灵魂深处的唯一途径"，并称其为精神分析疗法的精髓。然而，如果我们深究里夫的评论，可以理解为：精神分析学家并不是触及灵魂深处，而是创造了它们。

心理学家的精神分析疗法

职业心理学家继续为能够获得与精神病学家以及其他传统执业人士平等的地位而奋斗，但形势逐渐好转。职业心理学家面临的两个主要挑战分别是，加入管理式医疗体系，以及开精神类处方药的权利（Newman，2000）。2002年，亚利桑那州①成为第一个授权合格临床心理学家开具处方药权利的州。通过国会提案和诉讼，心理学家开始获得认可，他们的活动应该获得第三方补偿和适度的自治权。特别是，心理学家认为心理治疗可以和药物治疗一样有效，甚至性价比更高，因此心理治疗应该成为管理式医疗体系的一部分（Clay，2000）。然而，美国心理学会并没有安于现状，而是继续推动州立法机构允许受过适当训练的心理学家开处方。学生们关注的是临床心理学培训课程的必要调整，因为一旦涉及处方，心理治疗师就需要接受与内科医生类似的有机化学和精神药理学等方面的培训。

另外，职业化的乐观主义需要与两方面的关切相调和，一是心理治疗的确切效果，二是研究生的培养。虽然研究表明心理治疗是有效的，但其效果并不显著（Dawes，1994）。此外，几乎所有形式的治疗都同样有效，跟心理学理论貌似没有太大关系。心理治疗成败的关键似乎取决于治疗师的个性，与其接受的职业训练没什么关系。简而言之，治疗更多的是一门艺术而不是一门科学，当有心理学组织鼓吹其临床实践的科学基础时，不排除其对专业知识和实践添油加醋（Dawes，1994）。此外，研究生培养的趋势是淡化科学属性，并削弱"职业心理学家是有实践能力的科学家"这一说法（Maher，1999）。

| 危机：美国心理学会和酷刑 |

我们前文讨论过的认知科学危机，在应用心理学领域也有相似的经历（Aldhous，2015）。2015年，据詹姆斯·瑞森（James Risen，2015）在《纽约时报》的报道，备受争议的"强化审讯技术"（被批评者称为酷刑）是由心理学家设计的，而美国心理学会一直

---

① 原文如此，疑有误，应为新墨西哥州。——编者注

在努力向外界隐瞒这一事实。为了应对由此引发的愤怒，美国心理学会聘请盛德国际律师事务所（Sidley Austin）调查此事（APA，2016）。他们的报告长达 538 页，得出了一些令人发指的结论（Hoffman et al.，2015）。他们在报告的执行摘要中写道（p.9）：

> 我们经过调查确认：美国心理学会的核心官员（主要是美国心理学会的伦理委员会负责人及相关领导）与国防部（以及中央情报局）要员勾结，降低了美国心理学会的行业道德标准，使其迁就于国防部现有的审讯道德标准。我们的结论是，美国心理学会这样做的主要动机是为了讨好国防部。具体包含两个重要动机：一是为了达成良好的公关效果，二是为了保障心理学在这一领域的自由发展。
>
> 此外，美国心理学会的部分官员与国防部秘密合作，也是为了阻止美国心理学会代表委员会提出并通过一系列决议，这些决议明确禁止心理学家参与关塔那摩湾和其他美国海外拘留中心的审讯。
>
> （Hoffman et al.，2015，p.9）

美国心理学会代表委员会（我曾在其中任职，但不是这个时期，而是在美国心理学会与 APS 对抗期间）应该是美国心理学会的协调机构，而不是决策机构。最终，一批领导被清除出心理学会，并引发了广泛的改革（APA，2015b）。

整个事件对于美国心理学会来说是个巨大的丑闻，也是心理学史上的一个黑暗时刻，除了与精神病学的持续竞争，它并没有带来什么特别的心理学意义："国防部政策调整带来的消极影响可能意味着心理学家在国防部所扮演的角色将大大受限，也许是因为精神病学在其中的影响增加了，这个问题一直困扰着关注心理学成长的美国心理学会领导们"（Hoffman et al.，p.242）。换个角度看，这是一个典型的"科学是如何被讨好的欲望和来自政府的资助所腐化"的故事。如前文所述，美国心理学会领导的动机之一是推进临床心理学家获得开处方的权利（Hoffman et al.，2015）。而美国心理学会领导们已经说服国防部，在 1991 年至 1997 年的一个"示范项目"中，授予心理学家开具处方的特权（Hoffman et al.，2015）。

注释

1　在希腊语中，"贵族"（aristocracy）一词意为"由最好的人统治"，但同时也暗示着世袭。英国社会学家迈克尔·扬（Michael Young）在 1958 年的一本反乌托邦小说《优绩至上的崛起》（*The Rise of the Meritocracy*）（Lemann，1999）中创造了"精英阶层"（meritocracy）一词。然而，这个术语没有得到普及。

结 语

现在，我们已经总结了跨越数千年的心理学历史。心理学这门学科如此令人困惑，它的下一步将何去何从？我看到两种趋势。一种是随着学科发展的日益专业化，该领域将进一步分裂。现代生活中专业化的趋势是不可阻挡的，从只打几场的球员，到学术领域的进一步细分，再到围绕越来越小的主题组织起来的小圈子，以及相互竞争的理论导向。在今天的心理学中，如果随机选择两位心理学家做比较，他们唯一可以确定的共同点是在实验方法和统计学方面的训练，甚至学术心理学博士（PhD）和职业心理学博士（PsyD）之间都大相径庭。随着专业化的深入，共同点变得越来越少。我注意到美国心理学会成立的两个新分会——第53分会（儿童和青少年心理学会）和第54分会（儿科心理学会），看起来应该是研究和服务相同人群的，但其成员认为他们必须分属不同的组织。

我看到的另一种趋势是融合，不是心理学家之间的融合，而是心理学家和其他领域的科学家之间的融合。在人类科学中，最繁荣的一些领域往往是跨学科的，例如行为经济学（心理学家和经济学家）、认知神经科学（心理学家和生理学家）、人工智能（心理学家和工程师），以及进化心理学（心理学家、人类学家和生物学家）。未来心理学的科学核心很可能是认知科学，它是上述所有科学家加上哲学家和语言学家的结合体。然而，认知科学越来越倾向于成立自己的学术部门，独立于心理学。

如果我的判断是正确的，那么心理学（正如我们所见，其统一性一直很脆弱，例如应用心理学和科学心理学之间的冲突）将继续被其内部的专业分化和外部的科学引力所撕裂。1905年，威廉·詹姆斯曾说，"意识"这个词是知识论述中关于灵魂的最后残留，注定要消失。"心理学"一词可能是大卫·休谟《人性论》的最后痕迹，这是一部启蒙主义作品，注定会被晚期现代主义的向心力所毁灭。毫无疑问，这一没有主题的科学将作为一种学术标签和特许职业而继续存在，但名称的背后将不再有共同的知识内核。

更多资源

参考文献与动态勘误表

扫描下方二维码，可以查看本书的电子版参考文献与动态勘误表。

参考文献　　　　　　动态勘误表

配套教学资料

本书为教学人员提供每个章节的配套教学课件、练习题及答案。

如有需要，请扫描下方二维码，添加客服 @ 智元小库，领取相关资料。

如有任何问题或反馈，也可以直接与 @ 智元小库联系。

智元心理课堂

扫描下方二维码，关注智元心理课堂公众号，了解更多心理学图书与课程。

让我们与志同道合的"云朋友"们一起前行。